T0344345

Walter Klöpffer und Birgit Grahl

Ökobilanz (LCA)

Beachten Sie bitte auch
weitere interessante Titel
zu diesem Thema

W. Klöpffer, B. O. Wagner

Atmospheric Degradation of Organic Substances
Data for Persistence and Long-range Transport Potential

2007
ISBN: 978-3-527-31606-9

Walter Klöpffer und Birgit Grahl

Ökobilanz (LCA)

Ein Leitfaden für Ausbildung und Beruf

WILEY-VCH

WILEY-VCH Verlag GmbH & Co. KGaA

Die Autoren

Prof. Dr. Walter Klöpffer
LCA Consult and Review
Am Dachsberg 56 E
60435 Frankfurt

Prof. Dr. Birgit Grahl
Industrielle Ökologie
Schuhwiese 6
23858 Heidekamp

**Bibliografische Information
der Deutschen Nationalbibliothek**
Die Deutsche Nationalbibliothek verzeichnet diese
Publikation in der Deutschen Nationalbibliografie;
detaillierte bibliografische Daten sind im Internet
über http://dnb.d-nb.de abrufbar.

© 2009 WILEY-VCH Verlag GmbH & Co. KGaA,
Weinheim

Gedruckt auf säurefreiem Papier

Umschlaggestaltung Adam Design, Weinheim
Satz Manuela Treindl, Laaber
Druck betz-druck GmbH, Darmstadt
Bindung Litges & Dopf Buchbinderei GmbH,
Heppenheim

ISBN: 978-3-527-32043-1

Inhaltsverzeichnis

Ökobilanz (LCA): Ein Leitfaden für Ausbildung und Beruf. Walter Klöpffer und Birgit Grahl
Copyright © 2009 WILEY-VCH Verlag GmbH & Co. KGaA, Weinheim
ISBN: 978-3-527-32043-1

Vorwort

Dieses Buch ging aus Vorlesungen an der Universität Mainz hervor.

Das Thema des Buches, die Ökobilanz, entwickelte sich aus bescheidenen Anfängen zu Beginn der 1970er Jahre zur einzigen international genormten Methode der ökologischen Produktanalyse. Die Entwicklung trat in die entscheidende Phase, als die Society of Environmental Toxicology and Chemistry (SETAC) begann, die verschiedenen älteren Methoden zu harmonisieren. Dieser Prozess kam 1993 mit den *Guidelines for Life Cycle Assessment: A „Code of Practice"*, ein Resultat des SETAC-Workshops in Sesimbra, Portugal, zu einem Zwischenabschluss. Noch im selben Jahr begann die Normungstätigkeit durch die International Organization for Standardization (ISO), die unter Mitarbeit von insgesamt 40 Staaten die mittlerweile berühmte Serie ISO 14040 ff. (1997–2006) herausgab. In Deutschland wurde dieser Prozess vor allem durch den DIN-NAGUS begleitet, in dem die Autoren dieses Buches in den entscheidenden Jahren Mitglieder waren. Hier wurden die von den Expertengruppen des ISO/TC 207/SC 5 erarbeiteten Entwürfe diskutiert und kommentiert und wichtig erscheinende Aspekte auch über die deutschen Delegierten in den Normungsprozess eingebracht. Außerdem wurden die Übersetzungen aus der englischen in die deutsche Sprache bearbeitet und geprüft.

Zu heftigen Diskussionen führte das Thema „Bewertung", das sich als nur sehr beschränkt konsensfähig erwies und auch in den ISO-Normen als „Gewichtung" ein Schattendasein als optionaler Teil der Wirkungsabschätzung führt – nicht, wie ursprünglich geplant, als eigene Komponente. Außerdem ist die Gewichtung der Resultate streng verboten für „vergleichende Aussagen, die der Öffentlichkeit zugänglich gemacht werden". Die Revision der Normen im Jahre 2006 verschärfte diese Position noch etwas, so dass nun schon die Absicht einer öffentlichen Verbreitung solcher Aussagen genügt, um die strengen Bestimmungen in Hinblick auf Berichterstattung und kritische Prüfung in Kraft treten zu lassen.

Die Autoren haben einige kritische Prüfungen nach der Panelmethode gemeinsam durchgeführt und sich dabei gründlicher mit den Normen auseinandergesetzt, als es für die Lehre allein vielleicht nötig gewesen wäre. Wie bei den meisten Normen handelt es sich um sperrige Texte, die schon aus diesem Grund nicht als Lehr- und Lernmaterial infrage kommen. Ein guter Grund dieses Buch zu schreiben, von dem wir hoffen, dass es den Anfängern/-innen den Einstieg

Ökobilanz (LCA): Ein Leitfaden für Ausbildung und Beruf. Walter Klöpffer und Birgit Grahl
Copyright © 2009 WILEY-VCH Verlag GmbH & Co. KGaA, Weinheim
ISBN: 978-3-527-32043-1

in die Ökobilanz erleichtert und auch den Praktikern/-innen noch Neues bietet. Die Ökobilanz-Normen sind in einem Geist verfasst, der jedem Missbrauch der Methode vor allem in Marketing und Werbung vorbeugen soll. Es ist daher sehr oft die Rede davon, was man unterlassen muss, und weniger, wie man eine Ökobilanz konkret durchführen soll. So wird etwa in der Komponente „Wirkungsabschätzung" keine Mindestliste von Wirkungskategorien vorgeschrieben, von Indikatoren und Charakterisierungsfaktoren ganz zu schweigen. Deshalb wird in diesem Buch besonderes Gewicht auf die Wirkungsabschätzung (Kapitel 4) gelegt. Die methodische Entwicklung ist aber noch im vollen Gang, weshalb wir uns bei einigen Kategorien auf die kritische Darstellung des Status quo beschränken mussten. Leserinnen und Leser werden an zahlreiche Literaturstellen und auch an aktuelle Webseiten verwiesen.

Gleich wichtig wie die Vermittlung der reinen Fakten erschien uns, ein tieferes Verständnis für die Methodik der Ökobilanzierung, einschließlich ihrer Grenzen, zu vermitteln. Dies gilt auch für die Umweltprobleme, die den Wirkungskategorien zugrunde liegen. Die wichtigste Anwendung der Ökobilanz ist das Lernen und Verstehen der Umweltauswirkungen von Produktsystemen „von der Wiege bis zur Bahre", also von den Rohstoffen bis zum Recycling bzw. bis zur Abfallentsorgung. Dieser Lernprozess kann aber bei mangelhaftem Verständnis, ggf. verschlimmert durch die gedankenlose Benutzung einer Software, nicht in Gang kommen. Moderne Ökobilanzsoftware bietet Erleichterungen in der Durchführung von Ökobilanzen an, von denen wir noch vor 10 Jahren nur träumen konnten; sie darf aber weder die mühevolle Erhebung von Originaldaten noch die gründliche Systemerstellung, noch die Auswahl und Begründung der Wirkungskategorien ersetzen!

Die Ökobilanz bietet als angewandte (vereinfachte) Systemanalyse zweifellos auch viel Stoff für theoretische Arbeiten, die mittelfristig die Methodik bereichern können. Sie ist aber nicht „art pour l'art", sondern soll in erster Linie den bereits angesprochenen Lerneffekt erzielen, dessen Ergebnisse wiederum in Entscheidungsfindungen einfließen können und sollen. Ökologisch richtige Entscheidungen in der Produktentwicklung werden einen Beitrag zur Verbesserung der Umwelt leisten. Die Anwendung der Ökobilanz ist also von entscheidender Bedeutung. Wir haben daher eine „echte" vergleichende Ökobilanzstudie in vier Teile aufgetrennt und zur Illustration den vier Komponenten der Ökobilanz (ISO 14040) zugeordnet:

1. Festlegung des Ziels und Untersuchungsrahmens (Kapitel 2),
2. Sachbilanz (Kapitel 3),
3. Wirkungsabschätzung (Kapitel 4),
4. Auswertung (Kapitel 5).

Diese Studie wurde uns dankenswerterweise vom Institut für Energie- und Umweltforschung (IFEU), Heidelberg, zur Verfügung gestellt. Wir möchten ausdrücklich darauf hinweisen, dass diese spezielle Ökobilanz aus rein didaktischen Gründen als Beispiel ausgewählt wurde. Ein konkretes Produktsystem ist immer anschaulicher als ein konstruiertes Beispiel. Konkrete Schlussfolgerungen der

Beispiel-Ökobilanz gehören nicht zum Lehrziel, das wir uns mit diesem Buch gesetzt haben.

Zum Titel des Buches ist zu sagen, dass wir der korrekten deutschen Bezeichnung „Ökobilanz" das für die englische Bezeichnung *Life Cycle Assessment* stehende Akronym LCA beigefügt haben. Bilanz kommt vom italienischen Wort „bilancio" für Waage und erinnert an die wirtschaftliche Bilanz, die bis zu einem gewissen Grade auch bei der Ökobilanz Pate stand. Dem Gedanken der Analyse „von der Wiege bis zur Bahre" entspricht hingegen LCA besser und die durch die Normen nicht gedeckte Eindeutschung „Lebenszyklusanalyse" wird gelegentlich gebraucht. Diese Übersetzung war vom Vertreter der österreichischen OENORM angeregt worden, wurde aber vom DIN-NAGUS mit der Begründung abgelehnt, dass die aus dem schweizerischen BUS-Bericht von 1984 stammende Bezeichnung Ökobilanz schon in den deutschen Sprachschatz eingegangen sei. Die deutschsprachige Fassung der ISO-Normen 14040/44, die gleichzeitig auch europäische Norm und nationale Norm der Mitgliedsstaaten der CEN ist, beruht auf einer Abstimmung zwischen Deutschland, Österreich und der Schweiz. Sie ist für Ökobilanzen, die den Anspruch erheben nach der Norm durchgeführt zu sein, ohne Ausnahme verbindlich. Wir raten daher von der Benutzung einer abweichenden Nomenklatur dringend ab, da sie nur Verwirrung stiftet. Weiterhin zur Sprache: wir haben uns im ganzen Text bemüht, die korrekten deutschen Ausdrücke zu benutzen, konnten aber nicht alle Anglizismen vermeiden. Gewisse Aspekte der Ökobilanz wurden bisher in deutschsprachigen Publikationen nicht oder nicht gründlich behandelt.

Das Buch stellt den ersten Versuch einer deutschsprachigen Einführung in die Ökobilanz dar, die sowohl in der akademischen Lehre wie auch in der beruflichen Praxis gebraucht werden kann – zumindest hoffen wir das. Es schließt sich damit an einige in verschiedenen Sprachen abgefasste Texte an, die im Kapitel 1 zitiert sind. Die Abfassung des Buches war auch eine Gelegenheit, die Entwicklung der Ökobilanz aus der Sicht der deutschsprachigen Länder zu schildern, die in der internationalen Literatur nicht immer genügend gewürdigt wird. Was auch damit zu tun hat, dass zum Unterschied von den skandinavischen Ländern und den Niederlanden wichtige Texte nicht ins Englische übersetzt wurden. Die nunmehr vorliegende deutsche Einführung kommt spät, aber angesichts der in letzter Zeit wieder zunehmenden Beachtung von Umweltaspekten bei Produktion, Konsum, Gebrauch und Entsorgung von Produkten sicherlich nicht zu spät.

Zu großem Dank sind wir Herrn Andreas Detzel von IFEU verpflichtet, der nicht nur das durchgehende Beispiel zur Verfügung stellte, sondern auch das Manuskript gelesen und kommentiert hat. Martina Krüger, ebenfalls IFEU, half uns bei der Anpassung der Beispielstudie an die hier geforderte didaktische Darstellung. Zahlreiche weitere befreundete Kolleginnen und Kollegen aus der Gemeinde der Ökobilanzierer haben im Lauf der Jahre zum Erfolg der Methode und damit auch zur Abfassung des Buches beigetragen. Um nur wenige zu nennen: Harald Neitzel (damals UBA Berlin), der unvergessene Vorsitzende des DIN-NAGUS, Arbeitskreis Ökobilanz; Isa Renner, Hauptsachbearbeiterin und Projektleiterin zahlreicher Ökobilanzen am Battelle-Institut Frankfurt, später bei der C.A.U. GmbH; Almut Heinrich, Gründerin und Chefredakteurin des International Journal of Life Cycle Assessment (ecomed Verlag, jetzt Springer Heidelberg) und die langjährige Diskussionspartnerin Eva Schmincke, Five Winds International, die wesentlich an der Entwicklung der ISO Typ III Umweltproduktdeklarationen (EPD) auf der Basis von Ökobilanzen beteiligt ist.

Last, but not least, danken wir auch den Mitarbeiterinnen und Mitarbeitern von Wiley-VCH für ihre Geduld und Kompetenz bei der Erstellung des Buches.

Frankfurt am Main und Heidekamp,   *Walter Klöpffer*
Januar 2009   *Birgit Grahl*

1
Einleitung

Heute ist die Ökobilanz (LCA) eine über die Normen ISO EN 14040 und 14044 definierte Methode, um Umweltaspekte und -wirkungen von Produktsystemen zu analysieren. An diesen Normen orientiert sich daher auch die Vorstellung der Methode in den Kapiteln 2 bis 5 im vorliegenden Buch. Im Vorfeld werden in diesem Kapitel die Rahmenbedingungen und der Weg der Methodenentwicklung vorgestellt.

1.1
Was ist eine Ökobilanz?

1.1.1
Definition und Abgrenzung

Der Begriff Ökobilanz wurde unseres Wissens erstmals 1984 in der Packstoff-studie des damals so benannten Schweizer Bundesamts für Umweltschutz[1] benutzt. Diese Studie hatte einen großen Einfluss auf die weitere Entwicklung der Ökobilanzierung, vor allem im deutschsprachigen Raum (s. Abschnitt 1.2), und daraus resultiert der auch in die Umgangssprache eingedrungene Name für eine Methode, die englisch mit *Life Cycle Assessment* (LCA) viel besser bezeichnet ist. Die Eindeutschung „Lebenszyklusanalyse" hat sich in den offiziellen Normen nicht durchgesetzt, wird aber gelegentlich gebraucht. Weil das Wort Ökobilanz vielfach auch für betriebliche Umweltbilanzen benutzt wird, hat man im Zuge der Normung beim DIN (Deutsches Institut für Normung) die genauere Bezeichnung „Produkt-Ökobilanz" bzw. „produktbezogene Ökobilanz" erwogen, schließlich aber in der mit Österreich und der Schweiz abgestimmten deutschsprachigen Fassung der Norm wieder fallengelassen.

In der Einleitung der internationalen Rahmennorm ISO 14040[2] wurde die Ökobilanz wie folgt definiert:

---

1) BUS 1984
2) ISO 1997

Ökobilanz (LCA): Ein Leitfaden für Ausbildung und Beruf. Walter Klöpffer und Birgit Grahl
Copyright © 2009 WILEY-VCH Verlag GmbH & Co. KGaA, Weinheim
ISBN: 978-3-527-32043-1

> *„Die Ökobilanz ist eine Methode zur Abschätzung der mit einem Produkt verbundenen Umweltaspekte und produktspezifischen potentiellen Umweltwirkungen ... Die Ökobilanz-Studie untersucht die Umweltaspekte und potentiellen Umweltwirkungen im Verlauf des Lebenswegs eines Produktes (d. h. von der Wiege bis zur Bahre) von der Rohstoffgewinnung, über Produktion, Anwendung bis zur Beseitigung."*

Ähnlich wie die International Standard Organization (ISO) hatte bereits 1993 die Society of Environmental Toxicology and Chemistry (SETAC) im „Code of Practice"[3] die Ökobilanz (LCA) definiert.

Ähnliche Definitionen finden sich weiterhin im Grundsatzpapier des DIN-NAGUS[4] und in den Richtlinien, die im Auftrag der skandinavischen Umweltminister erarbeitet wurden, den „Nordic Guidelines"[5].

Die bewusste Beschränkung der Ökobilanz auf die Analyse und Auswertung der von den Produktsystemen ausgehenden **Umweltwirkungen** bringt es mit sich, dass die Methode nur einen, nämlich den ökologischen Pfeiler der Nachhaltigkeit quantifiziert[6] (vgl. Kapitel 6). Die Ausgliederung der ökonomischen und sozialen Faktoren grenzt die Ökobilanz (LCA) von der Produktlinienanalyse (PLA) und ähnlichen Methoden[7] ab. Die Abgrenzung erfolgte, um die Methode nicht zu überfrachten, wohl wissend, dass eine Entscheidung z. B. im Bereich der Entwicklung **nachhaltiger Produkte** diese anderen Faktoren nicht außer Acht lassen kann und soll[8].

1.1.2
Der Lebensweg eines Produkts

Der zentrale Gedanke einer Analyse von der Wiege bis zur Bahre (*cradle-to-grave*), also des Lebenswegs, ist stark vereinfacht in Abb. 1.1 dargestellt. Ausgangspunkt zum Aufbau des Produktbaumes ist in diesem Bild die Herstellung des Endproduktes und die Nutzungsphase. Die weitere Aufschlüsselung der Kästchen in Abb. 1.1 in einzelne Prozesse, sog. Prozessmodule, die hier nur angedeutete Einbeziehung der Transporte, der verschiedenen Formen der Energiebereitstellung, der Hilfsstoffe usw. machen aus dem einfachen Schema selbst bei scheinbar einfachen Produkten sehr komplexe „Produktbäume" (verschiedene Rohstoffe für Materialien und Energiebereitstellung, Zwischenprodukte, Hilfsstoffe, Abfallmanagement mit verschiedenen Beseitigungsarten und Recycling).

Die miteinander verbundenen Prozessmodule (der Lebensweg oder Produktbaum) bilden ein **System**, in dessen Mittelpunkt ein Produkt, ein Prozess, eine Dienstleistung oder – in der allgemeinsten Formulierung – eine menschliche (ökonomische) Tätigkeit (*human activity*[9]) steht. In der Ökobilanz werden Systeme

---

3) SETAC 1993
4) DIN-Normenausschuss Grundlagen des Umweltschutzes (NAGUS) 1994
5) Lindfors et al. 1995
6) Klöpffer 2003, 2008
7) Projektgruppe ökologische Wirtschaft 1987; O'Brien et al. 1996
8) Klöpffer 2003
9) SETAC 1993

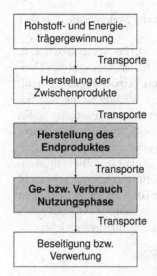

Abb. 1.1 Stark vereinfachter Lebensweg eines (materiellen) Produkts.

analysiert, die eine spezielle **Funktion** erfüllen und dadurch einen **Nutzen** haben. **Daher ist auch der Nutzen eines Systems der eigentliche Vergleichsmaßstab für Produktvergleiche und die einzig korrekte Basis für die Definition einer „funktionellen Einheit"[10].**

1.1.3
Die funktionelle Einheit

Neben der Analyse „von der Wiege bis zur Bahre", also dem Denken in Systemen, Lebenswegen oder Produktbäumen, ist die „funktionelle Einheit" der zweite grundlegende Begriff der Ökobilanz und soll daher bereits an dieser Stelle anhand eines einfachen Beispiels erläutert werden:

Der Nutzen einer Getränkeverpackung ist neben dem Schutz des Füllgutes vor allem die Transport- und Lagerfähigkeit. Als funktionelle Einheit definiert man hier meist die Bereitstellung von 1000 Liter Flüssigkeit in einer Weise, dass der Nutzen technisch erfüllt wird. Diese Funktion kann nun beispielsweise von

- 5000 0,2-L-Beuteln,
- 2000 0,5-L-Glasmehrwegflaschen,
- 1000 1-L-Einwegverbundkartons,
- 500 2-L-PET-Einwegflaschen

erfüllt werden, wobei die konkreten Verpackungsbezeichnungen willkürlich gewählt wurden. Zum Vergleich der Verpackungssysteme muss also der Lebensweg von 5000 Beuteln, 2000 Glasmehrwegflaschen, 1000 Kartons und 500 2-Liter-

---

10) Fleischer und Schmidt 1996

Einwegflaschen analysiert und verglichen werden, also vier Systeme, die in grober Näherung denselben Nutzen erfüllen.

Dass der Nutzen dabei nicht immer genau gleich ist (Bequemlichkeit, z. B. Gewicht, Benutzerfreundlichkeit, Ästhetik, Konsumverhalten, Eignung einer Verpackung als Werbeträger und andere Nebennutzen von Verpackungssystemen), braucht bei diesem einfachen Beispiel nicht zu stören. Wichtig ist die Feststellung, dass **Systeme** mit vergleichbarem Nutzen, nicht aber die Produkte selbst verglichen werden[11]. Dadurch kann man auch materielle Produkte (Güter) mit **Dienstleistungen** vergleichen, sofern diese denselben oder einen sehr ähnlichen Nutzen haben. Produkte werden in der Ökobilanz als „Güter und Dienstleistungen" (*goods and services*) definiert. Da auch bei Dienstleistungen Energie gebraucht wird, Transportleistungen erbracht werden usw., kann man auch Dienstleistungen als Systeme definieren und mit materiellen Produktsystemen auf der Basis eines äquivalenten Nutzens (quantitativ über die funktionelle Einheit) vergleichen.

1.1.4
Die Ökobilanz als Systemanalyse

Die Ökobilanz basiert, anders ausgedrückt, auf einer vereinfachten Systemanalyse. Die Vereinfachung besteht in einer weitgehenden Linearisierung (vgl. Systemgrenzen und Abschneidekriterien in Abschnitt 2.2). Die real immer vorliegende Vernetzung vieler Teile der Lebenswege von Produkten führt beim Versuch der Modellierung oft zu äußerst komplexen Zusammenhängen, die entsprechend schwierig zu handhaben sind. Es gibt allerdings Möglichkeiten, Schleifenbildungen und andere Abweichungen von der linearen Struktur z. B. durch iterative Näherungen oder mit Hilfe der Matrizenmethode[12] zu behandeln.

Beispiel

Es geht bei der Ökobilanz nicht um den Vergleich von Produkten, sondern von Produktsystemen. Was ist damit gemeint?

Bei Handtuchspendern gibt es beispielsweise die Varianten „Papierhandtücher" und „Stoffrolle". Die Stoffrolle muss gewaschen werden, um ihre Funktion zu erfüllen. Das bedeutet, der Waschvorgang (Waschmittel, Wasser- und Energieverbrauch) ist Teil des Produktsystems und muss sicherlich berücksichtigt werden. Zum Waschen werden Waschmaschinen benötigt. Muss nun auch die Produktion der Waschmaschinen berücksichtigt werden? Zur Produktion von Waschmaschinen wird z. B. Stahl benötigt. Stahl wird aus Eisenerz gemacht, dieses muss transportiert werden usw. Es müssen offensichtlich Grenzen gesetzt werden, da sich an jedes noch so kleine Produkt das gesamte industrielle System anknüpfen lässt. Andererseits darf nichts Wichtiges vergessen werden.

---

11) Boustead 1996
12) Heijungs 1997; Heijungs und Suh 2002

Die Systemanalyse sowie die sinnvolle Auswahl und Definition der System-grenzen ist daher ein wichtiger und arbeitsaufwändiger Schritt in jeder Ökobilanz (vgl. Kapitel 2).

Die Betrachtungsweise „von der Wiege bis zur Bahre" hat vor allem den Vor-teil, dass bloße Verschiebungen der Umweltbelastung (sog. *trade-offs*), z. B. bei Substitutionen, leicht erkannt werden können: Es nützt nichts, wenn ein Um-weltproblem scheinbar dadurch gelöst wird, dass an anderen Orten, später oder in anderen Lebenswegabschnitten oder Umweltmedien zusätzliche Probleme auftreten, oder ein völlig unangemessener Energie- und Ressourcenverbrauch mit der Maßnahme verbunden ist. Solche Maßnahmen sind Scheinlösungen. Damit soll nicht bestritten werden, dass in Einzelfällen, vor allem bei akuter Gesundheitsgefährdung (z. B. bei der Substitution von Gefahrstoffen), solche suboptimalen Lösungen getroffen werden müssen.

Beispiel

Da die fossilen Rohstoffe knapper werden, ist die Substitution der Rohstoffbasis durch nachwachsende Rohstoffe Gegenstand von Forschung und Entwicklung. So wurden beispielsweise in einer Ökobilanz Varianten von Loose-fill-Packmitteln untersucht, z. B. Chips aus Polystyrol und aus Kartoffelstärke[13]. Die Prozesse zur Herstellung der beiden Produkte „von der Wiege bis zur Bahre" sind grundsätzlich unterschiedlich und müssen sorgfältig analysiert werden. So ist beispielsweise bei der Rohstoffgewinnung pflanzlicher nachwachsenden Rohstoffen das Agrarsystem mit Anbau, Pflege und Ernte zu berücksichtigen, im anderen Fall die Erdölförderung. Auch andere Lebenswegabschnitte der Loose-fill-Packmittel unterscheiden sich grundsätzlich je nach Rohstoffbasis. Ob die Substitution der Rohstoffbasis für ein Produktsystem einen ökologischen Vorteil bietet oder nicht kann mit einem Blick nicht erkannt werden.

1.1.5
Ökobilanz (LCA) und betriebliche Umweltbilanz

Die Gefahr der Problemverschiebung besteht immer dann, wenn zu enge räum-liche oder zeitliche Systemgrenzen gewählt werden. Dies ist oft bei alleiniger Durchführung einer betrieblichen Umweltbilanz (oft etwas irreführend „Betriebs-Ökobilanz" oder gar „Ökobilanz" ohne erklärenden Zusatz genannt) der Fall. Wenn man z. B. die Systemgrenze mit dem Firmenzaun gleichsetzt, wird man dem Grundgedanken der Ökobilanz nicht gerecht: Es werden weder die Produk-tion angelieferter Waren noch die Entsorgung der Produkte berücksichtigt. Auch zum ordnungsmäßigen Betrieb gehörende Transporte (*just in time*), Auslagerung von Aktivitäten (*outsourcing*) und Teile der Abfallentsorgung, z. B. bei Benutzung kommunaler Kläranlagen, werden nicht erfasst.

---

13) BIfa/IFEU/Flo-Pak 2002

Beispiel

Scheinbare Verbesserung durch Auslagern von Aktivitäten

Ein Hersteller von Feinkostsalaten wollte seine Produkte nicht allein mit geschmacklichen und gesundheitlichen Argumenten bewerben, sondern auch Umweltaspekte herausstellen. Dazu wurden in einer betrieblichen Umweltbilanz die Daten zum Energie- und Wasserverbrauch in der Weise erhoben, dass eine Zuordnung zu den unterschiedlichen hergestellten Salaten möglich war. Beim Kartoffelsalat fiel auf, dass der Wasserverbrauch außerordentlich hoch war. Der Grund war schnell gefunden, Kartoffeln sind üblicherweise mit Erde behaftet und müssen gewaschen werden. Dieses Waschwasser wurde dem Kartoffelsalat zugerechnet. Einige Wochen später war der Wasserverbrauch pro kg Kartoffelsalat drastisch gesunken. Das war allerdings nicht das Ergebnis einer technischen Innovation der Waschanlage, sondern das Waschen war an einen anderen Betrieb abgegeben worden und daher fiel das Waschwasser in der betrieblichen Umweltbilanz nicht mehr an.

Dennoch ist die Erstellung einer betrieblichen Umweltbilanz für viele Zwecke nützlich, zum Beispiel als Datenbasis eines Umweltmanagementsystems[14].

Eine einfache Überlegung zeigt, dass betriebliche Umweltbilanzen auch für Produkt-Ökobilanzen die Datenbasis darstellen: Jeder Prozess zur Herstellung eines Produktes, z. B. 500 g Kartoffelsalat im Schraubdeckelglas, findet an einem bestimmten Ort in einem bestimmten Betrieb statt. Wenn Daten, z. B. zum Energie- oder Wasserverbrauch des Systems „1000 Schraubdeckelgläser mit je 500 g Kartoffelsalat mit Gurke, Ei und Joghurtsoße", ermittelt werden sollen, muss jeder an Herstellung und Transport des verpackten Produktes beteiligte Betrieb sowie Betriebe, die an der Entsorgung der Verpackung beteiligt sind, die jeweils dort ablaufenden Prozesse so analysiert haben, dass sie auf das Produkt zuzurechnen sind. Das ist nicht trivial: So produziert ein landwirtschaftlicher Betrieb in der Regel nicht nur Milch, die Molkerei nicht nur Joghurt, der Glashersteller fertigt Gläser für unterschiedliche Kunden usw. Wenn allerdings alle Betriebe, die an der Produktion beteiligt sind (Akteurskette), bereits eine Betriebs-Ökobilanz mit produktzurechenbaren Daten hätten, könnten diese Ergebnisse zusammengefügt werden. Die produktbezogene Datenerfassung ist allerdings in betrieblichen Umweltbilanzen nicht die Regel.

Die Verknüpfung solcher betrieblicher Umweltbilanzen entlang der Lebenswege von Produkten würde prinzipiell die Möglichkeit zu einem (LCA-)„Akteurskettenmanagement" eröffnen[15]: Die an einem Produktsystem beteiligten Akteure könnten gemeinsam Optimierungspotenziale ausloten und realisieren. Dabei besteht die Hoffnung, dass sich auch auf diese Weise das Denken – und letztlich das Handeln – in Lebenszyklen realisieren ließe (*Life Cycle Thinking* und *Life Cycle Management* – LCM).

---

14) Braunschweig und Müller-Wenk 1993; Beck 1993; Schaltegger 1996
15) Udo de Haes und De Snoo 1996, 1997

1.2
Historisches

1.2.1
Frühe Ökobilanzen

Die Ökobilanz ist eine relativ junge Methode, aber nicht ganz so jung wie viele glauben. Ansätze zu einem Lebenszyklusdenken finden sich schon in der älteren Literatur. So hat der schottische Ökonom und Biologe Patrick Geddes bereits in den 80er Jahren des 19. Jahrhunderts ein Verfahren entwickelt, das als Vorläufer der Sachbilanz gelten kann[16]. Sein Interesse galt der Energieversorgung und hier speziell der Steinkohle.

Die ersten Ökobilanzen im modernen Sinn wurden um 1970 unter der Bezeichnung „Resource and Environmental Profile Analysis (REPA)" am Midwest Research Institute in den USA durchgeführt[17]. Wie bei den meisten frühen Ökobilanzen oder „proto-LCAs"[18] handelte es sich um die Analyse des Ressourcenverbrauchs und der Emissionen von Produktsystemen, sog. Inventare ohne Wirkungsabschätzung. Solche Studien werden heute meist als Sach-Ökobilanz-Studien[19] bezeichnet. Die ersten mit Hilfe der neuen Methodik vergleichend untersuchten Systeme bezogen sich auf Getränkeverpackungen. Dasselbe gilt für die erste in Deutschland durchgeführte Ökobilanz[20]. Diese Studie wurde unter Leitung von B. Oberbacher 1972 am Battelle-Institut in Frankfurt am Main durchgeführt. Sie baute auf der von Franklin und Hunt vorgeschlagenen Methodik auf und erfasste zusätzlich die Kosten, u. a. auch der Entsorgungsmaßnahmen. Es ist interessant zu sehen, dass damals bereits bei den Milchverpackungen der leichte Polyethylen-Beutel oder -Schlauch am besten abschnitt, ähnlich wie bei neueren Studien[21].

Weitere frühe Ökobilanzen wurden von Ian Boustead in Großbritannien[22] und von Gustav Sundström in Schweden[23] durchgeführt. Auch die ersten Arbeiten zur Schweizer Studie[24] reichen bis in die 1970er Jahre zurück. Sie wurden an der Eidgenössischen Materialprüfungs- und Versuchsanstalt (EMPA) in St. Gallen durchgeführt, vgl. die Erinnerungen von Paul Fink, dem damaligen Leiter der EMPA[25].

---

16) Zitiert nach Suter et al. 1995
17) Hunt und Franklin 1996
18) Klöpffer 2006
19) ISO 1997
20) Oberbacher et al. 1996
21) Schmitz et al.1995
22) Boustead 1996
23) Lundholm und Sundström 1985, 1986
24) BUS 1984
25) Fink 1997

1.2.2
Umweltpolitischer Hintergrund

Es drängt sich die Frage auf, warum gerade um 1970 die Entwicklung der Öko-bilanz einsetzte. Dafür scheint es mindestens zwei Gründe zu geben:

1. steigende Abfallprobleme (daher Verpackungsstudien),
2. Engpässe bei der Energieversorgung, Erkenntnis der Endlichkeit der Ressourcen.

Während der erste Punkt von den zuständigen Behörden in die damals erst ent-stehende Umwelt-Politik eingeführt wurde, ist Punkt zwei durch einen Bestseller ins allgemeine Bewusstsein gerückt worden, nämlich „Die Grenzen des Wachs-tums" oder der Bericht an den Club of Rome[26]. Das ungeheure Aufsehen, das dieses Buch bei seinem Erscheinen 1972 erregte, zeigt, dass das Thema „in der Luft lag". Man spricht heute von einem Paradigmenwandel: die Wegwerf- und Konsummentalität der Nachkriegsgesellschaft war plötzlich in Frage gestellt. Die Wirklichkeit hat die Theorie schnell bestätigt in Form der ersten Ölkrise von 1973/74. Die in der Studie zu gering angenommenen Erdölvorräte führten zu einer Unterschätzung der Zeit bis zu ihrer Erschöpfung; die Studie war in dieser Hinsicht also zu pessimistisch, zeigte aber die Verwundbarkeit unserer ölabhängigen Industriegesellschaft. Daran hat sich bis heute nichts geändert, im Gegenteil!

Die Systemanalyse, schon länger in Spezialistenkreisen bekannt, hatte ihren Durchbruch zur allgemein akzeptierten Methode geschafft. Das International Institute for Applied Systems Analysis (IIASA) in Laxenburg bei Wien wurde gegründet. In Deutschland gab es autofreie Sonntage, die auch eingehalten wur-den (!), und eine heute kaum mehr vorstellbare Aufbruchsstimmung mit einer Fülle von Ideen, wie alternative Energiequellen genutzt werden könnten und mit konventionellen Energieformen sparsamer umgegangen werden kann. Manches davon wurde verwirklicht, das meiste (noch) nicht.

1.2.3
Energieanalyse

Vor diesem vor allem energiepolitischen Hintergrund ist es nicht erstaunlich, dass auf der theoretischen Seite zunächst die **Energieanalyse oder Prozesskettenanalyse** entwickelt wurde, die auch ein wichtiger Teil der Sachbilanz (Kapitel 3) ist[27]. In Deutschland erfolgte diese Entwicklung vor allem in der Schule von Prof. Schaefer an der TU München[28], aber auch in der Industrie[29]. Der über alle Stufen des Lebensweges aufsummierte (Primär-) Energieaufwand wurde früher vorwiegend

---

26) Meadows et al. 1972, 1973
27) Mauch und Schäfer 1996
28) Mauch und Schäfer 1996; Eyrer 1996
29) Kindler und Nikles 1978, 1979

„Energieäquivalenzwert" genannt. In neuerer Zeit hat sich die Bezeichnung **kumulierter Energieaufwand** (KEA) (vgl. Abschnitt 3.2.2) durchgesetzt[30].

Mit der politischen Lösung der Ölkrisen ging in den 1980er Jahren das Interesse an Ökobilanzen bzw. deren Vorläufern zunächst zurück, um am Ende des Jahrzehnts wieder – völlig unerwartet – stark zuzunehmen.

1.2.4
Die 1980er Jahre

Zu den wenigen Arbeiten in der ersten Hälfte der 1980er Jahre (im deutschsprachigen Raum) zählte die schon gewürdigte Studie des Bundesamts für Umweltschutz (BUS), später Bundesamt für Umwelt, Wald und Landschaft (BUWAL), Bern[31], die Dissertation von Marina Franke an der TU Berlin[32] und die Entwicklung der „Produktlinienanalyse" (PLA) durch das Öko-Institut[33]. Die PLA geht insofern über die Ökobilanz (LCA) hinaus, als eine Bedarfsanalyse (BA) vorangestellt wird und die produktbezogene Umweltanalyse durch die Analysen der sozialen (SA) und ökonomischen Aspekte (ÖA) des Produktsystems ergänzt wird:

$$PLA = BA + LCA + SA + ÖA$$

mit LCA = Sachbilanz + Wirkungsabschätzung.

Die PLA umfasst daher die drei Säulen der Nachhaltigkeit im Sinne der Brundtland-Kommission[34] (vgl. Kapitel 6) und der Agenda 21[35], die auf der Weltkonferenz der UNO, Rio de Janeiro 1992, verabschiedet wurde.

1.2.5
Die Rolle der SETAC[36]

Die starke Zunahme des Interesses an der Ökobilanz in Europa und Nordamerika – wo die Bezeichnung *Life Cycle Analysis* bzw. *Assessment* geprägt wurde – führte 1990 zu zwei internationalen Tagungen, die als Startpunkt der neueren Entwicklung gelten können:

Die Society for Environmental Toxicology and Chemistry (SETAC) organisierte einen Workshop **A Technical Framework for Life Cycle Assessment** in Smugglers Notch[37], Vermont (August 1990). Einen Monat später fand ein europäischer Workshop zum selben Thema in Leuven statt[38].

---

30) VDI 1997
31) BUS 1984
32) Franke 1984
33) Projektgruppe Ökologische Wirtschaft 1987
34) World Commission on Environment and Development 1987
35) Agenda 21 in: UNO 1992
36) Klöpffer 2006
37) SETAC 1991
38) Leuven 1990

In Smugglers Notch wurde das berühmte LCA-Dreieck der SETAC konzipiert, von Spöttern auch als „holy triangle" bezeichnet (Abb. 1.2). In den Jahren 1990–1993 waren SETAC und SETAC-Europe die führenden Akteure in der Entwicklung und Harmonisierung bzw. beginnenden Standardisierung der Ökobilanz (LCA). Die Workshop-Berichte[39] gehören zu den wichtigsten Informationen über die Methodenentwicklung und wurden im deutschsprachigen Raum nur durch die „Oekobilanzen von Packstoffen 1990"[40] übertroffen, die 1996 und 1998 aktualisiert wurden[41]. Weiterhin sehr einflussreich in Deutschland war der UBA-Text von 1992[42]. Eine Darstellung der Historie und Methodik aus französischer Sicht wurde von Antoine Blouet und Emmanuelle Rivoire unter dem Titel „L'Écobilan" publiziert[43].

Die besondere Rolle des von Prof. Helias Udo de Haes geleiteten Umweltzentrums der Universität Leiden (CML) wurde in einer wissenschafts-soziologischen Studie von Gabathuler[44] und mit einem Sonderheft des International Journal of Life Cycle Assessment[45] gewürdigt. Die größte Leistung des CML war zweifellos die stärkere Berücksichtigung ökologischer Aspekte in der früher mehr „technokratisch" ausgerichteten Ökobilanz. Dabei soll jedoch nicht vergessen werden, dass schon die ältere Schweizer Ökobilanz eine einfache Methode der Wirkungsabschätzung aufwies[46]. Die CML-Methode führte in der Praxis zu einer Überbetonung der chemischen Emissionen, während die prinzipiell in der Wirkungsabschätzung enthaltene Übernutzung der mineralischen, fossilen, biologischen und Land-Ressourcen mangels allgemein anerkannter Indikatoren in den Hintergrund trat[47] (vgl. Kapitel 4).

1.3
Die Struktur der Ökobilanz

1.3.1
Die Struktur nach SETAC

Der erste Versuch, eine Struktur in die Ökobilanz zu bringen, war das bereits erwähnte SETAC-Dreieck von 1990/91 (Abb. 1.2).

---

39) SETAC 1991, 1993; SETAC Europe 1992; Fava et al. 1993, 1994
40) BUWAL 1991
41) BUWAL 1996, 1998
42) UBA 1992
43) Blouet und Rivoire 1995
44) Gabathuler 1998
45) Huijbregts et al. 2006
46) BUS 1984
47) Klöpffer und Renner 2003

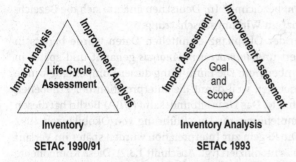

Abb. 1.2 Das ursprüngliche SETAC-Dreieck und die Erweiterung in den LCA-Guidelines („Code of Practice")[48].

Die ursprünglich drei Komponenten nach SETAC 1990/91 lauteten 1992 in der deutschen Fassung nach UBA Berlin[49]:

- Sachbilanz (Inventar) (*Inventory*),
- Wirkungsbilanz (*Impact Analysis*),
- Schwachstellen- und Optimierungsanalyse (*Improvement Analysis*).

Hier bedeutet Sachbilanz, früher Inventar genannt, eine Stoff- und Energieanalyse des untersuchten Systems von der Wiege bis zur Bahre. Das Ergebnis der Sachbilanz ist eine Tabelle (*inventory table*), in der alle Massen- und Energieinputs und -outputs aufgelistet sind (vgl. Abb. 1.3 und Kapitel 3).

Die „nackten Zahlen" der Sachbilanz bedürfen einer ökologischen Analyse oder Gewichtung. Inputs und Outputs werden entsprechend ihrer Wirkung in der Umwelt sortiert. So werden beispielsweise alle in der Sachbilanz ermittelten Emissionen in die Luft zusammengefasst, die zum sauren Regen beitragen (vgl. Kapitel 4). Dieser Arbeitsschritt wurde von SETAC zunächst als *Impact Analysis*,

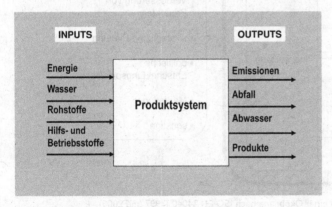

Abb. 1.3 Stoff und Energieanalyse eines Produktsystems.

---

48) SETAC 1993
49) UBA 1992

später als *Impact Assessment* bezeichnet. Im Deutschen änderte sich die Bezeichnung von „Wirkungsbilanz" zu **Wirkungsabschätzung**.

Die Auswertung der in der Ökobilanz ermittelten Daten wurde bereits in Smugglers Notch gefordert und *Improvement Analysis* genannt und später in *Improvement Assessment* umbenannt. Die Einführung dieser Komponente wurde als großer Fortschritt betrachtet, weil damit die Interpretation der erhobenen Daten definierten Regeln folgte. Das Umweltbundesamt (UBA) Berlin hat diesen Arbeitsschritt in seine Empfehlung zur Durchführung von Ökobilanzen 1992 optional aufgenommen. Die Regeln zur Interpretation wurden später im Verlauf des ISO-Normungsprozesses modifiziert (vgl. Abschnitt 1.3.2). Diese Komponente wird heute als **Auswertung** bezeichnet[50] (vgl. Abb. 1.4).

1.3.2
Die Struktur der Ökobilanz nach ISO

Die von SETAC entwickelte Struktur wurde im Wesentlichen bis heute beibehalten, wobei die Normung durch ISO[51] lediglich die Komponente *Improvement Assessment* durch „Interpretation" (Auswertung) ersetzte. Die Optimierung von Produktsystemen wurde von ISO nicht in die genormten Inhalte übernommen, sondern neben anderen möglichen Anwendungen der Norm aufgeführt. Diese in der internationalen Norm enthaltene Struktur ist in Abb. 1.4 dargestellt.

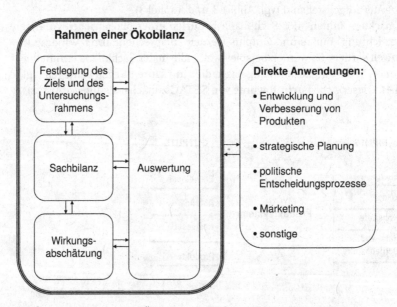

Abb. 1.4 Komponenten einer Ökobilanz nach ISO EN 14040 (1997 und 2006).

---

50) ISO 1997
51) ISO 1997, 2006a

Tabelle 1.1 Beispiele für Anwendungen einer Ökobilanz nach ISO 14040.

Anwendung	Fragestellung	Projektbeispiele
Umwelt-recht und -politik	• Verpackungsverordnung • Altölverordnung • gentechnisch veränderte Organismen (GVO) • Landwirtschaft • PVC • öffentliches Beschaffungswesen • integrierte Produktpolitik	• Getränkeverpackungen[52] • Altölverwertungswege[53] • GVO in der Landwirtschaft-LCA[54] • Beikrautbekämpfung Weinbau[55] • PVC in Schweden[56] • Kosten/Nutzen-Analysen umwelt-orientierter Beschaffung[57] • EuP-Richtlinie[58]
Produkt-vergleich	• Tenside • Getränkeverpackungen • Lebensmittelverpackungen • Fußbodenbeläge • Isolierungsmaterialien	• ECOSOL Sachbilanzen[59] • Verpackungsvergleiche[60] • Verpackungsvergleiche[61] • ERFMI Studie[62] • Gebäudeisolierung[63]
Kommu-nikation	• Konsumentenberatung • Akteurskettenmanagement • ökologisches Bauen • Carbon Footprinting	• ISO Typ III Deklaration[64] • PCR: Elektrizität, Dampf, Wasser[65] • EPD: Bauprodukte[66] • PCR: Klimadeklaration Produkt[67] • klimaneutrales Unternehmen[68]
Abfall-wirtschaft	• Entsorgungskonzepte • Recycling	• graphische Papiere[69] • Kunststoffe[70]
Betrieb	• ökologische Bewertung von Sparten	• Umweltleistung eines Unternehmens[71]

52) Schmitz et al. 1995; UBA 2000, 2002
53) UBA 2000a
54) Klöpffer et al. 1999
55) IFEU/SLFA 1998
56) Tukker et al. 1996
57) Rüdenauer et al. 2007
58) Kemna et al. 2005
59) Stalmans et al. 1995; Janzen 1995
60) IFEU 2002, 2004, 2006, 2007
61) IFEU 2006a; Humbert et al. 2008
62) Günther und Langowski 1997, 1998
63) Schmidt et al. 2004
64) Schmincke und Grahl 2006
65) Vattenfall et al. 2007
66) Deutsches Institut für Bauen und Umwelt 2007
67) Svenska Miljöstyrningsrådet 2006; BSI 2008
68) Gensch 2008
69) Tiedemann 2000
70) Heyde und Kremer 1999
71) Wright et al. 1997

Die Bezeichnungen der einzelnen Komponenten wurden gegenüber früheren Strukturen etwas geändert und lauten nun in der verbindlichen deutschen Fassung:

- Festlegung des Ziels und des Untersuchungsrahmens,
- Sachbilanz,
- Wirkungsabschätzung,
- Auswertung.

Die Pfeile im Diagramm (Abb. 1.4) deuten ein mögliches iteratives Vorgehen an, was oft auch erforderlich ist (vgl. Kapitel 2). Direkte **Anwendungen einer Ökobilanz** liegen außerhalb des Rahmens der genormten Komponenten einer Ökobilanz.

Dass die direkten **Anwendungen einer Ökobilanz** außerhalb des Rahmens der genormten Arbeitsschritte einer Ökobilanz liegen, ist sinnvoll, da sich neben den zum Zeitpunkt der Normentstehung bereits absehbaren Anwendungen in der Praxis weitere Möglichkeiten entwickelt haben, die unter „sonstige Anwendungen" subsumiert sind. Einige Beispiele sind Tabelle 1.1 zu entnehmen.

1.3.3
Bewertung – eine eigene Komponente?

Ein besonderes Schicksal hat der Arbeitsschritt **Bewertung**, der in der genormten Struktur nicht gesondert ausgewiesen ist. Eine Bewertung wird immer dann nötig, wenn die Ergebnisse einer vergleichenden Ökobilanz nicht eindeutig sind. Ist beim Vergleich zweier Produktsysteme beispielsweise bei System A der Energieverbrauch niedriger, dafür aber die Freisetzung von Substanzen, die zur Gewässereutrophierung und zur Bildung bodennahen Ozons beitragen, höher als beim System B, muss abgewogen werden: Was ist wichtiger? Für diese Entscheidung sind subjektive und/oder normative Wertvorstellungen erforderlich, wie sie im täglichen Leben z. B. bei Kaufentscheidungen bekannt sind[72]. Daher kann die Bewertung mit naturwissenschaftlichen (oder besser exakt-wissenschaftlichen) Methoden allein nicht durchgeführt werden.

Weil das so ist, wurde auf dem SETAC Europe Workshop in Leiden 1991[73] vorgeschlagen, *Valuation* (= Bewertung) als eigene Komponente einzuführen. Dieser Vorschlag wurde vom UBA Berlin[74] und später von DIN-NAGUS[75] aufgegriffen. Da allerdings subjektive Werthaltungen nicht zu normen sind, wurden methodische Regeln entwickelt, wie der Prozess der Entscheidungsfindung unterstützt werden kann. Im SETAC „Code of Practice"[76] wurden diese Regeln in die Unterkomponente der Wirkungsabschätzung eingeordnet. Daran hat auch der Normungsprozess bei ISO nichts geändert. Dort sind die Regeln in die Kompo-

---

72) DIN-NAGUS 1994; Giegrich et al. 1995; Klöpffer und Volkwein 1995; Neitzel 1996
73) SETAC Europe 1992
74) UBA 1992
75) DIN-NAGUS 1994; Neitzel 1996
76) SETAC 1993

nente Wirkungsabschätzung integriert[77] (vgl. Abschnitt 4.3). Die abschließende Zusammenfassung der Ergebnisse, die zur Entscheidungsfindung[78] hinführt, soll allerdings in der letzten Komponente der Ökobilanz, der „Auswertung"[79], stattfinden (vgl. Kapitel 5).

Die Bewertungsdiskussion hatte in Deutschland Ende der 1990er Jahre solche Ausmaße angenommen, dass sich die damalige Bundesumweltministerin Angela Merkel[80] einschaltete, der Bundesverband der Deutschen Industrie (BDI) eine viel beachtete Stellungnahme veröffentlichte[81] und schließlich das UBA Berlin eine ISO-konforme Bewertungsmethodik ausarbeitete[82].

1.4
Normung der Ökobilanztechnik

1.4.1
Entstehungsprozess

Die Normen zu Ökobilanzen ISO 14040 und 14044 gehören zur ISO 14000 Familie, die sich mit Umweltmanagement befasst (Abb. 1.5).

Das in Deutschland im DIN zuständige Gremium ist der „Normenausschuss Grundlagen des Umweltschutzes" (NAGUS). Auf internationaler Ebene werden im Technical Committee 207 (TC 207) bei der International Standard Organization (ISO) die nationalen Vorstellungen zusammengetragen und unter Beteiligung aller Länder, die mit ihren Normungsorganisationen Mitglied im TC 207 sind, eine internationale Norm entwickelt. Dieser Prozess dauert in der Regel mehrere Jahre.

Die Normung der Ökobilanz durch nationale Normungsorganisationen[83] und vor allem durch die internationale Standardisierungsorganisation ISO wird seit Beginn der 1990er Jahre mit großem Aufwand durchgeführt[84]. Sie bereitete jedoch erhebliche Schwierigkeiten, weil einzelne Komponenten der Ökobilanz – vor allem die Wirkungsabschätzung und die Auswertung – noch in Entwicklung begriffen waren. Auf der nationalen Ebene haben nur zwei Normungsorganisationen vor der Verabschiedung der ISO 14040 eine eigene Norm zur Ökobilanz entwickelt: AFNOR (Frankreich) und CSA (Kanada). Zur reibungslosen internationalen Verständigung wird heute angestrebt, möglichst eine einzige international akzeptierte Norm verfügbar zu machen und so haben auch Frankreich und Kanada sich in den ISO-Prozess eingebracht.

---

77) ISO 2000a
78) Grahl und Schmincke 1996
79) ISO 2000b
80) Merkel 1997
81) BDI 1999
82) Schmitz und Paulini 1999
83) z. B.: CSA 1992; DIN-NAGUS 1994; AFNOR 1994
84) ISO 1997, 1998, 2000a, 2000b; Marsmann 1997; Saur 1997; Klüppel 1997, 2002

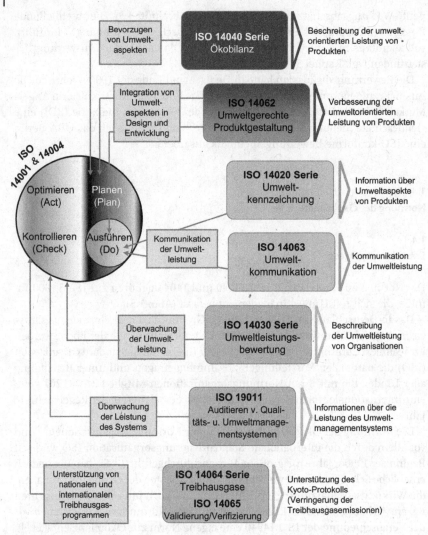

Abb. 1.5 Das ISO 14000 Modell[85].

Die wichtigste Normungsarbeit für Ökobilanzen wird daher bei ISO betrieben. Die Europäische Normung (CEN) und die angeschlossenen nationalen Organisationen übernehmen die Texte von ISO und übersetzen sie in die verschiedenen Sprachen (die CEN-Normen der 14040-Reihe existieren in drei offiziellen Sprachen: Englisch, Französisch und Deutsch). Die Arbeit im DIN-NAGUS und in ähnlichen nationalen Gremien besteht in der Zuarbeit zu den ISO-Arbeits-

---

85) Normenausschuss Grundlagen des Umweltschutzes (NAGUS) im DIN Deutsches Institut für Normung e. V. 2008.

gruppen, in der Erarbeitung und Abstimmung ergänzender Kommentare, in der Übersetzung von ISO-Texten und in ergänzender Normung für spezifisch deutsche bzw. nationale Problemfelder.

Die erste Serie internationaler Ökobilanz-Normen lehnte sich an die Struktur in Abb. 1.4 an:

- ISO 14040: Ökobilanz – Prinzipien und allgemeine Anforderungen; internationale Norm 1997;
- ISO 14041: Ökobilanz – Festlegung des Ziels und des Untersuchungsrahmens sowie Sachbilanz; internationale Norm 1998;
- ISO 14042: Ökobilanz – Wirkungsabschätzung; internationale Norm 2000;
- ISO 14043: Ökobilanz – Auswertung; internationale Norm 2000.

1.4.2
Status Quo

Die Überarbeitung der internationalen Normen im Zeitraum 2001–2006 brachte eine Neustrukturierung ohne tiefer greifende sachliche Änderungen[86]. Die Rahmennorm heißt weiterhin ISO 14040[87], enthält aber keine verbindlichen Handlungsanweisungen. Diese sind in der neuen Norm ISO 14044[88] zusammengefasst, die nunmehr alle in Abb. 1.4 gezeigten Komponenten der Ökobilanz erfasst.

Dazu kommen zwei technische Berichte (TR) und eine technische Spezifikation (TS), die nur in englischer Sprache vorliegen:

- ISO/TR 14047 Illustrative examples on how to apply ISO 14042;
- ISO/TS 14048 Data documentation format;
- ISO/TR 14049 Examples of the application of ISO 14041 to goal and scope definition and inventory analysis.

Diese begleitenden Dokumente sind als Erläuterungen und Hilfe bei der Benutzung der Normen gedacht, haben jedoch selbst keine normative Geltung.

An der ersten Runde im ISO-Normungsprozess nahmen 24 nationale Normungsorganisationen teil, 16 weitere hatten Beobachterstatus. Die Schlussabstimmungen erbrachten über 95 % Zustimmung. **Die Ökobilanz ist damit die einzige international genormte Methode zur Analyse der Umweltaspekte und potentiellen Wirkungen von Produktsystemen.** Die Normen werden im Abstand von fünf Jahren überprüft. Die Revision von 2006 wird also mindestens bis 2011 Bestand haben.

Auf die sachlichen Inhalte der Normen, auf Vorzüge und Defizite wird bei der Beschreibung der einzelnen Komponenten der Ökobilanz in den Kapiteln 2 bis 5 eingegangen.

---

86) Finkbeiner et al. 2006
87) ISO 2006a
88) ISO 2006b

1.5
Literatur und Information zur Ökobilanz

Bis Mitte der 1990er Jahre war zur Ökobilanzierung fast nur „graue Literatur" erhältlich. Mittlerweile sind einige, meist in englischer Sprache verfasste, Bücher erschienen, die das Thema ausführlich behandeln[89]. Eine wesentliche Informationsquelle sind auch die Schriften nationaler und internationaler Organisationen zum Thema Ökobilanz (LCA), vor allem SETAC und SETAC Europe[90], The Nordic Council[91], US-EPA[92], UBA Berlin[93], BUS/BUWAL Bern[94] und die European Environment Agency Kopenhagen (EEA)[95].

Seit 1996 erscheint „The International Journal of Life Cycle Assessment" (Int. J. LCA) im ecomed Verlag, Landsberg/Lech und Heidelberg (ab 01.01.2008 bei Springer, Heidelberg). Jeweils aktuelle Information über dieses Journal und verwandte Publikationen sind über das Internet abzufragen[96]. Die Zeitschrift hat sich in kurzer Zeit zum führenden Publikationsorgan der methodischen Weiterentwicklung der Ökobilanz entwickelt. Sie wurde ergänzt durch die Buchreihe „LCA-Documents" der Ecoinforma Press, seit 2008 bei Wiley-Blackwell), Bayreuth, in Kooperation mit ecomed. Das Int. J. LCA ist auch in elektronischer Version verfügbar, die Kurzfassungen, Leitartikel und ähnliche Publikationen können kostenlos abgeladen werden. Weitere Zeitschriften, die regelmäßig Beiträge über Ökobilanzen veröffentlichen, sind das Journal of Industrial Ecology (MIT Press, seit 2008 bei Wiley-Blackwell), Cleaner Production (Elsevier) und Integrated Environmental Assessment and Management – IEAM (SETAC Press).

Fachzeitschriften, deren thematisches Spektrum das jeweilige Thema der Ökobilanz umfasst, publizieren ebenfalls Ökobilanzliteratur. So wurde beispielsweise 1995 die große ECOSOL-Tensid-Sachbilanz der europäischen Tensidhersteller, durchgeführt von Franklin Associates, zur Gänze in zwei Heften von „Tenside, Surfactants, Detergents" publiziert[97].

Die Bedeutung des Publizierens für die Verbreitung und kritische Diskussion von Methoden, Theorien und Forschungsergebnissen kann gar nicht überschätzt werden. Besonders in neuen Zweigen der Wissenschaft definiert das Gutachterverfahren (*Peer Review*) von Tag zu Tag was als wissenschaftlich zu gelten hat und

---

89) Schmidt und Schorb 1995; Curran 1996; Eyrer 1996; Fullana und Puig 1997; Wenzel et al. 1997; Hauschild und Wenzel 1998; Badino und Baldo 1998; Guinée et al. 2002; Baumann und Tillman 2004

90) SETAC 1991, 1993; SETAC Europe 1992; Fava et al. 1993, 1994; Huppes und Schneider 1994; Udo de Haes 1996; Udo de Haes et al. 2002

91) Lindfors et al. 1994a, 1994b, 1995

92) EPA 1993, 2006

93) UBA 1992, 1997; Klöpffer und Renner 1995; Schmitz und Paulini 1999

94) BUS 1984; BUWAL 1990, 1991, 1996, 1998

95) Jensen et al. 1997

96) http://www.scientificjournals.com/lca

97) Janzen 1995; Klöpffer et al. 1995; Berna et al. 1995; Stalmans et al. 1995; Hirsinger und Schlick 1995a, 1995b, 1995c, 1995d; Thomas 1995; Berenbold und Kosswig 1995; Postlethwaite 1995a, 1995b; Schul et al. 1995; Franke et al. 1995

was nicht[98]. Es wirkt als Feineinstellung zu den großen erkenntnistheoretischen Prinzipien, insbesondere der nach Popper zentralen Frage der Falsifizierbarkeit[99], die für Ökobilanzen noch nicht eindeutig zu beantworten ist. Die Frage der Wissenschaftlichkeit der Ökobilanz wird im Folgenden für die einzelnen Komponenten kritisch zu betrachten sein.

1.6
Literatur zu Kapitel 1

AFNOR 1994:
Association Française de Normalisation (AFNOR): Analyse de cycle de vie. Norme NF X 30–300. 3/1994.

Badino und Baldo 1998:
Badino, V.; Baldo, G. L.: LCA – Istruzioni per l'uso. Progetto Leonardo, Esculapio Editore, Bologna.

Baumann und Tillman 2004:
Baumann, H.; Tillman, A.-M.: The Hitch Hiker's Guide to LCA. An Orientation in LCA Methodology and Application. Studentlitteratur, Lund. ISBN 91-44-02364-2.

BDI 1999:
Bundesverband der Deutschen Industrie e. V. (BDI): Die Durchführung von Öko-bilanzen zur Information von Öffentlichkeit und Politik. BDI-Drucksache Nr. 313. Verlag Industrie-Förderung, Köln, April 1999. ISSN 0407-8977.

Beck 1993:
Beck, M. (Hrsg.): Ökobilanzierung im betrieblichen Management. Vogel Buchverlag, Würzburg. ISBN 3-8023-1479-4.

Berenbold und Kosswig 1995:
Berenbold, H.; Kosswig, K.: A life-cycle inventory for the production of secondary alkane sulphonates (SAS) in Europe. Tenside Surf. Det. 32, 152–156.

Berna et al. 1995:
Berna, J. L.; Cavalli, L.; Renta, C.: A life-cycle inventory for the production of linear akylbenzene sulphonates in Europe. Tenside Surf. Det. 32, 122–127.

BIfA/IFEU/Flo-Pak 2002:
Kunststoffe aus nachwachsenden Rohstoffen: Vergleichende Ökobilanz für Loose-fill-Packmittel aus Stärke bzw. aus Polystyrol. Bayerisches Institut für angewandte Umweltforschung und -technik, Augsburg.

Blouet und Rivoire 1995:
Blouet, A.; Rivoire, E.: L'Écobilan. Les produits et leurs impacts sur l'environnement. Dunod, Paris. ISBN 2-10-002126-5.

Boustead 1996:
Boustead, I.: LCA – How it came about. The beginning in UK. Int. J. LCA 1 (3), 147–150.

Boustead und Hancock 1979:
Boustead, I.; Hancock, G. F.: Handbook of Industrial Energy Analysis. Ellis Horwood Ltd., Chichester.

Braunschweig und Müller-Wenk 1993:
Braunschweig, A.; Müller-Wenk, R.: Ökobilanzen für Unternehmungen. Eine Wegleitung für die Praxis. Verlag Haupt, Bern.

BSI 2008:
British Standards Institution (Ed.): Publicly Available Specification (PAS) 2050:2008. Specification for the assessment of the life cycle greenhouse gas emissions of goods and services.

BUS 1984:
Bundesamt für Umweltschutz (BUS), Bern (Hrsg.): Oekobilanzen von Packstoffen. Schriftenreihe Umweltschutz, Nr. 24. Bern, April 1984.

BUWAL 1990:
Ahbe, S.; Braunschweig, A.; Müller-Wenk, R.: Methodik für Oekobilanzen auf der Basis ökologischer Optimierung. In: Bundesamt für Umwelt, Wald und Landschaft (BUWAL), Bern (Hrsg.): Schriftenreihe Umwelt Nr. 133.

BUWAL 1991:
Habersatter, K.; Widmer, F.: Oekobilanzen von Packstoffen. Stand 1990. In: Bundesamt für Umwelt, Wald und Landschaft (BUWAL), Bern (Hrsg.): Schriftenreihe Umwelt Nr. 132, Februar 1991.

---

98) Klöpffer 2007
99) Popper 1934

BUWAL 1996,1998:
Habersatter, K.; Fecker, I.; Dall'Aqua, S.; Fawer, M.; Fallscher, F.; Förster, R.; Maillefer, C.; Ménard, M.; Reusser, L.; Som, C.; Stahel, U.; Zimmermann, P.: Ökoinventare für Verpackungen. ETH Zürich und EMPA St. Gallen für BUWAL und SVI, Bern. In: Bundesamt für Umwelt, Wald und Landschaft (Hrsg.): Schriftenreihe Umwelt Nr. 250/Bd. I und II. 2. erweiterte und aktualisierte Auflage, Bern 1998 (1. Auflage 1996).

CSA 1992:
Canadian Standards Association (CSA): Environmental Life Cycle Assessment. CAN/CSA-Z760. 5th Draft Edition, May 1992.

Curran 1996:
Curran, M. A. (ed.): Environmental Life-Cycle Assessment. McGraw-Hill, New York. ISBN 0-07-015063-X.

Deutsches Institut für Bauen und Umwelt 2007:
TECU® – Kupferbänder und Kupferlegierungen. KME Germany AG. Programmhalter: Deutsches Institut für Bauen und Umwelt. Registrierungsnummer No: AUB-KME-30807-D. Ausstellungsdatum: 2007-11-01; verifiziert von: Dr. Eva Schmincke.

DIN-NAGUS 1994:
DIN-NAGUS: Grundsätze produktbezogener Ökobilanzen (Stand Oktober 1993). DIN-Mitteilungen 73 (3), 208–212.

EPA 1993:
Vigon, B. W.; Tolle, D. A.; Cornaby, B. W.; Latham, H. C.; Harrison, C. L.; Boguski, T. L.; Hunt, R. G.; Sellers, J. D.: Life Cycle Assessment: Inventory Guidelines and Principles. EPA/600/R-92/245, Office of Research and Development. Cincinnati, Ohio.

EPA 2006:
Scientific Applications International Corporation (SAIC): Life Cycle Assessment: Principles and Practice. U.S. EPA, Systems Analysis Branch, National Risk Management Research Laboratory. Cincinnati, Ohio.

Eyrer 1996:
Eyrer, P. (Hrsg.): Ganzheitliche Bilanzierung. Werkzeug zum Planen und Wirtschaften in Kreisläufen. Springer, Berlin 1996. ISBN 3-540-59356-X.

Fava et al. 1993:
Fava, J.; Consoli, F. J.; Denison, R.; Dickson, K.; Mohin, T.; Vigon, B. (eds.): Conceptual Framework for Life-Cycle Impact Analysis. Workshop Report. SETAC and SETAC Foundation for Environ. Education. Sandestin, Florida, February 1–7, 1992. Published by SETAC.

Fava et al. 1994:
Fava, J.; Jensen, A. A.; Lindfors, L.; Pomper, S.; De Smet, B.; Warren, J.; Vigon, B. (eds.): Conceptual Framework for Life-Cycle Data Quality. Workshop Report. SETAC and SETAC Foundation for Environ. Education. Wintergreen, Virginia, October 1992. Published by SETAC June 1994.

Fink 1997:
Fink, P.: LCA – How it came about. The roots of LCA in Switzerland: Continuous learning by doing. Int. J. LCA 2 (3), 131–134.

Finkbeiner et al. 2006:
Finkbeiner, M.; Inaba, A.; Tan, R. B. H.; Christiansen, K.; Klüppel, H.-J.: The new international standards for life cycle assessment: ISO 14040 and ISO 14044. Int. J. LCA 11 (2), 80–85.

Fleischer und Schmidt 1995:
Fleischer, G.; Schmidt, W.-P.: Life Cycle Assessment. Ullmanns Encyclopaedia of Industrial Chemistry, Vol. B8, 585–600.

Fleischer und Schmidt 1996:
Fleischer, G.; Schmidt, W.-P.: Functional unit for systems using natural raw materials. Int. J. LCA 1 (1), 23–27.

Franke 1984:
Franke, M.: Umweltauswirkungen durch Getränkeverpackungen. Systematik zur Ermittlung der Umweltauswirkungen von komplexen Prozessen am Beispiel von Einweg- und Mehrweg-Getränkebehältern. EF-Verlag für Energie- und Umwelttechnik, Berlin.

Franke et al. 1995:
Franke, M.; Berna, J. L.; Cavalli, L.; Renta, C.; Stalmans, M.; Thomas, H.: A life-cycle inventory for the production of petrochemical intermediates in Europe. Tenside Surf. Det. 32, 384–396.

Fullana und Puig 1997:
Fullana, P.; Puig, R.: Análisis del ciclo de vida. Primera edición. Rubes Editorial, S.L., Barcelona. ISBN 84-497-0070-1.

Gabathuler 1998:
Gabathuler, H.: The CML story. How environmental sciences entered the debate on LCA. Int. J. LCA 2 (4), 187–194.

Gensch 2008:
Gensch, C.-O.; Klimaneutrale Weleda AG. Endbericht, Öko-Institut Freiburg.

Giegrich et al. 1995:
Giegrich, J.; Mampel, U.; Duscha, M.; Zazcyk, R.; Osorio-Peters, S.; Schmidt, T.: Bilanzbewertung in produktbezogenen Ökobilanzen. Evaluation von Bewertungsmethoden, Perspektiven. Endbericht des Instituts für Energie- und Umweltforschung Heidelberg GmbH (IFEU) an das Umweltbundesamt, Berlin. Heidelberg, März 1995. UBA Texte 23/95. Berlin. ISSN 0722-186X.

Grahl und Schmincke 1996:
Grahl, B.; Schmincke, E.: Evaluation and decision-making processes in life cycle assessment. Int. J. LCA 1 (1), 32–35.

Günther und Langowski 1997:
Günther, A.; Langowski, H.-C.: Life cycle assessment study on resilient floor coverings. Int. J. LCA 2(2), 73–80.

Günther und Langowski 1998:
Günther, A.; Langowski, H.-C. (eds.): Life Cycle Assessment Study on Resilient Floor Coverings. For ERFMI (European Resilient Flooring Manufacturers Institute). Fraunhofer IRB Verlag 1998. ISBN 3-8167-5210-1.

Guinée et al. 2002:
Guinée, J. B. (final editor); Gorée, M.; Heijungs, R.; Huppes, G.; Kleijn, R.; Koning, A. de; Oers, L. van; Wegener Sleeswijk, A.; Suh, S.; Udo de Haes, H. A.; Bruijn, H. de; Duin, R. van; Huijbregts, M. A. J.: Handbook on Life Cycle Assessment – Operational Guide to the ISO Standards. Kluwer Academic Publishers, Dordrecht. ISBN 1-4020-0228-9.

Hauschild und Wenzel 1998:
Hauschild, M.; Wenzel, H.: Environmental Assessment of Products Vol. 2: Scientific Background. Chapman & Hall, London. ISBN 0-412-80810-2.

Heijungs 1997:
Heijungs, R.: Economic Drama and the Environmental Stage. Formal Derivation of Algorithmic Tools for Environmental Analysis and Decision-Support from a Unified Epistemological Principle. Proefschrift (Dissertation/PhD-Thesis). Leiden. ISBN 90-9010784-3.

Heijungs und Suh 2002:
Heijungs, R.; Suh, S.: The Computational Structure of Life Cycle Assessment. Kluwer Academic Publishers, Dordrecht 2002. ISBN 1-4020-0672-1.

Heyde und Kremer 1999:
Heyde, M.; Kremer, M.: Recycling and Recovery of Plastics from Packaging in Domestic Waste. LCA-type Analysis of Different Strategies. LCA Documents Vol. 5. Ecoinforma Press, Bayreuth. ISBN 3-928379-57-7.

Hirsinger und Schlick 1995a:
Hirsinger, F.; Schlick, K.-P.: A life-cycle inventory for the production of alcohol sulphates in Europe. Tenside Surf. Det. 32, 128–139.

Hirsinger und Schlick 1995b:
Hirsinger, F.; Schlick, K.-P.: A life-cycle inventory for the production of alkyl polyglucosides in Europe. Tenside Surf. Det. 32, 193–200.

Hirsinger und Schlick 1995c:
Hirsinger, F.; Schlick, K.-P.: A life-cycle inventory for the production of detergent-grade alcohols. Tenside Surf. Det. 32, 398–410.

Hirsinger und Schlick 1995d:
Hirsinger, F.; Schlick, K.-P.: A life-cycle inventory for the production of oleochemical raw materials. Tenside Surf. Det. 32, 420–432.

Huijbregts et al. 2006:
Huijbregts, M. A. J.; Guinée, J. B.; Huppes, G.; Potting, J. (eds.): Special issue honoring Helias A. Udo de Haes at the occasion of his retirement. Special Issue 1, Int. J. LCA 11, 1–132.

Humbert et al. 2008:
Humbert, S.; Rossi, V.; Margni, M.; Jolliet, O.; Loerincik, Y: Life cycle assessment of two baby food packaging alternatives: glass jars vs. plastic pots. Int. J. LCA (im Druck).

Hunt und Franklin 1996:
Hunt, R.; Franklin, W. E.: LCA – How it came about. Personal reflections on the origin and the development of LCA in the USA. Int. J. LCA 1 (1), 4–7.

Huppes und Schneider 1994:
Huppes, G.; Schneider, F. (eds.):

Proceedings of the European Workshop on Allocation in LCA. Leiden, February 1994. SETAC Europe, Brussels.

IFEU/SLFA 1998:
Ökobilanz Beikrautbekämpfung im Weinbau. Im Auftrag des Ministeriums für Wirtschaft, Verkehr, Landwirtschaft und Weinbau Rheinland-Pfalz, Mainz. IFEU, Heidelberg, SLFA, Neustadt an der Weinstraße, Dezember 1998.

IFEU 2002:
Ostermayer, A.; Schorb, A.: Ökobilanz Fruchtsaftgetränke Verbund-Standbodenbeutel 0,2 l, MW-Glasflasche, Karton Giebelpackung. Im Auftrag der Deutschen SISI-Werke, Eppelheim. IFEU Heidelberg, Juli 2002.

IFEU 2004:
Detzel, A.; Giegrich, J.; Krüger, M.; Möhler, S.; Ostermayer, A. (IFEU): Ökobilanz PET-Einwegverpackungen und sekundäre Verwertungsprodukte. Im Auftrag von PETCORE, Brüssel. IFEU Heidelberg, August 2004.

IFEU 2006:
Detzel, A.; Böß, A.: Ökobilanzieller Vergleich von Getränkekartons und PET-Einwegflaschen. Endbericht, Institut für Energie- und Umweltforschung (IFEU) Heidelberg an den Fachverband Kartonverpackungen (FKN) Wiesbaden, August 2006.

IFEU 2006a:
Detzel, A.; Krüger, M. (IFEU): LCA for food contact packaging made from PLA and traditional materials. On behalf of Natureworks LLC. IFEU Heidelberg, Juli 2006.

IFEU 2007:
Krüger, M.; Detzel, A. (IFEU): Aktuelle Ökobilanz zur 1,5-L-PET-Einwegflasche in Österreich unter Einbeziehung des Bottle-to-Bottle-Recycling. Im Auftrag des Verbands der Getränkehersteller Österreichs. IFEU Heidelberg, Oktober 2007.

ISO 1997:
International Standard (ISO); Norme Européenne (CEN): Environmental management – Life cycle assessment – Principles and framework. Prinzipien und allgemeine Anforderungen. EN ISO 14040 Juni 1997.

ISO 1998:
International Standard (ISO); Norme Européenne (CEN): Environmental management – Life cycle assessment: Goal and scope definition and inventory analysis (Festlegung des Ziels und des Untersuchungsrahmens sowie Sachbilanz) ISO EN 14041 (1998).

ISO 2000a:
International Standard (ISO); Norme Européenne (CEN): Environmental management – Life cycle assessment: Life cycle impact assessment (Wirkungsabschätzung). International Standard ISO EN 14042.

ISO 2000b:
International Standard (ISO); Norme Européenne (CEN): Environmental management – Life cycle assessment: Interpretation (Auswertung). International Standard ISO EN 14043.

ISO 2006a:
ISO TC 207/SC 5: Environmental management – Life cycle assessment – Principles and framework. ISO EN 14040 2006-10.

ISO 2006b:
ISO TC 207/SC 5: Environmental management – Life cycle assessment – Requirements and guidelines. ISO EN 14044 2006-10.

Janzen 1995:
Janzen, D. C.: Methodology of the European surfactant life-cycle inventory for detergent surfactants production. Tenside Surf. Det. 32, 110–121.

Jensen et al. 1997:
Jensen, A. A.; Hoffman, L.; Møller, B. T.; Schmidt, A.; Christiansen, K.; Elkington, J.; van Dijk, F.: Life Cycle Assessment (LCA). A guide to approaches, experiences and information sources. European Environmental Agency. Environmental Issues Series No. 6, August 1997.

Kemna et al. 2005:
Kemna, R.; van Elburg, M.; Li, W.; van Holsteijn, R.: Methodology Study Eco-design of Energy-using Products – MEEUP Methodology Report for DG ENETR, Unit ENTR/G/3 in collaboration with DG TREN, Unit D1. Delft, 2005.

Kindler und Nikles 1979:
Kindler, H.; Nikles, A.: Energieaufwand zur Herstellung von Werkstoffen – Berechnungsgrundsätze und Energieäquivalenzwerte von Kunststoffen. Kunststoffe 70, 802–807.

Kindler und Nikles 1980:
Kindler, H.; Nikles, A.: Energiebedarf
bei der Herstellung und Verarbeitung
von Kunststoffen. Chem.-Ing.-Tech. 51,
1–3.

Klöpffer 1994:
Klöpffer, W.: Environmental hazard
assessment of chemicals and products.
Part IV. Life cycle assessment. ESPR –
Environ. Sci. & Pollut. Res. 1 (5), 272–279.

Klöpffer 1997:
Klöpffer, W.: Life cycle assessment – From
the beginning to the current state. ESPR-
Environ. Sci. & Pollut. Res. 4 (4), 223–228.

Klöpffer 2003:
Klöpffer, W.: Life-cycle based methods
for sustainable product development.
Editorial for the LCM Section in Int. J.
LCA 8 (3), 157–159.

Klöpffer 2006:
Klöpffer, W.: The Role of SETAC in the
development of LCA. Int. J. LCA Special
Issue 1, Vol. 11, 116–122.

Klöpffer 2007:
Klöpffer, W.: Publishing scientific articles
with special reference to LCA and related
topics. Int. J. LCA 12 (2), 71–76.

Klöpffer 2008:
Klöpffer, W.: Life-cycle based sustainability
assessment of products. Int. J. LCA 13 (2),
89–94.

Klöpffer et al. 1995:
Klöpffer, W.; Grießhammer, R.;
Sundström, G.: Overview of the scientific
peer review of the European life cycle
inventory for surfactant production.
Tenside Surf. Det. 32, 378–383.

Klöpffer und Renner 1995:
Klöpffer, W.; Renner, I.: Methodik der
Wirkungsbilanz im Rahmen von Produkt-
Ökobilanzen unter Berücksichtigung
nicht oder nur schwer quantifizierbarer
Umwelt-Kategorien. Bericht der C.A.U.
GmbH, Dreieich, an das Umweltbun-
desamt (UBA), Berlin. UBA-Texte 23/95,
Berlin. ISSN 0722-186X.

Klöpffer und Volkwein 1995:
Klöpffer, W.; Volkwein, S.: Bilanzbewertung im Rahmen der Ökobilanz.
Kapitel 6.4 in Thomé-Kozmiensky, K. J.
(Hrsg.): Enzyklopädie der Kreislaufwirtschaft, Management der Kreislaufwirtschaft. EF-Verlag für Energie- und Umwelttechnik, Berlin, S. 336–340.

Klöpffer et al. 1999:
Klöpffer, W.; Renner, I.; Tappeser, B.;
Eckelkamp, C.; Dietrich, R.: Life Cycle
Assessment gentechnisch veränderter
Produkte als Basis für eine umfassende
Beurteilung möglicher Umweltauswir-
kungen. Federal Environment Agency
Ltd. Monographien Bd. 111, Wien.
ISBN 3-85457-475-4.

Klüppel 1997:
Klüppel, H.-J.: Goal and scope definition
and life cycle inventory analysis. Int. J.
LCA 2 (1), 5–8.

Leuven 1990:
Life Cycle Analysis for Packaging Environ-
mental Assessment. Proceedings of
the Specialised Workshop organized by
Procter & Gamble, Leuven, Belgium,
September 24/25.

Lindfors et al. 1994a:
Lindfors, L.-G.; Christiansen, K.;
Hoffmann, L.; Virtanen, Y.; Juntilla, V.;
Leskinen, A.; Hansen, O.-J.; Rønning, A.;
Ekvall, T.; Finnveden, G.; Weidema, Bo P.;
Ersbøll, A. K.; Bomann, B.; Ek, M.:
LCA-NORDIC Technical Reports No. 10
and Special Reports No. 1–2. Tema Nord
1995:503. Nordic Council of Ministers.
Copenhagen 1994. ISBN 92-9120-609-1.

Lindfors et al. 1994b:
Lindfors, L.-G.; Christiansen, K.;
Hoffmann, L.; Virtanen, Y.; Juntilla, V.;
Leskinen, A.; Hansen, O.-J.; Rønning, A.;
Ekvall, T.; Finnveden, G.: LCA-NORDIC
Technical Reports No. 1–9. Tema Nord
1995:502. Nordic Council of Ministers.
Copenhagen 1994.

Lindfors et al. 1995:
Lindfors, L.-G.; Christiansen, K.;
Hoffmann, L.; Virtanen, Y.; Juntilla, V.;
Hanssen, O.-J.; Rønning, A.; Ekvall, T.;
Finnveden, G.: Nordic Guidelines on
Life-Cycle Assessment. Nordic Council
of Ministers. Nord 1995:20. Copenhagen
1995.

Lundholm und Sundström 1985:
Lundholm, M. P.; Sundström, G.:
Ressourcen und Umweltbeeinflussung.
Tetrabrik Aseptic Kartonpackungen sowie
Pfandflaschen und Einwegflaschen aus
Glas. Malmö 1985.

Lundholm und Sundström 1986:
Lundholm, M. P.; Sundström, G.: Res-
sourcen- und Umweltbeeinflussung durch

zwei Verpackungssysteme für Milch, Tetra Brik und Pfandflasche. Malmö 1986.

Marsmann 1997:
Marsmann, M.: ISO 14040 – The first project. Int. J. LCA 2 (3), 122–123.

Mauch und Schäfer 1996:
Mauch, W.; Schaefer, H.: Methodik zur Ermittlung des kumulierten Energieaufwands. In Eyrer, P. (Hrsg.): Ganzheitliche Bilanzierung. Werkzeug zum Planen und Wirtschaften in Kreisläufen. Springer, Berlin, S. 152–180. ISBN 3-540-59356-X.

Meadows et al. 1972:
Meadows, D. H.; Meadows, D. L.; Randers, J.; Behrens III, W. W.: The Limits to Growth. A Report for the Club of Rome's Project on the Predicament of Mankind. Universe Books, New York 1972. ISBN 0-87663-165-0.

Meadows et al. 1973:
Meadows, D. L.; Meadows, D. H.; Zahn, E.; Milling, P.: Die Grenzen des Wachstums. Bericht des Club of Rome zur Lage der Menschheit. 101.–200. Ts. rororo Taschenbuch, Hamburg 1973; neue Auflage im dtv Taschenbuchverlag. ISBN 3-499-16825-1.

Merkel 1997:
Merkel, A.: Foreword: ISO 14040. Int. J. LCA 2 (3), 121.

Neitzel 1996:
Neitzel, H. (ed.): Principles of product-related life cycle assessment. Int. J. LCA 1 (1), 49–54.

O'Brien et al. 1996:
O'Brien, M.; Doig, A.; Clift, R.: Social and environmental life cycle assessment (SELCA) approach and methodological development. Int. J. LCA 1 (4), 231–237.

Oberbacher et al. 1996:
Oberbacher, B.; Nikodem, H.; Klöpffer, W.: LCA – How it came about. An early systems analysis of packaging for liquids which would be called an LCA today. Int. J. LCA 1 (2), 62–65.

Popper 1934:
Popper, K. R.: Logik der Forschung. J. Springer, Wien 1934. 7. Auflage: J. C. B. Mohr (Paul Siebeck), Tübingen 1982. 1st English edition: The Logic of Scientific Discovery. Hutchison, London 1959.

Postlethwaite 1995a:
Postlethwaite, D.: A life-cycle inventory for the production of sulphur and caustic soda in Europe. Tenside Surf. Det. 32, 412–418.

Postlethwaite 1995b:
Postlethwaite, D.: A life-cycle inventory for the production of soap in Europe. Tenside Surf. Det. 32, 157–170.

Projektgruppe ökologische Wirtschaft 1987:
Produktlinienanalyse: Bedürfnisse, Produkte und ihre Folgen. Kölner Volksblattverlag, Köln.

Rüdenauer et al. 2007:
Rüdenauer, I.; Dross, M.; Eberle, U.; Gensch, C.; Graulich, K.; Hünecke, K.; Koch, Y.; Möller, M.; Quack, D.; Seebach, D.; Zimmer, W.; et al.: Costs and Benefits of Green Public Procurement in Europe. Part 1: Comparison of the Life Cycle Costs of Green and Non Green Products. Service contract number: DG ENV.G.2/SER/2006/0097r. Öko-Institut Freiburg 2007.

Saur 1997:
Saur, K.: Life cycle impact assessment (LCA-ISO activities). Int. J. LCA 2 (2), 66–70.

Schaltegger 1996:
Schaltegger, S. (Ed.): Life Cycle Assessment (LCA) – Quo vadis? Birkhäuser Verlag, Basel und Boston. ISBN 3-7643-5341-4 (Basel), ISBN 0-8176-5341-4 (Boston).

Schmidt und Schorb 1995:
Schmidt, M.; Schorb, A.: Stoffstromanalysen in Ökobilanzen und Öko-Audits. Springer Verlag, Berlin. ISBN 3-540-59336-5.

Schmidt et al. 2004:
Schmidt, A.; Jensen, A. A.; Clausen, A.; Kamstrup, O.; Postlethwaite, D.: A comparative life cycle assessment of building insulation products made of stone wool, paper wool and flax. Part 1: Background, goal and scope, life cycle inventory, impact assessment and interpretation. Int. J. LCA 9 (1), 53–66.

Schmincke und Grahl 2006:
Schmincke, E.; Grahl, B.: Umwelteigenschaften von Produkten. Die Rolle der Ökobilanz in ISO Typ III Umweltdeklarationen. UWSF – Z Umweltchem Ökotox 18(2).

Schmitz et al. 1995:
Schmitz, S.; Oels, H.-J.; Tiedemann, A.: Ökobilanz für Getränkeverpackungen. Teil A: Methode zur Berechnung und

Bewertung von Ökobilanzen für Verpackungen. Teil B: Vergleichende Untersuchung der durch Verpackungssysteme für Frischmilch und Bier hervorgerufenen Umweltbeeinflussungen. UBA Texte 52/95. Berlin.

Schmitz und Paulini 1999:
Schmitz, S.; Paulini, I.: Bewertung in Ökobilanzen. Methode des Umweltbundesamtes zur Normierung von Wirkungsindikatoren, Ordnung (Rangbildung) von Wirkungskategorien und zur Auswertung nach ISO 14042 und 14043. Version '99. UBA Texte 92/99, Berlin.

Schul et al. 1995:
Schul, W.; Hirsinger, F.; Schick, K.-P.: A life-cycle inventory for the production of detergent range alcohol ethoxylates in Europe. Tenside Surf. Det. 32, 171–192.

SETAC 1991:
Fava, J. A.; Denison, R.; Jones, B.; Curran, M. A.; Vigon, B.; Selke, S.; Barnum, J. (eds.): SETAC Workshop Report: A Technical Framework for Life Cycle Assessments. August 18–23 1990, Smugglers Notch, Vermont. SETAC, Washington, DC, January 1991.

SETAC 1993:
Society of Environmental Toxicology and Chemistry (SETAC): Guidelines for Life-Cycle Assessment: A „Code of Practice". From the SETAC Workshop held at Sesimbra, Portugal, 31 March – 3 April 1993. Edition 1, Brussels and Pensacola (Florida), August 1993.

SETAC Europe 1992:
Society of Environmental Toxicology and Chemistry – Europe (Ed.): Life-Cycle Assessment. Workshop Report, 2–3 December 1991, Leiden. SETAC Europe, Brussels.

Stalmans et al. 1995:
Stalmans, M.; Berenbold, H.; Berna, J. L.; Cavalli, L.; Dillarstone, A.; Franke, M.; Hirsinger, F.; Janzen, D.; Kosswig, K.; Postlethwaite, D.; Rappert, Th.; Renta, C.; Scharer, D.; Schick, K.-P.; Schul, W.; Thomas, H.; Van Sloten, R.: European life-cycle inventory for detergent surfactants production. Tenside Surf. Det. 32, 84–109.

Suter et al. 1995:
Suter, P.; Walder, E. (Projektleitung). Frischknecht, R.; Hofstetter, P.; Knoepfel, I.; Dones, R.; Zollinger,

E. (Ausarbeitung). Attinger, N.; Baumann, Th.; Doka, G.; Dones, R.; Frischknecht, R.; Gränicher, H.-P.; Grasser, Ch.; Hofstetter, P.; Knoepfel, I.; Ménard, M.; Müller, H.; Vollmer, M. Walder, E.; Zollinger, E. (AutorInnen): Ökoinventare für Energiesysteme. ETH Zürich und Paul Scherrer Institut, Villingen im Auftrag des Bundesamtes für Energiewirtschaft (BEW) und des Nationalen Energie-Forschungs-Fonds NEFF. 2. Auflage.

Suter et al. 1996:
Suter, P.; Frischknecht, R. (Projektleitung); Frischknecht, R. (Schlussredaktion): Bollens, U.; Bosshart, S.; Ciot, M.; Ciseri, L.; Doka, G.; Frischknecht, R.; Hirschier, R.; Martin, A.; Dones, R.; Gantner, U. (AutorInnen der Überarbeitung): Ökoinventare von Energiesystemen. ETH Zürich und Paul Scherrer Institut, Villingen im Auftrag des Bundesamtes für Energiewirtschaft (BEW) und des Projekt- und Studienfonds der Elektrizitätswirtschaft (PSEL). 3. Auflage. Zürich.

Svenska Miljöstyrningsrådet 2006:
Climate Declaration, Carbon Footprint for Natural Mineral Water. Registration number: S-P-00123. Program: The EPD®system. Program operator: AB Svenska Miljöstyrningsrådet (MSR), Product Category Rules (PCR): Natural mineral water (PCR 2006:7), PCR review conducted by: MSR Technical Committee chaired by Sven-Olof Ryding (info@environdec.com), Third party verified: Extern Verifier: Certiquality. Download from www.environdec.com.

Thomas 1995:
Thomas, H.: A life-cycle inventory for the production of alcohol ethoxy sulphates in Europe. Tenside Surf. Det. 32, 140–151.

Tiedemann 2000:
Tiedemann, A. (Hrsg.): Ökobilanzen für graphische Papiere. UBA Texte 22/2000, Berlin.

Tukker et al. 1996:
Tukker, A.; Kleijn, R.; van Oers, L.: A PVC substance flow analysis for Sweden. Report by TNO Centre for Technology and Policy Studies and Centre of Environmental Science (CML) Leiden to Norsk Hydro, TNO-Report STB/96/48-III. Apeldoorn, November 1996.

UBA 1992:
Arbeitsgruppe Ökobilanzen des Umweltbundesamts Berlin: Ökobilanzen für
Produkte. Bedeutung – Sachstand – Perspektiven. UBA Texte 38/92. Berlin.

UBA 1995:
Umweltbundesamt (Hrsg.): Schmitz, S.;
Oels, H.-J.; Tiedemann, A.: Ökobilanz für
Getränkeverpackungen. UBA Texte 52/95,
Berlin.

UBA 1997:
Umweltbundesamt Berlin: Materialien
zu Ökobilanzen und Lebensweganalysen.
Aktivitäten und Initiativen des Umwelt-
bundesamtes. Bestandsaufnahme Stand
März 1997. UBA Texte 26/97. Berlin.
ISSN 0722-186X.

UBA 2000:
Plinke, E.; Schonert, M.; Meckel, H.;
Detzel, A.; Giegrich, J.; Fehrenbach, H.;
Ostermayer, A.; Schorb, A.; Heinisch, J.;
Luxenhofer, K.; Schmitz, S.: Ökobilanz für
Getränkeverpackungen II, Zwischenbe-
richt (Phase 1) zum Forschungsvorhaben
FKZ 296 92 504 des Umweltbundesamtes
Berlin – Hauptteil: UBA Texte 37/00,
Berlin September 2000. ISSN 0722-186X.

UBA 2000a:
Kolshorn, K.-U., Fehrenbach, H.:
Ökologische Bilanzierung von Altöl-
Verwertungswegen. Abschlussbericht
zum Forschungsvorhaben Nr. 297 92
382/01 des Umweltbundesamtes Berlin.
UBA Texte 20/00, Berlin Januar 2000.
ISSN 0722-186X.

UBA 2002:
Schonert, M.; Metz, G.; Detzel, A.;
Giegrich, J.; Ostermayer, A.;
Schorb, A.; Schmitz, S.: Ökobilanz für
Getränkeverpackungen II, Phase 2.
Forschungsbericht 103 50 504 UBA-FB
000363 des Umweltbundesamtes Berlin:
UBA Texte 51/02, Berlin Oktober 2002.
ISSN 0722-186X.

Udo de Haes 1996:
Udo de Haes, H. A. (ed.): Towards a
Methodology for Life Cycle Impact
Assessment. SETAC Europe, Brussels,
September. ISBN 90-5607-005-3.

Udo de Haes und De Snoo 1996:
Udo de Haes, H. A.; de Snoo, G. R.:
Environmental certification. Companies
and products: Two vehicles for a life cycle
approach? Int. J. LCA 1 (3), 168–170.

Udo de Haes und De Snoo 1997:
Udo de Haes, H. A.; De Snoo, G. R.: The
agro-production chain. Environmental
management in the agricultural pro-
duction-consumption chain. Int. J. LCA 2
(1), 33–38.

UNO 1992:
Agenda 21 in deutscher Übersetzung.
Konferenz der Vereinten Nationen für
Umwelt und Entwicklung im Juni 1992
in Rio de Janeiro – Dokumente – http://
www.agrar.de/agenda/agd21k00.htm.

Vattenfall et al. 2007:
Product category rules: PCR for Electricity,
Steam, and Hot and Cold Water Genera-
tion and Distribution. Registration no:
2007:08; Publication date: 2007-11-21;
PCR documents: pdf-file; download from
www.environdec.com.
Prepared by: Vattenfall AB, British Energy,
EdF – Electricite de France, Five Winds
International, Swedpower and Rolf
Frischknecht – esu-services Switzerland,
Enel Italy.
PCR moderator: Caroline Setterwall,
Vattenfall AB, Sweden.

VDI 1997:
VDI-Richtlinie VDI 4600: Kumulierter
Energieaufwand (Cumulative Energy
Demand). Begriffe, Definitionen, Berech-
nungsmethoden. deutsch und englisch.
Verein Deutscher Ingenieure, VDI-
Gesellschaft Energietechnik Richtlinien-
ausschuss Kumulierter Energieaufwand,
Düsseldorf.

Wenzel et al. 1997:
Wenzel, H.; Hauschild, M.; Alting, L.:
Environmental Assessment of Products
Vol. 1: Methodology, Tools and Case Stu-
dies in Product Development. Chapman &
Hall, London. ISBN 0-412-80800-5.

World Commission on Environment and
Development 1987:
Our Common Future (The Brundtland
Report), Oxford. Deutsche Übersetzung:
Der Brundtland-Bericht der Weltkom-
mission für Umwelt und Entwicklung.
Eggenkamp, Greven 1987.

Wright et al. 1997:
Wright, M.; Allen, D.; Clift, R.; Sas, H.:
Measuring corporate environmental
performance. The ICI environmental
burden system. J. Indust. Ecology 1,
117–127.

2
Festlegung des Ziels und des Untersuchungsrahmens

2.1
Zieldefinition

Die „Festlegung des Ziels und des Untersuchungsrahmens" ist die erste Komponente, die in keiner Studie fehlen darf, die den Anspruch erhebt, eine normgerechte Ökobilanz zu sein[1]. Hier wird festgelegt, wie die spezielle Studie gestaltet wird. Da ein iteratives Vorgehen in der Norm ausdrücklich vorgesehen ist (vgl. Doppelpfeile in Abb. 1.4), muss eine Änderung von Ziel und Untersuchungsrahmen (*goal and scope*) während der Durchführung einer Ökobilanz schriftlich festgehalten werden.

Die internationale Norm 14044[2] sagt dazu wörtlich:

> *„Ziel und Untersuchungsrahmen einer Ökobilanz müssen eindeutig festgelegt und auf die beabsichtigte Anwendung abgestimmt sein. Aufgrund der iterativen Eigenschaft der Ökobilanz ist der Untersuchungsrahmen während der Studie möglicherweise zu konkretisieren."*

Die Zieldefinition ist eine Erklärung derjenigen Organisation (Firma, Umweltamt, Verband, NGO, ...), die eine Ökobilanz durchführen lässt, zu folgenden Fragen[3]:

- Anwendungsbereich – **was wird untersucht?**
- Erkenntnisinteresse – **warum wird die Ökobilanz durchgeführt?**
- Zielgruppe(n) – **für wen wird sie durchgeführt?**
- Publikation bzw. anderweitiges Zugänglichmachen für die Öffentlichkeit – **sind vergleichende Aussagen vorgesehen?**[4]

---

1) ISO 2006a
2) ISO 2006b, Abschnitt 4.2.1
3) SETAC 1993; DIN-NAGUS 1994; Neitzel 1996; ISO 2006b
4) Vergleichende Aussagen im Sinne der ISO-Normen besagen: Produkt A ist unter Umweltgesichtspunkten gleich oder besser als Produkt B; Produkte im Sinne der Ökobilanz-Normen sind Güter **und** Dienstleistungen (*goods and services*).

Ökobilanz (LCA): Ein Leitfaden für Ausbildung und Beruf. Walter Klöpffer und Birgit Grahl
Copyright © 2009 WILEY-VCH Verlag GmbH & Co. KGaA, Weinheim
ISBN: 978-3-527-32043-1

An der Zieldefinition muss sich die Tiefe und Genauigkeit der Studie orientieren. In der grundlegenden Norm ISO 14040 wird ausdrücklich darauf hingewiesen, dass die Zieldefinition und mithin auch die Anwendungen einer Ökobilanz eine freie Willensentscheidung des Auftraggebers darstellt und daher auch in der kritischen Prüfung (vgl. Abschnitt 2.2.7.3 und Kapitel 5) nicht hinterfragt werden soll[5]. Damit wird eine Vielzahl möglicher Anwendungen (Beispiele siehe Abschnitt 1.3.2, Tabelle 1.1) offen gelassen, unter anderem auch solche, die der Vorbereitung umweltpolitischer Maßnahmen dienen. Da die internationalen Normen in Bezug auf die Details der Durchführung von Ökobilanzen relativ flexibel sind (dies gilt insbesondere für die Phase „Wirkungsabschätzung"; vgl. Kapitel 4), muss in der ersten Phase festgelegt werden, wie die Methodik an die Aufgabenstellung angepasst werden soll. Dazu dient die Festlegung des Untersuchungsrahmens (*scope*).

2.2
Untersuchungsrahmen

2.2.1
Das Produktsystem

Zunächst muss das untersuchte Produktsystem bzw. im Fall von vergleichenden Ökobilanzen die Produktsysteme eindeutig beschrieben werden. Dazu gehören vor allem die Funktionen der Systeme als Grundlage für die Definition der funktionellen Einheit (vgl. Abschnitt 2.2.5). Die Beschreibung sollte kurz, aber so präzise sein, wie es in dieser Phase schon möglich ist.

Zur Beschreibung eines Produktsystems eignet sich am besten ein Systemfließbild. Abbildung 2.1 zeigt ein vereinfachtes Systemfließbild eines PVC-Fensters.

In einem Systemfließbild werden die Prozessmodule (*unit processes*), meist in Form von Kästchen, und ihre Wechselbeziehungen dargestellt. Das gesamte, oft sehr komplexe Schema erinnert an einen Baum und wird daher oft als „Produktbaum" bezeichnet. Da eine weitgehend lineare Systemdefinition angestrebt wird, treten an den Kästchen nur Verzweigungen (durch mehrere Inputs mit Vorketten oder mehrere Outputs bei der Abfallbehandlung), aber nicht Vernetzungen auf. Eine Ausnahme bildet die Behandlung des Recyclings, was in Abschnitt 3.3 besprochen wird. Bei einer vollständigen Ökobilanz geht die Darstellung bis zur Entsorgung oder bis zu einem Punkt, wo Koppelprodukte, Nebenprodukte oder Abfall zur Verwertung die Systemgrenze überschreiten (also das Produktsystem verlassen).

Ein besonderes Problem stellt das Weglassen ganzer Lebenswegabschnitte dar. Das kann durchaus gerechtfertigt sein, wenn z. B. eine vorläufige Abschätzung zeigte, dass sie zum Gesamtsystem nur sehr wenig beitragen (Kriterien: Masse, Energie, Umweltrelevanz) (vgl. Abschnitt 2.2.2.1). Es muss jedoch immer geprüft

---

5) Dies gilt natürlich nicht für ethisch unvertretbare Zielsetzungen!

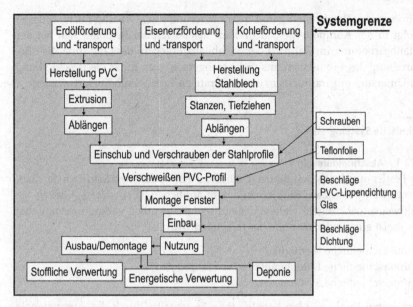

Abb. 2.1 Vereinfachte Darstellung des Produktsystems PVC-Fenster.

werden, ob bei vergleichenden Studien, also in der Mehrzahl der Fälle, durch das Weglassen keine Asymmetrie der Systeme entsteht. Dabei ist besonders auf die Wirkungsabschätzung zu achten, weil hier auch auf die Masse bezogen sehr kleine Emissionen große Auswirkungen zeigen können. Bei vergleichenden Ökobilanzen können prinzipiell auch große Lebenswegabschnitte weggelassen werden, wenn diese bei beiden bzw. allen verglichenen Systemen exakt gleich sind (*Black-box*-Methode).

In Abb. 2.1 sind beispielsweise die rechts der Systemgrenze stehenden Bauteile (Schrauben, Teflonfolie, Beschläge usw.) nicht berücksichtigt. Diese Entscheidung kann getroffen werden, wenn unterschiedliche Fenster (z. B. PVC-, Holz- oder Aluminiumfenster) miteinander verglichen werden und diese Bauteile in allen betrachteten Varianten in gleicher Weise benötigt werden. Eine Abschätzung der Relevanz der weggelassenen Abschnitte sollte dennoch erfolgen, damit der Vergleich nicht auf völlig unwesentliche Unterschiede in den verglichenen Systemen gegründet wird. Wenn sich z. B. zwei Systeme nur in der Abfallbehandlung (*End-of-life*-Abschnitt) unterscheiden, diese aber bei beiden zu vernachlässigen ist, ist der Vergleich nach dem Black-box[6]-Verfahren unzulässig: die beiden Systeme sind in ihrem Umweltverhalten – innerhalb der Fehlergrenzen – identisch!

---

6) Unter *black box* bezeichnet man einen Lebenswegabschnitt oder Prozessmodul, der bei verglei-
    chenden Ökobilanzen weggelassen werden darf, weil er bei beiden bzw. allen zu vergleichenden
    Lebenswegen identisch ist. Man sollte jedoch von dieser Möglichkeit sparsam Gebrauch machen,
    weil möglicherweise der unter Umweltaspekten wichtigste Abschnitt ausgeblendet wird!

Eine genaue Beschreibung und Quantifizierung von Stoff- und Energieflüssen erfolgt in der Komponente „Sachbilanz" (siehe Kapitel 3). Sollte sich bei der Detailbearbeitung im Rahmen der Sachbilanz ergeben, dass die vorläufige Beschreibung des Produktsystems nicht sachgerecht war, muss die Beschreibung des Untersuchungsrahmens in einem iterativen Prozess modifiziert werden.

2.2.2
Technische Systemgrenzen

2.2.2.1 Abschneideregeln

Die Festlegung der **Systemgrenzen** gehört zu den wichtigsten Schritten der Ökobilanz. Wenn sich zwei Studien zu einem ähnlichen Thema (z. B. Einweg- vs. Mehrwegverpackungen) widersprechen, was gelegentlich vorkommen soll, hat dies meist einen oder mehrere der folgenden Gründe:

1. unterschiedliche Methodik,
2. unterschiedliche Datenqualität,
3. unterschiedliche Systemgrenzen.

Zum ersten Punkt wurden bereits große Fortschritte durch die internationale Standardisierung erzielt (vgl. Abschnitt 1.4), zum zweiten wurde die Entwicklung eines einheitlichen Datenformats für Datenbanken und zur Datenübertragung in Angriff genommen[7]. Zum dritten Punkt kann jedoch keine generelle Vorgabe gemacht werden, weil Systemgrenzen von der jeweiligen Fragestellung abhängig sind. Wenn z. B. ein Produkt nur in Italien und aus einheimischen Vorprodukten hergestellt und nur in Italien vertrieben wird, so hat es wenig Sinn, die EU als geographische Systemgrenze anzugeben. Bei der Wirkungsabschätzung müssen aber dennoch grenzüberschreitende Emissionen und/oder deren potentiellen Wirkungen berücksichtigt werden (vgl. Kapitel 4). Wichtig ist hier wie überall in der Ökobilanz die **Transparenz** (vgl. Abschnitt 5.4).

Die Notwendigkeit von **Abschneideregeln**, die den Ausschluss von geringfügigen Inputs in das Produktsystem regeln, ergibt sich aus folgender Betrachtung:

Produktsysteme sind eingebettet in die großen Systeme „Technosphäre" und „Umwelt"[8]. Es ist eine grundlegende Erkenntnis der Systemanalyse, dass alle Teilsysteme miteinander verknüpft sind, wenn auch unterschiedlich stark. Um ein Teilsystem für sich studieren zu können, müssen zahlreiche weniger wichtige Vernetzungsstellen durchtrennt werden. Dazu sind Regeln nötig. Eine wichtige Regel besagt zum Beispiel, dass die Infrastruktur (Straßen, Schienen usw.) meist vernachlässigt wird (Ausnahme[9]). Ähnliches gilt für Investitionsgüter (z. B. die Herstellung der Maschinen, mit denen die Produkte produziert werden), wenn es nicht gerade diese sind, die in einer Studie verglichen werden sollen.

---

7) ISO 2002
8) Beide zusammen ergeben die Welt, in der wir leben; die Technosphäre ist nach dieser „funktionalen Definition" definiert als „Alles, was der Mensch unter Kontrolle hat." und die Umwelt ist „Alles, was nicht Technosphäre." ist. Frische et al. 1982; Klöpffer 1989, 2001.
9) Frischknecht et al. 2005

Abschneideregeln verhindern die Beliebigkeit bei der Wahl der Systemgrenzen

Beispiel: Analyse des Material-Inputs

		Massenanteil in %	Energieverbrauch in %
Rohstoffe /	1	73,8	12,0
Vorprodukte	2		54,7
	3		23,3
Hilfsstoffe	4	1,2	0,9
	5	0,1	0,1
	6	0,1	<0,1
	7	1,7	0,6
	8	1,4	0,7
	9	0,2	2,7
	10	19,8	4,5
	11	1,7	0,4
	12	< 0,1	<0,1
Summe		100,0	99,9

Abb. 2.2 Anwendungsbeispiel von Abschneidekriterien: „Masse" und „Energie".

In der Norm ISO 14044[10] werden drei Abschneidekriterien genannt, die für das gesamte Produktsystem sowie für einzelne Prozessmodule Anwendung finden:

1. Masse,
2. Energie,
3. Umweltrelevanz.

Oft wird ein Anteil von 1 % (Masse, Energie, ...) am Gesamtsystem als Abschneidekriterium gewählt. Hat die erste Analyse beispielsweise gezeigt, dass für die Produktion eines Produktes 12 unterschiedliche Materialien benötigt werden, wird zunächst deren prozentualer Massenanteil ermittelt. Im fiktiven Beispiel in Abb. 2.2 liegt der Massenanteil von Bestandteil 5, 6, 9 und 12 unterhalb von 1 %. Allein das Abschneidekriterium „Masse < 1 %" führt dazu, dass diese Bestandteile nicht in ihrem gesamten Lebensweg bilanziert werden. Eine erste Abschätzung des Energieverbrauchs zeigt allerdings, dass Bestandteil 9 zwar nur einen Massenanteil von 0,2 % hat, zu seiner Herstellung allerdings 2,7 % der Energie benötigt wird. Daher würde der Bestandteil 9 mit seinem gesamten Lebensweg untersucht werden.

Zusätzlich wird oft die Regel angewendet, dass der abzuschneidende Anteil pro Prozessmodul (ein „Kästchen" im Produktbaum) 5 % nicht überschreiten soll. In Abb. 2.3 ist ein Prozessmodul mit 13 Inputs dargestellt. Die erste Analyse zeigt, dass der Massenanteil der Inputs 5–13 jeweils unter 1 % liegt. Zusammengenommen ergibt sich aber ein Massenanteil von 7,2 %, der bei Anwendung des

---

10) ISO 2006b, § 4.2.3.3.3

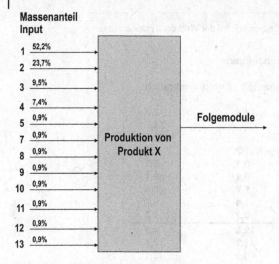

**Massenanteil
Input**

1	52,2%
2	23,7%
3	9,5%
4	7,4%
5	0,9%
7	0,9%
8	0,9%
9	0,9%
10	0,9%
11	0,9%
12	0,9%
13	0,9%

Produktion von Produkt X

Folgemodule

Abb. 2.3 Anwendung von Abschneidekriterien: 5%-Regel.

1%-Abschneidekriteriums nicht bis zu den Rohstoffen zurück verfolgt würde. Das würde bei einem Vergleich von Prozessmodulen zu recht großer Asymmetrie führen, wenn bei einer zweiten Variante z. B. nur 1,5 % abgeschnitten werden würden.

Bei Systemen mit einem hohen Energie- und/oder Massedurchsatz bei gleichzeitig hoher Lebensdauer ist das Abschneiden von Nebenästen, Infrastruktur usw. in der Höhe von 1 % bezogen auf den Lebensweg in der Regel unproblematisch[11]. Eine Abschätzung des Fehlers ist aber in jedem Fall geboten.

Das Abschneidekriterium „Umweltrelevanz" soll verhindern, dass z. B. eine hochtoxische Emission (etwa polychlorierte Dibenzodioxine) bei einem der untersuchten Produkte wegen zu geringer Masse weggelassen wird.

Durch das Abschneiden der Verknüpfungen wird aus den prinzipiell hoch vernetzten Systemen der vollständigen Systemanalyse eine eindimensionale Näherung. Vernetzte Teilsysteme (*loops*) werden entweder iterativ gelöst oder durch andere, geeignete mathematische Hilfsmittel berechnet[12]. Verzweigungen ohne Rückkopplung stellen keine Abweichung vom linearen Ablauf dar, wohl aber können sie ein Allokationsproblem darstellen (vgl. Abschnitt 3.3).

2.2.2.2 Die Abgrenzung zur Systemumgebung

Die Systemumgebung[13] ist zusammengesetzt aus der Ökosphäre („Umwelt", s. o. „Alles, was nicht Technosphäre ist.") **und** dem nicht in die Analyse einbezogenen großen Rest der Technosphäre. Diese Grenze ist in Abb. 2.4 nach[14]

---

11) Hunt et al. 1992
12) Heijungs und Frischknecht 1998; Heijungs und Suh 2002
13) Die Systemumgebung wird oft als Systemumwelt bezeichnet, was jedoch zu Verwechslungen führen kann.
14) SETAC 1991

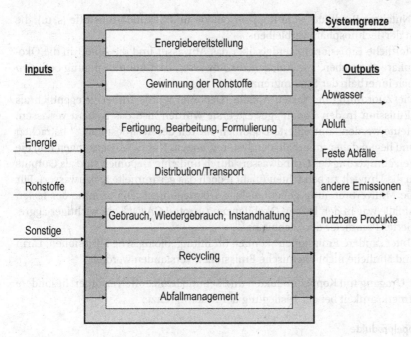

Abb. 2.4 Systemgrenze der Sachbilanz (schematisch) modifiziert nach SETAC 1991.

als „Systemgrenze" bezeichnet. Das zu untersuchende System erhält aus der Systemumgebung Inputs und gibt Outputs an diese ab.

Die in Abb. 2.4 genannten Inputs stammen „aus der Erde" (+ Luft + Wasser) bzw. werden direkt oder indirekt durch Sonnenenergie zur Verfügung gestellt. Folgende Einträge aus der Umwelt sind zu berücksichtigen:

- Die zur Entnahme der Rohstoffe (Bergbau, Erdölförderung, Forstwirtschaft usw.) nötigen technischen Maßnahmen gehören zum untersuchten System („Gewinnung der Rohstoffe").
- Auch Inputs, die aufgrund der Abschneidekriterien nicht in ihrem gesamten Lebensweg zurückverfolgt werden, müssen berücksichtigt werden („Sonstige"). Bei diesen Inputs handelt es sich um Vorprodukte, Hilfsstoffe oder Betriebsstoffe aus dem das System umgebenden Rest der Technosphäre.
- Der Eintrag „Energie" auf der Inputseite sollte eigentlich Energierohstoffe heißen, weil die Energie mit Ausnahme der Solarenergie, der potentiellen Energie des Wassers (Wasserkraft) und der kinetischen Energie des Windes (Windkraft) aus fossilen, nuklearen und nachwachsenden Rohstoffen produziert wird. Die Energiebereitstellung, z. B. in Kraftwerken, liegt innerhalb der Systemgrenze.

Die Outputs, nutzbare Produkte und Emissionen in die Umwelt, werden an die Systemumgebung abgegeben. Das untersuchte Produkt, das im Mittelpunkt des Systems steht, verbleibt innerhalb der Systemgrenze.

- „Nutzbare Produkte" sind **Koppelprodukte und Sekundärrohstoffe** (s. u.), die in der Technosphäre verbleiben.
- Stoffliche Emissionen werden über das Abwasser und die Abluft in die Ökosphäre abgegeben. Die Anlagen zur Abwasser- und Abluftreinigung befinden sich innerhalb der Systemgrenze.
- Die Zuordnung der festen **Abfälle** (Deponie) wurde früher gelegentlich als „Emission in den Boden" gewertet; sie würden also das System verlassen. Heute werden kontrollierte Deponien als Teil der Technosphäre[15] betrachtet und liegen daher innerhalb der Systemgrenzen. Nur die Ausgasungen und die Verschmutzung des Grundwassers durch undichte Deponien sind als Outputs in die Umwelt zu betrachten (nicht jedoch das gesammelte Sickerwasser). Für die Müllverbrennung gelten analoge Überlegungen. Die Summe der festen Abfälle war in den frühen Ökobilanzen („proto-LCAs")[16] ein wichtiger aggregierter Parameter der Sachbilanz[17].
- Unter „andere Emissionen" können Strahlung, biologische Emissionen, Lärm und ähnliche nicht-chemische Emissionen verstanden werden.

Der Umgang mit Koppelprodukten und Sekundärrohstoffen erfordert besondere Aufmerksamkeit bei der Festlegung der Systemgrenze.

Koppelprodukte

Wenn bei einer chemischen Synthese (oder einem beliebigen anderen Produktionsprozess) neben dem für das untersuchte Produkt erwünschten Output weitere brauchbare Produkte, Materialien oder Substanzen auftreten, bezeichnet man diese mit dem Überbegriff Koppelprodukte, früher auch Kuppelprodukte[18]. Besonders häufig treten Koppelprodukte in der chemischen Industrie auf, aber auch die Landwirtschaft und ihre nachgeschalteten Gewerbe sind bekannt für ihre Koppelprodukt-Problematik. So fällt beispielsweise bei der Produktion von Getreide als Koppelprodukt Stroh an, was als „nutzbares Produkt" an die Systemumgebung abgegeben wird. Die Umweltlasten der Prozesse müssen in dem Fall zwischen dem untersuchten Produkt und dem Koppelprodukt entsprechend definierter Regeln aufgeteilt (alloziert) werden (vgl. auch Abschnitt 3.3 „Allokation" und speziell Abschnitt 3.3.2.5 „Systemerweiterung"). Koppelprodukte können in verschiedenen Prozessmodulen eines Produktbaums eine Rolle spielen.

Sekundärrohstoffe

Nicht direkt brauchbare Nebenprodukte bezeichnet man meist als Reststoffe, die wiederum je nach Recyclingfähigkeit als **Sekundärrohstoffe** (nach Reinigung oder sonstiger Aufbereitung) oder als **Abfälle** bezeichnet werden. Durch das Kreislaufwirtschaftsgesetz gibt es in Deutschland wieder andere Bezeichnungen

---

15) Vergleiche die weiter oben gegebene Definition der Technosphäre; eine unkontrollierte Deponie ist weitgehend offen zur Umwelt; aber nicht nur zum Boden, sondern auch zu Luft (Deponiegase) und Wasser (Verschmutzung des Grundwassers).
16) Klöpffer 2006
17) BUWAL 1991
18) Riebel 1955

für denselben Sachverhalt: Abfälle zur Verwertung und Abfälle zur Beseitigung. Sekundärrohstoffe, die aus Abfällen zur Verwertung gewonnen werden, verlassen das System und werden in anderen Produktsystemen als Input benutzt.

Ein Recycling von Materialien, das zu **neuen** Produkten führt und die Materialien daher Teil anderer Systeme werden, heißt **open-loop Recycling**[19]. Die entsprechenden Sekundärrohstoffe (z. B. Schrott, Altpapier, Altglas, Plastikabfälle etc.) verlassen das Produktsystem, in welchem sie als Reststoffe bzw. Abfälle zur Verwertung anfielen.

Innerhalb der Systemgrenzen verbleiben Materialien in solchen Recyclingprozessen, die zum gleichen (dem untersuchten) Produkt zurückführen, d. h. im Produktsystem verbleiben (**closed-loop Recycling**)[20]. Auch im Fall der Wiederverwendung von Produkten verbleiben diese (meist nach Reinigung) im untersuchten System. Beispiele für closed-loop Recycling sind die Rückführung von Plastikschnitzeln, Stanzrückständen, Abschneideresten und dgl. in den Extruder. Ein gutes Beispiel für **Wiederverwendung** ist die Wiederbefüllung von Mehrwegflaschen.

Die bei der Zuordnung (Allokation) anzuwendenden Regeln (vgl. Abschnitt 3.3.4) sollten bereits in der Phase Zieldefinition und Festlegung des Untersuchungsrahmens festgelegt werden, falls nicht eine Vermeidung der Allokation, z. B. durch Systemerweiterung, im speziellen Fall zwingend erforderlich ist[21] (vgl. Abschnitt 3.3.2.5).

Die Systemgrenze bedarf weiterer Erläuterungen, die wichtigsten betreffen die geographische und zeitliche Systemgrenze.

2.2.3
Geographische Systemgrenze

Die geographische Systemgrenze ergibt sich aus wirtschaftlichen Zusammenhängen und aus der Produktdefinition:

- Handelt es sich um ein spezielles Produkt, hergestellt in der Fabrik A, im Ort B usw., oder handelt es sich um eine Gruppe sehr ähnlicher (gleichartiger) Produkte, die in mehreren Fabriken in ganz Europa (Nordamerika, ..., weltweit) hergestellt werden? Ähnliche Überlegungen gelten für landwirtschaftliche Produkte, Dienstleistungen usw.
- Auch wenn ein relativ enger Rahmen gewählt wird, z. B. Produktion und Vertrieb in nur einem Land, hat die geographische Systemgrenze immer „Ausläufer" über den gewählten Bereich hinaus, da gewisse Rohstoffe im betrachteten Land nicht vorhanden sind und daher importiert werden (müssen). Die Belastung der Umwelt erfolgt daher auch in den Herkunftsländern und beim Transport aus diesen. Bei Exportprodukten muss beachtet werden, dass Transport, Gebrauch und Entsorgung vorwiegend in anderen Ländern erfolgen.

---

19) Klöpffer 1996; Hunt et al. 1992; Boustead 1992
20) SETAC Europe 1992; Curran 1996; Klöpffer 1996; Hunt et al. 1992
21) ISO 1998, 2006b

Auch die internationale Arbeitsteilung im Rahmen der fortschreitenden Globalisierung der Weltwirtschaft (Zulieferbetriebe) muss in der geographischen Systemgrenze berücksichtigt werden.

- In der Wirkungsabschätzung (vgl. Kapitel 4) werden bei einigen Wirkungskategorien globale Wirkungen berücksichtigt (z. B. Treibhauseffekt, stratosphärischer Ozonabbau), bei anderen regionale oder lokale Wirkungen (z. B. Eutrophierungspotenzial). Lokale Grenzen können allerdings nur in seltenen Fällen eindeutig zugeordnet werden, etwa wenn ein spezielles Produkt nur in einer Fabrik hergestellt wird. In dem Fall kann zumindest ein Punkt im Lebenszyklus geographisch eindeutig zugeordnet werden. Ähnliches gilt in der Landwirtschaft, in der die Anbauregion meist zu ermitteln ist.

Insgesamt ist die Definition der geographischen Systemgrenze wenig problematisch, es handelt sich hier um eine Frage der Datenverfügbarkeit. Bei sog. *Commodities* (z. B. Metalle, Massenkunststoffe, Chemikalien mit sehr großer Produktionsmenge etc.) weiß man oft nicht, woher sie stammen; in diesen Fällen ist eine regionale Zuordnung der Wirkungen schwierig bis unmöglich (vgl. Kapitel 4).

2.2.4
Zeitliche Systemgrenze/Zeithorizont

Die zeitliche Systemgrenze ist schwieriger zu definieren als die geographische.

Die Minimalangabe zur Systemgrenze „Zeit" ist ein Bezugsjahr oder ein anderer Bezugszeitraum für die Datenerhebung. Bei langlebigen Produkten gibt die ermittelte oder geschätzte Lebens- oder Gebrauchsdauer eine in die Zukunft verschobene Grenze der Sachbilanz: Die Entsorgung oder Wiederverwendung wird sich erst in der Zukunft ereignen. Entsprechend schwierig und unsicher ist die Modellierung dieser Lebenswegphasen.

Die Probleme mit der Zeit sind in der Ökobilanzforschung lange nicht genügend beachtet worden[22]. Das störte solange nicht, als vorwiegend kurzlebige Produkte wie Verpackungen untersucht wurden. Spätestens seit Beginn der Ökobilanzierung von Baustoffen, Gebäuden und anderen langlebigen Produkten wurden die Probleme deutlich, die mit der Zeit verbunden sind:

- Wie sollen Ökobilanzierer wissen, welche (vielleicht noch gar nicht erfundenen) Methoden der Abfallbeseitigung in 50 Jahren vorherrschen werden, wie das Recycling ausgebildet sein wird usw.?
- Auf der Seite der Wirkungsabschätzung sind die sog. „Eigenzeiten" und „Rhythmen" der Ökosysteme zu beachten, die durch Produktsysteme in Mitleidenschaft gezogen werden[23]. Es ist heute noch nicht klar, wie die Zeit besser in die Ökobilanz eingebaut werden kann, ohne die Methode zu kompliziert zu machen.

---

22) Hofstetter 1996; Held und Klöpffer 2000
23) Held und Geißler 1993, 1996; Held und Klöpffer 2000

Einige Wirkungskategorien verlangen die Angabe eines Zeithorizontes für die Auswahl geeigneter Charakterisierungsfaktoren (vgl. Kapitel 4): Beim Treibhauseffekt beispielsweise wird meist einen Zeithorizont von 100 Jahren angenommen. Längere Zeithorizonte sind wegen unseres totalen Nichtwissens über die fernere Zukunft sehr unsicher, werden aber aus Gründen der Gerechtigkeit gegenüber kommenden Generationen[24] oft gefordert. Damit eng verknüpft ist die Frage, ob negative Auswirkungen auf die Umwelt – in Analogie zu finanziellen Berechnungen – diskontiert werden dürfen[25].

Die Angaben zum Zeitbezug müssen zu Beginn der Studie erarbeitet werden, ggf. können Modifikationen während des Ablaufs der Studie vorgenommen werden.

Übung: Systemanalyse

Erstellen Sie ein erstes Systemfließbild für das Produktsystem „Erdbeerjoghurt im PP-Becher mit Aluminiumdeckel – 150 g". In der Anfangsphase einer Ökobilanz ist es immer nützlich, das Produkt materiell vor Augen zu haben und ggf. Einzelkomponenten wiegen zu können.

- Stellen Sie eine Liste der im Produkt enthaltenen Materialien auf.
- Machen Sie unter Verwendung des Abschneidekriteriums „Masse" eine erste Abschätzung, welche Materialen möglicherweise nicht in ihrem gesamten Lebensweg verfolgt werden.
- Machen Sie in Ihrer Skizze die technische Systemgrenze deutlich.
- Achten Sie bei Ihrem Fließbild darauf, dass in den Kästchen (Prozessmodulen) Prozesse aufgeführt sind.
- Benennen Sie in weiteren Skizzen für jeden von Ihnen aufgenommenen Prozess die Inputs und Outputs qualitativ. Da noch keine ausführliche Recherche stattgefunden hat, richtet sich der Detaillierungsgrad in diesem Arbeitsschritt nach Ihren Hintergrundkenntnissen zu den von Ihnen definierten Prozessen.
- Berücksichtigen Sie in Ihrer Darstellung übliche Recyclingwege (open-loop und closed-loop).
- Erklären Sie am Beispiel des Prozessmoduls „Milchproduktion", was man unter Koppelprodukten versteht.
- Definieren Sie die geographische und zeitliche Systemgrenze.

2.2.5
Die funktionelle Einheit

2.2.5.1 Festlegung von geeigneter funktioneller Einheit und Referenzfluss
Obwohl die Datenerhebung zunächst keine funktionelle Einheit benötigt – die Umrechnung von anderen Bezugseinheiten auf die funktionelle Einheit kann

---

24) World Commission on Environment and Development 1987
25) Hellweg et al. 2003

später erfolgen – ist es dringend empfehlenswert, die funktionelle Einheit bereits am Beginn einer Ökobilanz-Studie festzulegen und später ggf. nur mehr Änderungen an der Feineinstellung vorzunehmen. Wenn schon bei der Definition der funktionellen Einheit ernste Probleme auftreten, ist das ein Zeichen für ein mangelhaftes Verständnis des Systems, für gravierende Datenlücken oder dafür, dass die Ökobilanz nicht die geeignete Methode zur Problemlösung im vorliegenden Fall ist.

Die quantitative Festlegung der funktionellen Einheit und des Referenzflusses ist bis zu einem gewissen Grad willkürlich. Im Beispiel von Abschnitt 1.1.3 (Getränkeverpackung) ist es gleichgültig, ob die funktionelle Einheit „Bereitstellung einer definierten Menge Getränk zum Verzehr beim Kunden" für 1000 Liter, 1 Hektoliter oder 1 Liter verpacktes Getränk definiert wird[26]. Im Ergebnis werden sich nur die Zahlenwerte um die entsprechenden Faktoren (1000 : 1 bzw. 100 : 1) unterscheiden. Wenn unterschiedliche Verpackungssysteme unter Verwendung derselben funktionellen Einheit miteinander verglichen werden, ist das belanglos. Eine Variante, die in den holländischen Richtlinien[27] für ausführliche Ökobilanz-Studien empfohlen wird, besteht in der Verwendung von jährlichen Produktionsmengen oder ähnlicher realitätsnaher Daten als Basis zur Festlegung der funktionellen Einheit. Im Beispiel der Getränkeverpackungen würde dies die jährlich abgefüllte Menge (z. B. in Mio. L) einer bestimmten Getränkeart bedeuten, für die die untersuchten Verpackungen in Frage kommen. Dabei könnte es sich, je nach Interessenlage, um ein spezielles Produkt des Auftraggebers oder die Summe ähnlicher Produkte handeln. Im ersten Fall könnte das Interesse beim Hersteller oder Abfüller des speziellen Getränks liegen, im zweiten liegt das Interesse wahrscheinlich bei einem Verband oder bei der staatlichen Umweltbehörde.

Beim Vergleich langlebiger Produkte, wie z. B. verschiedener Bodenbeläge, muss in die Funktionsbeschreibung eine Zeitdauer mit aufgenommen werden. Wichtig ist, dass bereits in der ersten Stufe die Funktionen und Nutzen der Produktsysteme richtig dargestellt sind. Die Funktion eines Bodenbelags besteht darin, dem Boden eines Innenraums über die Nutzungsdauer gewisse Eigenschaften zu verleihen (Schutz des Untergrunds, Begehbarkeit, ...). Die funktionelle Einheit (fE) kann daher wie folgt definiert werden: 1 m^2 Boden wird für einen Zeitraum von 30 Jahren für eine definierte Belastung belegt.

fE = Fläche des Bodenbelags (z. B. 1 m^2) für einen Zeitraum (z. B. 30 a)

Die so definierte funktionelle Einheit muss im nächsten Schritt auf die zu untersuchenden Produktvarianten angewendet werden und so der Referenzfluss für die Datenerhebung definiert werden. Das folgende fiktive Beispiel verdeutlicht die Vorgehensweise am Beispiel zweier Kunststoffe („Kunststoff A" und „Kunststoff B"). Da Bodenbeläge neben dem Grundmaterial z. B. Füllstoffe, Weich-

---

26) Es sollte nur die Anschaulichkeit gewahrt bleiben, ein Mikroliter wäre für Getränke absurd (aber nicht falsch).
27) Guinée et al. 2002

macher u. a. enthalten und die Produktion des Bodenbelags sowie die Entsorgung hier vernachlässigt werden, darf dieses Rechenbeispiel zur übersichtlichen Veranschaulichung der methodischen Vorgehensweise nicht als „ökologischer Vergleich" missinterpretiert werden!

Ausgehend von der funktionellen Einheit muss nun im nächsten Schritt ermittelt werden, wie viel Bodenbelag zur Erfüllung dieser Funktion benötigt wird: Ein dicker Bodenbelag wird (sofern es sich nicht um ein Schaumstoffprodukt handelt) durch sein höheres Gewicht pro Flächeneinheit in der Regel höhere Ressourcenverbräuche und Emissionen verursachen als ein dünner. Das Gewicht von 3 mm Kunststoff A (Dichte $\rho = 1{,}2$ g/cm^3) beträgt

$$3 \text{ mm} \times 1{,}2 \text{ g/cm}^3 = 3{,}6 \text{ kg/m}^2$$

Zur Veranschaulichung wird nachfolgend für beide Varianten der kumulierte Energieaufwand (KEA) herangezogen. Der KEA ist die Summe aller Energieaufwände über den gesamten betrachteten Lebensweg (vgl. Abschnitt 3.2.2). Der kumulierte Energieaufwand (KEA) zur Herstellung von Kunststoff A im europäischen Mittel betrage 60 MJ/kg (unter Vernachlässigung der Füllstoffe, Produktion und Entsorgung). Unter Berücksichtigung des Energieaufwands zur Herstellung von Kunststoff A ergibt sich daher der folgende kumulierte Energieaufwand:

$$\text{KEA} \approx 3{,}6 \text{ kg/m}^2 \times 60 \text{ MJ/kg} = 216 \text{ MJ/m}^2$$

Ein dünnerer Belag aus Kunststoff B mit $d = 2$ mm und $\rho = 0{,}9$ g/cm^3 wiegt nur

$$2 \text{ mm} \times 0{,}9 \text{ g/cm}^3 = 1{,}8 \text{ kg/m}^2$$

sodass sich trotz des höheren KEA zur Herstellung von Kunststoff B von ca. 90 MJ/kg (die selben Vernachlässigungen wie bei Kunststoff A) folgender kumulierter Energieaufwand ergibt:

$$\text{KEA} \approx 1{,}8 \text{ kg/m}^2 \times 90 \text{ MJ/kg} = 162 \text{ MJ/m}^2$$

Das leichtere Produkt würde also, wie so oft, zumindest bezüglich des Summenparameters KEA deutlich besser abschneiden als die schwerere Konkurrenz. Dies gilt aber nur solange, als auch die Gebrauchsdauer gleich angenommen wird. Wenn aber zum Beispiel, was sehr wahrscheinlich ist, die dickere Qualität eine längere Gebrauchsdauer hat, ergibt sich ein anderes Bild (Die hier eingesetzten Lebensdauern sind reine Annahmen und entsprechen keiner realen Produktperformance):

Annahme:
Lebensdauer Kunststoff A (dick): 30 a
Lebensdauer Kunststoff B (dünn): 15 a

Es ist in dem Beispiel unmittelbar einzusehen, dass man für 30 Jahre Gebrauch hintereinander zwei dünne Beläge (2 mm Kunststoff B) benötigt, aber nur einen dicken (3 mm Kunststoff A). Aufgrund der funktionellen Einheit, die sich auf Fläche **und** Zeit beziehen muss (hier: 1 m^2, 30 a), ergeben sich für die beiden Varianten folgende Referenzflüsse, die der Datenerhebung zugrunde gelegt werden müssen:

$$\text{Kunststoff A:} \quad 3,6 \text{ kg/m}^2 \times 1 \Rightarrow 3,6 \text{ kg/fE}$$
$$\text{Kunststoff B:} \quad 1,8 \text{ kg/m}^2 \times 2 \Rightarrow 3,6 \text{ kg/fE}$$

Der Referenzfluss ist die Masse an Produkt, die der funktionellen Einheit entspricht, und damit die Grundlage der weiteren Arbeit in der Sachbilanz (vgl. Kapitel 3).

Demzufolge ergeben sich folgende kumulierte Energieaufwände der beiden Varianten:

$$\text{KEA Kunststoff A (3 mm)} = 3,6 \text{ kg/fE} \times 60 \text{ MJ/kg} = 216 \text{ MJ/fE}$$
$$\text{KEA Kunststoff B (2 mm)} = 3,6 \text{ kg/fE} \times 90 \text{ MJ/kg} = 324 \text{ MJ/fE}$$

Dieses Beispiel ist fiktiv und soll mit der oben ausgeführten Überschlagsrechnung nur dem besseren Verständnis der funktionellen Einheit und des Referenzflusses dienen. Man erkennt aber auch schon an diesem einfachen Beispiel, dass unter Berücksichtigung der **angenommenen** Gebrauchsdauern das dünnere Produkt wesentlich schlechter in Bezug auf die eine Kenngröße (KEA) abschneidet. An diesem Verhältnis ändert sich weder etwas wenn eine beliebige andere Fläche noch eine andere Zeitspanne in der funktionellen Einheit festgelegt werden (z. B. 13,4 m^2/26,7 a).

Wenn allerdings in der funktionellen Einheit sehr kurze Nutzungsdauern vorgesehen sind, in obigem Beispiel unter 15 a, würde sich ein anderer Referenzfluss als Basis der Kalkulationen ergeben. Sehr kurze Zeiten sind aber bei Bauprodukten keine sinnvolle Annahme, abgesehen von rasch wechselnden Produkten, z. B. in Messehallen. Das praktische Problem liegt in der Ermittlung von realistischen Gebrauchsdauern langlebiger Produkte, einschließlich der Gebäude selbst, die vielen Bauprodukten eine obere Lebensgrenze setzen. Wenn die Gebrauchsdauern als Funktion der Belagsdicke nicht zu ermitteln sind, kann als Ausweg der Vergleich auf „leichte Ware A vs. leichte Ware B, C, ..." und „schwere Ware A vs. schwere Ware B, C, ..." eingeengt werden. Dabei wird vorausgesetzt, dass die Lebensdauern innerhalb der Gruppen ähnlich lang sind.

Eine Diskussion des richtigen Gebrauchs von funktionellen Einheiten findet sich Technical Report ISO TR 14049[28]. Dort ist auch eine Reihe von Produkt-Beispielen angegeben, z. B. Glühlampen, Anstrichfarben und Handtrockensysteme, und die Grenzen der Vergleichbarkeit technischer Systeme werden aufgezeigt.

---

28) ISO 2000a

Angesichts der zentralen Bedeutung der funktionellen Einheit in der Ökobilanz kann die korrekte Ermittlung derselben nicht hoch genug bewertet werden. Sie sollte in allen Fällen eindeutig lösbar sein, in denen die zu vergleichenden Produktsysteme denselben oder einen sehr ähnlichen Nutzen haben bzw. eine sehr ähnliche Funktion erfüllen. Grenzfälle werden in den nächsten beiden Abschnitten behandelt.

Übung: Funktionelle Einheit und Referenzfluss

Definieren Sie eine sinnvolle funktionelle Einheit und beschreiben Sie den Weg zur Ermittlung des entsprechenden Referenzflusses für folgende Produkte bzw. Dienstleistungen:

- Kugelschreiber,
- Fenster,
- Entsorgung von PE-Folie,
- Verbreitung einer Tagesnachricht.

Leitfragen:

- Welchen Nutzen haben die aufgeführten Produkte bzw. Dienstleistungen?
- Welche Varianten sind denkbar zur Erbringung des Nutzens?

Beispiel

Zur Definition der funktionellen Einheit sind oft mehrere Varianten denkbar.

Die Definition der funktionellen Einheit hat erheblichen Einfluss auf das Ergebnis der Studie. Ein anschauliches Beispiel aus dem Bereich Konsumprodukte ist der Vergleich unterschiedlicher Windeln. Es gibt etliche Ökobilanzen zum Vergleich von Wegwerfwindeln und Stoffwindeln, da erstere eine relevante Hausmüllfraktion darstellen.

Je nach Auftraggeber fallen die Resultate von Ökobilanzen gelegentlich recht unterschiedlich aus. Mal ist die Wegwerfwindel, dann wieder die Stoffwindel umweltverträglicher. Es gibt viele mögliche Gründe, warum Ergebnisse unterschiedlicher Studien nicht übereinstimmen. Ein Grund kann die Wahl unterschiedlicher funktioneller Einheiten sein:

Was ist die Funktion von Windeln? Die Antwort auf diese Frage scheint zunächst einfach zu sein. Das Kind soll trocken gehalten werden. Dieser Gedanke kann dazu führen eine Zellstoffwindel mit einer Stoffwindel zu vergleichen. Nun wird allerdings die Stoffwindel mehrfach verwendet, z. B. 200-mal. Für jeden angenommenen Umlauf muss der Waschvorgang (individuell oder Windeldienst) mit berücksichtigt werden. Die Herstellung der Windel wird allerdings nur zu 1/200stel berücksichtigt.

Wird als Funktion einer Windel definiert, das Kind einen Tag trocken zu halten, kann der Vergleich anders aussehen. Es kann argumentiert werden, dass pro Tag mehr Stoffwindeln verbraucht werden als Zellstoffwindeln, da es den Kindern in Stoffwindeln schneller ungemütlich wird. Unter diesem Gesichtspunkt kann es sinnvoll sein, z. B. 1,2 Stoffwindeln mit einer Zellstoffwindel zu vergleichen. Das Ergebnis wird sicher anders aussehen als bei dem Vergleich 1 : 1.

Es sind noch weitere Varianten denkbar, die Funktion von Windeln zu definieren, z. B.: Die Funktion von Windeln ist es, ein Kind für das Leben trocken zu bekommen. Unter diesem Blickwinkel ist es denkbar, dass über die gesamte Zeit, in der das Kind gewindelt wird, mehr Zellstoffwindeln als Stoffwindeln gebraucht werden, da das Kind im ersten Fall bis in ein höheres Alter gewindelt wird. Stoffwindeln sind ungemütlicher und das Kind fängt eher an aufs Töpfchen zu gehen.

Dieses Beispiel eines recht einfachen Produktes zeigt, dass die Definition der funktionellen Einheit keineswegs trivial ist.

2.2.5.2 Vergleichsbeeinträchtigende Faktoren – vernachlässigbarer Zusatznutzen

In den seltensten Fällen erfüllen zwei Produkte exakt denselben Nutzen, auch wenn sie rein technisch gesehen dieselbe Funktion erfüllen. Der Grund dafür liegt oft in einem ästhetischen Nebennutzen, in unterschiedlicher Erfüllung von Bequemlichkeit, Besitzerstolz usw. Solche subtilen Nutzenunterschiede, so wichtig sie im Marketing sein mögen, lassen sich mit der Ökobilanz schwer erfassen, es sei denn, sie äußern sich in messbaren Parametern, wie z. B. in Gebrauchsdauer, Gewicht oder bei Kfz im Treibstoffverbrauch. Sie können und sollten aber in jedem Fall verbal beschrieben und in der Auswertung verbal berücksichtigt werden (Kapitel 5).

Schwieriger ist es, wenn die technischen Funktionen unterschiedlich sind. So können im Beispiel Bodenbeläge die sehr unterschiedlichen Varianten, wie z. B. Parkett vs. Fliese, in gewissen Bereichen alternativ eingesetzt werden (Diele), während sie sich im Bad (Feuchtigkeit) oder im engeren Wohnbereich (Wohlbefinden, zumindest in nördlichen Breiten ohne Fußbodenheizung) fast ausschließen.

Unterschiedliche Reinigungsanforderungen können in die funktionelle Einheit aufgenommen werden und in der Gebrauchsphase der Sachbilanz quantifiziert werden. Wenn jedoch die Erfahrung zeigt, dass die Beläge praktisch dieselbe Pflege erfordern, kann die Gebrauchsphase bei vergleichenden Studien als *black box* behandelt und aus dem Vergleich herausgelassen werden (vgl. Abschnitt 2.2.1). Allerdings ist das Weglassen von Lebenswegstufen prinzipiell nicht zu empfehlen, weil eine ggf. anschließende Optimierungsanalyse auf unvollständigen Informationen aufbaut: vielleicht wurde gerade der wichtigste Teil des Lebensweges weggelassen. Wer kann ohne Ökobilanz sagen, ob die Pflege eines Fußbodens über 30 Jahre mehr oder weniger Energie, Rohstoffe usw. verbraucht als das Bodenmaterial, die Installation oder die Entsorgung? Bei schlechter Datenlage sollte zumindest eine Abschätzung der weggelassenen Lebenswegphase versucht werden. Wenn in der Zieldefinition die Produktoptimierung als wichtigstes Ziel genannt wurde, darf auf keinen Fall eine Lebenswegphase weggelassen werden.

In den einfachen Beispielen Getränkeverpackung und Fußbodenbelag sind echte Zusatznutzen nicht leicht erkennbar. Hier genügt in der Regel die qualitative Beschreibung in der vergleichenden Diskussion der Ergebnisse. Eine ggf. auftretende Energierückgewinnung bei einer Variante mit Heizwert kann als Bonus in der Sachbilanz berücksichtigt werden; nicht jede kleine Nutzendifferenz muss durch Systemerweiterung gelöst werden (vgl. Abschnitt 3.3).

2.2.5.3 Vorgehen bei nicht zu vernachlässigendem Zusatznutzen

Bei manchen Systemvergleichen tritt bei einem der betrachteten Systeme ein erheblicher Zusatznutzen auf, der entsprechend bilanziert werden muss[29].

Wie oben bereits erwähnt sind in der ISO-Sprache unter „Produkt" sowohl Güter als auch Dienstleistungen zu verstehen. Ein wichtiges Anwendungsfeld von Ökobilanzen ist der Vergleich verschiedener Optionen der Dienstleistung Abfallentsorgung (Ökobilanzen in der Abfallwirtschaft).

Beim Vergleich verschiedener Müllentsorgungsmethoden (fE = Entsorgung einer bestimmten Masse, z. B. eine Tonne Hausmüll) liefert die thermische Entsorgung mit Energiegewinnung eine dem Brennwert des Mülls (× Effizienz der Energieumwandlung) entsprechende Menge Strom und/oder Dampf und/oder Heißwasser. Bei der Deponierung hingegen kann im günstigsten Fall nur ein Teil des Deponiegases aufgefangen und energetisch genutzt werden (vgl. Abb. 2.5). Dies gilt heute nur noch für Altanlagen, da die Deponierung von Hausmüll in Deutschland nur noch nach Vorbehandlung erlaubt ist.

Um die beiden Systeme gerecht zu vergleichen, muss die funktionelle Einheit erweitert werden. Sie lautet dann (z. B.)

fE = Entsorgung einer bestimmten Masse Hausmüll
und Bereitstellung von Energie (Referenzfluss: 1 t, × MJ Energie)

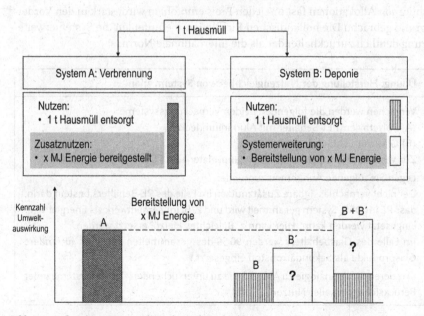

Abb. 2.5 Aufstockung zur Erzielung der Nutzengleichheit.

---

29) Fleischer und Schmidt 1996

Diese fE werden vom System A (thermische Entsorgung mit Energierückgewinnung) in Abb. 2.5 erfüllt, wobei eine hier nicht spezifizierte Kennzahl die Umweltbelastung durch das System A charakterisieren möge. System B (Deponierung ohne Energierückgewinnung) habe eine geringere Umweltbelastung. Um die erweiterte fE zu erfüllen, muss das System B um die Umweltbelastungen, die mit der Bereitstellung x MJ Energie verbunden sind, **aufgestockt** werden. Die Gesamtbelastung (B + B′) kann, muss aber nicht höher sein als die durch das System A. Man spricht bei diesem Vorgehen von Systemerweiterung oder von Aufstockung zur Erzielung einer angenäherten Nutzengleichheit. Die Methode der Erweiterung der fE zur Erzielung eines gleichen Nutzens wird auch als „Nutzenkorbmethode" bezeichnet (vgl. auch Abschnitt 3.3).

In einfacheren Fällen kann die Ungleichheit zwischen zwei Systemen auch durch Abzug eines Bonus im bevorzugten System (System A in Abb. 2.5) beglichen werden. Dabei wird die Systemerweiterung vermieden, indem der Aufwand zur Bereitstellung von x MJ Energie dem System A gut geschrieben wird. Bei der Entscheidung, ob die Ungleichheit zwischen zwei Systemen über die Systemerweiterung oder über Gutschriften ausgeglichen wird, ist abzuwägen, welches Verfahren bessere Ergebnisse bei möglichst geringem zusätzlichem Datenbedarf liefert. Ein Nachteil bei Gebrauch der Systemerweiterung (Aufstockung) kann die Bildung sehr großer, unhandlicher Systeme mit einem entsprechend hohem Datenbedarf sein. Zudem kann die Aufstockung zusätzliche Annahmen nötig machen, die ihren Wert manchmal zweifelhaft erscheinen lässt (vgl. auch Abschnitt 3.3).

Die Systemerweiterung wurde durch die Norm ISO 14044[30], wo die Vermeidung von Allokationen fast um jeden Preis empfohlen wird, stark in den Vordergrund gebracht. Die holländischen Richtlinien[31] empfehlen die Systemerweiterung deutlich zurückhaltender als die internationale Norm.

Übung: Herstellung der Nutzengleichheit von Systemvarianten

Verglichen werden die folgenden beiden Verpackungssysteme:
(A) Polyethylen(PE)-Behälter mit Aluminiumdeckel,
(B) Glas mit Schraubdeckel.
Zur Vereinfachung werden nur die Hauptmaterialen PE und Glas betrachtet.

Legen Sie folgende Annahmen zugrunde:
Der nicht vernachlässigbare Zusatznutzen im Falle des PE-Behälters besteht darin, dass PE im DSD-System gesammelt wird und z. B. im Zementwerk als Energieträger eingesetzt werden kann. Hier kann z. B. leichtes Heizöl ersetzt werden.
Im Falle des Glasbehälters werden 90 % des gesammelten Altglases für andere Glasprodukte als Sekundärrohstoff eingesetzt.

Skizzieren Sie in Analogie zu Abb. 2.5 die zu untersuchenden Gesamtsysteme unter Berücksichtigung aller Nutzen.

---

30) ISO 1998, 2006b
31) Guinée et al. 2002; Klöpffer 2002

2.2.6
Datenverfügbarkeit und Tiefe der Studie

Die Verfügbarkeit und die Qualität[32] der Daten sind zentrale Punkte der Sachbilanz (siehe Kapitel 3) und werden dort diskutiert. In der Zieldefinition soll darüber entschieden werden, welche Daten für die Studie voraussichtlich zur Verfügung stehen werden, wer sie sammelt oder berechnet, wie gegebenenfalls Informationen über konkurrierende Produkte zu beschaffen sind. Weiterhin ist festzulegen, für welche Prozesse Primärdaten erhoben werden sollen, für welche Prozesse auf bereits vorhandene Datensätze zurückgegriffen werden soll und welche Daten mit geschätzten Werten angenähert werden müssen (vgl. Abschnitt 3.4). Die Datenverfügbarkeit ist das wichtigste Kriterium zur Entscheidung, in welcher Detailtiefe eine Studie überhaupt durchgeführt werden kann. Unter den Möglichkeiten, mit geringerem Datenaufwand noch sinnvolle Aussagen zu erhalten, werden vor allem zwei diskutiert[33]:

1. Überblicks-Ökobilanz (*Screening* LCA),
2. vereinfachte Ökobilanz (*Simplified* oder *Streamlined* LCA).

Nachdem man früher die beiden Begriffe eher synonym gebrauchte, unterscheidet man jetzt die Erstellung von Überblicks-Ökobilanzen zur Auffindung von sog. *hot spots* von einer vereinfachten Ökobilanz (z. B. interne Abschätzungen). Beide Varianten, die in der Praxis oft nicht klar getrennt werden, arbeiten vorwiegend mit leicht erhältlichen oder geschätzten Daten, ggf. auch unter Weglassung von einzelnen Lebenswegphasen. Diese Diskussion wird besonders in den USA sehr intensiv geführt[34], war aber auch das Thema einer Arbeitsgruppe der SETAC Europe[35]. In einer Studie von Franklin Associates im Auftrag der US-EPA[36] hat sich gezeigt, dass das Weglassen von ganzen Lebenswegphasen nicht empfehlenswert ist; besser ist es, diejenigen Phasen oder Prozessmodule, für die wenige oder keine Daten verfügbar sind, mit geschätzten Daten zu bearbeiten und das Ergebnis mit Sensitivitätsanalysen (vgl. Kapitel 5) zu überprüfen. Erst dann sollte über ihre Weglassung entschieden werden.

In der Zieldefinition sollte die angestrebte Bearbeitungstiefe festgehalten werden. Sie kann nicht unabhängig von der geforderten Belastbarkeit der Ergebnisse der Ökobilanz gesehen werden. So wird für interne, orientierende Studien eine geringere Bearbeitungstiefe zu fordern sein, als für Ökobilanzen, die interne Entscheidungsfindungen oder externe vergleichende Aussagen zum Ziel haben. Für die Entscheidungsfindung in der Designphase (*Ecodesign*), wo nur sehr wenig Zeit zur Verfügung steht, sind vereinfachte Ökobilanzen und weitere Instrumente wie *Life Cycle Costing* (LCC)[37] unverzichtbar. Eine stufenartige,

---

32) Fava et al. 1994
33) Christiansen 1997
34) Curran 1996; Curran und Young 1996; Weitz et al. 1996; Canter et al. 2002; Mueller et al. 2004; Hochschorner und Finnveden 2003,2006; Rebitzer 2005
35) Christiansen 1997
36) Hunt et al. 1998
37) Hunkeler et al. 2008

Computer-gestützte Kombination derartiger Instrumente wurde in der euroMat-Methodik entwickelt[38]. Solche Methoden sollen in der Zukunft der Entwicklung nachhaltiger (nicht nur „umweltfreundlicher") Produkte dienen.

2.2.7
Weitere Festlegungen

In diesem Abschnitt werden gelegentlich Begriffe verwendet, die erst in den Kapiteln 3 bis 5 genauer erklärt werden. Die entsprechenden Kapitelverweise sind eingefügt. In einer konkreten Ökobilanz sind diese Festlegungen allerdings bereits in der Komponente „Festlegung des Ziels und des Untersuchungsrahmens" zu treffen und daher nachfolgend aufgeführt.

2.2.7.1 Art der Wirkungsabschätzung

In der Wirkungsabschätzung werden die in der Sachbilanz erhobenen Daten Wirkungskategorien (z. B. Treibhauseffekt, Versauerung) zugeordnet (vgl. Kapitel 4). Bereits bei der Festlegung des Untersuchungsrahmens ist festzulegen, welche Wirkungskategorien, Indikatoren und Charakterisierungsfaktoren (zur Terminologie siehe Kapitel 4) in der Studie angewendet werden sollen. Die Auswahl sollte begründet werden, da sie auf die Ergebnisse Einfluss haben kann. Zusätzliche zu bearbeitende Aspekte, wie z. B. Risikoanalysen in speziellen Situationen, sollen bereits in dieser Phase festgelegt werden. Die Art der Wirkungsabschätzung hat Rückwirkungen auf die Datenbeschaffung, wie ein einfaches Beispiel zeigt: die Wirkungskategorie „Versauerung" kann nicht ohne Daten über Emissionen von sauren (HCl, HF etc.) und Säure-bildenden Gasen (SO_2, NO_x, NH_3) quantifiziert werden.

In etlichen Studien werden nur die Phasen
• Zieldefinition und Festlegung des Untersuchungsrahmens,
• Sachbilanz,
• Auswertung
berücksichtigt und die Wirkungsabschätzung weggelassen.

Eine derart durch Weglassung der Wirkungsabschätzung verkürzte Analyse (Sach-Ökobilanz) darf nach der Norm ISO 14040[39] **nicht** als Ökobilanz (LCA) bezeichnet werden! Sie kann allerdings als Datenbasis für vollständige Ökobilanzen von größter Bedeutung sein. So wurden beispielsweise von Plastics Europe (vormals APME) für die technisch wichtigsten Kunststoffe Sach-Ökobilanzen von der Rohstoffgewinnung bis zur Produktion des Polymers erarbeitet („von der Wiege bis zum Fabriktor"/*cradle-to-factory gate*). Die Datensätze enthalten Mittelwerte z. B. unterschiedlicher Raffinerien oder Produktionsstandorte, da beim Kauf eines Polymers die genaue Herkunft der Erdölmoleküle, aus denen es hergestellt wurde, nicht nach zu verfolgen ist. Derartige Datensätze nennt man „generische

---

38) Fleischer et al. 1999
39) ISO 1997, 2006a

Datensätze". Der Ersteller einer spezifischen Sachbilanz (z. B. ein Kunststoff-Bodenbelag der Firma X) kann generische Datensätze in seine Ökobilanz einfügen, wenn keine Widersprüche zur gewählten Systemgrenze bestehen.

2.2.7.2 Bewertung (Gewichtung), Annahmen und Werthaltungen

Die Bilanzbewertung war in der deutschen Normungsdiskussion als eigene Komponente der Ökobilanz vorgesehen[40] und war von SETAC Europe unter der Bezeichnung *Valuation* diskutiert worden[41]. Die internationale Diskussion in SETAC und später im ISO-Normungsprozess hat zur Ablehnung einer formellen Komponente Bewertung/*Valuation* geführt. Dennoch verbleibt das Problem, wenn System A nicht in allen Wirkungskategorien besser als B ist (oder umgekehrt) oder beide innerhalb der Fehlergrenzen gleich sind. Was tun? Nach welcher Methode soll bewertet werden[42], falls überhaupt? Wer bewertet im Rahmen welcher Entscheidungsprozesses[43]? In Kapitel 5 „Auswertung" werden die normgerechten Varianten besprochen.

Nach ISO 14044[44] ist die Gewichtung unterschiedlicher Wirkungen und deren Zusammenfassung zu einem „Umweltindikator" nicht zulässig für solche Ökobilanz-Studien, die vergleichende Aussagen (*comparative assertions*) machen sollen, die der Öffentlichkeit zugänglich gemacht werden sollen. Solche vergleichenden Aussagen besagen, dass Produkt A unter Umweltaspekten besser/schlechter als Produkt B ist oder dass beide Produkte in Bezug auf die Umwelt gleichwertig sind. Diese sehr restriktive Entscheidung wurde getroffen, um subjektive Werthaltungen so weit wie möglich aus der Ökobilanz auszuschließen. Es müsste nämlich z. B. entschieden werden, wie „Treibhauspotenzial" und „Versauerung" miteinander verrechnet werden sollen und um das tun zu können, muss entschieden werden, ob beide Wirkungen gleich wichtig oder eine von beiden wichtiger ist. Die in ISO 14044 (§ 4.4.5) enthaltene Vorschrift lautet wörtlich:

> *„Die Gewichtung ... darf nicht in Ökobilanz-Studien angewendet werden, die für die Verwendung in zur Veröffentlichung vorgesehenen vergleichenden Aussagen bestimmt sind."*

Das Umweltbundesamt entwickelte auf der Basis der damals gültigen Normen ISO 14042 und 14043[45] eine Bewertungsmethode, die für Ökobilanzen im Auftrag des Amtes verbindlich sind. Details werden in Kapitel 4 besprochen. Wichtig für die Phase „Festlegung des Ziels und des Untersuchungsrahmens" ist, dass bereits zu Beginn der Studie eine Entscheidung über die Art der Gewichtung getroffen werden soll. Dies setzt eine Festlegung des späteren Gebrauchs voraus, kann jedoch im Sinne der iterativen Vorgehensweise schriftlich geändert werden.

---

40) UBA 1992
41) SETAC Europe 1992
42) Giegrich et al. 1995; Klöpffer und Volkwein 1995; Volkwein et al. 1996; Klöpffer 1998; BUWAL 1990; Volkwein et al. 1996
43) IWÖ 1996; Grahl und Schmincke 1996
44) ISO 2006b
45) Schmitz und Paulini 1999; ISO 2000b, 2000c

Häufig wird auf Wunsch des Auftraggebers für interne Kommunikation und Entscheidungsfindung eine Gewichtung durchgeführt. Wenn das der Fall ist, müssen die zugrunde liegenden Werthaltungen beschrieben werden. Eine Möglichkeit, solche Werthaltungen zu beschreiben, besteht in der Definition typischer menschlicher Charaktere und Verhaltensmuster, die zu einer (notwendigerweise sehr schematischen) Gewichtung herangezogen werden[46].

2.2.7.3 Kritische Prüfung (*Critical Review*)

Vergleichende Ökobilanzen, die gemäß Zieldefinition zur Veröffentlichung vorgesehen sind, müssen nach ISO 14040/44 von einem unabhängigen Gutachterteam kritisch geprüft werden. Folgende Fragen sind durch die Gutachter/-innen zu beantworten:

- Entsprechen die angewendeten Methoden den Normen ISO 14040/44?
- Sind die angewendeten Methoden wissenschaftlich begründet und entsprechen sie dem Stand der Ökobilanz-Technik?
- Sind die verwendeten Daten in Bezug auf das Ziel der Studie hinreichend und zweckmäßig?
- Berücksichtigt die Auswertung das Ziel der Studie und die erkannten Einschränkungen?
- Ist der Bericht transparent und nachvollziehbar?

Für die Durchführung einer kritischen Prüfung gibt es zwei Möglichkeiten[47]:

1. begleitende kritische Prüfung,
2. kritische Prüfung „a posteriori".

Das Vorgehen (1) hat Vorteile im Hinblick auf die Abstimmung zwischen Auftraggeber[48], Ersteller und Gutachter(kreis) und ist daher empfehlenswert. Die begleitende kritische Prüfung beginnt in der Regel nach Abschluss der Phase „Festlegung des Ziels und des Untersuchungsrahmens" auf der Basis eines Zwischenberichts über diese Phase.

Die Entscheidung zur Veröffentlichung einer Ökobilanz kann aber auch zu einem Zeitpunkt getroffen werden, zu dem die Studie schon weit fortgeschritten ist und eine begleitende Prüfung nicht mehr möglich ist (Modifikation der Zieldefinition während der Projektbearbeitung). In diesem Fall empfiehlt es sich, die kritische Prüfung in der Phase der Berichterstellung durchzuführen. Dazu sollte ein Entwurf des Schlussberichts mit den Phasen 1–3 (Festlegung des Ziels und des Untersuchungsrahmens, Sachbilanz, Wirkungsabschätzung, vgl. Abb. 1.4) vorliegen; dann können Gutachter/-innen oder Gutachterkreis noch die wichtige Phase der Auswertung begleiten.

---

46) Hofstetter 1998
47) SETAC 1993; Klöpffer 2000, 2005
48) Der Ersteller, der Auftraggeber und der Dritte sind in den Normen ausschließlich in der männlichen Form definierte Begriffe. Ersteller, Auftraggeber und Dritte sind in der Regel keine Einzelpersonen, sondern Unternehmen, Verbände, gesellschaftliche Gruppen etc.

Nach der revidierten Norm ISO 14044 muss ein Gutachterkreis aus mindestens drei Personen bestehen. Der Auftraggeber beruft eine(n) Vorsitzende(n), die Besetzung der Beisitzer erfolgt in der Regel in Abstimmung mit dem Auftraggeber und dem Ersteller der Ökobilanz.

Für interne Ökobilanz-Studien ist die kritische Prüfung optional und kann sowohl als „interne kritische Prüfung" wie auch durch unabhängige externe Expert/-innen durchgeführt werden. Bei Bestellung interner Gutachter/-innen ist streng darauf zu achten, dass die Unabhängigkeit vom Bearbeiterteam und anderen an den Ergebnissen interessierten Stellen gegeben ist. Es könnte sich z. B. um ein qualifiziertes Mitglied der Qualitätskontrolle oder ähnlicher Stabsstellen (*product stewardship*) handeln.

Eine ausführliche Besprechung des Gutachterverfahrens erfolgt in Kapitel 5.

2.2.8
Weitere Festlegungen zum Untersuchungsrahmen

In der internationalen Norm 14044[49] werden zusätzlich zu den oben relativ ausführlich diskutierten Punkten noch folgende Angaben im Arbeitsschritt „Festlegung des Ziels und des Untersuchungsrahmens" gefordert:

- Allokationsverfahren,
- Methoden zur Auswertung,
- Einschränkungen,
- Art und Aufbau des vorgesehenen Berichts.

Mit Ausnahme der Allokation, die in Abschnitt 2.2.2.2 bereits angesprochen wurde (vertiefte Behandlung in Abschnitt 3.3), sind diese Punkte besonders für die Phase „Auswertung" von Interesse. Sie werden in Kapitel 5 besprochen.

2.3
Illustration der Komponente „Festlegung des Ziels und des Untersuchungsrahmens" am Praxisbeispiel

Ökobilanzen sind in der Praxis sehr umfangreiche Studien. Zur Veranschaulichung der schrittweisen Einführung in die Methodik werden nach jedem Hauptkapitel die besprochenen Arbeitsschritte anhand der Ausführungen in der publizierten Ökobilanz „Ökobilanzieller Vergleich von Getränkekartons und PET-Einwegflaschen" aufgegriffen. Die Studie wurde vom Institut für Energie und Umweltforschung (IFEU Heidelberg) im Auftrag des Fachverbands Getränkekarton (FKN Wiesbaden) durchgeführt[50]. Wir danken für die Möglichkeit, die theoretischen Ausführungen in diesem Buch durch dieses Praxisbeispiel zu veranschaulichen.

---

49) ISO 2006b
50) IFEU 2006

In diesem Abschnitt werden die Ausführungen in oben genannter Studie zu den Arbeitsschritten aus Kapitel 2, „Festlegung des Ziels und des Untersuchungsrahmens", vorgestellt. Das gewählte Beispiel wird auch die Arbeitsschritte „Sachbilanz" (Kapitel 3), „Wirkungsabschätzung" (Kapitel 4) und „Auswertung" (Kapitel 5) illustrieren. Es dient hier ungeachtet seines umweltpolitischen Hintergrundes ausschließlich **didaktischen Zwecken.** Aus demselben Grund wurden von den Autoren dieses Buches Kürzungen und Vereinfachungen vorgenommen, die vom Ersteller gebilligt wurden. Da etliche Details, die in einer Praxisstudie im Arbeitsschritt „Festlegung des Ziels und des Untersuchungsrahmens" festzulegen sind, in diesem Buch erst später ausführlich besprochen werden, sind an den entsprechenden Stellen Verweise auf spätere Kapitel eingefügt. Die zitierten Textpassagen aus der Studie, die durch einen grauen Balken hervorgehoben sind, zeigen allerdings bereits, was in welcher Detailtiefe ausgeführt werden sollte.

2.3.1
Zieldefinition

Wie in Abschnitt 2.1 ausgeführt, muss die Zieldefinition sinngemäß einige Fragen beantworten, die für jede nach ISO 14040/44 durchgeführte Ökobilanzstudie die erforderliche Transparenz der Rahmenbedingungen gewährleisten. Die ersten beiden Fragen

- Was wird untersucht?
- Warum wird die Ökobilanz durchgeführt?

beantwortet die Zieldefinition der Beispielstudie wie folgt:

> Seit Mitte der 1990er Jahre nimmt auf dem deutschen Getränkemarkt die Bedeutung von PET-Einwegflaschen als Verpackungssystem zu. Erst seit kurzer Zeit werden PET-Einwegflaschen hierzulande für empfindliche, CO_2-freie Füllgüter wie Fruchtsäfte und Fruchtnektare, Eistee oder Milchmischgetränke eingesetzt.
>
> Im Unterschied zu PET-Einwegflaschen sind Getränkekartons in der im Januar 2005 novellierten Fassung der Verpackungsverordnung als „ökologisch vorteilhaft" eingestuft und somit von einer obligatorischen Bepfandung[51] ausgenommen. Da jedoch Einwegverpackungen in den Getränkesegmenten Fruchtsäfte und Fruchtnektare sowie Milch und Milchmischgetränke generell nicht von der Pflichtpfandregelung betroffen sind, hat bei diesen Getränken die genannte ökologische Einstufung des Getränkekartons keine unmittelbare Lenkungswirkung auf Handel und Verbraucher.[52]

---

51) In Deutschland gilt ein durch die Verpackungsverordnung (VerpackVO) geregeltes Pfandsystem für Getränkeverpackungen, das eine ökologische Einstufung der Verpackungen der mengenmäßig wichtigsten Getränke vorsieht. Diese Einstufung wurde auf der Basis von Ökobilanzstudien politisch festgelegt.

52) Dass die VerpackVO durchaus eine Lenkungswirkung verfolgt, lässt sich anhand von § 1 Abfallwirtschaftliche Ziele, VerpackVO belegen. Dort findet sich die Formulierung „Der Anteil der in Mehrweggetränkeverpackungen sowie in ökologisch vorteilhaften Einweggetränkeverpackungen abgefüllten Getränke soll durch diese Verordnung gestärkt werden mit dem Ziel, einen Anteil von mindestens 80 vom Hundert zu erreichen."

Gerade dieser Sachverhalt wird vom Fachverband Kartonverpackungen für flüssige Nahrungsmittel (FKN) als Herausforderung betrachtet, die ökobilanziellen Profile von PET-Einwegflaschen und Getränkekartons untersuchen zu lassen. **Beide Getränkeverpackungen sollen dabei in allen, im Jahr 2005 pfandfreien Marktsegmenten, in denen diese beiden Verpackungssysteme in Deutschland konkurrieren, miteinander verglichen werden. Der Vergleich soll zudem die marktrelevanten Verpackungsgrößen berücksichtigen.**

Mit der vorliegenden Studie wird erstmals eine ISO-konforme Ökobilanz zum Vergleich von PET-Einwegflaschen und Getränkekartons erarbeitet.

Die Bearbeitung der Studie erfolgt in enger methodischer Anlehnung an die vom Umweltbundesamt durchgeführten Studien zum ökologischen Vergleich von Getränkeverpackungen.[53]

Zu den beiden weiteren Fragen
- Für wen wurde die Studie durchgeführt?
- Sind vergleichende Aussagen vorgesehen?

werden in der Studie folgende Ausführungen gemacht:

- Die Studie richtet sich in erster Linie an den Auftraggeber und die von ihm vertretenen Verbandsmitglieder. Die hier durchgeführten Systemvergleiche sollen Informationen über die ökobilanzielle Position von Getränkekartons im Verhältnis zu PET-Einwegsystemen liefern und damit bei der ökologisch orientierten Ausrichtung von Marktstrategien und Verpackungsentwicklungen unterstützen.
- Der Auftraggeberkreis und die beteiligten Mitgliedsfirmen sollen zudem die Relevanz ihres Verantwortungsbereiches für das Gesamtsystem des Getränkekartons ermessen und Ansatzpunkte für Optimierungsmöglichkeiten ableiten können.
- Die aus der Studie ableitbaren Fakten können darüber hinaus wichtige Informationen für Entscheidungsträger in Getränkeindustrie und Handel darstellen.
- Schließlich sollen die Erkenntnisse einen sachorientierten Dialog auf einer transparenten und aktuellen Datengrundlage über die ökologische Bewertung der untersuchten Getränkeverpackungen fördern. Zielgruppe hierfür sind Verbraucher- und Umweltorganisationen, insbesondere aber auch die politischen Entscheidungsträger.

Der Grund für die Studie, die Adressaten und Ziele sind explizit benannt und die Ergebnisse der Ökobilanz müssen sich daran messen lassen, ob diese Ziele eingelöst werden. Aus der Zielsetzung geht eindeutig hervor, dass vergleichende Aussagen zur ökologischen Bewertung der untersuchten Verpackungssysteme gemacht werden und diese der (Fach-)Öffentlichkeit zugänglich gemacht werden sollen.

Die Organisationsstruktur der Studie ist in folgendem Abschnitt beschrieben und veranschaulicht, dass umfangreiche Vorarbeiten und Vorgespräche erforderlich sind, bevor eine Ökobilanz in Angriff genommen werden kann. Da die herstel-

---

53) UBA 2000, 2002

lende Industrie für Kartonverpackungen Auftraggeberin dieser Studie war, konnte diesbezüglich von einer guten Datenverfügbarkeit ausgegangen werden.

> Die Studie wurde vom Fachverband Kartonverpackungen für flüssige Nahrungs-
> mittel e. V. (FKN) mit Sitz in Wiesbaden beauftragt. Der FKN wird im Projekt
> durch Dr. Wallmann vertreten. Dem FKN gehören die Mitgliedsfirmen Tetra
> Pak GmbH & Co. (Hochheim), SIG Combibloc (Linnich) und Elopak (Speyer) an.
> Die genannten Unternehmen werden in der Projektgruppe durch Fr. Babendererde
> (Tetra Pak GmbH & Co.), Dr. Böhmel (SIG Combibloc) sowie Fr. Deege (Elopak)
> repräsentiert.
>
> Das Projekt wird vom Institut für Energie- und Umweltforschung Heidelberg
> GmbH (IFEU) durchgeführt. Projektbearbeiter beim IFEU sind Hr. Detzel und
> Hr. Böß.
>
> Zum Projekt wurde ein fachlicher Begleitkreis eingerichtet, dem neben den
> bereits genannten Personen Fr. Bremerstein (DSD), Prof. Strobl (FH Wiesbaden),
> Hr. Geiger (Fa. Campina) sowie Hr. Lentz (Fa. Emig) angehören.

Die Auswahl des fachlichen Begleitkreises zeigt, dass Wirtschaftsakteure einbezogen werden können, deren Interesse nicht eindeutig auf eines der verglichenen Systeme ausgerichtet ist, hier z. B. Abfallwirtschafts- und Abfüllbetriebe.

2.3.2
Untersuchungsrahmen

Da in der Darstellung des Untersuchungsrahmens nach ISO 14040/44 vorausgesetzt wird, dass alle methodischen Regeln einer Ökobilanz bekannt sind, wird entsprechend dem iterativen Charakter der Methode hier vieles definiert, was erst in späteren Arbeitsschritten (Sachbilanz, Wirkungsabschätzung, Auswertung) im Detail bearbeitet wird. Hier sind die wesentlichen Aussagen der Beispielstudie zusammengestellt, insbesondere die Regeln zur Allokation werden aber erst im Kapitel „Sachbilanz" (Abschnitt 3.3) erklärt.

Die Produktsysteme
Da die Transparenz einer Ökobilanz eine zentrale Anforderung an durchgeführte Studien ist, wird das Produktsystem ausgehend von der Zieldefinition verbal und mittels Systemfließbild (Abb. 2.6) klar beschrieben. Betont wird, dass bei den betrachteten Varianten von Nutzengleichheit ausgegangen werden kann, eine Grundvoraussetzung für den ökobilanziellen Vergleich von Produktsystemen:

> Die untersuchten Verpackungssysteme sollen entsprechend der Zieldefinition
> die für beide Verpackungen relevanten Getränkesegmente umfassen. Als weitere
> Aspekte des Produktnutzens wären u. a. die Wiederverschließbarkeit der Verpa-
> ckung sowie die Produktsicht zu nennen. Da die Primärfunktion aber der Schutz
> des Füllgutes ist, kann von einer gleichwertigen Funktionalität der untersuchten
> Kartons und PET-Flaschen ausgegangen werden. Die Nutzengleichheit als Grund-
> voraussetzung des ökobilanziellen Systemvergleichs ist gegeben.

Entsprechend der Zieldefinition wurden unterschiedliche Füllgutgruppen mit unterschiedlichen Füllmengen untersucht. Die hier zur Veranschaulichung ausgewählte Variante ist die Vorratshaltung für Fruchtsäfte und Fruchtnektare im 1-L-Gebinde.

1. Fruchtsäfte und Fruchtnektare
Vorratshaltung
• Getränkekarton: 1000 mL, 1500 mL
• PET-Einwegflasche: 1000 mL, 1500 mL
Sofortverzehr
• Getränkekarton: 200 mL, 500 mL
• PET-Einwegflasche: 330 mL, 500 mL

2. Eistee
Vorratshaltung
• Getränkekarton: 1500 mL
• PET-Einwegflasche: 1500 mL

3. Frischmilchgetränke[54]
Vorratshaltung (Frischmilch)
• Getränkekarton: 1000 mL
• PET-Einwegflasche: 1000 mL
Sofortverzehr (Milchmischgetränke)
• PET-Einwegflasche: 500 mL
• Getränkekarton: 500 mL

Abbildung 2.6 zeigt das qualitative Systemfließbild und die Systemgrenze für die beiden untersuchten Varianten Getränkekarton und PET-Einwegflasche:
Explizit werden diejenigen Prozessmodule genannt, die nicht berücksichtigt werden.

Nicht berücksichtigt werden:
• Herstellung und Entsorgung der Infrastruktur (Maschinen, Aggregate, Transportmittel) und deren Unterhalt;
• Herstellung und Sterilisierung des jeweiligen Füllguts sowie dessen Kühlung;
• Umweltaspekte, die sich aus Aktivitäten des Verbrauchers ergeben (Transportfahrten zum Handel, Kühlprozesse);
• Umweltwirkungen durch Unfälle.

---

54) In dieser Studie werden Molkereierzeugnisse, die über die Kühlkette vertrieben werden, als „Frischmilchgetränke" bezeichnet. Dazu zählen Frischmilch (pasteurisierte Milch und ESL-Milch, jedoch **nicht** H-Milch) sowie unterschiedliche Milchmischgetränke (MMG). Wegen der entsprechenden Marktrelevanz bezieht sich der Bereich Sofortverzehr (500-mL-Verpackungen) auf MMG, während bei Vorratskauf Frischmilch im Vordergrund steht. Verpackungen für Milchmischgetränke und Frischmilch sind in etwa vergleichbar, wobei Frischmilch das empfindlichere Füllgut darstellt.

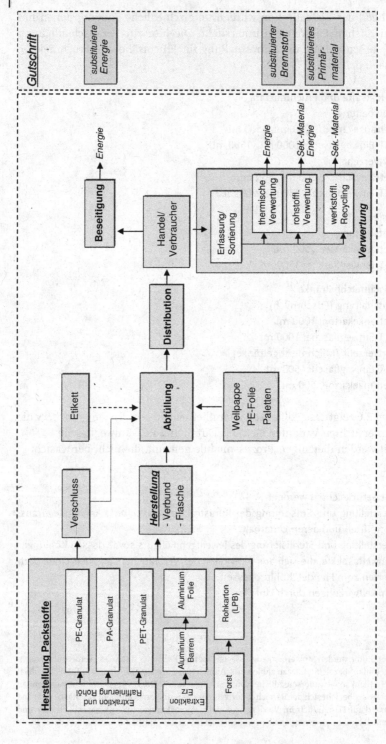

Abb. 2.6 Schematische Darstellung der Systemgrenzen und der in der Bilanzmodellierung umfassten Lebenswegabschnitte (IFEU 2006).

Technische Systemgrenzen und Abschneideregeln

Als Abschneideregeln werden die „1%- und die 5%-Regel" auf Prozessebene festgelegt, was ein übliches Verfahren ist:

> Das Ziel ist es, Inputmaterialien in Produktsystemen zu berücksichtigen, wenn sie im jeweiligen Teilprozess des Lebensweges mehr als **1 % der Masse** des gewünschten Outputs in dem Prozess umfassen. Gleichzeitig sollte aber die Summe der vernachlässigten Stoffmengen bei einem Prozess nicht mehr als **5 % des Outputs** betragen.

Hier wird auch eine Begründung dafür gegeben, dass Herstellung und Sterilisation des Füllguts nicht berücksichtigt werden, sondern sich der Vergleich allein auf die Verpackung bezieht.

> Die Systemgrenzen schließen nur die auf das Verpackungsmaterial zurückgehenden Umweltbelastungen ein. Die durch die Herstellung des Füllguts (inklusive der dafür benötigten Vorketten) verursachten Aufwendungen und Emissionen werden in Analogie zu den UBA-Studien[55] nicht in die Bilanz einbezogen. Dies gilt auch für den Transport des verpackten Füllguts im Zuge der Distribution. Da die Distribution jedoch als Prozessschritt innerhalb des Bilanzraums liegt, ist eine Zuordnung der Emissionen zwischen Getränkeverpackung und Füllgut erforderlich.

Abgrenzung zur Systemumgebung

Die Regeln, nach denen in der Beispielstudie die Abgrenzung zur Systemumgebung behandelt wurde, werden erläutert. Der Umgang mit Allokation wird in der Studie bereits in der Beschreibung des Untersuchungsrahmens sehr differenziert dargestellt. Das ist nach ISO 14040/44 auch so vorgesehen. Da die Besprechung dieser Arbeitsschritte allerdings im Kapitel 3 „Sachbilanz" erfolgt, werden die entsprechenden differenzierten Festlegungen dort erklärt. Der Umgang mit Systemerweiterung und Gutschriften bei der Modellierung der Abfallbehandlung wurde in Abschnitt 2.2.5.3, die Notwendigkeit von Allokationen im Abschnitt 2.2.2.2 bereits angesprochen.

> Wie in Abb. 2.6 dargestellt, umfasst der Bilanzraum auch die Sammlung und Aufbereitung gebrauchter Verpackung. Für die dabei entstehenden Sekundärmaterialien und die Nutzenergie aus der thermischen Abfallverwertung erfolgen Gutschriften.
>
> Die Modellierung der betrachteten Produktsysteme erfordert an verschiedenen Stellen die Anwendung sog. Allokationsregeln (Zuordnungsregeln). Dabei sind zwei systematische Ebenen zu unterscheiden: Eine Allokation kann auf der Ebene einzelner Prozesse innerhalb des untersuchten Produktsystems oder zwischen dem untersuchten Produktsystem und vor- bzw. nachgelagerten Produktsystemen erforderlich sein.

---

55) UBA 2000, 2002

Im Fall der prozessbezogenen Allokationen werden Multi-Input- und Multi-Output-Prozesse unterschieden. Die Frage der systembezogenen Allokation stellt sich dann, wenn ein Produktsystem neben dem eigentlichen, über die funktionelle Einheit abgebildeten Nutzen, weitere Zusatznutzen erbringt. Dies ist der Fall, wenn das untersuchte Produktsystem Energie- und Materialflüsse für andere Produktsysteme bereitstellt oder Abfälle verwertet.

Geographische Systemgrenze

Hier wird die geographische Systemgrenze für unterschiedliche Prozessmodule so genau und so differenziert wie möglich beschrieben. Damit wird der geographische Geltungsbereich des Verpackungsvergleichs charakterisiert. Die Datenerhebung muss sich an der so charakterisierten geographischen Systemgrenze orientieren. Sind die Daten in der so spezifizierten Form nicht erhältlich, müsste das ausdrücklich an dieser Stelle vermerkt werden.

Der geographische Rahmen dieser Studie ist die Verpackungsherstellung und -entsorgung in Deutschland.

Einige der in den betrachteten Verpackungssystemen verwendeten Rohmaterialien werden auf einem europaweiten Markt produziert, gehandelt und von dort auch durch die deutsche Industrie bezogen. Dies gilt insbesondere für die Verbundrohstoffe Aluminium und Polyethylen sowie für PET-Granulat. Für diese Materialien werden europäische Durchschnittsdaten verwendet.

Die für die untersuchten Getränkekartons verwendeten Rohkartons (liquid packaging board, LPB) stammen aus nordeuropäischen Ländern. Die Produktion in den Herkunftsbereichen und der Transport der Packstoffe nach Deutschland werden in der Modellierung berücksichtigt.

Bezüglich der Herstellung des Getränkekarton-Verbundes und der PET-Flaschen sowie der Befüllung und der Distribution werden die Prozessdaten so modelliert, als wären die entsprechenden Prozesse ausschließlich in Deutschland angesiedelt. Der in der Realität zu einem gewissen Maß stattfindende Getränkeimport und -export wird nicht berücksichtigt.

Zeitliche Systemgrenze

Ebenso wie für die geographische Systemgrenze wird spezifiziert, für welchen Zeitraum die Daten zugrunde gelegt sind. Das ist insbesondere deshalb wichtig, da der Zeitraum der Produktion in Zusammenschau mit der geographischen Systemgrenze einen Hintergrund zum anzunehmenden Stand der Technik liefert.

Unzulässig ist es z. B. Daten von 1975 aus der Produktion in einem asiatischen Land unkommentiert mit Daten von 2005 aus europäischer Produktion zu vergleichen. Um dem vorzubeugen, wird auf die genaue Beschreibung der zeitlichen Systemgrenze großer Wert gelegt.

Für den Verpackungsvergleich sollen die Verpackungen herangezogen werden, die im Jahr 2005 auf dem deutschen Markt waren. Die verwendeten Gewichte und die

Materialzusammensetzung der untersuchten Verpackungen soll dies angemessen widerspiegeln.

Für Prozessdaten gilt ein Bezugszeitraum zwischen den Jahren 2002 und 2005. Das heißt, es wird angestrebt, dass die Gültigkeit der verwendeten Daten auf den genannten Zeitraum zutrifft bzw. möglichst nahe an diesen Zeitpunkt heranreicht.

Funktionelle Einheit und Referenzfluss

Hier wird genau definiert, was auf der Basis der definierten funktionellen Einheit zur Ermittlung des Referenzflusses des gesamten Verpackungssystems zu berücksichtigen ist.

Als funktionelle Einheit wird analog zu den UBA-Ökobilanzen die Verpackung definiert, die zur Bereitstellung von 1000 L Füllgut im Handel benötigt wird[56]. Zum Referenzfluss eines Produktsystems gehört die eigentliche Getränkeverpackung, also Verbundkarton bzw. PET-Flasche, die Etiketten und Verschlüsse sowie die Transportverpackungen (Wellpappe-Tray, Schrumpffolie und Paletten), die zum Befüllen und zur Auslieferung von 1000 L Füllgut erforderlich sind.

Datenverfügbarkeit und Tiefe der Studie

Die Anforderung an die Daten wird in Bezug auf die abzubildenden ökologischen Wirkungskategorien diskutiert. So müssen zur Berücksichtigung der Wirkungskategorie „Versauerung" diejenigen Emissionen erfasst werden, die zur Versauerung beitragen (vgl. Abschnitt 2.2.6).

Als weiterer wichtiger Aspekt der Datenverfügbarkeit wird angesprochen, dass bei den Daten aus betrieblicher Datenerhebung in der Regel keine statistische Auswertung möglich ist und somit die Genauigkeit der Datensätze nur unzureichend definiert werden kann.

Durch die Anlehnung an die UBA-Methodik ergeben sich Anforderungen, was die zu berücksichtigenden Datenkategorien angeht. Grundsätzlich müssen hier all jene Input- und Outputflüsse der Produktsysteme erfasst werden, die einen relevanten Beitrag zu den in der UBA-Ökobilanz betrachteten ökologischen Wirkungskategorien leisten.

Eine Schwierigkeit ist die Beurteilung der Genauigkeit von Datensätzen, da die Prozessdaten meist nicht mit Streu- bzw. Fehlerbreiten oder Standardabweichungen verfügbar sind. Die Beurteilung basiert damit im Wesentlichen auf qualitativem Expertenwissen. Zur deskriptiven Beurteilung der Daten sollen daher verfügbare Informationen wie etwa der Durchschnitt einer verwendeten Technologie, das Bezugsjahr usw. herangezogen werden. Man erhält damit vor allem Auskunft zur Repräsentativität der Daten.

Eine Ausnahme bilden die Verpackungsspezifikationen der Getränkekartons. Hier können qualifizierte Bandbreiten abgebildet werden.

---

56) UBA 2000, S. 5; UBA 2002, S. 6

Tabelle 2.1 Zuordnung der im Projekt erhobenen Sachbilanzparameter (Erläuterung der Wirkungskategorien vgl. Kapitel 4).

Wirkungskategorie	Wesentliche Sachbilanzparameter[a]	Einheit des Wirkungsindikators
Ressourcen-beanspruchung	Rohöl, Rohgas, Braunkohle, Steinkohle	kg Rohöläquivalente
Naturraum-beanspruchung	Flächenkategorie II–V	m^2
Treibhauseffekt[b]	CO_2 fossil, CH_4, CH_4 regenerativ, N_2O, C_2F_6, CF_4, CCl_4	kg CO_2-Äquivalente
Eutrophierung (terrestrisch)	NO_x, NH_3	kg PO_4^{3-}-Äquivalente
Versauerung	NO_x, SO_2, H_2S, HCl, HF, NH_3, TRS	kg SO_2-Äquivalente
Photosmog ~ Ozonbildung (bodennah)	NMVOC, VOC, Benzol, CH_4, Acetylen, Ethanol, Formaldehyd, Hexan, Toluol, Xylol, Aldehyde unspez.	kg Ethen-Äquivalente
Eutrophierung (aquatisch)	P-ges., CSB, N-ges., NH_4^+, NO_3^-, NO_2^-, N unspez.	kg PO_4^{3-}-Äquivalente

[a] Die vollständigen Listen der in der Beispielstudie berücksichtigten Sachbilanzparameter werden in den Abschnitten 3.7 und 4.6 zur Veranschaulichung der Komponenten Sachbilanz und Wirkungsabschätzung aufgeführt.

[b] Die Wirkungskategorie „Klimaänderung" wird in der Beispielstudie mit „Treibhauseffekt" bezeichnet.

Art der Wirkungsabschätzung

Bereits hier wird eine Festlegung getroffen, welche Wirkungskategorien berücksichtigt werden. Daraus ergibt sich der in der Sachbilanz zu erhebende Datensatz (vgl. Tabelle 2.1).

Die Wirkungsabschätzung in der vorliegenden Studie erfolgt anhand der nachfolgend aufgelisteten Wirkungskategorien[57]:

A. Ressourcenbezogene Kategorien
• Beanspruchung fossiler Ressourcen,
• Naturraumbeanspruchung Forst;

---

57) Da in den untersuchten Systemen Ozon-zerstörende Substanzen nicht in relevanten Mengen freigesetzt werden, wurde hier aus Aufwandsgründen auf die Berücksichtigung der Wirkungskategorie „stratosphärischer Ozonabbau" verzichtet.

B. Emissionsbezogene Kategorien
- Treibhauseffekt,
- terrestrische Eutrophierung,
- Versauerung,
- Sommersmog (als POCP),
- aquatische Eutrophierung.

Methoden der Auswertung

Wie auch im Fall der Definition von Regeln bei der Abgrenzung des untersuchten Systems zur Systemumgebung sind auch bezüglich der Gewichtung von Umweltlasten in der Auswertung Regeln zu definieren. Da diese Regeln erst in den Kapiteln 4 und 5 besprochen werden, wird dort auf die Festlegungen in der Beispielstudie eingegangen.

Kritische Prüfung

Da die kritische Prüfung in Kapitel 5 besprochen wird, sind Angaben zur Umsetzung in der Beispielstudie dort im Abschnitt 5.6 aufgeführt.

2.4
Literatur zu Kapitel 2

Boustead 1992:
Boustead, I.: Eco-balance methodology for commodity thermoplastics. Report to The European Centre for Plastics in the Environment (PWMI)*, Brussels, December 1992 (* später APME).

Boustead 1994:
Boustead, I.: Eco-profiles of the European polymer industry. Report 6: Polyvinyl Chloride. Report for APME's Technical and Environmental Centre, Brussels, April 1994.

BUWAL 1990:
Ahbe, S.; Braunschweig, A.; Müller-Wenk, R.: Methodik für Oekobilanzen auf der Basis ökologischer Optimierung. In: Bundesamt für Umwelt, Wald und Landschaft (BUWAL), Bern (Hrsg.): Schriftenreihe Umwelt Nr. 133.

BUWAL 1991:
Habersatter, K.; Widmer, F.: Oekobilanzen von Packstoffen. Stand 1990. In: Bundesamt für Umwelt, Wald und Landschaft (BUWAL), Bern (Hrsg.): Schriftenreihe Umwelt Nr. 132. Februar 1991.

Canter et al. 2002:
Canter, K. G.; Kennedy, D. J.; Montgomery, D. C.; Keats, J. B.; Carlyle, W. M.: Screening stochastic life cycle assessment inventory models. Int. J. LCA 7, 18–26.

Christiansen 1997:
Christiansen, K.: Simplifying LCA: Just a cut? Final Report of the SETAC Europe LCA Screening and Streamlining Working Group. Brussels, May 1997.

Curran 1996:
Curran, M. A. (Ed.): Environmental Life-Cycle Assessment. McGraw-Hill, New York. ISBN 0-07-015063-X.

Curran und Young 1996:
Curran, M. A.; Young, S.: Report from the EPA conference on streamlining LCA. Int. J. LCA 1, 57–60.

DIN-NAGUS 1994:
DIN-NAGUS: Grundsätze produktbezogener Ökobilanzen (Stand Oktober 1993). DIN-Mitteilungen 73 (3), 208–212.

Fava et al. 1994:
Fava, J.; Jensen, A. A.; Lindfors, L.; Pomper, S.; De Smet, B.; Warren, J.; Vigon, B. (Eds.): Conceptual Framework for Life-Cycle Data Quality. Workshop Report. SETAC and SETAC Foundation for Environmental Education.

Wintergreen, Virginia, October 1992.
Published by SETAC June 1994.

Fleischer und Schmidt 1996:
Fleischer, G.; Schmidt, W.-P.: Functional
unit for systems using natural raw
materials. Int. J. LCA 1, 23–27.

Fleischer et al. 1999:
Fleischer, G.; Becker, J.; Braunmiller, U.;
Klocke, F.; Klöpffer, W.; Michaeli, W.
(Hrsg.): Eco-Design. Effiziente
Entwicklung nachhaltiger Produkte mit
euroMat. Springer Verlag, Berlin.

Frische et al. 1982:
Frische, R.; Klöpffer, W.; Esser, G.;
Schönborn, W.: Criteria for assessing the
environmental behavior of chemicals:
selection and preliminary quantification.
Ecotox. Environ. Safety 6, 283–293.

Frischknecht et al. 2005:
Frischknecht, R.; Jungbluth, N.;
Althaus, H.-J.; Doka, G.; Dones, R.;
Heck, Th.; Hellweg, S.; Hischier, R.;
Nemecek, Th.; Rebitzer, G.;
Spielmann, M.: The ecoinvent database:
overview and methodological framework.
Int. J. LCA 10, 3–9.

Giegrich et al. 1995:
Giegrich, J.; Mampel, U.; Duscha, M.;
Zazcyk, R.; Osorio-Peters, S.; Schmidt, T.:
Bilanzbewertung in produktbezogenen
Ökobilanzen. Evaluation von Bewertungs-
methoden, Perspektiven. Endbericht des
Instituts für Energie- und Umweltfor-
schung Heidelberg GmbH (IEFU) an das
Umweltbundesamt, Berlin. Heidelberg,
März 1995. UBA Texte 23/95. Berlin.
ISSN 0722-186X.

Grahl und Schmincke 1996:
Grahl, B.; Schmincke, E.: Evaluation and
decision-making processes in life cycle
assessment. Int. J. LCA 1, 32–35.

Guinée et al. 2002:
Guinée, J. B. (final editor); Gorée, M.;
Heijungs, R.; Huppes, G.; Kleijn, R.;
Koning, A. de; Oers, L. van;
Wegener Sleeswijk, A.; Suh, S.;
Udo de Haes, H. A.; Bruijn, H. de;
Duin, R. van; Huijbregts, M. A. J.:
Handbook on Life Cycle Assessment –
Operational Guide to the ISO Standards.
Kluwer Academic Publishers, Dordrecht.
ISBN 1-4020-0228-9.

Heijungs und Frischknecht 1998:
Heijungs, R.; Frischknecht, R.: On the
nature of the allocation problem. A special
view on the nature of the allocation
problem. Int. J. LCA 3(6) (1998), 321–332.

Heijungs und Suh 2002:
Heijungs, R.; Suh, S.: The Computational
Structure of Life Cycle Assessment.
Kluwer Academic Publishers, Dordrecht
2002. ISBN 1-4020-0672-1.

Held und Geißler 1993:
Held, M.; Geißler, K. A. (Hrsg.): Ökologie
der Zeit. Edition Universitas, S. Hirzel,
Stuttgart 1993. ISBN 3-8047-1264-9.

Held und Geißler 1995:
Held, M.; Geißler, K. A.: Von Rhythmen
und Eigenzeiten. Perspektiven einer Ökologie der Zeit. Edition Universitas, S. Hirzel, Stuttgart 1995. ISBN 3-8047-1414-5.

Held und Klöpffer 2000:
Held, M.; Klöpffer, W.: Life cycle assessment without time? Time matters in life
cycle assessment. Gaia, 9, 101–108.

Hellweg et al. 2003:
Hellweg, S.; Hofstetter, T. B.;
Hungerbühler, K.: Discounting and the
environment. Should current impacts
be weighted differently than impacts
harming future generations? Int. J. LCA
8, 8–18.

Hochschorner und Finnveden 2003:
Hochschorner, E.; Finnveden, G.:
Evaluation of two simplified life cycle
assessment methods. Int. J. LCA 8,
119–128.

Hochschorner und Finnveden 2006:
Hochschorner, E.; Finnveden, G.: Life
cycle approach in the procurement process: The case of defence material. Int. J.
LCA 11, 200–208.

Hofstetter 1996:
Hofstetter, P.: Time in Life Cycle Assess-
ment. In: IWÖ-Diskussionbeitrag Nr. 32 –
Developments in LCA Valuation. Final
Report of the Project Nr. 5001-35066 from
the Swiss National Science Foundation,
Swiss Priority Programme Environment.
ISBN 3-906502-31-7, St. Gallen, March
1996, pp. 97–121.

Hofstetter 1998:
Hofstetter, P.: Perspectives in Live Cycle
Assessment. A Structured Approach to
Combine Models of the Technosphere,
Ecosphere and Valuesphere. Kluwer
Academic Publishers, Boston.
ISBN 0-7923-8377-X.

Hunkeler et al. 2008:
Hunkeler, D.; Lichtenvort, K.; Rebitzer, G.
(Eds.): Environmental Life Cycle Costing.
CRC Press, Boca Raton, Florida and SETAC.

Hunt et al. 1992:
Hunt, R. G.; Sellers, J. D.; Franklin, W. E.:
Resource and environmental profile
analysis: a life cycle environmental
assessment for products and procedures.
Environ. Impact Assess. Rev. 12, 245–269.

Hunt et al. 1998:
Hunt, R. G.; Boguski, T. K.; Weitz, K.;
Sharma, A.: Case studies examining
streamlining techniques. Int. J. LCA 3,
36–42.

ISO 1997:
International Standard (ISO); Norme
Européenne (CEN): Environmental
management – Life cycle assessment –
Principles and framework. Prinzipien und
allgemeine Anforderungen, Juni 1997,
ISO EN 14040.

ISO 1998:
International Standard (ISO); Norme
Européenne (CEN): Environmental
management – Life cycle assessment:
Goal and scope definition and inventory
analysis (Festlegung des Ziels und
des Untersuchungsrahmens sowie
Sachbilanz) ISO EN 14041.

ISO 2000a:
International Organization for Stan-
dardization (ISO): Life cycle assessment –
Examples of the application of goal and
scope definition and inventory analysis.
Technical Report ISO TR 14049.

ISO 2000b:
International Standard (ISO); Norme
Européenne (CEN): Environmental
management – Life cycle assessment:
Life cycle impact assessment (Wirkungs-
abschätzung). International Standard
ISO EN 14042.

ISO 2000c:
International Standard (ISO); Norme
Européenne (CEN): Environmental
management – Life cycle assessment:
Interpretation (Auswertung). International
Standard ISO EN 14043.

ISO 2002:
ISO/TC 207/SC 5: Environmental
management – Life cycle assessment.
Data Documentation Format. Technical
Specification ISO/TS 14048.

ISO 2006a:
ISO TC 207/SC 5: Environmental
management – Life cycle assessment –
Principles and framework. ISO EN 14040
2006-10.

ISO 2006b:
ISO TC 207/SC 5: Environmental
management – Life cycle assessment –
Requirements and guidelines.
ISO EN 14044 2006-10.

IWÖ 1996:
IWÖ-Diskussionbeitrag Nr. 32 – Develop-
ments in LCA Valuation. Final Report
of the Project Nr. 5001-35066 from the
Swiss National Science Foundation,
Swiss Priority Programme Environment.
St. Gallen, März 1996. ISBN 3-906502-31-7.

Klöpffer 1989:
Klöpffer, W.: Persistenz und Abbaubarkeit
in der Beurteilung des Umweltverhaltens
anthropogener Chemikalien. UWSF-Z.
Umweltchem. Ökotox. 1, 43–51.

Klöpffer 1996:
Klöpffer, W.: Allocation rules for open-
loop recycling in life cycle assessment –
A review. Int. J. LCA 1, 27–31.

Klöpffer 1998:
Klöpffer, W.: Subjective is not arbitrary.
Editorial in Number 2, Int. J. LCA 3, 61.

Klöpffer 2000:
Klöpffer, W.: Praktische Erfahrungen mit
Critical-Review-Prozessen. In: Stiftung
Arbeit und Umwelt (Hrsg.): Ökobilanzen
& Produktverantwortung. Dokumentation.
Buchwerkstätten Hannover, März 2000,
37–42. ISBN 3-89384-041-9.

Klöpffer 2001:
Klöpffer, W.: Kriterien für eine ökologisch
nachhaltige Stoff- und Gentechnikpolitik.
UWSF- Z. Umweltchem. Ökotox. 13,
159–164.

Klöpffer 2002:
Klöpffer, W.: The second Dutch LCA-
guide, published as book (Guinée et al.
2002). Book review, Int. J. LCA 7, 311–313.

Klöpffer 2005:
Klöpffer, W.: The critical review process
according to ISO 14040-43: An analysis of
the standards and experiences gained in
their application. Int. J. LCA 10, 98–102.

Klöpffer 2006:
Klöpffer, W.: The role of SETAC in the
development of LCA. Int. J. LCA Special
Issue 1, Vol. 11, 116–122.

Klöpffer und Volkwein 1995:
Klöpffer, W.; Volkwein, S.: Bilanzbewertung im Rahmen der Ökobilanz. Kapitel 6.4 in Thomé-Kozmiensky, K. J. (Hrsg.): Enzyklopädie der Kreislaufwirtschaft, Management der Kreislaufwirtschaft. EF-Verlag für Energie- und Umwelttechnik, Berlin 336–340.

Mueller et al. 2004:
Mueller, K. G.; Lampérth, M. U.; Kimura, F.: Parametrised inventories for life cycle assessment. Int. J. LCA 9, 227–235.

Neitzel 1996:
Neitzel, H. (Ed.): Principles of product-related life cycle assessment. Int. J. LCA 1, 49–54.

Rebitzer 2005:
Rebitzer, G.: Enhancing the Application Efficiency of Life Cycle Assessment for Industrial Uses. Thèse No. 3307 (2005), École Polytechnique Féderale de Lausanne.

Riebel 1955:
Riebel, P.: Die Kuppelproduktion. Betriebs- und Marktprobleme. Westdeutscher Verlag, Köln.

SETAC 1991:
Fava, J. A.; Denison, R.; Jones, B.; Curran, M. A.; Vigon, B.; Selke, S.; Barnum, J. (Eds.): SETAC Workshop Report: A Technical Framework for Life Cycle Assessments. August 18–23 1990, Smugglers Notch, Vermont. SETAC, Washington, DC, January 1991.

SETAC 1993:
Society of Environmental Toxicology and Chemistry (SETAC): Guidelines for Life-Cycle Assessment: A „Code of Practice". From the SETAC Workshop held at Sesimbra, Portugal, 31 March – 3 April 1993. Edition 1. Brussels and Pensacola (Florida), August 1993.

SETAC Europe 1992:
Society of Environmental Toxicology and Chemistry – Europe (Ed.): Life-Cycle Assessment. Workshop Report, 2–3 December 1991, Leiden SETAC Europe, Brussels.

Schmitz und Paulini 1999:
Schmitz, S.; Paulini, I.: Bewertung in Ökobilanzen. Methode des Umweltbundesamtes zur Normierung von Wirkungsindikatoren, Ordnung (Rangbildung) von Wirkungskategorien und zur Auswertung nach ISO 14042 und 14043. Version '99. UBA Texte 92/99, Berlin.

UBA 1992:
Arbeitsgruppe Ökobilanzen des Umweltbundesamts Berlin: Ökobilanzen für Produkte. Bedeutung – Sachstand – Perspektiven. UBA Texte 38/92. Berlin.

UBA 2000:
Plinke, E.; Schonert, M.; Meckel, H.; Detzel, A.; Giegrich, J.; Fehrenbach, H.; Ostermayer, A.; Schorb, A.; Heinisch, J.; Luxenhofer, K.; Schmitz, S.: Ökobilanz für Getränkeverpackungen II, Zwischenbericht (Phase 1) zum Forschungsvorhaben FKZ 296 92 504 des Umweltbundesamtes Berlin – Hauptteil: UBA Texte 37/00, Berlin September 2000. ISSN 0722-186X.

UBA 2002:
Schonert, M.; Metz, G.; Detzel, A.; Giegrich, J.; Ostermayer, A.; Schorb, A.; Schmitz, S.: Ökobilanz für Getränkeverpackungen II, Phase 2. Forschungsbericht 103 50 504 UBA-FB 000363 des Umweltbundesamtes Berlin: UBA Texte 51/02, Berlin Oktober 2002. ISSN 0722-186X.

Volkwein und Klöpffer 1996:
Volkwein, S.; Klöpffer, W.: The valuation step within LCA. Part I: General principles. Int. J. LCA 1, 36–39.

Volkwein et al. 1996:
Volkwein, S.; Gihr, R.; Klöpffer, W.: The valuation step within LCA. Part II: A formalized method of prioritization by expert panels. Int. J. LCA 1, 182–192.

Weitz et al. 1996:
Weitz, K. A.; Todd, J. A.; Curran, M. A.; Malkin, M. J.: Streamlining life cycle assessment. Considerations and a report on the state of practice. Int. J. LCA 1, 79–85.

World Commission on Environment and Development 1987: Our Common Future (The Brundtland Report), Oxford. deutsche Übersetzung: Der Brundtland-Bericht der Weltkommission für Umwelt und Entwicklung. Eggenkamp, Greven 1987.

3
Sachbilanz

3.1
Grundbegriffe

3.1.1
Naturwissenschaftliche Gesetzmäßigkeiten

Der revidierte internationale Standard ISO 14040 (2006) definiert die Sachbilanz als

> „Bestandteil der Ökobilanz, der die Zusammenstellung und Quantifizierung von Inputs und Outputs eines gegebenen Produktes im Verlauf seines Lebensweges umfasst".

Die Sachbilanz ist eine Stoff- und Energieanalyse auf der Basis einer vereinfachten (linearen) Systemanalyse, wobei Rückkoppelungen (Schleifen, *loops*) nur angenähert iterativ gelöst werden können. Rechenverfahren auf der Basis von Matrizeninversion können auch Schleifen berechnen[1]. Die bisher am häufigsten benutzten Rechenverfahren beruhen jedoch auf der Tabellenkalkulation, wie in den gängigen Software-Programmen vom Typ „Microsoft Excel".

Eine bildliche Darstellung des Produktsystems ist der aus Prozessmodulen bestehende „Produktbaum", der zumindest in groben Zügen schon in der ersten Phase „Festlegung des Ziels und Untersuchungsrahmens" (Kapitel 2) erstellt werden sollte und nun im Detail ausgearbeitet werden muss. Softwarepakete zur Erstellung von Ökobilanzen[2] helfen bei der Darstellung dieser Systemfließbilder.

Die Sachbilanz beruht in ihrem naturwissenschaftlichen Teil – also weitgehend – auf folgenden Grundgesetzen:

---

1) Heijungs und Suh 2002, 2006
2) z. B. Gabi (PE-Consult) www.gabi-software.com; SimaPro (Pré Consultants) www.pre.nl/software.htm; Team (Ecobilan) www.ecobalance.com/fr_team.php; Umberto (ifu) www.umberto.de. Pionier-Softwareprogamme siehe Vigon 1996; Rice et al. 1997; Siegenthaler et al. 1997

1. Gesetz von der Erhaltung der Masse.

2. Gesetz von der Erhaltung der Energie (1. Hauptsatz der Thermodynamik).

Bei der Umwandlung thermischer Energie in andere Energieformen, die praktisch in jeder Sachbilanz vorkommt, sowie in der chemischen Thermodynamik gilt weiterhin:

3. Prinzip der Vermehrung der Entropie (2. Hauptsatz der Thermodynamik).

Bei expliziter Betrachtung chemischer Umsetzungen (sehr häufig in den Sachbilanzen u. a. zur Berechnung der CO_2-Fracht bei der Verbrennung fossiler Brennstoffe):

4. Gesetze der Stöchiometrie (Grundlage aller chemischen Reaktionsgleichungen).

Nur bei der Kernenergie relevant ist die Umwandlung von Masse in Energie (und umgekehrt), also die Ausnahme von (1):

5. $E = m\,c^2$ (Masse/Energie-Äquivalenz nach Einstein)[3].

Diese Gesetze (1–5), die zu den naturwissenschaftlich am besten abgesicherten gehören, geben den in der Sachbilanz analysierten Prozessen einen festen Rahmen[4].

Die Grundgesetze können zu Abschätzungen darüber verwendet werden, welche Menge eines Produkts **maximal** gebildet werden kann, wie viel Energie maximal freiwerden kann oder **minimal** für eine Reaktion benötigt wird, wie viel als Arbeit nutzbare Energie aus Verbrennungswärme gewonnen werden kann usw. Technisch erzielbare Ausbeuten, Nutzungsgrade usw. liegen in der Regel niedriger als die theoretischen, aber niemals höher. In der Praxis bedeutet dies, dass bei Abwesenheit spezifischer, also gemessener, Daten für einen Prozess auch mit Hilfe von Handbüchern oder technischer Information aus dem Internet[5] Abschätzungen gemacht werden können[6]. Sie sind oft gut für die Berechnung der Hauptströme (Masse, Energie) geeignet, versagen aber bei den Spurenemissionen, die meist aus unkontrollierten Nebenreaktionen stammen. Die Datenbasis im Kernbereich der Sachbilanz mit den wichtigsten Massen- und Energieströmen ist meistens sehr viel umfangreicher als das, was in der Wirkungsabschätzung in Wirkungskategorien umgesetzt werden kann (vgl. Abschnitt 3.7).

Die Gesetze von der Erhaltung der Masse und Energie können zu einer Bilanzierung im engeren Sinn (Input = Output) benutzt werden, wovon aber in den

---

3) Es wurde sogar diskutiert, die Einsteinsche Gleichung zur Grundlage der Energieäquivalenzbetrachtung in der Ökobilanz zu machen (Heijungs und Frischknecht 1998).

4) Hunt et al. 1992; Hau et al. 2007

5) Bei Benutzung des Internets ist strengstens auf die Herkunft der Daten zu achten (seriöse Quellen).

6) Boustead und Hancock 1979

meisten Öko-„bilanzen"[7] nicht streng Gebrauch gemacht wird; zum Beispiel wird die praktisch unerschöpfliche Ressource Sauerstoff auf der Inputseite meist nicht bilanziert, auf der Outputseite wird die Abwärme meist nicht quantitativ erfasst.

3.1.2
Literatur zu den Grundbegriffen der Sachbilanz

Die Grundbegriffe einer Methode werden oft in älteren Texten besser beschrieben, als in den neuesten, in denen schon viel als bekannt vorausgesetzt wird. Klassische Beschreibungen der Sachbilanz-Methodik stammen z. B. von William Franklin, Robert Hunt und Mitarbeitern[8], James Fava et al.[9] und Ian Boustead[10]. Fleischer und Hake[11] diskutieren in einem neueren Text die Sachbilanz im Detail. Die für die Sachbilanz zuständige internationale und gleichzeitig europäische Norm war von 1998 bis 2006 ISO 14041; seit Oktober 2006 ist die Sachbilanz Teil von ISO 14044[12]. Regionale Richtlinien und Normen wurden in den skandinavischen Ländern, in den USA, Frankreich[13] und Kanada[14] ausgearbeitet. Die skandinavischen Regeln sind in den „Nordic Guidelines on Life-Cycle Assessment"[15] festgehalten und im dänischen EDIP-Programm (Environmental Design of Industrial Products) weiterentwickelt[16]. Die US-EPA hat vom Battelle Memorial Institute und von Franklin Associates Regeln zur Durchführung von Sachbilanzen erstellen lassen, die nun in aktualisierter Form auch über das Internet zugänglich sind[17]. Im deutschsprachigen Raum hatten für viele Jahre die schweizerischen Publikationen von BUWAL[18] einen quasi normativen Charakter, insbesondere für die Sachbilanz und die erforderlichen Daten.

3.1.3
Das Prozessmodul als kleinste Einheit der Bilanzierung

3.1.3.1 Einbindung in das Systemfließbild
Ein Systemfließbild als graphische Darstellung des untersuchten Produktsystems besteht aus Kästchen, in denen die involvierten Prozesse aufgeführt sind und deren funktionale Abhängigkeiten voneinander durch verbindende Pfeile symbolisiert sind (Abb. 3.1).

---

7) Der Ausdruck „Ökobilanz" leitet sich im zweiten Wortteil von Bilanz (ital. bilancio = Waage) ab; die Analogie zur ökonomischen Bilanz liegt auf der Hand.
8) Hunt et al. 1992; Boguski et al. 1996; Janzen 1995
9) SETAC 1991
10) Boustead und Hancock 1979; Boustead 1992, 1995b
11) Fleischer und Hake 2002
12) ISO 1998, 2006b
13) AFNOR 1994
14) CSA 1992
15) Lindfors et al. 1994a, 1994b; Lindfors et al. 1995
16) Wenzel et al. 1997; Hauschild und Wenzel 1998
17) EPA 1993, 2006; siehe auch EPA's LCA Website: www.lcacenter.org/InLCA
18) BUWAL 1991, 1996, 1998

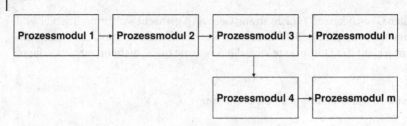

Abb. 3.1 Linearer Ausschnitt aus einem Systemfließbild.

Solange eine lineare Näherung sachgerecht möglich ist, treten zwar Verzweigungen (vgl. Abschnitt 3.1.4), nicht aber Vernetzungen auf. Die Kästchen (1, 2, 3, 4 ... n, m), die z. B. verschiedene Bearbeitungsschritte eines Produkts bedeuten können, werden **Prozessmodule** genannt[19].

Diese sind nach ISO 14040 die „kleinsten in der Sachbilanz berücksichtigten Bestandteile, für die Input- und Outputdaten quantifiziert werden" (Abb. 3.2). Bei guter Datenlage (großer Auflösung) kann das Prozessmodul einem einfachen, nicht weiter zerlegbaren Prozessschritt, z. B. einem Druckprozess, einem Transportvorgang, einer Metallverformung, Abfüllung, Reinigung usw., entsprechen, bei schlechter Datenlage (geringer Auflösung) aber auch einer ganzen Produktionsstätte oder einer Nebenkette wie z. B. „Erzeugung elektrischer Energie" (siehe Abschnitt 3.4.3).

Da die Prozessmodule auch zur Strukturierung der Datenermittlung dienen, wurden sie auch als *data collection template* bezeichnet[20]. Vom Standpunkt der Transparenz und Datenqualität ist es wünschenswert, dass die Prozessmodule möglichst eng definierte, spezifische Prozesseinheiten erfassen. Diese können bei Bedarf jederzeit zu größeren Einheiten zusammengefasst und gemittelt werden; nicht jedoch umgekehrt. Ein weiteres Problem bei zu groß gewählten Prozessmodulen sind die dabei nötigen Zuordnungen, z. B. die Aufteilung des gesamten elektrischen Stromverbrauchs einer Produktionsstätte und Zuordnung zu einem einzigen Produkt. Für eine ganze Produktionsstätte sind jedoch oft leichter Daten zu bekommen (besonders für Emissionen) als für einen Einzelprozess. Standortspezifische Daten können z. B. aufgrund einer betrieblichen Umweltbilanz im Rahmen eines Umweltmanagementsystems vorliegen (vgl. Abschnitt 1.1.5). Meistens stellt eine Fabrik allerdings **mehrere** Produkte her, denen die In- und Outputs nach definierten Regeln zugeordnet werden müssen. Bei einer Datenerhebung im Betrieb, die entlang derjenigen Produktionsabläufe erfolgt, die jeweils zu einem einzigen Produkt führen, wird die Zuordnung überflüssig, da Messwerte verfügbar sind (von ISO empfohlen), der Datenbedarf ist jedoch wesentlich größer.

---

19) ISO 2006a; Zum Begriff Modul ist anzumerken, dass laut Duden **das** Modul (von lat. modulus, Verkleinerung von modus = Maß) insbesondere in den Bereichen EDV und Elektrotechnik ein austauschbares, komplexes Teil eines Gerätes oder einer Maschine bedeutet, das eine geschlossene Funktionseinheit bildet (nicht zu verwechseln mit „**der** Modul" = Verhältniszahl, z. B. in „der Elastizitätsmodul").

20) Boguski et al. 1996

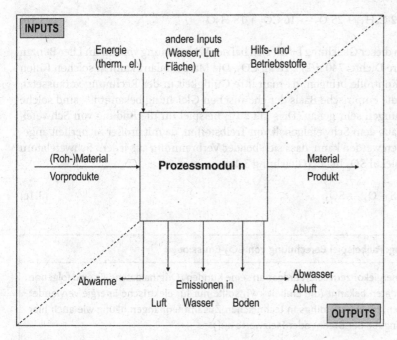

Abb. 3.2 Schematische Darstellung eines Prozessmoduls (ohne Koppelprodukte).

Die Datenerhebung ist eine der aufwendigsten Phasen der Ökobilanz, besonders wenn standortspezifische Daten auch vorgeschalteter Prozessmodule erhoben werden müssen.

3.1.3.2 Bilanzierung

Theoretisch sollte, wie oben bereits angedeutet, für jedes Prozessmodul eine vollständige Massen- und Energiebilanz durchgeführt werden. Praktisch scheitert das oft an der Unzulänglichkeit der Daten: So wird in der Regel die Abwärme nicht gemessen, das Abwasservolumen oft mit dem Frischwassereinsatz gleichgesetzt und das in Verbrennungsprozessen gebildete Treibhausgas CO_2 wird nicht gemessen, sondern unter Annahme einer angenäherten Stöchiometrie, z. B. für die Verbrennung von langkettigen aliphatischen Kohlenwasserstoffen, berechnet. Im einfachsten Fall, der Verbrennung von Methan (Hauptbestandteil von Erdgas), gilt Gleichung (3.1a):

$$CH_4 + 2\,O_2 \rightarrow CO_2 + 2\,H_2O \tag{3.1a}$$

Für Benzin beispielsweise gilt unter der vereinfachten Annahme, dass es sich dabei um reines Octan handelt, Gleichung (3.1b)[21]

---

21) Römpp 1995

$$2\ C_8H_{18} + 25\ O_2 \rightarrow 16\ CO_2 + 18\ H_2O \tag{3.1b}$$

Nach dieser Gleichung bildet sich bei der Verbrennung von einem Liter Benzin (mittlere Dichte: 740 g/L) 2,28 kg CO_2. Die Massenbilanz kann in solchen Fällen keine Kontrolle bringen, da man ihre Gültigkeit in der Rechnung voraussetzt. Wenn die empirische Basis der chemischen Gleichung bekannt ist, sind solche Rechnungen sehr genau. Dies gilt zum Beispiel für die Bildung von Schwefeldioxid aus dem Schwefelgehalt von Treibstoffen, da mit großer Sicherheit angenommen werden kann, dass sich bei der Verbrennung aus jedem Schwefelatom ein Molekül SO_2 bildet (Gleichung 3.1c).

$$S + O_2 \rightarrow SO_2 \tag{3.1c}$$

Übung: Fallbeispiel Berechnung von CO_2-Emissionen

Ein Energiekonzern liefert Erdgas an seine Kunden (Originaldaten). Es sind folgende Kenndaten bekannt (die Einheit kWh sollte nur für elektrische Energie verwendet werden, taucht allerdings in technischen Zusammenhängen häufig wie auch hier zur Angabe der Brenn- oder Heizwerte auf):

Bestandteil im Erdgas		Durchschnittlicher Anteil	Einheit
Methan	CH_4	87,535	Mol%
Ethan	C_2H_6	5,545	Mol%
Propan	C_3H_8	2,000	Mol%
i-Butan	C_4H_{10}	0,248	Mol%
n-Butan	C_4H_{10}	0,351	Mol%
i-Pentan	C_5H_{12}	0,056	Mol%
n-Pentan	C_5H_{12}	0,004	Mol%
Stickstoff	N_2	3,260	Mol%
Kohlendioxid	CO_2	0,960	Mol%

Sonstige Angaben	Durchschnittlicher Wert	Einheit
Brennwert	11,580	kWh/m³
Heizwert	10,457	kWh/m³
Dichte	0,821	kg/m³

Berechnen Sie die CO_2-Emissionen in g/MJ bezogene Energie, die durch die Verbrennung des Erdgases freigesetzt werden. Verwenden Sie zur Berechnung den Heizwert. Der Energieaufwand zu Förderung und Transport des Erdgases zum Kunden (Vorkette) wird hier nicht berücksichtigt.

Wo eine detaillierte Datenerhebung möglich ist, sollte sie auch durchgeführt werden. Sie kann für die im Betrieb ermittelten Daten, die Primärdaten (teilweise auch Vordergrunddaten genannt[22]), mit einer betrieblichen Umweltbilanz[23] kombiniert oder aus dieser übernommen werden, da auf der Prozessebene derselbe Datenbedarf besteht. Allerdings besteht bei einer betrieblichen Umweltbilanz nicht die Notwendigkeit einer Zuordnung der Sachbilanzparameter zu einzelnen Produkten.

Daneben soll nicht übersehen werden, dass sich viele Prozessmodule nicht auf industrielle Prozesse im engeren Sinn, sondern auch auf land- und forstwirtschaftliche sowie auf entsorgungstechnische Prozesse oder auf den Gebrauch/ Verbrauch eines Produktes beziehen. Im letztgenannten Punkt gehen Konsum- und Verhaltensweisen des täglichen Lebens in die Ökobilanz ein, ein quantitativ wenig erforschtes Gebiet.

3.1.4
Fließdiagramme

Jedes Kästchen in einem Fließdiagramm stellt ein Prozessmodul dar, das die volle Aufmerksamkeit der Ökobilanzierer/-innen erfordert. Die weniger wichtigen Prozessmodule wurden bereits in der ersten Phase abgeschnitten (vgl. Abschnitt 2.2.2.1). Besser ist jedoch ein iteratives Vorgehen, wobei zunächst in einer Übersichts-Sachbilanz die zu vernachlässigenden Prozessmodule und Seitenketten mit geschätzten Daten ermittelt werden. Spätestens bei Beginn der Datensammlung muss dann die Entscheidungen darüber getroffen werden, welche Nebenäste abgeschnitten und welche auch in der Hauptstudie durch Schätzwerte angenähert werden sollen.

Die Unterscheidung zwischen Hauptkette und Nebenketten ist in komplexen Produktsystemen nicht immer einfach zu treffen[24]. Die Hauptkette verfolgt, von der Gebrauchsphase (Konsumtion) ausgehend, die Herstellung des Produkts über die Zwischenprodukte bis zurück zur Rohstoffentnahme (die „Wiege"). Entgegengesetzt dazu verläuft die Entsorgungskette bis zur endgültigen Zerstörung, z. B. durch Verbrennung (die „Bahre")[25].

Ein Fließdiagramm als „Perlenkette" nach Abb. 3.1 ist zu stark vereinfacht. Reale Fließdiagramme weisen immer Verzweigungen auf. Dabei sind zwei grundsätzliche Varianten zu unterscheiden, Multi-Input- und Multi-Output-Prozesse:

---

22) Die Unterscheidung in Vordergrund- (*foreground*) und Hintergrund- (*background*) Daten wurde unseres Wissens erstmals in einer von Roland Clift geleiteten SETAC Europe Working Group on Life Cycle Inventory Analysis (unpubliziert, ca. 1997) benutzt.

23) Hulpke und Marsmann 1994; Schaltegger 1996; Schmidt und Schorb 1995; Finkbeiner et al. 1998; Rebitzer 2005

24) Fleischer und Hake 2002; Lichtenvort 2004; Kougoulis 2007

25) Die Metapher „von der Wiege bis zur Bahre" (*cradle-to-grave*) hat zum Verständnis des Grundanliegens der Ökobilanz beigetragen; sie passt allerdings besser zum englischen Ausdruck *Life Cycle Assessment* (Lebenszyklusanalyse), siehe Kapitel 1.

1. Mehrere Materialien, Vor- und Zwischenprodukte usw. münden über ein Prozessmodul in die Hauptkette ein. Man spricht von einem „Multi-Input-Prozess". In Abb. 3.3 fließt in das Prozessmodul X ein Vorprodukt sowie zwei wesentliche, nicht als vernachlässigbare Hilfsstoffe abzuschneidende Materialien A und B ein. Aufgrund der Übersichtlichkeit sind in dieser sowie auch in den folgenden Abbildungen alle weiteren In- und Outputs wie Energie, Hilfsstoffe und Emissionen weggelassen.

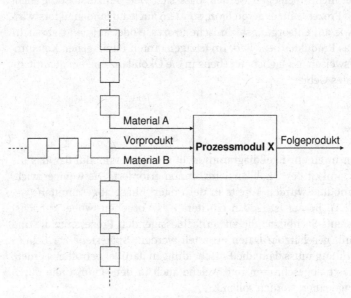

Abb. 3.3 Verzweigung durch mehrere Haupt-Inputs (Multi-Input-Prozess).

2. Aus einem Prozessmodul werden mehrere nutzbare Produkte abgegeben, von denen nur eins im untersuchten Produktsystem weiter verarbeitet wird (Multi-Output-Prozess). In Abb. 3.4 werden neben dem für das bilanzierte Produkt erforderlichen Zwischenprodukt noch die Produkte A und B in andere Produktionsketten abgegeben. Da aufgrund des Prozesses die Entstehung des Zwi-

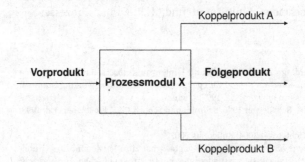

Abb. 3.4 Verzweigung durch mehrere Haupt-Outputs (Multi-Output-Prozess).

schenproduktes sowie von Produkt A und B notwendig miteinander verkoppelt sind, spricht man von Koppelprodukten (vgl. auch Abschnitt 2.2.2.2).

Bei der Systemanalyse muss jedes Prozessmodul im Hinblick auf Koppelprodukte untersucht werden. Die Daten werden entweder benötigt, um den Material- und Energieaufwand sowie die Emissionen auf das Folgeprodukt und die Koppelprodukte aufzuteilen (Allokation) oder eine sachgerechte Systemerweiterung vornehmen zu können (vgl. auch Abschnitte 2.2.2.2 und 3.3). In das Systemfließbild zum untersuchten Produktsystem werden die Koppelprodukte nicht aufgenommen, sie verlassen das System und können außerhalb der Systemgrenze dargestellt werden (Abb. 3.5, Fall A). Anders im Fall der Systemerweiterung, hier verbleiben die Koppelprodukte innerhalb der Systemgrenze, was zu sehr großen Systemen führen kann (Abb. 3.5, Fall B).

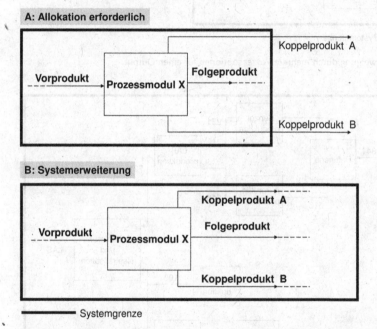

Abb. 3.5 Allokation oder Systemerweiterung bei Multi-Output-Prozessen.

Eine weitere Möglichkeit der Verzweigung eines Produktbaums besteht darin, dass mehrere Prozesse für einen Output in Betracht kommen (Abb. 3.6). Das ist für die Lebenswegphase „Abfallbehandlung" immer dann der Fall, wenn mehrere Entsorgungs- und/oder Recyclingwege bestehen. Wird Abfall in den Produktionsprozess des Produktes zurückgeführt, spricht man von closed-loop Recycling, wird der Abfall in anderen Prozessen verwertet von open-loop Recycling. Wie im Fall der Koppelprodukte ist auch hier die Entscheidung zu treffen, wo die Systemgrenze gelegt werden soll. Der quantitative Umgang mit Recyclingprozessen wird in den Abschnitten 3.3.3 bis 3.3.5 besprochen.

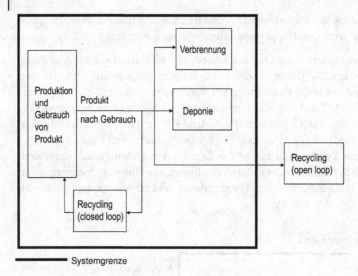

Abb. 3.6 Verzweigung durch mehrere Prozessoptionen für einen Output.

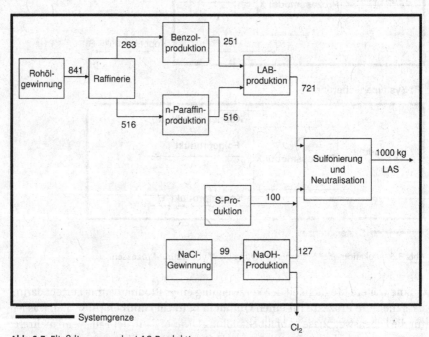

Abb. 3.7 Fließdiagramm der LAS-Produktion.
LAB – lineares Alkylbenzol (vorwiegend n-Dodecylbenzol) wird durch die
Sulfonierung in LAS überführt. Die Zahlenangaben ohne Einheit beziehen
sich auf kg der im jeweils linken Prozessmodul genannten Substanz. Chlor
(Cl_2) ist das Koppelprodukt der Natronlauge (NaOH) in der elektro-chemischen
Produktion aus Kochsalz (NaCl) und verlässt das System (Allokation nötig);
als weiteres Koppelprodukt (nicht angegeben) tritt Wasserstoff auf.

Ein reales, wenn auch bereits stark vereinfachtes Fließdiagramm ist in Abb. 3.7 dargestellt. Es beschreibt die Herstellung von linearem Alkylbenzolsulphonat (LAS) (Natrium-n-Dodecylbenzolsulphonat). In dieser Synthese werden schrittweise vier Komponenten (n-Paraffin, Benzol, Schwefeltrioxid über Schwefel und Natronlauge) hergestellt und zusammengeführt[26].

3.1.5
Bezugsgrößen

Die Definition der Prozessmodule und ihre Verknüpfung zu Fließdiagrammen wies bisher mit Ausnahme von Abb. 3.7 keine quantitativen Züge auf. Basisinformationen über Prozessmodule von Produktionsprozessen werden in der betrieblichen Praxis oft pro Stunde Betriebsdauer oder pro Jahr erhoben oder auch – je nach Anlass der Messung/Erhebung – auf unterschiedliche andere Bezugsgrößen bezogen. Da in der Ökobilanz die Daten auf denjenigen Output eines Prozessmoduls bezogen werden müssen, der in der Produktion des bilanzierten Produktes eine Rolle spielt, müssen die ursprünglichen Daten zum Gebrauch in Sachbilanzen meist umgerechnet werden.

Die häufigste Bezugseinheit bei materiellen Produkten (im Gegensatz zu Dienstleistungen) ist eine bestimmte Masse des Endprodukts, z. B. 1 Tonne = 1000 kg = 1 Mg, wie im Beispiel des LAS. Die in Abb. 3.7 angegebenen Zahlen sind europäische (EU-) Mittelwerte, ähnlich wie bei den APME-Kunststoffdaten[27]. Zum Unterschied von den APME-Daten, die nur in bedingt transparenten Kurzfassungen zugänglich sind[28], liegen die ECOSOL-Daten vollständig veröffentlicht vor[29]. Die von Franklin Associates (USA) im Auftrag der in „ECOSOL" zusammengeschlossenen europäischen Industriefirmen durchgeführte Studie kann am besten als Sach-Ökobilanz mit der technischen Systemgrenze *cradle-to-factory gate* bezeichnet werden. Die Tenside, also die oberflächenaktiven Wirkstoffe der Waschmittel, können mit diesen Daten in die Ökobilanzen der verschiedenen Waschmittel als komplettes Prozessmodul (von der Rohstoffentnahme bis zur Tensidherstellung) eingebracht werden. Diese müssen dann je nach Zieldefinition auch die weiteren Bestandteile der Waschmittel, die Verpackung, Verteilung, den Waschprozess und den Verbleib der Chemikalien (Kläranlage, Abbau etc.) bilanzieren. Die Tensid-Daten der ECOSOL-Studie sind typische generische Daten, die als Hintergrunddaten für die Praxis der Ökobilanzierer/-innen von unschätzbarem Wert sind.

Die Massenangaben in Abb. 3.7 geben einen Überblick zum quantitativen Stofffluss der erforderlich ist, um 1 Mg LAS zu produzieren: Um die Umweltlasten zu bilanzieren, die mit der Produktion von 1 Mg LAS verbunden sind, müssen 127 kg NaOH, 100 kg S (über SO_3) und 721 kg LAB einbezogen werden, d. h. diese Ketten müssen Schritt für Schritt bis zu den Rohstoffen zurückverfolgt werden.

---

26) Janzen 1995; Berna et al. 1995
27) Boustead 1993–1997; Boustead und Fawer 1994; sowie laufende Aktualisierungen
28) www.plasticseurope.org
29) Vollständig zitiert in Abschnitt 1.5

So werden beispielsweise für die Produktion von 721 kg LAS 251 kg Benzol und 516 kg n-Paraffin benötigt. Da Prozesse in der Regel keine 100%ige Ausbeute haben und in den Angaben bereits Allokationen (vgl. Abschnitte 2.2.2.2 und 3.3) berücksichtigt sind, lassen sich die Zahlen nicht einfach aufaddieren. Die quantitativen Angaben in Abb. 3.7 werden in Abschnitt 3.3 (Allokation) genauer besprochen.

Die Aggregation der auf eine bestimmte Masse des Endprodukts normierten Input- und Outputgrößen besteht in einfachen Multiplikationen und Additionen, die mit Tabellenkalkulationsprogrammen vom Typ Microsoft Excel durchgeführt werden können. Dabei dürfen die Daten für Teilaggregationen für die einzelnen Prozessmodule **nicht verloren gehen**, denn an den aggregierten Werten kann man nicht erkennen, in welchen Prozessen die Belastungen auftreten. Die Analyse von Endresultaten auf der Basis von Prozessmodulen oder Prozessmodulgruppen (= Sektoren, z. B. alle Transporte oder alle Abfall-Entsorgungsmodule) nennt man „Sektoralanalyse". Sie kann auf der Ebene der Sachbilanz oder nach der Wirkungsabschätzung durchgeführt werden (vgl. Kapitel 5 „Auswertung").

Bei vergleichenden Untersuchungen lassen sich die pro Masseneinheit berechneten Daten leicht auf die funktionelle Einheit bzw. den Referenzfluss umrechnen.

Sachbilanzen können als spezielle Ausprägung der Materialflussanalyse (MFA) aufgefasst werden. Die MFA lassen sich mit anderen Systemgrenzen und Bezugsgrößen (in der Regel nicht „von der Wiege bis zur Bahre" und nicht produktbezogen) für regionale Fragestellungen und *industrial ecology* anwenden[30]. Zum Unterschied von der Ökobilanz wird in der MFA in der Regel keine Wirkungsanalyse durchgeführt (das würde einer reinen Sachbilanz oder LCI entsprechen). Es gibt jedoch Ausnahmen von dieser Regel (die MFA ist nicht standardisiert), so z. B. die „PVC in Schweden"-Studie, in der eine MFA mit Systemgrenze = Staatsgrenze um eine Wirkungsanalyse nach CML ergänzt wurde[31].

3.2
Energieanalyse

3.2.1
Einführung

Die Energieanalyse auf der Basis einer Prozesskettenanalyse ist gemeinsam mit der Analyse des Materialflusses ein Herzstück der Sachbilanz. Dafür geben Boustead und Hancock[32] drei Gründe an:

---

30) Baccini und Brunner 1991; Baccini und Baader 1996; Ayres und Ayres 1996; Brunner und Rechberger 2004
31) Tukker et al. 1996
32) Boustead und Hancock 1979

1. Umweltprobleme sind häufig mit der Energieversorgung und dem „Energieverbrauch" verknüpft[33].
2. Die Ressourcenverfügbarkeit (vor allem der fossilen Ressourcen Erdöl, Erdgas und, in geringerem Maße, Kohle) ist begrenzt. Dieser Aspekt wurde dramatisch im Bericht an den Club of Rome „Die Grenzen des Wachstums"[34] dargestellt.
3. Die langfristig steigenden Energiepreise (Energie als Ware) führen zur Abhängigkeit von politisch unsicheren Regionen.

Obwohl man heute die Aufgabe der Ökobilanz wesentlich breiter definiert, ist die Energieanalyse eine der zentralen Aufgaben der Sachbilanz geblieben. Die wichtigsten Energieformen, die nach dem 1. Hauptsatz der Thermodynamik ineinander umgewandelt werden können, sind in Tabelle 3.1 aufgeführt.

Tabelle 3.1 Die wichtigsten Energieformen[35].

Energieform	Beispiel	[MJ] (Beispiel)[a]
Kinetische Energie	Masse von 1 kg mit 60 km/h bewegt	10^{-4} (100 J)
Potentielle Energie	Masse von 1 kg 500 m über Referenzpunkt	$5 \cdot 10^{-3}$ (5 kJ)
Wärme	1 kg Wasser am Siedepunkt, bezogen auf 20 °C	0,34
Elektrischer Strom	1 A, 1 h bei 230 V	0,83
Licht	Sonnenlicht auf 1 m^2 an Sonnentag zu Mittag	3,4
Chemische Energie	1 kg Öl verbrannt zu CO_2 und H_2O	45
Kernenergie	1 kg Uran 235 (Kernspaltung)	$80 \cdot 10^6$ (80 TJ)

[a] Anmerkung zu den Einheiten:
Die SI-Einheit der Energie ist das Joule [J]. Mechanische Definition des [J]
(N = Newton, SI-Einheit der Kraft):
1 J = 1 N m = 1 kg m s^{-2} m = 1 kg m^2 s^{-2}
Verknüpfung des [J] mit der Leistung und den elektrischen Einheiten
(W = Watt, SI-Einheit der Leistung; V = Volt, SI-Einheit der elektrischen Spannung;
A = Ampere, SI-Einheit der elektrischen Stromstärke):
1 J = 1 W s; 1 W = 1 V A
In Ökobilanzen ist das Megajoule [MJ] die gebräuchlichste Energieeinheit. Die Wattstunde [Wh] und die Kilowattstunde [kWh] gehören nicht zum „Système International",
wohl aber zu den nach ISO 1000[36] erlaubten zusätzlichen Energieeinheiten für spezielle
Anwendungen. In Ökobilanzen wird die [kWh] oft zur Kennzeichnung der **elektrischen
Energie** neben anderen Energieformen benutzt. Eine Kilowattstunde entspricht exakt:
1 kWh ≡ 3,6 MJ
Der in US-amerikanischen Publikationen häufig gebrauchte Umrechnungsfaktor 3,61 ist falsch.

---

33) Eigentlich gibt es nach dem 1. Hauptsatz der Thermodynamik nur Energieumwandlungen. Dies gilt für den physikalischen Begriff der Energie, Energie in verschiedenen Formen ist aber wirtschaftlich gesehen auch eine Ware, die quasi verbraucht wird und nur in diesem Sinn kann man von Energieverbrauch sprechen.
34) Meadows et al. 1973
35) Boustead und Hancock 1979
36) ISO 1981

Wenn Energie als Ware betrachtet wird, interessiert vor allem die **Endenergie**, die von Verbrauchern (Industrie, private Konsumenten/-innen, Landwirtschaft, ...) in Form von Strom, Wärme oder Treibstoff gekauft wird. Diese Energiedefinition ist aber für die Ökobilanz nur als Inputgröße interessant: Wie viel Energie wird für ein bestimmtes Prozessmodul zur Produktion einer definierten Menge an gewünschtem Output benötigt? Letztlich interessiert jedoch die **Primärenergie**, die zur Bereitstellung dieser Endenergie aufgewendet werden muss. Hier fließt die Förderung und der Transport der Energieträger ebenso ein wie der Wirkungsgrad von Anlagen zur Energieumwandlung (z. B. Kraftwerk, Heizung) und im Fall des elektrischen Stroms die Netzverluste. Dasselbe gilt für die stofflich gebundene Energie (*feedstock energy*, nach DIN[37] „energetisch bewerteter Primärstoffeintrag"), z. B. das Erdöl, das stofflich nach chemischer Umwandlung im Polyethylen oder in anderen synthetischen Kunststoffen steckt. Die Primärenergie ist der geeignete Vergleichsmaßstab, der besonders bei fossilen Brennstoffen auch direkt mit dem Ressourcenverbrauch korreliert.

Der minimale Endenergiebedarf, wenn er nicht aus Betriebsdaten verfügbar ist, kann in einfachen Fällen aus Materialwerten berechnet werden. Boustead und Hancock[38] zeigen dies am einfachen Beispiel der Aluminiumschmelze:

Um 1 kg Al-Metall von 290 K (etwa Zimmertemperatur) in die Schmelze zu überführen, muss das Metall zunächst bis auf die Schmelztemperatur (932 K) erwärmt werden. Dabei benötigt man die Wärmemenge Q (c_p = spezifische Wärmekapazität von Aluminium: 913 J kg^{-1} K^{-1})

$$Q = c_p \times \Delta T$$
$$= 913 \,[\text{J kg}^{-1} \text{ K}^{-1}] \times (932 - 290)\,[\text{K}] = 586.146 \text{ J kg}^{-1} \approx 0{,}586 \text{ MJ kg}^{-1}$$

Zum Schmelzen des Metalls am Schmelzpunkt benötigt man 0,397 [MJ kg^{-1}] $\times$ m [kg], also für 1 kg 0,397 MJ.

Die gesamte Energie für diesen Prozessschritt beträgt für 1 kg Aluminium also mindestens

$$0{,}586 \text{ MJ} + 0{,}397 \text{ MJ} = 0{,}983 \text{ MJ} \approx 1 \text{ MJ}$$

Es ist leicht einzusehen, dass der **reale** (End-)Energiebedarf durch Verluste höher liegen wird. Falls die Prozessenergie in Form von elektrischer Energie aufgewendet wurde (1 MJ = 0,278 kWh), liegt die **Primärenergie** bei vorwiegend thermischer Stromgewinnung um den Faktor 2–3 höher, weil der Wirkungsgrad η nach dem 2. Hauptsatz der Thermodynamik maximal

$$\eta = (T_2 - T_1)/T_2 \tag{3.2}$$

betragen kann. Dabei ist T_2 die obere, T_1 die untere Temperatur [K] der Wärmekraftmaschine (Carnotscher Kreisprozess).

---

37) DIN-NAGUS 1998
38) Boustead und Hancock 1979

Während die physikalische Umrechnung 1 kWh = 3,6 MJ ergibt, zeigt die Umrechnung unter Berücksichtigung des 2. Hauptsatzes (thermisch) in grober Näherung:

1 kWh (elektrische Endenergie) $\approx$ 10 MJ (Primärenergie)

Dies gilt nur für den durchschnittlichen europäischen Strommix mit vorwiegend thermischer Stromerzeugung, nicht aber für Länder mit großem Anteil Wasserkraft (z. B. Norwegen, Österreich, Schweiz), vgl. auch Abschnitt 3.2.4. Tabelle 3.2 sind für einige Länder die Wirkungsgrade der Stromerzeugung im Zusammenhang mit den eingesetzten Primärenergieträgern zu entnehmen.

Tabelle 3.2 Energieträger und Wirkungsgrade der Elektrizitätserzeugung in unterschiedlichen Ländern (Stand 1999)[39].

Land	Wasser-kraft [%]	Kern-kraft [%]	Kohle [%]	Öl [%]	Gas [%]	Sonstige [%]	Mittlerer Wirkungsgrad [%]
Österreich	68,44	0,00	9,14	4,65	14,72	3,04	64,83
Schweiz	58,37	37,69	0,00	0,25	1,46	2,23	61,52
Deutschland	3,53	30,84	51,87	1,06	9,99	2,72	33,85
Frankreich	13,76	75,99	6,17	1,96	1,45	0,67	40,82
Norwegen	99,33	0,00	0,18	0,01	0,23	0,25	79,71

In der Technik werden heute noch vorwiegend die „konzentrierten" Energieformen eingesetzt (chemische Energie und Kernenergie), die bei der Umwandlung in andere nützliche Formen, z. B. kinetische Energie, eine „Entwertung" erfahren. Diese äußert sich darin, dass die weniger konzentrierten Energieformen nicht unbegrenzt in die höherwertigen, konzentrierten überführt werden können. Das ist der praktische Aspekt des 2. Hauptsatzes der Thermodynamik, der die Grenzen der Umwandelbarkeit angibt.

Die wichtigsten Anwendungen des 2. Hauptsatzes betreffen die Umwandlung thermischer Energie in andere Energieformen (s. o.) und die Bestimmung der freien Energie oder freien Enthalpie in chemischen Prozessen. Nur wenn diese negativ ist – also vom System abgegeben wird – kann eine Reaktion freiwillig ablaufen. Außerdem kann nur die freie Energie z. B. in elektrische Energie umgewandelt werden, der Rest wird als Wärme frei.

Die als „Abwärme" freiwerdende Energie kann wirtschaftlich bei entsprechender Infrastruktur zu Heizzwecken (prinzipiell auch zur Kühlung)[40] benutzt werden.

---

39) Boustead 2003
40) Ein Kühlschrank ist immer auch ein Ofen, je nachdem von welcher Seite man ihn betrachtet; diese Technik wird z. B. bei den sog. Passivhäusern eingesetzt.

- Der Gesamtwirkungsgrad unter Einbeziehung der Wärmenutzung kann viel höher liegen (ca. 0,8) als der auf elektrische oder mechanische Energie (Arbeit) allein bezogene.

3.2.2
Der kumulierte Energieaufwand (KEA)

3.2.2.1 Definition

Die Bestimmung des kumulierten Energieaufwands[41] (KEA; *Cumulative Energy Demand* – CED[42]) dient der vergleichenden Untersuchung des Primärenergiebedarfs von technischen Prozessen und Produktsystemen. Der KEA wurde vor der Normung meist „Energieäquivalenzwert"[43] genannt. Wir folgen der etwas sperrigen, aber genauen Nomenklatur der VDI-Richtlinie 4600, siehe auch[44]:

> *Der kumulierte Energieaufwand KEA gibt die Gesamtheit des primärenergetisch bewerteten Aufwands an, der im Zusammenhang mit der Herstellung, Nutzung und Beseitigung eines ökonomischen Gutes (Produkt oder Dienstleistung) entsteht bzw. diesem ursächlich zugewiesen werden kann. Dieser Energieaufwand stellt die Summe der kumulierten Energieaufwendungen für die Herstellung, die Nutzung und die Entsorgung des ökonomischen Gutes dar, wobei für diese Teilsummen anzugeben ist, welche Vor- und Nebenstufen mit einbezogen sind.*

Der in der Ökobilanz nach ISO 14040 übliche Begriff „Produkt" ist hier durch „ökonomisches Gut" im Sinne von Produkt **und** Dienstleistung ersetzt und damit identisch mit der üblichen Bezeichnung (die nach DIN ebenfalls Dienstleistungen mit einschließt). Als Formel lässt sich die Definition wie folgt darstellen:

$$KEA = KEA_H + KEA_N + KEA_E \tag{3.3}$$

wobei sich die tief gestellten Buchstaben auf H = Herstellung, N = Nutzung und E = Entsorgung beziehen. Man erkennt das Lebenszyklusdenken; die Transporte sind nicht gesondert ausgewiesen, wohl aber in den Definitionen der Unterbegriffe ausgewiesen. Dasselbe gilt für die „Fertigungs-, Hilfs- und Betriebsmittel". Bei der Nutzung ist die Wartung einbezogen.

3.2.2.2 Teilbeträge

Der KEA setzt sich aus verschiedenen Beträgen zusammen, die den Energieverbrauch im engeren Sinne und die Bindung von Energieträgern und sonstigen Stoffen mit Brennwert in den Produkten beinhalten (Gleichung 3.4):

$$KEA = KPA + KNA \tag{3.4}$$

---

41) VDI 1997; Ecoinvent 3, 2004 (Chapter 2)
42) Klöpffer 1997
43) Kindler und Nikles 1980
44) Mauch und Schäfer 1996

KPA = kumulierter Prozessenergieaufwand
KNA = kumulierter nichtenergetischer Aufwand

Im KPA stecken alle primärenergetisch bewerteten Energieaufwände für Prozesse, Transporte usw. Der KNA (früher auch „inhärente Energie" genannt) wird in den USA meist mit dem Energieinhalt der nichtenergetisch genutzten Energieträger (im engeren Sinne) gleichgesetzt[45]. Das gibt Probleme, weil z. B. Holz in vielen Ländern ein wichtiger Energieträger ist, in den USA aber als solcher nur eine marginale Rolle spielt und daher nicht zur *feedstock energy* gerechnet wird, weil Holz nicht in den Statistiken als Energieträger erfasst wird. Die VDI-Richtlinie 4600 definiert (Gleichung 3.5):

$$KNA = NEV + SEI \tag{3.5}$$

NEV = nichtenergetischer Verbrauch (von Energieträgern)
SEI = stoffgebundener Energieinhalt (von Einsatzstoffen)

Beide Untergruppen sind primärenergetisch bewertet. Man unterscheidet also – ähnlich wie in den USA – zwischen Energieträgern (die als solche in Statistiken aufgeführt sind) und brennbaren Einsatzstoffen, die üblicherweise nicht zu den Energieträgern gezählt werden. Im KNA rechnet man aber, hier im Unterschied zur US-Praxis, beide Untergruppen zusammen. Die Trennung erscheint uns künstlich, weil jeder brennbare Stoff zum Energieträger werden kann. Beispiele für SEI-behaftete Stoffe sind Stärke, Zellulose, pflanzliche und tierische Fette und Öle, die meisten Lebensmittel usw.

Der Endenergieverbrauch (EEV) muss also zur Ermittlung des Primärenergieverbrauchs ergänzt werden um den nichtenergetischen Verbrauch (NEV) und den stofflich gebundenen Energieinhalt (SEI). Die primärenergetische Bewertung erfolgt über die Nutzungsgrade (*g*) der Bereitstellung des jeweiligen Energiebeitrags. Der gesamte KEA ergibt sich daher als **Summierung** über alle (*i*) gewichteten Teilbeiträge zur Endenergie (EE$_i$) und zu den (*j* bzw. *k*) stofflich gebundenen Energiebeiträgen (NEV$_j$ und SEI$_k$), Gleichung (3.6):

$$KEA = \Sigma_i \, EEV_i / g_i + \Sigma_j \, NEV_j / g_j + \Sigma_k \, SEI_k / g_k \tag{3.6}$$

Die Nutzungsgrade der Bereitstellung fungieren also als **Gewichtungsfaktoren**: Bei einer Datenerhebung zu einzelnen Prozessen im Betrieb werden meistens die Teilbeträge des Endenergieverbrauchs zu ermitteln sein: Da die Energie in der Regel gekauft werden muss, können Rechnungen ausgewertet werden, aufgrund von Maschinenkenndaten und Laufzeiten kann der Endenergieverbrauch kalkuliert oder durch Anbringen von Stromzählern gemessen werden. Für die Ökobilanz ist allerdings der Primärenergieaufwand relevant. Wenn z. B. $g_i = 0{,}2$ ergibt sich eine 5-fach höhere Primärenergie (weil 80 % der Primärenergie, meist in Form von Abwärme, verloren geht).

---

45) Boguski et al. 1996

Mit den oben genannten Formeln kann der KEA auch ohne Durchführung einer vollständigen Sachbilanz ermittelt werden. Diese würde die Berücksichtigung aller Input- und Output-Kategorien erfordern. Die Ermittlung des KEA wird daher oft als eigene Methodik betrachtet[46]. Bei der Berechnung des KEA in der Sachbilanz wird dieser über die aufsummierten Energieträger bestimmt und häufig in einen KEA_{fossil} und einen $KEA_{erneuerbar}$ unterteilt.

3.2.2.3 Bilanzgrenzen

Der kumulierte Energieaufwand ist eine äußerst nützliche aggregierte Größe, die einen guten Überblick über den integrierten (Primär-)Energiebedarf eines Produktsystems erlaubt.

Es ist eingewendet worden[47], dass die Ermittlung des KEA bei gewissen Formen der Primärenergie (Kernenergie, Solarenergie, Windenergie) nicht eindeutig geregelt ist. Vor allem bei der Solarenergie liegt noch ein Abstimmungsbedarf darüber vor, wie die Primärenergie definiert werden soll. Die auf der Erdoberfläche auftreffende Sonnenstrahlung wurde bisher nicht bilanziert; dadurch wurden Holz und ähnliche nachwachsende Energieträger bzw. Einsatzstoffe nicht weiter primärenergetisch bewertet. Ähnliches gilt für die Wasserkraft, die ebenfalls eine (indirekte) Form der Solarenergie darstellt, und die in Form der potentiellen Energie quantifiziert wird. Da der Wirkungsgrad der Umwandlung der potentiellen Energie des Wassers in elektrische Energie hoch ist (ca. 85 %), kann in erster Näherung auch die elektrische Energie selbst (ab Kraftwerk) als Primärenergie definiert werden. Für die von Verbrauchern/-innen eingesetzte elektrische Energie müssen dann noch die je nach Entfernung und Spannung schwankenden Leitungsverluste in die Rechnung einbezogen werden. In den verfügbaren generischen Datensätzen[48] sind verschiedene Optionen verfügbar.

Bei der Kernenergie wird der KEA über den thermischen Wirkungsgrad der Stromerzeugung berechnet; die Primärenergie ist also als die in den spaltbaren Kernen gespeicherte Energie definiert. Hier und bei der Solarenergie besteht zweifellos ein Abstimmungsbedarf, der in Form einer Konvention oder Norm festgehalten werden sollte. VDI 4600 bezieht sich nicht ausdrücklich auf Ökobilanzen. In den Rahmenvorgaben von ISO 14044 ist die Aggregation zum KEA entgegen der langjährigen Praxis nicht ausdrücklich genannt (wie auch keine spezifischen Wirkungskategorien vorgeschrieben sind). Die holländische Richtlinie von 2001 sieht den KEA optional vor[49].

In der KEA-Richtlinie VDI 4600 wird ausdrücklich darauf hingewiesen, dass die (primärenergetische) Bewertung der Kernenergie und der regenerativen Energien *„nicht eindeutig festlegbar ist"*, und folgende pragmatische Vorschläge zum Umgang mit diesen Problemen gemacht:

46) Wrisberg et al. 2002
47) Frischknecht 1997
48) Fritsche et al. 1997 und Aktualisierungen: Globales Emissions-Modell Integrierter Systeme (GEMIS 4.3) (abgerufen 02.05.2007) http://www.oeko.de/service/gemis/de/index.htm; Ecoinvent 1, 2004; Frischknecht et al. 2005
49) Guinée et al. 2002

1. **Wasserkraft:** Bilanzgrenze ist das Einlaufbauwerk des E-Werks. Der Bereitstellungsnutzungsgrad ist nach dieser Definition das Verhältnis der Nettoenergieerzeugung (elektrischer Strom) zur abarbeitbaren Energie des Wassers, also der potentiellen Energie, die sich aus der nutzbaren Rohfallhöhe ergibt.

2. **Windkraft:** Analog zur Wasserkraft wird die Rotorfläche der Windkraftanlage als Systemgrenze festgelegt. Der Bereitstellungsnutzungsgrad ist nach dieser Definition das Verhältnis der Nettoenergieerzeugung (elektrischer Strom) zur kinetischen Energie des Windes, der durch die Rotorblätter tritt.

3. **Photovoltaik:** Bilanzgrenze ist die Bruttomodulfläche. Der Bereitstellungsnutzungsgrad ist nach dieser Definition das Verhältnis der Nettoenergieerzeugung (elektrischer Strom) zur auf die Bruttofläche eingestrahlten Solarenergie.

4. **Kernenergie:** Die primärenergetische Bewertung erfolgt mit dem thermischen Nutzungsgrad der Kernkraftwerke und dem Bereitstellungsnutzungsgrad für die Kernbrennstoffe. Für Deutschland wird ein Mittelwert von 0,33 angesetzt.

5. **Brennstoffe und Biomasse:** Für energetisch genutzte Brennstoffe (auch Müll und dgl.) wird der Heizwert (H_u) eingesetzt, bei Biomasse bezogen auf die abgeernteten Pflanzen.

Es wird vorgeschlagen, diese Definitionen und Festlegungen zu benutzen, bis eine internationale Norm oder Konvention erstellt ist. Festlegungen wie die genannten können niemals völlig gerecht sein. So hat Frischknecht völlig zu Recht darauf hingewiesen[50], dass auch die Wasserkraft letztlich auf die Solarenergie zurückgeht, durch die die Verdampfung des Wassers bewirkt wird. Wenn nun die Photovoltaik maximal nur rund 20 % Wirkungsgrad in Bezug auf die Primärenergie und die Stromerzeugung leisten kann (verglichen mit 85–90 % bei der Wasserkraft), erscheint die Festlegung der Systemgrenze zunächst ungerecht. Bei genauerem Hinsehen erkennt man aber, dass die 100 – 20 = 80 % (Solar-) Energie in der Photovoltaik ja nicht verloren gehen, sondern genau wie bei der Umwandlung fossiler in elektrische Energie für thermische Nutzungen zur Verfügung stehen. Ein photovoltaisches System, das die Abwärme (z. B. für die Bereitstellung von Brauchwasser) nutzt, wird in der Analyse besser abschneiden als ein reines Stromsystem! Außerdem ist zu bedenken, dass bei dieser Festlegung durch höhere Wirkungsgrade der Solarzellen eine Erniedrigung des KEA erzielt wird, wodurch Zellen mit höherem elektrischen Wirkungsgrad im Systemvergleich besser abschneiden.

Holz als Biomasse wird nach Punkt (5) mit dem Heizwert eingeführt, d. h. der Wirkungsgrad der Holzgewinnung, bezogen auf die Solarenergie, wird vermieden. Dieser Wirkungsgrad ist niedrig und würde, da er in Gleichung (3.6) im Nenner auftritt, in allen Holzprodukten zu einer Dominanz des „KEA Holz" führen. Dieses Vorgehen wäre nur dann gerechtfertigt, wenn Solarenergie ein knappes Gut wäre (wie im Falle der fossilen Energieträger).

---

50) Frischknecht 1997

Im Geiste der Ökobilanz muss jede Festlegung dieses Systemdenken im Auge behalten und das Bewusstsein, dass hier nicht „art pour l'art" das Ziel ist, sondern das Erreichen einer Wirtschafts- und Lebensform, die der geforderten Nachhaltigkeit näher kommt.

3.2.3
Der Energieinhalt brennbarer Stoffe

3.2.3.1 Fossile Brennstoffe

Fossile Brennstoffe sind immer noch die wichtigsten Primärenergieträger. Die geschätzten jährlichen Fördermengen liegen in der Größenordnung von einigen Milliarden Tonnen (1 t = 1 Mg); zum Vergleich: die jährliche Produktion von Massenchemikalien liegt „nur" im Bereich von Millionen Tonnen. Tabelle 3.3 zeigt die jährlichen Fördermengen der wichtigsten fossilen Energieträger.

Tabelle 3.3 Weltweite Fördermengen fossiler Energieträger[51].

Energieträger	$[10^9$ t/a$]^{a)}$ (min – max)	Heizwert (H_u)
Braunkohle	0,9–1,3 (1980–93)	10,9 MJ/kg
Steinkohle	3,2–3,6 (1985–93)	29,3 (26,8–35,4) MJ/kg [b]
Erdöl (Rohöl)	2,7–3,0 (1980–92)	42,5 (38–46) MJ/kg
Erdgas (Naturgas)	ca. 1,4	36,0 (32–38) MJ/m^3
Summe	8,2–9,3	

a) Die Tonne [t] ist nach DIN 1301 (entspricht ISO 1000) eine Bezeichnung für das Megagramm [Mg]; 1 Mrd. (10^9) Mg = 10^6 Gigagramm [Gg] = 10^3 Teragramm [Tg] = 1 Petagramm [Pg][52].
b) Wasser- und aschefrei; 1 Steinkohleneinheit (SKE) = 29,3 MJ/kg.

3.2.3.2 Quantifizierung

Energieträger werden entweder als Masse oder Volumen (Normkubikmeter, bei Gasen) angegeben. Für Energiebilanzen und auch unter dem praktischen Aspekt der Qualität sind Energieangaben jedoch aussagekräftiger. Benötigt wird daher ein Maß für den chemischen Energie- (genauer: Enthalpie-) gehalt der Energieträger. Dazu wird in der Technik meist der **Heizwert** (H_u) gewählt. Er bezieht sich bei Kohlenwasserstoffen der allgemeinen Formel C_nH_m auf die Energie liefernde Reaktionsgleichung der Verbrennung mit Sauerstoff (Gleichung 3.7):

$$C_nH_m + (n + m/4)\, O_2 \rightarrow n\, CO_2 + m/2\, H_2O + E_{therm} \tag{3.7}$$

51) Römpp 1993, 1995; Österreichisches Statistisches Zentralamt 1995
52) Mills et al. 1988; ISO 1981

z. B. für Methan ($n = 1$, $m = 4$) Gleichung (3.8):

$$CH_4 + 2 O_2 \rightarrow 1 CO_2 + 2 H_2O + \Delta H = -857 \text{ kJ/mol}^{[53]} \qquad (3.8)$$

Die Reaktionsenthalpie auf der rechten Seite von Gleichung (3.8) bezieht sich auf 25 °C und flüssiges Wasser als Endprodukt. Das negative Vorzeichen der Reaktionsenthalpie in Gleichung (3.8) entspricht einer Konvention für exotherme Reaktionen, die also Energie (Enthalpie) abgeben. In endothermen (Energie aufnehmenden) Reaktionen tritt ein positives Vorzeichen auf. Diese Konvention gilt in der physikalischen Chemie. In der Technik wird diese Regel nicht beachtet.

Die Kohlen und Erdöle sind chemisch schlecht definierte Gemische, die neben C und H auch andere Elemente enthalten können. Dadurch sind auch die Bandbreiten der Heizwerte in Tabelle 3.3 erklärlich und die Angabe molarer Größen (Stoffmenge) ist nicht sinnvoll. Technische Heizwerte fester und flüssiger Energieträger werden in der Regel auf eine Masseneinheit bezogen.

Für die Bestimmung des **Heizwertes** (H_u) müssen die Reaktionspartner vor und nach der Verbrennung bei 25 °C (298,1 K) vorliegen. Das bei der Verbrennung gebildete Wasser liegt bei dieser Bestimmung gedanklich als Wasserdampf vor, wie es bei technischen Verbrennungsprozessen meist der Fall ist, obwohl Wasser bei 25 °C, der in der Definition des Heizwertes vorgeschriebenen Endtemperatur, flüssig ist.

Thermodynamisch sinnvoller ist der **Brennwert** (H_o), früher als oberer Heizwert bezeichnet, der ebenfalls für 25 °C Anfangs- und Endtemperatur definiert ist, das gebildete Wasser liegt hier aber flüssig vor. Da bei der Kondensation von Wasserdampf die Verdampfungswärme frei wird, ist der Brennwert meist **höher** als der Heizwert (daher die alten Bezeichnungen und die jetzt noch gültigen Symbole). Bei der Verbrennung von reinem Kohlenstoff sind Heiz- und Brennwert selbstredend gleich. Die alten und die neuen Bezeichnungen sind in Tabelle 3.4 gegenübergestellt.

Für Ökobilanzen ist der thermodynamisch korrektere Brennwert nach Boustead[54] prinzipiell vorzuziehen. Praktisch sind jedoch die in der Technik be-

Tabelle 3.4 Heiz- und Brennwert.

Bezeichnung nach DIN 5499	Symbol	Alte Bezeichnung	Englische Bezeichnung
Heizwert	H_u	unterer Heizwert	*net calorific or low heat value* (LHV)
Brennwert	H_o	oberer Heizwert, Verbrennungswärme	*gross calorific or high heat value* (HHV)

---

53) Pro mol ist synonym mit pro Formelumsatz (d. h. nicht pro kg oder pro Nm^3).
54) Boustead 1992

vorzugten Heizwerte leichter verfügbar. Eine Umrechnung kann entweder bei Kenntnis der chemischen Zusammensetzung des Energieträgers erfolgen (der Wasserstoffanteil muss bekannt sein), die jedoch abhängig von der Lagerstätte nicht konstant ist, oder bei Kenntnis der bei der Verbrennung gebildeten Wassermenge. Der Unterschied zwischen den Zahlenwerten für Brenn- und Heizwert liegt bei maximal 10 %, wenn der Brennstoff wasserstoffreich ist wie Methan, er verschwindet fast gänzlich bei wasserstoffarmen Brennstoffen, z. B. Steinkohle (Tabelle 3.5). Die zur Umrechnung benötigte thermodynamische Größe Verdampfungsenthalpie des Wassers beträgt 2,45 kJ/g H_2O. Das Vorzeichen ist bei der Verdampfung positiv, bei der Kondensation negativ, d. h. die bei der Verdampfung hineingesteckte Energie (bei konstantem Druck: Enthalpie) wird bei der Kondensation wieder frei.

Tabelle 3.5 Spezifische Brenn- und Heizwerte einiger Brennstoffe[55].

Brennstoff	Brennwert (H_o) [MJ/kg]	Heizwert (H_u) [MJ/kg]
Benzin (*gasoline*)	45,85	42,95
Propan	50,00	46,95
Methan	53,42	48,16
Erdgas	ca. 51,50	46,10[a]
Diesel (*fuel oil*)	42,90	40,50
Steinkohle (*coal*)	30,60	29,65

[a] Mittelwert aus Tabelle 3.3 umgerechnet mit einer Dichte von 0,78 kg/m^3.

Da die Brenn- und Heizwerte der natürlichen Energieträger von Lagerstätte zu Lagerstätte schwanken, verwendet man zur Umrechnung von Masse auf Energie Mittelwerte, falls die genauen Werte nicht bekannt sind. Der bekannteste dieser Mittelwerte ist:

$$< H_u \text{ (Steinkohle) } > = 29{,}3 \text{ MJ/kg}$$

der die offiziell nicht zugelassene (aber in Statistiken oft gebrauchte) Steinkohleneinheit (SKE) definiert. Sie ist eine **Energie**einheit, nämlich der Heizwert eines Kilogramms durchschnittlicher Steinkohle. Dieser Heizwert wurde früher zu rund 7000 kcal/kg angenommen, daher nun (1 cal = 4,184 J)[56]:

$$1 \text{ SKE} = 7.000 \text{ [kcal/kg]} \times 4{,}184 \text{ [kJ/kcal]} = 29.288 \text{ [kJ/kg]} \approx 29{,}3 \text{ MJ/kg}$$

55) Boustead 1992
56) Die Kalorie ist eine schlecht definierte Einheit und sollte nicht mehr verwendet werden. Der Umrechnungsfaktor 4,1840 (genau) bezieht sich auf die sog. „thermochemische" oder „definierte" Kalorie.

Die Genauigkeit der Angabe ist also nur eine scheinbare und kommt durch die Umrechnung von der veralteten Einheit „Kalorie" auf die SI-Einheit Joule zustande!

In Analogie zu SKE wird auch die Einheit „Tonne SKE" (t SKE) mit der Definition

$$1 \text{ t SKE} = 29{,}3 \text{ GJ}$$

benutzt. Der Vorteil dieser Einheiten liegt in ihrer **Anschaulichkeit**, indem sie die zu einer beliebigen Energie äquivalente Masse Steinkohle in [kg] (SKE) oder in Tonnen (t SKE) angibt.

Abschließend zur Diskussion Heiz- versus Brennwert möge darauf hingewiesen sein, dass die Richtlinie zum KEA (VDI 4600) im Gegensatz zur Empfehlung von Boustead den Heizwert (H_u) für Angaben des Energiegehalts von Brennstoffen empfiehlt. Die Verwendung des Brennwertes (H_o) ist daneben nicht ausgeschlossen, soll aber explizit angegeben werden.

So ist in VDI 4600 der Bereitstellungsnutzungsgrad (g_{Br}) von Brennstoffen nach Gleichung (3.9) definiert:

$$g_{Br} = H_u / KEA_{Be} \tag{3.9}$$

KEA_{Be} = kumulierter Energieaufwand der Bereitstellung.

Übung: Emissionsberechnung auf Basis Endenergie

Steinkohle wird als „CO_2-lastig" und Erdgas als „weniger CO_2-lastig" charakterisiert. Begründen Sie diese Aussage, indem Sie an einem Rechenbeispiel zeigen, wie viel CO_2-Emission sich aus der Nutzung von Kohle bzw. Erdgas zur Erzeugung von 100 MJ Endenergie ergeben (Basis: H_u; unterstellt ist in beiden Fällen ein Nutzungsgrad von 35 %). Verwenden Sie die Daten aus Tabelle 3.5 sowie folgende Zusatzinformationen:

- C-Gehalt Erdgas: 75 % (w/w),
- C-Gehalt Steinkohle: 80 % (w/w).

3.2.3.3 Infrastruktur

Die Einbeziehung der Errichtung von Anlagen (Infrastruktur, Investitionsgüter, ...) bei energieintensiven Gütern und Prozessen wird in den Sachbilanzen nicht einheitlich gehandhabt. Traditionell werden diese KEAs von Kraftwerken, Fabriken, Straßen usw. abgeschnitten, weil sie fast immer nur < 1 % zur Gesamtenergie beitragen. Die Energie, die man benötigt um ein Kraftwerk zu bauen, liegt größenordnungsmäßig bei ein Promille derjenigen Energie, die das Kraftwerk über seine Funktionsdauer von etwa 30–50 Jahren „erzeugt". Das kann durch die folgende Überschlagsrechnung illustriert werden:

Die Produktion von elektrischem Strom durch ein großes Kraftwerk mit 1000 MW (10^6 kW) installierter Leistung und einer über die Betriebsdauer gemittelten Auslastung von 60 % ergibt sich bei 50 Jahren Betriebsdauer zu (1 kWh ≡ 3,6 MJ):

$$\text{Elektrische Energie} = 10^6 \, [\text{kW}] \times 50 \, [\text{a}] \times 365 \, [\text{d/a}] \times 24 \, [\text{h/d}] \times 0{,}6 \, [-]$$
$$= 2{,}628 \cdot 10^{11} \, \text{kWh} = 9{,}46 \cdot 10^{11} \, \text{MJ} = 9{,}46 \times 10^{17} \, \text{J}$$
$$\approx 1 \text{ EJ (Exajoule)}$$

Diese Energie ist noch nicht die Endenergie, sondern entspricht der gelieferten elektrischen Energie ohne Übertragungsverluste (also ab Kraftwerk). Wenn der Bau eines Kraftwerkes auf die Masse Stahl und Beton reduziert wird, die zum Bau benötigt werden, so ergibt sich (Mittelwert für einen Kernkraftwerksblock oder ein Steinkohlekraftwerk vergleichbarer Größe) folgender Energiebedarf:

$$\text{KEA (Anlage)} \approx 10^{15} \, \text{J} \, (= 0{,}001 \text{ EJ})$$

Der Vergleich zeigt, dass nach dieser groben Abschätzung nur **ein Promille** des erzeugten Energiebetrags für die beiden wichtigsten Baumaterialien benötigt wird. Mauch und Schaefer[57] geben als Bereich 0,1–0,2 % an. Obwohl in diesem Fall die Vernachlässigung praktisch ohne Fehler erlaubt ist, muss dies nicht immer der Fall sein. Die sog. ETH-Daten[58] beinhalteten erstmals in der Geschichte der Ökobilanz Infrastrukturdaten. Anhand der ecoinvent-Daten, die wahlweise mit oder ohne Investitionsgüter benutzt werden können, wurde gezeigt, dass man diesen Anteil am Inventar nicht per se ausschließen soll[59]. Es gibt Wirkungskategorien (aquatische Ökotoxizität, Humantoxizität, Naturraumbeanspruchung) und Produktgruppen (Photovoltaik, Windenergie), die stark von der Einbeziehung der Investitionsgüter abhängen. Auf jeden Fall sollte sorgfältig geprüft werden, ob besonders in vergleichenden Ökobilanzen durch die Verwendung von Infrastrukturdaten Konsistenz- und Symmetrieprobleme auftreten.

3.2.4
Bereitstellung elektrischer Energie

Der elektrische Strom als spezielle Energieform spielt eine wichtige Rolle in Ökobilanzen. Es ist bereits darauf hingewiesen worden, dass bei dieser Energieform die primärenergetische Bewertung besonders dringend ist (vgl. Abschnitt 3.2.2). Als Hauptursache wurden die Umwandlungsverluste auf Grund des 2. Hauptsatzes identifiziert: nur rund 30–45 % der thermischen Energie kann in Heizkraftwerken in elektrische Energie umgewandelt werden. Der Rest **könnte**

---

57) Mauch und Schäfer 1996
58) Siehe Kapitel 1; diese Tradition wird in der Schweizer Datenbank ecoinvent fortgeführt, Frischknecht et al. 2005; Ecoinvent 1, 2004
59) Frischknecht et al. 2007

weitgehend als Niedrigtemperatur-Wärme z. B. für Heizungszwecke verwendet werden, wovon in Deutschland (im Gegensatz etwa zu Schweden) jedoch noch immer völlig unzureichend Gebrauch gemacht wird.

Von grundlegender Bedeutung für die Berechnung der mittleren Nutzungsgrade – und damit zur Berechnung der Primärenergie – ist der Begriff des „Energiemix" oder „Strommix" für das jeweilige nationale Stromnetz. Dieses wird selten aus nur einer Primärenergie gespeist (Ausnahmen Norwegen und Brasilien mit 90–100 % Wasserkraft; Frankreich ca. 80 % Kernenergie) (vgl. auch Tabelle 3.2). Typisch ist vielmehr eine Mischung:

- fossile Energieträger (Stein- und Braunkohle, Erdgas und Erdöl),
- Kernenergie,
- Wasserkraft,
- regenerative Energieträger ohne Wasserkraft (Biomasse, Windenergie, Solarenergie, ...),
- Import (gewichteter Mix der in das betrachtete Land exportierenden Länder).

Wenn Produktionsstätten für ein untersuchtes Produkt über ganz Europa verstreut sind, benutzt man oft den europäischen Strommix. Als Basis für diese Mittelwerte wird oft das westeuropäische Stromverbundsystem verwendet. Die „Union for the Co-ordination of Transmission of Electricity" (UCTE)[60] ist mit 2530 TWh (2006) einer der größten Stromverbünde der Welt. Der grenzüberschreitende Energiefluss innerhalb der UCTE betrug 2006 rund 297 TWh, also 12 % der produzierten Strommenge. Die skandinavischen Staaten (außer Dänemark-West), Großbritannien und Irland sowie die baltischen Staaten und die GUS-Staaten haben eigene Netze. Für Kontinentaleuropa ist die UCTE eine gute Näherung. Die öffentlich zugänglichen Statistiken der UCTE zeigen jedoch eine geringe Auflösung nach den eingesetzten Primärenergien. Eine bessere Auflösung bieten die länderspezifischen Statistiken der International Energy Agency (IEA) für die EU-27. In Tabelle 3.6 sind die Strommix-Daten für die Europäische Union und drei ausgewählte Mitgliedländer (Deutschland, Frankreich und Österreich) sowie für die Schweiz für das Jahr 2005 wiedergegeben. Die Länder decken weitgehend den deutschen Sprachraum ab und umfassen ein weiteres Land, dessen Stromproduktion großteils auf der Basis von Kernenergie erfolgt.

Leider ist in Tabelle 3.6 die wichtige Energiequelle „Kohle" nicht in Steinkohle und Braunkohle aufgeschlüsselt. Nach Eurostat[61] beträgt der Anteil der Steinkohle (EU-27 2005) 19,1 %, der der Braunkohle 9,3 %.

Ähnliche Statistiken gibt es auch für die OECD (Welt, OECD Europa, einzelne Länder) und einzelne Nicht-OECD-Länder. Die Tabellen sind auch über die Webseite der IEA (loc. cit.) abzuladen. Bei diesen Statistiken sind auch die Exporte und Importe ausgewiesen, allerdings nicht nach Ländern aufgeschlüsselt.

---

60) www.ucte.org, siehe auch BUWAL 1991 (UCTE seit 1999; 1951–1998: „Union pour la Coordination de la Production et du Transport de l'Électricité" (UCPTE))

61) Eurostat 2008: European Commission: Europe in figures. Eurostat yearbook 2008; ISSN 1681-4789; herunterzuladen unter http://epp.eurostat.ec.europa.eu

Tabelle 3.6 Strommix EU-27 2005, Deutschland, Frankreich, Schweiz und Österreich[62].

Produktion	EU-27 [GWh] [%]	Deutschland [GWh] [%]	Frankreich [GWh] [%]	Schweiz [GWh] [%]	Österreich [GWh] [%]
Kernenergie	997.699 (30,1)	163.055 (26,3)	451.529 (78,5)	23.341 (39,1)	0
Kohle	1.000.829 (30,2)	305.547 (49,3)	30.641 (5,3)	0	8482 (12,9)
Erdöl	138.503 (4,2)	10.583 (1,7)	7227 (1,3)	191 (0,3)	1641 (2,5)
Erdgas	663.744 (20,0)	69.398 (11,2)	22.961 (4,0)	869 (1,5)	13.036 (19,8)
Σ fossile Brennstoffe	1.803.076 (54,5)	385.528 (62,1)	60.829 (10,6)	1060 (1,8)	23.159 (35,2)
Abfall	27.086 (0,8)	6094 (1,0)	3260 (0,6)	1872 (3,1)	546 (0,8)
Wasserkraft	340.846 (10,3)	26.717 (4,3)	56.404 (9,8)	33.086 (55,5)	38.612 (58,8)
Biomasse	57.332 (1,7)	10.495 (1,7)	1821 (0,3)	226 (0,4)	2039 (3,1)
Geothermal	5397 (0,2)	0	0	0	2 (0,003)
Solar (Photovoltaik)	1491 (0,05)	1282 (0,2)	15 (0,003)	19 (0,03)	14 (0,02)
Windkraft	70.496 (2,1)	27.229 (4,4)	959 (0,2)	8 (0,01)	1328 (2,0)
Gezeiten	534 (0,02)	0	534 (0,1)	0	0
Σ erneuerbare Energiequellen	476.096 (14,4)	65.723 (10,6)	59.733 (10,4)	33.339 (55,9)	41.995 (63,9)
andere Quellen	7043 (0,2)	0	0	0	18 (0,03)
Σ Produktion	3.311.000	620.300	575.351	59.612	62.990
Σ Prozent	99,9	100	100,1	99,9	100

62) Energiestatistiken der International Energy Agency (IEA), Paris

Von kleineren Ländern abgesehen, die entweder Überschüsse produzieren oder von Importen abhängig sind, gleichen sich Exporte und Importe meist aus und liegen bei rund 10 % der im Lande produzierten Elektrizitätsmenge. Die Zahlen für OECD (Welt) 2007 zeigen eine Gesamtproduktion von rund 10.000 TWh und einen erschreckend hohen Anteil von fossilen Energieträgern und Kernenergie von (wie auch in Europa) zusammen 85 %. Die erneuerbaren Energien fallen mit Ausnahme der Wasserkraft (13 %) noch nicht ins Gewicht.

Für die Energieberechnung im Rahmen der Sachbilanz muss der Endenergieverbrauch auf die Primärenergie hochgerechnet werden. Dazu dient der Strommix als Grundlage. Die Nutzungsgrade für die einzelnen Energiearten müssen den mittleren Zustand der Kraftwerke und die typischen vorgelagerten Prozesse berücksichtigen; ferner die Übertragungsverluste, Transporte von Energieträgern usw. Diese Prozesse sind in den guten generischen Datenbanken berücksichtigt oder können aus Teilprozessen zusammengesetzt werden.

Bei den erneuerbaren Energiearten im Strommix muss definiert werden, was die Primärenergie eigentlich ist, auf die bezogen wird (vgl. Abschnitt 3.2.2). Bei der Wasserkraft setzt man die Primärenergie mit der potentiellen Energie des Wassers gleich und verwendet einen Wirkungsgrad von 90 % bzw. 85 %. Der entsprechende Wirkungsgrad bei thermischen Verfahren liegt bei rund 35 %. Der KEA, z. B. pro kWh, ist die gemittelte und gewichtete Primärenergie, die zur Bereitstellung von 1 kWh benötigt wird (siehe Abschnitt 3.2.2).

Für Ökobilanzzwecke sollte die Aufschlüsselung nach regenerativ/nicht regenerativ und fossil gegeben sein. Dies ist für die spätere Erstellung einer Wirkungsabschätzung (vgl. Kapitel 4) erforderlich, besonders für die Berechnung des Treibhauspotenzials (*Global Warming Potential* – GWP). Hoher Stromverbrauch bedeutet in Ländern mit hohem Anteil an fossiler Primärenergie immer ein hohes GWP, während Wasserkraft und andere erneuerbare Energieformen sowie auch die Kernenergie weitaus weniger zum GWP beitragen.

Mit der Produktion von Elektrizität ist nicht nur die Emission von Treibhausgasen verbunden, sondern es treten auch Emissionen auf (u. a. auch die radioaktiven Emissionen, die mit der Kernkraft verbunden sind), die zu anderen Auswirkungen auf die Umwelt führen. Diese müssen bei der Erstellung der Sachbilanz erfasst bzw. aus generischen Datenbanken übernommen und zugeordnet werden. Scheinbar umweltfreundliche Produktionsarten wie die Wasserkraft können schwerwiegende Auswirkungen auf natürliche Ökosysteme haben (Staudämme, Stauseen), die nur schwer zu quantifizieren sind (Wirkungskategorie Naturraumbeanspruchung). Offenkundige Schäden treten beim Abbau von Kohle im Tagbau auf, die ebenfalls in diese Kategorie fallen. Auch bei der Transmission von elektrischem Strom können Umweltwirkungen auftreten, z. B. durch das Isoliergas SF_6, das ein extrem starkes Treibhausgas ist und durch Leckagen in die Atmosphäre gelangen kann. Hier gilt es allerdings abzuwägen, ob nicht durch den Einsatz mehr Energie und damit konventionelle Treibhausgase eingespart werden.

3.2.5
Transporte

Transporte treten in jeder Ökobilanz auf und werden oft nicht als eigene Prozessmodule ausgewiesen, sondern zu den jeweiligen Prozessmodulen dazugezählt, wobei Doppelzählungen vermieden werden müssen (der Output des Prozessmoduls „weiter oben" kann der Input des nächsten „weiter unten" sein). Zur Wahrung der Transparenz müssen die Transportprozesse daher ebenso sorgfältig modelliert werden wie alle anderen Prozessmodule.

Transportdaten werden fast immer generischen Datensätzen entnommen, es sei denn, der Transport selbst ist das studierte System und erfordert entsprechende Primärdaten. Viele durch Recycling und Wiederverwendung bereits optimierte Systeme (z. B. Mehrwegverpackungen) werden im Endergebnis durch die Transporte erheblich beeinflusst oder sogar bestimmt, insbesondere durch:

- Entfernung,
- Transportmittel,
- Auslastung/Logistik.

Dabei steht der Transport von Rohstoffen, Energieträgern, Materialien, Produkten und Abfall meist im Vordergrund, während der Personentransport eine geringere Rolle spielt. Dies ändert sich natürlich, wenn der Verkehrsmittelvergleich Thema der Studie ist. Bezüglich des Personentransports kann beispielsweise der Vergleich von Bahn, PKW und Flugzeug Ziel der Untersuchung sein, beim Güterverkehr unterschiedliche Transportvarianten wie Bahn, LKW und Schiff.

Zur Quantifizierung auf der Sachbilanzebene dienen meist zwei Kennzahlen:

- Personenkilometer [Pkm]: Eine Person wird über eine Distanz von einem Kilometer transportiert.
- Tonnenkilometer [tkm]: Eine Masse von einer Tonne [Mg] wird über eine Distanz von einem Kilometer transportiert.

Zur Ermittlung der Personenkilometer wird die Anzahl der Personen mit der zurückgelegten Entfernung in [km] multipliziert. Durch den Bezug der Umweltlasten des Verkehrsmittels, z. B. CO_2-Emission pro 100 km, auf die Personenkilometer ergibt sich ein sinnvolles Maß zum Vergleich unterschiedlicher Verkehrsträger: Fährt eine Person in einem PKW 100 km sind die Umweltlasten pro Personenkilometer viermal so hoch wie in einem mit vier Personen besetzten PKW. Ebenso ist der Auslastungsgrad (tatsächliche Personenzahl/maximale Personenzahl) auch bei Bus, Bahn und Flugzeug eine entscheidende Größe zur Quantifizierung der Umweltlast pro Personenkilometer, die allerdings nicht immer einfach zu ermitteln ist.

Zur Ermittlung der Tonnenkilometer wird die transportierte Masse mit der zurückgelegten Entfernung in [km] multipliziert und die Umweltlasten des Verkehrsmittels, z. B. der Treibstoffverbrauch, auf die [tkm] bezogen. Im Unterschied zur Berechung der Umweltlast pro Personenkilometer wird in diesem Fall berücksichtigt, dass sich der Treibstoffverbrauch eines LKW in einen lastenunabhängigen Teil, den der leere LKW verbraucht, und einen zuladungsabhängigen Teil aufgliedert. Da der Energieverbrauch des leeren Fahrzeugs auf das jeweils zugeladene Transportgut umgelegt wird, nimmt der spezifische Energieverbrauch (in [L Treibstoff/tkm] oder [MJ/tkm]) mit zunehmendem Auslastungsgrad (tatsächliche Zuladung/maximale Nutzlast) ab (vgl. Übung).

Der Auslastungsgrad spielt also sowohl bei der Berechnung der Umweltlasten pro Personenkilometer als auch pro Tonnenkilometer eine entscheidende Rolle: ein voll beladener PKW oder LKW wird trotz größeren Treibstoffverbrauchs (pro Fahrzeug und km) günstiger pro Person bzw. pro Tonne sein als ein teilbeladenes Fahrzeug. Da der spezifische Auslastungsgrad weder im Personen- noch im Güterverkehr einfach zu ermitteln ist, wird oft mit mittleren Auslastungen gerechnet.

Auch wenn zur Modellierung der Transportprozesse meistens keine vollständigen Primärdaten verfügbar sind, sollten die Transportstrecken und die Verkehrsmittel möglichst spezifisch ermittelt werden, um sinnvolle generische Datensätze auswählen zu können. Beim Rückgriff auf generische Daten bezüglich der Umweltlasten der Verkehrsmittel, die die Grundlage der Berechnungen bezogen auf Pkm oder tkm darstellen, muss auf deren Alter geachtet werden: Der Treibstoff- (oder Strom-) bedarf vieler Verkehrsmittel ist in den letzten Jahren gesunken und auch die mit dem Betrieb verbundenen Emissionen ändern sich durch eine langsam aber stetig verschärfte Gesetzgebung[63].

Nicht alle Transportmittel sind bewegte Fahrzeuge (Eisenbahnen, Kraftwagen, Schiffe, Flugzeuge etc.), sondern können auch aus Rohrsystemen (*pipelines*) bestehen, deren Energiebedarf und Wartung erfasst und auf die transportierte Masse/Volumen/Energie bezogen werden muss. Wenn solche Daten in guter Qualität vorliegen, ist die Umrechnung auf eine funktionelle Einheit unproblematisch.

Die Transporte werden hier unter „Energie" abgehandelt und gewiss ist der Energieverbrauch – und damit verbunden der Verbrauch an Ressourcen – ein großes umweltpolitisches Problem. Daneben ist aber, ähnlich wie bei der Produktion von Elektrizität, auf der Outputseite die Emission schädlicher Gase und Partikel zu beachten. Diese Daten werden zur Charakterisierung mehrerer Wirkungskategorien und -indikatoren benötigt (siehe Kapitel 4). Vor allem sind dies (in Klammer die wichtigsten Emissionen):

- Klimaänderung (CO_2, CH_4, Frigen-Ersatzstoffe),
- Bildung von Photooxidantien (flüchtige organische Verbindungen/VOC, CO, NO_x),
- terrestrische Eutrophierung (NO_x),
- Versauerung (NO_x, SO_2),
- Humantoxizität (VOC, NO_x, Feinstaub, PAK).

Besonders der Straßenverkehr trägt zu den genannten Emissionen in erheblichem Ausmaß bei. Aber auch der Schiffsverkehr trägt durch das als Kraftstoff verwendete Schweröl (Bunkeröl) wesentlich zu Schwefeldioxid-Emissionen

---

63) IFEU 2006b

entlang der Schiffsrouten bei. Das Umweltbundesamt (Dessau) weist darauf hin, dass die SO_2-Belastung in Hafenstädten zum überwiegenden Teil von den Hochseeschiffen herrührt (z. B. Hamburg 80 %). Dasselbe gilt für küstennahe Landstriche und die Nordsee.

Tankerunfälle führen zu starken lokalen Belastungen, können aber nur schwierig einem speziellen Produktsystem angerechnet werden (vgl. auch Abschnitt 4.5.5.1).

Daten für den verkehrsbedingten Energieeinsatz und ebensolche Emissionen für Deutschland sind im Transport-Emissions-Modell TREMOD 4.0[64] enthalten. Daten, die auf Analysen der realen Situation basieren (bis 2003), werden ergänzt durch Szenarien zur zukünftigen Entwicklung (bis 2030). TREMOD ist allerdings wegen seines Umfanges und seiner Komplexität nicht öffentlich zugänglich. Die Daten zum Straßenverkehr sind mit dem Handbuch Emissionsfaktoren des Straßenverkehrs (HBEFA) abgestimmt, das in der Version 2.1 Emissionsfaktoren für Deutschland, Schweiz und Österreich enthält.

Lärmemissionen sollten für die Wirkungskategorie „Lärm" erhoben werden, sind aber flächendeckend mit vertretbarem Aufwand kaum zu messen (vgl. auch Abschnitt 4.5.4.3). Eine Berechnung der Lärmimmission in der Nähe von Straßen wird durch eine erfolgte Ausweitung des Emissionsrechenprogramms MOBILEV[65] ermöglicht.

Übung: Berechnung von Umweltlasten durch Transport (ohne Vorkette des Treibstoffs)

Zur Berechnung der Umweltlasten durch Transporte sind nicht allein die Entfernungen und die Transportmittel relevant, sondern auch die Transportkapazität der Transportmittel bezogen auf die funktionelle Einheit.

In einer Ökobilanz wird das Verpackungssystem „Kartonverpackung für Getränke" mit folgender funktioneller Einheit untersucht:

„Bereitstellung von 1000 L Füllgut im Handel"

Daher sind auch die Transporte zu bilanzieren.

Die Produkte werden im Ferntransport mit einem Sattelzug (40 t zulässiges Gesamtgewicht, 25 t maximale Nutzlast) transportiert. Der LKW hat maximal 34 Stellplätze für Euro-Paletten, von denen 24 ausgenutzt werden.

Die folgende Tabelle zeigt den Energieverbrauch des LKW (im Mittel: Autobahn, Landstraße, Ortschaften)[66]. Der LKW fährt mit Diesel (Heizwert: 42,96 MJ/kg; Dichte: 0,832 kg/L).

---

64) IFEU 2006b (Die Zusammenfassung kann heruntergeladen werden unter www.ifeu.de); INFRAS 2004

65) Fige GmbH (zitiert nach UBA Dessau: Verkehr, Daten und Modelle 2007; http://www.uba.de)

66) Flottendurchschnitt der 40-t-LKW in Deutschland im Jahr 2005; pers. Mitteilung IFEU 2008

Leerfahrt	9,29 MJ/km
50 % Auslastungsgrad	0,87 MJ/tkm
100 % Auslastungsgrad	0,50 MJ/tkm

Da der Energieverbrauch des leeren Fahrzeugs auf das jeweils zugeladene Transportgut umgelegt wird, nimmt der spezifische Energieverbrauch (in [MJ/tkm] bezogen auf das Transportgewicht) mit zunehmendem Auslastungsgrad ab.

Der Treibstoffverbrauch in Abhängigkeit vom Auslastungsgrad teilt sich in einen lastenunabhängigen Teil (B_leer[67]), den der leere LKW bereits benötigt, und einen zuladungsabhängigen Verbrauch (B_last), der linear mit dem Transportgutgewicht und dem Auslastungsgrad zunimmt (siehe folgende Abbildung).

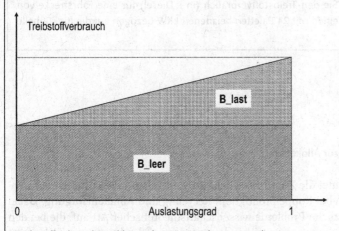

Treibstoffverbrauch in Abhängigkeit vom Auslastungsgrad

Der folgenden Tabelle sind die Verpackungsgewichte und das Palettenschema zu entnehmen (vgl. Tabelle 3.7 in Abschnitt 3.7):

Packmittel (1-L-Getränkekarton)	Gewicht
Gewicht Primärverpackung (Karton)	31,5 g
Umverpackung Wellpappen-Trays	128 g
Transportverpackung Euro-Palette (Holz)	24.000 g
Palettenfolie	280 g

---

67) B steht für Belastung. Gemeint ist a) Kraftstoffverbrauch, b) Emissionen der LKW.

Palettenschema

Kartons pro Tray	12 Stück
Trays pro Lage	12 Stück
Lagen pro Palette	5 Stück
Kartons pro Palette	720 Stück

1. Berechnen Sie den Auslastungsgrad des LKW
   (für das Füllgut vereinfacht: 1 L = 1 kg).
2. Berechnen Sie den Treibstoffverbrauch (in L Diesel) für eine Fahrstrecke von 100 km für einen mit 24 Paletten beladenen LKW. Gehen Sie dabei von einer linearen Abhängigkeit des Treibstoffverbrauchs vom Auslastungsgrad aus. Berechnen Sie anschließend aus dem Treibstoffverbrauch den spezifischen Energieverbrauch.
3. Berechnen Sie den Treibstoffverbrauch (in L Diesel) für eine Fahrstrecke von 100 km für einen mit 24 Paletten beladenen LKW bezogen auf die funktionelle Einheit.

3.3
Allokation

3.3.1
Grundsätzliches zur Allokation

Allokation bedeutet die Zuordnung der über den Lebensweg auftretenden Umweltbelastungen bei Koppelproduktion, Recycling und Abfallentsorgung. Dabei treten grundsätzliche Probleme wissenschaftstheoretischer Art auf, die bei den bisherigen Ausführungen weitgehend vermieden werden konnten, weil der feste Boden der naturwissenschaftlichen und technischen Methodik in der Sachbilanz in den Vordergrund gestellt wurde (für eine besonders klare Darstellung dieser Fundamente der Sachbilanz siehe Boguski[68]):

- Gültigkeit der Grundgesetze der Physik und Chemie;
- Effizienzparameter technischer Anlagen, landwirtschaftlicher Prozesse usw.;
- überschaubare und eindeutige Abschneideregeln.

Bei der Zuordnung der „weiter oben" im Produktbaum auftretenden Umweltbelastungen im Falle der **gleichzeitigen Herstellung mehrerer Produkte in einem Prozessmodul** stößt man zum ersten Mal an die **Grenzen** einer der strikten Objektivität verpflichteten naturwissenschaftlich-technischen Analyse[69]. Das lässt sich am besten an der Koppelproduktion zeigen.

---

68) Boguski et al. 1996
69) Heintz und Baisnée 1992; Boustead 1994b; Huppes und Schneider 1994; Klöpffer und Volkwein 1995; Klöpffer 1996; Grahl und Schmincke 1996; Heijungs und Frischknecht 1998; Tukker 1998; Heijungs 1997, 2001

3.3.2
Allokation am Beispiel der Koppelproduktion

3.3.2.1 Definition der Koppelproduktion
In Abb. 3.8 ist nochmals das Vorgehen ohne Koppelprodukte betrachtet:

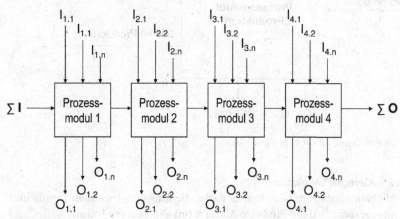

I = Inputs
O = Outputs

Abb. 3.8 Einfache Kette (Ausschnitt aus einem Lebensweg) ohne Koppelproduktion.

Die einfache Kette mit $i = 4$ Prozessmodulen zeigt das prinzipielle Vorgehen in der Sachbilanz ohne Koppelproduktion: Die Summe der Inputs (I) und Outputs (O) über den ganzen Lebensweg ist die **Summe der Einzelbeträge**, wobei Inputs auch Nebenketten (Äste im Bild des Produktbaums) oder Teilsachbilanzen sein können wie z. B. die APME Datensätze für Kunststoffe oder die ECOSOL-Datensätze für Tenside. Man könnte sagen, dass für diese einfachste Sachbilanz nur folgende Summierungen ausgeführt werden müssen:

$$I_{ges} = \Sigma_i \, I_i$$
$$O_{ges} = \Sigma_i \, O_i$$

Es soll dabei hier nicht diskutiert werden, dass das Aufaddieren von nicht zusammengehörigen In- und Outputs nicht sinnvoll ist.

Unter Koppelproduktion versteht man die Bildung von mindestens zwei Produkten in einem Prozessmodul (Abb. 3.9).

Koppelproduktion findet sich besonders häufig im Bereich der chemischen Industrie[70], in der Landwirtschaft, im Bergbau, bei der Erdölraffination, Metallgewinnung, seltener im Maschinen- und Gerätebau. In der Chemie ist die Bildung mehrerer Substanzen in einer Reaktion eher die Regel als die Ausnahme.

---

70) Riebel 1955

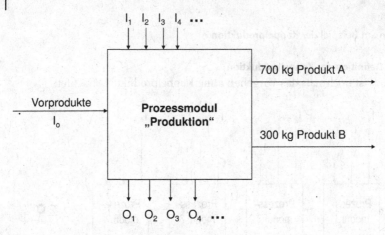

Abb. 3.9 Prozessmodul mit Koppelprodukten.

3.3.2.2 „Gerechte" Allokation?

Das Allokationsproblem besteht nun darin, die umweltbelastenden Inputs und Outputs „gerecht" auf die Produkte A und B (im allgemeinen Fall auf A, B, C, ...) zu verteilen. Schon in der Wahl der Bezeichnung „gerecht" sieht man, dass es eine streng wissenschaftliche Lösung des Problems nicht gibt. In der Wirtschaftswissenschaft ist das Allokationsproblem schon seit über 150 Jahren bekannt: dort handelt es sich um die gerechte Zuordnung von **Kosten** zu den einzelnen Produkten. So müssen aus den Gesamtkosten einer Produktion die Kosten der einzelnen Koppelprodukte abgeleitet werden. Als erster hat der britische Nationalökonom John Stuart Mill[71] das Allokationsproblem erkannt und am Beispiel

Huhn (→ Fleisch)/Eier

erläutert. Ähnlich anschauliche Allokationen im tierischen Bereich sind z. B. beim Rind:

Fleisch/Talg (→ Seife)/Haut (→ Leder)

Bevor in Abschnitt 3.3.2.3 Vorschläge zur Lösung des Allokationsproblems systematisch dargestellt werden, werden im Folgenden zwei wichtige Strategien besprochen: Die „Allokation nach Masse", die älteste und auch heute noch für viele Fragestellungen bei Multi-Output-Prozessen die Methode der Wahl, und die von ISO 14044 empfohlene „Systemerweiterung".

---

71) Mill 1848

Allokation nach Masse

Bei der Allokation nach Masse werden alle Inputs und alle Outputs entsprechend dem Massenverhältnis der entstehenden Koppelprodukte aufgeteilt. Wenn beispielsweise bei einem Prozessmodul mit zwei Koppelprodukten A und B (vgl. Abb. 3.9) 700 kg A und 300 kg B pro funktionelle Einheit anfallen, werden nach dieser Regel 700/(700 + 300) = 0,7 oder 70 % aller Emissionen, Energieverbräuche, Hilfsstoffe etc. A zugeschrieben und 30 % dem Produkt B. Wichtig ist zu beachten, dass bei Berücksichtigung mehrer Prozessmodule die Allokation nach Masse konsequent in allen stromaufwärts liegenden Prozessmodulen durchgeführt werden muss. Ein stark vereinfachtes Beispiel zeigt Abb. 3.10. Die Koppelprodukte 1, 2.1 und 2.2 verlassen das System und werden in anderen Produktsystemen eingesetzt.

Bei der Allokation beginnt man in der Regel mit dem Prozess, der das Endprodukt als Output aufweist (in Abb. 3.10 Prozess 2). Insgesamt ergibt dieser Prozess 6 kg Produkte, davon 3 kg (50 %) Endprodukt, 1 kg Koppelprodukt 2.1 (16,67 %) und 2 kg Koppelprodukt 2.2 (33,33 %). Alle Inputs (hier: Energie, Hilfsstoffe und Zwischenprodukt) und Outputs (hier: CO_2 und Abfall) werden entsprechend des so ermittelten Massenverhältnisses des Produktoutputs aufgeteilt (alloziert). Auf die 3 kg Endprodukt entfallen im Prozess 2 demzufolge folgende Lasten: 25 MJ Energie, 1 kg Hilfsstoffe 2, 1 kg CO_2, 1,5 kg Abfall und 3,5 kg Zwischenprodukt. Von Prozess 1 dürfen daher nur diejenigen Lasten dem Endprodukt zugerechnet werden, die mit der Produktion von 3,5 kg Zwischenprodukt verbunden sind.

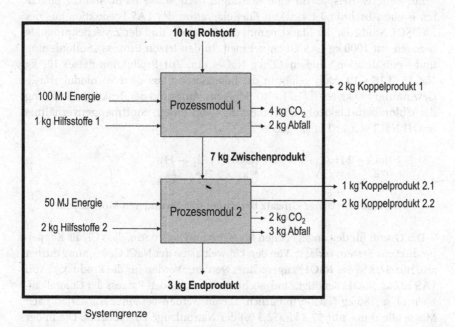

Abb. 3.10 Allokation bei miteinander verknüpften Multi-Output-Prozessen; Beispiel Allokation nach Masse.

Zusätzlich entsteht in Prozess 1 das Koppelprodukt 1. Die Allokation nach Masse in Prozess 1 wird zunächst genauso durchgeführt, wie bei Prozess 2 beschrieben. Insgesamt entstehen 9 kg Produkte, davon 7 kg (77,78 %) Zwischenprodukt und 2 kg Koppelprodukt 1 (22,22 %). Die 7 kg Zwischenprodukt sind demzufolge aus Prozess 1 mit 7,78 kg Rohstoff, 77,78 MJ Energie, 0,78 kg Hilfsstoffe 1, 1,56 kg Abfall und 3,11 kg CO_2 belastet. Da allerdings nach der für Prozess 2 durchgeführten Allokation nach Masse nur 50 % des Zwischenprodukts dem Endprodukt zugerechnet werden, sind auch die Lasten von Prozess 1 entsprechend aufzuteilen. Würde man diese Aufteilung in Prozess 1 nicht durchführen, wären die Koppelprodukte 2.1 und 2.2 in Prozess 2 überhaupt nicht mit Verbräuchen und Emissionen aus stromaufwärts liegenden Prozessen belastet. Das ist sicher nicht gerecht. Es entfallen auf die 3 kg Endprodukt also 50 % der Lasten aus Prozess 1, die zu den Lasten aus Prozess 2 addiert werden müssen. Für die Energie beispielsweise ergibt sich:

$$
\begin{array}{l}
25 \text{ MJ/3 kg Endprodukt aus Prozess 2} \\
+ \quad 38,89 \text{ MJ/3 kg Endprodukt aus Prozess 1} \\
\hline
= \quad 63,89 \text{ MJ/3 kg Endprodukt}
\end{array}
$$

entspricht 21,3 MJ/kg Endprodukt.

Üblich ist die Angabe pro [kg Endprodukt] bzw. der Bezug auf denjenigen Referenzfluss, der sich aufgrund der gewählten funktionellen Einheit ergibt.

Ein weiteres Beispiel für eine Allokation nach Masse ist in Abb. 3.7 enthalten (siehe Abschnitt 3.1.4). Dem Fließdiagramm der LAS-Produktion aus der ECOSOL-Studie ist der Massenstrom des Rohstoffs und der Zwischenprodukte bezogen auf 1000 kg LAS zu entnehmen. In den letzten Prozess „Sulfonierung und Neutralisation" fließen 127 kg NaOH ein. Zur Produktion dieser 127 kg NaOH ($3,18 \times 10^3$ Mol) gehen in die Bilanzierung aus dem Vormodul „NaCl-Gewinnung" 99 kg NaCl ($1,71 \times 10^3$ Mol) ein. Aufgrund der Reaktionsgleichung der Chloralkali-Elektrolyse ist allerdings von einem Stoffmengenverhältnis NaOH:NaCl von 1 : 1 auszugehen:

$$
\underset{\substack{117\,g \qquad\quad 36\,g}}{2\,NaCl + 2\,H_2O\,(+\,e^-)} \rightarrow \underset{\substack{80\,g \qquad 71\,g \qquad 2\,g \\ 52,3\,\% \quad 46,4\,\% \quad 1,3\,\%}}{2\,NaOH +\ Cl_2\ +\ H_2}
$$

(stöchiometrischer Umsatz berechnet mit gerundeten Molmassen)

Der Grund für den angegebenen Massenstrom liegt darin, dass Cl_2 als Koppelprodukt das System verlässt. Von den Umweltlasten der NaCl-Gewinnung dürfen also nur 52,3 % der NaOH zugerechnet werden. Werden für die Produktion von LAS 127 kg NaOH benötigt, sind stöchiometrisch für den Prozess der Chloralkali-Elektrolyse 186 kg NaCl erforderlich. Davon werden bei einer Allokation nach Masse allerdings nur 97,3 kg (52,3 %) der Natronlauge zugerechnet. Die in der ECOSOL-Studie angegeben 99 kg ergeben sich, wenn H_2 bei der Allokation nicht berücksichtigt wird (verbleibt im System).

Übung: Allokation nach Masse über eine Prozesskette (anonymisiertes Fallbeispiel)

Ein Produkt wird aus Erdöl hergestellt. Die Prozesskette ist als Fließdiagramm dargestellt. Für jeden Prozessschritt stehen Daten zum Energieverbrauch und der Masse anfallender Koppelprodukte zur Verfügung. Berechnen Sie den Energieverbrauch für das Endprodukt in [MJ/kg].

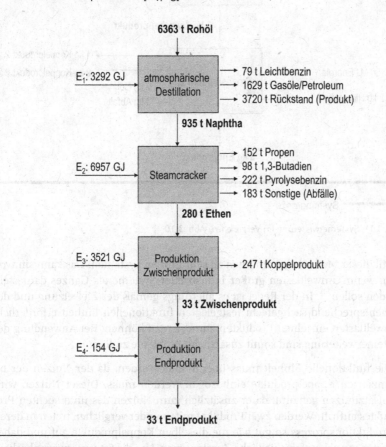

Systemerweiterung

In Abb. 3.10 verlassen die Koppelprodukte das System. Bei der „Systemerweiterung" verbleiben die Koppelprodukte hingegen im System (Abb. 3.11). Das hat zur Konsequenz, dass diese in ihrem Lebensweg mit allen Prozessmodulen bis zur Entsorgung (stromabwärts) analysiert und bilanziert werden müssen. Wurden im Fall der „Allokation nach Masse" diejenigen Umweltlasten errechnet, die dem Endprodukt zuzuordnen sind, sind im Fall der Systemerweiterung die errechneten Umweltlasten dem Produktmix im Gesamtsystem also dem Endprodukt, Koppelprodukt 1, Koppelprodukt 2.1 und Koppelprodukt 2.2 zuzuordnen.

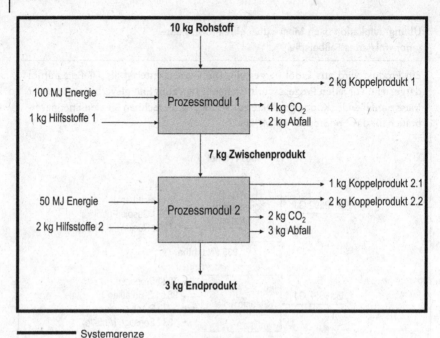

Systemgrenze

Abb. 3.11 Systemerweiterung im Vergleich zu Abb. 3.10.

Mit dieser Methode kommt man zu sehr großen Systemen. Das kann sinnvoll sein, wenn Umweltlasten großer industrieller Systeme als Ganzes dargestellt werden sollen[72]. In der Regel ist es allerdings gemäß der Zielsetzung und der dementsprechend sachgerecht festgelegten funktionellen Einheit erforderlich, Umweltlasten einzelnen Produkten zuordnen zu können. Bei Anwendung der Systemerweiterung sind somit zusätzliche Probleme zu lösen:

- Die funktionelle Einheit muss überarbeitet werden, da der Nutzen der bilanzierten Koppelprodukte einbezogen werden muss. Dieser Nutzen wird Zusatznutzen genannt, da er zusätzlich zum Nutzen des untersuchten Produktes auftritt. Werden zwei Produkte miteinander verglichen treten in deren Produktionsprozess so gut wie nie dieselben Koppelprodukte auf und daher bestehen auch unterschiedliche Zusatznutzen. Um die Systeme zu vergleichen, muss dafür gesorgt werden, dass diesbezüglich wieder Symmetrie hergestellt wird. In Abschnitt 2.2.5.3 (Abb. 2.5) wurde bereits an einem Beispiel aus der Abfallwirtschaft besprochen, wie der Zusatznutzen über Systemerweiterung einbezogen werden kann.
- Bei der Systemerweiterung können sich unübersichtlich große Systeme ergeben, besonders bei mehreren Koppelprodukten die wiederum für viele Anwendungen genutzt werden.

---

72) Tiedemann 2000

- Da alle Koppelprodukte stromabwärts analysiert und bilanziert werden müssen, ergibt sich ein erheblich erhöhter Aufwand in der Recherche.

Da die Allokation Annahmen erfordert, die nicht streng wissenschaftlich abgeleitet werden können, z. B. die Entscheidung darüber ob eine Allokation nach Masse, Energie oder Preis vorgenommen werden soll (vgl. Abschnitt 3.3.2.3 „Diamant-Paradoxon"), empfiehlt ISO 14044[73] als wissenschaftlichste Lösung die Vermeidung der Allokation durch Systemerweiterung. Aufgrund des erheblich höheren Aufwands wird bei den meisten in der Praxis vorliegenden Zielsetzungen einer Ökobilanz bei Multi-Output-Prozessen mit definierten Allokationsregeln gearbeitet. Die Systemerweiterung hat ihre wichtigsten Anwendungsfelder bei Bilanzierungen von Abfallwirtschaftsoptionen (vgl. Abschnitt 3.3.5) sowie beim open-loop Recycling (vgl. Abschnitt 3.3.4).

3.3.2.3 Lösungsvorschläge

Zur Lösung des Allokationsproblems wurden verschiedene Strategien entwickelt, von denen jedoch keine völlig befriedigt[74]. Wahrscheinlich ist eine einzige Lösung für alle Fragestellungen und damit Zielsetzungen von Ökobilanzen unmöglich.

Besonders wichtig sind die in ISO 14041 und 14044 aufgestellten Regeln und die Ergebnisse der grundsätzlichen Debatten auf dem Allokationsworkshop in Leiden 1994[75]. Die Allokation in der Ökobilanz war das Thema mehrerer Übersichtsarbeiten, wobei nicht immer zwischen Koppelprodukten und dem verwandten Problem des open-loop Recycling getrennt wurde[76] (vgl. Abschnitt 3.3.4).

Im Folgenden sollen auf der Basis von ISO 14044, aber weniger dogmatisch, die Strategien in eine sinnvolle Ordnung gebracht werden, die auch als eine Art von Checkliste benutzt werden kann. Das eigentliche Untersuchungsprodukt, um dessen willen die Ökobilanz in der Regel durchgeführt wird, wird mit A bezeichnet, die Koppelprodukte mit B, C, ...:

(1) Feststellung, ob Produkt B (C, ...) einen Nutzen hat und verkäuflich ist, also ein Wirtschaftsgut darstellt. Falls dies nicht der Fall ist, ist B ein **Abfall** (genauer: Abfall zur Beseitigung) und bekommt **keine** Umweltlasten zugeordnet. Die Logik dahinter ist: niemand wird einen technischen Prozess durchführen, nur um Abfall zu produzieren.

(2) Prüfung ob **Systemerweiterung** mit vertretbarem Aufwand möglich ist: falls ja, ist eine wissenschaftliche Lösung möglich.

(3) Prüfung ob **Systemverkleinerung** möglich ist: falls das Prozessmodul zu groß gewählt wurde, z. B. ein ganzer Betrieb, der mehrere Produkte (A, B, C, ...)

73) ISO 2006b
74) SETAC 1991,1993; SETAC-Europe 1992; ISO 1998, 2006b; Boustead 1994b; Huppes und Schneider 1994; Heintz und Baisnée 1992; Ekvall und Tillman 1997; Curran 2007, 2008
75) ISO 1998, 2006b; Huppes und Schneider 1994
76) Klöpffer 1996; Ekvall und Tillman 1997; Curran 2007, 2008

herstellt; in diesem Fall kann das Prozessmodul auf eine Produktstraße, einen Kessel, einen Acker usw. eingeengt werden, wo jeweils nur **ein** Produkt (A) hergestellt wird.

Diese Einengung kann das Problem verschieben: Da bei der Aufschlüsselung in kleinere Prozessmodule der Datenbedarf sehr viel größer und differenzierter ist, kann aus einem Allokationsproblem ein Datenproblem werden. Auch die Systemeinengung kann bei sorgfältiger Anwendung als streng wissenschaftliche Lösung gelten, wenn zu ihrer Anwendung keine subjektiven Annahmen getroffen werden mussten.

Ein sehr gutes Beispiel für die Systemeinengung ist die NaOH-Produktion im Rahmen der Chloralkali-Elektrolyse nach dem Amalgamverfahren[77]. Der Prozess ist eine typische Koppelproduktion (Gleichung 3.10):

$$2\ NaCl + E_{el} \qquad \rightarrow \quad 2\ Na + Cl_2\ (Gas) \qquad\qquad (3.10a)$$

$$2\ Na + 2\ H_2O \qquad \rightarrow \quad 2\ NaOH + H_2\ (Gas) \qquad\quad (3.10b)$$

$$\overline{2\ NaCl + 2\ H_2O + E_{el}\ \rightarrow\ 2\ NaOH + Cl_2 + H_2} \qquad (3.10)$$

Die (kommerziell) nützlichen Produkte sind in erster Linie Chlorgas (Cl_2) und Natronlauge bzw. festes Natriumhydroxid (NaOH). Daneben fällt Wasserstoffgas an, das meist in der Fabrik thermisch verwendet wird. Das Natrium wird nicht als Na-Metall isoliert, sondern löst sich in der flüssigen Elektrode Quecksilber als Natriumamalgam auf, das in einer zweiten Stufe mit Wasser zu verdünnter Natronlauge zersetzt wird (Gleichung 3.10b). Diese muss zum Transport und Verkauf **aufkonzentriert** werden, wozu thermische Energie benötigt wird, die sich eindeutig diesem Teilschritt der NaOH-Produktion zuordnen lässt. Da der restliche Energiebedarf durch elektrische Energie gedeckt wird, ist es gerechtfertigt, die gesamte thermische Energie (Primärenergieträger sind meist fossile Brennstoffe) allein der Produktion der Natronlauge zuzuordnen. Die elektrische Energie hingegen muss den drei Produkten (NaOH, Cl_2 und H_2) zugeordnet werden. Das Allokationsproblem wird also durch die Systemeinengung nur teilweise gelöst.

(4) **Physikalische Verursachung** (*physical causation*): Es kann naturwissenschaftlich-technische Begründungen für die Zuordnung von Umweltlasten in definierten Teilprozessen geben. Ein häufiger Anwendungsfall ist die Bilanzierung von Emissionen einer Müllverbrennungsanlage, die auf das bilanzierte Produkt zurückzuführen sind, wenn es als Abfall dort verbrannt wird. Wenn die Inhaltsstoffe im zu verbrennenden Abfall nach Art und Menge bekannt sind, kann man deren Oxidationsprodukte nach chemischer Stöchiometrie idealisiert berechnen und kommt somit zu einer begründeten Schätzung der dem Produkt zurechenbaren Emissionen in der Abluft. Da bei Verbrennungsprozessen in der Praxis andere Bedingungen herrschen als bei der kontrollierten Oxidation von Einzelsubstanzen, ist insbesondere die Berechnung toxischer Emissionen im Spurenbereich

---

77) Boustead 1994b

nur schwer einzelnen Abfällen zuzuordnen[78]. Eine detaillierte Beschreibung der Schwierigkeiten bei der Zuordnung von Emissionen zu einzelnen Abfallfraktionen sowie eine Lösungsmöglichkeit findet sich in (UBA 2000, S. 81 ff., loc. cit.).

Die Grenzen zwischen (3) und (4) sind fließend. So hat die oben beschriebene Zuordnung der thermischen Energie zur NaOH physikalische Ursachen, kann allerdings erst nach Systemverkleinerung kalkuliert werden.

Erst wenn die Wege (1) bis (4) versagen, liegt nach ISO 14044 ein Bedarf nach Allokationsregeln vor, die letztlich nur durch Übereinkunft (Konvention) erstellt werden können und deren Anwendung im speziellen Fall begründet und mit Sensitivitätsanalysen abgesichert werden muss (vgl. Kapitel 5).

(5) Allokation nach **Masse.**
Dies ist die älteste und bei Multi-Output-Prozessen gebräuchlichste Allokationsregel (vgl. Abschnitt 3.3.2.1). Sie erscheint naturwissenschaftlich, ohne es wirklich zu sein.

Da die Sachbilanz primär auf einer Massenstromanalyse beruht, bietet sich die massenproportionale Allokation als zwar willkürliche, aber einfache und universelle Regel fast von selbst an. Ist das Problem der Allokation damit gelöst? Leider nein. Die Grenze der Massenallokation lässt sich am besten anhand des sog. **Diamanten-Paradoxons** erklären (Abb. 3.12): Typische abbauwürdige Konzentrationen für Diamanten liegen bei etwa 10 ct (Karat)/100 t Gestein. Mit 1 ct = 200 mg ergibt das 2 g Diamant/100 t Gestein (0,02 ppm). Es gibt natürlich auch höhere Werte, aber es sind auch noch niedrigere abbauwürdig[79].

Die Annahme bei diesem fiktiven Beispiel ist, dass für den Abraum ein (geringer) Preis zu erzielen ist, z. B. als Material für den Straßenbau. Bei massenproportionaler Allokation würden alle Umweltbelastungen der Diamantenmine praktisch ausschließlich dem Koppelprodukt „taubes Gestein" angerechnet, was offensichtlich unsinnig ist. Niemand würde ein relativ aufwendiges Bergwerk (Diamantenmine mit Aufarbeitung im Vergleich zu einem simplen Steinbruch) nur zur Herstellung von Straßenbauuntergrund betreiben! Sinngemäß muss also die Belastung weitgehend oder sogar ausschließlich dem Produkt Diamant zugerechnet werden, für dessen Gewinnung der technische Aufwand getrieben wird.

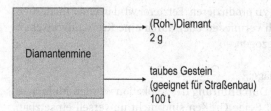

Abb. 3.12 Massenverhältnisse im Prozessmodul Diamantenmine.

---

78) Tiedemann 2000
79) Pohl 1992

Eine pragmatische Lösung des Problems ist die Einstufung des tauben Gesteins als Abfall, der eben nicht auf die Abraumhalde geht, sondern einen kleinen Marktwert hat, und daher verkauft werden kann. Abfälle gelten nicht als Koppelprodukte, daher werden dem Gestein keine Umweltbelastungen angerechnet. Es tritt die Frage auf, wo ist die Grenze zwischen Abfall und Koppelprodukt?

Die alternative und heute oft bevorzugte[80] Lösung ist die

(6) Allokation über den **ökonomischen Wert** der Produkte, angenähert über den **Preis**.

Diese Allokation ist ebenfalls primär eine Massenallokation, allerdings eine über den wirtschaftlichen Wert (gemessen durch den Preis) gewichtete. Die Allokation über die für die Produkte A und B (C, ...) erzielbaren Preise löst zweifellos das Diamanten-Paradoxon, weil der Preis pro Masseneinheit um viele Größenordnungen auseinander liegt. Wenn im Beispiel in Abb. 3.9 Produkt A 20 EUR/kg (700 kg also 14.000 €) und B 5 EUR/kg (300 kg also 1500 €) kosten, ergibt sich folgende Gewichtung der Massen über den Preis:

$$\text{Gewichtungsfaktor A} = 700 \text{ [kg]} \times 20 \text{ [EUR/kg]}/15.500 \text{ [EUR]} = 0{,}903$$
$$\text{Gewichtungsfaktor B} = 300 \text{ [kg]} \times 5 \text{ [EUR/kg]}/15.500 \text{ [EUR]} = 0{,}097$$

Bei dieser Allokation werden also ca. 90 % anstelle der 70 % bei ungewichtet massenproportionaler Allokation dem Produktsystem A und nur ca. 10 % anstelle von 30 % dem Produktsystem B zugeordnet. Die Wahl der Allokationsmethode verändert also das Ergebnis der Ökobilanz.

Ein Problem bei der preisproportionalen Allokation besteht in den oft beträchtlichen marktabhängigen **Preisschwankungen**. Um diese auszugleichen, sollten Mittelwerte über längere Zeiträume (z. B. 10 a) oder, einfacher, für das Referenzjahr gebildet werden. Weiterhin ist die geographische Basis zu definieren (Weltmarkt? EU? OECD? Auf der Basis welcher Währung?). Kompliziert wird diese Allokation durch die Tatsache, dass viele Preise auf geheim gehaltenen Absprachen beruhen. Trotz dieser Schwierigkeiten dürfte die preisgewichtete Massenallokation die einzige universell anwendbare „subjektive" Regel darstellen. Sie ist, wenn auch nicht naturwissenschaftlich begründbar, keineswegs willkürlich, insofern als ökonomische Aktivitäten meist in Hinblick auf das wertvollste Produkt durchgeführt werden (Extremfall: siehe Diamantenbeispiel), und nicht um Nebenprodukte oder Abfall zu produzieren. Letzterer wird in einer modernen Wirtschaft so weit wie möglich vermieden oder durch eine Kreislaufwirtschaft wieder in die Produktion einbezogen.

(7) Weitere Allokationsvorschläge:

Als weitere Bezugsgrößen zur Durchführung der Allokation wurden **Molmasse und Brennwert** vorgeschlagen. Beide Größen sind nicht universell einsetzbar, werden aber gelegentlich für Spezialanwendungen verwendet. Der Brennwert

---

80) Guinée et al. 2002, 2004

wird für die Allokation von Raffinerieprodukten herangezogen, führt dort aber wegen der sehr ähnlichen Brennwerte der Koppelprodukte zu ähnlichen Ergebnissen wie die massenproportionale Allokation. Die Molmasse als Basis für die Allokation ist für chemisch schlecht definierte Gemische ungeeignet. Sie wurde z. B. in den Öko-Profilen von Plastics Europe (APME Studien) bei der Allokation des Ressourcenverbrauchs bei der Chloralkali-Elektrolyse gewählt[81] (s. o., dort Massenallokation). Für einen Vergleich von rund 15 (!) weiteren Allokationsmöglichkeiten für denselben Prozess (einige davon wohl eher scherzhaft gewählt) siehe Boustead 1994b.

In Anbetracht der Tatsache, dass Allokationen nicht völlig objektiv vorgenommen werden können, wird in der Norm ISO 14044 eine transparente Begründung verlangt, wenn von den wissenschaftlichen Methoden – die immer auf eine **Vermeidung** der Allokation hinauslaufen – abgewichen wird. Weiterhin ist bei Verwendung subjektiver Allokationsmethoden die Durchführung von Sensitivitätsanalysen in der Auswertungsphase vorgeschrieben (vgl. Kapitel 5). Damit soll ermittelt werden, ob und wie stark die spezielle Wahl einer Allokationsmethode in die Endergebnisse durchschlägt.

3.3.2.4 **Weitere Ansätze zur Allokation von Koppelprodukten**

Die obige Diskussion zeichnet die „historisch" gewachsene Argumentationsweise nach, die sich vorwiegend aus der Praxis der Ökobilanzierung und aus den internationalen Normen entwickelt hat[82]. Die in der Frühzeit der Ökobilanzierung unübliche preisgewichtete Allokation wurde besonders von Huppes[83] in die Diskussion eingebracht.

Ein völlig anderer Ansatz, der auf quantitative Beschreibungen von Produktsystemen mit Hilfe der **Matrizenrechnung** zurückgeht, wie sie in der Volkswirtschaftlichen Theorie entwickelt wurden, wurde von Heijungs[84] vorgestellt. Dabei ergibt sich als wichtiges Resultat, dass immer dann ein Allokationsproblem besteht, wenn eine Lösung der das System beschreibenden Matrizen nicht möglich ist[85]. Am Beispiel des closed-loop Recycling (CLR) konnte mit der formalen Ableitung gezeigt werden, dass in Übereinstimmung mit der gängigen Praxis und Erfahrung kein Allokationsproblem besteht.

Eine Übersichtsarbeit von Curran zur Allokation von Koppelprodukten[86], die aber auch auf Recycling und Abfallbeseitigung eingeht, beginnt die Analyse mit den Sachbilanzdaten und mit der Unterscheidung in Vordergrund- und Hintergrundprozesse[87]. Erstere beziehen sich auf den Bereich des untersuchten

---

81) Boustead 1994b
82) Heintz und Baisnée 1992; Boustead 1994b; ISO 1998; Frischknecht 2000; Kim und Overcash 2000; Werner und Richter 2000; Ekvall und Finnveden 2001; Guinée et al. 2002
83) Huppes und Schneider 1994; Guinée et al. 2002
84) Heijungs 1997, 2001; Heijungs und Suh 2002
85) Heijungs und Frischknecht 1998
86) Curran 2007, 2008
87) Erstmals in: SETAC Europe 1996

Produktsystems, auf den der Entscheidungsträger direkt Einfluss hat und für den in der Regel spezifische Daten zur Verfügung stehen oder relativ leicht erhoben werden können. Als Hintergrundprozesse werden die Rohstoffgewinnung, die Materialherstellung und die Bereitstellung von Energie, Transportleistungen etc. bezeichnet. Für letztere werden in der Praxis meist generische Daten (siehe Abschnitt 3.4.3.1) verwendet, die Mittelwerte von vielen Einzelprozessen darstellen. Bei den Vordergrunddaten kann ermittelt werden, wie sie bei (geringen) Veränderungen der Technologie reagieren. Einen speziellen Fall stellt die Modellierung einer tief greifenden Änderung im Technologiemix (*discrete change*) dar, die auf fundamentale Änderungen in der Gesellschaft folgen kann.

3.3.2.5 Systemerweiterung

Der Grundgedanke der Systemerweiterung wurde bereits in Abschnitt 3.3.2.1 erläutert (vgl. dort Abb. 3.10 und 3.11) und auf die Folgeprobleme sehr großer Systeme eingegangen. Das nachfolgende Beispiel zeigt Lösungsmöglichkeiten beim Produktvergleich, wenn mit Systemerweiterung gearbeitet wird. Aus Gründen der Übersichtlichkeit ist in den Abb. 3.13 bis 3.15 allein die Produktion aufgenommen, Gebrauch und Entsorgung sind nicht dargestellt, müssen aber bei der Modellierung einer Systemerweiterung selbstverständlich analog berücksichtigt werden.

Die Systemerweiterung wird anhand des Vergleichs der Produktion der Produkte A und C erläutert, wobei A gemeinsam mit dem Koppelprodukt B anfällt (Abb. 3.13). Der Nutzen von beiden Systemen ist nicht identisch, da System 1

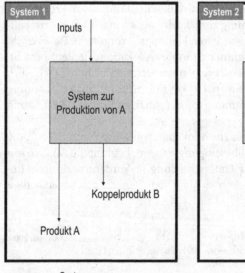
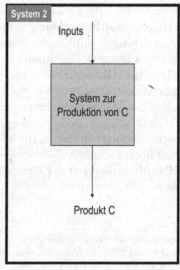

——— Systemgrenze

Abb. 3.13 Umgang mit Systemerweiterung beim Produktvergleich – beide Systeme sind nicht nutzengleich.

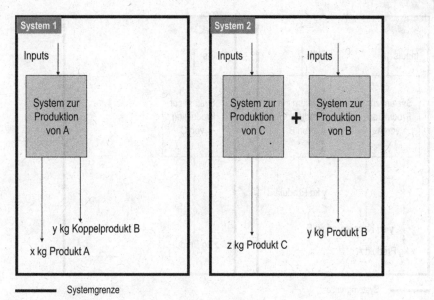

——— Systemgrenze

Abb. 3.14 Herstellung der Nutzengleichheit durch Addition eines Äquivalenzsystems.

neben dem Produkt A, was mit C verglichen werden soll, auch noch B liefert, was ebenfalls einen Nutzen hat. Systemerweiterung bedeutet nun, dass die funktionelle Einheit auf A + B bzw. C + B erweitert werden muss: Da B bei der Produktion von A mit anfällt, muss seine **getrennte** Herstellung im selben Massenverhältnis, wie es in System 1 anfällt, bei C addiert werden (Abb. 3.14). Dazu muss ein Herstellungsverfahren von B als Äquivalenzsystem bilanziert werden. Die Systemgrenze des Äquivalenzsystems richtet sich dabei nach derjenigen, die für die Systeme A und C festgelegt wurde. Wird also bei den Systemen A und C nicht allein die Produktion, sondern auch Gebrauch und Entsorgung berücksichtigt, gilt dieses auch für das Äquivalenzsystem B.

Falls mehrere Herstellungsverfahren für B existieren, sollte für die Analyse das gebräuchlichste benutzt werden, was eine gewisse Willkür erfordern kann. Wenn B **nur** als Koppelprodukt von A hergestellt werden kann: Pech gehabt! Wenn bei den anderen Herstellungsverfahren von B auch wieder Koppelprodukte entstehen, wird das System immer komplexer. Man erkennt, dass auch die Systemerweiterung keinesfalls immer eindeutige Resultate liefert und außerdem einen wesentlich höheren Datenbedarf hat! Wenn diese zusätzlichen Daten nicht beschafft werden können, müssen sie geschätzt werden, was wiederum Unsicherheiten in die Ökobilanz einbringt.

Alternativ zur Erweiterung der funktionellen Einheit kann im obigen Beispiel auch der Vergleich A zu C beibehalten werden, dann müssen allerdings die mit der Produktion von B verbundenen Umweltlasten von A **abgezogen** werden (Gutschrift) (Abb. 3.15).

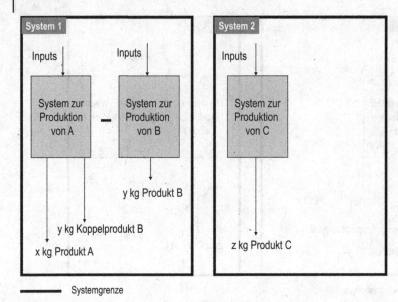

Abb. 3.15 Herstellung der Nutzengleichheit durch Subtraktion eines Äquivalenzsystems.

Auch bei diesem *avoided burden approach* genannten Vorgehen handelt es sich nur dann um eine Systemerweiterung, wenn die berücksichtigten Systemgrenzen von System 1 und System 2 symmetrisch sind. Der Vorteil besteht in der einfacheren funktionellen Einheit, die Willkür in der Wahl des Äquivalenzsystems, das zur Produktion von B zugrunde gelegt wird, bleibt bestehen, ebenso wie der erhöhte Datenbedarf.

Weidema[88] unterscheidet retrospektive (klassische)[89] und prospektive Ökobilanzen, bei denen die Systemmodellierung auf marktorientierten Zukunftsszenarien beruht. Es werden mehrere Gründe dafür angegeben, warum die Systemerweiterung in retrospektiven Ökobilanzen schwierig anwendbar ist: Zusätzlich zu den bereits genannten Schwierigkeiten wird als prinzipielles Argument angeführt, dass in retrospektiven Studien der Status quo erfasst wird, was eine Systemerweiterung mit alternativen Produktionswegen fraglich erscheinen lässt. Für prospektive Ökobilanzen hingegen wird die Systemerweiterung anhand von zahlreichen Beispielen als immer möglich dargestellt und als Methode der Wahl empfohlen. Ob jedoch die dafür erforderlichen zusätzlichen Annahmen und die damit verbundenen Unsicherheiten sowie der erhöhte Datenaufwand gerechtfertigt sind, kann nur die weitere Entwicklung der Methodik und ihre

88) Ekvall 1999; Weidema 2000; Weidema et al. 1999
89) Die Bezeichnung *retrospective* für die traditionelle oder klassische Ökobilanz mit konstantem wirtschaftlichen Hintergrund ist insofern irreführend, als auch in dieser weltweit bei weitem überwiegenden Ausführungsform Vergleiche mit neuen oder erst in Entwicklung befindlichen Produkten durchgeführt werden können.

Akzeptanz in der Praxis[90] zeigen. In jedem Fall muss die Wahl dieser Variante im Untersuchungsrahmen begründet werden und die zusätzlichen Unsicherheiten müssen in der Auswertung diskutiert werden.

3.3.3
Allokation und Recycling im geschlossenen Kreislauf (closed-loop Recycling und Wiederverwendung)

Verglichen mit der Allokation von Koppelprodukten ist das closed-loop Recycling (CLR) unproblematisch. Im einfachsten Fall wird ein Produkt nach dem Gebrauch wieder in die Produktionskette desselben Produktes eingebracht (Abb. 3.16).

Aus Abb. 3.16 ist ersichtlich, dass ein 100-prozentig effektives CLR des Endproduktes

- dessen Entsorgung überflüssig macht (idealer Kreislauf);
- einen geringeren Rohstoffbedarf für das Material (nicht unbedingt für die Energie!) bedeutet.

In der Praxis ist eine vollständige Kreislaufführung allerdings nicht möglich. Ein ausgiebig untersuchtes Beispiel ist die Wiederbefüllung von Mehrwegflaschen (MW; streng genommen eine Wiederverwendung): Die zu erzielende Einsparung an Rohstoffen ist von der **Umlaufzahl (UZ)** abhängig. Sie gibt an, wie oft eine

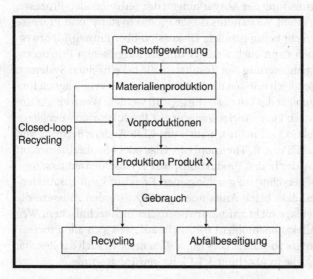

Abb. 3.16 Vereinfachte Produktkette mit Recycling im geschlossenen Kreislauf (closed-loop Recycling, CLR).

---

90) Bisher scheint die Methodik vor allem in Skandinavien angewendet zu werden.

Flasche im Mittel wiederbefüllt wird. Diese Zahl ist nicht einfach zu ermitteln, es gibt aber brauchbare Schätzungen. Bei gut etablierten Mehrwegsystemen (z. B. 0,5-L-MW-Eurobierflasche, 0,7-L-MW-Mineralwasserflasche, beide aus Glas) kann die UZ bei ca. 50 liegen. Die Material-abhängigen Größen der Flasche selbst sinken dadurch auf 1/UZ, z. B. bei der effektiven Masse von 800 g (Gewicht der Flasche) auf 20 g pro Füllung bei UZ = 40! Dies gilt jedoch **nicht** für die Aufwendungen, die bei jeder Füllung anfallen:

- Reinigung,
- Transport,
- Etikett,
- Verschluss.

Bei guten Mehrwegsystemen, also solchen mit hoher UZ, dominieren diese Faktoren bei der Umweltbeeinträchtigung. Das optimale Mehrwegsystem hat folgende Kennzeichen:

- genormte, stabile Behälter,
- Vertrieb im Kasten,
- Pfandsystem,
- dezentrale Versorgung, kurze Wege,
- minimale Umweltbelastung durch Abfüllprozess, Verschluss etc.

Die ersten drei Maßnahmen zielen auf die Erhöhung der Umlaufzahl, die letzten beiden auf die Verringerung der Auswirkungen der verbleibenden Prozesse. Ökobilanzen haben viel zum Verständnis dieser Produktsysteme und Prozesse beigetragen[91]. Die oft recht heftig geführte Diskussion über Einweg/Mehrweg-Verpackungen dreht sich denn auch weniger um die allgemeinen Prinzipien, sondern um die Verallgemeinerung von Resultaten, die bei einzelnen Systemen erzielt wurden. Beim Vergleich müssen die Systemgrenzen der verglichenen Produktsysteme und die Qualität der Daten streng geprüft werden. Wenn eingesammelte Einwegbehälter nach Einschmelzen wieder zur Produktion von Behältern benutzt werden, handelt es sich natürlich auch um CLR. Andere Beispiele von CLR sind Produktionsabfälle, z. B. Thermoplaste, Glas oder Metalle, die sich oft durch Aufschmelzen wieder in den Produktionsprozess einschleusen lassen.

Zur Behandlung des Recycling im geschlossenen Kreislauf kann zusammenfassend gesagt werden, dass keine Annahmen gemacht werden müssen, die bei ausreichender Datenlage nicht auf naturwissenschaftlich-technischem Weg ableitbar wären. Ein Allokationsproblem tritt nicht auf, weil sich alle Prozesse innerhalb der Systemgrenze abspielen. Dies ist im Wesentlichen auch das Resultat der formalen Ableitung, die in Abschnitt 3.3.1 kurz gewürdigt wurde[92].

---

91) BUWAL 1991, 1996, 1998; Hunt et al. 1992; Curran 1996; Schmitz et al. 1995; Günther und Holley 1995; UBA 2000, 2002
92) Heijungs und Frischknecht 1998

Übung: Closed-loop Recycling von Produktionsabfällen

Der Abbildung ist ein stark vereinfachtes Fließbild zur Produktion eines geformten Stahlblechs zu entnehmen. Angegeben sind der Hauptmassenstrom und der Energieverbrauch. Berechnen Sie wie viel Energie und wie viel Eisenerz bei Rückführung des Verschnitts in den Konverter pro kg Produkt eingespart werden kann. Behandeln Sie vereinfachend die Schlacke als Abfall.

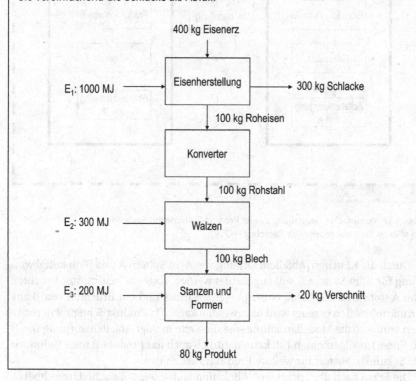

3.3.4
Allokation und Recycling im offenen Kreislauf (open-loop Recycling)

3.3.4.1 Definition des Problems

Das Recycling im offenen Kreislauf (*open-loop Recycling* – OLR) stellt zum Unterschied vom CLR wiederum einen schwierigen, mit der Koppelproduktion vergleichbaren Fall für die Allokation dar[93]. Wir betrachten zunächst zwei Systeme A und B. Das (End-)Produkt in System A möge nach Gebrauch, Sammlung und Reinigung ganz oder teilweise als Sekundärrohmaterial zur Herstellung des Produkts in System B dienen (Abb. 3.17).

---

93) SETAC 1991, 1993; SETAC-Europe 1992; Hunt et al. 1992; ISO 1998, 2006b; Curran 1996, 2006, 2008; Klöpffer 1996; Ekvall und Tillman 1997; UBA 2000, 2002

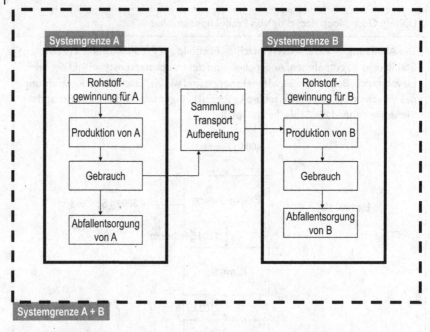

Abb. 3.17 Vereinfachte Darstellung zweier Produkt-Systeme mit Recycling im offenen Kreislauf (open-loop Recycling – OLR).

Durch die Kästchen [Abfallentsorgung von A] in System A und [Rohstoffgewinnung für B] in System B soll angedeutet werden, dass ein bestimmter Bruchteil von A trotz OLR als Abfall entsorgt werden muss und ein Bruchteil von B aus Primärrohstoffen erzeugt wird bzw. werden kann. Da Produkt B hier nicht recycliert wird – so die Modellannahme – ist die Kette mit der Abfallentsorgung von B zu Ende. Im allgemeinen Fall kann natürlich auch das Produkt B nach Gebrauch als Sekundärrohstoff für weitere Produkte dienen usw.

Die Frage nach der „richtigen" Allokation lautet: wie sollen die Umweltbelastungen und -entlastungen „gerecht" bzw. „fair" auf die Systeme A und B (im allgemeinen Fall + C, D, …) verteilt werden? Folgende Umwelt**entlastungen** treten in diesem einfachen Beispiel ersichtlich auf:

1. weniger Abfallanfall im Produktsystem A (Extremfall: gar kein Abfall durch gebrauchtes Produkt A);
2. weniger Rohstoff-(Ressourcen-)Verbrauch im Produktsystem B (Extremfall: kein Ressourcenverbrauch für die Produktion von Produkt B).

Die streng wissenschaftliche Lösung des Problems ist die **Systemerweiterung** (angedeutet durch den strichlierten Rahmen in Abb. 3.17), was bei einem einfachen A/B-System noch mit vertretbarem Aufwand möglich erscheint. Die Systemerweiterung wird auch von ISO 14042 bzw. 14044 empfohlen[94]. Sie setzt

---

94) ISO 1998, 2006b; Curran 2007, 2008

allerdings voraus, dass das System B im Detail bekannt ist und Daten zur Analyse von B zur Verfügung stehen. Gerade dieser Punkt ist aber bei OLR oft **nicht** gegeben! Außerdem muss der Nutzen des nunmehr vergrößerten Systems, und damit auch die funktionelle Einheit, neu definiert werden.

Typische Sekundärrohstoffe für das open-loop Recycling sind:

- Altpapier,
- Altglas,
- Schrott.

Für diese Sekundärrohstoffe bestehen gut entwickelte Sammelsysteme und Anwendungen. Es hat sich ein Markt für derartige Stoffe gebildet. So wird Zeitungspapier heute in Deutschland fast ausschließlich und Pappe weitgehend aus Altpapier erzeugt. Altglas wird in einem bestimmten Anteil zur Flaschenproduktion zugesetzt, bei gewissen Stahlsorten wird schon seit langer Zeit ein hoher Anteil Eisenschrott eingesetzt usw. Dennoch weiß man nur selten genau, in welches neue Produkt (B) bzw. in welche neuen Produkte (B, C, D, ...) der Sekundärrohstoff aus A, dem zu analysierenden Produktsystem, eingeht. Die Systemerweiterung ist in diesen Fällen also **nicht oder nur mit unsicheren Annahmen** durchführbar. Meist kennt man nur die Produkt**gruppe**, in der der Sekundärrohstoff vorzugsweise eingesetzt wird.

Die Alternative zur Systemerweiterung stellen **Allokationsregeln** dar[95].

3.3.4.2 Die Aufteilung zu gleichen Teilen

Die scheinbar einfachste und älteste Regel ist die sog. „1 : 1- oder 50 : 50-Regel"[96]:

1. Die Abfallvermeidung in A wird je zur Hälfte den Systemen A und B gut geschrieben.
2. Die Rohstoffeinsparung in B wird ebenfalls je zur Hälfte den Systemen A und B gut geschrieben.

Diese zwar willkürliche, aber doch als gerecht empfundene Regel setzt allerdings auch die Kenntnis **beider** Systeme voraus. Der Vorteil gegenüber der Systemerweiterung besteht darin, dass man sich bei der Aufteilung zu gleichen Teilen auf die Zuordnung bestimmter Prozessschritte beschränken kann (vgl. Abb. 3.18–3.20). Bei der Systemerweiterung hingegen muss das komplette System B bilanziert werden.

„Gerecht" ist die 50 : 50-Regel insofern, als sie sowohl den Sekundärrohstoffspender wie auch den Aufnehmer „belohnt". Begründung: die Kreislaufwirtschaft erfordert die Zusammenarbeit aller Beteiligten, richtiges Verhalten sollte also auch in den Ökobilanzen zum Ausdruck kommen und zu einem im Sinne der Umwelt positiven Verhalten führen. Außerdem wird eine Aufteilung von Lasten und Vorteilen zu gleichen Teilen intuitiv als gerecht empfunden.

---

95) Huppes und Schneider 1994; Klöpffer 1996; Ekvall und Tillman 1997; Curran 2007, 2008
96) SETAC 1991; Klöpffer 1996; EPA 1993, 2006; UBA 2002

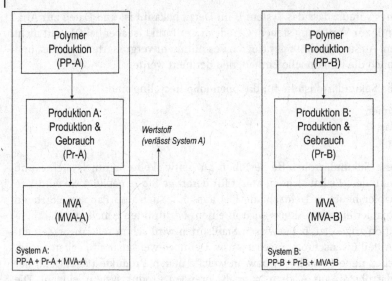

Abb. 3.18 Prozessschema für nicht gekoppelte Systeme[97] (Beseitigung hier: MVA).

Wenn sich allerdings schon ein florierender Markt mit dem speziellen Sekundär-rohstoff des untersuchten Systems ausgebildet hat, der Altstoffanbieter von A also gar keines Anreizes mehr bedarf (gutes Geschäft!), kann es mit der „Gerechtigkeit" der 50 : 50-Regel anders aussehen.

In der Beispielstudie (IFEU 2006, loc. cit.) werden im Kapitel „Ziel und Rah-men der Studie" die Allokationsregeln für das open-loop Recycling am Beispiel von Produktsystemen, in denen Polymere verwendet werden, folgendermaßen behandelt:

Die Autoren gehen zunächst von zwei voneinander unabhängigen Systemen aus (Abb. 3.18).

Wird eine Systemerweiterung vorgenommen, müssen alle Prozesse, die zum Recycling erforderlich sind (z. B. Sammlung, Transporte, Sortierung), für das System A + B ebenfalls bilanziert werden. Die Abb. 3.19 zeigt das Prozessschema für gekoppelte Systeme bei Systemerweiterung. Die funktionelle Einheit muss sich nun auf das Gesamtsystem (System A + System B) beziehen.

Soll sich die funktionelle Einheit getrennt auf die Systeme A und B beziehen, müssen Allokationsregeln definiert werden. In der Beispielstudie wurde die 50 : 50-Regel verwendet, wie Abb. 3.20 zu entnehmen ist. Folgende Aufteilungen wurden definiert:

- **Recycling:** Sammlung, Transport und Aufbereitung von Produkt A, so dass das Material in die Produktion von B eingebracht werden kann:
  Beiden Systemen werden 50 % dieser Umweltlasten zugerechnet.

---

97) IFEU 2006

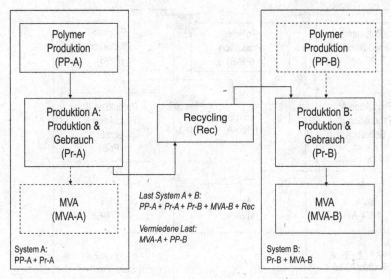

Abb. 3.19 Prozessschema für gekoppelte Systeme mit Systemerweiterung[98]
(Beseitigung hier: MVA).

- **Müllverbrennung von A:** Würde das Produkt A nach Gebrauch nicht als Sekundärrohstoff aufbereitet werden, würde im Produktsystem A zur Abfallentsorgung z. B. eine Müllverbrennung anschließen. Da die Umweltlasten durch die MVA im System A nur dadurch vermieden werden, dass System B den Sekundärrohstoff abnimmt, wird System A mit 50 % der Umweltlasten belastet (+50 %) und System B „belohnt", indem 50 % der Umweltlasten gut geschrieben werden (–50 %).

- **Polymerproduktion (PP-B):** Würde System B keinen Sekundärrohstoff von System A erhalten, müsste das Polymer zur Produktion des Produktes B aus Primärrohstoffen hergestellt werden. Da diese Primärproduktion des Polymers in System A bilanziert wurde, werden 50 % der im Produktsystem B ohne Recycling erforderlichen Polymerproduktion dem System A gut geschrieben (–50 %) und System B mit 50 % dieser Lasten belastet (+50 %).

Da zur Bilanzierung des Systems A bei der 50 : 50-Allokation nicht das gesamte System B berücksichtigt werden muss, ist der Datenbedarf geringer als bei der Systemerweiterung. Zudem können die funktionellen Einheiten für die Systeme A und B getrennt definiert werden, was für die überwiegende Anzahl der Zielsetzungen von Ökobilanzen erforderlich ist.

In der 100 : 0-Allokation werden die Gutschriften für Sekundärmaterialien vollständig dem abgebenden System zugeordnet. Diese Variante wird oft dazu genutzt, die Ergebnisrelevanz der Allokationsmethode zu überprüfen (vgl. Abschnitt 3.3.4.4 und Kapitel 5).

---

98) IFEU 2006

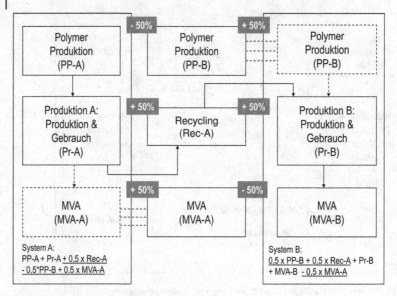

Abb. 3.20 Prozessschema für gekoppelte Systeme mit Allokation nach der 50%/50%-Methode[99] (Beseitigung hier: MVA).

3.3.4.3 Die *cut-off rule*

Eine weitere wichtige Regel (Regel 2, *cut-off rule*)[100] trennt die Systeme A und B an einer genau zu definierenden Stelle, etwa bei der Müllsammlung oder -trennung und verrechnet keine Be- oder Entlastungen zwischen den beiden Systemen. Ausgehend von der in Abb. 3.19 dargestellten Systemerweiterung kann der Schnitt im Prozess „Recycling" definiert werden. Das hat zur Folge:

1. System A wird beim Abfall entlastet (der recyclierte Anteil wird nicht als Abfall gerechnet), weshalb sämtliche mit der Abfallentsorgung verbundenen Umweltbelastungen für A entfallen.
2. System B wird bei den Rohstoffen entlastet (der als Sekundärrohstoff eingesetzte Anteil trägt keine Lasten von der Rohstoffgewinnung, keinen Ressourcenverbrauch usw.). Diese Lasten werden voll dem System A angerechnet.
3. Die Umweltlasten für das Recycling sind nach definierten Regeln auf die Systeme A und B aufgeteilt.

Auch diese Regel ist „gerecht" im Sinne einer Kreislaufwirtschaft, indem sie **beide** Systeme belohnt. Die Entlastungen sind zwar unterschiedlicher Natur, entsprechen aber einer gewissen Logik:

- das Recycling ist für A tatsächlich eine Abfallvermeidung;
- für B führt die Verwendung von Sekundärrohstoff zur Einsparung von Primärrohstoff.

---

99) IFEU 2006
100) Nicht zu verwechseln mit der Festsetzung von *cut-off* (%) bei der Systemgrenze

Wenn der spezielle, von A gelieferte und von B benutzte Rohstoff knapp ist, ist das Verhalten umweltgerecht.

Der größte Vorteil dieser Regel liegt darin, dass man nur eines der Systeme (das zu analysierende) im Detail kennen muss und dennoch zu einer Analyse gelangen kann. Man kann sich die Vorgehensweise am besten so klar machen:

Nach Gebrauch wird Produkt A eingesammelt und aufbereitet; der Transport zur Auftrennanlage ist noch Teil von A, ebenso ggf. zurückkommende unbrauchbare Anteile, die als Abfall von A zu werten sind. Alle weiteren Teilprozesse zählen zu System B (Transport, Reinigung, ggf. *up-grading*). Diese Methodik wurde von Holley und Mitarbeitern in der für das UBA Berlin durchgeführten Sachbilanz über Getränkeverpackungen erfolgreich angewendet[101]. Bildlich ausgedrückt schiebt man den Sekundärrohstoff über die Systemgrenze von A, „parkt" ihn in einer Art von Zwischenlager und holt ihn von dort in die Systemgrenze von B hinein. Die Trennung und Reinigung wird zwischen den Systemen aufgeteilt, wie oben angedeutet. Die genaue Abgrenzung muss im Einzelfall festgelegt werden.

Problematisch kann die Vorgehensweise nach der cut-off Regel allerdings bei C-Bilanzen sein (z. B. zur Ermittlung eines *carbon footprint*): Die gesamte CO_2-Emission aus der Verbrennung, z. B. von Kunststoffen, wird dem System B zugerechnet. Gleichzeitig führt das dazu, dass die C-Bilanz für das System A nicht mehr geschlossen ist. Die Konsequenzen dieser Vereinfachung für das Endergebnis der Studie muss im Rahmen der Auswertung in einer Sensitivitätsanalyse geprüft werden (vgl. Kapitel 5).

Die Behandlung von Sekundärrohstoffen belastet oftmals die Umwelt und muss im Einzelfall untersucht werden. Keineswegs ist Kreislaufführung a priori umweltschonender als eine fachgerechte Abfallbeseitigung, z. B. durch Verbrennung mit Nutzung der Energie für Dampfgewinnung, Heizung und/oder Stromgewinnung. Auch ist mit dem Recycling meist ein *downcycling* verbunden, d. h. die Sekundärrohstoffe B, C, ... sind oft von geringerer Qualität als die entsprechenden Primärrohstoffe, oder der Sekundärrohstoff muss unter Energie- und Stoffaufwand gereinigt oder sonst wie verbessert werden[102]. In vielen Fällen ist es sinnvoll, die Qualitätseinbuße bilanztechnisch zu berücksichtigen. So muss z. B. zur Herstellung einer definierten Kartonqualität häufig mehr Altpapierfaser eingesetzt werden, als bei der Verwendung von Primärfaser nötig wäre. Alle diese Prozesse sind der Ökobilanzierung zugänglich, die damit als Entscheidungshilfe herangezogen werden kann.

3.3.4.4 Alle Belastung für System B

Eine weitere Regel (Regel 3)[103] argumentiert für die Belastung von B mit allen Umweltlasten, die durch die Primärrohstoffe entstünden, wenn B aus solchen erzeugt würde. Das abgebende System wird durch einen Bonus in derselben Höhe entlastet, so dass alle Belastungen an B hängen bleiben. Im Sinne der

101) Günther und Holley 1995; Schmitz et al. 1995
102) Huppes und Schneider 1994
103) Fleischer 1993; Klöpffer 1996

Kreislaufwirtschaft erscheint dies ungerecht, weil nur der Abgeber von Sekundärrohstoffen (der Abfallvermeider) „belohnt" wird, nicht jedoch der Abnehmer. Auch bei dieser Regel muss das System B im Detail bekannt sein. Wenn B auch Sekundärrohstoff liefert, kann dieser subtrahiert werden. Es gibt keine Doppelzählung. In summa: die Regel 3 ist mathematisch korrekt, aber im Sinne des Kreislaufwirtschaftsgedankens „ungerecht".

Der unter Umweltaspekten optimale Recyclinggrad kann nach der Methode des „ökologischen *break-even points*" von Fleischer[104] bestimmt werden, der in einer Weiterentwicklung durch Schmidt[105] auch dynamisch berechnet werden kann, indem die mit steigender Recyclingrate steigenden (oder in Ausnahmefällen auch sinkenden) Umweltbelastungen in die Berechnung des Optimums einbezogen werden.

3.3.5
Allokation bei Abfall-Ökobilanzen

Eine vollständige Ökobilanz wird „von der Wiege bis zur Bahre" geführt, wobei das Ende des Lebenszyklus englisch als *End-of-Life* (EOL)-Phase bezeichnet wird. Diese kann im Sinne der Kreislaufwirtschaft als Recycling (CLR oder OLR) ausgeführt werden oder durch die verschiedenen konventionellen Müllbeseitigungsverfahren, allen voran die Müllverbrennung und die Deponierung. Am 1. Juni 2005 wurde in Deutschland die Technische Anleitung Siedlungsabfall (TASi)/Abfallablagerungsverordnung umgesetzt. Danach ist die Ablagerung unbehandelter biologisch abbaubarer sowie organikhaltiger Siedlungsabfälle auf Deponien nicht mehr zulässig. Nicht mehr verwertbare Restabfälle müssen thermisch oder mechanisch-biologisch behandelt werden, bevor sie deponiert werden dürfen.

Die EOL-Phase tritt in den meisten Ökobilanzen auf, es sei denn das Produkt wird im Zuge des Gebrauchs in ein Umweltmedium abgegeben. So gelangen Waschmittel mit dem Abwasser in die Kläranlage, Verbrennungsgase von Treibstoffen oder verdampfte Treibmittel von Sprays gelangen in die Luft. In diesen Fällen, die man besser als Verbrauch (anstelle von Gebrauch) bezeichnet, entfällt die Entsorgung entweder völlig, oder sie wird über das Abwasser an die Kläranlagen delegiert. Die durch den Verbrauch auftretenden Umweltlasten befinden sich innerhalb der Systemgrenze[106].

Zwei wesentliche Fragestellungen erfordern die Behandlung der Abfallentsorgung in Ökobilanzen:

1. **Modellierung der Abfallentsorgung eines Produktes** (Abschnitt 3.3.5.1)
    Wird ein Produkt zu Abfall, gibt es je nach Land ein Entsorgungssystem, in das die Abfallströme münden. Entsprechend der ermittelten durchschnittlichen Massenströme wird die Abfallentsorgung in einer Ökobilanz modelliert und analysiert.

---

104) Fleischer 1993
105) Schmidt 1997
106) Klöpffer 1996b

2. **Vergleich unterschiedlicher Abfallentsorgungsoptionen** (Abschnitt 3.3.5.2)
   Es sollen unterschiedliche Möglichkeiten der Abfallentsorgung miteinander verglichen werden.

Beide Fragestellungen und deren Handhabung bei der Systemmodellierung werden nachfolgend am Beispiel „Entsorgung von Kartonverpackungen" besprochen.

3.3.5.1 Modellierung der Abfallentsorgung eines Produktes

In Abb. 3.21 sind schematisch zwei Entsorgungswege für Kartonverpackungen dargestellt: In diesem Beispiel wird die Annahme zugrunde gelegt, dass 80 % der Kartonverpackung nach der Nutzung stofflich verwertet und 20 % in einer Müllverbrennungsanlage verbrannt werden. Die in einem Land üblichen Verwertungswege sind in der Sachbilanz zu ermitteln. Der Primärnutzen ist die Entsorgung von Kartonabfall. Es gibt allerdings in beiden Varianten einen Zusatznutzen. Im ersten Fall besteht der Zusatznutzen in der Einsparung von 70 kg Kartonproduktion aus Rohstoffen, im zweiten Fall werden 14 MJ Strom und 80 MJ Wärme als Zusatznutzen bereitgestellt.

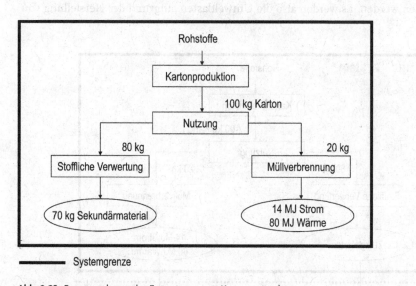

Abb. 3.21 Prozessschema der Entsorgung von Kartonverpackung.

Diese Zusatznutzen müssen bilanztechnisch berücksichtigt werden, da z. B. bei einem Vergleich von Kartonverpackungen mit Aluminiumverpackungen unterschiedliche Abfallentsorgungswege bestehen, also auch unterschiedliche Zusatznutzen zu berücksichtigen sind.

Bezüglich der Systemmodellierung gibt es zwei Varianten, was mit den 70 kg Sekundärmaterial, den 14 MJ Strom und den 80 MJ Wärme in Abb. 3.21 passieren kann:

- Sie können im selben System zur Kartonproduktion wieder eingesetzt werden. Dann handelt es sich um ein closed-loop Recycling (vgl. Abschnitt 3.3.3).
- Sie können in anderen Systemen verwendet werden. Dann handelt es sich um ein open-loop Recycling (vgl. Abschnitt 3.3.4). Alle Entscheidungen zur Zuordnung von Umweltlasten zwischen dem abgebenden und dem aufnehmenden System, die dort besprochen wurden, sind zu treffen. Sind mehrere aufnehmende Systeme involviert, kann das zu untersuchende Gesamtsystem sehr groß werden.

Zur Vereinfachung des betrachteten Systems wird häufig so getan, als ob es sich um ein closed-loop Recycling handelt, ohne dass im obigen Beispiel das Sekundärmaterial, der Strom und die Wärme, tatsächlich im selben System verwendet werden. Zur Abschätzung der eingesparten Umweltlasten werden Äquivalenzsysteme bilanziert, die im untersuchten System als Gutschrift behandelt werden, wobei sorgfältig zu prüfen ist, ob die technische Äquivalenz gegeben ist (vgl. Abb. 3.22):

- Da im Basissystem 70 kg Karton aufgrund der stofflichen Verwertung bereitgestellt werden, kann die Produktion von 70 kg Karton aus Rohstoffen vermieden werden. Es werden also die Umweltlasten aufgrund der Herstellung von

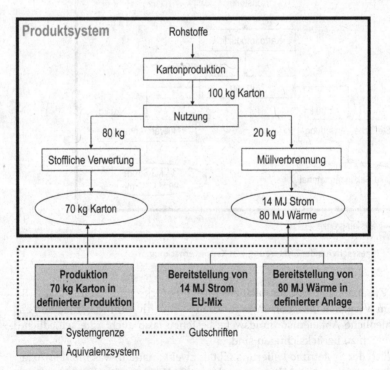

Abb. 3.22 Prozessschema der Entsorgung von Kartonverpackung mit Gutschriften über Äquivalenzsysteme.

70 kg Karton aus Rohstoffen bilanziert und von den Lasten des Basissystems subtrahiert (Gutschrift).

- Da im Basissystem durch die Müllverbrennung 14 MJ Strom entstehen, braucht diese Menge nicht anderweitig bereitgestellt werden. Es werden also die Umweltlasten zur Bereitstellung von 14 MJ Strom – in diesem Beispiel nach EU-Mix – bilanziert und dem Basissystem gutgeschrieben.
- Ebenfalls durch die Müllverbrennung entstehen 80 MJ Wärme. Auch hier ist ein Äquivalenzsystem zu modellieren, z. B. die Wärmebereitstellung durch die Verbrennung von leichtem Heizöl in einer definierten Anlage. Diese Umweltlasten werden bilanziert und dem Basissystem ebenfalls gutgeschrieben.

Die Behandlung der Outputs aus der Abfallbehandlung von Produkten unter Berücksichtigung des open-loop Recycling führt oft zu sehr großen und aufwändig zu modellierenden Systemen. Daher hat die Gutschriftmethode mittels Äquivalenzsystemen weite Verbreitung gefunden.

In vielen Ökobilanzen wird die Systemmodellierung unter Einbeziehung von Äquivalenzsystemen (Gutschriftmethode) mit „Systemerweiterung" unter Vermeidung von Allokation bezeichnet. Das trifft allerdings nicht zu, vielmehr wird das System als „quasi-closed-loop System" behandelt, damit vereinfacht und alle Verknüpfungen mit anderen Systemen über ein open-loop Recycling vermieden.

3.3.5.2 Vergleich unterschiedlicher Abfallentsorgungsoptionen

Ökobilanzen werden häufig dazu eingesetzt, um die ökologisch günstigste Variante der Abfallentsorgung zu ermitteln[107]. Dabei tritt häufig der Fall auf, dass bei einem Verfahren nutzbare Energie auftritt, die zur Erzeugung von Dampf, Warmwasser zur Fernheizung[108] und/oder zur Erzeugung von Strom genutzt wird. Bei einer Entsorgung mit Energiegewinnung tritt gegenüber der Deponierung ein Zusatznutzen auf, der bei Ökobilanzierung entweder durch Gutschriften oder durch Systemerweiterung berücksichtigt werden muss[109]. Auch bei der mechanisch-biologischen Abfallbehandlung können Zusatznutzen, z. B. die Gewinnung von Biogas, auftreten.

Der Grundgedanke dieser, heute meist „Nutzenkorbmethode" genannten, Systemerweiterung ist die Nutzengleichheit der verglichenen Entsorgungswege. Diese muss bei einem Systemvergleich gegeben sein, wobei es meist zu einer Modifizierung der funktionellen Einheit (Einbeziehung des Zusatznutzens) kommt (vgl. Abschnitt 2.2.5.3).

Die Abb. 3.23 zeigt das System, was zu untersuchen ist, wenn die Zielsetzung einer Ökobilanz ist herauszufinden, ob die stoffliche Verwertung von Kartons umweltfreundlicher ist als die Müllverbrennung. Die funktionelle Einheit ist in diesem Fall: „Entsorgung von 100 kg Karton".

---

107) White et al. 1995; Giegrich et al. 1999
108) Im Sommer kann die überschüssige Energie auch zur Kühlung verwendet werden, wovon bisher viel zu wenig Gebrauch gemacht wird.
109) Fleischer 1995; Fleischer und Schmidt 1996

System A

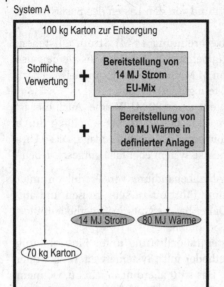

System B

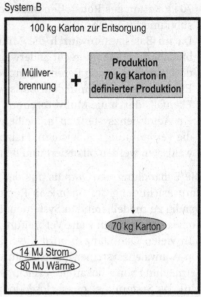

Abb. 3.23 Prozessschema zum Vergleich von zwei Entsorgungsvarianten für Kartonverpackungen (Nutzenkorb).

Die hier durchgeführte Systemerweiterung folgt derselben Logik wie im Fall der Systemerweiterung bei Koppelprodukten besprochen. Während die Systemerweiterung zur Behandlung von Koppelprodukten jedoch selten angewendet wird, ist sie in der Behandlung von Abfallwirtschaftssystemen durchaus üblich. Der Grund dafür ist, dass es keine andere sinnvolle Möglichkeit gibt und die Systeme in diesem Fall meist überschaubar bleiben.

Da bei der Müllverbrennung mit Energiegewinnung (System B) ein Zusatznutzen auftritt (14 MJ Strom, 80 MJ thermische Energie pro fE), muss die Bereitstellung dieser Energiemengen dem System A, das ohne Energiegewinnung arbeitet, **hinzugerechnet** werden. Dabei müssen Annahmen über die Komplementärprozesse gemacht werden. Die fE kann nun nicht mehr in der Entsorgung einer gewissen Masse Müll bestehen, sondern in der Entsorgung + Bereitstellung Energie x, y, etc. z. B. pro t Müll. „Sieger" wird dasjenige System sein, das mit den geringsten Umweltlasten die Müllentsorgung **und** die zusätzliche Energiebereitstellung bewältigt[110].

---

110) Bei gemischtem Müll, z. B. städtischer Müll, wird die Vorgeschichte des Mülls nicht mitbilanziert. Dies ist erlaubt, wenn die Fragestellung nur die ökologisch günstigste Entsorgungsart betrifft.

3.3.6
Resümee über Allokation

Die Allokation ist mit Ausnahme des CLR, wo eindeutige Verhältnisse vorliegen, einer streng wissenschaftlichen Festlegung nur teilweise zugänglich. Dies erkennt man schon an der Wortwahl („gerecht", „fair", „ungerecht" usw.), die auf exakt-wissenschaftlich nicht fassbare Begriffe weisen.

Die Wissenschaft und die internationalen Normen[111] sagen: Allokation vermeiden, System erweitern oder verkleinern, physikalische Verursachung suchen. Punkt. Diese Forderungen sind oft unrealistisch und führen (bei Systemerweiterung) oft zu unhandlichen, extrem komplexen Systemen, die nur in großen Ökobilanzen mit nationalen Zielsetzungen und entsprechend großzügigen Mitteln adäquat behandelt werden können. Als Beispiele können die Ökobilanz „Graphische Papiere"[112] und die Ökobilanz zum Kunststoffrecycling innerhalb des Dualen Systems Deutschland[113] dienen. Die Systemverkleinerung ist zweifellos vorzuziehen, wenn sie anwendbar ist.

Eine Lösung für „kleine" Ökobilanzen, die in klassischer Weise einen Vergleich von Produktsystemen, Entsorgungsalternativen oder die Optimierung von Systemen anstreben, kann nur in einer **Konvention** über geeignete Allokationsregeln liegen. Die internationale Norm ist zu vage, um für sich als Konvention gelten zu können. Sie empfiehlt vor allem Transparenz (Nachvollziehbarkeit) und Sensitivitätsanalysen, d. h. es soll in der Auswertung ermittelt werden, wie eine spezielle Wahl für eine Allokationsregel auf das Endresultat durchschlägt (vgl. Kapitel 5).

Eine Lösung durch eine allgemein akzeptierte Konvention ist zur Zeit noch nicht in Sicht. Unsere Empfehlung für die Fälle, in denen eine generelle Systemerweiterung oder -einengung aus Kostengründen oder aus Gründen der Handhabbarkeit und Anschaulichkeit nicht möglich ist:

- massenproportionale Allokation ggf. mit Gewichtung durch die Preise bei Koppelprodukten;
- 50 : 50-Regel (Regel 1) oder Cut-off-Regel (Regel 2) bei Recycling im offenen Kreislauf (OLR);
- andere Allokationen bei OLR nach Zieldefinition und ggf. Absprache mit den wichtigsten „Akteuren";
- Gutschriften bei der Berücksichtigung der Abfallbehandlung bei Produktvergleichen;
- Nutzenkorbmethode beim Vergleich von Abfallbehandlungsverfahren.

Beispiele für Allokationen auf der Basis von ISO 14044 sind in Kapitel 7 des Technischen Reports ISO TR 14049[114] enthalten. Auch die Vermeidung von Allokationen durch Systemerweiterung wird dort anhand von Beispielen besprochen.

---

111) ISO 1998, 2006b
112) IFEU 2000
113) Heyde und Kremer 1999
114) ISO 2000

3.4
Datenerfassung, Datenherkunft und Datenqualität

3.4.1
Verfeinerung des Systemfließbildes und Vorbereitung der Datenerhebung

Daten sind das „A und O" der Sachbilanz. Sie betreffen prinzipiell alle Inputs und Outputs derjenigen Prozessmodule, die in der Zieldefinition für die adäquate Beschreibung des Systems als nötig bezeichnet wurden. Dabei stellt die sorgfältige Analyse der Herstellungsprozesse des analysierten Produktes aus den entsprechenden Rohstoffen den Ausgangspunkt der Systembeschreibung dar. Die Analyse der Transportprozesse sowie die Analyse der Abfallströme innerhalb der gewählten geographischen und zeitlichen Systemgrenze dürfen in ihrem Aufwand und in ihrer Bedeutung für das Gesamtergebnis nicht unterschätzt werden.

Wie geht man dabei praktisch vor? Bei einem „materiellen" Produkt (Gut) steht die Produktbeschreibung am Beginn, bei einem „immateriellen" (Service) der Tätigkeitsablauf mit seinen materiellen Vorketten und den nachgeschalteten Entsorgungsschritten.

Bei materiellen Produkten gibt die **Produktbeschreibung** an, welche Materialien in welchen Mengen, bezogen z. B. auf ein Stück, die Masse oder eine andere sinnvolle Bezugsgröße eingesetzt werden. Diese Daten müssen so erhoben werden, dass sie später leicht auf den Referenzfluss entsprechend der funktionellen Einheit umgerechnet werden können. Zum besseren Verständnis des Produktsystems sind sowohl die Inaugenscheinnahme des Produktes sowie Skizzen und Pläne über die funktionellen Zusammenhänge der im Produktsystem zu betrachtenden Materialien und Fertigungsschritte nützlich und sollten dokumentiert werden.

Bei Kenntnis der Materialien und ihrer Massenanteile im Produkt kann unter Umständen bereits eine **erste grobe Abschätzung** der Größenordnung von Umweltlasten durchgeführt werden: Wenn für alle im Produkt enthaltenen Materialien Sachbilanzdatensätze als generische Daten (vgl. Abschnitt 3.4.3.1) in einer zuverlässigen Datenbank zur Verfügung stehen, können diese entsprechend der ermittelten Massenanteile aggregiert werden. Im allereinfachsten Fall ist diese Aggregation eine Addition. Als Parameter für diese erste Abschätzung eignet sich der KEA (vgl. Abschnitt 3.2.2). Da bei dieser ersten Abschätzung weder die Lebenswegabschnitte Produktion, Gebrauch und Entsorgung differenziert berücksichtigt werden noch spezifische Daten und Transporte analysiert und berücksichtigt sind, handelt es sich bei derartigen Kalkulationen um eine erste Orientierung für die zu erwartenden Größenordnungen, nicht mehr.

Der nächste Schritt ist die **Systemanalyse mit der Erstellung des differenzierten Systemfließbilds** und der Abschneidung von Nebenästen entsprechend der festgelegten Abschneidekriterien. Die identifizierten Prozessmodule dienen als Grundlage der Datenerfassung: Alle Inputs und Outputs werden für jedes Prozessmodul erfasst. Falls in der Zieldefinition bereits eine vorläufige Systemanalyse durchgeführt wurde, wird sie jetzt ergänzt und verfeinert. Das Ergebnis ist ein ausdifferenziertes Systemfließbild (vgl. Abschnitt 3.7.3).

Bei diesem Arbeitsstand kann sich bei einer umfangreichen Ökobilanz eine Überblicks-Ökobilanz (LCA) lohnen.[115)]

3.4.2
Erhebung von spezifischen Daten

Da es kaum jemals möglich ist, alle Daten als Primärdaten, d. h. spezifische Daten bei spezifischen Firmen für spezifische Prozesse, zu erheben, besteht eine reale Sachbilanz immer aus Primärdaten, generischen Daten (vgl. Abschnitt 3.4.3.1) und, wo weder das eine noch das andere verfügbar ist, aus Abschätzungen[116)]. Für alle verwendeten Datensätze ist die **Dokumentation** ihrer Herkunft und Qualität essentiell, da die Nachvollziehbarkeit und Transparenz aller Arbeitsschritte in einer Ökobilanz eine zentrale Anforderung nach ISO 14040/44 ist.

In welchem Ausmaß Primärdaten verfügbar sind oder erhoben werden können, hängt wesentlich davon ab, ob und wie die Hersteller des untersuchten Produktes in die Ökobilanz eingebunden sind. Ist der Hersteller selbst Auftraggeber der Ökobilanz, wird die Datenbasis derjenigen Prozesse, die beim Hersteller selbst durchgeführt werden, sehr gut sein. Fehlende Primärdaten sind in diesem Fall oft mit vertretbarem Aufwand zu erheben. Zu seinen Zulieferern hat der Hersteller meist gute Kontakte und kann in vielen Fällen darauf hinwirken, dass diese ebenfalls Daten zur Verfügung stellen. Für die unmittelbaren Vormodule (*upstream*) besteht daher oft eine recht gute spezifische Datenlage (vgl. Abschnitt 3.7).

Dasselbe gilt oft für das closed-loop Recycling, wenn dieses Prozesse betrifft, die beim Hersteller des untersuchten Produktes oder einem Zulieferer durchgeführt werden. Für die Entsorgung stehen meist keine spezifischen Daten zur Verfügung, es sei denn, das Produkt erfordert spezielle Techniken, die vom Hersteller entwickelt werden mussten (vgl. Abb. 3.24).

Die Verfügbarkeit von Primärdaten hängt oft von der Bereitschaft der Wirtschaft ab, entsprechende Daten zu erheben und zur Verfügung zu stellen. Grundsätzlich gilt, je weiter ein Prozessmodul in der Produktionskette vom Initiator einer Ökobilanz entfernt ist, desto unspezifischer ist die Datenlage.

Wird eine Ökobilanz nicht auf Veranlassung eines Unternehmens durchgeführt, sondern beispielsweise von einer Behörde wie dem Umweltbundesamt, führt eine möglichst intensive Kooperation mit den mit Herstellung und Entsorgung des Untersuchungsobjektes befassten Unternehmen und Verbänden zu einer quantitativ und qualitativ besseren Datenlage.

Der schraffierte Teil in Abb. 3.24 entspricht etwa dem „Vordergrund" im Sachbilanzkonzept einer SETAC Europe Arbeitsgruppe über Sachbilanzen[117)]. Es werden in der Literatur mehrere Begriffe zur Datenkategorisierung verwendet. Im Kontext dieses Buches werden die Begriffe Vordergrunddaten und Primärdaten synonym gebraucht. Dasselbe gilt für Hintergrunddaten und generische Daten (vgl. Abschnitt 3.4.3.1).

---

115) Christiansen 1997
116) Bretz und Frankhauser 1996
117) SETAC Europe 1996

Beispiel: Ermittlung von Primärdaten

„Datensammler aus Leidenschaft"

Es gibt ihn noch, den Betriebsführer, der noch bevor er sich ins Büro begibt, die Stromzähler und Messgeräte abliest, die Umweltbeauftragte, die schon Daten gesammelt hat, bevor es Firmenpolitik wurde, um Umweltberichte (neuerdings meist Nachhaltigkeitsberichte genannt) zu veröffentlichen. Die Entwicklung der Ökobilanz und speziell die Sachbilanz verdankt viel den „Datensammlern aus Leidenschaft". Hier, in den Betrieben, ist auch die Schnittstelle zwischen Ökobilanz und betrieblicher Umweltbilanz. Die hier erhobenen Primärdaten bilden den harten Kern jeder Ökobilanz, ohne sie ist die Ökobilanz ein ziemlich sinnloses Unterfangen.

Es ist interessant anzumerken, dass in den wenigsten Firmen die Ökobilanz von oben verordnet wurde; vielmehr waren es meist Aktivitäten engagierter Mitarbeiter/-innen, die den Kern zu einer breiteren Beschäftigung mit diesen Analyseinstrumenten bildeten. Beispiele dafür wurden in einer breit angelegten Studie zur Implementation der Ökobilanz in der Industrie gesammelt und analysiert[118]. Auf die Dauer kann sich die Ökobilanz jedoch nur halten, wenn sie Teil der Firmenkultur wird und vom Management unterstützt wird.

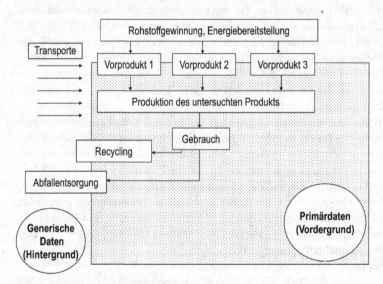

Abb. 3.24 Datenerhebung schematisch.

Spezifische Datensätze erlauben in der Regel eine bessere örtliche und zeitliche Zuordnung von Emissionen und Ressourcenverbräuchen, was auch in der Wirkungsabschätzung zukünftig eine größere Rolle spielen könnte (vgl. Abschnitt 4.5).

---

118) Frankl und Rubik 2000

Relativ einfach in einem Betrieb zu ermittelnde spezifische Daten sind:

- Materialeinsatz,
- Energie und Energieform (thermisch, Strom; ohne Vorkette),
- Koppelprodukte,
- Produktionsabfälle,
- Betriebs- und Hilfsstoffe,
- Transporte, die den untersuchten Betrieb zum Ziel haben oder von ihm ausgehen.

Schwierig in guter Qualität zu beschaffende Daten sind:

- Emissionen in Luft (nach Filter),
- Emissionen in Wasser (nach Klärung),
- Verunreinigungen von Boden und Grundwasser,
- Gebrauch von Pestiziden und Düngemitteln (welche genau? wie viel?),
- Angaben über ionisierende Strahlung, biologische Emissionen und Belästigungen (Lärm, Geruch).

Die Emissionen werden meist für andere Zwecke gemessen (in Deutschland z. B. BImSchG, TA Luft, Abwasserabgabengesetz, Indirekteinleiterverordnung). Daher werden oft auch nur Summenparameter erhoben, z. B. der biologische und chemische Sauerstoffbedarf (BSB, CSB), Summe der flüchtigen organischen Verbindungen (VOC), adsorbierbare organische Halogenverbindungen (AOX) usw. Die Stoffe, die mit diesen Summenparametern erfasst werden, können in verschiedenen Ländern anders definiert sein und entsprechend anders gemessen werden bzw. umgekehrt, da häufig das Messverfahren den Parameter definiert. Wie mit diesen schwierigen Fällen umzugehen sei, wird im SETAC „Code of Life-Cycle Practice" ausführlich behandelt[119].

Die gewünschten spezifischen Daten sind in der Herstellerfirma und bei den Zulieferern oft vorhanden, aber in einer für die Sachbilanz zunächst unbrauchbaren Form. Sie müssen für die speziellen Anforderungen der Sachbilanz umgerechnet oder neu erfasst werden, was einen erheblichen Arbeitsaufwand erfordert.

Die Situation ist besser, wenn schon betriebliche Umweltbilanzen, z. B. im Rahmen eines Umweltmanagementsystems, durchgeführt wurden[120]. Die beiden Methoden ergänzen sich also, besonders wenn sich Produzenten und Zulieferer zu einer Akteurskette (*chain management*) zusammenschließen[121]. Eine vertrauensvolle Zusammenarbeit zwischen Lieferanten, Produzenten und Abnehmern wird allerdings durch eine oft übertriebene Geheimhaltung (Furcht vor Preisgabe von Produktionsgeheimnissen und vor finanzieller Übervorteilung durch – wenn auch nur indirekten – Einblick in die Produktionskosten und die Preisgestaltung) behindert.

---

119) Beaufort-Langeveld et al. 2003
120) Braunschweig und Müller-Wenk 1993; vgl. das Europäische Umweltmanagement System für Betriebe und Organisationen EMAS und die internationale Norm ISO 14001 (ISO 2004); Finkbeiner et al. 1998
121) Udo de Haes und De Snoo 1996

**Beispiel: Datenformate im Prozessmodul „Stanzen von Stahlblech"
(fiktive Daten)**

In einem Betrieb werden Stahlbleche als Formteile aus einem Coil gestanzt. Es wird der einfachste Fall unterstellt: Die Firma stanzt nur einen einzigen Typ, der in dieser Form zu einem einzigen Kunden transportiert wird, der je zwei dieser Bleche in eins seiner Produkte P einbaut. Die Coils kommen von einem einzigen Lieferanten. Die verfügbaren Daten könnten z. B. folgendermaßen übermittelt werden:

Inputs
Energie elektrisch: 5×10^5 kWh/a
Coils: 1000 t/a
Entfernung Antransport: 100 km

Outputs
Produkt: $1{,}2 \times 10^6$ Stück/a
Schrott (Verschnitt):   40 t/a (zurück an Lieferanten)
Entfernung Abtransport: 50 km

Das Beispiel zeigt, dass die Daten in dieser Form für die Berechnung der Ökobilanz von Produkt P mit der funktionellen Einheit „1 Stück Produkt P" nicht verwendet werden können.

Der Weg von betrieblichen Daten zu Prozessmoduldaten, die in einer Ökobilanz verwendbar sind, wird nachfolgend anhand des Stromverbrauchs im obigen Beispiel „Stanzen von Stahlblech" gezeigt:

Im Einzelnen muss folgendes beachtet werden:

- Zur Erhebung von Primärdaten zu definierten Prozessmodulen wird dem entsprechenden Betrieb üblicherweise ein Fragebogen übergeben, in den die Inputs und Outputs eingetragen werden (vgl. Abb. 3.25; auch Anhang A in ISO 14044 gibt Beispiele für Datenerhebungsblätter). Sind den Datenerheber/-innen die Prozesse sehr genau bekannt, kann der Datenerhebungsbogen spezifischer aufbereitet werden, was die Datenqualität in der Regel erhöht. Ein wichtiger Arbeitsschritt im Rahmen der Sachbilanz ist demzufolge die möglichst präzise Beschreibung der Prozesse, für die Primärdaten erhoben werden sollen.

- Auch wenn die Datenlage besser ist als im Beispiel „Stanzen von Stahlblech", müssen die übermittelten Daten in der Regel umgerechnet werden. Zur Nutzung der Daten im weiteren Verlauf der Ökobilanz ist es nützlich und üblich die übermittelten Daten auf 1 kg des Produktes des entsprechenden Prozessmoduls oder auf ein Vielfaches des Referenzflusses nach funktioneller Einheit umzurechnen. Im Beispiel ist die Masse des Produktes P nicht angegeben, sondern die Stückzahl. Daher ist in Tabelle 3.7 beispielhaft der Energieverbrauch auf die Stückzahl bezogen.

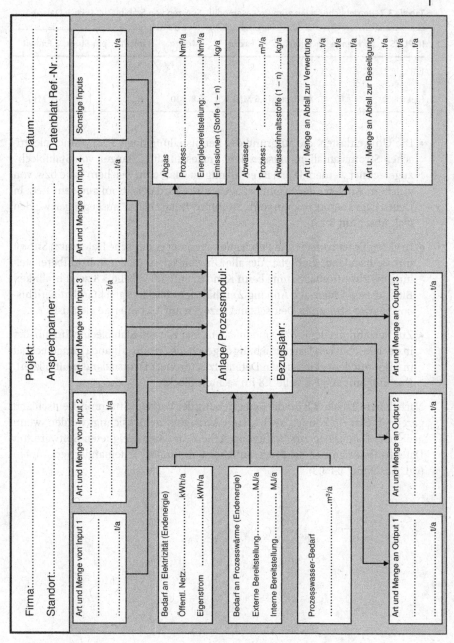

Abb. 3.25 Allgemeines Formular zur Strukturierung der Datensammlung[122].

Tabelle 3.7 Betriebliche Daten zum Prozessmodul „Stanzen von Stahlblech" (fiktive Daten).

INPUTS	Menge	Einheit	Faktor	Menge	Einheit	pro Stück	Einheit
Energie							
Elektrisch	$5 \cdot 10^5$	kWh/a	3,6 MJ/kWh	$1,8 \cdot 10^6$	MJ_{el}/a	1,5	MJ_{el}

- Die Umweltlasten, die aufgrund der Bereitstellung der 1,5 MJ_{el}/Stück elektrischen Stroms anfallen, müssen dem Prozessmodul „Stanzen von Stahlblech" zugerechnet werden. Dabei ist es wichtig zu wissen, in welchem Land bzw. von welchem Anbieter der Strom bezogen wird. Wird der Strom aus dem Netz in Deutschland bezogen, kann vom „Strommix Deutschland" ausgegangen werden (vgl. Abschnitt 3.2.4).

- In vielen Datenbanken und Publikationen ist der generische Datensatz „Strommix Deutschland" verfügbar, der alle Umweltlasten von der Rohstoffbereitstellung bis zur Stromabnahme beim Kunden enthält. Tabelle 3.8 zeigt im linken Block diesen Datensatz. Anhang 2 enthält den vollständigen Standardberichtsbogen zum Strommix Deutschland bezogen auf 1 kJ Energie elektrisch[123].

- Zur Berechnung der Prozessmoduldaten „Stanzen von Stahlblech" wird nun der in der betrieblichen Datenerhebung angegebene Stromverbrauch (umgerechnet in MJ_{el}) mit dem generischen Datensatz Stromnetz Deutschland multipliziert. Das Ergebnis zeigt Tabelle 3.8 im rechten Block.

Nach dem in Tabelle 3.8 für die Einbeziehung der Vorkette Strommix Deutschland gezeigten Prinzip können auch andere Vorketten berücksichtigt werden, wenn geeignete Datensätze zur Verfügung stehen. In einer geeigneten Software mit Datenbank lassen sich die Prozessmodule komfortabel miteinander verknüpfen (vgl. Abschnitt 3.4.3.3).

---

123) UBA 2000, Materialsammlung S. 179 ff.

Tabelle 3.8 Berücksichtigung des generischen Datensatzes „Stromnetz Deutschland"
für das Beispiel „Stanzen von Stahlblech".

Energiebereitstellung Stromnetz Deutschland
Funktionelle Einheit: 1 kJ Energie, elektrisch

Multiplikator: 1,5 MJ Energie, elektrisch pro Stück				Datensatz Prozessmodul	
INPUT	**Menge**	**Einheit**	**Faktor**	**Menge**	**Einheit**
Kumulierter Energieaufwand (KEA)					
KEA (Kernenergie))	1,08E+00	kJ	1,5	1,62E+00	MJ/Stück
KEA (Wasserkraft)	6,07E–02	kJ	1,5	9,11E–02	MJ/Stück
KEA (fossil gesamt)	2,28E+00	kJ	1,5	3,42E+00	MJ/Stück
KEA (unspezifisch)	6,48E–07	kJ	1,5	9,72E–07	MJ/Stück
Rohstoffe in Lagerstätte					
Energieträger					
• Erdgas	5,57E–06	kg	1500	8,36E–03	kg/Stück
• Erdöl	1,45E–06	kg	1500	2,18E–03	kg/Stück
• Braunkohle	1,08E–04	kg	1500	1,62E–01	kg/Stück
• Steinkohle	3,70E–05	kg	1500	5,55E–02	kg/Stück
Nichtenergieträger					kg/Stück
• Kalkstein	1,46E–06	kg	1500	2,19E–03	kg/Stück
Wasser					kg/Stück
Kühlwasser	6,93E–03	kg	1500	1,04E+01	kg/Stück
Wasser (Prozess)	1,49E–05	kg	1500	2,24E–02	kg/Stück
SUMME **KEA**	**3,42E+00**	**kJ**		**5,13E+00**	**MJ/Stück**
Massenstrom	7,10E–03	kg		1,06E+01	kg/Stück

				Datensatz Prozessmodul	
OUTPUT	**Menge**	**Einheit**	**Faktor**	**Menge**	**Einheit**
Abfälle					
Abfälle zur Beseitigung					
• Aschen und Schlacken	7,24E–06	kg	1500	1,09E–02	kg/Stück
• Klärschlamm	1,10E–09	kg	1500	1,65E–06	kg/Stück
• Sondermüll	9,40E–09	kg	1500	1,41E–05	kg/Stück
Abfälle zur Verwertung					
• Aschen und Schlacken	4,12E–06	kg	1500	6,18E–03	kg/Stück
Abfälle unspezifiziert	1,87E–08	kg	1500	2,81E–05	kg/Stück
Emissionen in die Luft					
Staub	1,25E–07	kg	1500	1,88E–04	kg/Stück
Verbindungen, anorganisch					
• Ammoniak	1,14E–09	kg	1500	1,71E–06	kg/Stück
• Chlorwasserstoff	3,37E–08	kg	1500	5,06E–05	kg/Stück

Tabelle 3.8 (Fortsetzung)

OUTPUT	Menge	Einheit	Faktor	Datensatz Prozessmodul Menge	Einheit
• Distickstoffmonoxid	1,34E–09	kg	1500	2,01E–06	kg/Stück
• Fluorwasserstoff	4,65E–09	kg	1500	6,98E–06	kg/Stück
• Kohlendioxid, fossil	2,11E–04	kg	1500	3,17E–01	kg/Stück
• Kohlenmonoxid	2,48E–08	kg	1500	3,72E–05	kg/Stück
• NO_x	2,52E–07	kg	1500	3,78E–04	kg/Stück
• Schwefeldioxid	8,98E–07	kg	1500	1,35E–03	kg/Stück
• Metalle					
– Arsen	9,52E–13	kg	1500	1,43E–09	kg/Stück
– Cadmium	2,76E–13	kg	1500	4,14E–10	kg/Stück
– Chrom	1,67E–12	kg	1500	2,51E–09	kg/Stück
– Nickel	1,63E–11	kg	1500	2,45E–08	kg/Stück
VOC					
• Methan, fossil	5,61E–07	kg	1500	8,42E–04	kg/Stück
• Benzol	6,33E–11	kg	1500	9,50E–08	kg/Stück
• PCDD/PCDF	8,90E–18	kg	1500	1,34E–14	kg/Stück
• NMVOC, unspezifisch	6,04E–09	kg	1500	9,06E–06	kg/Stück
• PAK					
– Benzo(a)pyren	3,56E–16	kg	1500	5,34E–13	kg/Stück
– PAK ohne B(a)P	1,78E–12	kg	1500	2,67E–09	kg/Stück
– PAK, unspezifisch	9,72E–14	kg	1500	1,46E–10	kg/Stück
• VOC, unspezifisch	3,18E–13	kg	1500	4,77E–10	kg/Stück
Emissionen ins Wasser					
Salze, anorganisch	1,37E–14	kg	1500	2,06E–11	kg/Stück
Stickstoffverbindungen als N	2,47E–15	kg	1500	3,71E–12	kg/Stück
Indikatorparameter					
• AOX	2,75E–18	kg	1500	4,13E–15	kg/Stück
• BSB-5	5,49E–17	kg	1500	8,24E–14	kg/Stück
• CSB	1,18E–15	kg	1500	1,77E–12	kg/Stück
Energieträger sekundär					
Energie, elektrisch	1,00E+00	kJ	1,5	1,50E+00	MJ/Stück
Mineralien					
Gips (REA)	2,64E–06	kg	1500	3,96E–03	kg/Stück
Wasser					
Abwasser (Kühlwasser)	6,63E–03	kg	1500	9,95E+00	kg/Stück
Abwasser (Prozess)	3,34E–06	kg	1500	5,01E–03	kg/Stück
SUMME **Energie, elektrisch**	1,00E+00	kJ		1,50E+00	MJ/Stück
Massenstrom	6,86E–03	kg		1,03E+01	kg/Stück

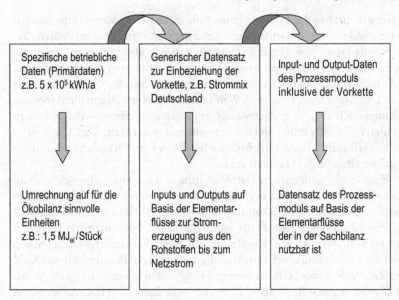

Spezifische betriebliche Daten (Primärdaten) z.B. 5×10^5 kWh/a	Generischer Datensatz zur Einbeziehung der Vorkette, z.B. Strommix Deutschland	Input- und Output-Daten des Prozessmoduls inklusive der Vorkette
Umrechnung auf für die Ökobilanz sinnvolle Einheiten z.B.: $1{,}5$ MJ$_{el}$/Stück	Inputs und Outputs auf Basis der Elementarflüsse zur Stromerzeugung aus den Rohstoffen bis zum Netzstrom	Datensatz des Prozessmoduls auf Basis der Elementarflüsse der in der Sachbilanz nutzbar ist

Abb. 3.26 Vom betrieblichen Datensatz zum Prozessmoduldatensatz.

3.4.3
Generische Daten und Teilsachbilanzen

3.4.3.1 Was sind „generische Daten"?

Die Übersetzung des aus dem Griechischen kommenden Wortes „generisch" – „allgemein, die Gattung betreffend" – zeigt schon an, dass es sich nicht um spezifische Daten handelt. Es handelt sich dabei um Mittelwerte oder repräsentative Einzelwerte. Ein Beispiel: Für jede Kunststoffproduktion, z. B. Polyethen, wird Erdöl gebraucht, das in einer Raffinerie aufbereitet wird. Es wäre nun völlig unangemessen, wenn für jedes Produkt aus einem Kunststoff die Primärdaten von Raffinerien immer wieder neu erhoben werden würden. Zudem ist es aufgrund der Warenströme meist nicht nachvollziehbar, aus welcher Raffinerie diejenigen Moleküle stammen, die zu einem bestimmten Kilogramm Kunststoff polymerisiert wurden. Daher ist es sinnvoll für denjenigen Raffinerietyp, der Vorprodukte für die Kunststoffindustrie herstellt, in einer Studie Mittelwerte der Umweltlasten zu ermitteln, die auf das entsprechende Monomer bezogen sind, z. B. auf Ethen. Der resultierende Datensatz wäre ein „generischer" Datensatz. Zur Einschätzung der Brauchbarkeit dieser Mittelwerte ist es dabei wichtig anzugeben, in welcher geographischen Region sich die untersuchten Raffinerien befinden und wie alt die Daten sind. Das heißt, die Angabe der zeitlichen und geographischen Systemgrenze ist für solche Datensätze zur Einschätzung von deren Nutzbarkeit in einer Ökobilanz sehr wichtig.

Auch der in Tabelle 3.8 verwendete Datensatz zur Erzeugung elektrischer Energie (Stromnetz Deutschland) ist ein generischer Datensatz. Er wurde auf der Basis der Analyse der 1996 zur Erzeugung elektrischen Stroms eingesetzten Kraftwerkstechnologie in Deutschland generiert (vgl. Datenblatt im Anhang 2).

Generische Daten bzw. Hintergrunddaten basieren also immer auf der spezifischen Analyse der Stoff- und Energieströme in definierten Anlagen. Sie sind über die Bildung sinnvoller Mittelwerte so aufbereitet, dass sie als Prozessmodule in einer Ökobilanz brauchbar sind. Wenn eine Mittelwertbildung nicht möglich ist, können auch sorgfältig ausgewählte, repräsentative Einzelwerte als generische Daten definiert werden. Bei der Verwendung generischer Daten ist aber in jedem Fall kritisch zu hinterfragen, ob sie für die in einer Ökobilanz formulierte Zielsetzung tatsächlich brauchbar sind.

Der Einsatz von generischen Daten ist immer dann sinnvoll – selbst wenn im Einzelfall spezifische Daten erhältlich wären – wenn man nicht weiß, wo ein bestimmter Rohstoff herkommt, in welchen Fabriken ein Material oder Zwischenprodukt hergestellt wurde usw. Und selbst wenn man das für einen bestimmten Stichtag wüsste, könnte die Information am nächsten Tag schon wieder falsch oder zumindest unvollständig sein, weil ein Produzent in der Kette seinen Zulieferer gewechselt hat oder das Erdöl einen anderen Ursprung hatte. Diese Überlegungen sollen zeigen, dass generische Daten kein notwendiges Übel in der Sachbilanz darstellen, sondern für den „Hintergrund" die einzig sinnvolle Datenart sind. Umso verwunderlicher ist es, dass in den auf den ISO-Normen basierenden niederländischen Richtlinien für ausführliche Ökobilanzen von der Verwendung von generischen Daten abgeraten wird[124].

Die Transporte werden ebenfalls meist mit generischen Daten zum Treibstoffverbrauch und zu den Emissionen berechnet. Entfernungen, Transportart und transportierte Massen (Auslastung der Fahrten, Logistik) sollen im Vordergrund spezifisch sein (siehe Abschnitt 3.2.5).

Neben den eigentlichen Rohstoffen gibt es eine breite Palette von Massenprodukten, sog. *Commodities*, die am Markt gekauft werden, wenn nicht langfristige Lieferverträge eine Bindung des Produzenten an einige, wenige Lieferanten bewirken. Zu den *Commodities* zählen die wichtigsten Metalle, Kunststoffe, Baumaterialien und Basischemikalien. Die erwähnten Lieferverträge ziehen die Zulieferer mit in den Vordergrund, während bei rasch wechselnden Zulieferern eher von *Commodities* und Hintergrundprozessen zu sprechen ist, die entsprechend mit generischen Daten zu behandeln sind.

Die generischen Daten sind für die Durchführung von Sachbilanzen unentbehrlich. Es kann sich dabei um gemittelte Prozessmodule oder um die Ergebnisse von Teilsachbilanzen (von der Wiege bis zum Fabriktor)[125] handeln, die für eine bestimmte Technologie oder Region repräsentativ sein sollen. Die Bezeichnung „von der Wiege bis zum Fabriktor" besagt, dass es sich um keine echte („von der Wiege bis zur Bahre") Sachbilanz handelt, sondern nur um einen Ausschnitt aus einer solchen. Die Teilbilanzen sind als generische Daten unentbehrliche Bestandteile bei der Ermittlung vollständiger Sach- und Ökobilanzen.

---

124) Guinée et al. 2002; Klöpffer 2002
125) Engl.: Cradle-to-(factory-) Gate LCI

Voraussetzung für die korrekte Anwendung von generischen Daten bzw. Teilsachbilanzen in der Ökobilanzierung ist die näherungsweise Übereinstimmung der Systemgrenzen, vor allem der geographischen. Rohstoffe, Materialien und Chemikalien, die weltweit gehandelt werden, sollten auch bei der Mittelwertbildung einen „Weltmix" aufweisen. Elektrischer Strom kommt meist aus dem nationalen Netz (Exporte und Importe halten sich etwa die Waage). Wenn aber die Herstellung irgendwo in Europa erfolgt (ohne genauere Angaben), ist das Europamittel vorzuziehen (Abschnitt 3.2.4).

Die wichtigsten Bereiche, in denen generische Daten benötigt werden, sind:

1. **Energie**
   - Energieträger fossilen Ursprungs (Erdgas, Diesel/Leichtöl, Schweröl, Benzin, Steinkohle, Braunkohle) ab Lagerstätte,
   - Uranerz ab Lagerstätte, Anreicherung,
   - Primärenergiemix zur Stromerzeugung und Übertragung.

2. **Transporte**
   - Bahn (elektrisch, Diesel, gemischt),
   - LKW (ggf. verschiedene Größen),
   - PKW,
   - Schiff (Hochseeschiff, Binnenschiff),
   - Flugzeug,
   - Pipeline.

3. **Gebräuchliche Materialien (*Commodities*)**
   - Metalle (Eisen/Stahl, Aluminium, Kupfer, Zink, Zinn, ...),
   - Kunststoffe (LDPE, HDPE, PS, PVC, PET, PA, PU, ...),
   - Baustoffe und -produkte (Beton, Ziegel, Dämmstoffe, Bodenbeläge, Dachbeläge, ...),
   - Packstoffe (Papier und Pappe, Glas, Kunststoffe, Metalle, Verbundfolien, ...).

4. **Chemikalien**
   - Tenside und andere Waschmittelinhaltsstoffe (sog. *Builder*),
   - Agrarchemikalien (Pestizide, vor allem Herbizide, Dünger, ...),
   - großvolumige Chemikalien wie Schwefelsäure,
   - Lösungsmittel,
   - Weichmacher für Kunststoffe.

Als **Quellen** für generische Daten bieten sich, je nach finanziellen Möglichkeiten, die in den Abschnitten 3.4.3.2 und 3.4.3.3 besprochenen Werke an.

3.4.3.2 Berichte, Publikationen, Webseiten

Die bekanntesten Werke dieser Art sind:

„BUWAL" (Schweizerisches Bundesamt für Umwelt, Wald und Landschaft)[126] beinhaltet Teilökobilanzen für Packstoffe (Metalle, Kunststoffe, Glas, Papier/ Karton) und Energie (UCPTE). Diese für die Ökobilanzierung von Verpackungen konzipierte Datensammlung hatte einen großen Einfluss auf die Entwicklung der Ökobilanz insgesamt genommen. Dasselbe gilt für die die Datenbank „Öko-inventare für Energiesysteme" der ETH Zürich (Kapitel 1). Eine Aktualisierung der BUWAL-Daten wurde in Ecoinvent (s. u.) aufgenommen[127] und gehört daher nicht mehr zu den kostenlos zugänglichen LCI-Informationen.

APME[128] (Association of Plastics Manufacturers in Europe): Die führende euro-päische Kunststoff-Datensammlung für die wichtigsten Massenkunststoffe. Die Berichte sind leider nur in Form von Zusammenfassungen erhältlich (hochaggre-gierte Daten, geringe Transparenz). Wichtige Emissionen, wie z. B. monomeres Styrol und Vinylchlorid, sind nicht getrennt ausgewiesen.

Die Daten stellen gewichtete Mittelwerte aus den wichtigsten europäischen Produktionsstätten und -verfahren dar. Bei stark unterschiedlichen Produkti-onsmethoden (z. B. Emulsions- und Bulk-Polymerisation) sind Angaben zu den einzelnen Verfahren getrennt in Kurzform erhältlich.

„ECOSOL" (European LCI Surfactant Study Group with Administrative Support of the CEFIC/ECOSOL Sector Group). Diese in der Zeitschrift „Tenside, Surfac-tants, Detergents" 1995 vollständig publizierte Studie[129] umfasst die wichtigsten in Europa hergestellten Tenside (wichtigstes Einsatzgebiet: oberflächenaktive Waschmittelinhaltsstoffe) und einige wichtige Zwischenprodukte, wie Alkohole, Schwefel, Soda und auf pflanzlichen Ölen beruhende Rohstoffe. Die Studie wur-de von der US-amerikanischen Firma Franklin Associates Ltd (FAL) erstellt und einem Peer Review unterzogen[130]. Die Daten gingen u. a. in die vom Umweltbun-desamt finanzierte Waschmittelstudie des Öko-Instituts e. V. Freiburg ein[131] ein. Die Studie wird ergänzt durch ähnliche Arbeiten über Zeolithe (Phosphatersatz in Waschmitteln) und Wasserglas[132], Stoffe welche ebenfalls in Waschmitteln eingesetzt werden.

ProBas (Prozessorientierte Basisdaten für Umweltmanagement-Instrumente) ist ein Webportal des Umweltbundesamtes, Dessau[133], das zu einer Bibliothek

126) Jetzt Bundesamt für Umwelt, Bern (BAFU); BUWAL 1991, 1996, 1998
127) Roland Hischier unter: http://www.ecoinvent.org/fileadmin/documents/en/presentation_papers/ packaging_DF_eng.pdf
128) Jetzt: Plastics Europe Association. Boustead 1992, 1993a, 1993b, 1994a, 1994b, 1995a, 1995b, 1996, 1997a, 1997b, 1997c; Boustead und Fawer 1994; aktualisierte Versionen im Internet unter http://www.plasticseurope.org
129) Janzen 1995; Stalmans et al. 1995; siehe auch Abschnitt 1.5
130) Klöpffer et al. 1995, 1996
131) Grießhammer et al. 1997
132) Fawer 1996, 1997
133) http://www.probas.umweltbundesamt.de

für Ökobilanzdaten führt, die auch – oder sogar in erster Linie – für betriebliche Umweltbilanzen geeignet sind. Allerdings sollten bei letzteren die selbst erhobenen Standort-spezifischen Daten verwendet werden und nur zur Ergänzung, z. B. für Strom, Transporte, Vorketten von Materialien usw., dürfen generische Daten verwendet werden. ProBas ist ein *work in progress* und enthält derzeit (2008) ca. 8000 Datensätze. Über ProBas ist auch die KEA-Datenbank[134] zugänglich.

GEMIS (Gesamt-Emissions-Modell Integrierter Systeme)[135] ist eine wichtige Datenquelle für Energiedaten mit Schwerpunkt EU. GEMIS wurde ursprünglich vom Öko-Institut Darmstadt für das Hessische Ministerium für Umwelt, Jugend, Familie und Gesundheit entwickelt[136].

Im Aufbau begriffen sind derzeit (2008) das **Netzwerk Lebenszyklusdaten** im Forschungszentrum Karlsruhe[137] und die **European Platform on Life Cycle Assessment** am Joint Research Centre Ispra der European Union[138]. Ziel dieser Programme ist es, bereits in verschiedenen Organisationen vorhandene Datensätze in einem für Sachbilanzen und Materialflussanalysen (MFA) brauchbaren, einheitlichen Format zu sammeln und der Fachwelt kostenlos zur Verfügung zu stellen.

Weitere wichtige Datenquellen sind technische Enzyklopädien und Produktspezifikationen, diverse Internetseiten etc. Das International Journal of Life Cycle Assessment (Springer) publiziert regelmäßig Kurzfassungen und *case histories* von Ökobilanzen und Sachbilanzen, die Daten für spezielle Systeme und Regionen enthalten. Weitere als Datenquellen in Frage kommende wissenschaftliche Zeitschriften sind das Journal of Industrial Ecology (Wiley Interscience), Cleaner Production (Elsevier) und Integrated Environmental Assessment and Management – IEAM (SETAC Press); siehe auch Abschnitt 1.5.

3.4.3.3 Kostenpflichtige Datenbanken und Softwaresysteme
Eine nunmehr leider veraltete Zusammenstellung der verfügbaren Datenquellen durch SPOLD (Society for the Promotion of LCA Development)[139] weist neben Berichten usw. auch kommerzielle Datenbanken auf. Weitere kritisch vergleichende Besprechungen von insgesamt ca. 50 Produkten (weltweit) siehe[140]. Viele Datenbanken sind in Ökobilanz-Software-Systeme integriert. Diese sind jedoch oft keine Original-Datenbanken, sondern speisen sich aus den großen Originalerhebungen wie z. B. Ecoinvent 2000. An dieser Stelle wird keine Anstrengung gemacht, diese komplexen Zusammenhänge aufzuklären.

134) http://www.oeko.de/service/kea
135) Fritsche et al. 1997; verfügbar über ProBas; GEMIS Österreich:
     http://www.umweltbundesamt.at/ueber uns/produkte/gemis
136) Fritsche et al. 1997
137) Bauer et al. 2004; http://www.netzwerk-lebenszyklusdaten.de
138) http://lca.jrc.ec.europa.eu
139) Hemming 1995
140) Vigon 1996; Rice et al. 1997; Siegenthaler et al. 1997

Die bekanntesten europäischen Produkte dieser Art sind:

- Das **Boustead Model** (UK), entwickelt und lizenziert von Boustead Consulting Ltd., ist das Ergebnis jahrzehntelanger Sammeltätigkeit durch einen Ökobilanz-Pionier[141] und gilt als die umfangreichste LCI-Datensammlung. Bei den Daten muss kritisch auf ihr Alter geachtet werden, auch wenn von einer laufenden Aktualisierung auszugehen ist.

- **Ecoinvent 2000** (CH) ist das Ergebnis einer jahrelangen nationalen Kraftanstrengung der Schweiz, die zur derzeit in Europa (und möglicherweise weltweit) qualitativ an der Spitze stehenden Sachbilanz-Datenbank führte[142]. Die Daten berücksichtigen sowohl Schweizer als auch europäische Verhältnisse, sodass sie bei richtigem Gebrauch sowohl national wie auch international einsetzbar sind. Die im käuflichen Produkt integrierte Software erlaubt auch die Durchführung von Wirkungsabschätzungen nach verschiedenen Standardmethoden (siehe auch Kapitel 4). Zum Produkt gehören auch detaillierte Zusatz-Informationen, die in den frei zugänglichen Berichten (leider) nicht zu finden sind.

- **GaBi** (Universität Stuttgart und PE International, DE) geht auf grundlegende Arbeiten zur Ökobilanz an der Universität Stuttgart zurück[143]. Diese Datenbank genießt vor allem im ingenieurtechnischen Bereich großes Ansehen und hat von Anfang an die Belange der Automobilindustrie und ihrer Zulieferer und Rohstoffproduzenten berücksichtigt. GaBi ist sowohl Datenbank wie auch Ökobilanz-Software.

- **SimaPro** (Firma Pré Consultants, NL)[144] ist die weltweit am weitesten verbreitete Ökobilanz-Software. Sie enthält auch umfangreiche Datenbanken, die durch die Zusammenarbeit mit Ecoinvent eine neue Dimension erreicht haben. SimaPro ist auch durch eine spezielle Wirkungsabschätzung („eco-indicator")[145] bekannt, die aber nach ISO 14040, wenn es sich um vergleichende Aussagen handelt, nur für den internen Gebrauch geeignet ist.

- **TEAM**™ (Ecobilan, FR) ist die Ökobilanz-Software mit Datenbank der führenden französischen LCA-Konsulenten, nun zu PricewaterhouseCoopers gehörend[146].

- **Umberto** (Ifu, DE)[147] wurde durch das Institut für Umweltinformatik in Hamburg in Zusammenarbeit mit dem Institut für Energie- und Umweltforschung Heidelberg (IFEU), Heidelberg, entwickelt und ist primär eine Software für Material-, Energie- und Stoffstromanalysen sowie Kostenrechnungen und ist

---

141) Boustead 1996b; Boustead und Hancock 1979; http://www.boustead-consulting.co.uk
142) Frischknecht et al. 2005; Ecoinvent 1,2,3 2004; http://www.ecoinvent.ch (Swiss Centre for Life Cycle Inventories); Themenheft Ecoinvent 2000 des Int. J. LCA Vol. 10, No. 1 (2005)
143) Universität Stuttgart, IKB und PE International; Eyrer 1996; Spatari et al. 2001; http://www.gabi-software.de
144) http://www.pre.nl/software
145) Goedkoop 1995; Goedkoop et al. 1998
146) http://www.ecobilan.com; http://www.ecobalance.com; Blouet und Rivoire 1995
147) http://www.umberto.de

auch für Ökobilanzen sehr gut geeignet. Umberto enthält auch eine Datenbank für Standard-Prozessmodule.

3.4.4
Abschätzungen

Zu den unangenehmsten Erfahrungen der Ökobilanzierer/-innen gehört es, wenn für ein Material, Bauteil, eine Chemikalie oder einen landwirtschaftlichen Prozess usw. keinerlei Daten vorliegen und auch die zuständige Industrie keine hat oder nicht mitteilen will. In diesem Fall gibt es zwei Möglichkeiten:

- Teilprozess weglassen oder
- Schätzungen einführen.

Der zweite Weg ist trotz aller Unsicherheiten vorzuziehen[148], weil ansonsten – falls es sich nicht um einen unwesentlichen Teilprozess handelt – das schlechter untersuchte System immer besser abschneidet (die mangelnde Kooperation der Hersteller würde also belohnt; Verstoß gegen das Symmetrieprinzip). Mögliche Wege zu Abschätzungen sind:

- Daten aus anderen geographischen Gebieten oder ältere Daten (andere Systemgrenzen),
- Daten von chemisch ähnlichen Verbindungen, Materialien usw.,
- Schätzungen anhand der Information aus technischen Handbüchern[149].

Besonders Chemikalien sind infolge ihrer sehr großen Zahl (in der Europäischen Union werden nach EINECS über 100.000 Stoffe in Verkehr gebracht) noch für geraume Zeit Kandidaten für Schätzverfahren[150]. Daten, die durch Abschätzung gewonnen wurden, bedürfen einer Kennzeichnung im Zuge der Sachbilanz und der Diskussion in der Phase Interpretation. In den ISO-Normen 14040 und 14044 sind an mehreren Stellen strenge Vorschriften zur Dokumentation der Datenqualität und möglicher Auswirkungen von Abschätzungen auf die Endresultate enthalten (siehe Kapitel 5).

3.4.5
Datenqualität und -dokumentation

Eine Gefahr bei der Benutzung elektronischer Datensammlungen besteht in der Schwierigkeit, die Annahmen usw. nachzuvollziehen, unter denen die Daten generiert wurden. Mit anderen Worten, es ist schwierig, die Eignung der Daten für eine spezielle Studie und ihre Qualität[151] (Originaldaten, Mittelwerte, Schätzung, ...) einzuordnen. Auch bei Originaldaten sind Mess- und Zuordnungsfehler enthalten, die dokumentiert werden müssen. Daher wurde im Auftrag von der Society for

---

148) Fleischer 1993; Hunt et al. 1998
149) Bretz und Frankhauser 1996
150) Bretz und Frankhauser 1996; Geisler et al. 2004
151) Fava et al. 1994.

the Promotion of LCA Development (SPOLD) ein einheitliches Datenformat ent-wickelt, das den elektronischen Datenaustausch im Internet erleichtern sollte[152]. Gedacht war an ein Netzwerk von Datenbenutzern und -anbietern, die im selben Format ausgetauscht werden. Es wurde darauf hingewiesen, dass es sich beim SPOLD-Format zunächst um ein Datentransferformat handelt, das noch nicht not-wendigerweise die optimale Struktur für ein Datenbankformat darstellen muss.

Ökobilanzielle Datensätze sind nur schwer statistisch auszuwerten, was sich bereits auf dem SETAC-Workshop zum Thema Datenqualität im Life Cycle Assessment in Wintergreen, Virginia, USA[153] zeigte. Wie bereits in den vorigen Abschnitten dargestellt, stellt die Beschaffung geeigneter Daten für die Sachbilanz ein zentrales Problem dar. Die verschiedenen Möglichkeiten, die in Abschnitt 3.4.4 diskutiert wurden, bedeuten auch in weiten Grenzen schwankende Datenqualität, die in der üblichen Angabe mit Mittelwert und mittlerer Abweichung in der Regel nicht dargestellt werden kann. Diese Darstellung ist praktisch auf Originalmes-sungen an einzelnen Prozessmodulen beschränkt. Viele der in der Sachbilanz benutzten Daten sind bereits gewichtete und gemittelte, aggregierte, generische Daten und enthalten oft in wenig transparenter Weise die Allokations- und Ab-schneideregeln, die bei ihrer Ableitung angewendet wurden.

Da die Vertrauenswürdigkeit der Ergebnisse von Ökobilanzen in hohem Maße von der Qualität der Input-Daten abhängt, wurde die Qualitätsfrage in den letzten Jahren häufig diskutiert[154]. Es ist derzeit noch nicht abzusehen, welches Daten-qualitätsmodell sich durchsetzen wird (falls eine *One-fits-all*-Lösung überhaupt möglich ist). Sicher scheint jedoch zu sein, dass die transparente Beschreibung der Datenherkunft und gewisser Qualitätsmerkmale ein wichtiger Bestandteil des Daten-Qualitätsmanagements ist. Dazu gehört ein möglichst einheitliches Datenformat, eine Voraussetzung, die erstmals in der LCA von einer SPOLD-Arbeitsgruppe erkannt wurde (s. o.). Das zunächst entwickelte Papierformat wurde in ein elektronisches Format weiterentwickelt und kann über das Internet heruntergeladen und im Rahmen einer *general public licence* auch für eigene Wei-terentwicklungen genutzt werden[155]. SPOLD[156] hat mittlerweile ihre Aktivitäten eingestellt, der Name SPOLD wird aber weiterleben im SPOLD-Datenformat. Dieses wird von der Consulting-Firma 2.-0 LCA Consultants (DK) aktualisiert und betreut. Die derzeit herunterladbare „SPOLD Data Exchange Software" ist eine Weiterentwicklung der ursprünglichen „SPOLD Format Software" von 1997[157].

---

152) Singhofen et al. 1996; Hindle und de Oude 1996; Bretz 1998; http://www.spold.org

153) Die zugezogenen Datenexpert/-innen erklärten den aufmerksam lauschenden LCA-Expert/-innen, wie man aus verschieden geformten Datenclustern den richtigen Mittelwert bildet. Auf die Frage, wie man einen Mittelwert bildet, wenn nur ein Wert vorliegt, wussten die Datenexpert/-innen auch keine Antwort.

154) Fava et al. 1994; De Smet und Stalmans 1996; Chevalier und Le Téno 1997; Kennedy et al. 1996, 1997; Fernandez und Le Téno 1997; Coulon et al. 1997; Huijgbregts et al. 2001; Ross et al. 2002; Beaufort-Langeveld et al. 2003; Ciroth et al. 2004

155) http://lca-net.com/spold/download/index

156) Hindle und de Oude 1996; Bretz 1998

157) Weidema, Bo: SPOLD '99 format – an electronic data format for exchange of LCI data (1999.06.24), 35 Seiten mit vier Anhängen, herunterladen unter http://www.spold.org

Sie benutzt auch die von SETAC im „Code of Life-Cycle Practice" empfohlene Nomenklatur[158]. Das SPOLD-Format wurde auch von Ecoinvent als „EcoSpold Data Format"[159] adaptiert.

Etwa gleichzeitig mit SPOLD wurde das schwedische Datenformat SPINE entwickelt[160]. Im Unterschied zum Datenübertragungsformat SPOLD wurde SPINE als Datenbankformat konzipiert. Auf diesen Unterschied hat Weidema hingewiesen[161] und es wurden in der Folge mehrere Versuche unternommen, die beiden Konzepte in ein allgemein gültiges zu verschmelzen. In der Technischen Richtlinie ISO 14048[162] wurde der Versuch gemacht, auf der Basis der bereits existierenden Ansätze ein generelles Daten-Dokumentationsformat zu entwickeln und den Ökobilanz-Erstellern und Datenprovidern zu empfehlen. Zur Gänze konnte das Problem jedoch nicht gelöst werden. Eine in Entwicklung begriffene *Open Source Software*[163] enthält einen Datenkonverter, um die immer noch unterschiedlichen Formate miteinander verträglich zu machen.

3.5
Datenaggregierung und Einheiten

Die einfachste Datenaggregierung ist die Addition von gleichartigen In- und Outputs. In diesem Fall werden die Daten so normiert, dass sich alle Prozessmodule auf die gewählte funktionelle Einheit bzw. den Referenzfluss beziehen. Das ist im Prinzip sehr einfach und wird vom PC (z. B. mit einem Tabellenkalkulationsprogramm wie Excel oder mit Hilfe eines der kommerziellen Softwaresysteme; siehe Abschnitt 3.4.3.3) mehr oder weniger automatisch getan. Schwierigkeiten treten meist dann auf, wenn Daten aus verschiedenen Quellen in einer Sachbilanz gemeinsam verwendet werden; man muss dann genau überlegen, welche Daten äquivalent sind, etwa verschiedene Abfallkategorien. In Zweifelsfällen wird dringend empfohlen den SETAC Code of Life-Cycle Inventory Practice[164] zu konsultieren.

Es erscheint trivial darauf hinzuweisen, dass nur Daten mit derselben Einheit addiert werden dürfen. Es gibt jedoch keine internationale Konvention darüber, welche Einheiten in Sachbilanzen verwendet werden dürfen. Die Praxis im International Journal of Life Cycle Assessment besagt, dass prinzipiell nur SI-Einheiten verwendet werden dürfen sowie solche Einheiten, die zusätzlich zu den SI-Basiseinheiten und deren Vielfachen zugelassen sind (ISO 1000, DIN 1301)[165]. So ist es z. B. zulässig, als Energieeinheit neben dem Joule und seinen Vielfachen (meistgebraucht: MJ) auch die kWh (1 kWh ≡ 3,6 MJ) zu verwenden, um die

158) Beaufort-Langeveld et al. 2003
159) http://www.ecoinvent.org/de/ecospold-data-format/
160) Carlson et al. 1995; Arvidsson et al. 1999
161) Weidema 1998
162) ISO 2002; Beaufort-Langeveld et al. 2003
163) Ciroth 2007
164) Beaufort-Langeveld et al. 2003
165) ISO 1998b; DIN 1978a, 1978b

elektrische Energie von den übrigen Energiearten zu unterscheiden. Unzulässig ist der Gebrauch der obsoleten US-amerikanischen Einheiten, z. B. der BTU (British Thermal Unit).

Heijungs[166] zeigt anhand von Beispielen, wie wichtig die Einhaltung von Regeln auch bei den Ökobilanzen ist. SI regelt auch die Bezeichnungen der Einheiten und die Präfixe. Heijungs weist auch auf das Problem der dimensionslosen Größen hin (Physiker sagen, eine solche Größe habe die Dimension 1). Dabei handelt es sich meist um Quotienten, z. B. den „dimensionslosen Henrykoeffizienten"; hier hilft eine zusätzliche Erklärung oder eine eindeutige Bezeichnung wie „Luft/Wasser-Verteilungskoeffizient".

Einheiten

Frei nach International Journal of Life Cycle Assessment, Instructions for authors[167]:

Benutzen Sie nur metrische Einheiten (SI) und einige andere in ISO 1000 aufgeführte Einheiten. Zum Système International d'Unités, der modernen Variante der Meterkonvention, gehören die Basiseinheiten Meter, Kilogramm, Sekunde, Ampere, Kelvin, Mol und Candela und eine Reihe von abgeleiteten Einheiten (z. B. Newton für Kraft, Joule für Energie, Watt für Leistung und Pascal für Druck). Eine vollständige Liste findet sich in der zitierten Norm.

Beispiele von erlaubten zusätzlichen Einheiten, die nicht zum SI gehören, sind Hektar (= 10^4 m²)), Symbol ha; Liter (= dm³), Symbol: l oder L; Tag (= 86400 s), Symbol d; Stunde (= 3600 s), Symbol h; Minute (= 60 s), Symbol min; Kilometer pro Stunde (km/h); Tonne (= 1000 kg, Mg), Symbol t; Wattstunde und Vielfache, wie kWh, MWh, GWh (nur um elektrische Energie von anderen Energieformen zu unterscheiden). Ferner gehören zu den erlaubten zusätzlichen Einheiten decibel (dB); Mol pro Liter (mol dm^{-3}), Symbol mol/l oder mol/L; Elektronenvolt (eV) und seine Vielfache, wie keV, MeV, GeV (nur für die Energie von Elementarteilchen und Photonen gebräuchlich).

Das Grad Celsius hingegen, Symbol °C, gehört mit der Definition 0 °C ≡ 273,15 Kelvin (K) zum SI.

Bei der Aggregation über den gesamten Lebensweg sollen die auf ein Prozessmodul oder auf eine Lebenswegphase bezogenen Werte **nicht verloren gehen**, damit vom Endergebnis der Ökobilanz her im Rahmen der sog. „Sektoralanalyse" in der Auswertung besonders belastende Prozessmodule oder Lebenswegphasen ermittelt und ggf. verbessert werden können (siehe Kapitel 5).

In der Sachbilanz sollen gewichtende oder wertende Aggregierungen vermieden werden. Beispiele dafür waren die „kritischen Volumina" nach BUWAL[168].

---

166) Heijungs 2005
167) http://www.scientificjournals.com/lca
168) BUWAL 1991

Diese Arten der Aggregierung sollen als Vorformen der Wirkungsabschätzung begriffen werden[169]. In dieselbe Kategorie gehört die umstrittene Aggregierung nach Masse (Summe aller Massenbewegungen, inklusive Abraum), genannt *Mass Intensity per Service Unit* (MIPS). Diese von Friedrich Schmidt-Bleek vorgeschlagene Methode[170] beruht, ähnlich wie der KEA, auf der Suche nach einem einfachen, universellen Maß für die ökologischen Belastungen (analog zum Geld in der Ökonomie), die von einem Produkt ausgehen. Mit der erlaubten Gleichsetzung Service Unit = funktionelle Einheit ist die MIPS-Methode mit einer Sach-Ökobilanz-Studie im Wesentlichen (bis auf die Aggregierung) gleichzusetzen. Außerdem schneidet MIPS nach dem Motto „Megatonnen, nicht Nanogramme" kleine Massenströme und mithin die üblichen Spurenemissionen ab. Es ist allerdings ein Irrtum anzunehmen, dass MIPS wirklich einfacher als z. B. KEA ermittelt werden könnte, weil eine saubere Sachbilanz (wenn auch ohne die Spurenemissionen) allemal erforderlich ist. Alle oben besprochenen Probleme mit der Allokation, Datenqualität usw. treten bei der MIPS-Methode natürlich genauso auf wie bei einer Sach-Ökobilanz in der LCA-Welt. Wirklich einfacher ist „MIPS" nur, wenn bei der Sachbilanz geschludert wird.

MIPS hat dem KEA gegenüber allerdings den Vorteil der größeren Anschaulichkeit (Masse versus Energie), was im populär gewordenen Ausdruck „ökologischer Rucksack" (= MIPS) zum Ausdruck kommt. Dieser bezeichnet etwa, wie viele Tonnen bewegt werden mussten, um ein Gramm eines edelmetallhaltigen Katalysators herzustellen. Dieser Grad der Anschaulichkeit kann mit den prinzipiell wenig anschaulichen Energieeinheiten nicht erzielt werden, es sei denn über den Umweg Steinkohleneinheit (SKE), also eine als Masse verkleidete Energieeinheit.

Die MIPS-Methode liefert ebenso wenig ein LCA-Ergebnis nach ISO 1440/44 wie die ausschließliche Berechnung des KEA.

3.6
Präsentation der Sachbilanz-Ergebnisse

Die Darstellung einer Sachbilanz mit ihren oft tausenden Einzeldaten ist eine Gratwanderung zwischen Transparenz und Lesbarkeit. Um beides gleichermaßen zu gewährleisten, kann ein Hauptteil mit wenigen Tabellen und Bildern ergänzt werden durch einen Anhang oder Materialienband (oder beigelegte CD), der sämtliche Ausgangsdaten und Zwischenergebnisse enthält.

Bei einer **Sach-Ökobilanz** darf die Zieldefinition mit allen gemachten Annahmen, funktionelle Einheit, Systemgrenzen usw., nicht fehlen. Außerdem muss in diesem Fall eine Auswertung mit Diskussion folgen. Vor allem sollte dargestellt werden, ob die Qualität der Daten zu den Aussagen in einem vernünftigen Verhältnis steht. Ein Hilfsmittel dabei ist die Sensitivitätsanalyse (vgl. Kapitel 5).

---

169) Klöpffer 1994, 1995; Klöpffer und Renner 1995
170) Schmidt-Bleek 1993, 1994

3.7
Illustration der Komponente Sachbilanz am Praxisbeispiel

Viele der nachfolgenden Arbeitsschritte sind in Ökobilanz-Software-Tools in der einen oder anderen Form integriert. So sind graphische Oberflächen zur Modellierung der Systeme und zur Definition der Rechenregeln heute schon fast Standard. Diese Tatsache entbindet die Durchführenden einer Ökobilanzstudie allerdings in keiner Weise davon, alle Arbeitsschritte sorgfältig durchzuführen, da ansonsten Fehlbedienungen der Software unerkannt bleiben können. Inhaltlich müssen folgende Punkte berücksichtigt werden:

1. Differenzierte Beschreibung des untersuchten Produktsystems (Abschnitt 3.7.1):
   Welche Materialien sind in welchen Mengen im Produktsystem bezogen auf die funktionelle Einheit zu berücksichtigen? Welche Abfallströme und welche Transporte sind zu berücksichtigen? Die im Arbeitsschritt „Definition von Ziel und Untersuchungsrahmen" gewählte funktionelle Einheit und die jeweiligen Referenzflüsse sollten nochmals kritisch geprüft und ggf. angepasst werden.

2. Analyse der Herstellungsverfahren, Verwertungsverfahren und sonstiger im Produktsystem relevanter Prozesse (Abschnitt 3.7.2):
   Erhebung der Primärdaten und Sicherstellung der Verfügbarkeit von generischen Daten. Überführung der betrieblich erhobenen Primärdaten in Prozessmoduldatensätze. Charakterisierung der Datensätze bezüglich Herkunft, Qualität und Systemgrenzen (technisch, geographisch, zeitlich). Sicherstellung, dass die für die Wirkungsabschätzung relevanten Daten als Inputs und Outputs der berücksichtigten Prozessmodule erfasst wurden: Die Wirkungskategorien und die zugehörigen Indikatoren wurden im Arbeitsschritt „Definition von Ziel und Untersuchungsrahmen" bereits definiert (ausführlich besprochen werden sie im Kapitel 4).

3. Ausarbeitung eines differenzierten Systemfließbilds mit Referenzflüssen (Abschnitt 3.7.3):
   In diesem Arbeitsschritt können nun auch die Größen der Prozessmodule festgelegt werden. Liegen für ganze Lebenswegabschnitte generische Daten in einer für die Studie brauchbaren Qualität vor, z. B. Herstellung von LDPE, ausgehend von den Rohstoffen bis zum LDPE-Granulat, kann die LDPE-Granulat-Herstellung als ein einziges Prozessmodul behandelt werden (vgl. Abschnitt 3.1.3).

4. Allokationsregeln (Abschnitt 3.7.4):
   Die Allokationsregeln werden in einer Ökobilanz nach ISO 14040/44 bereits im Arbeitsschritt „Definition von Ziel und Untersuchungsrahmen" definiert. Da die Besprechung der Allokation zum besseren Verständnis im Abschnitt 3.3 erfolgte, werden auch die Festlegungen in der Beispielstudie hier vorgestellt. Folgende Festlegungen sind zu treffen:

- Festlegung der Allokationsregeln auf Prozessebene für Multi-Output- und Multi-Input-Prozesse;
- Festlegung der Allokationsregeln auf Systemebene für open-loop Recycling;
- Festlegung der Regeln zur Herstellung der Nutzengleichheit bei der Abfallbehandlung.

5. Modellierung des Systems (Abschnitt 3.7.5):
   Festlegung der Rechenregeln unter Berücksichtigung der Allokationsregeln nach denen die Prozessmodule miteinander verknüpft werden sollen.

6. Berechnung der Sachbilanz (Abschnitt 3.7.6).

Die Arbeitsschritte der Sachbilanz werden nachfolgend anhand der Systemvarianten 1-L-Getränkekarton mit Verschluss und 1-L-PET-Flasche für Saft und Fruchtnektar aus der Beispielstudie[171] veranschaulicht.

3.7.1
Differenzierte Beschreibung der untersuchten Produktsysteme

Ausgehend von der ersten Systemanalyse im Arbeitsschritt „Definition von Ziel und Untersuchungsrahmen" werden in der Sachbilanz differenzierte Produktbeschreibungen erstellt. Dabei muss den folgenden Fragen nachgegangen werden:

1. Welche Materialien sind in welchen Mengen im Produktsystem bezogen auf die funktionelle Einheit zu berücksichtigen?
2. Welche Daten liegen zu Massenströmen im Hinblick auf Verwertung und Abfallbehandlung nach Gebrauch des Produktes vor?
3. Welche Transporte müssen berücksichtigt werden?

3.7.1.1 Materialien im Produktsystem
Die Materialzusammensetzung der zur Veranschaulichung ausgewählten Verpackungssysteme ist Tabelle 3.9 zu entnehmen. Aus diesen Materialzusammenstellungen ergibt sich für alle enthaltenen Materialien der Referenzfluss zur definierten funktionellen Einheit. Diese Referenzflüsse sind die Grundlage dafür, die Herstellung ausgehend von den Rohstoffen bis zur Entsorgung zu modellieren und schließlich die Elementarflüsse zu bilanzieren. Die Erstellung der Materiallisten kann recht aufwändig sein, wie die folgenden Beschreibungen zeigen (IFEU 2006, loc. cit.):

---

171) IFEU 2006 (grauer Balken: Zitate aus der Studie; Anpassungen zur besseren Lesbarkeit bei der Verbindung zitierter Passagen sind durch unterschiedlichen Schrifttyp kenntlich gemacht).

Getränkekarton:

Für den deutschen Markt im Jahr 2005 wurde die durchschnittliche Materialzusammensetzung von Getränkekartons getrennt nach den 3 untersuchten Füllgütern für die jeweiligen Kartongrößen hergeleitet. Dazu wurden die Verpackungsdaten bei den drei Herstellern (Tetra Pak, SIG Combibloc und Elopak) erfragt und ein gewichteter Mittelwert mit den Marktanteilen der einzelnen Verpackungstypen gebildet. Die in den Tabellen aufgelisteten Verpackungsgewichte sind somit generische Werte und bilden nicht (unbedingt) eine individuelle im Handel befindliche Verpackung ab.

Angaben zum Gewichtsanteil der trockenen Druckfarbe am Verbundmaterial liegen nur von einem der drei Hersteller vor. Da der Massenanteil bei rund 0,5 % des Kartonverbundes liegt, ist für diesen Materialstrom das Abschneidekriterium wirksam. Die Herstellung der Druckfarbe wird in dieser Studie nicht berücksichtigt.

PET-Flasche:

Zur Ableitung repräsentativer Verpackungsspezifikationen konnte – anders als bei Getränkekartons – nicht auf Marktzahlen zur Mittelwertbildung zurückgegriffen werden, da kein entsprechender Zugang zu den benötigten Daten besteht. Die Vielzahl von Preform- und Flaschenherstellern erschweren zusätzlich die Einschätzung des Gesamtmarktes. Die Auswahl der hier untersuchten PET-Einwegflaschen orientiert sich daher an Flaschentypen, die im Jahr 2005 in Deutschland eingesetzt wurden und aufgrund des Markanteils als repräsentativ im jeweiligen Anwendungsbereich angesehen werden können.

Die in Tabelle 3.9 aufgeführten Flaschengewichte und Verpackungsspezifikationen beruhen auf Informationen von Getränkeherstellern sowie der Marktkenntnis der im Projektbeirat vertretenen Firmen. Mit einzelnen Testkäufen wurde die Gültigkeit der ausgewählten Rechenwerte zusätzlich überprüft.

Für das Füllgut Saft und Fruchtnektar in der 1-L-Flasche wurden Multilayer-Flaschen betrachtet ... Multilayer-Flaschen bestehen aus mehreren Schichten, wobei typischerweise eine Kunststofflage mit höheren Barriereeigenschaften von zwei PET-Schichten umschlossen wird. Die Einarbeitung der Barriereschicht erfolgt während des Spritzgießens der Flaschen-Preform (co-injection). ... Das am häufigsten verwendete Barrierematerial für Multilayer-Flaschen ist Polyamid (PA), möglich sind aber auch andere Substanzen wie Ethyl-Vinyl-Alkohol (EVOH) ... Zum Einsatz kommen klare transparente, braun eingefärbte Flaschen. ... Über die Art und Menge der eingesetzten Farbstoffe liegen keine Informationen vor. Für diese Studie wird angenommen, dass die Flaschen nur aus PET und PA bestehen. Weiterhin ist nicht bekannt, ob Scavenger-Materialien im Schraubverschluss enthalten sind, weswegen hier nur Polyethylen (HDPE) berücksichtigt wird. ... Der Etikettenklebstoff liegt unter dem Abschneidekriterium und wird hier nicht betrachtet.

Tabelle 3.9 Spezifikationen der bilanzierten Verpackungssysteme für Saft und Fruchtnektar: 1-L-Getränkekartons mit Verschluss und 1-L-PET-Flasche[172].

Vorratshaltung: Getränkekartons mit Aluminiumlage	Saft/Nektar 1 L mit Verschluss	Vorratshaltung: PET-Flaschen	Saft/Nektar 1 L
Primärverpackung	31,50 g	**Primärverpackung**	43,1 g
Verbundmaterial, davon:	28,84 g	Flasche (95 % PET; 5 % PA)	38,0 g
		Verschluss (HDPE)	3,3 g
• Rohkarton	21,37 g	Etikett (Papier)	1,8 g
• LDPE	5,89 g		
• Aluminium	1,45 g	Flaschen-Typ	Multilayer PA-Anteil 5 %
• Aufdruck	0,13 g		
Verschluss (HDPE)	2,66 g	Flaschenfarbe	klar/braun
Umverpackung		**Umverpackung**	
Wellpappe-Tray	128 g	Schrumpffolie (LDPE)	10,03 g
Transportverpackung		**Transportverpackung**	
Palette (Euro-Palette, Holz)	24.000 g	Palette (Euro-Palette, Holz)	24.000 g
Palettenfolie (LDPE)	280 g	Palettenfolie (LDPE)	480 g
		Zwischenlagen pro Palette (Wellpappe)	4 × 475 g
Palettenschema		**Palettenschema**	
Kartons pro Tray	12	Flaschen pro Schrumpfpack	6
Trays pro Lage	12	Packs pro Lage	26
Lagen pro Palette	5	Lagen pro Palette	5
Kartons pro Palette	720	Flaschen pro Palette	780

Auf der Grundlage der funktionellen Einheit (Verpackung, die zur Bereitstellung von 1000 L Füllgut im Handel benötigt wird; vgl. Abschnitt 2.3.2) sind mit Hilfe der Angaben aus Tabelle 3.9 die Referenzflüsse aller Materialien bekannt. So müssen beispielsweise bei der Variante Kartonverpackung 1,45 kg Aluminium bis zur Rohstoffgewinnung zurückverfolgt und in der Abfallphase des Packmittels berücksichtigt werden. Aufgrund des Palettenschemas lässt sich auch der Transportaufwand der Varianten berechnen (vgl. Abschnitt 3.2.5).

---

172) IFEU 2006

3.7.1.2 Massenströme des Produktes nach der Gebrauchsphase

Zur Modellierung der *End-of-Life*-Phase ist die differenzierte Kenntnis der Abfallströme eines Produktes nach dessen Gebrauchsphase erforderlich. Sowohl die
Verwertungsquoten als auch die Art der Verwertung – stofflich oder thermisch
– müssen bekannt sein. In der Beispielstudie werden für die hier betrachteten
1-L-Gebinde folgende Angaben gemacht, aus denen auch der Rechercheweg und
die Recherchetiefe hervorgehen:

Getränkekarton:
Getränkekartons werden nach dem Gebrauch zum Teil über die Sammel- und
Verwertungsstrukturen der Dualen Systeme erfasst. Ziel des werkstofflichen Recyclings ist die Gewinnung von Papierfasern, die zur Herstellung von Verpackungen
eingesetzt werden können. ...

Die „offizielle", d. h. für den Verpackungsnachweis gemäß VerpackVO anerkann-
te, stoffliche Verwertungsquote liegt seit einigen Jahren bei 65 %, bezogen auf die
Gesamtmenge der in Deutschland in Verkehr gebrachten Getränkekartons[173].
Diese Quote wurde auch als Modellierungsgrundlage in der vorliegenden Studie
verwendet[174]. Darüber hinaus werden ... die restlichen 35 % der nicht stofflich
verwerteten Kartons thermisch behandelt.

In den Sortieranlagen werden Getränkeverbundkartons „positiv sortiert" und einer eigenen Zielfraktion zugewiesen. Die Sortiertiefe der Verbundkartons (= positive
Erkennung und Sortierung) liegt im Mittel bei rund 90 %, die übrigen 10 % werden
zusammen mit anderen Sortierresten thermisch behandelt. Die Erfassungsrate
gebrauchter Kartons ergibt sich somit rechnerisch aus der Verwertungsquote, unter
Berücksichtigung der Sortiertiefe, und beträgt im Mittel 72,5 % der verkauften Verpackungen (vgl. Tabelle 3.10 und Abb. 3.27). Die nicht erfassten Getränkekartons
(27,5 %) gehen mit dem Restabfall in die Abfallverbrennung (MVA).

Tabelle 3.10 Erfassung und Recycling gebrauchter 1-L-Getränkekartons.

Verwertung von Getränkekartons	1000 mL
Sammelquote	72,5 %
Abweichung von mittlerer Erfassungsquote[a]	–
Sortiertiefe[b]	90 %
Verwertungsquote	**65 %**[c]

Quellen:
[a] Annahme IFEU (Konsens im Projektbeirat)
[b] DSD
[c] FKN (*vorläufige* mittlere Verwertungsquote für 2005, entsprechend der Vorjahre)

---

173) vgl. Homepage des FKN: www.getraenkekarton.de
174) IFEU 2004a; Erst nach Abschluss der ökobilanziellen Berechnungen wurde die „offizielle" Verwertungsquote für das Jahr 2005 publiziert. Sie liegt nach Angaben des FKN bei 66 %.

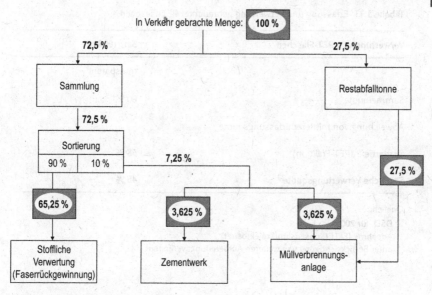

In Verkehr gebrachte Menge: **100 %**

72,5 % · 27,5 %

Sammlung · Restabfalltonne

72,5 %

Sortierung

90 % · 10 % · 7,25 % · 27,5 %

65,25 % · **3,625 %** · **3,625 %**

Stoffliche Verwertung (Faserrückgewinnung) · Zementwerk · Müllverbrennungsanlage

Abb. 3.27 Stoffstrom der Kartonverpackung nach Gebrauch.

PET-Flaschen:

PET-Flaschen für die hier betrachteten Füllgüter waren im Bezugsjahr 2005 nicht bepfandet und werden nach dem Gebrauch zum Teil über Duale Systeme zur Verwertung erfasst. Von den gesammelten PET-Flaschen wurden im Jahr 2005 rund 58 % einer stofflichen Verwertung zugeführt. Dabei entstehen PET-Flakes, die zur Herstellung von Fasern oder Bändern verwendet werden. Die übrigen Flaschen werden thermisch bzw. rohstofflich verwertet. ... Die Erfassungsrate von PET-Flaschen liegt nach Auskunft des DSD bei 80 % ....

*Nach Auskunft des DSD sind zur stofflichen Verwertung (gegenwärtig) nur transparente Flaschen geeignet[175]. Farbige Flaschen können hingegen werkstofflich verwertet werden, sofern sie transparent sind. ... Der Polyamid-Anteil von Multilayer-Flaschen ist prinzipiell kein Hindernis für das Recycling.

Die stoffliche Verwertungsquote ergibt sich aus folgenden Stoffflüssen: 80 % der PET-Flaschen werden über DSD gesammelt, 20 % gelangen in den Haushalten in die Restmülltonne. Die über DSD gesammelten 80 % verteilen sich in der Sortieranlage in die folgenden Fraktionen: PET-Flaschen 58 %, Mischkunststoffe 27 % und Sortierreste 15 %. Die PET-Flaschenfraktion unterliegt noch einer Nachsortierung mit einer Ausbeute von 97 %. Daraus ergibt sich eine stoffliche Verwertungsquote (auf die Gesamtmenge bezogen) von 45 % (vgl. Tabelle 3.11 und Abb. 3.28).

---

175) Mitteilung Frau Bremerstein (DSD), 29.06.06

Tabelle 3.11 Erfassung und Verwertung gebrauchter PET-Flaschen.

Verwertung von PET-Flaschen	Saft 1000 mL
	transparent
Sammelquote	80 %[a]
Abweichung von mittlerer Erfassungsquote[b]	–
Sortiertiefe (PET-Fraktion)[a]	58 %
Stoffliche Verwertungsquote[c]	**45 %**

Quellen:
[a] DSD, für 2005
[b] Annahme IFEU (Konsens im Projektbeirat)
[c] unter Berücksichtigung von weiteren Aufbereitungsverlusten

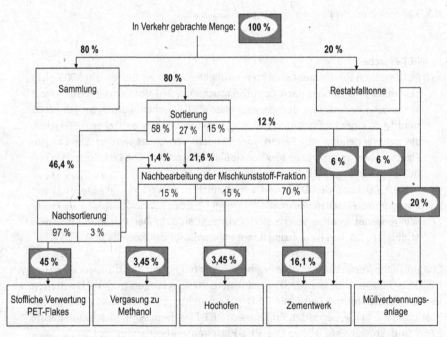

Abb. 3.28 Stoffstrom der PET-Flaschen nach Gebrauch.

3.7.1.3 Verbleib der Sortierreste und der Mischkunststofffraktion

Anfallende Sortierreste der über das Duale System Deutschland (DSD) erfassten Getränkekartons und PET-Einwegflaschen wurden nach Information des DSD im Jahr 2005 etwa je zur Hälfte

- als Restabfall entsorgt bzw.
- in Zementwerken verwertet.

Die Mischkunststofffraktion geht in eine thermische/rohstoffliche Verwertung. Darunter ist folgender Mix zu verstehen:

- Zementwerk (~ 70 %),
- Sekundärrohstoffverwertungszentrum (Vergasung zu Methanol) (~ 15 %),
- Nutzung als Brennstoff im Hochofen (~ 15 %).

Die berücksichtigten Prozessmodule zur Verwertung werden unter 3.7.2 vorgestellt.

3.7.1.4 Verwertung der Transportverpackungen

Für die Transportverpackungen werden folgende Verwertungswege zugrunde gelegt:

LDPE-Folie: 90 % stoffliche Verwertung,
             10 % thermische Verwertung (MVA).

Wellpappe: 95 % stoffliche Verwertung,
             5 % thermische Verwertung (MVA).

3.7.2
Analyse der Herstellungsverfahren, Verwertungsverfahren und sonstiger im Produktsystem relevanter Prozesse

3.7.2.1 Herstellungsverfahren für die Materialien

Zur Definition von Prozessmodulen ist die differenzierte Analyse der Herstellungsverfahren ausgehend von den Rohstoffen erforderlich. Es ist nützlich im Zuge dieser Analyse die Datenverfügbarkeit zu prüfen: Liegen brauchbare generische Daten vor oder ist die betriebliche Erhebung von Primärdaten sinnvoll? An den aufgeführten Beispielen wird deutlich, dass Datensätze, die in früheren Studien als Primärdaten erhoben wurden, in eine Folgestudie als generische Daten einfließen können. Zur Herstellung der Materialien wurden in dieser Studie keine Primärdaten erhoben. Die Autoren bewerten die Qualität der vorhandenen generischen Daten als brauchbar für die Studie.

Nachfolgend sind die Angaben zur Datenherkunft zusammengefasst.

Material/Produkt	Datengrundlage
Herstellung Rohkarton	Für die Modellierung der Rohkartonherstellung werden **vier standortspezifische Datensätze der Firmen Stora-Enso, Ässi-Domän und Korsnäs herangezogen. Sie repräsentieren die Produktion an drei schwedischen und einem finnischen Standort im Jahr 2002.** Die Datenhebung erfolgte im Rahmen einer früheren Ökobilanz im Auftrag des FKN[176]. Aus den vorliegenden Daten wird ein Mittelwert für die Rohkartonherstellung gebildet, der für alle untersuchten Getränkekartontypen verwendet wird. Für die Berechnung des Aufwands der Holzbereitstellung werden Informationen aus [UBA 2000a][177] verwendet. Die Daten umfassen die Waldbewirtschaftung, einschließlich Holzeinschlag und -transport. Der Transport der Rohkartons zur Verbundherstellung in Deutschland wird ebenfalls berücksichtigt.
Herstellung Aluminiumfolie	Für die Herstellung von Kartonverbundmaterial wird ausschließlich primäres Aluminium verwendet. Die Grundlage für die verwendeten Ökobilanzdaten bilden die im Jahr 2000 veröffentlichten Ökoprofile der European Aluminium Association (EAA), Brüssel[178]. Der Datensatz zum Primäraluminium beschreibt die Herstellung von Aluminium ausgehend von der Bauxitgewinnung über die Tonerdeherstellung bis zum fertigen Aluminiumbarren einschließlich der Anodenherstellung und der Elektrolyse. **Die Daten beruhen auf Erhebungen des europäischen Aluminiumverbandes (EAA) in den Jahren 1995 und 1998. Dabei wurde eine Repräsentativität von 92 % bzw. 98 % bezogen auf die europäische Primäraluminiumherstellung erreicht.** Der Datensatz wurde nach Angaben der EAA auf Basis einer Umfrage bei den Mitgliedsfirmen im Jahr 2002 teilweise aktualisiert. Dieser aktualisierte Datensatz wurde von der EAA zur Verwendung in Ökobilanzen bereit gestellt[179]. Angaben zur Repräsentativität der aktualisierten Daten liegen zur Zeit noch nicht vor. Die **Datensätze für Aluminiumfolien beruhen ebenfalls auf Erhebungen des Verbands im Jahr 1998 für die Herstellung von Halbzeug aus Aluminium.** Dabei wurde je nach Produktgruppe eine Repräsentativität von 20–70 % erreicht.

---

176) IFEU 2004a
177) UBA 2000a: Materialband I; Industrieholz (Forst NORD)
178) EAA 2000
179) EAA 2006

Material/Produkt	Datengrundlage
Herstellung LDPE	Polyethylen geringer Dichte (LDPE) wird in einem Hochdruckprozess hergestellt und enthält eine hohe Anzahl an langen Seitenketten.
	Der Datensatz umfasst die Produktion von LDPE-Granulat ab der Entnahme der Rohstoffe aus der natürlichen Lagerstätte inkl. der damit verbundenen Prozesse. **Die Daten beziehen sich auf einen Zeitraum um 1999. Sie wurden in insgesamt 27 Polymerisationsanlagen erhoben.** Die betrachteten Anlagen umfassen eine Jahresproduktion von 4.480.000 Tonnen. Die europäische Gesamtproduktion lag 1999 bei ca. 4.790.000 Tonnen. **Die Daten repräsentieren somit 93,5 % der westeuropäischen LDPE-Produktion**[180].
Herstellung HDPE	Polyethylen hoher Dichte (HDPE) wird in verschiedenen Niederdruckverfahren hergestellt und enthält weniger Seitenketten als das LDPE.
	Der Datensatz umfasst die Produktion von HDPE-Granulat ab der Entnahme der Rohstoffe aus der natürlichen Lagerstätte inkl. der damit verbundenen Prozesse. **Die Daten beziehen sich auf einen Zeitraum um 1999. Sie wurden in insgesamt 24 Polymerisationsanlagen erhoben.** Die betrachteten Anlagen umfassen eine Jahresproduktion von 3.870.000 Tonnen. Die europäische Gesamtproduktion lag 1999 bei ca. 4.310.000 Tonnen. **Die Daten repräsentieren 89,7 % der westeuropäischen HDPE-Produktion**[181].
Herstellung PP	Polypropylen entsteht durch die katalytische Polymerisation von ungesättigtem Propylen zu langkettigem Polypropylen. Die beiden wichtigen Verfahren sind die Niederdruck-, Fällungs- und die Gasphasen-Polymerisation. In einem abschließenden Schritt wird das Polymerpulver im Extruder zu Granulat verarbeitet.
	Der Datensatz umfasst die Produktion von PP-Granulat ab der Entnahme der Rohstoffe aus der natürlichen Lagerstätte inkl. der damit verbundenen Prozesse. **Die Daten beziehen sich auf einen Zeitraum um 1999. Sie wurden in insgesamt 28 Polymerisationsanlagen erhoben.** Die betrachteten Anlagen umfassen eine Jahresproduktion von 5.690.000 Tonnen. Die europäische Gesamtproduktion lag 1999 bei ca. 7.400.000 Tonnen. **Die Daten repräsentieren 76,9 % der westeuropäischen PP-Produktion**[182].
Herstellung PA (Nylon 66)	Nylon wird entweder durch direkte Polymerisation von Aminosäuren hergestellt oder durch Reaktion eines Diamins mit einer zweiprotonigen Säure. Nylon 66 entsteht aus der Reaktion von Hexamethylendiamin und Adipinsäure.
	Der Datensatz umfasst die Produktion von PA 66 ab der Entnahme der Rohstoffe aus der natürlichen Lagerstätte inkl. der damit verbundenen Prozesse. **Die Daten beziehen sich auf einen Zeitraum um 1996**[183]. **Informationen zu den berücksichtigten Anlagen und der Repräsentativität des Datensatzes sind nicht verfügbar.**

180) PlasticsEurope 2005a
181) PlasticsEurope 2005b
182) PlasticsEurope 2005c
183) PlasticsEurope 2005d

Material/Produkt	Datengrundlage

Herstellung PET   Die Daten zur Herstellung von primärem Polyethylenterephthalat (PET) sind für diese Studie von besonderer Bedeutung. **Der hier verwendete PET-Datensatz wurde im Rahmen einer Ökobilanz im Auftrag von PETCORE**[184] **erarbeitet.** Die Daten zur Herstellung von PET-Granulat sind bisher noch nicht veröffentlicht, ... Aus Sicht der Autoren ist die größere Transparenz dieses Datensatzes ein starkes Argument für dessen Verwendung gegenüber dem entsprechenden Datensatz von PlasticsEurope.[185]

Folgendes Herstellungsverfahren wurde zugrunde gelegt:

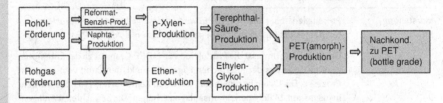

(... ein weiteres Verfahren über Dimethylterephthalat (DMT), wird in Europa allerdings nur noch vereinzelt in älteren, kleineren Anlagen verwendet und ist daher für die gegebene Fragestellung nicht relevant.)

- Zur Modellierung der Daten für die Herstellung der Vorprodukte Naphta, Reformatbenzin und p-Xylen wurde **ein am IFEU-Institut entwickeltes Raffineriemodell,** das die derzeit in Europa verwendete Technologie widerspiegelt, eingesetzt.
- Die Datengrundlage für die Modellierung der Ethenproduktion aus Erdgas und Naphta bilden dem IFEU vorliegende Daten **verschiedener europäischer Cracker in einer etwa repräsentativen Verteilung.** Die Daten stammen aus den Jahren 2000 und 2001.
- Die Daten zur Ethylenglykol-Produktion charakterisieren einen **Querschnitt durch europäische Anlagen,** der sich auf die Jahre 1997–2000 bezieht.
- Die Daten zur Terephthalsäure-Produktion basieren auf Werten **europäischer Anlagen, die von Prof. Rieckmann (FH Köln) erhoben und von IFEU entsprechend den Anforderungen an eine ISO-konforme Ökobilanz aufgearbeitet** und eingesetzt wurden.
- Der Datensatz zur PET-Produktion in Flaschenqualität basiert auf einer **Produktionskapazität von fünf europäischen Anlagen** und wurde von Prof. Rieckmann (FH Köln) zusammengestellt. Die Angaben beziehen sich auf den Zeitraum 2002/2003. **Es werden ca. 36 % der europäischen PET-Produktion durch den PET-Datensatz abgedeckt,** was angesichts der Unterschiede bzgl. der erfassten Anlagen und PET-Qualitäten auf eine repräsentative Darstellung der europäischen Flaschen-PET-Produktion schließen lässt.

---

184) IFEU 2004b (PET Containers Recycling Europe)
185) Die spezifische Umweltwirkung für die Bereitstellung von PET wäre bei Verwendung der PlasticsEurope-Daten höher als bei Anwendung des hier beschriebenen neueren Datensatzes.

3.7.2.2 Produktherstellung aus Materialien

Material/Produkt	Datengrundlage
Herstellung Verbundkarton	Hauptbestandteil des Getränkekarton-Verbunds ist der Rohkarton. Er wird durch eine Schicht aus LDPE auf der Außen- und Innenseite versiegelt. Die Bedruckung erfolgt je nach Verfahren vor bzw. nach diesem ersten Beschichtungsprozess. Für länger haltbare Produkte, wie Saft und Eistee, wird zum Schutz vor Licht und Sauerstoff auf der Innenseite zusätzlich eine dünne Aluminiumfolie eingearbeitet. Diese wird vom Inhalt durch eine weitere LDPE-Schicht getrennt. Die **Daten zur Herstellung des Verbunds wurden im Rahmen der Ökobilanz für Saft**[186] **erhoben. Sie repräsentieren die Produktion an den deutschen Standorten der beiden größten Hersteller im Zeitraum 2002/2003.** Die Daten ermöglichen eine differenzierte Betrachtung einzelner Verbundtypen, die für die unterschiedlichen Verpackungsvolumina verwendet werden. Sie enthalten jeweils Angaben zu Energie- und Wasserverbrauch, Emissionen, Abfällen und Verpackungsmaterial für den Versand. Nach Auskunft der Unternehmen sind diese Daten im Wesentlichen auch für das Bezugsjahr dieser Studie gültig. Der Kartonverbund wird auf ein vorgegebenes Format zugeschnitten und zum Abfüller transportiert. Für den Transport werden die Zuschnitte entweder auf Rollen gewickelt oder flächig in Schichten gestapelt und in Kartons verpackt. Erst auf der Abfüllmaschine erfährt der Getränkekarton die endgültige Formung und Versiegelung.
PET-Flaschen-Herstellung	Die Produktion von PET-Flaschen erfolgt in der Regel zweistufig, d. h. es werden aus dem getrockneten PET-Granulat zunächst sog. Preforms hergestellt und diese in einem zweiten Schritt zu Flaschen verarbeitet. Der Energiebedarf der Preform- und Flaschenherstellung beschränkt sich in der Regel auf die Verwendung von Strom zur Trocknung, Aufheizung und Formgebung. Der Energieverbrauch für den Spritzguss von Preforms korreliert mit dem Prefomgewicht. In dieser Studie wird durchgängig mit einem spezifischen Strombedarf von 2,6 kJ/g gerechnet. Im Rahmen dieser Studie konnten keine Energieverbräuche für die Herstellung der untersuchten Flaschen im Streckblasverfahren (SBM) erhoben werden. **Daher wurde auf aktuelle Daten zurückgegriffen, die dem IFEU-Institut aus anderen Projekten vorliegen.** Der Energieverbrauch für den SBM-Prozess wird unter anderem vom Flaschenvolumen bestimmt. Für die 1000-mL-Flasche wird mit einem Strombedarf von 22,2 kWh/1000 Stück gerechnet.

---

186) IFEU 2004a

Material/Produkt	Datengrundlage
Herstellung Wellpappe und Wellpappe-Trays	In der vorliegenden Ökobilanz wurden die von der FEFCO[187] im Jahr 2003 veröffentlichten Datensätze zur Herstellung von Wellpappe-Rohpapieren und Wellpappe-Verpackungen verwendet.
	Im Einzelnen wurde auf die Datensätze zur Herstellung von „Kraftliner" (überwiegend aus Primärfasern), „Testliner" und „Wellenstoff" (beide aus Altpapier) sowie der Wellpappeverpackung zurückgegriffen. **Die Datensätze stellen gewichtete Mittelwerte der in der Datenerhebung der FEFCO erfassten europäischen Standorte dar. Sie beziehen sich auf die Produktion im Jahr 2002. Die Repräsentativität der Datensätze reicht von 20 % (111 Werke) für Wellpappe und Trays, bis > 70 % für Kraftliner.**
	Bei Wellpappen wird häufig aus Gründen der Stabilität ein Anteil von Frischfasern eingesetzt. Im europäischen Mittel liegt nach [FEFCO 2003, loc. cit.] dieser Anteil bei 24 %. Mangels spezifischerer Daten wurde dieser Split auch in der vorliegenden Studie angesetzt.
Getränke-abfüllung	Die Abfüllung von Getränkekartons und PET-Einwegflaschen findet in prinzipiell ähnlichen Prozessen statt. So ist die kaltaseptische Abfüllung von Fruchtsaft das Standardverfahren für beide Verpackungstypen. Auch der Energiebedarf und der Verpackungsausschuss der entsprechenden Ab-fülllinien sind vergleichbar. Der Bereich Abfüllung ist im Gesamtlebensweg der betrachteten Einwegsysteme von eher untergeordneter Bedeutung, sofern die thermische Behandlung des Getränks nicht betrachtet wird.
	Für die Abfüllung von Getränkekartons werden in dieser Studie die Daten aus der Ökobilanz für Saft herangezogen (IFEU 2004a, loc. cit.), die von einem der größten deutschen Fruchtsafthersteller bereitgestellt wurden. Die Angaben zu Strom-, Druckluft-, Dampf- und Wasserverbrauch wurden für die einzelnen Anlagenkomponenten auf einem sehr hohen Detaillierungsniveau ermittelt, basierend auf Messungen an bestehenden Anlagen. Neben der eigentlichen Befüllung der Getränkekartons umfassen die Daten auch die Formgebung der Kartons, Versiegelung, Applikation der Ausgusshilfen und Beladung der Kundenpaletten.
	Für die Abfüllung von PET-Flaschen wurden Daten für vergleichbare Systeme verwendet, die dem IFEU-Institut aus anderen Projektzusammenhängen vorliegen, bspw. (IFEU 2004b, loc. cit.).
	Die verwendeten Rechenwerte wurden ... den im Projektbeirat vertretenen Getränkefirmen zur Prüfung übermittelt.

187) FEFCO 2003: Fédération Européenne des Fabricants de Carton Ondulé, Brussels.

3.7.2.3 **Distribution**

Material/Produkt	Datengrundlage
Getränke-Distribution	Für die betrachteten Füllgüter sind keine Informationen über die mittlere Distributionsentfernung verfügbar. Die Erhebung und Ableitung aktueller, repräsentativer Daten zur Getränkedistribution ist mit sehr hohem Aufwand verbunden und war nicht Gegenstand dieser Studie.
	Behelfsweise wird für alle betrachteten Gebinde auf das Distributionsmodell aus UBA-II für den Füllgutbereich „Getränke ohne CO_2 des Segments Vorratskauf (> 0,5 L)" zurückgegriffen[188]. Dort wurden die Entfernungen und eingesetzten Fahrzeugtypen (Sattelzug 40 t und 28–32 t, LKW mit Hänger 40 t, LKW bis 23 t, LKW bis 16,5 t, Lieferwagen) für die zweistufige Distribution ermittelt. Die mittlere Transportentfernung liegt demnach bei rund 350 km.

3.7.2.4 **Sammlung und Sortierung der gebrauchten Verpackungen**

Folgende Datengrundlage wurde für die Sammlung und Sortierung der gebrauchten Verpackungen verwendet:

Material/Produkt	Datengrundlage
Sammlung	Das Prozessmodul beschreibt die Sammlung und den Transport von Siedlungsabfällen. In diesem Modul werden die direkten **und** indirekten Emissionen berechnet; d. h. die Vorketten zur Bereitstellung des Kraftstoffs werden einbezogen. Die berechneten Verbräuche und Emissionen beziehen sich stets auf das Gewicht des Abfalls, der betrachtet wird.
	Der **Datensatz für die auftretenden Emissionen beruht auf Standardemissionsdaten, die für das Umweltbundesamt Berlin und das Bundesamt für Umweltschutz BUWAL Bern in dem Modell TREMOD zusammengestellt, validiert, fortgeschrieben und ausgewertet werden**[189]. Die ursprünglichen Abgas-Messdaten stammen vom TÜV Rheinland. Alle Faktoren berücksichtigen die entsprechenden Kfz-Bestandszusammensetzungen und ggf. Fahrleistungsanteile (in Deutschland!).

---

188) UBA 2000
189) INFRAS 2004

Material/Produkt	Datengrundlage
Sortieranlage	Die **Datengrundlagen für Sortieranlagen basieren auf eigenen Recherchen von DSD.** Ansonsten werden allgemeine Annahmen für Sortieranlagentypen soweit bekannt unterschieden (z. B. händische Sortierung, halbautomatische Sortierung etc.).
	Ein Teil der erfassten transparenten PET-Flaschen sowie der Großteil der durchgefärbten, nicht-transparenten Flaschen fallen in den Sortieranlagen als Mischkunststoff an. Im Zuge der Weiterverarbeitung wird dieser zunächst zerkleinert, per Windsichtung gereinigt und dann in einem Thermoreaktor (Agglomerator) angeschmolzen und pelletiert. Der Energieverbrauch dafür wurde auf 1.188 MJ/t Input angesetzt. Die **Daten gehen auf Angaben der DKR[190] zurück[191] und decken sich mit den, den Auftragnehmern vorliegenden, Angaben eines Anlagenbetreibers**.
	Bei dem Verfahren handelt es sich um eine Trockenaufbereitung. Das heißt, es fällt kein direktes Abwasser an. Daten zu Abluft- bzw. Abwasseremissionen waren nicht verfügbar.

3.7.2.5 Verwertungsverfahren

Die Datenerhebung zu Verwertungsverfahren kann sich recht aufwändig gestalten, wenn unterschiedliche Technologien an unterschiedlichen Standorten mit einem realistischen Massenstrom berücksichtigt werden müssen und keine generischen Daten publiziert sind. In vielen Fällen ist es erforderlich von der Industrie Daten zu erfragen. Diese Daten müssen häufig vertraulich behandelt werden, d. h. sie dürfen von den Durchführenden der Ökobilanz in der Sachbilanzkalkulation verwendet, aber nicht explizit als Datensätze publiziert werden. Der Umgang mit vertraulichen Daten ist ein sehr sensibler Bereich in der Ökobilanzierung (vgl. auch Abschnitt 5.5).

Recycling gebrauchter Getränkekartons:
Nach Sortierung liegen Getränkekartons als eine eigene Materialfraktion vor. Das Verbundmaterial wird im Anschluss in zwei deutschen und einer finnischen Anlage aufbereitet.

Die deutschen Standorte geben die Rejekte zur Verwertung an Zementwerke ab. Dort dient der PE-Anteil als Brennstoff zum Ersatz von Steinkohle und das Aluminium als Ersatz für den Zuschlagstoff Bauxit.

Im Jahr 2005 wurden 20 % der in Deutschland gesammelten Verbundkarton in der finnischen Anlage verwertete. Dort wird das Rejekt in der am gleichen Standort befindlichen Ecogas-Anlage verwertet.

---

190) DKR; Deutsche Gesellschaft für Kunststoff-Recycling mbH
191) UBA 2001

Folgende Datengrundlagen wurden für die Prozessmodule berücksichtigt:

Material/Produkt	Datengrundlage
Faser-rückgewinnung	Der Hauptzweck der Aufbereitung ist die Rückgewinnung der Fasern, die durch Aufquellung in einem Pulper (dt.: Stoffauflöser) vom restlichen Verbund, den sog. Rejekten, gelöst werden. Das Rejekt (enthält auch die Ausgusshilfen und noch vorhandene Verschlüsse) gelangt in die Prozesse Zementwerk oder Ecogas-Anlage. **Die Fasern werden in der Regel noch in der gleichen Papierfabrik zu Endprodukten weiterverarbeitet. Die Datengrundlage bilden vertrauliche Daten deutscher und finnischer Anlagen.**
Ecogas-Anlage	In der Ecogas-Anlage wird das aus dem Verbund abgetrennte Polyethylen in die Gasphase gebracht und zur Energieerzeugung verbrannt. Ein Teil der Energie wird zum Betrieb der Ecogas-Anlage verwendet. Der verbleibende Energieüberschuss wird im angegliederten Papierwerk eingesetzt. Laut Angaben der Anlagenbetreiber werden etwa 85 % des eingesetzten Aluminiums zurückgewonnen und werkstofflich verwertet. **Die Datengrundlage bilden vertrauliche Daten des Anlagenbetreibers.**
Zementwerk	Die Verwertung von Rejekten im Zementwerk wurde als Mitverbrennungsprozess im Systemmodell umgesetzt. Es wurde angenommen, dass die Kunststoffanteile im Verbrennungsprozess Steinkohle ersetzen und Aluminiumanteile den Zuschlagsstoff Bauxit ersetzen. **Die Datengrundlage bilden vertrauliche Daten der Zementindustrie.**
Müllverbrennung Restmüll	Nicht verwertete Getränkekartons gehen in die Abfallbeseitigung, für die in der vorliegenden Studie eine Müllverbrennung angenommen wurde. **Das Müllverbrennungsmodell bildet einen technischen Standard im Einklang mit der EU-Richtlinie (EU Incineration Directive – Council Directive 2000/76/EC) ab.** Im Modell wird eine Rostfeuerung mit Dampfturbine und nachfolgender Abgasreinigung zugrunde gelegt. Die im Abfall enthaltene Energie kann teilweise zurückgewonnen werden (hier 10 % als elektrische Energie und 30 % als thermische Energie).

Recycling von PET-Flaschen:

Durch den Aufbereitungsprozess werden PET-Flakes als Produkt gewonnen.

Die in Europa derzeit eingesetzten Aufbereitungsanlagen für PET-Flaschen unterscheiden sich zwar im Alter und in den Detailverfahren, dennoch weisen die meisten Anlagen die gleichen Verfahrensschritte auf.

Folgende Datengrundlagen wurden für die Prozessmodule berücksichtigt:

Material/Produkt	Datengrundlage
Stoffliche Verwertung zu PET-Flakes	Die in dieser Studie verwendeten **Prozessdaten wurden im Rahmen der Studie im Auftrag von PETCORE**[192] **erarbeitet und validiert.** Für die Aufbereitung von Multilayer-Flaschen wird nach Information des DSD eine Verringerung der PET-Ausbeute um 2 % angenommen.
Zementwerk	Die Verwertung von Sortierresten und Mischkunststoffen im Zementwerk wurde als Mitverbrennungsprozess im Systemmodell umgesetzt. Es wurde angenommen, dass die verwerteten Mischkunststoffe im Verbrennungsprozess Steinkohle ersetzen. **Die Datengrundlage bilden vertrauliche Daten der Zementindustrie.**
Hochofen	Der Hochofenprozess wurde im Systemmodell umgesetzt **basierend auf vertraulichen Daten der Stahlindustrie.** Es wurde angenommen, dass die verwerteten Mischkunststoffe im Hochofen schweres Heizöl als Reduktionsmittel ersetzen.
Rohstoffliche Verwertung (Kunststoff-Vergasung zu Methanol)	Ein kleinerer Teil der Mischkunststoffe wurde im Sekundärrohstoffverwertungszentrum SVZ bei Cottbus rohstofflich verwertet. **Die Bilanzierung erfolgt auf Grundlage von UBA- und IVV-Daten**[193], [194]. Als Produkt wird Methanol erhalten, dem als Gutschrift die Herstellung von Methanol aus Mineralöl angerechnet wurde.
Müllverbrennung Restmüll	Nicht verwertete PET-Flaschen gehen in die Abfallbeseitigung, für die in der vorliegenden Studie eine Müllverbrennung angenommen wurde. **Das Müllverbrennungsmodell bildet einen technischen Standard im Einklang mit der EU-Richtlinie (EU Incineration Directive – Council Directive 2000/76/EC) ab.** Im Modell wird eine Rostfeuerung mit Dampfturbine und nachfolgender Abgasreinigung zugrunde gelegt. Die im Abfall enthaltene Energie wird teilweise zurückgewonnen (hier: 10 % als elektrische Energie und 30 % als thermische Energie). Die Datengrundlage bilden vertrauliche Daten deutscher Abfallverbrennungsanlagen.

192) IFEU 2004b
193) UBA 2000b
194) IVV 2001

3.7.2.6 Verwertung von Transportverpackungen

Folgende Datengrundlagen wurden für die Prozessmodule berücksichtigt (Prozessmodul MVA s. o.):

Material/Produkt	Datengrundlage
Stoffliche Verwertung zu PE-Granulat	Die gebrauchten PE-Transportverpackungen werden gereinigt und anschließend geschreddert/gemahlen. Das PE-Regranulat wird in der Kunststoffindustrie wieder eingesetzt und ersetzt dort PE-Neugranulat. **Die Datengrundlagen wurden (UBA 2000, loc. cit.) entnommen.**
Stoffliche Verwertung zu Wellpappen	Die gebrauchten Wellpappe-Transportverpackungen werden sortiert und wieder in der Herstellung altpapierbasierter Wellpappen-Rohpapiere eingesetzt. **Die Datengrundlagen für die Altpapiersortierung wurden (UBA 2000, loc. cit.) entnommen.**

3.7.2.7 LKW-Transporte

Für die betrachteten Füllgüter sind keine Informationen über die mittlere Distributionsentfernung verfügbar. Die Erhebung und Ableitung aktueller, repräsentativer Daten zur Getränkedistribution ist mit sehr hohem Aufwand verbunden und war nicht Gegenstand dieser Studie. Behelfsweise wird für alle betrachteten Gebinde auf das Distributionsmodell aus UBA-II (Transportentfernungen und eingesetzte Fahrzeugtypen) für den Füllgutbereich „Getränke ohne CO_2 des Segments Vorratskauf (> 0,5 L)" zurückgegriffen[195]. Die mittlere Transportentfernung liegt demnach bei rund 350 km.

Der **Datensatz beruht auf Standardemissionsdaten, die für das Umweltbundesamt Berlin, Umweltbundesamt Wien und das Bundesamt für Umweltschutz (BUWAL) Bern in dem „Handbuch für Emissionsfaktoren"[196] zusammengestellt, validiert, fortgeschrieben und ausgewertet wurden.**

Alle Faktoren berücksichtigen die entsprechenden Zusammensetzungen des Kfz-Bestandes und ggf. Fahrleistungsanteile in Deutschland. Das „Handbuch" ist eine Datenbankanwendung und liefert als Ergebnis den fahrleistungsbezogenen Kraftstoffverbrauch und die Emissionen differenziert nach **Lkw-Klassen, Straßenkategorien** und in gesonderten Berechnungen auch nach **Auslastungsgraden.**

3.7.2.8 Strombereitstellung

Die einer Bilanzierung zugrunde gelegte Strombereitstellung (Strommix, Kraftwerke und Stromverteilung) ist nicht allein bezüglich des Ressourcenverbrauchs relevant, sondern hat auch erheblichen Einfluss auf die kalkulierten Emissionen in die Luft (vgl. Abschnitt 3.2).

---

195) UBA 2000
196) INFRAS 2004

Die Strombereitstellung für Prozesse, die innerhalb des deutschen Bezugsraums angesiedelt sind, wurde mit dem deutschen Mix an Energieträgern bilanziert. Prozesse, die im Ausland erfolgen, wurden mit dem entsprechenden regionalen Energieträger-Mix berechnet, sofern das Aggregationsniveau der jeweiligen Datensätze eine separate Modellierung der Strombereitstellung ermöglichte.

Der Mix an Energieträgern im deutschen Netzstrom wurde gemäß der Angaben des Verbands der Elektrizitätswirtschaft (VDEW)[197] auf den Stand 2003 aktualisiert.

Tabelle 3.12 Kraftwerkssplit im Modell Netzstrom Deutschland 2003[198].

Energieträger	Anteile [%]
Steinkohle	23,9
Braunkohle	26,1
Mineralöl	1,1
Naturgase	12,3
Kernenergie	27,8
Wasser (ohne Pumpspeicher)	3,6
Windkraft	3,3
Sonstige	1,8

Die Modellierung der Kraftwerke erfolgte auf der Basis von Messwerten, die dem IFEU von Betreibern deutscher Kraftwerke zur Verfügung gestellt wurden. Diese Daten wurden mit Hilfe von Literaturangaben[199], [200] ergänzt. Dabei wurde auch versucht den regionalen Kraftwerksstandard abzubilden.

3.7.3
Ausarbeitung eines differenzierten Systemfließbilds mit Referenzflüssen

Auf der Grundlage der durchgeführten gründlichen Analyse des Produktsystems und der Gliederung in zu berücksichtigende Prozessmodule kann ein differenziertes Systemfließbild erstellt werden. Die Abb. 3.29 und 3.32 zeigen differenzierte Systemfließbilder, in die bereits die in der Sachbilanz errechneten Massenströme ausgehend von den Referenzflüssen (vgl. Tabelle 3.9) integriert sind.

---

197) Energieträgereinsatz zur Stromerzeugung AGE (Internet Stand 8. Aug. 2003, Tab. 2.10.1); Bruttostromerzeugung in Deutschland AGE (Internet Stand 5. Feb. 2004); Nettostromerzeugung in Deutschland VDEW (Internet, Stand 15.3.2004)
198) IFEU 2006
199) GEMIS 2001
200) Ecoinvent 2003

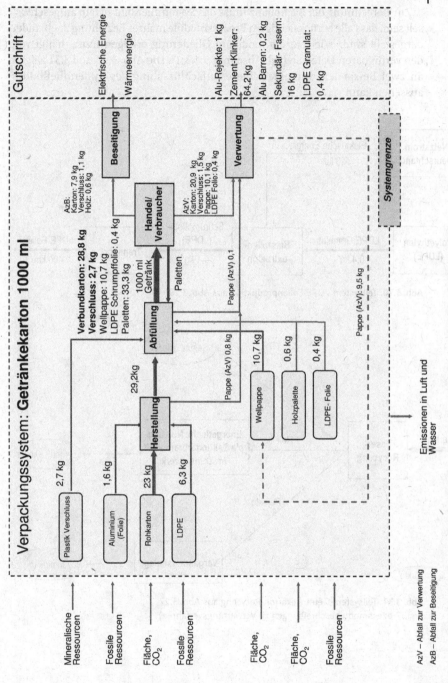

Abb. 3.29 Vereinfachtes Systemfließbild 1-L-Getränkekarton unter Ausweisung der Referenzflüsse. Die Massenangaben sind bezogen auf die funktionelle Einheit: Bereitstellung von 1000 L Getränk im Handel.

AzV – Abfall zur Verwertung
AzB – Abfall zur Beseitigung

Zur Berechnung der Sachbilanz muss das Systemfließbild so fein aufgeschlüsselt sein, dass alle berücksichtigten Prozessmodule in ihrer Beziehung zueinander dargestellt sind. Wie fein die modulare Gliederung erfolgen muss, hängt von den verfügbaren Daten ab (vgl. Abschnitt 3.1.3.1). Die Abb. 3.30 und 3.31 zeigen an zwei Beispielen, wie eine feinere Aufschlüsselung des Systemfließbildes aussehen kann.

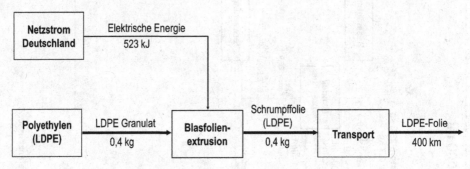

Abb. 3.30 Teilsystem LDPE-Folienproduktion aus Abb. 3.29.

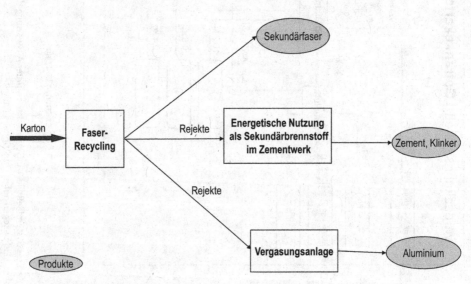

Abb. 3.31 Teilsystem Getränkekarton-Recycling aus Abb. 3.27 (vgl. Prozessmodulbeschreibungen zu Verwertungsverfahren).

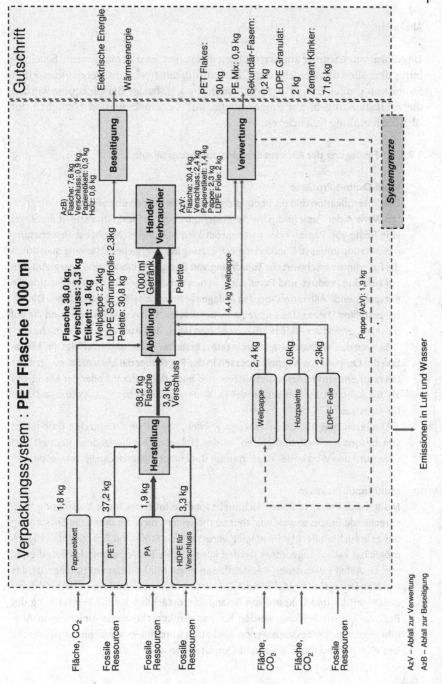

Abb. 3.32 Vereinfachtes Systemfließbild 1-L-PET-Flasche unter Ausweisung der Referenzflüsse. Die Massenangaben sind bezogen auf die funktionelle Einheit: Bereitstellung von 1000 L Getränk im Handel.

3.7.4
Allokation

Da Allokationen immer auf Konventionen beruhen, ist die transparente Beschreibung der Allokationsregeln zur Glaubwürdigkeit und zum Verständnis einer Studie von großer Bedeutung (vgl. Abschnitt 3.3). In der Beispielstudie werden die Allokationsregeln auf Prozessebene, auf Systemebene und bezüglich der Abfallbehandlung beschrieben.

3.7.4.1 Festlegung der Allokationsregeln auf Prozessebene

Multi-Output-Prozesse
Getränkerohkarton und die benötigten Faserstoffe werden überwiegend in integrierten Werken der Papierindustrie hergestellt, wobei die Produktpalette in der Regel eine Reihe von Papier- oder Kartonprodukten mit unterschiedlicher Faserzusammensetzung umfasst. Dies und die Vernetzung der Energiebereitstellung quer durch die Faserlinien **erschwert die Zuordnung von Energieverbrauch und Energieträgern auf einzelne Produkt- und Faserlinien.** In den vorliegenden Datensätzen wurde die entsprechende Allokation von den Anlagenbetreibern selbst durchgeführt. Die bereitgestellten Datensätze sind reine Inventardaten. Die Ausgangsdaten und die auf diese angewandten Allokationsprozeduren lagen den Auftragnehmern nicht vor.

Bei von den Verfassern der Studie selbst erstellten Datensätzen erfolgt die Allokation der Outputs aus Koppelprozessen in der Regel über die Masse. Bei einigen der Literatur entnommenen Datensätzen wird auch der Heizwert oder der Marktwert als Allokationskriterium verwendet (z. B. der Heizwert bei PlasticsEurope-Daten für Kunststoffe).

Die jeweiligen Allokationskriterien werden, soweit sie für einzelne Datensätze von besonderer Bedeutung sind, in der Datenbeschreibung dokumentiert. Bei Literaturdaten wird in der Regel nur auf die entsprechende Quelle verwiesen.

Multi-Input-Prozesse
Multi-Input-Prozesse finden sich insbesondere im Bereich der Entsorgung. Entsprechende Prozesse werden daher so modelliert, dass die durch die Entsorgung der gebrauchten Packstoffe anteilig verursachten Stoff- und Energieflüsse diesen möglichst kausal zugeordnet werden können. Die Modellierung der Beseitigung von zu Abfall gewordenen Packstoffen in einer Müllverbrennungsanlage ist das typische Beispiel einer Multi-Input-Zuordnung. Für die Ökobilanz selbst sind dabei diejenigen In- und Outputs von Belang, die ursächlich auf die Verbrennung der Packstoffe zurückgeführt werden können. Entsprechend der einleitenden Ausführungen zur prozessbezogenen Allokation werden hier vor allem physikalische Beziehungen zwischen Input und Output verwendet[201].

---

201) Für eine detaillierte Beschreibung der Zuordnung von Input/Output am Beispiel der Abfallverbrennung siehe UBA 2000, S. 81.

Transportprozesse zur Distribution

Bei der Distribution gefüllter Verpackungen werden die Umweltlasten zwischen Verpackung und Füllgut unter Berücksichtigung der Auslastung des Transportfahrzeugs alloziert. Das Vorgehen entspricht dem in der Getränkeökobilanz II des Umweltbundesamts und ist in (UBA 2000, loc. cit.) dokumentiert.

3.7.4.2 Festlegung der Allokationsregeln auf Systemebene für open-loop Recycling

In dieser Studie erfolgt die Allokation beim open-loop Recycling nach der „50 : 50"-Methode, die auch als Standardverfahren in UBA-II/2 angewendet wurde[202]. Dabei wird der Nutzen für Sekundärmaterialien im Verhältnis 50 : 50, also paritätisch, zwischen dem abgebenden und dem aufnehmenden System aufgeteilt.

Im Fall einer werkstofflichen Verwertung von Getränkekartons besteht der Nutzen beispielsweise im Ersatz von Frischfasern. Dem Getränkekartonsystem wird dieser Nutzen bilanztechnisch in Form einer Gutschrift angerechnet. Die Höhe der Gutschrift beträgt dabei 50 % des Massenanteils der durch den Einsatz von Sekundärfasern substituierten Frischfaserherstellung.

In der vorliegenden Studie wird der ursprüngliche UBA-Ansatz jedoch dahin gehend modifiziert, dass nunmehr auch der Bereich „Entsorgung" im Lebenszyklus 2 (LZ 2) des Sekundärprodukts in der Allokationsmethode berücksichtigt wird.

In Abschnitt 3.3.4.2 wurden die erklärenden Abbildungen aus der Beispielstudie bereits zur Erläuterung verwendet.

3.7.5
Modellierung des Systems

Nachdem alle zu berücksichtigenden Prozessmodule sowie die Allokationsregeln klar definiert sind, werden die Rechenregeln aufgestellt, nach denen die Prozessmodule miteinander verknüpft werden sollen. Diese Arbeit ist mit Ökobilanz-Software-Programmen mit entsprechenden Eingabemasken und hinterlegten Datenbanken komfortabel zu lösen.

Was eine Ökobilanz-Software natürlich nicht abnehmen kann, ist die Sicherstellung der sachgerechten Verknüpfung der Prozesse des Produktsystems. Die Logik des Produktsystems muss von den Durchführenden einer Ökobilanz im Vorfeld der Berechnung richtig umgesetzt werden.

3.7.6
Berechnung der Sachbilanz

Nachdem das System zufrieden stellend modelliert ist und alle Prozessdatensätze in hinreichender Qualität zur Verfügung stehen, kann die Sachbilanz des untersuchten Produktsystems berechnet werden. Die Tabellen 3.13 bis 3.20 zeigen als

---

202) UBA 2002, S. 14–16

Beispiel die Sachbilanz der Systemvariante „1-L-Getränkekarton mit Verschluss" bezogen auf die funktionelle Einheit[203].

In dieser Liste sind sowohl die Inputs als auch die Outputs als Elementarflüsse angegeben. Zur Erinnerung: Elementarflüsse nach ISO 14040/44 sind folgendermaßen definiert:

> „Stoff oder Energie, der bzw. die dem untersuchten System zugeführt wird und der Umwelt ohne vorherige Behandlung durch den Menschen entnommen wurde, oder Stoff oder Energie, der bzw. die das untersuchte System verlässt und ohne anschließende Behandlung durch den Menschen an die Umwelt abgegeben wird."

Ergänzend zu den so definierten Elementarflüssen sind die Bilanzierungsgrößen KEA und Naturraum aufgeführt.

In so gut wie allen Ökobilanzen wird zusätzlich zu neu erhobenen Daten mit generischen Datensätzen gearbeitet, die aus unterschiedlichen Quellen stammen. Da die Bezeichnung von Inputs und Outputs uneinheitlich sein kann, gibt es Fälle, in denen für ein und dieselbe Substanz mehrere Positionen mit unterschiedlicher Bezeichnung in der Sachbilanz auftreten, z. B.: Hexafluorethan, Perfluorethan und C_2F_6 oder Schwefelkohlenstoff und Carbon disulfide. Wird die Berechnung der Wirkungsabschätzung mittels einer Software durchgeführt, muss sicher gestellt sein, dass alle Varianten einer Bezeichnung eindeutig zugeordnet werden.

Eine Sachbilanz liefert sehr viel mehr Daten als in der Wirkungsabschätzung berücksichtigt werden. Der Grund ist, dass die Entwicklung der wissenschaftlich basierten Überführung von Sachbilanzdaten in Wirkungsindikatoren noch keine vollständige Nutzung aller Sachbilanzdaten erlaubt (vgl. Kapitel 4). Umso wichtiger ist, dass die Daten der Sachbilanz nicht verloren gehen dürfen, um in der Auswertung auf deren Informationsgehalt zurückgreifen zu können (vgl. Kapitel 5).

In den Tabellen 3.13 bis 3.20 ist der erste Schritt von der Sachbilanz zur Wirkungsabschätzung, die Klassifizierung, bereits dargestellt: Die Sachbilanzparameter werden den in der Beispielstudie berücksichtigten Wirkungskategorien zugeordnet (vgl. Abschnitt 4.6).

3.7.6.1 Input

Energieträger

Diejenigen Sachbilanzparameter, die in der Beispielstudie der Wirkungskategorie Ressourcenbeanspruchung zugeordnet sind, werden gemäß Tabelle 3.13 in der Wirkungsabschätzung über den Wirkungsindikator „Rohöläquivalente" zusammengefasst (vgl. Abschnitt 4.5.1.2).

---

203) IFEU 2006: Die Daten wurden in dieser ausführlichen Form freundlicherweise vom IFEU für dieses Buch zur Verfügung gestellt.

Tabelle 3.13 Sachbilanzdaten Energieträger.

Energieträger (RiL)	Masse/fE	Wirkungskategorie
Erdgas (RiL)	8,03E+00 kg	Ressourcenbeanspruchung
Erdöl (RiL)	1,22E+01 kg	Ressourcenbeanspruchung
Braunkohle (RiL)	5,48E+00 kg	Ressourcenbeanspruchung
Kohle, unspezifisch (RiL)	2,67E–03 kg	Ressourcenbeanspruchung
Steinkohle (RiL)	1,27E+00 kg	Ressourcenbeanspruchung

RiL: Rohstoffe in Lagerstätte

Kumulierter Energiebedarf

Der KEA wird als Bilanzierungsgröße in der Sachbilanz geführt (Tabelle 3.14). Obwohl er nicht in eine Wirkungskategorie überführt wird, wird in der Auswertung fast aller Ökobilanzen darauf zurückgegriffen (vgl. auch Abschnitt 3.2.2).

Tabelle 3.14 Sachbilanzdaten KEA.

KEA	Menge/fE	Wirkungskategorie
KEA (Kernenergie)	3,17E+05 kJ	–
KEA (Wasserkraft)	9,76E+04 kJ	–
KEA, fossil gesamt	9,62E+05 kJ	–
KEA, regenerativ	6,58E+05 kJ	–
KEA, sonstige	1,23E+03 kJ	–

Das Minuszeichen in dieser Tabelle bedeutet, dass der KEA nicht als Wirkungskategorie behandelt wird.

Mineralische Rohstoffe

In der Sachbilanz ist eine Vielzahl mineralischer Rohstoffe aufgeführt (siehe Tabelle 3.15).

Keiner dieser mineralischen Rohstoffe wird in der Wirkungsabschätzung berücksichtigt, da dort ausschließlich fossile Ressourcen aufgenommen wurden.

Tabelle 3.15 Sachbilanzdaten mineralische Rohstoffe.

Mineralien (RiL)	Masse/fE	Wirkungskategorie
Baryt (RiL)	2,85E–05 kg	n. z.
Bauxit (RiL)	5,43E+00 kg	n. z.
Bentonit (RiL)	4,87E–04 kg	n. z.
Blei (RiL)	4,57E–06 kg	n. z.
Calciumsulfat (RiL)	4,92E–05 kg	n. z.
Chrom (Cr) (RiL)	4,88E–08 kg	n. z.

Tabelle 3.15 (Fortsetzung)

Mineralien (RiL)	Masse/fE	Wirkungskategorie
Dolomit (RiL)	2,58E–05 kg	n. z.
Eisen (Fe) (RiL)	1,68E–04 kg	n. z.
Eisen (RiL)	2,40E–03 kg	n. z.
Eisenerz (RiL)	1,12E–03 kg	n. z.
Feldspat (RiL)	7,75E–16 kg	n. z.
Ferromangan (RiL)	1,92E–06 kg	n. z.
Flußspat (RiL)	5,89E–06 kg	n. z.
Granit (RiL)	3,24E–10 kg	n. z.
Ilmenit (RiL)	2,39E–01 kg	n. z.
Kalkstein (RiL)	7,94E–01 kg	n. z.
Kaliumchlorid (RiL)	1,86E–03 kg	n. z.
Kupfer (Cu) (RiL)	4,62E–07 kg	n. z.
Kies (RiL)	7,75E–06 kg	n. z.
Kreide (RiL)	5,81E–27 kg	n. z.
Magnesium (Mg) (RiL)	2,10E–08 kg	n. z.
Natriumchlorid (RiL)	6,16E–01 kg	n. z.
Natriumnitrat (RiL)	6,29E–08 kg	n. z.
Nickel (Ni) (RiL)	5,05E–08 kg	n. z.
Olivin (RiL)	1,97E–05 kg	n. z.
Quarz (SiO2) (RiL)	1,82E–27 kg	n. z.
Quarzsand (RiL)	1,79E–03 kg	n. z.
Quecksilber (Hg) (RiL)	1,28E–08 kg	n. z.
Rohphosphat (RiL)	3,37E–02 kg	n. z.
Roheisenerz (RiL)	6,39E–03 kg	n. z.
Roherde (RiL)	6,47E+00 kg	n. z.
Rohkali (RiL)	7,97E–02 kg	n. z.
Rutil (RiL)	8,37E–27 kg	n. z.
Sand (RiL)	1,19E–03 kg	n. z.
Schwefel (RiL)	1,88E–01 kg	n. z.
Schiefer (RiL)	1,39E–04 kg	n. z.
Talkum (RiL)	2,13E–20 kg	n. z.
Ton (RiL)	4,81E–07 kg	n. z.
Torf (RiL)	2,10E–02 kg	n. z.
Zink (RiL)	2,20E–03 kg	n. z.

n. z.: nicht zugeordnet

Wasser

Wasser wird in vielen Prozessen gebraucht. Die Daten sind in der Sachbilanz geführt, werden in der Wirkungsabschätzung allerdings nicht berücksichtigt (Tabelle 3.16).

Tabelle 3.16 Sachbilanzdaten Wasser.

Wasser	Masse/fE	Wirkungskategorie
Wasser		n. z.
Kühlwasser gesamt	3,70E+02 kg	n. z.
Kühlwasser public	6,12E+00 kg	n. z.
Kühlwasser	1,14E+04 kg	n. z.
Wasser (Prozess) gesamt	2,84E+01 kg	n. z.
Wasser (Prozess) public	1,40E+01 kg	n. z.
Wasser (Kesselspeise)	7,99E+02 kg	n. z.
Wasser (Prozess)	1,96E+03 kg	n. z.
Wasser, unspezifisch	–4,70E+01 kg	n. z.
Rohwasser		n. z.
Grundwasser	1,02E–02 kg	n. z.
Oberflächenwasser	2,19E–01 kg	n. z.

n. z.: nicht zugeordnet

Auffällig ist der negative Wert für „Wasser, unspezifisch". Die Erklärung liegt darin, dass in einem Sachbilanzdatensatz, der für eine Gutschrift verwendet wurde (daher das negative Vorzeichen), weder eine Angabe zur Herkunft noch zur Verwendung des Wassers enthalten war. Daher kann dieser Posten nicht mit einem der anderen aufgeführten Posten verrechnet werden.

Flächennutzung/Naturraumbeanspruchung

Naturraumbeanspruchung der Flächenkategorien II–V geht als Wirkungskategorie in die Wirkungsabschätzung ein (vgl. Abschnitt 4.5.1.6). Die Daten sind in der Sachbilanz dokumentiert. Die Naturraumbeanspruchung von Flächen der Kategorie VII betrifft bereits versiegelte Flächen. Diese werden in der Wirkungsabschätzung nicht berücksichtigt.

Tabelle 3.17 Sachbilanzdaten Naturraum.

Naturraum	Fläche/fE	Wirkungskategorie
Fläche K2	4,74E–01 m^2	Naturraumbeanspruchung
Fläche K2 (BRD)	3,15E–02 m^2	Naturraumbeanspruchung
Fläche K2 (NORD)	1,04E+00 m^2	Naturraumbeanspruchung
Fläche K3	4,77E+00 m^2	Naturraumbeanspruchung
Fläche K3 (BRD)	2,83E–01 m^2	Naturraumbeanspruchung
Fläche K3 (NORD)	1,19E+01 m^2	Naturraumbeanspruchung
Fläche K4	1,15E+01 m^2	Naturraumbeanspruchung
Fläche K4 (BRD)	1,36E–01 m^2	Naturraumbeanspruchung
Fläche K4 (NORD)	3,16E+01 m^2	Naturraumbeanspruchung
Fläche K5	1,79E+00 m^2	Naturraumbeanspruchung
Fläche K5 (BRD)	2,22E–02 m^2	Naturraumbeanspruchung
Fläche K5 (NORD)	7,33E+00 m^2	Naturraumbeanspruchung
Fläche K7	2,00E–04 m^2	n. z.
Fläche K7 (BRD)	5,10E–05 m^2	n. z.

n. z.: nicht zugeordnet

3.7.6.2 Output

Emissionen in die Luft

Obwohl die Emissionen in die Luft in vier Wirkungskategorien (Klimaänderung [hier Treibhauseffekt genannt], Sommersmog, Versauerung und Eutrophierung-Boden) einfließen (vgl. Abschnitt 4.5.2), ist auch hier deutlich, dass die Sachbilanz wesentlich mehr Informationen enthält, als in vielen Ökobilanzen in die Wirkungsabschätzung münden.

Tabelle 3.18 Sachbilanzdaten Emissionen in die Luft.

Emissionen (Luft)	Masse/fE Volumen/fE Energie/fE	Wirkungskategorie
Abgas (trocken Normvolumen) (L)	2,40E+02 Nm^3	n. z.
Abwärme (L)	2,58E+05 kJ	n. z.
Asbest (L)	5,67E–14 kg	n. z.
Deponiegas, diffus (L)	1,76E–01 m^3	n. z.
Flugasche (L)	2,35E–06 kg	n. z.
Kohlenstoff (C-Gesamt) (L)	3,02E–04 kg	n. z.
Partikel (L)	5,67E–04 kg	n. z.
Partikel aus Dieselemissionen (L)	1,00E–04 kg	n. z.
Staub (> PM10) (L)	–9,92E–04 kg	n. z.
Staub (L)	2,57E–02 kg	n. z.

Tabelle 3.18 (Fortsetzung)

Emissionen (Luft)	Masse/fE Volumen/fE Energie/fE	Wirkungskategorie
Staub (PM10) (L)	5,77E–03 kg	n. z.
Verbindungen, anorg. (L)		
Ammoniak (L)	4,04E–03 kg	Versauerung Eutrophierung (Boden)
Carbon Disulfide (L)	6,15E–12 kg	Versauerung
Chlor (L)	9,23E–08 kg	n. z.
Chloride (L)	9,54E–06 kg	n. z.
Chlorwasserstoff (L)	1,04E–03 kg	Versauerung
Cyanwasserstoff (L)	2,41E–09 kg	Versauerung
Distickstoffmonoxid (L)	1,13E–03 kg	Treibhauseffekt
Fluor (L)	7,94E–09 kg	n. z.
Fluor, gesamt (L)	6,67E–04 kg	n. z.
Fluorwasserstoff (L)	1,02E–03 kg	Versauerung
NO_x (L)	1,54E–01 kg	Sommersmog Versauerung Eutrophierung (Boden)
Phosphin (L)	4,43E–08 kg	n. z.
Schwefel (L)	4,16E–08 kg	n. z.
Schwefeldioxid (L)	1,53E–01 kg	Versauerung
Schwefelkohlenstoff (L)	1,89E–10 kg	Versauerung
Schwefelsäure (L)	1,04E–13 kg	Versauerung
Schwefelwasserstoff (L)	2,11E–04 kg	Versauerung
Stickstoff (L)	2,13E–04 kg	n. z.
Stickstoffdioxid (L)	2,10E–02 kg	Sommersmog Versauerung Eutrophierung (Boden)
Stickstoffoxide, unspezifisch (L)	4,18E–03 kg	Sommersmog Versauerung Eutrophierung (Boden)
TRS; total reduced sulphur; ber. als S (L)	7,79E–04 kg	Versauerung
Wasserstoff (L)	4,60E–04 kg	n. z.
Kohlendioxid (L)		
Kohlendioxid, fossil (L)	6,05E+01 kg	Treibhauseffekt
Kohlendioxid, regenerativ (L)	3,15E+01 kg	n. z.
Kohlendioxid, unspezifisch (L)	2,21E–01 kg	Treibhauseffekt
Kohlenmonoxid (L)	7,56E–02 kg	n. z.

Tabelle 3.18 (Fortsetzung)

Emissionen (Luft)	Masse/fE Volumen/fE Energie/fE	Wirkungskategorie
Metalle (L)		
Antimon (L)	9,00E–08 kg	n. z.
Arsen (L)	4,30E–07 kg	n. z.
Beryllium (L)	9,21E–08 kg	n. z.
Blei (L)	1,14E–06 kg	n. z.
Cadmium (L)	4,82E–07 kg	n. z.
Chrom (L)	3,26E–07 kg	n. z.
Kobalt (L)	2,73E–07 kg	n. z.
Kupfer (L)	8,80E–07 kg	n. z.
Mangan (L)	4,96E–07 kg	n. z.
Metalle, unspezifisch (L)	2,30E–05 kg	n. z.
Nickel (L)	1,20E–05 kg	n. z.
Palladium (L)	1,78E–09 kg	n. z.
Platin (L)	1,78E–09 kg	n. z.
Quecksilber (L)	9,93E–07 kg	n. z.
Rhodium (L)	2,49E–09 kg	n. z.
Selen (L)	2,36E–06 kg	n. z.
Silber (L)	9,95E–16 kg	n. z.
Tellur (L)	4,91E–07 kg	n. z.
Thallium (L)	3,17E–08 kg	n. z.
Uran (L)	2,76E–07 kg	n. z.
Vanadium (L)	6,07E–06 kg	n. z.
Zink (L)	2,75E–06 kg	n. z.
Zinn (L)	2,86E–07 kg	n. z.
VOC (L)		
Methan (L)	1,01E–01 kg	Treibhauseffekt Sommersmog
Methan, fossil (L)	5,44E–02 kg	Treibhauseffekt Sommersmog
Methan, regenerativ (L)	6,90E–02 kg	Treibhauseffekt Sommersmog
VOC (Kohlenwasserstoffe) (L)	3,35E–03 kg	Sommersmog
VOC, unspezifisch (L)	5,49E–02 kg	Sommersmog

Tabelle 3.18 (Fortsetzung)

Emissionen (Luft)	Masse/fE Volumen/fE Energie/fE	Wirkungskategorie
NMVOC (L)		
Ethen (L)	1,08E–05 kg	Sommersmog
Hexan (L)	7,53E–06 kg	Sommersmog
NMVOC (Kohlenwasserstoffe) (L)	1,33E–07 kg	Sommersmog
NMVOC (KW o. Benzol) (L)	1,65E–04 kg	Sommersmog
NMVOC (KW o. PAK) (L)	1,20E–02 kg	Sommersmog
NMVOC aus Dieselemis. (L)	2,35E–03 kg	Sommersmog
NMVOC aus Dieselemissionen (L)	1,18E–03 kg	Sommersmog
NMVOC, aromat., unspez. (L)	4,69E–04 kg	Sommersmog
NMVOC, chlor., unspez. (L)	2,00E–08 kg	Sommersmog
NMVOC, fluor., unspez. (L)	9,51E–06 kg	Sommersmog
NMVOC, unspez. (L)	1,30E–02 kg	Sommersmog
Propylene (L)	8,02E–06 kg	Sommersmog
TOC (L)	3,11E–04 kg	Sommersmog
BTEX(L)		
Benzol (L)	7,53E–05 kg	Sommersmog
Ethylbenzol (L)	7,21E–11 kg	Sommersmog
Toluol (L)	2,35E–07 kg	Sommersmog
Xylol (L)	3,17E–07 kg	Sommersmog
NMVOC, chlor., aliphat. (L)		
Dichlorethan (L)	1,87E–10 kg	n. z.
Dichlorethen (L)	4,53E–11 kg	n. z.
Methylenchlorid (CH_2Cl_2) (L)	1,26E–10 kg	n. z.
Tetrachlormethan (L)	1,36E–11 kg	Treibhauseffekt
Vinylchlorid (L)	4,06E–09 kg	n. z.
NMVOC, fluor. (L)		
Hexafluorethan (L)	1,21E–09 kg	Treibhauseffekt
Perfluorethan (L)	2,12E–05 kg	Treibhauseffekt
Perfluormethan (L)	2,43E–04 kg	Treibhauseffekt
Tetrafluormethan (L)	9,51E–09 kg	Treibhauseffekt
NMVOC, sauerstoffh. (L)		
Aldehyde, unspez. (L)	1,27E–07 kg	Sommersmog
Ethanol (L)	2,55E–08 kg	Sommersmog
Formaldehyd (L)	3,76E–04 kg	Sommersmog

Tabelle 3.18 (Fortsetzung)

Emissionen (Luft)	Masse/fE Volumen/fE Energie/fE	Wirkungskategorie
KWs, chloriert, aromat. (L)		
Chlorbenzole (L)	1,33E–08 kg	n. z.
Chlorodiphenyl (42 % Cl) (L)	6,34E–15 kg	n. z.
Chlorphenole (L)	2,65E–08 kg	n. z.
PCB (L)	3,12E–10 kg	n. z.
PCDD, PCDF (L)	2,22E–11 kg	n. z.
KWs, schwefelhaltig (L)		
Ethane thiol (L)	1,35E–12 kg	Versauerung
Mercaptane (L)	5,77E–08 kg	Versauerung
PAK (L)		
Acenaphtylen (L)	6,89E–16 kg	n. z.
Benzo(a)pyren (L)	2,80E–06 kg	n. z.
Dibenzo(a)pyren (L)	3,45E–17 kg	n. z.
Fluoren (L)	6,89E–17 kg	n. z.
Naphtalin (L)	3,45E–15 kg	n. z.
PAK ohne B(a)P (L)	1,04E–04 kg	n. z.
PAK, unspez. (L)	6,45E–09 kg	n. z.
Phenantren (L)	6,89E–17 kg	n. z.
KWs, sonstige		
Biphenyl (L)	6,89E–17 kg	n. z.
Styrene (a)	3,77E–12 kg	n. z.
Tributylphosphat (L)	1,14E–08 kg	n. z.
Sonstige		
Wasserdampf (L)	1,29E+01 kg	n. z.

n. z.: nicht zugeordnet

Emissionen ins Wasser

Emissionen ins Wasser werden in der Wirkungskategorie „aquatische Eutrophierung" berücksichtigt (Tabelle 3.19). Auch hier ist deutlich, dass die Sachbilanz sehr viel mehr Informationen liefert, als in die Wirkungsabschätzung aufgenommen wurden.

Tabelle 3.19 Sachbilanzdaten Emissionen ins Wasser.

Emissionen (Wasser)	Masse/fE Energie/fE	Wirkungskategorie
Abwärme (W)	6,63E+04 kJ	n. z.
Feststoffe, gelöst (W)	1,10E–02 kg	n. z.
Feststoffe, suspendiert (W)	9,43E–02 kg	n. z.
Feststoffe, ungelöst (W)	5,59E–04 kg	n. z.
Sand (W)	9,96E–05 kg	n. z.
Metalle (W)		
Aluminium (W)	7,97E–06 kg	n. z.
Aluminiumnitrat (W)	3,69E–08 kg	n. z.
Antimon (W)	3,98E–10 kg	n. z.
Arsen (W)	2,01E–07 kg	n. z.
Barium (W)	9,24E–07 kg	n. z.
Beryllium (W)	1,12E–08 kg	n. z.
Blei (W)	1,96E–05 kg	n. z.
Cadmium (W)	9,55E–08 kg	n. z.
Calcium (W)	3,61E–03 kg	n. z.
Chrom (W)	1,40E–06 kg	n. z.
Chrom-(VI)-oxid (W)	1,77E–10 kg	n. z.
Chrom-III (W)	1,03E–08 kg	n. z.
Chrom-VI (W)	5,37E–10 kg	n. z.
Cobalt (W)	1,47E–10 kg	n. z.
Cyanide (W)	4,37E–10 kg	n. z.
Eisen (W)	8,32E–07 kg	n. z.
Fe-Al-Oxide (W)	4,74E–05 kg	n. z.
Kalium (W)	5,69E–05 kg	n. z.
Kobalt (W)	2,55E–09 kg	n. z.
Kupfer (W)	5,16E–06 kg	n. z.
Magnesium (W)	2,36E–07 kg	n. z.
Mangan (W)	3,75E–05 kg	n. z.
Metalle, unspez. (W)	1,29E–04 kg	n. z.
Molybdän (W)	4,72E–06 kg	n. z.
Natrium (W)	1,60E–02 kg	n. z.
Nickel (W)	1,64E–06 kg	n. z.
Quecksilber (W)	1,42E–08 kg	n. z.
Selen (W)	1,40E–06 kg	n. z.
Silber (W)	2,49E–09 kg	n. z.
Strontium (W)	1,93E–10 kg	n. z.
Uran (W)	6,18E–06 kg	n. z.

Tabelle 3.19 (Fortsetzung)

Emissionen (Wasser)	Masse/fE Energie/fE	Wirkungskategorie
Vanadium (W)	3,60E–06 kg	n. z.
Zink (W)	1,72E–05 kg	n. z.
Zinn (W)	6,36E–09 kg	n. z.
Verbindungen anorg. (W)		
Bor (W)	1,83E–07 kg	n. z.
Bromat (W)	5,83E–09 kg	n. z.
Ca_Mg-Hydroxid (W)	2,47E–04 kg	n. z.
Calciumsulfat (W)	3,07E–05 kg	n. z.
Carbonat (W)	3,60E–04 kg	n. z.
Chlor (W)	5,62E–05 kg	n. z.
Chlor, gelöst (W)	1,89E–08 kg	n. z.
Chlorate (W)	7,42E–04 kg	n. z.
Chlorid (W)	9,13E–02 kg	n. z.
Cyanid (W)	2,68E–08 kg	n. z.
Fluor (W)	5,20E–07 kg	n. z.
Fluorid (W)	8,57E–04 kg	n. z.
Hydroxid (W)	4,36E–05 kg	n. z.
Kalkstein (W)	7,40E–04 kg	n. z.
Salze, anorg. (W)	3,02E–04 kg	n. z.
Säuren als H(+) (W)	1,71E–04 kg	n. z.
Schwefel (W)	2,03E–08 kg	n. z.
Sulfat (W)	6,84E–02 kg	n. z.
Sulfide (W)	3,21E–08 kg	n. z.
Phosphorverbindungen (W)		
Phosphat (W)	1,08E–07 kg	Eutrophierung Wasser
Phosphate (als P2O5) (W)	2,94E–08 kg	Eutrophierung Wasser
Phosphor (W)	8,50E–08 kg	Eutrophierung Wasser
Phosphorverbind. als P (W)	1,33E–03 kg	Eutrophierung Wasser
Stickstoffverbindungen (W)		
Amine, tertiär (W)	1,19E–06 kg	n. z.
Ammoniak (W)	1,87E–05 kg	Eutrophierung Wasser
Ammonium (W)	1,67E–04 kg	Eutrophierung Wasser
Ammonium als N (W)	6,73E–06 kg	Eutrophierung Wasser
Nitrat (W)	2,66E–02 kg	Eutrophierung Wasser
Nitrat als N (W)	1,25E–08 kg	Eutrophierung Wasser
Salpetersäure (W)	8,75E–07 kg	Eutrophierung Wasser

Tabelle 3.19 (Fortsetzung)

Emissionen (Wasser)	Masse/fE Energie/fE	Wirkungskategorie
Stickstoffverb., unspez. (W)	1,22E–05 kg	Eutrophierung Wasser
Stickstoffverbind. als N (W)	4,22E–03 kg	Eutrophierung Wasser
Verbindungen, organisch (W)		
Aldehyde, gesamt (W)	2,79E–04 kg	n. z.
Benzol (W)	2,66E–10 kg	n. z.
Detergenzien, Öl (W)	9,03E–05 kg	n. z.
Dioxine (W)	2,59E–09 kg	n. z.
Fette und Öle, gesamt (W)	9,34E–08 kg	n. z.
Isodecanol (als KW's) (W)	1,59E–06 kg	n. z.
Kohlenwasserstoffe, aromat., unspez. (W)	1,68E–09 kg	n. z.
Kohlenwasserstoffe, unspez. (W)	1,73E–04 kg	n. z.
Öl (W)	1,47E–03 kg	n. z.
Phenole (W)	1,50E–05 kg	n. z.
Tributylphosphat (W)	1,75E–09 kg	n. z.
Verbindungen, org., gelöst (W)	1,00E–04 kg	n. z.
PAK (W)		
Benzo(a)pyren (W)	2,61E–13 kg	n. z.
PAK ohne B(a)P (W)	1,37E–11 kg	n. z.
PAK, unspez. (W)	3,19E–06 kg	n. z.
Verbindungen, org., halog. (W)		
Dichlorethen (W)	4,39E–12 kg	n. z.
PCB (W)	9,17E–12 kg	n. z.
Verbindungen, org., chlor., unspez. (W)	5,34E–07 kg	n. z.
Verbindungen, org., halog., unspez. (W)	2,12E–10 kg	n. z.
Verbindungen, org., unspez. (W)	6,39E–08 kg	n. z.
Vinylchlorid (W)	7,44E–11 kg	n. z.
Indikatorparameter		
AOX (W)	1,28E–03 kg	n. z.
BSB-5 (W)	5,86E–02 kg	n. z.
CSB (W)	3,31E–01 kg	Eutrophierung Wasser
TOC (W)	1,13E–01 kg	n. z.
Sickerwasser, diffus (W)	5,41E–02 kg	n. z.
Sickerwasser, gefasst (W)	1,40E–05 kg	n. z.
Organozinn-Verb. als Sn (W)	1,97E–10 kg	n. z.
Organo-silicon (W)	3,85E–19 kg	n. z.

n. z.: nicht zugeordnet

Radionuklide

In der Sachbilanz werden die Emissionen von Radionukliden in Wasser und Luft geführt, allerdings nicht in eine Wirkungskategorie überführt (Tabelle 3.20). Die Daten stammen aus dem Prozessmodul „Kernkraftwerk".

Tabelle 3.20 Sachbilanzdaten Radionuklide.

Radionuklide (W) und (L)	Bq/fE	Wirkungskategorie
Americium 241 (L)	1,20E–03 Bq	n. z.
Americium 241 (W)	1,29E+02 Bq	n. z.
Antimon 124 (L)	1,43E–05 Bq	n. z.
Antimon 124 (W)	1,85E–02 Bq	n. z.
Antimon 125 (W)	2,38E–03 Bq	n. z.
Barium 140 (L)	8,81E–03 Bq	n. z.
Caesium 134 (L)	8,16E–02 Bq	n. z.
Caesium 134 (W)	1,73E+04 Bq	n. z.
Caesium 137 (L)	1,67E–01 Bq	n. z.
Caesium 137 (W)	1,02E+05 Bq	n. z.
Cer 141 (L)	2,43E–03 Bq	n. z.
Cer 144 (L)	2,47E–02 Bq	n. z.
Cer 144 (W)	6,07E+03 Bq	n. z.
Chrom 51 (L)	2,99E–03 Bq	n. z.
Chrom 51 (W)	8,71E–03 Bq	n. z.
Curium alpha (L)	1,90E–04 Bq	n. z.
Curium alpha (W)	2,47E+02 Bq	n. z.
Eisen 59 (L)	3,93E–04 Bq	n. z.
Jod 129 (L)	3,98E–01 Bq	n. z.
Jod 129 (W)	2,28E+04 Bq	n. z.
Jod 131 (L)	1,04E+00 Bq	n. z.
Jod 131 (W)	1,82E–02 Bq	n. z.
Kobalt 58 (L)	1,03E–03 Bq	n. z.
Kobalt 58 (W)	1,95E–03 Bq	n. z.
Kobalt 60 (L)	3,67E–02 Bq	n. z.
Kobalt 60 (W)	3,60E+04 Bq	n. z.
Kohlenstoff 14 (L)	9,51E+02 Bq	n. z.
Kohlenstoff 14 (W)	7,78E+03 Bq	n. z.
Kondensat	3,28E–01 kg	n. z.

Tabelle 3.20 (Fortsetzung)

Radionuklide (W) und (L)	Bq/fE	Wirkungskategorie
Krypton 85 (L)	5,88E+06 Bq	n. z.
Lanthan 140	2,44E–02 Bq	n. z.
Mangan 54 (L)	5,05E–03 Bq	n. z.
Mangan 54 (W)	1,76E–03 Bq	n. z.
Mangan 55 (W)	5,31E+03 Bq	n. z.
Neptunium 237 (L)	3,04E–07 Bq	n. z.
Neptunium 237 (W)	8,54E+01 Bq	n. z.
Niob 95 (L)	3,05E–03 Bq	n. z.
Niob 95 (W)	2,00E–03 Bq	n. z.
Nuklidgemisch (W)	1,26E–01 Bq	n. z.
Palladium 234m (L)	1,06E–01 Bq	n. z.
Palladium 234m (W)	1,97E+00 Bq	n. z.
Plutonium 241 beta (L)	1,06E–01 Bq	n. z.
Plutonium 241 beta (W)	6,26E+04 Bq	n. z.
Plutonium alpha (L)	4,36E–03 Bq	n. z.
Plutonium alpha (W)	2,09E+03 Bq	n. z.
Praseodym 147 (L)	3,04E–09 Bq	n. z.
radioaktive Metallnuklide, gesamt (L)	8,15E–06 Bq	n. z.
Radionuklide, gesamt (L)	1,70E+05 Bq	n. z.
Radionuklide, gesamt (W)	1,01E+03 kBq	n. z.
Radionuklide, unspez. (L)	4,31E+02 Bq	n. z.
Radionuklide, unspez. (W)	2,56E+00 kBq	n. z.
Radium 226 (L)	2,31E+00 Bq	n. z.
Radium 226 (W)	1,39E+03 Bq	n. z.
Radon 220 (L)	2,38E+01 Bq	n. z.
Radon 222 (L)	2,16E+07 Bq	n. z.
Ruthenium 103 (L)	2,43E–03 Bq	n. z.
Ruthenium 103 (W)	4,76E–04 Bq	n. z.
Ruthenium 106 (L)	3,79E+00 Bq	n. z.
Ruthenium 106 (W)	2,28E+05 Bq	n. z.
Strontium 90 (L)	1,20E–01 Bq	n. z.
Strontium 90 (W)	4,55E+04 Bq	n. z.
Technetium 99 (W)	3,98E+03 Bq	n. z.

Tabelle 3.20 (Fortsetzung)

Radionuklide (W) und (L)	Bq/fE	Wirkungskategorie
Thorium 230 (L)	1,19E+00 Bq	n. z.
Thorium 230 (W)	7,89E+02 Bq	n. z.
Thorium 234 (L)	1,06E–01 Bq	n. z.
Thorium 234 (W)	1,97E+00 Bq	n. z.
Tritium (L)	1,02E+03 Bq	n. z.
Tritium (W)	1,63E+08 Bq	n. z.
Uran 234 (L)	1,34E–01 Bq	n. z.
Uran 234 (W)	1,40E–03 Bq	n. z.
Uran 235 (L)	6,65E–03 Bq	n. z.
Uran 235 (W)	6,27E–05 Bq	n. z.
Uran 238 (L)	4,48E+00 Bq	n. z.
Uran 238 (W)	1,45E+02 Bq	n. z.
Uran 2381 (W)	8,50E+00 Bq	n. z.
Uran alpha (L)	9,37E–03 Bq	n. z.
Uran alpha (W)	1,31E+02 Bq	n. z.
Uran alpha, total (W)	5,20E+02 Bq	n. z.
Technetium 99 (L)	1,83E–13 Bq	n. z.
Xenon 133 (Äq) (L)	5,59E+03 Bq	n. z.
Xenon-133 (Äq)	3,33E+02 Bq	n. z.
Zink 65 (L)	4,67E–03 Bq	n. z.
Zink 65 (W)	1,94E–01 Bq	n. z.
Zirkonium 95 (L)	2,24E–03 Bq	n. z.
Zr95 u. Nb95 (W)	3,79E+02 Bq	n. z.
Nuklide, gesamt	3,27E–03 Bq	n. z.
Uran1 (W)	2,00E–01 Bq	n. z.

n. z.: nicht zugeordnet

Die Tabellen 3.13 bis 3.20 zeigen den großen Informationsgehalt einer Sachbilanz. Sie zeigen allerdings auch, dass es sinnvoll ist, die Daten zu bündeln und somit für die Auswertung zu strukturieren. Diese Bündelung der Daten in der Wirkungsabschätzung wird in Kapitel 4 besprochen und die Daten dieser Tabellen in Abschnitt 4.6 zur weiteren Erklärung genutzt.

3.8
Literatur zu Kapitel 3

AFNOR 1994:
Association Française de Normalisation (AFNOR): Analyse de cycle de vie. Norme NF X 30–300. 3/1994.

Arvidsson et al. 1999:
Arvidsson, P.; Carlson, R.; Pålsson, A.-C.: An Interpretation of the CPM use of SPINE in terms of ISO 14041 standard. Gothenburg, Sweden. CPM Update Report.

Ayres und Ayres 1996:
Ayres, R. U.; Ayres, L. W.: Industrial Ecology. Towards Closing the Materials Cycle. With contributions by P. Frankl, H. Lee, P. M. Weaver and N. Wolfgang. Edward Elgar Publ., Cheltenham (GB) 1996.

Baccini und Brunner 1991:
Baccini, P.; Brunner, P. H.: Metabolism of the Anthroposphere. Springer Verlag, Berlin.

Baccini und Baader 1996:
Baccini, P.; Bader, H.-P.: Regionaler Stoffhaushalt. Erfassung, Bewertung und Steuerung. Spektrum Akademischer Verlag, Heidelberg.

Bauer et al. 2004:
Bauer, C.; Buchgeister, J.; Schebek, L.: German network on life cycle inventory data. Int. J. LCA 9 (6), 360–364.

Beaufort-Langeveld et al. 2003:
Beaufort-Langeveld, Angeline S. H. de; Bretz, R.; van Hoof, G.; Hischier, R.; Jean, P.; Tanner, T.; Huijbregts, M. (eds.): Code of Life-Cycle Inventory Practice. SETAC Press, Pensacola, Florida, USA. ISBN 1-880611-58-9.

Berna et al. 1995:
Berna, J. L.; Cavalli, L.; Renta, C.: A life-cycle inventory for the production of linear akylbenzene sulphonates in Europe. Tenside Surf. Det. 32, 122–127.

Blouet und Rivoire 1995:
Blouet, A.; Rivoire, E.: L'Écobilan. Les produits et leurs impacts sur l'environnement. Dunod, Paris. ISBN 2-10-002126-5.

Boguski et al. 1996:
Boguski, T. K.; Hunt, R. G.; Cholaski, J. M.; Franklin, W. E.: LCA methodology. In: Curran, M. A. (Ed.): Environmental Life-Cycle Assessment. McGraw-Hill, New York, pp. 2.1–2.37. ISBN 0-07-015063-X.

Boustead und Hancock 1979:
Boustead, I.; Hancock, G. F.: Handbook of Industrial Energy Analysis. Ellis Horwood Ltd., Chichester, England.

Boustead 1992:
Boustead, I.: Eco-balance methodology for commodity thermoplastics. Report to The European Centre for Plastics in the Environment (PWMI)*, Brussels, December 1992. * später: Association of Plastic Manufacturers in Europe (APME)

Boustead 1993a:
Boustead, I.: Eco-profiles of the European plastics industry. Report 2: Olefin feedstock sources. Report to The European Centre for Plastics in the Environment (PWMI), Brussels, May 1993.

Boustead 1993b:
Boustead, I.: Eco-profiles of the European plastics industry. Report 3: Polyethylene and polypropylene. Report to The European Centre for Plastics in the Environment (PWMI), Brussels, May 1993.

Boustead 1993c:
Boustead, I.: Eco-profiles of the European plastics industry. Report 4: Polystyrene. Report to The European Centre for Plastics in the Environment (PWMI), Brussels May 1993; Second edition (to APME) Brussels, April 1997.

Boustead 1994a:
Boustead, I.: Eco-profiles of the European polymer industry. Report 6: Polyvinyl chloride. Report for APME's Technical and Environmental Centre, Brussels, April 1994.

Boustead 1994b:
Boustead, I.: Eco-profiles of the European polymer industry: Co-Product Allocation in Chlorine Plants. Report for APME's Technical and Environmental Centre, Brussels, April 1994.

Boustead und Fawer 1994:
Boustead, I.; Fawer, M.: Eco-profiles of the European polymer industry. Report 7: Polyvinylidene chloride. Report for

APME's Technical and Environmental Centre, Brussels, December 1994.

Boustead 1995a:
Boustead, I.: Eco-profiles of the European polymer industry. Report 8: Polyethylene Terephthalate (PET). Report for APME's Technical and Environmental Centre, Brussels, July 1995.

Boustead 1995b:
Boustead, I.: Methoden der Sachbilanzie-rung. Kapitel 6.2 in Thomé-Kozmiensky, K. J. (Hrsg.): Enzyklopädie der Kreislauf-wirtschaft, Management der Kreislauf-wirtschaft. EF-Verlag für Energie- und Umwelttechnik, Berlin 1995, 320–327.

Boustead 1996:
Boustead, I.: Eco-profiles of the European polymer industry. Report 9: Polyurethane precursors (TDI, MDI, Polyols). A Report for ISOPA, The European Isocyanate Pro-ducers Association. Brussels, June 1996.

Boustead 1996b:
Boustead, I.: LCA – How it came about. The beginning in UK. Int. J. LCA 1 (3), 147–150.

Boustead 1997a:
Boustead, I.: Eco-profiles of the Euro-pean polymer industry. Report 13: Polycarbonate. Report for APME's Technical and Environmental Centre, Brussels, September 1997.

Boustead 1997b:
Boustead, I.: Eco-profiles of the Euro-pean polymer industry. Report 14: Polymethyl methacrylate. A Report for the Methacrylates Technical Committee. Methacrylates Sector Group, CEFIC; APME, Brussels, September 1997.

Boustead 1997c:
Boustead, I.: Eco-profiles of the European polymer industry. Report 10: Polymer conversion. Report for APME's Technical and Environmental Centre, Brussels, in Collaboration with EuPC and supported by EUROMAP. Brussels, May 1997.

Boustead 2003:
Boustead, I.: Eco-Profiles of the European plastics industry: Methodology. A report for APME, Brussels.

Braunschweig und Müller-Wenk 1993:
Braunschweig, A.; Müller-Wenk, R.: Ökobilanzen für Unternehmungen. Eine Wegleitung für die Praxis. Verlag Haupt, Bern.

Bretz 1998:
Bretz, R.: SPOLD (Society for the Pro-motion of LCA Development). Int. J. LCA 3 (3), 119–120

Bretz und Frankhauser 1996:
Bretz, R.; Frankhauser, P.: Screening LCA for large numbers of products: Estimation tools to fill data gaps. Int. J. LCA 1 (3), 139–146.

Brunner und Rechberger 2004:
Brunner, P. H.; Rechberger, H.: Practical Handbook of Material Flow Analysis. Lewis Publ. CRC Press, Boca Raton, Florida. ISBN 1566 706 041.

BUWAL 1991:
Habersatter, K.; Widmer, F.: Oekobilanzen von Packstoffen. Stand 1990. In: Bundes-amt für Umwelt, Wald und Landschaft (BUWAL), Bern (Hrsg.): Schriftenreihe Umwelt Nr. 132, Februar 1991.

BUWAL 1996, 1998:
Habersatter, K.; Fecker, I.; Dall'Aqua, S.; Fawer, M.; Fallscher, F.; Förster, R.; Maillefer, C.; Ménard, M.; Reusser, L.; Som, C.; Stahel, U.; Zimmermann, P.: Ökoinventare für Verpackungen. ETH Zürich und EMPA St. Gallen für BUWAL und SVI, Bern. In: Bundesamt für Umwelt, Wald und Landschaft (Hrsg.): Schriftenreihe Umwelt Nr. 250/Bd. I und II. 2. erweiterte und aktualisierte Auflage, Bern 1998 (1. Auflage 1996).

Carlson et al. 1995:
Carlson, R.; Löfgren, G.; Steen, B.: SPINE – A relation database structure for life cycle assessment. Gothenburg, Sweden: Swedish Environmental Research Institute. Report B 1227.

Chevalier und Le Téno 1996:
Chevalier, J.-L.; Le Téno, J.-F.: Life cycle analysis with ill-defined data and its application to building products. Int. J. LCA 1 (2), 90–96.

Christiansen 1997:
Christiansen, K.: Simplifying LCA: Just a cut? Final Report of the SETAC-Europe LCA Screening and Streamlining Working Group. Brussels, May 1997.

Ciroth et al. 2004:
Ciroth, A.; Fleischer, G.; Steinbach, J.: Uncertainty calculation in life cycle assess-ments. A combined model of simulation and approximation. Int. J. LCA 9 (4), 216–226.

Ciroth 2007:
Ciroth, A.: ICT for environment in life cycle applications. Open LCA – a new open source software for life cycle assessment. Int. J. LCA 12 (4), 209–210.

Coulon et al. 1997:
Coulon, R.; Camobreco, V.; Teulon, H.; Besnaimou, J.: Data quality and uncertainty in LCI. Int. J. LCA 2 (3), 178–182.

CSA 1992:
Canadian Standards Association (CSA): Environmental Life Cycle Assessment. CAN/CSA-Z760. 5th Draft Edition, May 1992.

Curran 1996:
Curran, M. A. (Ed.): Environmental Life-Cycle Assessment. McGraw-Hill, New York. ISBN 0-07-015063-X.

Curran 2007:
Curran, M. A.: Co-product and input allocation approaches for creating life cycle inventory data: a literature review. Special Issue 1, Int. J. LCA 12, 65–78.

Curran 2008:
Curran, M. A.: Development of life cycle assessment methodology: a focus on co-product allocation. Thesis, Erasmus University Rotterdam, 26 June 2008.

De Smet und Stalmans 1996:
De Smet, B.; Stalmans, M.: LCI data and data quality. Thoughts and considerations. Int. J. LCA 1 (2), 96–104.

DIN 1978a:
Deutsche Normen: Einheiten – Einheitennamen, Einheitenzeichen. DIN 1301 Teil 1, Oktober 1978.

DIN 1978b:
Deutsche Normen: Einheiten – allgemein angewendete Teile und Vielfache. DIN 1301 Teil 2, Februar 1978.

DIN-NAGUS 1998:
DIN, Normenausschuss Grundlagen des Umweltschutzes (NAGUS): Englisch-Deutsche Fachwörterliste zur EN ISO 14040er-Serie, Berlin.

EAA 2000:
European Aluminium Association: Ecological Profile Report for the European Aluminium Industry. Brussels 2000.

EAA 2006:
European Aluminium Association: Update of Ecological Profile Report for the European Aluminium Industry. Brussels 2006. Bezugsquelle http://www.eaa.net.

Ecoinvent 2003:
ecoinvent Centre 2003, ecoinvent data v1.01, Swiss Centre for Life Cycle Inventories, Dübendorf 2003. Download unter www.ecoinvent.ch.

Ecoinvent 1 2004:
Frischknecht, R.; Jungbluth, N.; Althaus, H.-J.; Doka, G.; Dones, R.; Heck, T.; Hellweg, S.; Hischier, R.; Nemecek, T.; Rebitzer, G.; Spielmann, M.: Overview and Methodology. ecoinvent report No. 1. Swiss Centre for Life Cycle Inventories, Dübendorf.

Ecoinvent 2 2004:
Frischknecht, R.; Jungbluth, N.; Althaus, H.-J.; Doka, G.; Dones, R.; Hellweg, S.; Hischier, R.; Nemecek, T.; Rebitzer, G.; Spielmann, M.: Code of Practice (Data v1.1). ecoinvent report No. 2. Swiss Centre for Life Cycle Inventories, Dübendorf.

Ecoinvent 3 2004:
Frischknecht, R.; Jungbluth, N.; Althaus, H.-J.; Doka, G.; Dones, R.; Hellweg, S.; Hischier, R.; Humbert, S.; Margni, M.; Nemecek, T.; Spielmann, M.: Implementation of Life Cycle Impact Assessment Methods. ecoinvent report No. 3. Swiss Centre for Life Cycle Inventories, Dübendorf.

Ekvall 1999:
Ekkvall, T.: System Expansion and Allocation in Life Cycle Assessment. Chalmers University of Technology, ARF Report 245, Göteborg.

Ekvall und Tillman 1997:
Ekvall, T.; Tillman, A.-M.: Open-loop recycling: criteria for allocation procedures. Int. J. LCA 2 (3), 155–162.

Ekvall und Finnveden 2001:
Ekvall, T.; Finnveden, G.: Allocation in ISO 14041 – a critical review. J. Cleaner Production 9, 197–208.

EPA 1993:
Vigon, B. W.; Tolle, D. A.; Cornaby, B. W.; Latham, H. C.; Harrison, C. L.; Boguski, T. L.; Hunt, R. G.; Sellers, J. D.: Life Cycle Assessment: Inventory Guidelines and Principles. EPA/600/R-92/245, Office of Research and Development. Cincinnati, Ohio.

EPA 2006:
Scientific Applications International Corporation (SAIC): Life Cycle Assessment:

Principles and Practice. U.S. EPA, Systems Analysis Branch, co-ordinated by Curran, M. A., National Risk Management Research Laboratory. Cincinnati, Ohio.

Eyrer 1996:
Eyrer, P. (Hrsg.): Ganzheitliche Bilanzierung. Werkzeug zum Planen und Wirtschaften in Kreisläufen. Springer, Berlin. ISBN 3-540-59356-X.

Fava et al. 1994:
Fava, J.; Jensen, A. A.; Lindfors, L.; Pomper, S.; De Smet, B.; Warren, J.; Vigon, B. (eds.): Conceptual Framework for Life-Cycle Data Quality. Workshop Report. SETAC and SETAC Foundation for Environ. Education. Wintergreen, Virginia, October 1992. Published by SETAC, June 1994.

Fawer 1996:
Fawer, M.: Life Cycle Inventory for the Production of Zeolite A for Detergents. EMPA, Ecology Section. Commissioned by ZEODET, a sector group of CEFIC. EMPA-Bericht Nr. 234, St. Gallen.

Fawer 1997:
Fawer, M.: Life Cycle Inventories for the Production of Sodium Silicates. Report by Eidgenössische Materialprüfungs- und Forschungsanstalt, St. Gallen to Centre Européen d'Etude des Silicates (CEES) a sector group of CEFIC, Bruxelles.

FEFCO 2003:
European Database for Corrugated Board Live Cycle Studies. Brüssel 2003.

Finkbeiner et al. 1998:
Finkbeiner, M.; Wiedemann, M.; Saur, K.: A comprehensive approach toward product and organisation related environmental management tools – life cycle assessment (ISO 14040) and environmental management systems (ISO 14001). Int. J. LCA 3 (3), 169–178.

Fernandez und Le Téno 1997:
Fernandez, I.; Le Téno, J.-F.: A generic, object-oriented data model for life cycle analysis applications. Int. J. LCA 2 (2), 81–89.

Fleischer 1993:
Fleischer, G.: Der „ökologische break-even-point" für das Recycling. In: Thomé-Kozmiensky, K. J.: Modelle für eine zukünftige Siedlungsabfallwirtschaft; EF-Verlag für Energie- und Umwelttechnik, Berlin 1993.

Fleischer 1995:
Fleischer, G.: Methode der Nutzengleichheit für den ökologischen Vergleich der Entsorgungswege für DSD-Altkunststoffe. Kapitel 6.7 in Thomé-Kozmiensky, K. J. (Hrsg.): Enzyklopädie der Kreislaufwirtschaft, Management der Kreislaufwirtschaft. EF-Verlag für Energie- und Umwelttechnik, Berlin, S. 360–369.

Fleischer und Schmidt 1996:
Fleischer, G.; Schmidt, W.-P.: Functional unit for systems using natural raw materials. Int. J. LCA 1(1), 23–27.

Fleischer und Hake 2002:
Fleischer, G.; Hake, J.-F.: Aufwands- und ergebnisrelevante Probleme der Sachbilanzierung. Schriften des Forschungszentrums Jülich. Reihe Umwelt/Environment, Bd. 30. ISBN 3-89336-293-2.

Frankl und Rubik 2000:
Frankl, P.; Rubik, F.: Life Cycle Assessment in Industry and Business. Adoption Patterns, Applications and Implications. Springer, Berlin. ISBN 3-540-66469-6.

Frischknecht 1997:
Frischknecht, R.: The seductive effect of identical units. Int. J. LCA 2 (3), 125–126 (Comment to the editorial, loc. cit. Klöpffer 1997).

Frischknecht 2000:
Frischknecht, R.: Allocation in life cycle inventory analysis for joint production. Int. J. LCA 5 (2), 85–95.

Frischknecht et al. 2005:
Frischknecht, R.; Jungbluth, N.; Althaus, H.-J.; Doka, G.; Dones, R.; Heck, Th.; Hellweg, S.; Hischier, R.; Nemecek, Th.; Rebitzer, G.; Spielmann, M.: The ecoinvent database: overview and methodological framework. Int. J. LCA 10, 3–9.

Frischknecht et al. 2007:
Frischknecht, R.; Althaus, H.-J.; Bauer, C.; Doka, G.; Heck, T.; Jungbluth, N.; Kellenberger, D.; Nemecek, T.: The environmental relevance of capital goods in life cycle assessments of products and services. Int. J. LCA 12 (Special Issue 1), 7–17.

Fritsche et al. 1997:
Fritsche, U. R.; Buchert, M.; Hochfeld, C.; Jenseits, W.; Matthes, F. C.; Rausch, L.; Stahl, H.; Witt, J.: Gesamt-Emissions-Modell integrierter Systeme (GEMIS)

Version 3.0. Öko-Institut e. V. Darmstadt, Freiburg, Berlin im Auftrag des Hessischen Ministeriums für Umwelt, Jugend, Familie und Gesundheit, 1997.

Geisler et al. 2004:
Geisler, G.; Hofstetter, T. B.; Hungerbühler, K.: Production of fine chemicals: procedure for estimation of LCIs. Int. J. LCA 9 (2), 101–113.

GEMIS 2001:
Fritsche, U. et al.: Gesamt-Emissions-Modell integrierter Systeme, Darmstadt/Kassel, Version 4.1: http://www.oeko.de/service/gemis/deutsch/index.htm.

Giegrich et al. 1999:
Giegrich, J.; Fehrenbach, H.; Orlik, W.; Schwarz, M.: Ökologische Bilanzen in der Abfallwirtschaft. UBA Texte 10/99, Berlin.

Goedkoop 1995:
Goedkoop, M.: The Eco-indicator 95. Final Report (No. 9523) to National Reuse of Waste Research Programme (NOH), National Institute of Public Health and Environment Protection (RIVM) and Netherlands Agency for Energy and the Environment (November). Amersfoort 1995.

Goedkoop et al. 1998:
Goedkoop, M.; Hofstetter, P.; Müller-Wenk, R.; Spriemsma, R.: The Eco-Indicator 98 explained. Int. J. LCA 3 (6), 352–360.

Grahl und Schmincke 1996:
Grahl, B.; Schmincke, E.: Evaluation and decision-making processes in life cycle assessment. Int. J. LCA 1 (1), 32–35.

Grießhammer et al. 1997:
Grießhammer, R.; Bunke, D.; Gensch, C.-O.: Produktlinienanalyse Waschen und Waschmittel. Öko-Institut e. V., Freiburg, Forschungsbericht 102 07 202, UBA-FB 97-009. UBA-Texte 1/97. Berlin.

Guinée et al. 2002:
Guinée, J. B. (final editor); Gorée, M.; Heijungs, R.; Huppes, G.; Kleijn, R.; Koning, A. de; Oers, L. van; Wegener Sleeswijk, A.; Suh, S.; Udo de Haes, H. A.; Bruijn, H. de; Duin, R. van; Huijbregts, M. A. J.: Handbook on Life Cycle Assessment – Operational Guide to the ISO Standards. Kluwer Academic Publishers, Dordrecht. ISBN 1-4020-0228-9.

Guinée et al. 2004:
Guinée, J.; Heijungs, R.; Huppes, G.: Economic allocation: examples and derived decision tree. Int. J. LCA 9 (1), 23–33.

Günther und Holley 1995:
Günther, A.; Holley, W.: Aggregierte Sachökobilanz-Ergebnisse für Frischmilch und Bierverpackungen. Verpackungsrundschau 46 (3), 53–58.

Hau et al. 2007:
Hau, J. L.; Yi, H.-S.; Bakshi, B. R.: Enhancing life-cycle inventories via reconciliation with the laws of thermodynamics. J. Industrial Ecology 11 (4), 5–25.

Hauschild und Wenzel 1998:
Hauschild, M.; Wenzel, H.: Environmental Assessment of Products, Vol. 2: Scientific Background. Chapman & Hall, London. ISBN 0-412-80810-2.

Heijungs 1997:
Heijungs, R.: Economic Drama and the Environmental Stage. Formal Derivation of Algorithmic Tools for Environmental Analysis and Decision-Support from a Unified Epistemological Principle. Proefschrift (PhD Dissertation). Leiden. ISBN 90-9010784-3.

Heijungs 2001:
Heijungs, R.: A Theory of the Environmental and Economic Systems – a Unified Framework for Ecological Economic Analysis and Decision Support. Edward Elgar, Cheltenham, UK. ISBN 1-84064-643-8.

Heijungs 2005:
Heijungs, R.: On the use of units in LCA. Int. J. LCA 10 (3), 173–176.

Heijungs und Frischknecht 1998:
Heijungs, R.; Frischknecht, R.: On the nature of the allocation problem. A special view on the nature of the allocation problem. Int. J. LCA 3(6) (1998), 321–332.

Heijungs und Suh 2002:
Heijungs, R.; Suh, S.: The Computational Structure of Life Cycle Assessment. Kluwer Academic Publishers, Dordrecht. ISBN 1-4020-0672-1.

Heijungs und Suh 2006:
Heijungs, R.; Suh, S.: Reformulation of matrix-based LCI: from product balance to process balance. J. Cleaner Production 14 (1), 47–51.

Heintz und Baisnée 1992:
Heintz, B.; Baisnée, P.-F.: System bound-

aries. Chapter 2, Inventory. In: Society of Environmental Toxicology and Chemistry – Europe (ed.): Life-Cycle Assessment. Workshop Report, 2–3 December 1991, Leiden. SETAC-Europe, Brussels, April 1992, 35–52.

Hemming 1995:
Hemming, C.: SPOLD-Directory of Life Cycle Inventory Data Sources. Report by Chrisalis Environmental Consulting (UK) to the Society for the Promotion of LCA Development (SPOLD), Brussels, November 1995.

Heyde und Kremer 1999:
Heyde, M.; Kremer, M.: Recycling and recovery of plastics from packaging, in Domestic Waste. LCA-type Analysis of Different Strategies. Klöpffer, W.; Hutzinger, O. (eds.): LCA Documents Vol. 5. Ecoinforma Press, Bayreuth 1999. ISBN 3-928379-57-7.

Hindle und De Oude 1996:
Hindle, P.; de Oude, N. T.: SPOLD-Society for the Promotion of Life Cycle Development. Int. J. LCA 1 (1), 55–56.

Huijbregts et al. 2001:
Huijbregts, M. A. J.; Norris, G.; Bretz, R.; Ciroth, A.; Maurice, B.; von Bahr, B.; Weidema, B.; de Beaufort, A. S. H.: Framework for modelling data uncertainty in life cycle inventories. Int. J. LCA 6 (3), 127–132.

Hulpke und Marsmann 1994:
Hulpke, H.; Marsmann, M.: Ökobilanzen und Ökovergleiche. Nachr. Chem. Tech. Lab. 42 (1), 8 Seiten (nicht paginierter Sonderdruck).

Hunt et al. 1992:
Hunt, R. G.; Sellers, J. D.; Franklin, W. E.: Resource and environmental profile analysis: a life cycle environmental assessment for products and procedures. Environ. Impact Assess. Rev. 12, 245–269.

Hunt et al. 1998:
Hunt, R. G.; Boguski, T. K.; Weitz, K.; Sharma, A.: Case studies examining streamlining techniques. Int. J. LCA 3, 36–42.

Huppes und Schneider 1994:
Huppes, G.; Schneider, F. (eds.): Proceedings of the European Workshop on Allocation in LCA. Leiden, February 1994. SETAC-Europe, Brussels.

IFEU 2000:
Institut für Energie- und Umweltfor-

schung Heidelberg GmbH (IFEU): Ökologischer Vergleich graphischer Papiere Eine Ökobilanz zur Entsorgung graphischer Altpapiere sowie zu den Produktgruppen Zeitungen, Zeitschriften und Kopien. Projekt FKZ 103 501 20 für UBA Berlin. UBA Texte 22/00, Berlin.

IFEU 2004a:
Detzel, A., Ostermayer, A., Böß, A., Gromke, U. (IFEU): Ökobilanz Getränkekarton für Saft – Bezugsjahr 2002. Im Auftrag des Fachverband Kartonverpackungen, Wiesbaden, 2004 (unveröffentlicht).

IFEU 2004b:
Detzel, A. et al. (IFEU): Ökobilanz PET-Einwegverpackungen und sekundäre Verwertungsprodukte. Im Auftrag von PETCORE, Brüssel. IFEU-Heidelberg, August 2004.

IFEU 2006:
Detzel, A.; Böß, A.: Ökobilanzieller Vergleich von Getränkekartons und PET-Einwegflaschen. Endbericht, Institut für Energie und Umweltforschung (IFEU) Heidelberg an den Fachverband Kartonverpackungen (FKN) Wiesbaden, August 2006.

IFEU 2006b:
Institut für Energie- und Umweltforschung Heidelberg: TREMOD: Transport Emission Model. Energy Consumption and Emissions of Transport in Germany 1960–2030. UFOPLAN 204 45 139, Final Report to UBA Dessau, March 2006.

INFRAS 2004:
INFRAS: „Handbuch für Emissionsfaktoren des Straßenverkehrs Version 2.1", im Auftrag des Umweltbundesamts (UBA), Berlin und Bundesamts für Umwelt, Wald und Landwirtschaft (BUWAL), Bern, 2004.

ISO 1998:
International Standard (ISO); Norme Européenne (CEN): Environmental management – Life cycle assessment: Goal and scope definition and inventory analysis (Festlegung des Ziels und des Untersuchungsrahmens sowie Sachbilanz) ISO EN 14041, Geneva.

ISO 1998b:
International Standard: SI units and recommendations for the use of their multiples and of certain other units ISO 1000, Geneva.

ISO 2000:
International Organization for Standardization (ISO): Life cycle assessment – Examples of the application of goal and scope definition and inventory analysis. Technical Report ISO TR 14049, Geneva.

ISO 2002:
ISO/TC 207/SC 5: Environmental management – Life cycle assessment. Data Documentation Format. Technical Specification ISO/TS 14048, Geneva.

ISO 2004:
Umweltmanagement Systeme – Anforderungen mit Anleitung zur Anwendung. EN ISO 14001, Genf.

ISO 2006a:
Umweltmanagement – Ökobilanz – Grundsätze und Rahmenbedingungen. Deutsche und Englische Fassung EN ISO 14040, Oktober 2006, Genf.

ISO 2006b:
Umweltmanagement – Ökobilanz – Anforderungen und Anleitungen. Deutsche und Englische Fassung EN ISO 14044, Oktober 2006, Genf.

IVV 2001:
Bez, J.; Goldhahn, G.; Buttker, B.: Methanol aus Abfall. Ökobilanz bescheinigt gute Noten. Fraunhofer IVV, Freising. Müll und Abfall 33 (3), 158–162.

Janzen 1995:
Janzen, D. C.: Methodology of the European surfactant life-cycle inventory for detergent surfactants production. Tenside Surf. Det. 32, 110–121.

Jerrard und McNeill 1994:
Jerrard, H. G.; McNeill, D. B.: Wörterbuch wissenschaftlicher Einheiten. 1. Auflage, UTB. Quelle & Meyer, Wiesbaden 1994.

Kennedy et al. 1996:
Kennedy, D. J.; Montgomery, D. C.; Quay, B. H.: Data quality. Stochastic environmental life cycle assessment modeling – a probabilistic approach to incorporating variable input data quality. Int. J. LCA 1 (4), 199–207.

Kennedy et al. 1997:
Kennedy, D. J.; Montgomery, D. C.; Rollier, D. A.; Keats, J. B.: Data quality. Assessing input data uncertainty in life cycle assessment inventory models. Int. J. LCA 2 (4), 229–239.

Kim und Overcash 2000:
Kim, S.; Overcash, M.: Allocation pro-
cedure in multi-output processes: an illustration of ISO 14041. Int. J. LCA 5 (4), 221–228.

Kindler und Nikles 1980:
Kindler, H.; Nikles, A.: Energieaufwand zur Herstellung von Werkstoffen – Berechnungsgrundsätze und Energieäquivalenzwerte von Kunststoffen. Kunststoffe 70, 802–807.

Klöpffer 1994:
Klöpffer, W.: Review of life-cycle impact assessment, in: Udo de Haes, H. A.; Jensen, A. A.; Klöpffer, W.; Lindfors, L.-G. (eds.): Integrating Impact Assessment into LCA. Proceeding of the LCA symposium held at the Fourth SETAC-Europe Annual Meeting, 11–14 April 1994, Brussels. Published by Society of Environmental Toxicology and Chemistry – Europe. Brussels, pp. 11–15.

Klöpffer 1995:
Klöpffer, W.: Exposure and hazard assessment within life cycle impact assessment. ESPR – Environ. Sci. & Pollut. Res. 2 (1), 38–40.

Klöpffer 1996:
Klöpffer, W.: Allocation rules for open-loop recycling in life cycle assessment – A review. Int. J. LCA 1, 27–31.

Klöpffer 1996b:
Klöpffer, W.: Environmental hazard assessment of chemicals and products. Part V. Anthropogenic chemicals in sew-age sludge. Chemosphere 33, 1067–1081.

Klöpffer 1997:
Klöpffer, W.: In defense of the cumulative energy demand. Editorial. Int. J. LCA 2 (2), 61.

Klöpffer und Renner 1995:
Klöpffer, W.; Renner, I.: Methodik der Wirkungsbilanz im Rahmen von Produkt-Ökobilanzen unter Berücksichtigung nicht oder nur schwer quantifizierbarer Umwelt-Kategorien. Bericht der C.A.U. GmbH, Dreieich, an das Umweltbundesamt (UBA), Berlin. UBA-Texte 23/95, Berlin. ISSN 0722-186X.

Klöpffer et al. 1995:
Klöpffer, W.; Grießhammer, R.; Sundström, G.: Overview of the scientific peer review of the European life cycle inventory for surfactant production. Tenside Surf. Det. 32, 378–383

Klöpffer et al. 1996:
Klöpffer, W.; Sundström, G.; Grießhammer, R.: The peer reviewing process – a case study: European life cycle inventory for surfactant production. Int. J. LCA 1(2), 113–115.

Klöpffer und Volkwein 1995:
Klöpffer, W.; Volkwein, S.: Bilanzbewertung im Rahmen der Ökobilanz. Kapitel 6.4 in Thomé-Kozmiensky, K. J. (Hrsg.): Enzyklopädie der Kreislaufwirtschaft, Management der Kreislaufwirtschaft. EF-Verlag für Energie- und Umwelttechnik, Berlin, 336–340.

Klöpffer 2002:
Klöpffer, W.: The second Dutch LCA-guide, published as book (Guinée et al. 2002). Book review, Int. J. LCA 7, 311–313.

Kougoulis 2007:
Kougoulis, J. S.: Symmetric functional modeling in life cycle assessment multiple-use energy modules. Dissertation, TU Berlin; publiziert im Shaker Verlag, Aachen 2008.

Lichtenvort 2004:
Lichtenvort, K.: Systemgrenzenrelevante Änderungen von Flussmengen in der Ökobilanzierung, Dissertation, TU Berlin.

Lindfors et al. 1995:
Lindfors, L.-G.; Christiansen, K.; Hoffmann, L.; Virtanen, Y.; Juntilla, V.; Hanssen, O.-J.; Rønning, A.; Ekvall, T.; Finnveden, G.: Nordic Guidelines on Life-Cycle Assessment. Nordic Council of Ministers. Nord 1995: 20. Copenhagen 1995.

Lindfors et al. 1994a:
Lindfors, L.-G.; Christiansen, K.; Hoffmann, L.; Virtanen, Y.; Juntilla, V.; Leskinen, A.; Hansen, O.-J.; Rønning, A.; Ekvall,T.; Finnveden, G.: LCA-NORDIC Technical Reports No. 1–9. Tema Nord 1995:502. Nordic Council of Ministers. Copenhagen 1994.

Lindfors et al. 1994b:
Lindfors, L.-G.; Christiansen, K.; Hoffmann, L.; Virtanen, Y.; Juntilla, V.; Leskinen, A.; Hansen, O.-J.; Rønning, A.; Ekvall,T.; Finnveden, G.; Weidema, Bo P.; Ersbøll, A. K.; Bomann, B.; Ek, M.: LCA-NORDIC Technical Reports No. 10 and Special Reports No. 1–2. Tema Nord 1995:503. Nordic Council of Ministers. Copenhagen 1994. ISBN 92-9120-609-1.

Mauch und Schäfer 1996:
Mauch, W.; Schaefer, H.: Methodik zur Ermittlung des kumulierten Energieaufwands. In Eyrer, P. (Hrsg.): Ganzheitliche Bilanzierung. Werkzeug zum Planen und Wirtschaften in Kreisläufen. Springer, Berlin, S. 152–180. ISBN 3-540-59356-X.

Meadows et al. 1973:
Meadows, D. L.; Meadows, Donella H.; Zahn, E.; Milling, P.: Die Grenzen des Wachstums. Bericht des Club of Rome zur Lage der Menschheit. 101.–200. Ts. rororo Taschenbuch, Hamburg 1973; neue Auflage im dtv Taschenbuchverlag. ISBN 3-499-16825-1.

Mill 1848:
Mill, John Stuart: Principles of Political Economy, with Some of Their Applications to Social Philosophy. First published by J. W. Parker, London.

Mills et al. 1988:
Mills, I.; Cvitaš, T.; Homann, K.; Kallay, N.; Kuchitsu, K. (eds.): IUPAC. Quantities, Units and Symbols in Physical Chemistry. Blackwell Scientific Publications, Oxford 1988. ISBN 0-632-01773-2.

Österreichisches Statistisches Zentralamt 1995:
Statistisches Jahrbuch für die Republik Österreich. 46. Jhg., Neue Folge, Österreichische Staatsdruckerei, Wien. ISBN 3-901400-04-4.

Pohl 1992:
Pohl, W.: Lagerstättenlehre, 4. Auflage, E. Schweizerbart'sche Verlagsbuchhandlung, Stuttgart.

PlasticsEurope 2005a:
Boustead, I.: Eco-profiles of the European Plastics Industry – Low Density Polyethylene (LDPE), data last calculated March 2005, report prepared for PlasticsEurope, Brussels, 2005 (download August 2005 von: http://www.lca.plasticseurope.org/index.htm).

PlasticsEurope 2005b:
Boustead, I.: Eco-profiles of the European Plastics Industry – High Density Polyethylene (HDPE), data last calculated March 2005, report prepared for PlasticsEurope, Brussels, 2005 (download August 2005 von: http://www.lca.plasticseurope.org/index.htm).

PlasticsEurope 2005c:
Boustead, I.: Eco-profiles of the European

Plastics Industry – Polypropylene (PP), data last calculated March 2005, report prepared for PlasticsEurope, Brussels 2005 (download August 2005 von: http://www.lca.plasticseurope.org/index.htm).

PlasticsEurope 2005d:
Boustead, I.: Eco-profiles of the European Plastics Industry – Nylon 66, data last calculated March 2005, report prepared for PlasticsEurope, Brussels 2005 (download August 2005 von: http://www.lca.plasticseurope.org/index.htm).

Rebitzer 2005:
Rebitzer, G.: Enhancing the Application Efficiency of Life Cycle Assessment for Industrial Uses. Thèse No. 3307, École Polytechnique Féderale de Lausanne.

Rice et al. 1997:
Rice, G.; Clift, R.; Burns, R.: LCA software review. Comparison of currently available European LCA software. Int. J. LCA 2(1), 53–59.

Riebel 1955:
Riebel, P.: Die Kuppelproduktion. Betriebs- und Marktprobleme. Westdeutscher Verlag, Köln 1955.

Römpp 1993:
Hulpke, H.; Koch, H. A.; Wagner, R. (Hrsg.): Römpp Lexikon Umwelt. Georg Thieme Verlag, Stuttgart 1993. ISBN 3-13-736501-5.

Römpp 1995:
Chemie Lexikon. Falbe, J.; Reglitz, M. (Hrsg.). 9. Auflage, Paperback-Ausgabe, Georg Thieme Verlag, Stuttgart. ISBN 3-13-102759-2.

Ross et al. 2002:
Ross, S.; Evans, D.; Webber, M.: How LCA studies deal with uncertainty. Int. J. LCA 7 (1), 47–52.

Schaltegger 1996:
Schaltegger, S. (Ed.): Life Cycle Assessment (LCA) – Quo vadis? Birkhäuser Verlag, Basel. ISBN 3-7643-5341-4 (Basel), ISBN 0-8176-5341-4 (Boston).

Schmidt und Schorb 1995:
Schmidt, M.; Schorb, A.: Stoffstromanalysen in Ökobilanzen und Öko-Audits. Springer-Verlag, Berlin. ISBN 3-540-59336-5.

Schmidt 1997:
Schmidt, W.-P.: Dissertation. „Ökologische Grenzkosten der Kreislaufwirt-schaft". Technische Universität Berlin, September 1997.

Schmidt-Bleek 1993:
Schmidt-Bleek, F.: MIPS Re-visited. Fresenius Envir. Bull. 2, 407–412.

Schmidt-Bleek 1994:
Schmidt-Bleek, F.: Wie viel Umwelt braucht der Mensch? MIPS – Das Maß für ökologisches Wirtschaften. Birkhäuser Verlag, Berlin 1994.

Schmitz et al. 1995:
Schmitz, S.; Oels, H.-J.; Tiedemann, A.: Ökobilanz für Getränkeverpackungen. Teil A: Methode zur Berechnung und Bewertung von Ökobilanzen für Verpackungen. Teil B: Vergleichende Untersuchung der durch Verpackungssysteme für Frischmilch und Bier hervorgerufenen Umweltbeeinflussungen. UBA Texte 52/95. Berlin.

SETAC 1991:
Fava, J. A.; Denison, R.; Jones, B.; Curran, M. A.; Vigon, B.; Selke, S.; Barnum, J. (eds.): SETAC Workshop Report: A Technical Framework for Life Cycle Assessments, August 18–23, 1990. Smugglers Notch, Vermont. SETAC, Washington, DC.

SETAC 1993:
Society of Environmental Toxicology and Chemistry (SETAC): Guidelines for Life-Cycle Assessment: A „Code of Practice". From the SETAC Workshop held at Sesimbra, Portugal, 31 March – 3 April 1993. Edition 1, Brussels and Pensacola (Florida), August 1993.

SETAC Europe 1992:
Society of Environmental Toxicology and Chemistry – Europe (Ed.): Life-Cycle Assessment. Workshop Report, 2–3 December 1991, Leiden. SETAC-Europe, Brussels.

SETAC Europe 1996:
Clift, R. (Ed.): Inventory Analysis. Report of the SETAC-Europe Working Group, Brussels (unpublished).

Siegenthaler et al. 1997:
Siegenthaler, C. P.; Linder, S.; Pagliari, F.: LCA Software Guide 1997. Market Overview – Software Portraits. ÖBU Schriftenreihe 13. Adliswil (Schweiz). ISBN 3-908233-14-3.

Singhofen et al. 1996:
Singhofen, A.; Hemming, C. R.;

Weidema, B. P.; Grisel, L., Bretz, R.;
De Smet, B.; Russel, D.: Life cycle inventory data; development of a common
format. Int. J. LCA 1 (3), 171–178.

Spatari et al. 2001:
Spatari, S.; Betz, M.; Florin, H.; Baitz, M.;
Faltenbacher, M.: Using GaBi 3 to perform
life cycle assessment and life cycle
engineering. Int. J. LCA 6 (2), 81–84.

Stalmans et al. 1995:
Stalmans, M.; Berenbold, H.; Berna, J. L.;
Cavalli, L.; Dillarstone, A.; Franke, M.;
Hirsinger, F.; Janzen, D.; Kosswig, K.;
Postlethwaite, D.; Rappert, Th.; Renta, C.;
Scharer, D.; Schick, K.-P.; Schul, W.;
Thomas, H.; Van Sloten, R.: European life-
cycle inventory for detergent surfactants
production. Tenside Surf. Det. 32, 84–109.

Tiedemann 2000:
Tiedemann, A. (Hrsg.): Ökobilanzen für
graphische Papiere. UBA Texte 22/2000,
Berlin.

Tukker 1998:
Tukker, A.: Frames in the Toxicity Con-
troversy. Risk Assessment and Policy
Analysis Related to the Dutch Chlorine
Debate and the Swedish PVC Debate.
Kluwer Academic Publishers, Dordrecht
1998. ISBN 0-7923-5554-7.

Tukker et al. 1996:
Tukker, A.; Kleijn, R.; van Oers, L.: A PVC
substance flow analysis for Sweden.
Report by TNO Centre for Technology
and Policy Studies and Centre of
Environmental Science (CML) Leiden to
Norsk Hydro, TNO-report STB/96/48-III.
Apeldoorn, November 1996.

UBA 1992:
Arbeitsgruppe Ökobilanzen des Umwelt-
bundesamts Berlin: Ökobilanzen für
Produkte. Bedeutung – Sachstand –
Perspektiven. UBA Texte 38/92. Berlin.

UBA 2000:
Plinke, E.; Schonert, M.; Meckel, H.;
Detzel, A.; Giegrich, J.; Fehrenbach, H.;
Ostermayer, A.; Schorb, A.; Heinisch, J.;
Luxenhofer, K.; Schmitz, S.: Ökobilanz
für Getränkeverpackungen II, Zwischen-
bericht (Phase 1) zum Forschungs-
vorhaben FKZ 296 92 504 des Umwelt-
bundesamtes Berlin – Hauptteil:
UBA-Texte 37/00. Berlin, September 2000.
ISSN 0722-186X.

UBA 2000a:
Umweltbundesamt (Hrsg.): Ökobilanzen
für graphische Papiere. UBA-Texte 22/00.
Berlin 2000.

UBA 2000b:
Umweltbundesamt (Hrsg.): Ökologische
Bilanzierung von Altölverwertungswegen.
UBA-Texte 20/00. Berlin 2000.

UBA 2001:
Umweltbundesamt (Hrsg.): Grundlagen
für eine ökologisch und ökonomisch
sinnvolle Verwertung von Verkaufs-
verpackungen. Berlin 2001.

UBA 2002:
Schonert, M.; Metz, G.; Detzel, A.;
Giegrich, J.; Ostermayer, A.;
Schorb, A.; Schmitz, S.: Ökobilanz für
Getränkeverpackungen II, Phase 2.
Forschungsbericht 103 50 504 UBA-FB
000363 des Umweltbundesamtes Berlin:
UBA-Texte 51/02. Berlin, Oktober 2002.
ISSN 0722-186X.

Udo de Haes und De Snoo 1996:
Udo de Haes, H. A.; de Snoo, G. R.:
Environmental certification. Companies
and products: two vehicles for a life
cycle approach? Int. J. LCA 1 (3),
168–170.

Udo de Haes und Wrisberg 1997:
Udo de Haes, H. A.; Wrisberg, N. (eds.):
LCANET European Network for Strategic
Life-Cycle Assessment Research and
Development. Life Cycle Assessment:
State-of-the Art and Research Priorities.
Klöpffer, W.; Hutzinger, O. (eds.): LCA
Documents, Vol. 1. Ecoinforma Press,
Bayreuth 1997. ISBN 3-928379-53-4.

VDI 1997:
VDI-Richtlinie 4600: Kumulierter
Energieaufwand (Cumulative Energy
Demand). Begriffe, Definitionen,
Berechnungsmethoden. Deutsch und
Englisch. Verein Deutscher Ingenieure,
VDI-Gesellschaft Energietechnik
Richtlinienausschuss Kumulierter
Energieaufwand, Düsseldorf.

Vigon 1996:
Vigon, B. W.: Software systems and
databases. In: Curran, M. A. (Ed.):
Environmental Life-Cycle Assessment.
McGraw-Hill, New York, 3.1–3.25.
ISBN 0-07-015063-X.

Weidema 1998:
Weidema, B.: Remark: standards for data exchange or for databases? SETAC-Europe News 9 (3), 14.

Weidema 2001:
Weidema, B.: Avoiding co-product allocation in life-cycle assessment. J. Industrial Ecology 4 (3), 11–33.

Weidema et al. 1999:
Weidema, B. P.; Frees, N.; Nielsen, A.-M.: Marginal production technologies for life cycle inventories. Int. J. LCA 4 (1), 48–56.

Wenzel et al. 1997:
Wenzel, H.; Hauschild, M.; Alting, L.: Environmental Assessment of Products Vol. 1: Methodology, Tools and Case Studies in Product Development. Chapman & Hall, London. ISBN 0-412-80800-5.

Werner und Richter 2000:
Werner, F.; Richter, K.: Economic allocation in LCA: a case study about aluminium window frames. Int. J. LCA 5 (2), 79–83.

White et al. 1995:
White, P.; Franke, M.; Hindle, P.: Integrated Solid Waste Management: A Life Cycle Inventory. Blackie Academic & Professional, London 1995.

Wrisberg et al. 2002:
Wrisberg, N.; Udo de Haes, H. A.; Triebswetter, U.; Eder, P.; Clift, R. (eds.): Analytical Tools for Environmental Design and Management in a Systems Perspective. Kluwer Academics Publishers, Dordrecht.

4

Wirkungsabschätzung

> *It must be emphasized that these methods of analysis do not
> indicate that actual impacts will be observed in the environment
> because of the life cycle of the product or process under study,
> but only that there is a potential linkage between the product
> or process life cycle and the impacts.*
>
> Reinout Heijungs und Jeroen B. Guinée[1]

4.1
Grundprinzip der Wirkungsabschätzung

Die Wirkungsabschätzung (*Life Cycle Impact Assessment* – LCIA) ist die zweite
vorwiegend naturwissenschaftliche Komponente der Ökobilanz, die gemeinsam mit der Sachbilanz eingebettet ist in die beiden, wissenschaftstheoretisch betrachtet, „weicheren" Komponenten „Festlegung des Ziels und des
Untersuchungsrahmens" (vor der Sachbilanz) und „Auswertung" (nach der
Wirkungsabschätzung)[2].

ISO 14044 bezieht sich auf zwei Arten von Studien: Ökobilanz-Studien und
Sachbilanz-Studien. Die Sachbilanz-Studien enthalten keine Wirkungsabschätzung, wohl aber die Phasen „Festlegung des Ziels und des Untersuchungsrahmen" sowie „Auswertung". Eine Sachbilanz-Studie darf daher nicht mit der Phase
„Sachbilanz" verwechselt werden.

Wozu benötigt man eine „Wirkungsabschätzung" in der Ökobilanz?

1. Die **Ök**obilanz erhebt den Anspruch, die wesentlichen Umwelteinflüsse (in
   der ISO-Sprache „Umweltaspekte") und potenziellen Umweltwirkungen, die
   mit einem untersuchten Produktsystem zusammenhängen, zu erfassen und
   soweit wie möglich zu quantifizieren. Die Sachbilanz liefert mit den erfassten
   Inputs und Outputs die Umwelteinflüsse des definierten Produktsystems.

---

1) Heijungs und Guinée 1993
2) Klöpffer 1994, 1997, 1998

Ökobilanz (LCA): Ein Leitfaden für Ausbildung und Beruf. Walter Klöpffer und Birgit Grahl
Copyright © 2009 WILEY-VCH Verlag GmbH & Co. KGaA, Weinheim
ISBN: 978-3-527-32043-1

Zur Ableitung potentieller Umweltwirkungen aus diesen Daten ist ein weiterer Arbeitsschritt erforderlich, die Wirkungsabschätzung. Eine Zusammenfassung der verschiedenen Definitionen der Wirkungsabschätzung ist bei Owens[3] nachzulesen.

2. Bei einer vollständigen Sachbilanz sind zahlreiche Daten über Massenflüsse, Emissionen, Ressourcenverbrauch und Energieaufwand vorhanden, die schwierig in übersichtlicher Weise zu handhaben sind und daher Aggregationen wünschenswert erscheinen lassen (vgl. Abschnitt 3.7).

3. In der Sachbilanz steckt mehr Information, als eine Auflistung der ungewichteten Input- und Output-Daten erkennen lässt.

4. Im ökologischen Produktvergleich darf es nicht zu Ergebnissen kommen, in denen ein Produktsystem A, in dessen Lebensweg weniger Energie verbraucht wird als im Produktsystem B (geringerer KEA), aber (umwelt)toxische Stoffe mit kleinem Massenstrom, aber erheblicher Wirkung emittiert werden, eindeutig besser abschneidet als Produktsystem B.

Aus den genannten Gründen wurde schon frühzeitig versucht, eine Art von wirkungsbezogener Aggregation zu entwickeln, die über den kumulierten Energieaufwand (KEA) aus der Sachbilanz (vgl. Abschnitt 3.2.2) hinausgeht. Auch die Summe der festen Abfälle kann als eine Aggregation und Summenparameter für den Materialdurchsatz gesehen werden. Daneben gibt dieser Wert einen Hinweis auf den primär technischen Bereich der Müllbeseitigung, der aber traditionell, und über die negativen Nebenwirkungen wohl auch zu Recht, als Umweltproblemfeld betrachtet wird.

Die bekannteste frühe Lösung einer aggregierenden Wirkungsabschätzung ist die schweizerische Methode der „kritischen Volumina", die in Abschnitt 4.2 besprochen wird. Sie wurde ab etwa 1992 zunehmend von der bei CML, Leiden, entwickelten Methode der Umweltproblemfelder oder Wirkungskategorien abgelöst[4] (vgl. Abschnitt 4.4). Umweltproblemfelder bzw. Wirkungskategorien sind beispielsweise „Versauerung" oder „Klimaänderung".

Die Normung der Ökobilanz in ISO 14040/44 folgt in Struktur und Inhalt weitgehend den bei CML entwickelten Ideen, wenn auch die Definition der Wirkungsabschätzung allgemein gehalten ist[5] und keine Empfehlung für eine spezielle Liste von Wirkungskategorien gegeben wird:

> „**Wirkungsabschätzung:** *Bestandteil der Ökobilanz, der dem Erkennen und der Beurteilung der Größe und Bedeutung von potenziellen Umweltwirkungen eines Produktsystems im Verlaufe des Lebensweges des Produktes dient."*

In ISO 14044 wird durch die Formulierung „potenzielle Umweltwirkungen" betont, dass es sich bei der Wirkungsabschätzung **nicht** um eine (umwelt-)

---

3) Owens 1998
4) Gabathuler 1998
5) ISO 2006a (§ 3.4)

toxikologische Risikoanalyse handelt: In diesem Falle müssten stoffimmanente Eigenschaften mit der Konzentration dieser Stoffe am Ort der Wirkung korreliert werden.

Beispiel

Potenzielle Umweltwirkung

Eine Wirkung ist definitionsgemäß immer auf eine Ursache bezogen und dieser auch eindeutig zuzuordnen. Die Umweltwirkungen eines Produktsystems im Verlauf seines Lebensweges haben ihre Ursache in den Verbräuchen (Inputs) und Emissionen (Outputs), die in der Sachbilanz ermittelt werden. Werden z. B. bei unterschiedlichen Prozessen im Lebensweg eines Produktes Säuren (stoffimmanente Eigenschaft: setzen in wässriger Lösung H_3O^+-Ionen frei und erniedrigen somit den pH-Wert) in die Atmosphäre emittiert, die im weiteren Verlauf mit dem Regen zum Boden und in Gewässer zurückkehren, sind diese Säuren die Ursache für sauren Regen sowie die Boden- bzw. Gewässerversauerung. Der erniedrigte pH-Wert kann eine Reihe von Wirkungen haben, wie Hautschäden, Fischsterben, Remobilisierung von Schwermetallen und vieles andere mehr. Insofern bestehen Ursache-Wirkungsbeziehungen.

Da die in der Sachbilanz für das Produktsystem zusammengestellten Verbräuche und Emissionen allerdings nur selten einem einzigen definierbaren Ort zuzuordnen sind, lässt sich das Schadensausmaß an einem bestimmten Ort nicht oder nur selten quantifizieren: Es ist bezüglich der zu erwartenden Umweltwirkung ein erheblicher Unterschied, ob 1 kg Chlorwasserstoff (HCl) in kurzer Zeit aus einem einzigen Schornstein entweicht und sich in der nahen Umgebung niederschlägt oder ob über den gesamten Lebensweg des Produktes aus vielen Anlagen, die über ein großes geographisches Areal verteilt sind, kleine Einzelmengen emittiert werden, die rechnerisch für das Gesamtsystem bei der gewählten funktionellen Einheit 1 kg ergeben. Da zudem die funktionelle Einheit wählbar ist, kann das Ergebnis der Sachbilanz auch ein Vielfaches oder einen Bruchteil von 1 kg betragen. Die Ergebnisse der Sachbilanz lassen sich daher nicht mit realen Konzentrationen in der Umwelt korrelieren. Zwei Produktsysteme mit korrekt definierter funktioneller Einheit lassen sich allerdings bezüglich des Outputs „HCl in die Luft" miteinander vergleichen

Um der Unsicherheit bezüglich der Exposition gebührend Rechnung zu tragen, wird in der Ökobilanz grundsätzlich von potenziellen Umweltwirkungen gesprochen. Wenn eine Expositionsanalyse durchgeführt wird und somit eine Risikoanalyse durchführbar ist, muss das im Rahmen der Wirkungsabschätzung explizit beschrieben werden (vgl. auch Abschnitt 4.5.3).

4.2
Methode der kritischen Volumina

Die Methode der kritischen Volumina ist heute veraltet, verdient aber aufgrund der von ihr ausgehenden Impulse, auch auf die CML-Methode, eine kurze Würdigung: Sie wurde erstmals im berühmten „BUS-Bericht" von 1984[6] vorgeschlagen und beinhaltet eine Aggregation der Emissionen in die Luft und in das Wasser, soweit diese durch Grenzwerte geregelt sind. Die Methode ist prinzipiell auch auf das Medium Boden übertragbar, wurde dafür aber – mangels Grenzwerten – nur selten eingesetzt. Auch eine Übertragung auf Grundwasser ist prinzipiell möglich.

Zur Aggregation nach kritischen Volumina beginnt man mit dem „kritischen Volumen" (k.V.) einer Emission i pro funktionelle Einheit (fE), in ein Umweltmedium j nach Gleichung (4.1):

$$\text{k.V.}_{i,j} = \frac{\text{Fracht}_i \,/\, \text{fE emittiert in das Medium } j \,[\text{Masse}]}{\text{Grenzwert für } i \text{ im Medium } j \,[\text{Masse/Volumen}]} \,[\text{Volumen}] \qquad (4.1)$$

j: Luft, Wasser und Boden (bzw. Grundwasser).

Die Fracht pro funktionelle Einheit bezieht sich auf den gesamten Lebensweg, entspricht also der Massenaggregation über alle Prozessmodule und bezogen auf die einzelnen emittierten Substanzen i in der Sachbilanz. Dabei werden aber nur direkte Emissionen in jeweils dasselbe Medium j aggregiert. Eine weitere Verteilung im Sinne der Multimedia-Modelle (siehe Abschnitt 4.5.3.2.4) wird nicht vorgenommen. Die Dimension eines Volumens ergibt sich aus der üblichen Dimension für konzentrationsbedingte Grenzwerte mit Masse pro Volumen; bei einer Definition Masse pro Masse (etwa im Boden) ergäbe sich eine „kritische Masse", was jedoch nicht üblich ist.

Das kritische Volumen k.V.$_i$ für eine Substanz i hat eine anschauliche Bedeutung: es stellt dasjenige Volumen Luft, Wasser oder Boden dar, auf das man eine emittierte Schadstoffmenge (Fracht) k.V.$_i$/fE mit reiner Luft bzw. reinem Wasser verdünnen müsste, um gerade die Grenzwertkonzentration zu erzielen. Dabei können besonders für das Medium Luft sehr hohe Werte auftreten: Mit einer emittierten Masse von 1 kg/fE an Substanz i mit einem Grenzwert von 1 µg/m^3 ergibt sich:

$$\text{k.V.}_i = 10^9 \text{ m}^3 = 1 \text{ km}^3$$

Bei der Aggregation geht diese Anschaulichkeit verloren, sie ist aber auch gar nicht erforderlich. Bei der Aggregation wird für jeweils ein Medium j die Summe der kritischen Volumina aller einzelnen Emissionen i gebildet, für die sowohl Daten in der Sachbilanz als auch Grenzwerte vorliegen (Gleichung 4.2):

$$\text{k.V.}_j = \Sigma_i \text{ k.V.}_{i,j} \qquad (4.2)$$

---

6) BUS 1984; BUWAL 1991; Klöpffer und Renner 1995

Tabelle 4.1 Kritisches Volumen Luft (Beispiel).

Schadstoff	Fracht [mg/fE]	Grenzwert[a] [mg/m^3]	k.V. [m^3/fE]
Schwefeldioxid SO_2	467.000	0,03	$15,6 \times 10^6$
Stickoxide NO_x	199.000	0,03	$6,63 \times 10^6$
Kohlenwasserstoffe HC	323.000	15	$0,02 \times 10^6$
Kohlendioxid CO_2	77.755.000	keiner („∞")	0
Summe			$22,25 \times 10^6$

[a] Grenzwerte nach BUWAL 1991: Für Schwefeldioxid und Stickoxide sind schweizerische
MIK-Werte zugrunde gelegt. Der Wert für HC wurde aus MAK-Werten angenähert.
(MIK: Maximale Immissions-Konzentration; MAK: Maximale Arbeitsplatzkonzentration).

Als Beispiel sollen die Luftschadstoffe einer hier nicht näher spezifizierten
Verpackung dienen (Tabelle 4.1). Die funktionelle Einheit ist die Abfüllung, die
Verpackung und der Transport von 1000 L Fruchtsaft.

4.2.1
Interpretation

Da vorhandene Grenzwerte die Größe des kritischen Volumens bestimmen, dominieren in Tabelle 4.1 diejenigen Luftschadstoffe den Summenwert, für die die
niedrigsten Grenzwerte festgelegt wurden. Die niedrigsten Grenzwerte finden
sich in Regelwerken für diejenigen Stoffe, die die menschliche Gesundheit in
niedrigen Konzentrationen schädigen. Grenzwerte, die ökosystemare Schäden
berücksichtigen, gibt es nicht. So wird im obigen Beispiel der Summenwert von
den kritischen Volumina für SO_2 und NO_x dominiert. Die als weniger toxischen
eingestuften „Kohlenwasserstoffe" (höherer Grenzwert) fallen daneben kaum
ins Gewicht. Da für CO_2 kein Grenzwert festgelegt ist, wird es gar nicht berücksichtigt.

Die 22 Millionen Kubikmeter kritisches Volumen Luft haben keine anschauliche Bedeutung, weil die einzelnen Schadstoffe ja ein und dasselbe Volumen
beanspruchen, eine Addition der Volumina ist also physikalisch sinnlos. Für die
Gewichtung spielt dies hingegen keine Rolle, es kommt nur darauf an, dass die
Stoffe mit niedrigem Grenzwert stärker gewichtet werden, als diejenigen mit
höherem Grenzwert. Die Dimension ist aus formalen Gründen ein Volumen,
die Einheit entweder [m^3] (bei Luft) oder Liter (bei Wasser), was jedoch keinerlei
praktische Bedeutung hat. Es handelt sich um Rechengrößen, die beim Vergleich
unterschiedlicher Produktsysteme eine Aggregation und relative Abstufung
bezüglich der kritischen Volumina erlauben.

Die Darstellung der Ergebnisse nach der BUWAL-Methode erfolgt meist nu-
merisch oder durch Balkendiagramme im sog. „Ökoprofil" (Abb. 4.1).

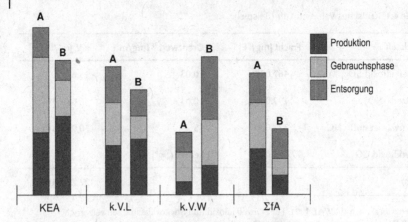

Abb. 4.1 Schematische Darstellung von zwei fiktiven Ökoprofilen (zwei Produktsysteme bezogen auf die funktionelle Einheit): Energieäquivalenzwert (= KEA); k.V. Luft; k.V. Wasser; Summe der festen Abfälle (Beispiel einer frühen „Wirkungsabschätzung").

Das Ökoprofil hat den Vorteil der einfachen Darstellung und der unmittelbaren, auch visuellen Vergleichbarkeit. Vorteile und Schwächen der verglichenen Systeme werden bezüglich derjenigen Emissionen, für die Grenzwerte existieren, in hoch aggregierter Form, vergleichbar. Für eine anschließende Optimierung eines Systems dürfen die Detaildaten bei der Aggregation nicht verloren gegangen sein. Anders wäre nicht mehr zu erkennen, in welchem Teil des Lebensweges die Belastungen angefallen sind, und wo man am besten ansetzen sollte, um Verbesserungen durchzuführen. Die Darstellung in Säulendiagrammen mit verschieden gekennzeichneten Lebenswegabschnitten ist heute Standard (auch wenn andere Größen verwendet werden) (vgl. Abb. 4.4 in Abschnitt 4.6.4).

4.2.2
Kritik

Die unter den Gesichtspunkten der Machbarkeit, Einfachheit und Reproduzierbarkeit ideale Methode, die bei Vorliegen von Bodengrenzwerten auch leicht ausdehnbar wäre, wird seit ca. 1993 (CML-Methode der Wirkungskategorien)[7] kritisch gewertet, so dass sie außerhalb der Schweiz kaum noch angewendet wird[8] (teilweise noch in der „Ökoeffizienzmethode" der BASF[9]). Die wichtigsten Gründe für diese ablehnende Haltung trotz operativer Vorzüge sind:

1. Grenzwerte sind in den seltensten Fällen rein wissenschaftlich abgeleitet; sie enthalten Elemente der Machbarkeit, der analytischen Nachweisbarkeit, der

---

7) Heijungs et al. 1992
8) Klöpffer 1994; Klöpffer und Renner 1995
9) Saling et al. 2002; Landsiedel und Saling 2002

naturwissenschaftlichen Erkenntnisgrenzen, der sozialen oder ökonomischen Wünschbarkeit usw. Auch wenn manche Grenzwerte nahe an den bislang naturwissenschaftlich erkannten Wirkschwellen liegen, sind bei anderen politische Zielvorgaben dominierend. Insbesondere über Grenzwerte, bei deren Entstehung politische Zielvorgaben eingeflossen sind, wird ein bewertendes Element in die Wirkungsabschätzung eingebracht. Es erfolgt also eine Vermengung von Wirkungsabschätzung und Bewertung, die bei den sog. Ökopunktmethoden ihren Höhepunkt erfährt[10]. Bei diesen ist keine Grenze zwischen Wirkungsabschätzung im engeren Sinn und Bewertung (Gewichtung) mehr zu erkennen.

2. Die Grenzwerte schwanken von Land zu Land. Wenn für Substanzen keine Grenzwerte vorhanden sind, werden unter Verwendung unterschiedlicher Hilfsannahmen Werte konstruiert (siehe Kohlenwasserstoffe/HC nach BUWAL in Tabelle 4.1). Diese Willkür in der Verwendung von selbstgefertigten „Grenzwerten" hat viel zur Diskreditierung der Methodik beigetragen.

3. Für viele Substanzen, vor allem wenn Effekte ohne Wirkschwellen vorliegen, existieren keine Grenzwerte (oder nur technische Richtwerte, wie bei den kanzerogenen Arbeitsstoffen). Dasselbe gilt für sehr viele Stoffe, die entweder nur in sehr kleinen Mengen produziert werden oder als harmlos gelten, weil sie bislang nie mit Vergiftungen oder Umweltproblemen in Verbindung gebracht wurden.

4. Die meisten Grenzwerte berücksichtigen nur die menschliche Gesundheit und decken daher die Ökotoxizität nicht ab. Grenzwerte auf der Ökosystemebene existieren gar nicht. Ein extremes Beispiel ist das für den Menschen nur in sehr hoher Konzentration giftige Kohlendioxid. Das Gas ist heute als das wichtigste Treibhausgas erkannt, wurde aber mangels Grenzwert noch in BUWAL 1991 nicht in die Berechnung des kritischen Volumens Luft einbezogen und daher auch nicht bewertet[11].

4.3
Die Struktur der Wirkungsabschätzung nach ISO 14040 und 14044

4.3.1
Verbindliche und optionale Bestandteile

Die Komponente Wirkungsabschätzung nach ISO 14040 und 14044[12] hat eine Struktur, die aus verbindlichen und optionalen Bestandteilen zusammengesetzt ist.

---

10) BUWAL 1990; Stehen und Ryding 1992; Goedkoop et al. 1995, 1998; Brand et al. 1998
11) Auch in der US-amerikanischen Gesetzgebung gilt CO_2 nicht als Schadstoff.
12) ISO 2006a § 5.4; ISO 2006b § 4.4

Verbindliche Bestandteile:

- Auswahl von Wirkungskategorien, Wirkungsindikatoren und Charakterisierungsmodellen;
- Zuordnung der Sachbilanzergebnisse (Klassifizierung);
- Berechnung der Wirkungsindikatorwerte (Charakterisierung).

Das Ergebnis der drei verbindlichen Bestandteile der Wirkungsabschätzung sind die Wirkungsindikatorwerte. Diese werden nach naturwissenschaftlichen Regeln generiert.

Optionale Bestandteile:

- Berechnung des Betrages von Wirkungsindikatorwerten im Verhältnis zu einem oder mehreren Referenzwerten (Normierung);
- Ordnung;
- Gewichtung.

Das Ergebnis nach Anwendung der optionalen Bestandteile auf die Wirkungsindikatorwerte sind gewichtete Daten. Die Wichtungskriterien der optionalen Bestandteile lassen sich nur bedingt naturwissenschaftlich begründen (vgl. Abschnitt 4.3.3).

4.3.2
Verbindliche Bestandteile

4.3.2.1 Auswahl von Wirkungskategorien, -indikatoren und Charakterisierungsfaktoren

Die Begriffe „Wirkungskategorie", „Wirkungsindikator" und „Charakterisierungsfaktor" werden in ISO 14044 folgendermaßen definiert:

Wirkungskategorie:	*Klasse, die wichtige Umweltthemen repräsentiert und der Sachbilanzergebnisse zugeordnet werden können.*
Wirkungsindikator:	*Quantifizierbare Darstellung einer Wirkungskategorie.*
Charakterisierungsfaktor:	*Faktor der aus einem Charakterisierungsmodell abgeleitet wurde, das für die Umwandlung des zugeordneten Sachbilanzergebnisses in die gemeinsame Einheit des Wirkungsindikators angewendet wird.*

Diese in ISO 14040 und 14044 für die Wirkungsabschätzung verwendeten Begriffe sind etwas sperrig und können am besten durch ein Beispiel erläutert werden. Dazu wird die wissenschaftlich am besten abgesicherte Wirkungskategorie „Klimaänderung" ausgewählt[13] (vgl. auch Abschnitt 4.5.2.2):

---

13) ISO 2006b, Tabelle 1

1. *Wirkungskategorie:* Klimaänderung.
2. *Sachbilanzergebnisse:* Menge an Treibhausgasen je funktionelle Einheit (fE).
3. *Charakterisierungsmodell:* Szenario „Baseline über 100 Jahre" des Zwischen-staatlichen Ausschusses für Klimaänderungen[14].
4. *Wirkungsindikator:* Verstärkung der Infrarotstrahlung (in der wissenschaftlichen Literatur meist als *radiative forcing* bezeichnet, die Einheit ist [W/m^2]).
5. *Charakterisierungsfaktor:* Treibhauspotential (GWP_{100})[15] für jedes Treibhausgas (kg CO_2-Äquivalente/kg Gas).
6. *Wirkungsindikatorwert* (Einheit): Kilogramm der CO_2-Äquivalente je fE.
7. *Wirkungsendpunkte:* z. B. Korallenriffe, Wälder, Ernten (Hier ist anzumerken, dass viele, wahrscheinlich die meisten, Endpunkte noch nicht bekannt sind und andere jetzt schon offensichtliche geologische Formationen betreffen (Gletscher, arktisches Eis), deren Veränderung oder Verschwinden von größter Wirkung auf die belebte Welt einschließlich des Menschen sein werden.).
8. *Umweltrelevanz:* Die Verstärkung der Infrarotstrahlung steht stellvertretend für mögliche Wirkungen auf das Klima, die von der integrierten atmosphärischen Wärmeaufnahme, hervorgerufen durch Emissionen, und der Verteilung über die Dauer der Wärmeaufnahme abhängen.

Da ISO 14044 keine feste Liste von Wirkungskategorien vorgibt, nicht einmal eine Empfehlungsliste, obliegt die Auswahl der Kategorien den Erstellern der Ökobilanz. Tabelle 4.2 zeigt zwei Beispiellisten der Auswahl von Wirkungskategorien. Im Beispiel auf der rechten Seite der Tabelle 4.2 werden Wirkungskategorien definiert, denen die Sachbilanzergebnisse zugeordnet werden können (*Midpoint Categories*). Diese können anschließend zusammengefasst werden (*Damage Categories*).

Da die Auswahl der Wirkungskategorien mit dem Ziel und dem Untersuchungs-rahmen der Studie übereinstimmen muss, sollte die Auswahl der Kategorien bereits in der ersten Komponente einer Ökobilanz erfolgen. Das ist insbesondere deshalb wichtig, weil sich die in der Sachbilanz zu erhebenden Daten am Bedarf der Wirkungsabschätzung orientieren müssen. Andererseits ist die Ökobilanz aus gutem Grund iterativ angelegt, was zu folgendem empfohlenen Vorgehen führt:

- Auswahl der Wirkungskategorien (und der Wirkungsindikatoren sowie diesen zuzuordnenden Sachbilanzparametern soweit möglich) in der ersten Komponente der Ökobilanz (Festlegung des Ziels und des Untersuchungsrahmens).
- Datensammlung in Hinblick auf die gewählten Kategorien in der Komponente Sachbilanz.
- Feinauswahl der Wirkungsindikatoren und der dazu gehörigen Charakterisie-rungsmodelle im ersten Bestandteil der Komponente Wirkungsabschätzung, Begründung für die Auswahl, Hinweise auf die Literatur.
- Ergänzung der Zieldefinition und des Untersuchungsrahmens falls erforder-lich.
- Ergänzung fehlender Daten in der Sachbilanz falls erforderlich.

---

14) Intergovernmental Panel on Climate Change (IPCC)
15) Das Global Warming Potential (GWP) wird fälschlicherweise oft als Name der Wirkungskategorie benutzt.

Tabelle 4.2 Zwei Beispiellisten der Auswahl von Wirkungskategorien.

Wirkungskategorie[16]	Wirkungskategorie[17]	
	Midpoint Categories	Damage Categories
Humantoxizität	Humantoxizität	
Ökotoxizität	Effekte auf die Atmung	Menschliche Gesundheit
Eutrophierung (aquatisch)	ionisierende Strahlung	
Eutrophierung (terrestrisch)	Ozonschichtzerstörung[a]	
Naturraumbeanspruchung	photochemische Oxidation	
Ozonbildung (bodennah)	aquatische Ökotoxizität	
Ressourcenbeanspruchung	terrestrische Ökotoxizität	
Ozonabbau (Stratosphäre)	aquatische Versauerung	
Treibhauseffekt	aquatische Eutrophierung	Qualität von Ökosystemen
Versauerung	terrestrische Versauerung und Eutrophierung	
	Landnutzung	
	globale Erwärmung	Klimaänderung
	nicht erneuerbare Energie	Ressourcen
	Abbau von Mineralien	

a) Die Wirkungskategorie „Ozonschichtzerstörung" wurde fälschlicherweise nur der *Damage Category* „Menschliche Gesundheit" zugeordnet (wegen des erwiesenen Zusammenhangs zwischen Hautkrebserkrankungen und kurzwelliger UV-Strahlung); es existieren jedoch auch Zusammenhänge zur „Qualität von Ökosystemen" und vor allem zur „Klimaänderung", die hier – abweichend von ISO 14044 – als *Damage Category* definiert wird.

Die Norm 14044 legt eine umfassende Informationspflicht in Bezug auf die Auswahl der Wirkungskategorien, Wirkungsindikatoren, Indikatormodelle und Charakterisierungsfaktoren fest, was für die praktisch in jeder Ökobilanz eingesetzten Standardkategorien (z. B. Klimaänderung, Versauerung) überzogen erscheint, bei seltener eingesetzten Kategorien aber sehr berechtigt ist. Damit soll vermieden werden, dass Hausmethoden ohne wissenschaftliche Absicherung

16) BIFA, 2002
17) Jolliet et al., 2003; *Damage Category* wird häufig als *Area of Protection* oder *Safeguard Subject* bezeichnet; die Bezeichnung „Klimaänderung" wird von ISO 14040/14044 für die (*Midpoint*)-Wirkungskategorie benutzt.

gleichberechtigt neben international anerkannten Methoden eingesetzt werden, ohne dass auf den unterschiedlichen Entwicklungsstand hingewiesen wird.

Obwohl ISO keine Wirkungskategorienliste vorschreibt, wird in ISO 14044 auf die Beispiele von solchen Kategorien und Indikatormodellen in der Technischen Richtlinie ISO 14047 (keine Norm!) hingewiesen[18]. Diese Richtlinie kann eine Hilfe bei der Auswahl von Wirkungskategorien und Indikatormodellen bieten, nicht jedoch ein gründliches Literaturstudium zum jeweiligen Entwicklungsstand ersetzen.

ISO 14044 empfiehlt weiterhin, dass die Wirkungskategorien, Wirkungsindikatoren und Charakterisierungsmodelle international akzeptiert sein sollen, d. h. auf internationaler Vereinbarung beruhen oder von einer zuständigen internationalen Körperschaft anerkannt worden sind. Als solche kommen derzeit die SETAC und die UNEP/SETAC Life Cycle Initiative infrage. Diese Empfehlung kann wirklich nur eine Empfehlung sein, weil bei wörtlicher Anwendung neue und noch in Entwicklung befindliche Kategorien, Indikatoren etc. in der Praxis nicht erprobt werden könnten. Tatsächlich dient dieser Passus in der Norm oft als Ausrede, gewisse Wirkungskategorien auszuklammern.

Es wird weiterhin angemerkt, dass die Kategorien und Indikatoren möglichst wenig auf Werthaltungen und Annahmen beruhen sollen (also objektiv wissenschaftlich sein sollen), dass Doppelzählungen vermieden werden sollen, dass eine Umweltrelevanz vorliegen soll etc. Dieser teilweise redundanten Aufzählung in ISO 14044, § 4.4.2.2.3 liegt die in den Ökobilanznormen durchgehend zu erkennende Furcht vor Manipulation der Methode zu Grunde.

4.3.2.2 Klassifizierung

Unter Klassifizierung versteht man die Zuordnung von Sachbilanzposten zu Wirkungskategorien, z. B. der Treibhausgase zur Wirkungskategorie Klimaänderung oder der Säure bildenden Gase zur Wirkungskategorie Versauerung. Neben den Output-relevanten Emissionen (aus der Technosphäre in die Umwelt) sind auch die Inputs aus der Umwelt in die Technosphäre zuzuordnen, soweit sie in der jeweiligen Sachbilanz erfasst sind. Ein Beispiel ist die Zuordnung fossiler Rohstoffe zur Wirkungskategorie Ressourcenbeanspruchung. Die wichtigsten Wirkungskategorien werden bezüglich ihrer Indikatoren und Charakterisierungsmodelle in Abschnitt 4.5 ausführlich besprochen.

Die Abb. 4.2 zeigt das Prinzip der Klassifizierung sowie des nächsten Schrittes, der Charakterisierung.

ISO 14044[19] unterscheidet bei der Klassifizierung als verpflichtendem Bestandteil der Wirkungsabschätzung zwischen solchen Sachbilanzergebnissen, die ausschließlich einer einzigen Wirkungskategorie zuzurechnen sind und der Identifizierung und Zuordnung von solchen, die sich auf mehr als eine Wirkungskategorie beziehen. Bei letzteren soll noch unterschieden werden zwischen parallelen Wirkmechanismen (z. B. SO_2 als toxischer Stoff und als Säure-

---

18) ISO 2002a
19) ISO 2006b, § 4.4.2.3

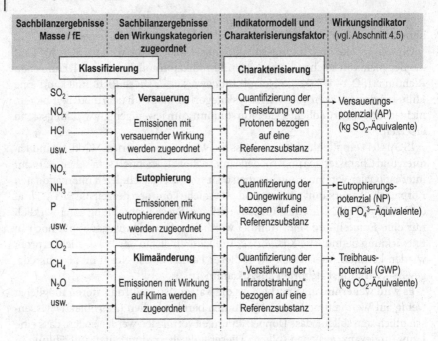

Abb. 4.2 Prinzip der Klassifizierung und Charakterisierung in der Wirkungsabschätzung.

bildendes Gas oder NO_x als Säure bildendes Gas und als Gas mit Düngewirkung) und seriellen Wirkmechanismen (z. B. NO_x als Säure-bildendes Gas **nach** der Bildung von Photooxidantien im Sommersmog)[20]. Da diese Unterscheidung in der Praxis nicht immer eindeutig ist, wird diese Anforderung der Norm selten erfüllt. Wir empfehlen dennoch, genau über die möglichen Wirkmechanismen nachzudenken, weil nur so ein tieferes Verständnis über die Umweltauswirkungen der studierten Produktsysteme zu erreichen ist.

4.3.2.3 Charakterisierung
Die Charakterisierung ist das Kernstück der Wirkungsabschätzung. ISO 14044[21] erläutert etwas sperrig:

> *„Die Berechnung der Indikatorwerte (Charakterisierung) schließt die Umwandlung der Sachbilanzergebnisse in gemeinsame Einheiten und die Zusammenfassung der umgewandelten Ergebnisse innerhalb derselben Wirkungskategorie ein. Diese Umwandlung verwendet Charakterisierungsfaktoren. Das Resultat der Berechnung ist ein numerischer Indikatorwert."*

---

20) Im Verlauf der photochemischen Smogbildung wird das nicht oder wenig toxische NO in NO_2 umgewandelt, das mit Wassertröpfchen schon in der Atmosphäre Salpetersäure (HNO_3) und salpetrige Säure (HNO_2) bildet.
21) ISO 2006b, § 4.4.2.4

Der Charakterisierungsfaktor ist nach ISO 14040[22] ein

> *„Faktor, der aus einem Charakterisierungsmodell abgeleitet wurde, das für die Umwandlung des zugeordneten Sachbilanzergebnisses in die gemeinsame Einheit des Wirkungsindikators angewendet wird. Anmerkung: Die gemeinsame Einheit erlaubt die Berechnung des Wirkungsindikatorwertes."*

Am Beispiel der Wirkungskategorie Klimaänderung (siehe Abschnitt 4.3.2.1) bedeutet dies Folgendes: Die Massen (pro f E) der dieser Kategorie aus der Sachbilanz zugeordneten Treibhausgase werden mit den spezifischen Charakterisierungsfaktoren (GWP$_{100}$, z. B. 1 für CO_2 und 25 für CH_4) multipliziert und damit in [kg CO_2-Äquivalente] umgerechnet. Auf diese Weise ist die gemeinsame Einheit gefunden, mit der die unterschiedlichen Treibhausgase zum Wirkungsindikatorwert dieser Wirkungskategorie addiert werden können (vgl. Abb. 4.2). Die Charakterisierungsmodelle und Charakterisierungsfaktoren werden von den Fachwissenschaften entwickelt. Die wissenschaftliche Basis der derzeit wichtigsten in Ökobilanzen verwendeten Wirkungskategorien wird in Abschnitt 4.5 vorgestellt.

Die Berechnungen der Wirkungsindikatorwerte aus Sachbilanzdaten werden von den einschlägigen Softwaren automatisch durchgeführt, daher auch der weit verbreitete gedankenlose Gebrauch der Wirkungsabschätzung. ISO 14044 verlangt daher zu Recht, dass die zur Berechnung verwendeten Verfahren dokumentiert werden müssen, einschließlich der angewendeten Werthaltungen und Annahmen. Diese Forderung ist nicht trivial, weil diese Grundlagen oft nicht mehr bewusst sind. Es wird auch darauf hingewiesen, dass die **Komplexität der Umweltwirkungsmechanismen** (die oft noch nicht richtig erforscht sind) auch räumliche und zeitliche Charakteristika umfasst (z. B. die Persistenz einer Substanz in der Umwelt[23] und Dosis-Wirkungscharakteristika). Es wird in der Regel nicht möglich sein, alle diese Faktoren in die Wirkungsabschätzung einzubeziehen, aber allein die Betrachtung der Komplexität kann eine „Verabsolutierung" von Ergebnissen verhindern.

4.3.3
Optionale Bestandteile

4.3.3.1 Normierung
Die Normierung ist nach ISO 14044 definiert als die

> *„Berechnung der Größenordnung der Wirkungsindikatorwerte in Bezug auf Referenzdaten. Ziel der Normierung ist, ein besseres Verständnis der relativen Größenordnung jedes Indikatorwertes des zu untersuchenden Produktsystems zu erreichen."*

Normierung bedeutet, dass Wirkungsindikatorwerte – also die numerischen Ergebnisse der Charakterisierung – durch einen ausgewählten Referenzwert di-

---

22) ISO 2006a § 3.37
23) Klöpffer und Wagner 2007a, 2007b

vidiert werden. Als Referenzwerte lassen sich nationale, regionale (z. B. EU) und internationale Werte (z. B. OECD) verwenden, wobei auf eine näherungsweise Übereinstimmung mit den geographischen Systemgrenzen geachtet werden soll. Das Prinzip und der Nutzen der Normierung werden nachfolgend an drei Beispielen erläutert:

Beispiel 1: Wirkungskategorien „Klimaänderung" und „stratosphärischer Ozonabbau" mit Referenz auf die jährlich in Deutschland emittierte Masse an CO_2-Äquivalenten (GWP – vgl. Abschnitt 4.5.2.2) bzw. R11-Äquivalenten (ODP – vgl. Abschnitt 4.5.2.3): Spezifischer Beitrag[24]

Die Überführung der Sachbilanzdaten eines fiktiven Produktsystems ergibt für die Wirkungskategorie „Klimaänderung" einen Wirkungsindikatorwert von 500 kg CO_2-Äquivalenten/fE (GWP = 500 kg) und für die Wirkungskategorie „stratosphärischer Ozonabbau" einen Wirkungsindikatorwert von 0,0000022 kg R11-Äquivalenten/fE. (ODP = $2,2 \times 10^{-6}$ kg). Die geographische Systemgrenze ist Deutschland.

Normierung des Wirkungsindikatorwertes „CO_2-Äquivalente":

- Der Wirkungsindikatorwert für die jährliche Emission von CO_2-Äquivalenten in Deutschland beträgt 1.017.916.500 t (Bezugsjahr 2003[25]). Das gewählte Referenzjahr sollte im Referenzzeitraum der Studie liegen.
- Die Normierung besteht darin, dass der Wirkungsindikatorwert der funktionellen Einheit des Produktsystems durch den Wirkungsindikatorwert der jährlichen Gesamtemissionen dividiert wird:

Wirkungsindikatorwerte CO_2-Äquivalent		Normierter Wert
Emissionen verursacht durch das Produktsystem pro fE	Jährliche Emission in Deutschland	Spezifischer Beitrag
500 kg	1,02E+12 kg	4,91E–10

Das Resultat der Normierung ist der spezifische Beitrag der funktionellen Einheit des Produktsystems an der Gesamtbelastung des gewählten geographischen Bezugsraums, hier Deutschland. Der spezifische Beitrag ist gemäß der Definition der Eingangsgrößen dimensionslos[26]. Da die funktionelle Einheit bzw. ihr Referenzfluss in weiten Grenzen willkürlich gewählt werden kann, sagen die absoluten Zahlen (z. B. $4,91 \times 10^{-10}$) für sich genommen noch wenig aus, wohl aber im Vergleich zu den entsprechenden Zahlenwerten für die anderen Wirkungskategorien.

---

24) Schmitz und Paulini 1999
25) IFEU 2006
26) Unter der Voraussetzung, dass immer auf ein Jahr bezogen wird (der übliche Zeitrahmen in den Statistiken); im allgemeinen Fall hätte der Quotient die Dimension Zeit mit der gebräuchlichen Einheit [a].

Beträgt der spezifische Beitrag einer anderen Wirkungskategorie beispielsweise 10^{-15}, trägt das untersuchte Produktsystem relativ weniger zu dieser Wirkung im Referenzgebiet (hier Deutschland) bei, als wenn der normierte Wert $4,91 \times 10^{-10}$ beträgt. Die Normierung erlaubt damit eine erste Gliederung der Wirkungen in ihrer Bedeutung zueinander. Ein Wirkungsindikatorergebnis wird dabei umso bedeutender eingestuft, je größer es im Vergleich zu der pro Jahr in Deutschland gemessenen Gesamtbelastung ist. Die Nützlichkeit derartiger relativer Gliederungen zeigt der Vergleich des normierten Wertes für CO_2-Äquivalente mit dem der R11-Äquivalente als Wirkungsindikator für den stratosphärischen Ozonabbau.

Aufgrund internationaler Übereinkommen werden heute Substanzen, für die stratosphärische Reaktionen zum Ozonabbau bekannt sind (persistente halogenierte Gase; vgl. Abschnitt 4.5.2.3), in größeren Mengen nur in solchen Produktsystemen verwendet, in denen der Gebrauch von Frigenen als Treib- oder Kühlmittel eine Rolle spielt oder Methylbromid als Pestizid eingesetzt wird. Die produzierten Mengen sind seit den 1990er Jahren erheblich gesunken (zur Rolle von N_2O vgl. Abschnitt 4.5.2.3). Bei der Datenerhebung von Primärdaten wird man daher eher selten auf diese Stoffe stoßen. In generischen Datensätzen, die in Datenbanken hinterlegt sind, sind diese Stoffe allerdings oftmals in kleinen Mengen enthalten, da hier eine Vielzahl von Prozessen mit allen Nebenprozessen in einen Datensatz aggregiert wurden.

Normierung des Wirkungsindikatorwertes „R11-Äquivalente":
- Emissionsdaten zu R11-Äquivalenten in Deutschland als Referenz für die Normierung sind im Gegensatz zu denjenigen für CO_2-Äquivalente nicht verfügbar. Verwendet man hilfsweise die 2004 in Deutschland produzierte Menge Ozonschicht-schädigender Stoffe, umgerechnet in den Wirkungsindikator R11-Äquivalente, von 9364 t[27], ergibt sich folgende Normierung:

Wirkungsindikatorwerte R11-Äquivalent Referenzwert		Normierter Wert
Emissionen verursacht durch das Produktsystem pro fE	Jährliche Emission in Deutschland	Spezifischer Beitrag
2,20E−06 kg	9,36E+06 kg	2,35E−13

Die relative Bedeutung des Produktsystems bezüglich des Wirkungsindikators „CO_2-Äquivalente" ist also um drei Größenordnungen größer als die des Wirkungsindikators „R11-Äquivalente". Da das Ergebnis der Normierung allerdings von der zugrunde gelegten Referenzmenge bestimmt wird, steigt die relative Bedeutung der $2,2 \times 10^{-6}$ kg R11-Äquivalente des Produktsystems an, wenn die als Referenz zugrunde gelegte emittierte Menge sinkt. Derartige Einflüsse müssen in der Auswertung (vgl. Kapitel 5) kritisch diskutiert werden.

---

27) Daten zur Umwelt unter http://www.uba.de; um 1990 betrug der entsprechende Wert noch 10E+04 t R11-Äquivalente in den wesentlich kleineren Niederlanden (Breedveld et al.1999).

Da die Wirkungskategorie „stratosphärischer Ozonabbau" wegen ihrer globalen und regionalen Bedeutung als sehr wichtig eingeschätzt wird, könnten die spezifischen Beiträge bei vergleichenden Ökobilanzen stark in das Endergebnis eingehen. Das Ergebnis könnte z. B. sein: Produkt A hat einen 10-mal größeren spezifischen Beitrag bezüglich der Wirkungskategorie „stratosphärischer Ozonabbau" als Produkt B. Die Normierung kann in diesen Fällen zeigen, dass die relative Bedeutung dieser Wirkungskategorie in den untersuchten Produktsystemen um Größenordnungen unter der von anderen Wirkungskategorien liegt.

Mit Hilfe der Normierung lassen sich auch Gruppen verwandter Wirkungskategorien analysieren, z. B. die über den Gebrauch fossiler Brennstoffe oft, aber nicht immer korrelierenden (aber nicht identischen!) Indikatorwerte für GWP, KEA, fossilen Ressourcenverbrauch und Versauerung.

Beispiel 2: Wirkungskategorie „Klimaänderung" mit Referenz auf die jährlich von einem Einwohner in Deutschland durchschnittlich emittierte Masse an CO_2-Äquivalenten: Einwohnerdurchschnittswert

Eine Verbesserung der Anschaulichkeit normierter Wirkungsindikatorergebnisse kann durch den Bezug „pro Kopf der Bevölkerung oder ein vergleichbares Maß" erzielt werden. Diese Möglichkeit wird in ISO 14044 erwähnt.

In diesem Fall werden als Referenzdaten die Wirkungsindikatorergebnisse verwendet, die im Mittel von einem Einwohner Deutschlands (oder einer anderen geographischen Region) verursacht werden. Diese Referenzwerte werden „Einwohnerdurchschnittswerte (EDW)" genannt.

Normierung des Wirkungsindikatorwertes CO_2-Äquivalente:

- Der Wirkungsindikatorwert für die jährliche Emission von CO_2-Äquivalenten betrug 2003 in Deutschland 1.017.916.500 t, die Anzahl der Einwohner Deutschlands betrug in diesem Jahr 82.532.000[28].
- Die jährliche Emission der CO_2-Äquivalente wird durch die Anzahl der Einwohner in dem Jahr geteilt. Das Ergebnis ist der Einwohnerdurchschnittswert (EDW) und hat die Einheit kg/Einwohner. Dieser EDW ist der Referenzwert. Im Beispiel werden pro Einwohner in Deutschland jährlich $1,23 \times 10^4$ kg CO_2-Äquivalente verursacht.
- Die Normierung besteht darin, dass der Wirkungsindikatorwert des Produktsystems durch den Einwohnerdurchschnittswert dividiert wird. Der normierte Wert bedeutet: Pro funktionelle Einheit des untersuchten Produktsystems werden soviel CO_2-Äquivalente freigesetzt wie $4,05 \times 10^{-2}$ durchschnittliche Einwohner in einem Jahr verursachen oder anders ausgedrückt die 500 kg/fE entsprechen $4,05 \times 10^{-2}$ EDW. Die Anschaulichkeit ist in dieser Form allerdings nicht wesentlich größer als bei der Normierung über den spezifischen Beitrag wie im Beispiel 1.

---

28) IFEU 2006

Wirkungsindikatorwerte (CO_2-Äquivalent)			Referenzwert	Normierter Wert
Emissionen verursacht durch das Produktsystem pro fE	Jährliche Emission in Deutschland	Anzahl der Einwohner in Deutschland	Emissionen pro Einwohner: 1 EDW	EDW
500 kg	1,02E+12 kg	8,25E+07 EW	1,23E+04 kg/EW	4,05E–02 EW

Beispiel 3: Spezifischer Beitrag oder Einwohnerdurchschnittswerte für die jährliche Produktion des untersuchten Produktsystems

Im Sinne der Norm können relativ einfach anschaulichere Ergebnisse erzielt werden, indem für den Normierungsschritt von der fE abgewichen und z. B. die jährliche Gesamtproduktion des untersuchten Produkts oder der Produktgruppe zugrunde gelegt wird. Dies ist bei einfachen funktionellen Einheiten und verfügbaren statistischen Daten durch Multiplikation leicht durchführbar. An dieser Stelle soll daran erinnert werden, dass die niederländischen LCA-Richtlinien[29] empfehlen, dass für ausführliche Ökobilanzen die jährliche Produktion als fE verwendet werden soll; in diesem Fall wäre die Umrechnung überflüssig.

Normierung der Jahresproduktion über den spezifischen Beitrag des Wirkungsindikatorwertes CO_2-Äquivalente:

Wirkungsindikatorwerte CO_2-Äquivalente				Normierter Wert
Emission verursacht durch das Produktsystem pro fE	Anzahl produzierter fE pro Jahr	Emission verursacht durch die Jahresproduktion	Referenzwert jährliche Emission in Deutschland	Spezifischer Beitrag der Jahresproduktion
500 kg	1,00E+07	5,00E+09 kg	1,02E+12 kg	4,91E–03 entspricht 0,49 %

Normierung der Jahresproduktion über Einwohnerdurchschnittswerte des Wirkungsindikatorwertes CO_2-Äquivalente:

Wirkungsindikatorwerte CO_2-Äquivalente				Normierter Wert
Emission verursacht durch das Produktsystem pro fE	Anzahl produzierter fE pro Jahr	Emission verursacht durch die Jahresproduktion	Referenzwert jährliche Emissionen pro durchschnittlichem Einwohner in Deutschland	Einwohner-durchschnitts-werte (EDW) pro Jahresproduktion
500 kg	1,00E+07	5,00E+09 kg	1,23E+04 kg/EW	4,05E+05 EW

---

29) Guinée et al. 2002

Bei der Normierung der Jahresproduktion über Einwohnerdurchschnittswerte erhöht sich die Anschaulichkeit beträchtlich: Das hier als Beispiel eingesetzte fiktive Produktsystem verursacht in der Jahresproduktion ebenso viele Emissionen des Wirkungsindikators CO_2-Äquivalente wie 405.000 durchschnittliche Einwohner. Bei der Interpretation ist allerdings auch hier Vorsicht geboten, da der EDW eine Rechengröße ist, in der die gesamte industrielle Produktion auf die Einwohner umgelegt ist. Das bedeutet, wenn eine Referenzregion stark besiedelt ist, allerdings geringere Industrialisierung aufweist als Deutschland, sind die Emissionen pro durchschnittlichen Einwohner geringer und der Zahlenwert „EDW pro Jahresproduktion" ist höher. Bevor also Zahlenwerte unterschiedlicher Ökobilanzen miteinander verglichen werden, muss geprüft werden, ob überhaupt eine gemeinsame Basis der zugrunde gelegten Annahmen besteht.

Als weiteres mögliches Beispiel für die Wahl von Referenzwerten wird in ISO 14044 der Bezug auf Inputs und Outputs in einem Referenzszenario genannt.

Die korrekte Anwendung der Normierung ist keineswegs trivial, wie mehrere Publikationen zeigen[30].

4.3.3.2 Ordnung

Der „Ordnung" genannte optionale Bestandteil der Wirkungsabschätzung bietet eine Möglichkeit, Resultate der vorangegangenen Schritte zusammenzufassen. In Abgrenzung zur Gewichtung sollten hier keine Werthaltungen einfließen. ISO 14044 definiert die Ordnung nicht sehr aufschlussreich als

> *„Einordnung und eventuelle Rangbildung der Wirkungskategorien".*

Gemeint ist die Bildung von Klassen, die eine Rangbildung einschließen kann. Dazu sind zwei Möglichkeiten angegeben:

- *die Wirkungskategorien auf einer nominalen Skala zu ordnen (z. B. an Hand von Charakteristika wie Inputs und Outputs oder globale, regionale und lokale räumliche Maßstäbe) oder*
- *die Wirkungskategorien in einer vorgegebenen Hierarchie einzuordnen (wie z. B. hohe, mittlere und niedrige Priorität).*

Es wird in der Norm ausdrücklich darauf hingewiesen, dass die Ordnung allerdings doch auf Werthaltungen beruht und dass daher unterschiedliche Personen, Organisationen und gesellschaftlichen Gruppen zu unterschiedlichen Ergebnissen kommen können. Aus dieser Einschätzung geht klar hervor, dass dieser Bestandteil, ebenso wie die folgende „Gewichtung", besser in der Komponente „Auswertung" aufgehoben wäre. Leider hat man es bei der Revision der ISO-Normen, die die Normen ISO 14040–43 (1997–2000) in ISO 14040–44 (2006) überführten, versäumt diese Korrektur durchzuführen.

Erstaunlicherweise ist der Bestandteil Ordnung – im Gegensatz zur Gewichtung – für Ökobilanzen mit vergleichenden Aussagen, die zur Veröffentlichung

---

30) Seppälä und Hämäläinen 2001; Erlandson und Lindfors 2003; Heijungs et al. 2007

vorgesehen sind, zugelassen. Dies war bereits in der „alten" Norm 14042[31] der Fall und wurde vom UBA Berlin dazu benutzt, eine „Bewertungsmethode" auszuarbeiten, die mit den ISO-Normen im Einklang steht[32]. Dabei wurde darauf geachtet, dass für die einzelnen Wirkungskategorien keine numerischen, sondern verbale Rangbezeichnungen gewählt wurden. Diese wurden aus einer Analyse der Umweltgefährdungen und des Abstandes von Zielvorgaben (*distance-to-target*)[33] abgeleitet und betreffen den Abstand des Ist-Zustands vom gesetzlich bzw. politisch angestrebten Zustand der Umwelt. Dieser Abstand ist z. B. bei der Wirkungskategorie stratosphärischer Ozonabbau sehr niedrig (erfolgreiche Umsetzung des Protokolls von Montreal von 1986 und der Folgeprotokolle), bei anderen Wirkungskategorien aber noch hoch (Vollzugsdefizite). Die Einordnungen sind zwar nicht völlig frei von Willkür, können aber für einen Staat (hier: Deutschland) durch die zuständige Behörde nachvollziehbar getroffen werden.

Etliche Softwaretools haben die Ordnungskriterien bereits integriert, ohne dass den Anwendern häufig klar ist, wie diese Kriterien zustande gekommen sind und welche Werthaltungen ihnen zugrunde liegen. Zur Veranschaulichung der Vorgehensweise im Arbeitsschritt „Ordnung" wird nachfolgend beispielhaft die Methode des Umweltbundesamtes (Schmitz und Paulini, loc. cit.) kurz vorgestellt.

Eine Übersicht zu derzeit gängigen Methoden der Wirkungsabschätzung findet sich in Abschnitt 4.5. Die Rangbildung der Wirkungskategorien in der Methode des Umweltbundesamtes[34] orientiert sich an den folgenden drei Kriterien: ökologische Gefährdung, Abstand zum Schutzziel und spezifischer Beitrag.

1. Ökologische Gefährdung:
   Die Wirkungskategorien werden mit Hilfe dieses Kriteriums danach geordnet, wie schwerwiegend die potenziellen Schäden sind. Zur Charakterisierung dessen, was schwerwiegend ist, werden die folgenden Prämissen definiert:

   – Tiefgreifende Wirkungen auf Ökosystemebene sind schwerwiegender als Wirkungen auf Organismenebene.
   – Irreversible Wirkungen sind schwerwiegender als reversible Wirkungen.
   – Ubiquitär auftretende Wirkungen sind schwerwiegender als räumlich begrenzte Wirkungen.
   – Große Unsicherheit bei der Prognose einer Umweltwirkung aufgrund mangelhafter wissenschaftlicher Erkenntnisse ist schwerwiegend.

   Zur Vorbereitung der Rangbildung durch ein Beurteilungsgremium wurden im Umweltbundesamt von den Fachabteilungen Expertisen zu den in der Ökobilanz üblichen Wirkungskategorien erstellt, die auf die o. g. vier Aspekte eingehen. Das Beratergremium stufte die Wirkungskategorien anhand einer fünfstufigen Skala ein (A: höchste Priorität bis E: niedrigste Priorität). Es wird

---

31) ISO 2000a
32) Schmitz und Paulini 1999
33) UBA 1990; Brand et al. 1998; Schmitz und Paulini 1999; Seppälä und Hämäläinen 2001
34) Schmitz und Paulini 1999

ausdrücklich betont, dass diese Rangbildung auf Werthaltungen des Umwelt-bundesamtes beruht und zur wissenschaftlichen Aktualisierung regelmäßig überprüft werden muss.

2. Abstand zum Schutzziel:
Die Wirkungskategorien werden mit Hilfe dieses Kriteriums danach geordnet, wie schwerwiegend der Abstand des Ist-Zustands vom gesetzlich bzw. politisch angestrebten Zustand der Umwelt ist. Zur Charakterisierung dessen, was schwerwiegend ist, werden die folgenden Prämissen definiert:

– Je größer der Abstand zwischen Ist-Zustand und einem quantifizierten Umweltqualitätsziel ist, umso schwerwiegender ist diese Abweichung.
– Großer Minderungsbedarf, der durch ein Umwelthandlungsziel vorgegeben wird, ist schwerwiegend.
– Steigende Belastungen (z. B. Emissionen) werden als schwerwiegender angesehen als stagnierende oder abnehmende.
– Geringe Durchsetzbarkeit und technische Erreichbarkeit eines Ziels wird als schwerwiegend angesehen.

Die Rangbildung der Wirkungskategorien nach dem Kriterium „Abstand zum Schutzziel" erfolgt analog der für die „ökologische Gefährdung" beschriebenen Vorgehensweise: Ein interdisziplinäres Team stuft die Wirkungskategorien in eine fünfstufige Skala ein (A–E).

Tabelle 4.3 Rangordnung der Wirkungskategorien nach UBA.

Wirkungskategorie	Rangbildung durch das Umweltbundesamt: Es wird betont, dass ein anderes Beratergremium zu einer anderen Rangbildung kommen kann.	
	Ökologische Gefährdung	Abstand zum Schutzziel
Eutrophierung (aquatisch)	B	C
Eutrophierung (terrestrisch)	B	B
Naturraumbeanspruchung	A	A
photochemische Ozonbildung	D	B
Knappheit fossiler Energieträger	C	B
stratosphärischer Ozonabbau	A	D
Treibhauseffekt	A	A
Versauerung	B	B
Humantoxizität[a]		
Ökotoxizität[a]		

[a] Die Toxizitätskategorien werden im Einzelfall diskutiert.

3. Spezifischer Beitrag:

   Als drittes Kriterium zur Rangbildung der Wirkungskategorien wird der spezifische Beitrag aus dem Arbeitsschritt Normierung verwendet (vgl. Abschnitt 4.3.3.1, Beispiel 1). Die spezifischen Beiträge werden linear in fünf Klassen unterteilt, wobei der in einem Produktsystem höchste spezifische Beitrag die Bezugsgröße ist:

   A: höchste Priorität   80–100 % des Maximalwertes bis

   E: niedrigste Priorität   0– 20 % des Maximalwertes.

4. Zusammenführung der Ergebnisse:

   Zur endgültigen Rangbildung der Wirkungskategorien werden die Ergebnisse der drei Ordnungskriterien nach einem festgelegten Schema gleichgewichtig zur „ökologischen Priorität" zusammengeführt[35]: Ist beispielsweise eine Wirkungskategorie bezüglich aller drei Ordnungskriterien in die Gruppe A (höchste Priorität) eingeordnet, werden diese Einzelergebnisse zu „sehr großer ökologischer Priorität" zusammengefasst. Das bedeutet, dass die Umweltlasten des untersuchten Produktsystems bezüglich dieser Wirkungskategorie als sehr relevant angesehen werden.

Die ausführliche Darstellung des Beispiels der Ordnungsmethode nach UBA soll folgende Aspekte deutlich machen:

- Die Rangbildung im Arbeitsschritt „Ordnung" im Rahmen der Wirkungsabschätzung ist nicht trivial.
- Zur Rangbildung der Wirkungskategorien untereinander fließen Werthaltungen ein. Das ist nicht vermeidbar. Unterschiedliche Gremien können zu unterschiedlichen Zeiten zu unterschiedlicher Rangbildung kommen.
- Aufgrund der zwangsläufig subjektiven Elemente im Zuge der Rangbildung ist streng darauf zu achten, dass alle Schritte in einer Ökobilanz transparent und nachvollziehbar dargestellt werden.
- Werden in zwei Ökobilanzen unterschiedliche Ordnungsmethoden verwendet, ist das Ergebnis nach dem Arbeitsschritt „Ordnung" nicht unmittelbar vergleichbar.

4.3.3.3 Gewichtung

Die Bezeichnung Gewichtung kann als Ersatz für die in den ISO-Normen strikt zu vermeidende Bezeichnung „Bewertung" angesehen werden und erfüllt damit die Funktion eines Euphemismus. Im Unterschied zur „Ordnung" sind hier numerische Faktoren, die auf Werthaltungen beruhen, zugelassen[36]:

---

35) Schmitz und Paulini 1999
36) ISO 2006b, § 4.4.3.4

„Die Gewichtung ist ein Verfahren zur Umwandlung der Indikatorwerte ver-schiedener Wirkungskategorien unter Verwendung numerischer Faktoren, die auf Werthaltungen beruhen. Sie kann die Zusammenfassung der gewichteten Indikatorwerte einschließen."

Im letzten Satz des Zitats wird die Möglichkeit von Ökopunkten und dgl. angedeutet, ohne das beim Namen zu nennen. Derartige Methoden werden auch Einpunktverfahren genannt, weil im Rahmen der Gewichtung die be-rücksichtigten Wirkungskategorien miteinander verrechnet werden und nur ein hoch aggregiertes Ergebnis dokumentiert wird. Diese Zusammenfassung von Wirkungsindikatorwerten kann nicht wissenschaftlich begründet werden: Vielmehr müssen wertebasierte Entscheidungen darüber getroffen werden, wel-che Wirkungskategorie mit welchem Gewichtungsfaktor belegt wird. Auch eine Gleichgewichtung aller Wirkungskategorien ist eine wertebasierte Entscheidung. Daraus kann abgeleitet werden, dass der Bestandteil Gewichtung in der Kom-ponente Wirkungsabschätzung fehl am Platz ist und in die Auswertung gehört (unser „ceterum censeo" seit vielen Jahren, siehe auch[37]). In Ökobilanzen, die für vergleichende Aussagen vorgesehen sind und der Öffentlichkeit zugänglich gemacht werden sollen, darf die optionale Komponente „Gewichtung" nicht angewendet werden (ISO 14044)[38]. Daraus ergibt sich, dass die sog. „Einpunkt-verfahren", sofern vergleichende Aussagen gemacht werden, **nur für den internen Gebrauch zulässig sind,** nicht jedoch für Marketing oder Behauptungen in der Presse oder anderen Medien.

Zu den sog. „Ökopunktverfahren" gehören die schweizerischen „Ökofakto-ren"[39], die schwedische EPS (Enviro-Accounting)-Methode[40] sowie der nieder-ländische Eco-Indicator[41]. Letzterer ist in die weit verbreitete Ökobilanz-Software „SimaPro" integriert.

Allen Einpunktverfahren gemeinsam ist, dass durch die vereinfachte Dar-stellung des Endergebnisses viel Information verloren geht. Zur Aggregierung müssen zwangsläufig Bewertungs- bzw. Gewichtungsfaktoren eingeführt werden, die, auch wenn sie von den Autoren/-innen erklärt werden, den Benutzern/-innen oft nicht gegenwärtig sind. Diese Nachteile haben vor allem in Deutschland zu einer breiten Ablehnung dieser Verfahren geführt und Forschungsarbeiten zur Überwindung der Nachteile solcher „automatisierten" Bewertungsverfahren angeregt. Von IFEU wurde ein „verbal-argumentatives" Bewertungsverfahren vorgeschlagen[42], das, wie bereits der Name sagt, ein echter Gegenentwurf zur me-chanischen Berechnung reiner Zahlenwerte ist. Klöpffer und Mitarbeiter gingen der Frage nach, woher die zur Bewertung nötigen Werte kommen sollen und wie man die verbal-argumentativen Ergebnisse doch mit mathematischen Hilfsmitteln

---

37) Reap et al. 2007
38) ISO 2006b, § 4.4.5
39) BUWAL 1990, 1998
40) Stehen und Ryding 1992
41) Goedkoop 1995; Goedkoop et al. 1998; http://www.simapro.de; http://www.pre.nl
42) Giegrich et al. 1995

(sog. Hasse-Diagramme) besser strukturieren könnte[43]. Eine breite, vom Bundesumweltministerium über das UBA Berlin koordinierte Diskussion, in die sich auch der Bundesverband der Deutschen Industrie e. V. (BDI) einschaltete, führte letztlich zu keinen greifbaren Ergebnissen[44]. Konsensfähige und mit ISO 14040 vereinbare Teilaspekte flossen in die im Abschnitt 4.3.3.2 (Ordnung) besprochene UBA-Methodik „Bewertung 99" (Schmitz und Paulini, loc. cit.) ein.

4.3.3.4 Zusätzliche Analyse der Datenqualität

Auch dieser Bestandteil der Norm ist hier völlig fehl am Platz, weil ähnliche Anforderungen ein fester Bestandteil der Komponente Auswertung sind. Die Tatsache, dass die Forderung nach zusätzlicher Analyse der Datenqualität an dieser Stelle in der Wirkungsabschätzung auftritt, kann nur so verstanden werden, dass gerade die Wirkungsabschätzung mit ihren oft unausgereiften Methoden zu Fehleinschätzungen Anlass geben kann. Es ist auch bezeichnend, dass dieser Bestandteil der Wirkungsabschätzung „für die Verwendung in zur Veröffentlichung vorgesehenen vergleichenden Aussagen" keineswegs optional, sondern **verbindlich** ist.

Es werden drei spezifische Methoden vorgeschlagen:
- Schwerpunktanalyse,
- Fehlerabschätzung,
- Sensitivitätsanalyse.

Die Ergebnisse können dazu führen, dass die Sachbilanz verbessert werden muss, dann nämlich, wenn die in der Sachbilanz erhobenen Daten nicht ausreichen, um die Wirkungsabschätzung korrekt durchzuführen.

Die Methoden zur Analyse der Datenqualität werden in Kapitel 5 „Auswertung" besprochen.

4.4
Methode der Wirkungskategorien (Umweltproblemfelder)

4.4.1
Einführung

Nachdem im Abschnitt 4.3 bereits der Rahmen der Wirkungsabschätzung besprochen wurde, den die internationalen Normen vorgeben, soll jetzt auf den wissenschaftlichen Teil und (teilweise auch) auf die Entstehungsgeschichte eingegangen werden. Wenn der Prozess der Methodenentwicklung abgeschlossen wäre, könnte man auf den letzten Aspekt verzichten. Da dies jedoch prinzipiell unmöglich ist, sollen einige „historische" Aspekte einbezogen werden (siehe auch

---

43) Klöpffer und Volkwein 1995; Volkwein und Klöpffer 1996; Volkwein et al. 1996
44) BDI 1999; UBA 1999

Abschnitt 4.2). Vielleicht lässt sich daraus einiges für die künftige Ausgestaltung der Wirkungsabschätzung lernen.

Die Methode der Wirkungskategorien, die vor allem am Umweltzentrum der Universität Leiden (CML) entwickelt wurde[45], basiert auf der Idee der Umweltproblemfelder. Sie wurde mit einigen Modifikationen auch für das Umweltbundesamt Berlin vorgeschlagen[46] und sowohl im Code of Practice der SETAC[47] wie auch im internationalen Normungsprozess unter ISO 14042[48] grundsätzlich akzeptiert.

Die Grundidee der Methode ist es, über Klassifizierung und Charakterisierung eine (möglichst **quantitative**) Verbindung herzustellen zwischen den in der Sachbilanz vorhandenen Daten und einer Liste von Umweltproblemfeldern oder Wirkungskategorien. Damit sollen potentielle Schadwirkungen, die mit dem untersuchten Produktsystem einhergehen, erkannt und näherungsweise quantifiziert werden. Eine Liste von Umweltproblemfeldern ist immer unvollständig, da sie nur dem gegenwärtigen Kenntnisstand und der derzeitigen Rezeption der Umweltprobleme in der Öffentlichkeit entsprechen kann.

4.4.2
Erste („historische") Listen der Umweltproblemfelder

Die Experten/-innen einer Arbeitsgruppe des SETAC Europe LCA-Symposiums in Leiden (Dezember 1991[49]) schlugen folgende Liste vor, die mit möglichst wenig Überlappung die wichtigsten erkannten Umweltprobleme abdecken sollte. Sie stellt bis heute die Grundlage der meisten Kategorienlisten dar.

- *scarce, renewable resources* (knappe, erneuerbare Ressourcen);
- *non-renewable resources (raw materials)* (nicht erneuerbare Ressourcen (Rohmaterialien));
- *global warming* (globale Erwärmung);
- *ozon depletion* (Ozonabbau);
- *human toxicity* (Humantoxizität);
- *environmental toxicity* (Umwelttoxizität, Ökotoxizität);
- *acidification* (Versauerung);
- *eutrophication* (Eutrophierung);
- *COD-discharge* (CSB-Freisetzung);
- *photo-oxidant formation* (Bildung von Photooxidantien);
- *space requirements* (Flächenbedarf);
- *nuisance (smell, noise)* (Belästigung (Geruch, Lärm));
- *occupational safety* (Sicherheit am Arbeitsplatz);
- *final solid waste (hazardous)* (feste Endabfälle (gefährlich));
- *final solid waste* (feste Endabfälle).

---

45) Heijungs et al. 1992; Udo de Haes 1996; Guinée et al. 2002
46) Klöpffer und Renner 1995
47) SETAC 1993
48) ISO 2000a
49) SETAC Europe 1992a, 1992b

Es fällt auf, dass z. B. das Problemfeld Süßwasser/Trinkwasser von den Experten/
-innen nicht genannt wurde; es wurde auch in den folgenden, bis heute andau-
ernden Diskussionen nie explizit genannt, noch das vorgelagerte Problemfeld
Grundwasserverunreinigung. Implizit ist das Trinkwasserproblem, ebenso wie die
Exposition über Lebensmittel generell, in der Kategorie Humantoxizität enthalten.
Andererseits stellt Wasser auch eine wichtige Ressource dar und kann daher nicht
nur unter toxikologischen Gesichtspunkten bewertet werden.

Ein Streitpunkt in der Ökobilanzgemeinde ist bis heute der Bereich Arbeitsschutz (*occupational safety*). Einerseits gehört die Gefährdung von Menschen am
Arbeitsplatz zur Technosphäre und ist in vielen hoch entwickelten Industriestaaten (allerdings **nur** dort!) streng geregelt. Andererseits wird argumentiert,
dass ein risikoreiches Produktionsverfahren auch in einer Ökobilanz einen
Malus bekommen sollte. Die Einbeziehung dieses (Umwelt)problemfeldes in
die Wirkungsabschätzung wird besonders von den skandinavischen Staaten
gefordert[50]. Das Problem wird sich lösen, wenn im Sinne einer umfassenden
Nachhaltigkeitsanalyse von Produkten[51] der Arbeitsplatz generell im Rahmen
der produktbezogenen Sozialbilanz behandelt wird (siehe Kapitel 6).

Der Landschaftsschutz bzw. die Naturraumbeanspruchung wurde von den
SETAC-Experten/-innen ebenfalls nicht explizit erwähnt, kann aber als Teil des
Flächenbedarfs (*space requirement*) gesehen werden. Ein grober Mangel in dieser
ersten Liste ist die Abwesenheit von Strahlenbelastung (durch harte Strahlung)
als eigene Kategorie. Implizit ist die Strahlenbelastung jedoch in den Kategorien
human toxicity und *environmental toxicity* enthalten.

Insgesamt kann die Liste ihre Herkunft vom *brain storming* während der genannten Tagung nicht verleugnen. So ist z. B. darauf hingewiesen worden, dass
der chemische Sauerstoffbedarf (CSB = COD) kein Umweltproblemfeld per se
darstellt, sondern eher ein Indikator für die Umweltproblemfelder Eutrophierung
(Überdüngung) und Ökotoxizität ist. Auch am Beispiel von *final solid waste* lässt
sich zeigen, dass nicht jeder Indikator auch als Wirkungskategorie geeignet ist:
Die nicht verwertbare Abfallmenge ist ein Ergebnis der Sachbilanz und kann
abhängig von der Art der Deponierung unterschiedliche Umweltproblemfelder
berühren.

In Tabelle 4.4 ist eine Weiterentwicklung der Liste durch eine von Helias Udo de
Haes geleitete Expertengruppe der SETAC Europe dargestellt (englische Bezeichnungen) und die parallel dazu erstellte deutsche Version im Rahmen des DIN/
NAGUS, die in die internationale Normung der Wirkungsabschätzung eingehen
sollte. Wie sich herausstellte, war ISO jedoch aus guten Gründen nicht bereit,
eine spezifische Kategorienliste in die Norm 14042 aufzunehmen.

---

50) Lindfors et al. 1995; Udo de Haes und Wrisberg 1997
51) Klöpffer und Renner 2007

Tabelle 4.4 Liste der Wirkungskategorien.

Bezeichnung nach SETAC Europe[52]	Bezeichnung nach DIN/NAGUS[53]
(A) input related categories (resource depletion or competition)	
abiotic resources (deposits, funds, flows)	Ressourcenverbrauch
biotic resources (funds)	Ressourcenverbrauch (nicht unterschieden zwischen abiotischen und biotischen Ressourcen)
land	Naturraumbeanspruchung
(B) output related categories (pollution)	
global warming	Treibhauseffekt[c]
depletion of stratospheric ozone	stratosphärischer Ozonabbau
human toxicological impacts	toxische Gefährdung des Menschen
ecotoxicological impacts	toxische Schädigung von Organismen
photo-oxidant formation	Sommersmog
acidification	Versauerung
eutrophication (including BOD and heat)	Eutrophierung
odour	Geruch[a]
noise	Lärmbelastung
radiation	harte Strahlung[a]
casualties[b]	–

[a] Aufgenommen in Klöpffer und Renner 1995.
[b] Unfallopfer (Vorschlag ohne Operationalisierungsmethode).
[c] Später in „Klimaänderung" umbenannt.

Gegenüber der ursprünglichen Liste (s. o.) ist der Punkt *casualties* neu, dafür ist die Gefährdung am Arbeitsplatz gestrichen (überlappt teilweise mit den Unfällen). Eine Studie im Auftrag des UBA Berlin[54] zeigte, dass Störfälle von Anlagen prinzipiell in die Ökobilanz aufgenommen werden können, wenn dies in der Zielsetzung festgeschrieben ist. Eine allgemeine Methode dafür besteht allerdings nicht. Der „feste Abfall" aus der ursprünglichen Leiden-Liste wurde in die Sachbilanz zurückverwiesen, so auch bei DIN/NAGUS.

52) Udo de Haes 1996
53) DIN/NAGUS 1996
54) Kurth et al. 2004

Die zahlreichen Listen, die von verschiedenen Autoren und Gremien verfasst wurden, unterscheiden sich meist nur geringfügig in den Bezeichnungen oder in der Strukturierung. Sie geben die zur Jahrhundertwende diskutierten Umweltprobleme recht gut wieder, können aber weder vollständig, noch frei von Überlappungen sein. Eine Aufgliederung komplexer Kategorien wie Humantoxizität führt zu vielen „(toxikologischen) Endpunkten", die letztlich, auch bei genügender Datenlage, zu unübersichtlichen Ergebnissen führen. Es hat daher nicht an Versuchen gefehlt, die vielen Endpunkte auf wenige Schutzgebiete (*safeguard subjects*[55]) *oder areas of protection*[56]*) wie menschliche Gesundheit, Integrität der Ökosysteme und Ressourcen zurückzuführen. Da diese jedoch auch oft endpoints* genannt werden, ist die Konfusion perfekt.

Auf die Bedeutung der „Machbarkeit" in der Wirkungsabschätzung wurde schon frühzeitig hingewiesen[57]. Die Festlegung der Anzahl der Wirkungskategorien und der Detailtiefe der Verknüpfung mit den potentiellen Effekten stellt eine Gratwanderung zwischen der einerseits erwünschten wissenschaftlichen Genauigkeit und der Machbarkeit mit immer beschränkten Daten und sonstigen Informationen über das Produktsystem dar.

Unter dem Gesichtspunkt der Vorsorge ist darauf hinzuweisen, dass solche Listen immer nur dem gegenwärtigen Kenntnis- und Rezeptionsstand (was nicht dasselbe ist!) entsprechen können. Eine nützliche Übung ist die Überlegung, wie eine solche Liste vor 10, 20 oder 40 Jahren hätte aussehen können.

Wann wurden die einzelnen Umweltproblemfelder (a) wissenschaftlich und (b) gesellschaftspolitisch als solche erkannt? Darüber soll Tabelle 4.5 Auskunft geben, wobei anzumerken ist, dass der genaue Zeitpunkt nicht immer so leicht zu ermitteln ist, wie im Falle des Ozonabbaus (1974), wobei wissenschaftliche Erkenntnis und Eintritt ins öffentliche Bewusstsein fast zusammenfielen – wahrhaft ein seltener Fall.

Mit den Angaben aus der Tabelle 4.5 könnte man, wenn man wollte, die „Liste" im Abstand etwa jeweils eines Jahrzehnts rekonstruieren. Man erkennt die durchschnittliche „Inkubationszeit" von etwa 10 Jahren, die von einer wissenschaftlichen Entdeckung bis zur öffentlichen Aufmerksamkeit vergeht. Eine Zusammenstellung vermeidbarer Fehlentwicklungen durch eine bessere Beachtung des Vorsorgeprinzips anhand von Fallstudien wurde vom Europäischen Umweltamt publiziert[58].

Dabei soll man nicht vergessen, dass es auch so manchen Fehlalarm in der Wissenschaft gibt, z. B. die Aluminium/Alzheimer-Diskussion in den späten 1980er Jahren. Wie schnell die Entwicklung geht, sieht man daran, dass in den älteren Ökobilanzen (noch um 1990) der Treibhauseffekt nicht erfasst wurde. Seit Erstellung der scheinbar „unsterblichen" Liste von Leiden sind bereits drei Effekte aufgetreten, die heute stark diskutiert werden:

---

55) Beltrani 1997
56) Udo de Haes et al. 2002
57) Klöpffer 1994b
58) EEA 2001

Tabelle 4.5 Zeitliches Auftreten der Umweltprobleme.

Umweltproblemfeld (Wirkungskategorie)	Wissenschaftliche Entdeckung	Eintritt ins öffentliche Bewusstsein
Ressourcenverbrauch	ca. 1965–1970 Grenzen des Wachstums[59]	Erste Erdölkrise von 1973
Treibhauseffekt	ca. 1975–1980	UNO-Weltkonferenz in Rio de Janeiro 1992; „Agenda 21"
Stratosphärischer Ozonabbau	Rowland und Molina 1974[60]; Entdeckung des antarktischen „Ozonlochs" um 1985[61]	Verbot der Frigene in Sprays (USA, ca. 1978)[62]; Konventionen von Wien (1985) und Montreal (1987)[63]
Toxische Gefährdung des Menschen, Humantoxizität	Wissen um Gifte ist uralt	Chemikaliengesetze ab ca. 1975, EWG 1977, BRD 1981
Toxische Schädigung von Organismen, Ökotoxizität	Rachel Carson „Silent Spring" 1962[64]	z. B. DDT-Gesetz, BRD 1972
Sommersmog	ca. 1950, Los Angeles[65]	Katalysatorgesetz in Kalifornien, ca. 1975
Versauerung	1. Phase (direkte Schadwirkung saurer Gase) zweite Hälfte des 19. Jh. (Stöckert, Stoklasa[66]) 2. Phase (indirekte Wirkungen) ca. 1970	Internationale Waldschaden-Konferenzen um 1900 (loc. cit. Stoklasa) Spiegelartikel über das „Wald-sterben" 1980; Versauerung schwedischer Seen
Eutrophierung	Algenwachstum in den Seen, 1960er Jahre; Sauerstoff-Zehrung durch BSB	Sanierungsmaßnahmen ab ca. 1970; Waschmittel ohne Phosphat ab ca. 1990
Belästigungen (Geruch, Lärm)	Alltagserfahrung, schwer zu datieren	Lärm wird als Umweltproblem Nr. 1 empfunden (Verkehr)
Harte Strahlung	etwa seit Nutzung der Kern-energie, militärisch (1945) und zivil (ca. 1950)	Gefährdungsbewusstsein von Beginn der Nutzung an[67]
Abfall	ab ca. 1960	frühe Ökobilanzen um 1970[68]

59) Meadows et al. 1992
60) Molina und Rowland 1974; Rowland und Molina 1975
61) McIntyre 1989
62) UBA 1979
63) Deutscher Bundestag 1988
64) Carson 1962
65) McCabe 1952
66) Stoklasa 1923
67) Nicht jedoch in der Forschungsphase: Marie Curie starb als Spätfolge ihrer Versuche an Leukämie.
68) Siehe Kapitel 1

- *Hormon-disrupters*: Substanzen, welche die natürlichen Hormone entweder nachahmen oder verdrängen (Wirkplätze blockieren); dieser Mechanismus gehört zu den ökotoxischen, möglicherweise auch zu den humantoxischen, die Reproduktion schädigenden Wirkungen;
- mögliche schädliche Auswirkungen gentechnisch modifizierter Organismen (Mikroorganismen, Nutzpflanzen) auf die Umwelt;
- invasive Arten (eine Teilmenge der Neophyten und Neozoa).

Diese Problemkreise werden in der wissenschaftlichen Literatur seit ca. 10 bis 20 Jahren diskutiert; eine öffentliche Diskussion findet zwar statt, in der Wirkungsabschätzung sind die Effekte aber noch völlig unzureichend vertreten.

Was man aus diesen Überlegungen lernen kann, ist vor allem, dass es ein grober Unfug wäre anzunehmen, dass man heute bereits alle Wirkungen menschlicher Aktivitäten auf komplexe Systeme (Ökosysteme) kennt. Die Liste der Wirkungskategorien muss daher ergänzungsfähig sein (Aktualisierung in gewissen Abständen) und das Vorsorgeprinzip sollte durch geeignete Indikatoren auch in der Ökobilanz vertreten sein[69].

4.4.3
Stressor-Wirkungsbeziehungen und Indikatoren

Die folgende Diskussion bezieht sich mehr auf die Gruppe B der neueren SETAC-Europe-Liste (Tabelle 4.4) als auf die Ressourcenverknappung (Gruppe A). Grundsätzlich sind die Probleme in beiden Gruppen aber ähnlich. In beiden Gruppen stellt sich die Frage, wie die Verbindung zwischen den Ergebnissen der Sachbilanz und den Wirkungskategorien herzustellen sei. Dazu müssen zunächst zwei Sachverhalte geklärt werden:

- Hierarchie der Effekte (wo soll die Charakterisierung ansetzen, welcher Indikator soll zur Quantifizierung eingesetzt werden?);
- potentielle versus tatsächliche Effekte.

4.4.3.1 Hierarchie der Effekte
Ein Ergebnis des SETAC Workshops in Sandestin, Florida[70] war die Einführung des Stressor-Konzepts (das Wort Stressor ist umstritten und hat sich nicht allgemein durchgesetzt) und der Effekthierarchie. Ein Stressor im Rahmen der Ökobilanz wurde als chemischer oder physikalischer Faktor aus der Sachbilanz definiert, der mit der belebten und unbelebten Umwelt in Wechselwirkung tritt und dort auf verschiedenen Systemebenen (einzelnen Organismen, Arten, Lebensgemeinschaften, Ökosysteme) die verschiedensten Wirkungen ausüben kann (meist, aber nicht immer oberhalb eines Schwellenwertes). Als neutrale Bezeichnung für alle Arten von Einwirkungen auf die Umwelt wird in der englischsprachigen Literatur oft das Wort *intervention* benutzt. Im Kontext der Literatur zum betrieblichen

---

69) Schmidt-Bleek 1993, 1994; Klöpffer 1995; Klöpffer und Renner 1995
70) Fava et al. 1993

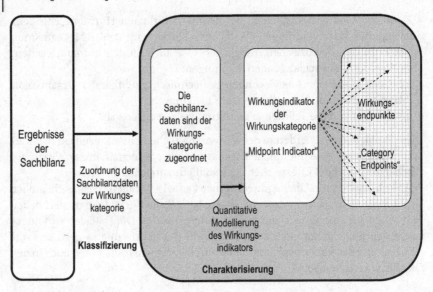

Abb. 4.3 Wirkungskategorie, Klassifizierung/Charakterisierung und Zuordnung von Wirkungsendpunkten (schematisch): in Anlehnung an *Characterization framework according to* ISO CD 14042.3[71].

Umweltmanagement spricht man von Umweltaspekten (auch in ISO 14040/44 verwendet), die auf die Umwelt einwirken und dort verschiedene Auswirkungen haben können. Hinter den verschiedenen Begriffen steckt allerdings derselbe Grundgedanke, der nachfolgend an Beispielen besprochen wird.

Schematisch lässt sich der Zusammenhang zwischen diesen Einwirkungen und den für jede Kategorie unterschiedlichen „Endpunkten" nach Abb. 4.3 darstellen. Der Indikator kann „näher an der Sachbilanz" oder „näher an den einzelnen Endpunkten" definiert werden (vgl. auch Abb. 4.2).

Die Wirkungen kann man, wie bereits im SETAC-Sandestin-Workshop dargestellt, in eine Hierarchie von Primär-, Sekundär-, Tertiär- usw. wirkungen bringen, wie die folgenden Beispiele zeigen.

Beispiel 1: Klimaänderung (Treibhauseffekt)[72]

Primärwirkung: erhöhte Strahlungsabsorption durch Moleküle in der Atmosphäre im sog. IR-Fenster bei ca. 10–15 μm (*radiative forcing*).

Sekundärwirkung: Erhöhung der mittleren Temperatur der Troposphäre.

Tertiärwirkungen: Abschmelzen von Gletschern und arktischem Eis, Klimainstabilitäten, Verschiebung von Klimazonen, Anstieg des Meeresspiegels, Verbreitung von Krankheiten, Änderungen in den Ökosystemen usw.

---

71) Dieses Schema wurde sinngemäß, aber nicht in dieser Form, in die Norm 14042 (2000) übernommen; vgl. ISO 14044 (Bild 3).

72) IPCC 1990, 1992, 1994, 1995a,b,c; 1996a,b; 2001, ..., 2007

Wichtig ist zu beachten, dass es sich hier bei der Primärwirkung noch um ein gut messbares Phänomen handelt, dass die Sekundärwirkung mit szenarioartigen Annahmen und der Lebensdauer des Moleküls noch recht gut zu beschreiben ist, die Tertiärwirkungen aber sehr unsicher quantifiziert werden können (IPCC loc. cit.). Die Lehre daraus ist, dass man versuchen muss, den in der Sachbilanz quantifizierten Ausstoß der Treibhausgase möglichst mit Primär- und Sekundärwirkung zu korrelieren, nicht mit den weit unsichereren Tertiärwirkungen. Dies ist der Kern der sog. *Midpoint*-Methode.

Beispiel 2: Versauerung

Primärwirkung: Deposition von luftgetragenen Säuren auf Seen, Böden, Bäumen (Blätter, Nadeln, Wurzeln usw.).

Sekundärwirkung: Änderung des pH-Wertes bei ungenügender Pufferung.

Tertiärwirkungen: Fischsterben durch die Säure oder durch freigesetzte Al^{3+}-Ionen; neuartige Waldschäden bzw. Beitrag zu denselben, Vegetationsschäden durch Verarmung der Böden an Nährsalzen (z. B. Na^+, K^+, Mg^{2+}), Grundwasserkontamination durch remobilisierte Schwermetalle usw.

Die Wahl des (Midpoint)-Indikators erfolgt „möglichst nahe an den Emissionen". Die Quantifizierung erfolgt durch stöchiometrische Umrechnung der Sachbilanzpositionen auf die Masse abspaltbarer Protonen (H^+) oder die äquivalente Masse SO_2 als dem Anhydrid der schwefeligen Säure (H_2SO_3) und Vorläufer der Schwefelsäure (H_2SO_4) in der Atmosphäre. Die Äquivalenzfaktoren sind aus den chemischen Formeln eindeutig zu berechnen. Die Aussagekraft der beiden Quantifizierungen ist völlig identisch, lediglich die Zahlenwerte unterscheiden sich. Auf andere Möglichkeiten der Quantifizierung und Regionalisierung wird in Abschnitt 4.5.2.5. eingegangen.

Beispiel 3: Ökotoxizität

Primärwirkung: Wirkung von Schadstoffen auf Organismen nach Aufnahme des Schadstoffs oder durch Veränderung der abiotischen Lebensbedingungen.

Sekundärwirkung: schädliche Effekte auf einzelne Organismen, Populationen, Arten, Biozönosen oder Ökosysteme, Wirkungen durch Transformationsprodukte und Metabolite.

Tertiärwirkungen: Schadeffekte auf ökosystemarem Niveau; drastische Veränderungen in Ökosystemen z. B. durch Aussterben einzelner Arten aufgrund von Organschäden, aber auch durch subtilere Wirkungen wie z. B. die Störung des chemischen Kommunikationssystems oder des Hormonsystems; Veränderungen in der Artenzusammensetzung und Artenvielfalt, Veränderungen in Nahrungsnetzen, Nährstoffkreisläufen und Energieflüssen in Ökosystemen usw.

Wirkt ein Schadstoff nach Aufnahme in einen Organismus ist die Primärwirkung eng mit der Exposition verknüpft. Für die Aufnahme in einen Organismus ist der Biokonzentrationsfaktor ($c_{\text{(Schadstoff X im Organismus)}}/c_{\text{(Schadstoff X im ihn umgebenden Medium)}}$ – BCF) eine sinnvolle Kennzahl, die einen direkten Bezug zur Exposition hat, allerdings keine Differenzierung nach dem toxikologischen Potential eines Schadstoffs erlaubt. Da die eigentlich wichtige Ebene der Tertiärwirkungen in der Regel nicht kausal auf quantifizierbare Einzelereignisse zurückzuführen ist, werden Stoffe meistens auf der Ebene der Sekundärwirkung charakterisiert (z. B. Daphnien-, Fisch- und Algentests).

Auf ähnliche Weise können alle Wirkungskategorien analysiert werden. Der Lärm kann z. B. „nur" als Belästigung behandelt werden, er kann chronisch aber zu psychischen Schäden (Dauerbelastung durch Verkehrslärm) oder Gehörschäden führen. Wichtig für die Ökobilanz ist die Erkenntnis, dass eine Midpoint-Quantifizierung (näher an der Sachbilanz) leichter durchzuführen ist und die Anzahl der zu quantifizierenden Kategorien in einer überschaubaren Größe hält. Die nahe an den Emissionen liegenden Indikatoren entsprechen auch besser dem Vorsorgeprinzip, da viele mögliche Folgewirkungen miterfasst werden, ohne dass die Kausalketten im Detail bekannt sein müssen (siehe Abb. 4.3).

4.4.3.2 Potentielle versus tatsächliche Effekte

Die in der Wirkungsabschätzung einer Ökobilanz näherungsweise quantifizierten Effekte sind meist als „potentiell" zu bezeichnen[73]. In ISO 14040 heißt es z. B.:

> „Die Ökobilanz bezieht sich auf die Umweltaspekte und potenziellen Umweltwirkungen (...) im Verlauf des Lebensweges eines Produktes von der Rohstoffgewinnung über Produktion, Anwendung, Abfallbehandlung, Recycling bis zur endgültigen Beseitigung (d. h. „von der Wiege bis zur Bahre")."

Dieselbe Norm spezifiziert in einer Fußnote:

> Die „potenzielle Umweltwirkung" ist eine relative Aussage, da sie sich auf die funktionelle Einheit eines Produktsystems bezieht.

Die wichtigsten Gründe für diese Einschätzung und Bezeichnung sind:

1. Die Ökobilanz hat im Allgemeinen einen geringen Orts- und Zeitbezug (nur der Rahmen wird in den Systemgrenzen abgesteckt).

2. Die Zahlenwerte der Sachbilanz beziehen sich auf die in weiten Grenzen frei wählbare funktionelle Einheit (fE); es ist z. B. völlig gleichgültig, ob wir im Praxisbeispiel auf 1 Liter, auf 1 Hektoliter, auf 1000 Liter (häufigster Bezugspunkt bei Ökobilanzen von Getränkeverpackungen) oder auf eine Million Liter beziehen! Die Schadstoff-Frachten pro funktionelle Einheit und ggf. daraus abgeleitete Konzentrationen unterscheiden sich entsprechend (proportional) zur funktionellen Einheit um viele Größenordnungen.

---

73) Udo de Haes 1996; Heijungs und Guinée 1993; ISO 2006a

3. Bei Materialien, die am freien Markt gekauft werden (ohne Bindung an einen bestimmten Zulieferer), z. B. sog. *Commodities*, weiß man in den seltensten Fällen, wo sie herkommen (ebenso die Energieträger), was einen festen Ortsbezug „weiter oben" im Produktbaum – oder nach Clift[74] „im Hintergrund" – **grundsätzlich** ausschließt. Die alternative Materialbeschaffung durch langfristige Lieferverträge erhöht die Wahrscheinlichkeit einer Zuordnung der Herkunftsregion.

Eine Zuordnung der Wirkungen zu Ort und Zeit ist daher über den ganzen Lebensweg meist nicht möglich. Daher sind Expositionen verursacht durch das analysierte Produktsystem nur selten ermittelbar (vgl. auch Abschnitt 4.1 – Kasten). Dennoch wird immer wieder die Forderung nach Ermittlung von konzentrationsabhängigen „Risiken" in der Wirkungsabschätzung erhoben, was zu detaillierten und scharfsinnigen Analysen über die Grenzen der Wirkungsabschätzung führte[75]. Tatsächlich ist es gelegentlich möglich, einen Teil des Lebenswegs („im Vordergrund") mit genügender Genauigkeit zu identifizieren, so dass für diesen **Teilweg** eine Risikoanalyse durchgeführt werden kann. In diesem Fall rechnet man aber nicht mit der willkürlichen funktionellen Einheit, sondern man rechnet auf reale Mengen (z. B. die Jahresproduktion des untersuchten Produkts) hoch. Beispielsweise kann der jährliche Verbrauch eines Tensids in einem Land bei Kenntnis des Abbaugrades in der Kläranlage in eine mittlere Konzentration in den Gewässern umgerechnet werden (*Predicted Environmental Concentration* – PEC). Dieser Wert kann mit Wirkungsschwellen oder sog. *Predicted No Effect Concentrations* (PNEC) verglichen werden (PEC/PNEC), was dem üblichen Vorgehen in der Risikoanalyse von Stoffen entspricht[76].

Ein anderes Beispiel liegt vor, wenn die Produktionsstätte des untersuchten Produktes eindeutig lokalisierbar ist. Auch in diesem Fall lässt sich – ortsspezifisch (*site specific*) – eine Risikoanalyse in die Wirkungsabschätzung einbauen. Dabei ist allerdings bei vergleichenden Studien darauf zu achten, dass das Symmetrieprinzip nicht verletzt wird.

Zur Begründung der meist nicht erfüllbaren Forderung nach ortsabhängigen Risikoanalysen bei nicht weitreichenden bzw. lokalen Effekten (beim Treibhauseffekt oder beim stratosphärischen Ozonabbau tritt das Problem nicht auf, weil es gleichgültig ist, wo ein Molekül CO_2 oder R11 emittiert wird) wird auf die Wirkschwellen vieler Effekte hingewiesen: es sei doch toxikologisch und ökologisch nicht relevant, wenn Schadstoffe in solchen Mengen emittiert würden, dass die lokalen Immissionskonzentrationen ein gewisses Maß (PNEC oder Grenzwert) nicht überschreiten[77]. Diesem Argument wird mit dem „**Weniger ist besser (*less is better*)**"-Konzept begegnet[78]: Im Sinne des Vorsorgeprinzips ist es angebracht, die Minimierung aller Schadstoffemissionen anzustreben, auch wenn die Gesetze

---

74) SETAC 1996
75) White et al. 1995; Owens 1996; Potting und Hauschild 1997a, 1997b
76) TGD 1996, 2003
77) Hogan et al. 1996
78) White et al. 1995

nicht verletzt werden und nach derzeitigem Wissen keine Schadwirkung auftreten sollte[79]. Insbesondere persistente und akkumulierende Stoffe können auch bei Emission in geringer Menge später zu schädlichen Wirkungen führen[80]. Diese für die Ökobilanz charakteristische Denkweise wird im englischen Sprachgebrauch *beyond compliance* genannt.

Zusammenfassend kann gesagt werden, dass es in Bezug auf die Wirkungsabschätzung zwei Denkschulen gibt:

1. Die Wirkungsabschätzung bezieht sich auf potentielle Wirkungen und stützt sich auf das Vorsorgeprinzip[81].

2. Die Wirkungsabschätzung sollte soweit wie möglich auf tatsächlichen Wirkungen beruhen (Verursacherprinzip) und der Beurteilung naturwissenschaftlich abgeleitete bzw. gesetzlich festgelegte Schwellen- und Grenzwerte zugrunde legen (keine Gefährdung bei Unterschreiten dieser Werte)[82].

Geographisch gesehen hat die erste Schule in Europa, die zweite in den USA ihren Schwerpunkt. Zweifellos bestehen hier Entscheidungsfreiräume, die naturwissenschaftlich nicht gelöst werden können. Das damit einhergehende Problem der sog. Subjektivität in der Ökobilanz[83], insbesondere jedoch in der Wirkungsabschätzung, wird in der Diskussion der Auswertung besprochen. Hier sei nur erwähnt, dass dieses Problem auch in der relativ „harten" Sachbilanz bereits in Form der Allokationen auftauchte.

Für die Diskussion der Wirkungsebenen hat die „Weniger ist besser"-Debatte folgende Konsequenz:

Im Rahmen der ersten Denkrichtung sollte „möglichst nahe an der Schnittstelle zur Sachbilanz" quantifiziert werden, weil dort eine genaue Kenntnis der Sekundäreffekte, Tertiäreffekte usw. noch nicht nötig ist (*Midpoint*).

Wenn man jedoch im Rahmen der zweiten Richtung die Erstellung von Kausalketten bis hin zu den Einzeleffekten für nötig erachtet, wird nahe an den Endpunkten quantifiziert, was notwendigerweise zu einer größeren Anzahl von Teilkategorien führt und, wie oben ausgeführt, weitergehende Kenntnisse über Orts- und Zeitbezüge voraussetzt.

Der zweite Ansatz ist beim gegenwärtigen Entwicklungsstand der Ökobilanz über den ganzen Lebensweg nicht konsequent durchzuhalten. Die Wirkungsabschätzung wird daher in der Folge vorwiegend auf der Basis des CML-Ansatzes[84] abgehandelt, der auch in der dänischen EDIP-Methode[85] verwendet wird und für das Umweltbundesamt Berlin aufbereitet und an einigen Stellen modifiziert

---

79) Hertwich 1997
80) Klöpffer 1989, 1994c; dieser Aspekt des Vorsorgeprinzips ist auch im Europäischen Chemikalienrecht (REACH) erstmals verankert.
81) White et al. 1995; Klöpffer und Renner 1995; Udo de Haes 1996; Hertwich 1997
82) Hogan et al. 1996; Owens 1996; Barnthouse et al. 1998
83) Klöpffer 1998; Owens 1998
84) Heijungs et al. 1992; Udo de Haes 1996; Guinée et al. 2002
85) Hauschild und Wenzel 1997

wurde[86]. Weiterführende Ansätze, die sich noch im Stadium von Forschung und Erprobung befinden, werden an geeigneter Stelle besprochen. Die Weiterentwicklung der Wirkungsabschätzung in der SETAC-Europe-Arbeitsgruppe Wirkungsabschätzung 2 (1998–2001)[87] und im Rahmen der UNEP/SETAC Life Cycle Initiative[88] brachten keine grundlegend neuen Kategorien, wohl aber eine gründliche Bestandsaufnahme und teilweise Harmonisierung der bestehenden Methoden sowie eine vorsichtige Öffnung hin zu den Endpunktmethoden.

4.5
Wirkungskategorien, Wirkungsindikatoren und Charakterisierungsfaktoren

In etlichen Ökobilanz-Software-Tools sind die verbindlichen Arbeitsschritte der Wirkungsabschätzung „Auswahl der Wirkungskategorien, Klassifizierung und Charakterisierung" soweit integriert, dass die Hintergründe nicht offensichtlich sind. Es müssen allerdings bereits in der ersten Komponente „Definition von Ziel und Untersuchungsrahmen" Angaben darüber gemacht werden, in welcher Weise diese verbindlichen Elemente bearbeitet werden sollen. Diese Festlegungen haben Einfluss auf die in der Sachbilanz zu erhebenden Daten. Die im Hinblick auf das Ziel der Studie sachgerechte Auswahl der Wirkungskategorien, Klassifizierung und Charakterisierung erfordert genauere Kenntnisse zu den Hintergründen der Auswahl von Wirkungsindikatoren und Charakterisierungsmodellen.

In diesem Abschnitt werden die derzeit in Ökobilanzen genutzten Wirkungskategorien vorgestellt und der wissenschaftliche Hintergrund der Auswahl von Wirkungsindikatoren und Charakterisierungsmodellen erläutert. Dabei gibt es Wirkungskategorien, für die ein breiter Konsens bezüglich der nützlichen Indikatoren und Modelle besteht und andere bei denen sich in der Praxis eine Vielzahl konkurrierender Ansätze findet. Auch die zwei Denkschulen im Hinblick auf die Ziele der Wirkungsabschätzung (Vorsorgeprinzip versus Verursacherprinzip; vgl. Abschnitt 4.4.3.2) favorisieren in vielen Fällen unterschiedliche Wirkungsindikatoren und Charakterisierungsfaktoren.

4.5.1
Input-bezogene Wirkungskategorien

4.5.1.1 Übersicht
Diese Gruppe von Wirkungskategorien zielt auf die Erhaltung bzw. auf den sparsamen Umgang mit natürlichen Ressourcen. Nicht alle menschlichen Tätigkeiten, die zum Ressourcenverbrauch beitragen führen tatsächlich zu einer irreversiblen Vernichtung der entsprechenden Ressource (wie bei der Verbrennung fossiler Brennstoffe), sondern „nur" zur Verschmutzung oder Dispersion (eine Art von

---

86) Klöpffer und Renner 1995
87) Udo de Haes et al. 1999a, 1999b, 2002
88) Töpfer 2002; Jolliet et al. 2003, 2004; http://lcinitiative.unep.fr

Entropieerhöhung). Es ist nicht immer leicht, zwischen diesen verschiedenen Nutzungstypen zu unterscheiden und dabei zu verhindern, dass die Methode unerträglich kompliziert wird. Wir werden versuchen, einen mittleren Weg zu beschreiten.

Nach SETAC Europe[89] (siehe Tabelle 4.4) gehören zu dieser Gruppe:

- abiotische Ressourcen,
- biotische Ressourcen,
- Naturraumbeanspruchung[90].

Die ersten beiden Wirkungskategorien können nach der Regenerierbarkeit des jeweiligen Rohstoffs in endliche und regenerierbare Ressourcen unterteilt werden (Tabelle 4.6).

Tabelle 4.6 Einteilung der Ressourcen[91].

Ressourcentyp	Beispiele
abiotisch endlich	Mineralien, fossile Rohstoffe
abiotisch regenerierbar	Grundwasser, Oberflächen(süß-)wasser; Sauerstoff[a] nicht jedoch: fossiles Grundwasser
biotisch endlich	Tropenholz aus Primärwäldern, vom Aussterben bedrohte Arten
biotisch regenerierbar	Wildpflanzen, Wildtiere (z. B. Meeresfische); nicht jedoch: Agrar- und Forstprodukte und Fischfarmen, da diese im Rahmen der Technosphäre generiert werden

[a] Soweit nicht irreversibel chemisch gebunden.

Allen Kategorien dieser Gruppe ist gemeinsam, dass – wie der Name besagt – die zu klassifizierenden und zu charakterisierenden Sachbilanzdaten von der Inputseite kommen, also Rohstoffe und ähnliche Faktoren in der Ökosphäre betreffen, welche zur Herstellung von Stoffen, Materialien und Produkten, zum Transport usw. verbraucht, zerstreut, verschmutzt oder umgewandelt werden. Als Überbegriff zu diesen verschiedenen Nutzungsarten wird im folgenden „Verbrauch" gewählt, was zwar physikalisch/chemisch oft nicht genau zutrifft, wohl aber, wenn man den entsprechenden Rohstoff als Wirtschaftsgut betrachtet (vgl. den physikalisch sinnlosen Ausdruck[92] „Energieverbrauch"). Die Charakterisierung des Ressourcenverbrauchs erfolgt unter den Gesichtspunkten der **Knappheit**, **Regenerationsfähigkeit und Bedeutung für den Naturhaushalt**.

89) Udo de Haes 1996; Udo de Haes et al. 1999a, 1999b, 2002
90) Engl.: *land use* (Das deutsche Wort „Naturraum" lässt sich nicht gut ins Englische übersetzen, trifft aber das Schutzziel besser.)
91) Klöpffer und Renner 1995
92) Natürlich abgesehen von Einsteins $E = m\ c^2$.

Bei den abiotischen Ressourcen (mit Ausnahme des Wassers) ist ein überwiegend anthropozentrischer Bezug nicht zu übersehen[93]: Die Erschöpfung der Erdöl-, Kohle- und Erzlagerstätten würde die Menschheit mehr treffen als das Ökosystem Erde und seine Teilsysteme. Bei den biotischen Ressourcen, beim Wasser und Flächenverbrauch sind Mensch und Natur etwa gleich betroffen. Dabei ist anzumerken, dass auch vordergründig „nur" die Natur betreffende Schadwirkungen indirekt auf die Menschheit zurückwirken und deren Überleben in Frage stellen können[94].

Eine umfassende Darstellung der Ressourcen in der Wirkungsabschätzung steht noch aus. Ein Überblick über die bisher vorgeschlagenen Charakterisierungsfaktoren sowie der Versuch einer einheitlichen Behandlung der Ressourcen unter den Aspekten Funktionalität und Qualität (bzw. Qualitätsminderung) wurde von Steward und Weidema veröffentlicht[95]. Dabei wurden allerdings fundamentale Unterschiede wie die zwischen Plantagenwäldern und Urwäldern, gezüchteten Tieren und Wildtieren etc. zugunsten einer einheitlichen Behandlung nicht beachtet. Die in der Methodik geforderten *back-up technologies*[96] gibt es aber z. B. für ausgestorbene Arten nicht. Bei metallischen Ressourcen ist die Beachtung der Qualität jedoch angebracht, da diese, einmal aus den Erzen gewonnen, nicht wirklich verbraucht werden und auch die Lagerstätten sich meist „nur" in ihrer Ergiebigkeit unterscheiden.

4.5.1.2 Verbrauch abiotischer Ressourcen
Zu den abiotischen Ressourcen rechnet man:

- Fossile Brennstoffe (Erdöl, Erdgas, Stein- und Braunkohle in der Lagerstätte); Raumbezug: vorwiegend global (durch weltweiten Handel), bei Braunkohle eher regional.
- Uranerze (in der Lagerstätte); Raumbezug: global.
- Mineralische Rohstoffe (Erze, Sand, Ton, Kies, Kalkstein, Steinsalz, Phosphate, ...); Raumbezug: global (Erze) bis lokal (Sand, Kies, ...).
- (Süß-)Wasser; Raumbezug: lokal bis regional (wird in großem Maßstab nicht weltweit gehandelt).
- Luft und ihre Bestandteile; Raumbezug: global (durch die Natur der Atmosphäre).

Wirkungsindikatoren
Bei Betrachtung dieser Liste sieht man sofort, dass eine einfache Addition der Sachbilanzdaten, also der Verbrauch der Ressourcen pro funktionelle Einheit, ein völlig falsches Bild liefern würde, weil praktisch unerschöpfliche Ressourcen wie Sand, Salz, Luft usw. das gleiche Gewicht hätten wie das in absehbarer Zeit zur

93) Udo de Haes 1996
94) Klöpffer 1993; Beltrani 1997
95) Weidema und Steward 2004; siehe auch Müller-Wenk 1999; http://www.iwoe.unisg.ch/service
96) Techniken, die zur Wiederherstellung eines Zustandes vor dem menschlichen Eingriff dienen sollen.

Neige gehende Erdöl. Außerdem gehen Erdöl, Kohle und Erdgas bei der üblichen Nutzung durch Verbrennung verloren, während andere Rohstoffe (vor allem das Wasser) bei den meisten Nutzungen zwar verunreinigt oder vermengt werden, letztlich aber erhalten bleiben. Die fossilen Rohstoffe kann man prinzipiell auch als regenerative, also zur Neubildung fähige Rohstoffe mit langsamer Neubildungsrate betrachten. Da die damit verbundenen Zeiträume aber extrem lang sind, wäre eine solche Zuordnung rein theoretisch.

Das Konzept der Wirkungsindikatoren und Indikatormodelle wurde für die Output-basierten Wirkungskategorien entwickelt und soll dort einen quantitativen Zusammenhang zwischen den in der Sachbilanz ermittelten Daten und potentiellen (negativen) Wirkungen herstellen. Eine Übertragung auf die Ressourcen (hier: die abiotischen Ressourcen) erfordert zunächst die Beantwortung der Frage: Was ist die gemeinsame Wirkung, für die dann ein möglichst einfaches und quantitatives Modell gefunden werden muss? Diese gemeinsame Wirkung ist die Verknappung, die sich in der Technosphäre zunächst durch Verteuerung der Rohstoffe auswirkt. In der betroffenen Ökosphäre kann es beispielsweise durch die Absenkung des Grundwasserspiegels aufgrund von Wassernutzung zu einer Veränderung des Artenspektrums, der produzierten Biomasse und im Extremfall durch Versteppung oder Wüstenbildung zu einer grundlegenden Veränderung des ursprünglichen Ökosystems kommen. Da eine Endpunktmodellierung immer problematisch ist, weil darin oft in der Zukunft liegende Ereignisse und Zustände erfasst werden müssen, bietet sich die Verknappung als solche als *Midpoint*-Indikator an. Die unten besprochenen Gewichtungsfaktoren versuchen die Verknappung für die beiden Fälle – endlich bzw. nicht regenerierbar und regenerierbar – quantitativ zu beschreiben. Die Gewichtungsfaktoren werden methodisch wie Charakterisierungsfaktoren verwendet.

Indikatormodell und Charakterisierungsfaktoren

Das einfachste Modell für die Erschöpfung nicht erneuerbarer abiotischer Ressourcen bezieht den Verbrauch pro funktionelle Einheit auf die Summe der Vorräte[97], Gleichung (4.3)

$$\text{Erschöpfung abiotischer Resourcen} = \frac{\Sigma_i \text{ Verbrauch}_i \text{ [kg/fE]}}{\text{Vorräte}_i \text{ [kg]}} \qquad (4.3)$$

Diese Formel berücksichtigt jedoch nicht, dass auch ein kleiner Vorrat praktisch unerschöpflich sein kann, wenn der Gesamtverbrauch (nicht der für das untersuchte Produktsystem charakteristische) entsprechend gering ist. Umgekehrt ist auch ein riesiger Vorrat bei sehr großem Gesamtverbrauch rasch am Ende.

Ein besser geeignetes Modell sollte die Knappheit wie folgt quantifizieren: Der Verbrauch einer Ressource, die bei heutigem Gesamtverbrauch nach z. B. 100 Jahren erschöpft sein wird, sollte doppelt so knapp eingestuft werden wie

---

97) Heijungs et al. 1992

eine Ressource mit 200 Jahren Frist bei gleichbleibendem Gesamtverbrauch. Die noch zur Verfügung stehende Zeit („statische Reichweite") ist für eine bestimmte nicht erneuerbare Ressource der Quotient aus Vorrat und Verbrauch pro Zeiteinheit (Gleichung 4.4), wenn man näherungsweise einen trotz der Verknappung konstanten Jahresverbrauch annimmt:

$$\text{statische Reichweite [a]} = \frac{\text{Weltreserven [kg oder J]}}{\text{Weltjahresverbrauch [kg/a oder J/a]}} \qquad (4.4)$$

Die energetisch verwertbare Ressourcen können sowohl in Energieeinheiten [J, MJ, ...] wie auch in Masseneinheiten [kg, t, ...] angegeben werden; bei Erdgas ist auch die Volumeneinheit [Nm^3] gebräuchlich. Hier muss leider das *Barrel* erwähnt werden: Erdöl wird vielfach noch in der obsoleten (US-)Volumeneinheit [Barrel] (159 L) angegeben.

Da sowohl Erdgas wie auch Erdöl chemische Gemische sind, haben sie keine einheitliche Dichte und die Angabe des Volumens (beim Gas unter Normaldruck und -temperatur) als der primär gemessenen Größe ist durchaus sinnvoll. Bei der Umrechnung auf Masse muss von Mittelwerten der Dichte ausgegangen werden. Ähnliches gilt für die Angabe der Energie, wobei wiederum Mittelwerte des Heiz- oder Brennwertes zugrunde gelegt werden. Für alle anderen abiotischen Ressourcen sind nur Masseneinheiten sinnvoll.

Um zu einer sinnvollen Aggregierung zu gelangen, muss der Ressourcenverbrauch pro funktionelle Einheit durch die jeweilige Reichweite der Ressource dividiert werden (Gleichung 4.5):

$$\text{Verknappung abiotischer Resource}_i = \frac{\Sigma_i \, \text{Verbrauch}_i \, (m_i) \, [\text{kg/fE}]}{\text{Reichweite}_i \, [\text{a}]} \qquad (4.5)$$

In dieser Gleichung ist die (statische) Reichweite_i die Zeit bis zur völligen Erschöpfung der Ressource i nach Gleichung (4.4). Die resultierende Dimension für die Verknappung ist [Masse/Zeit], bezogen auf die fE.

Als Charakterisierungsfaktor definiert man üblicherweise den Reziprokwert der für eine spezielle Ressource i charakteristischen (statischen) Reichweite [a] als **Ressourcenverknappungsfaktor** R_i [a^{-1}] (vgl. Tabelle 4.7). Dieser wird mit dem in der Sachbilanz ermittelten Verbrauch der Ressource i pro funktionelle Einheit (m_i) multipliziert. Das Ergebnis ist der **Ressourcenverbrauchsfaktor** R. Der Ressourcenverbrauchsfaktor für das gesamte Produktsystem berücksichtigt alle abiotisch-endlichen Ressourcen. Er ergibt sich aus der Summierung aller Ressourcenverbrauchsfaktoren aller in der Sachbilanz erfassten abiotischen Ressourcen, die in der Klassifizierung der Wirkungskategorie „Verbrauch abiotischer Ressourcen" zugeordnet wurden (Gleichung 4.6):

$$R \, \text{(abiotisch-endlich)} = \Sigma_i \, (m_i \times R_i) \, [\text{kg/a}] \qquad (4.6)$$

Beispiel

In der Sachbilanz eines Produktes wurden pro funktionelle Einheit folgende Verbräuche abiotischer Ressourcen ermittelt (R_i gemäß Tabelle 4.7):

Erdöl   6 kg
Steinkohle   4 kg
Ressourcenverbrauchsfaktor (Erdöl) = 6 kg × 0,023 [1/a] = 0,138 kg/a
Ressourcenverbrauchsfaktor (Steinkohle) = 4 kg × 0,0125 [1/a] = 0,05 kg/a

Ressourcenverbrauchsfaktor (Σ abiotisch-endlich) = 0,138 kg/a + 0,05 kg/a
                                        = 0,188 kg/a

Die Einheit [kg/a] für den Ressourcenverbrauchsfaktor R kann leicht zum Missverständnis eines realen Massenstroms führen. Da es sich beim Ressourcenverknappungsfaktor R_i, der in die Berechnung von R einfließt, allerdings um eine über die statische Reichweite gewichtete Größe handelt, ist das nicht der Fall, sondern es handelt sich um einen Wirkungsindikator.

Alternativ zu Gleichung (4.6) können die Energierohstoffe und die mineralischen Rohstoffe auch getrennt erfasst werden, wobei in Deutschland für Erstere oft die vom UBA Berlin vorgeschlagenen „Rohöläquivalenzfaktoren" benutzt werden, die etwas anders definiert sind (s. u.).

Die regenerierbare abiotische Ressource **Wasser** wird meist getrennt erfasst. Sie ist formal wie eine biotisch regenerierbare Ressource zu behandeln (vgl. Abschnitt 4.5.1.4). Die Einbeziehung des Wassers in die Wirkungsabschätzung wird durch die UNEP/SETAC Life Cycle Initiative vorangetrieben[98].

Eine kombinierte Formel für endliche + regenerierbare Ressourcen, die in erster Näherung auch für die Ressource Wasser zu benutzen ist, wird im nächsten Abschnitt vorgestellt.

Bei der Ableitung der Gleichungen (4.4) bis (4.6) wird ein gleichbleibender Jahresverbrauch vorausgesetzt, was als grobe Näherung hingehen mag. Viel schwieriger ist die Ermittlung der (bekannten) Vorräte bzw. der Weltreserven. Die bekannten Vorräte hängen vom jeweiligen Stand der Exploration ab, der wiederum von wirtschaftlichen Faktoren. Darüber hinaus gibt es Schätzungen der abbauwürdigen Weltreserven und Schätzungen des gesamten (derzeit abbauwürdigen + nicht abbauwürdigen) Vorkommens. Das Problem dabei ist, dass die Abbauwürdigkeit eine Funktion des Preises des jeweiligen Rohstoffs ist. Steigt die Nachfrage, z. B. wegen einer realen oder politisch herbeigeführten Verknappung, erhöhen sich die Reserven, weil dann auch unergiebigere oder schwer zu fördernde Vorkommen abbauwürdig werden. Da jedoch auch eine Marktwirtschaft einige Zeit braucht, um die nötigen Investitionen zu tätigen, neue Vorkommen zu erschließen und die Bergwerke anzulegen etc., kann man

---

98) Koehler 2008; Milà i Canal et al. 2008; UNEP/SETAC 2008

nicht mit verlässlichen Daten rechnen. Da viele Metalle, z. B. das relativ edle Kupfer, praktisch nicht verbraucht werden, sondern sich in der Technosphäre ansammeln[99], ergibt sich weiterhin die Frage, ob diese Vorräte zu den Reserven dazugerechnet werden sollen oder nicht. Und die nächste Frage: ab wann ist eine Deponie abbauwürdig?

Ferner braucht man für die Erstellung eines Gewichtungsfaktors Tabellen, in denen für möglichst viele Rohstoffe Angaben über Reserven und Verbrauch zu finden sind. Aus diesem Grund verwendet man meistens die **explorierten** (sicheren) Reserven zur Bestimmung der statischen Reichweite. Diese beträgt für Erdöl bereits seit einiger Zeit rund 40–45 Jahre, d. h. es wird gerade soviel neu exploriert wie verbraucht. Dennoch kann man durch Vergleich mit den entsprechenden Zahlen für Kohle sagen, dass die statischen Reichweiten für Kohle doppelt (Steinkohle) bzw. 10-mal größer (Braunkohle) sind als die von Erdöl. Für die Aggregierung genügen **relative** Angaben völlig, sofern sie nach möglichst einheitlichen Methoden gewonnen wurden. In Tabelle 4.7 sind die statischen Reichweiten und Ressourcenverknappungsfaktoren für die wichtigsten abiotischen Ressourcen zusammengestellt.

Für folgende Elemente und Erze wird von Crowson[100] eine „sehr bis extrem hohe statische Reichweite" angegeben: **Beryllium (Be), Gallium (Ga), Kaolin, Lithium (Li), Magnesium (Mg), Phosphat, seltene Erden und Silizium (Si); auch für Germanium (Ge)** findet sich die Angabe „groß". Diese Elemente und Mineralien müssen daher nicht in die Gewichtung der Ressourcen einbezogen werden, wobei allerdings beachtet werden muss, dass eine große statische Reichweite auch durch sehr kleinen Jahresverbrauch zustande kommen kann, der sich z. B. durch neue Technologien ändern kann (Indium in der Handytechnologie oder wenn Gallium als Halbleitermaterial zukünftig in großem Maßstab gebraucht würde).

Ausgehend vom Ressourcenverbrauch in der Landwirtschaft (z. B. Phosphate) warnen Brentrup und Mitarbeiter vor einer zu frühen Aggregation der abiotischen Ressourcen wegen ihrer unterschiedlichen Einsatzgebiete, um allerdings am Ende doch einen Ressourcenverbrauchsindex vorzuschlagen.[101]

---

99) Brunner und Rechberger 2004
100) Crowson 1992
101) Brentrup et al. 2002a

Tabelle 4.7 Ressourcenverknappungsfaktoren wichtiger abiotischer Ressourcen.

Ressource	Bekannte Vorräte (*reserves*)	Weltjahres-produktion (Fördermenge)	Statische Reichweite[1] [a]	Ressourcen-verknappungs-faktor R_i [1/a]
Energieträger				
Erdöl	$1,968 \cdot 10^{11}$ m^3 $1,687 \cdot 10^{11}$ t (Ende 2007)[a]	$3,906 \cdot 10^9$ t/a (2007)[a, b]	43	0,023
Erdgas	$1,774 \cdot 10^{14}$ m^3 (Ende 2007)[a]	$2,94 \cdot 10^{12}$ m^3/a (2007)[a]	60	0,017
Steinkohle[2]	$4,309 \cdot 10^{11}$ t (Ende 2007)[a]	$5,37 \cdot 10^9$ t/a (2006)[c]	80	0,0125
Braunkohle[3]	$4,166 \cdot 10^{11}$ t (Ende 2007)[a]	$9,14 \cdot 10^8$ t/a (2006)[c]	456	0,0022
Uran [U]	$2 \cdot 10^6$ t (2008)[d]	$6,22 \cdot 10^4$ t/a (2007)[e]	32	0,031
Metalle/Erze				
Aluminium [Bauxit]	$3,2 \cdot 10^{10}$ t (2006)[u]	$1,77 \cdot 10^8$ t (2007)[u]	181[f]	0,0055
Chrom [Cr$_2$O$_3$]	$3,7 \cdot 10^9$ t (2006)[g]	$1,9 \cdot 10^7$ t/a (2006)[g]	195	0,0051
Eisenerz (roh)	$3,3 \cdot 10^{11}$ t (2004)[h]	$1,238 \cdot 10^9$ t/a (2003)[h]	267	0,0037
Mangan [Mn]	$6,7 \cdot 10^8$ (vor 2004)[i]	$6,22 \cdot 10^6$ t/a (neuere Schätzung)[j]	108	0,0093
Nickel [Ni]	$1,44 \cdot 10^8$ t (2006)[k]	10^6 t/a (1990–jetzt)[l]	144	0,0069
Zinn [Sn]	$1,1 \cdot 10^7$ t (2004)[m]	$2,53 \cdot 10^4$ t/a (2003)[n]	435	0,0023
Kupfer [Cu]	$4,8 \cdot 10^8$ t (2002)[o]	$1,34 \cdot 10^7$ t/a (2002)[o]	36	0,028
Blei [Pb]	$8,5 \cdot 10^7$ (ca. 2007)[p]	$6 \cdot 10^6$ t/a (ca. 2007)[p]	14	0,071
Zink [Zn]	$4,6 \cdot 10^8$ t (2004)[m]	$9,2 \cdot 10^6$ t/a (2003)[n]	50	0,02
Indium [In]	6000 t (ca. 2007)[q]	476 t/a (ca. 2007)[q]	13	0,079
Quecksilber [Hg]	$1,2 \cdot 10^5$ t (2000)[o]	1800 t/a (2000)[o]	67	0,015
Silber (Ag)	$5,5 \cdot 10^5$ t (2006)[q]	$1,95 \cdot 10^4$ t/a (2006)[q]	28	0,035

Tabelle 4.7 (Fortsetzung)

Ressource	Bekannte Vorräte (*reserves*)	Weltjahres-produktion (Fördermenge)	Statische Reich-weite[1] [a]	Ressourcen-verknappungs-faktor R_i [1/a]
Cadmium (Cd)	$6 \cdot 10^5$ t (2002)[q]	$1,87 \cdot 10^4$ t/a (2002)[q]	32	0,031
Platingruppe (PGM)	$8 \cdot 10^4$ t (2006)[r]	Pt: 223 t/a Pd: 222 t/a Σ (2006)[r]: 445 t/a	180	0,006
Sonstige Rohstoffe				
Antimon (Sb)	$> 5 \cdot 10^6$ t (ca. 2007)[s]	$5 \cdot 10^4$ t/a (ca. 2007)[s]	> 100	0,01
Arsen (As)	$1,2\text{--}2,0 \cdot 10^6$ t (2007)[q]	$5,9 \cdot 10^4$ t/a (2007)[q]	25	0,040
Phosphat (Gestein)	$5 \cdot 10^7$ t (2004)[m]	$1,47 \cdot 10^5$ (2003)[m]	340	0,003
Wismut (Bi_2O_3)	$1,1 \cdot 10^5$ t (nicht datiert)[q]	5700 (2006)[t]	19	0,052

[1] international auch *reserves/production* (R/P) *ratio* genannt
[2] *hard coal* = Anthracite + bituminous (BP 2008)
[3] Sub-bituminous = Lignite + *brown coal* (BP 2008)

[a] BP 2008; Statistical Review of World Energy 2008: http://www.bp.com/statisticalreview
[b] Der Welt-Ölverbrauch lag nach derselben Quelle (a) 2007 bei $3,953 \cdot 10^9$ t,
   d. h. Verbrauch und Fördermenge halten sich die Waage.
[c] World Coal Institute: Coal Facts 2007, http://www.worldcoal.org
[d] bei Abbaukosten bis $ 80/kg; 5 Mt bei Abbaukosten bis $ 130/kg; http://www.euronuclear.org
[e] entspricht 622 Mt Erdöläquivalente nach (a) mit: 1 Mt U $\approx 14 \times 10^9$ t SK $\approx 10^{10}$ t Erdöläquivalente
[f] Der Wert ist seit den 1950er Jahren nahezu konstant, es wird aber wegen des exponentiellen Wachstums des Verbrauchs (5 % pro Jahr!) dennoch eine Verknappung befürchtet[102].
[g] http://www.icdachromium.com
[h] http://www.mapsofworld.com/minerals; source for reserves data: Mineral Commodities Summaries 2004
[i] Encyclopedia of the elements, Wiley-VCH 2004; published online 23.01.2008
[j] http://environmentalchemistry.com/yogi/periodic/Mn.html
[k] Mineral Commodities Summaries 2007
[l] constant within ±7 % since 1990, http://www.em.csiro.au/news/facts/nickel
[m] http://www.mapsolworld.com/minerals, source: Mineral Commodities Summaries 2004
[n] Webseite wie (m); *source*: World Mineral Production 1999–2003
[o] http://www.usgs.gov/minerals
[p] via Internet: Santos Ribeiro, J. A. – DNPM/BA; jose.rebeiro@dnpm.gov.br
[q] http://minerals.usgs.gov/minerals
[r] via Internet: Ricciardi, O. de P. – DNPM/BA; osmar.ricciardi@dnpm.gov.br
[s] http://www.lenntech.com/Periodic-chart-elements
[t] Wikipedia; Die angegebene Zahl bezieht sich nur auf den Bergbau – mehr wird durch Abtrennung (*refining*) von anderen Erzen gewonnen, in denen Bi-Mineralien als Beimengung auftreten (vgl. Cd bei Zn).
[u] Reuters Alertnet http://www.alertnet.org/thenews/newsdesk/L15774125.htm

---

102) Meyer 2004

Rohöläquivalenzfaktoren

Zur Charakterisierung der Verknappung fossiler Rohstoffe wurden vom Umweltbundesamt, Berlin, die sog. Rohöläquivalente[103] definiert. Dabei handelt es sich um den mit der statischen Reichweite gewichteten Energiegehalt der jeweiligen fossilen Ressource bezogen auf Erdöl.

Die Rohöläquivalente sind nach Gleichung (4.7) definiert, wobei für Rohöl der gerundete Wert eins gesetzt wird.

$$ROE_i = \frac{H_{u,i}}{\text{statische Reichweite}_i \ [a]} \tag{4.7}$$

ROE_i Rohöläquivalenzfaktor der fossilen Ressource i
$H_{u,i}$ Heizwert der Ressource i [MJ/kg]

Die sehr gebräuchlichen Rohöläquivalenzfaktoren des UBA sind in Tabelle 4.8 dokumentiert. Da alle fossilen Energieträger Gemische sind, handelt es sich bei den angegebenen Heizwerten um diejenigen Mittelwerte, die vom UBA zur Berechnung der ROE-Werte herangezogen wurden.

Tabelle 4.8 Rohöläquivalenzfaktoren für fossile Energieträger nach UBA Berlin[a].

Rohstoffe in der Lagerstätte	Statische Reichweite [a]	Heizwert, H_u [MJ/kg] bzw. [MJ/Nm³]	ROE_i
Rohöl	42	42,622	1
Erdgas	60	31,736	0,5212[b]
Steinkohle	160	29,809	0,1836
Braunkohle	200	8,303	0,0409

[a]   Die vom UBA verwendeten statischen Reichweiten weichen von den neueren Werten (Tabelle 4.7) bei Stein- und Braunkohle signifikant ab. Die alten UBA-Werte (UBA 1995) bezogen sich wahrscheinlich auf Deutschland, während die Werte in Tabelle 4.7 aus weltweiten Reserven und Produktionszahlen berechnet wurden. Die Energiegehalte sind Mittelwerte unbekannter Provenienz und sollten nur im Kontext der ROE-Berechnung nach UBA benutzt werden. Ihre übertriebene Genauigkeit stammt vermutlich von Umrechnungen aus der veralteten Einheit Kalorie (cal). Bei der Berechnung der ROE wurde einerseits gerundet andererseits sind die Nachkommastellen nicht alle stimmig.

[b]   Der ROE für Erdgas in der zitierten UBA-Tabelle bezieht sich auf den Heizwert in MJ/m³ (31,736 MJ/Nm³) Dividiert man 31,736 MJ/m³ durch 60 a ergibt sich ein auf das Volumen bezogener ROE von 0,529 (nicht 0,5212). Mit einer Erdgasdichte von 0,78 kg/m³ ergibt sich ein Heizwert von 40,69 MJ/kg. und ein auf die Masse bezogener ROE von 0,678. Wird für Erdgas der Wert von 46,1 MJ/kg gemäß Tabelle 3.5 verwendet, ergibt sich bei einer statischen Reichweite von 60 Jahren ein auf die Masse bezogener ROE von 0,77. Im Praxisbeispiel (siehe auch Abschnitt 4.6) wurde mit einem auf die Masse bezogenen ROE für Ergas von 0,6202 gerechnet.

Die Summierung zu Gesamt-Rohöläquivalenten ROE erfolgt nach Gleichung (4.8):

$$ROE = \Sigma_i \ (m_i \times ROE_i) \ \text{Rohöläquivalente pro fE} \tag{4.8}$$

m_i bedeutet bei den fossilen Brennstoffen die Masse/fE in [kg]

---

103) Schmitz et al. 1995

Beispiel

In der Sachbilanz eines Produktes wurden pro funktionelle Einheit folgende Verbräuche fossiler Energieträger ermittelt, ROE_i (gemäß Tabelle 4.8; für Erdgas 0,6202 nach [b]):

Erdöl   6 kg
Steinkohle   4 kg
Erdgas   3 kg
Rohöläquivalente (Erdöl) = 6 kg × 1 = 6 kg ROE
Rohöläquivalente (Steinkohle) = 4 kg × 0,1836 = 0,73 kg ROE
Rohöläquivalente (Erdgas) = 3 kg × 0,6202 = 1,86 kg ROE

Rohöläquivalente (Σ fossile Energieträger) = (6 + 0,73 + 1,86) kg ROE
                                               = 8,59 kg ROE

Wie auch beim Ressourcenverbrauchsfaktor R handelt es sich nicht um einen realen Massenstrom, sondern um einen über die statische Reichweite gewichteten Wirkungsindikator.

Weitere abiotischen Ressourcen

Zu den abiotischen Ressourcen im weiteren Sinne gehören auch die abiotischen Fluss-Ressourcen (*abiotic flow resources*)[104]: Sonnenstrahlung, Wind, Gezeiten/ Meeresströmungen, Regen und Flusswasser. Diese Ressourcen werden derzeit noch nicht routinemäßig erfasst, sie können jedoch bei einzelnen Fragestellungen von entscheidender Bedeutung sein, vor allem bei Ökobilanz-Studien über erneuerbare Energien.

4.5.1.3 Kumulierter Energie- und Exergieaufwand

Der **kumulierte Energieaufwand**[105] (KEA, siehe Abschnitt 3.2.2) wird vielfach als Maß für den Primärenergiebedarf pro fE in die Wirkungsabschätzung mit aufgenommen. Da der Energieverbrauch nach den ISO-Kriterien keiner Wirkungskategorie entspricht, kann der KEA nach der Norm – streng genommen – auch kein Indikator sein. Bei der internationalen Normung wurde der KEA weder bei der Sachbilanz (ISO 14041) noch bei der Wirkungsabschätzung (ISO 14042) berücksichtigt. Er fiel sozusagen in die Spalte zwischen diesen beiden Normen, aus welcher Lage er auch bei der Zusammenlegung von 14041–43 zu 14044 nicht befreit wurde. Die holländischen Richtlinien, die sich ausdrücklich auf die ISO-Normen berufen[106], lassen den KEA hingegen zu. Er ist eine sehr nützliche und mit relativ geringer Unsicherheit zu ermittelnde Kennzahl[107], die den gesamten Energieaufwand (also auch die erneuerbaren Energieformen) erfasst. Er ergänzt

---

104) Udo de Haes 1996. Bei den fossilen Rohstoffen und den Mineralien handelt es sich um Depot-Ressourcen, die sich durch Endlichkeit auszeichnen. Fluss-Ressourcen können sich hingegen nur bei drastischen Änderungen der Umwelt dauerhaft verändern.
105) VDI 1997
106) Guinée et al. 2002
107) Klöpffer 1997b; Finnveden und Lindfors 1998

somit in idealer Weise die in den Wirkungskategorien Ressourcenverbrauch und Klimaänderung enthaltenen Informationen zu den fossilen und nuklearen Energieträgern und dient vor allem der Unterstützung und Bewertung von Energie-Sparmaßnahmen. Im ökologischen Produktvergleich sollte das Produktsystem mit dem geringeren Gesamtenergieaufwand auf jeden Fall einen Bonus erhalten, auch wenn erneuerbare Energien zum Energieaufwand beitragen. Als einziges Kriterium ist er aber nicht geeignet.

Falls der KEA also nicht in der Sachbilanz ausgewiesen wird (wohin er streng genommen wegen der Gewichtungsfaktoren und Systemgrenzenprobleme auch nicht gehört), sollte man ihn bei den Input-orientierten Wirkungskategorien als Bilanzierungsgröße aufführen und in die Auswertung mit aufnehmen.

Die Quantifizierung des KEA wurde im Sachbilanzkapitel (siehe Abschnitt 3.2.2) bereits ausführlich besprochen und soll an dieser Stelle nicht wiederholt werden.

Mit dem Begriff KEA verwandt ist der **kumulierte Exergieaufwand** (KExA)[108]. Während KEA die gesamte Primärenergie zusammenrechnet, die pro fE in einem Produktsystem steckt, misst die Exergie den **verfügbaren** Energiebetrag und ist damit der „freien Energie" und „freien Enthalpie" der physikalischen Chemie verwandt. Aus der Wärmelehre ist bekannt, dass Energie zwar nicht verloren gehen kann, dass bei der Umwandlung einer Energieform in die andere allerdings Wärme anfallen kann (z. B. Reibungswärme), die dann nicht mehr für Arbeit im physikalischen Sinn genutzt werden kann. **Die Exergie quantifiziert denjenigen Teil der Gesamtenergie, der für Arbeit eingesetzt werden kann.** Sie ist sozusagen das Gegenteil der Entropie, die die Neigung eines Systems quantifiziert, in einen ungeordneten (für Arbeit nicht nutzbaren) Zustand überzugehen (Gleichung 4.9). Eine kleine Änderung der Enthalpie (Energie bei konstantem Volumen) dH, z. B. bei einer chemischen Reaktion, setzt sich zusammen aus einer Änderung der freien Enthalpie $(dG)_T$ bei der Temperatur T und einer weiteren Energiemenge TdS, wobei dS die Entropieänderung bedeutet:

$$dH = (dG)_T + T\,dS \qquad (4.9)$$

H [J]	Enthalpie
G [J]	freie Enthalpie
S [J K^{-1}]	Entropie
T [K]	Temperatur

Bei jeder Energieumwandlung kann maximal die freie Energie bzw. Enthalpie in Arbeit umgewandelt werden. Diese thermodynamische Größe wird in der Technik als Exergie bezeichnet und kann auch für nicht-energetische Ressourcen (vor allem Mineralien und Erze) angewendet werden[109]. Damit lässt sich der Verlust an Ressourcen durch Dispersion, also ohne eigentlichen Verbrauch, in einer

---

108) Finnveden und Östlund 1997; Dewulf und Van Langenhove 2002; De Meester et al. 2006; Bösch et al. 2007;
109) Szargut et al. 1988; Finnveden und Östlund 1997; Szargut 2007; Bösch et al. 2007

einheitlichen Größe erfassen (auch die Energie wird ja nicht „verbraucht"). Man kann allen Rohstoffen eine Exergie zuordnen, wodurch sich die Anwendbarkeit in Sachbilanzen und Datenbanken[110] ergibt. Die Exergie kann aber, wie die meisten thermodynamischen Größen, nicht absolut berechnet werden, sondern benötigt für jeden Stoff eine Referenzverbindung, welche meist dem energieärmsten Zustand des Elements entspricht. Die Exergie entspricht dann der Arbeit, die man mindestens leisten muss, um die gewünschte Substanz, das Mineral, Süßwasser etc. herzustellen oder die maximale Arbeit, die man bei der umgekehrten Reaktion gewinnen kann. Beispiele dafür sind CO_2 und Seewasser. Referenzverbindungen und -energien erhalten den Exergiewert null. Solche Zuordnungen können nicht ganz frei von Willkür erfolgen, bedürfen daher einer Konvention. Eine solche kann sich auch „de facto" durch ein großes Tabellenwerk ergeben, das in eine vielbenutzte Datenbank eingeht[111]. Ferner müssen bei Erzen Annahmen über ihre Zusammensetzung gemacht werden und ähnliches gilt auch für chemische Stoffe, die keine reinen Verbindungen, sondern Gemische darstellen.

Bei den energetischen Rohstoffen müssen Referenzenergien festgelegt werden. Verschiedene Ressourcen speichern Exergie in verschiedenen Energieformen, nämlich als chemische, thermische, kinetische, potentielle und nukleare Energie. Welche nun einem bestimmten Stoff etc. zugeordnet werden soll, hängt vom Gebrauch der Ressource ab (Bösch et al., loc. cit.):

- chemische Exergie für alle materiellen Ressourcen, Biomasse, Wasser und fossile Brennstoffe (alle Materialien mit Ausnahme der Referenzverbindungen im Referenzzustand – diese erhalten den Wert null);
- thermische Exergie für Geothermie (kein Materialtransfer);
- kinetische Exergie für Windenergie (Windgenerator);
- potentielle Exergie für Wasser in Wasserkraftanlagen;
- nukleare Exergie für Kernspaltung in Kernkraftwerken;
- strahlende Exergie für Solarstrahlung (Solarpanels).

Wie aus dieser Auflistung hervorgeht, wird Exergie sowohl knappen Ressourcen (einige materielle Ressourcen, Wasser in weiten Teilen der Welt, potentielle Energie für konventionelle Wasserkraft) wie auch für praktisch unbegrenzt zur Verfügung stehende (Solarstrahlung, Windenergie) zugeordnet. Daher dürfte der KExA als Knappheitsindikator für Energieressourcen nur von beschränktem Wert sein. Anders könnte die Bewertung für materielle Ressourcen ausfallen, weil hier eine große Verdünnung (entspricht großem Aufwand für den Abbau) in das Resultat eingehen muss.

Da noch wenig Erfahrung mit dem KExA in realen Ökobilanzen besteht, sollte dieser Indikator als sehr interessantes Forschungsgebiet innerhalb der Wirkungsabschätzung betrachtet werden. Die zum Aufbau von Charakterisierungsfaktoren geeigneten Exergiewerte sind den zitierten Arbeiten zu entnehmen und wurden bereits in die ecoinvent-Datenbank aufgenommen.

---

110) Bösch et al. 2007
111) Szargut 2005; Bösch et al. 2007

4.5.1.4 Verbrauch biotischer Ressourcen

Unter biotischen Ressourcen versteht man solche lebenden Naturschätze, die ohne direktes Zutun des Menschen wachsen, sich vermehren und ihre Rolle in den natürlichen Ökosystemen spielen[112]. Dazu gehören die Fische der Meere, die Urwälder und ihre Pflanzen und Tiere, **nicht jedoch** Produkte der Land- und Forstwirtschaft und verwandter Techniken wie gewerbliche Fischzucht ("Fischfarmen"), alle Arten von Plantagenwirtschaft, Nutztierhaltung usw. Der Grund für diese Trennung liegt in der generellen Systemgrenze der Ökobilanz: Die Technosphäre ist gegen die Ökosphäre abgegrenzt und alle anthropogenen Aktivitäten **innerhalb** dieser Grenze angesiedelt. Die Umwelt ist in dieser Definition alles was nicht zur Technosphäre zählt.

Biotische Ressourcen sind meist, aber nicht immer regenerierbar. Da z. B. ein tropischer Regenwald nicht nachhaltig bewirtschaftet werden kann, weil er schon durch den Bau der zur Erschließung nötigen Straßen schwer geschädigt wird, kann man Tropenholz aus Primärwäldern nicht als regenerierbar einordnen. Einen Grenzfall stellt das jagdbare Wild in Kulturwäldern oder auch naturnahen Wäldern (z. B. im Hochgebirge) dar. Dieses Wild wird meistens "gehegt", d. h. nur zu gewissen Zeiten gejagt und im Winter gefüttert. Solche Tätigkeiten gehören zur Technosphäre (Analoges gilt für die Fischerei in Flüssen und Seen). Durch zu großen Wildbestand kommt es zu erheblichen Schäden an der Vegetation und die so bevorzugt behandelten Tiere gehören nicht zu den vom Aussterben bedrohten Arten. Nicht gehegte Wildtiere und solche, die trotz Schutzbestimmungen illegal "gewildert" werden, können jedoch durchaus zu den bedrohten Arten gehören. Generell bedroht sind solche Arten von Tieren und Pflanzen in der Natur, die einen großen kommerziellen Wert z. B. als Trophäe, Nahrungsmittel, als Quelle für medizinische Wirkstoffe oder aber für bestimmte kulturelle Praktiken darstellen. Das zitierte Unterkapitel aus dem Schlussbericht der zweiten SETAC-Europe-Arbeitsgruppe "Impact Assessment"[113] bringt neben einer ausführlichen Diskussion des Schutzziels auch eine Liste derjenigen Tiere und Pflanzen, die durch Überfischung etc. vom Aussterben (Extremfall) bzw. von einem drastischen Populations-Rückgang bedroht sind. Diese Arten sollen, wenn in einer Ökobilanz relevant, in die Sachbilanz aufgenommen und sodann in der Wirkungsabschätzung unter "biotische Ressourcen" behandelt werden. Müller-Wenk schätzt (loc. cit.), dass von den vielen Millionen (wilden) Tier- und Pflanzenarten nur einige Tausend vom Menschen als Ressourcen genutzt und nur einige Hundert (vor allem Fische und Tropenpflanzen) durch die unmittelbare Nutzung bedroht sind. Nicht berücksichtigt ist dabei die Bedrohung der Artenvielfalt durch Vernichtung von Habitaten aufgrund anthropogener Flächennutzung. Auch Müller-Wenk weist darauf hin, dass neben der durch die Nutzung verursachten Verknappung auch ein Beitrag zur Verminderung der Artenvielfalt oder biologischen Vielfalt (Biodiversität) zu beachten ist. Deren Beeinträchtigung ist eine wichtige Wirkungskategorie,

112) Müller-Wenk 2002
113) Müller-Wenk, in: Udo de Haes et al. 2002

für die es leider keinen eindeutigen Indikator gibt (siehe Abschnitt 4.5.1.6), so dass man sie nur indirekt über andere Kategorien erfassen kann.

Wirkungsindikatoren und Charakterisierungsfaktoren

Die nicht regenerierbaren (endlichen) biotischen Ressourcen (z. B. Ökosysteme wie der tropische Regenwald mit ihren spezifischen Artenspektren), so man sie getrennt erfassen will, lassen sich mit analogen Wirkungsindikatoren bearbeiten, wie für die abiotischen nicht regenerierbaren Ressourcen besprochen. Dazu müssten allerdings Tabellen mit statischen Reichweiten vorliegen.

Für die regenerierbaren biotischen Ressourcen gilt prinzipiell auch die Verknappung als Wirkungsindikator. Verknappung tritt ein, wenn die Entnahme – global oder in einer speziell betrachteten Region – den Nachwuchs übersteigt. Zur Quantifizierung der regenerierbaren biotischen Ressourcen muss man also deren **Neubildungsrate** kennen. Anders als bei den endlichen Ressourcen – die sich bei dauernder Entnahme auf jeden Fall erschöpfen, es ist nur eine Frage der Zeit – **kann bei den regenerierbaren Ressourcen eine nachhaltige Nutzung erreicht werden**, wenn dauerhaft gilt:

Entnahme pro Zeiteinheit (Weltjahresverbrauch) ≤ Neubildungsrate

Das natürliche Maß für die Verknappung einer regenerierbaren Ressource ist also der Abstand zwischen Weltjahresverbrauch und Neubildungsrate, bezogen auf die Weltreserven. In diesem Fall lässt sich der Ressourcenverknappungsfaktor R_i nach Gleichung (4.10) berechnen.

Wie auch bei den abiotischen endlichen Ressourcen sind die Weltreserven der biotischen Ressourcen schwer präzise ermittelbar. Auch die Ermittlung von Neubildungsraten ist kompliziert. Derartige Erhebungen werden beispielsweise zur Berechnung von Fangquoten in der Fischerei durchgeführt. Spielen biotische Ressourcen in einer Ökobilanz eine wichtige Rolle, müssen diesbezüglich gezielte Recherchen durchgeführt werden.

$$R_i \, [1/a] = \frac{\text{Weltjahresverbrauch [t/a] – Neubildungsrate [t/a]}}{\text{Weltreserven [t]}} \qquad (4.10)$$

Um knappe Ressourcen handelt es sich, wenn $R_i > 0$, wenn also der Verbrauch die Neubildungsrate übersteigt. Nur solche Ressourcen sollten als knappe bewertet werden. Der Ressourcenverbrauchsfaktor errechnet sich wie unter Abschnitt 4.5.1.2 für die abiotischen endlichen Ressourcen beschrieben nach Gleichung (4.11):

$$R \, (\text{biotisch, knapp}) = \Sigma_i \, (m_i \times R_i), \quad R_i > 0 \, [\text{kg/a}] \qquad (4.11)$$

Die für die weltweite Verknappung angegebenen Formeln können – mutatis mutandis – auch für abgeschlossene Regionen, z. B. für einen Süßwassersee, ein Randmeer mit geringem Austausch oder ein geschlossenes Urwaldgebiet, angewendet werden, wenn die Zielsetzung der Ökobilanz es verlangt und die Daten ermittelt werden können.

4.5.1.5 Nutzung von (Süß-)Wasser

Süßwasser ist eine regenerierbare abiotische Ressource, die nur in wenigen Prozessen irreversibel verbraucht wird (Zement → Beton, Hydrolysen). Bei manchen Nutzungsarten wird das Wasser nur erwärmt (Kühlung in thermischen Kraftwerken) oder gibt bei der Nutzung potentielle Energie ab (Wasserkraftwerke). Die Verdunstung (z. B. bei landwirtschaftlicher Nutzung) entzieht das Wasser zwar vorübergehend der menschlichen Nutzung, entfernt es aber nicht aus dem geologischen Kreislauf. In manchen Ländern ist Wasser so reichlich vorhanden, dass es gar nicht als knappe Ressource ins Bewusstsein tritt.

In der wissenschaftlichen Diskussion über die Einteilung und Quantifizierung der Ressourcen unterscheidet man[114]:

1. *Deposits* (Lagerstätten), es erfolgt keine Regeneration in „menschlichen" Zeiträumen (z. B. Mineralien, fossile Energieträger und Rohstoffe).
2. *Funds*, das sind Ressourcen, die sich in relativ kurzen Zeiten (Maßstab etwa ein Menschleben) regenerieren (z. B. Wildtiere; kultivierte Wälder gehören zur Technosphäre).
3. *Flows*, das sind Ressourcen, die sich dauernd regenerieren (z. B. Wind, Sonnenstrahlung).

Wasser kann je nach lokalen/regionalen Umständen zu jeder der drei Kategorien gehören: fossiles Wasser (Tiefenwasser) gehört zu den *deposits*, Grundwasser zu den *funds*, Oberflächenwasser, bes. Flüsse, zu den *flows*, allerdings nur bei reichlichem Dargebot oder einer Nutzung (z. B. als Kühlwasser), die nicht zum Verbrauch führt.

Da Wasser zwar regional bereits gehandelt wird, allerdings noch nicht weltweit, und regional äußerst unterschiedlich verteilt ist, ist eine globale Bezugsbasis (wie in Gleichung 4.10) in der Regel nicht sinnvoll. Schon innerhalb relativ homogener Wirtschafträume (EU, USA) treten extreme Unterschiede im Wasserdargebot auf, so dass nur eine regionale Betrachtung sinnvoll ist. Das setzt eine genügend hoch aufgelöste Sachbilanz voraus. Dazu gehört auch eine Definition der Nutzung bzw. des „Verbrauchs" dieser Ressource. Der Verbrauch besteht meist in einer mit der Nutzung einhergehenden Verschmutzung, die das Wasser für eine weitere Verwendung oder als Trinkwasser unbrauchbar macht, oder in Verdunstung. Die Wasserreinigung gehört zum *end-of-life* vieler Produktsysteme und kann als Regenerierung der Ressource betrachtet werden.

Besonders wichtig erscheint die Einbeziehung der Wassernutzung in Hinblick auf Ökobilanzen, deren geographische Systemgrenze Länder des Südens mit Knappheit an sauberem Trinkwasser oder extrem trockene Industriestaaten wie z. B. im Mittelmeerraum einschließt.

---

114) Guinée et al. 2002; Udo de Haes et al. 2002

Die Quantifizierung erfolgt nach Gleichung (4.10) allerdings unter Berücksichtigung des regionalen Wasserdargebots und der regionalen Wassernutzung. Die regionalen Reserven sowie die Neubildungsraten sind im speziellen Fall für alle genutzten Wasserkategorien zu ermitteln. Eine Unterscheidung zwischen Brauchwasser für Kühlung etc. und Trinkwasser kann sinnvoll sein. Die Einbeziehung des Wassers als Ressource ist immer dann unerlässlich, wenn der Verbrauch die Neubildungsrate übersteigt ($R_i > 0$ in Gleichung 4.10) oder wenn verschiedene Nutzungen konkurrieren, z. B. Bewässerung in der Landwirtschaft, Trinkwasser oder Speisung eines Feuchtbiotops.

Eine umfassende Bearbeitung der Ressource Wasser im Rahmen der Wirkungsabschätzung erfolgt durch eine Arbeitsgruppe der UNEP/SETAC LCIn[115]. Dabei wird auch ein bisher nicht erwähnter Aspekt berücksichtigt: Wasser ist in Form von Süßwasser nicht nur eine vielerorts knappe Ressource, sondern auch ein für das Leben aller Organismen unerlässliches „Element". Es kommt ihm damit eine wesentlichere Rolle zu, als den weiter oben besprochenen (vor allem fossilen und mineralischen) Ressourcen, die in erster Linie in Hinblick auf den Menschen interessieren. In dieser Rolle gehört das Wasser zum Schutzziel der Ökosysteme und sollte durch einen zusätzlichen geeigneten *Midpoint*-Indikator charakterisiert werden.

4.5.1.6 Naturraumbeanspruchung

Diese oft nur als Flächenbedarf bezeichnete Wirkungskategorie behandelt eine weitere vor allem in dicht besiedelten Ländern und Regionen knappe Ressource: naturnahe Flächen genügender Größe. Viele Tiere und Pflanzen sind an das Vorhandensein von größeren, entweder naturbelassenen oder nur extensiv genutzten Flächen angewiesen. Die steigende Besiedelung, Zersiedelung, Zerschneidung der Landschaft durch Straßen, Intensivlandwirtschaft, plantagenähnliche Waldwirtschaft usw. führen zum Aussterben vieler Arten und zur Verödung der Landschaft.

Die Artenvielfalt ist ein anerkanntes Umweltschutzziel, kann aber in der Ökobilanz direkt nur sehr schwierig abgebildet werden. Daher wurde nach einer Möglichkeit gesucht, indirekt ein Kriterium zu definieren, das zumindest Teilaspekte des Artenschutzes mit abdeckt. Daneben kann man in der Naturraumbeanspruchung ein Kriterium sehen, das für Natur- und Landschaftsschutz, Boden- und Grundwasserschutz und ähnliche Schutzgüter steht, für die ein möglichst natürlicher Boden unabdingbare Voraussetzung ist. Es würde aber den Rahmen einer Ökobilanz bei weitem sprengen, wenn man alle möglichen Konsequenzen einer Flächennutzung im Detail in Form von „Endpunkten" berücksichtigen wollte, deren Kausalbeziehungen zum untersuchten Produktsystem kaum zu erstellen wären. Dies ist eher die Aufgabe von Umweltverträglichkeitsprüfungen und lokaler Planung. In der Wirkungsabschätzung ist der Flächenbedarf in erster Linie als Indikator für den Natur- und Artenschutz zu sehen. Daneben hat der Boden aber auch andere Funktionen, von der simplen Verfügbarkeit für agrar-technische und

---

115) Koehler 2008; UNEP/SETAC 2008

andere menschliche Aktivitäten (*land-occupation*) bis hin zu Bodenfunktionen, die den Wasserhaushalt regeln, Erholungsraum bieten usw.[116]

Bei der Operationalisierung dieser Wirkungskategorie kommt man nicht um die Tatsache herum, dass es hier keine Ja/nein-Entscheidungen, aber auch keinen einfachen Parameter gibt, der alle oder zumindest die wichtigsten Funktionen quantitativ beschreibt. Zwischen den Extremen völlig naturbelassener und versiegelter Flächen („zwischen Urwald und Parkplatz") gibt es zahlreiche Abstufungen, die ein einfaches Schema schwierig oder unmöglich machen. Die auf die funktionelle Einheit bezogene Flächenbeanspruchung soll einer Nutzungsart und Nutzungsdauer zugeordnet werden. Zwei dieser Größen sind durch Zahlenwerte auszudrücken: Fläche und Zeit. Die dritte Größe ist qualitativer Art und soll die Naturnähe bzw. Naturferne charakterisieren. Dazu können die aus der Landschaftsökologie her bekannten Hemerobiestufen herangezogen werden[117] (Tabelle 4.9).

Tabelle 4.9 Liste der Hemerobiestufen[118].[a]

Hemerobiestufe	Natürlichkeitsgrad	Nutzung (Beispiele)
1 ahemerob	natürlich	unbeeinflusstes Ökosystem
2 oligohemerob	naturnah	keine bis gelegentliche Nutzung
3 mesohemerob	halbnatürlich	Forstwirtschaft (Mischwälder), Wiesen, Weiden (extensiv)
4 β-euhemerob	bedingt naturfern	Forstmonokulturen, Streuobstlagen, biologischer Landbau
5 α-euhemerob	naturfern	Acker- und Gartenland (konv. Landbau), Weinbau (intensiv)
6 polyhemerob	naturfremd	Sportflächen, Mülldeponien, Bodenabbauflächen
7 metahemerob	künstlich	versiegelte Flächen

[a] Die 11 Hemerobiestufen (H0–H10) von Brentrup et al. (loc. cit.) kommen dadurch zustande, dass zwischen den Stufen 2 und 3, 3 und 4, 4 und 5 sowie 5 und 6 je eine Zwischenstufe eingeschoben wurde. Brentrup et al. geben in Tabelle 1 zu jeder Stufe Beispiele, die auch für die 7-stufige Skala nützlich sein können.

---

116) Klöpffer und Renner 1995; Müller-Wenk 1999; Koellner 2000; Schenk 2001; Brentrup et al. 2002b; Lindeijer et al. 2002; Pennington et al. 2004; Milà i Canals et al. 2007a; Koellner und Scholz 2007a, 2007b; Michelsen 2007

117) Peper et al. 1985; Klöpffer und Renner 1995; Kowarik 1999; Giegrich und Sturm 2000; Brentrup et al. 2002

118) Brentrup et al. 2002b schlagen eine 11-stufige Skala vor.

Gewiss sind die Grenzen zwischen diesen Stufen fließend, aber man erkennt doch in der Mitte (etwa bei Stufe 4) einen Übergang zwischen (gerade noch) natürlich und naturfern, der etwa mit der Grenze zwischen extensiver und intensiver Landwirtschaft zusammenfällt. Die ersten drei Stufen sind die, welche man meist uneingeschränkt als „Natur" empfindet, auch wenn die Bezeichnung „natürlich" streng genommen nur auf 1 (ahemerob) zutrifft[119]. Ab Stufe 5 überwiegt eindeutig der technische Aspekt menschlicher intensiver Einflussnahme auf den Boden durch Intensivlandwirtschaft, Siedlungsbau, Verkehrswege und Industrieflächen. Den höchsten Grad der Naturferne erreichen versiegelte Flächen (Stufe 7, metahemerob oder künstlich). Die 11-stufige Skala nach Brentrup et al. erlaubt zwar eine feiner gestufte Zuordnung von Landnutzungen, es ist jedoch zweifelhaft, ob die Sachbilanzen in realen Ökobilanzen ausreichen, um eine solche – bei lokalen Umweltbewertungen angebrachte – Detailtiefe zuzulassen. Außerdem erfordern globale Ökobilanzen auch eine ebensolche Vergleichbarkeit der Hemerobiestufen. Eine Beschränkung auf Europa ist unzulässig.

Eine zumindest theoretisch attraktive Alternative zu einem Stufenkonzept besteht in einem Qualitätsindex für Böden/Ökosysteme, der die Artenvielfalt und die Produktivität des jeweiligen Ökosystems berücksichtigt (Lindeijer[120]). Der Vorteil wäre eine kontinuierliche Skala, die die Entwicklung **einer** Kennzahl für die Kategorie Naturraumbeanspruchung erlaubte. Dem steht jedoch entgegen, dass **geringe Produktivität und Artenvielfalt keineswegs Zeichen für minderwertige Ökosysteme darstellen**; alle extremen Ökosysteme, z. B. im hochalpinen oder arktischen Raum, Steppen, Magerwiesen, Dünen usw., entsprechen wohl dieser Beschreibung. Streng genommen gilt dies auch für die Wüsten, aber diese erfüllen nicht den Anspruch der Knappheit und sollten getrennt betrachtet werden.

Der gemeinsame Nenner der Wirkungskategorie Naturraumbeanspruchung mit den anderen Input-Kategorien ist die Knappheit. Wären die Hemerobiestufen 1 und 2 in den Industrieländern nicht so knapp, würde man ggf. die schönen alten Kulturlandschaften (die oft mit der Natur verwechselt werden) an die Spitze der schutzwürdigen Naturräume stellen. Solche Betrachtungen sollte man auch bei der Übertragung des Hemerobie-Konzepts auf andere Erdteile anstellen, ohne den globalen Kontext (etwa bei tropischen Regenwäldern, oder borealen Nadelwäldern und vielen anderen Naturräumen mehr) aus dem Auge zu verlieren.

Charakterisierung

Zur Quantifizierung der Naturraumbeanspruchung sind im Hinblick auf das nachfolgend vorgestellte Charakterisierungsmodell drei Faktoren zumindest näherungsweise anzugeben:

---

119) Auch hier sind menschliche Einflüsse über die Atmosphäre, Niederschläge und Wasserströme nicht gänzlich auszuschließen; so betrachtet gibt es auf der Erdoberfläche überhaupt kein völlig natürliches Gebiet mehr.

120) Lindeijer 1998

1. Fläche pro funktionelle Einheit [m²],
2. Nutzungsdauer [a],
3. Nutzungsart (Hemerobiestufe 1–7).

In Ökobilanzen häufig auftretende und ins Gewicht fallende Flächennutzungen sind besonders die Anbauflächen in der Land- und Forstwirtschaft, Abbauflächen bei der Rohstoffgewinnung (bes. Tagebau), Verkehrsflächen und Deponieflächen.

Die Ermittlung dieser Informationen in der Sachbilanz kann sich recht aufwändig gestalten. Sowohl bei Ökobilanzen zu Lebensmitteln wie auch zu nachwachsenden Rohstoffen ist die Flächennutzung bezüglich der umweltrelevanten Wirkungen allerdings von großer Bedeutung und sollte keinesfalls vernachlässigt werden. Beispiele für nachwachsende Rohstoffe, die in vielen Produktsystemen eine Rolle spielen, sind Holz (z. B. Bauprodukte, Pappe, Papier), Ölsaaten, Zuckerrohr, Zuckerrüben (z. B. Treibstoff, Schmierstoff) oder Mais (Input-Material für Agrogasanlagen)[121]. Aber auch Infrastrukturflächen inklusive Verkehrswege sowie für Wasserkraftwerke geflutete Flächen sind zu berücksichtigen. Im letzten Fall muss auch berücksichtigt werden, dass in der Regel für viele Jahre durch die Zersetzung der überfluteten Biomasse CO_2 und ggf. CH_4 emittiert werden.

Ist jede Fläche in ihrer Ausdehnung quantifiziert (F_i) und die Nutzungszeit festgestellt, wird der Wirkungsindikator durch Multiplikation gebildet. Dabei werden die Flächen der gleichen Hemerobiestufe zusammengefasst (Gleichung 4.12), nicht hingegen die Ergebnisse unterschiedlicher Hemerobiestufen aggregiert.

Die aus der Sachbilanz (ggf. nach Umrechnung oder Schätzung) erhältlichen Flächenangaben für relevante Sachbilanzposten [m² a/fE] müssen in der Wirkungsabschätzung den gewählten Hemerobie-Stufen zugeordnet werden. Das Ergebnis ist ohne weitere Aggregierung (Gleichung 4.12):

$$\text{Flächennutzung} = \Sigma_i \, (F_i \times \text{Nutzungszeit}_i) \, [\text{m}^2 \, \text{a}] \qquad (4.12)$$
$$\text{(für jede Hemerobiestufe)}$$

mit F_i, Nutzungszeit$_i$ = Fläche der Hemerobiestufe i und deren Nutzungszeit pro funktionelle Einheit

Die Auswertung nach Gleichung (4.12) verzichtet also auf einen Gesamtnatürlichkeitswert.

Brentrup et al. definieren, um zu einer Kardinalskala zu gelangen, ein mit der Hemerobiestufe linear von null (Hemerobiestufe 1 = H0) bis eins (Hemerobiestufe 7 = H10) steigendes „Natürlichkeits-Degradations-Potenzial (NDP)". Die Bezeichnungen H0 bis H10 beziehen sich auf die 11-stufige Skala, die von diesen Autoren bevorzugt wird. Wie bei den meisten Scoringsystemen so ist auch diese Gewichtung willkürlich und dient nur dazu, die Charakterisierung besser an die in anderen Wirkungskategorien geübte Praxis (Sachbilanzergebnis × Cha-

---

121) Faulstich und Greiff 2008

rakterisierungsfaktor = Wirkungsindikatorergebnis) anzupassen. Folgt man der Argumentation der Autoren, kann der NDP_i (i = Nutzungstyp) als Charakterisierungsfaktor für Fläche × Zeit benutzt werden (Gleichung 4.13)

$$NDI = \Sigma_i \ (F_i \times \text{Nutzungszeit}_i) \ NDP_i \ [\text{m}^2 \ \text{a}] \qquad (4.13)$$

NDI: Natürlichkeits-Degradations-Indikatorwert[122]

Eine noch weitergehende Zuordnung der NDI zu den wichtigsten europäischen Landschaftstypen, wie von Brentrup vorgeschlagen, benötigt eine größere räumliche Auflösung, als in den derzeitigen Sachbilanzen üblich ist; außerdem werden durch eine solche Europa-zentrische Betrachtung außereuropäische Böden bzw. Naturräume von der Wirkungsabschätzung ausgeschlossen.

Wegen der genannten Schwierigkeiten wird empfohlen, eine Auswertung nach Gleichung (4.13) nur zusätzlich zur Auswertung nach Gleichung (4.12) durchzuführen.

Da im Einzelfall eine Flächennutzung ja auch eine Verbesserung bringen kann („Rückbau") und da die Versiegelung von naturnahen Flächen negativer gewertet werden sollte als z. B. die einer Sportfläche, sollte idealerweise auch der „Zustand vorher" bekannt sein. In diesem Fall wäre zusätzlich auch die **Änderung** der Nutzungsstufe anzugeben, wie erstmals in den Ökoinventaren für Energiesysteme[123] gehandhabt. Das Problem der irreversiblen oder reversiblen Transformation (im Gegensatz zur vorübergehenden Nutzung oder Okkupation von Boden) wird weiter unten aufgegriffen.

Naturraumbeanspruchung und Flächennutzung stellen ein wichtiges Forschungsgebiet innerhalb der angewandten Ökosystemforschung, Landschaftsökologie und Artenschutz (Artenvielfalt = Biodiversität) dar, beinhaltet aber auch praktische Aspekte wie die Ertragsfähigkeit der Böden, Grundwasserbildung, Hochwasserverhinderung usw. Dadurch wurde die Naturraumbeanspruchung zu einem wichtigen Thema innerhalb der Wirkungsabschätzung und es ergibt sich die Frage, ob diese wichtige Wirkungskategorie nicht in größerem Detail in die Ökobilanz eingebracht werden könnte, als es durch das Konzept der Hemerobiestufen gelingen kann. Die wissenschaftlich-akademische Diskussion darüber erfolgte und erfolgt immer noch in den Expertengruppen der SETAC und der UNEP/SETAC Life Cycle Initiative[124]. Sie zeichnet sich in großer Gründlichkeit bei der Erfassung der wichtigsten anthropogenen Einwirkungen auf die Böden aus, soweit diese nicht in anderen Wirkungskategorien (z. B. Ökotoxizität durch Pestizideinsatz) berücksichtigt wird. Im Zwischenstandsbericht von Milà i Canals et al. (2007a) werden folgende Auswirkungen behandelt:

---

122) NDI (Brentrup et al. 2002): Naturalness Degradation Indicator; NDP: Naturalness Degradation Potential
123) Suter et al. 1995
124) Lindeijer 1998; Udo de Haes et al. 1999a, 1999b; Lindeijer et al. 2002; Milà i Canals et al. 2007a

- Landnutzung auf Artenvielfalt: Wirkungen auf das Schutzziel natürliche Umwelt;
- auf das biotische Produktionspotenzial: Wirkungen auf das Schutzziel natürliche Ressourcen;
- auf die ökologische Bodenqualität: Wirkungen auf das Schutzziel natürliche Umwelt.

Es wird zwischen Land-Okkupation und -Transformation unterschieden. Die Okkupation entspricht der Naturraumbeanspruchung, während die Transformation entweder einer permanenten Umwandlung oder bei Nichtbenutzung des transformierten Bodens auch einer langsamen Regenerierung zum ursprünglichen Zustand entsprechen kann. Besonders dieser letzte Punkt erfordert Kenntnisse von Prozessen, die sich über lange Zeiträume erstrecken können. Entsprechend schwierig ist es geeignete Indikatoren zu finden, mit deren Hilfe eine Quantifizierung erfolgen könnte[125].

Die Aufzählung vieler möglicher Indikatoren zu den oben genannten Wirkungen hat zu einer Debatte über das richtige weitere Vorgehen geführt[126]. Udo de Haes moniert das Fehlen einer kritischen Diskussion darüber, welche Aspekte der Landnutzung überhaupt mit den wesentlichen Elementen der Ökobilanz (als da sind die **quantitative** Analyse „von der Wiege bis zur Bahre", der Vergleich auf der Basis einer **funktionellen Einheit**, **generische** – also nicht lokale – Behandlung von Raum, und **Fließgleichgewichte**) vereinbar sind. Weiterhin sollten diejenigen Elemente identifiziert werden, die absolut nicht in die Ökobilanz passen und es sollten Vorschläge ausgearbeitet werden, wie diese Aspekte oder Wirkungen außerhalb der Ökobilanz behandelt werden können. Milà i Canals et al. entgegnen, dass ortsabhängige Charakterisierungsfaktoren in zunehmenden Maße in der Wirkungsabschätzung berücksichtigt werden, das Fließgleichgewicht durch entsprechende zeitliche Mittelwerte aufrecht erhalten werden kann, dass (noch) keine spezifischen Indikatoren vorgeschlagen wurden, wohl aber die wichtigsten Wirkungen, besonders die wichtigste: die auf die Artenvielfalt. Es wird, wie auch in den niederländischen Richtlinien[127], betont, dass die Aufnahme des ungewichteten Sachbilanzparameters Fläche × Zeit [m^2 a] besser ist, als die Landnutzung in der Wirkungsabschätzung ganz wegzulassen. Von hier ist es nur ein Schritt bis zu der mittels Hemerobiestufen gewichteten „Naturraumbeanspruchung". Das wichtigste Resultat dieser auf hohem Niveau geführten Debatte ist es wohl, dass noch viel Forschung und Erfahrung in Ökobilanzen nötig sein werden, bis diese wichtige Kategorie umfassend und praktikabel in die Wirkungsabschätzung eingegliedert sein wird. Theoretische Modelle sind zur Begriffsklärung unumgänglich, können aber in der Ökobilanz bzw. Wirkungsabschätzung anwendbare Indikatoren nicht ersetzen.

---

125) Koellner und Scholz 2007
126) Udo de Haes 2006; Guinée et al. 2006; Milà i Canals et al. 2007b
127) Guinée et al. 2002

4.5.2
Output-bezogene Wirkungskategorien 1 (globale und regionale Wirkungen)

4.5.2.1 Übersicht

Mit diesem Abschnitt beginnt die Besprechung der Output-bezogenen Wirkungskategorien, also solchen, die nicht den Verbrauch von Naturgütern gewichten, sondern die Beeinträchtigung der Umwelt durch Emissionen im weiteren Sinn (Stressoren, Interventionen). Dazu kommen noch die Gefährdung der menschlichen Gesundheit und die sog. Belästigungen. Unter diesen Kategorien nehmen diejenigen eine besondere Stellung ein, die globale oder regionale Wirkungen beschreiben. Hier ist die internationale Übereinstimmung der Indikatoren und Charakterisierungsmodelle recht groß, besonders im Falle der Klimaänderung und des stratosphärischen Ozonabbaus[128].

Kategorien mit global-regionaler (teilweise auch lokaler) Wirkungscharakteristik sind (vgl. auch Tabelle 4.2):

1. Klimaänderung   (global)
2. stratosphärischer Ozonabbau   (global)
3. Bildung von Photooxidantien   (kontinental/regional/lokal)
4. Versauerung   (kontinental/regional/lokal)
5. Eutrophierung   (kontinental/regional/lokal)

Die Ursache für die einhellige Akzeptanz der Indikatoren und Charakterisierungsmodelle der **globalen** Wirkungen (1 und 2) dürfte auf folgenden Gründen beruhen:

- Bei den globalen Wirkungen fällt der Ortsbezug hinsichtlich der Emissionen weg.
- Es wurden von angesehenen wissenschaftlichen Gremien (IPCC, WMO) Vorschläge zur Auswahl der Indikatoren und der Charakterisierungsfaktoren ausgearbeitet, die in der Wirkungsabschätzung übernommen werden können.
- Für einzelne Teileffekte wurden Kausalketten experimentell nachgewiesen oder zumindest sehr wahrscheinlich gemacht.
- Bei den globalen Kategorien kann und muss außerdem die Quantifizierung am Beginn der Effekthierarchie einsetzen, weil nur auf dieser Basis relativ sichere Modellrechnungen durchgeführt werden können (es sind typische *Midpoint*-Kategorien).

Die globalen Wirkungskategorien werden aus den genannten Gründen für objektiver gehalten als die übrigen[129]. Bei den regionalen Wirkungskategorien wird eine stärkere Berücksichtigung der geographischen Emissions-, Verteilungs- und Wirkungsweisen gefordert, auch wenn dies größere Anforderungen an die Sachbilanz stellt[130].

---

128) Potting et al. 2001, 2002; Klöpffer et al. 2001; Udo de Haes et al. 2002
129) Owens 1996, 1998
130) Potting und Hauschild 1997a, 1997b; Owens 1997; Bare et al. 1999; Potting et al. 2001, 2002

Die Wärmewellen eilen von unserer
Erde durch die Atmosphäre nach dem
Weltraum. Diese Wellen stoßen auf ihrem
Weg gegen die Moleküle des Wasserdampfs.
Wir können kaum glauben, daß, so dünn
zerstreut, wie die letzteren sind, sie dennoch
als Schranken gegen die Wärmewellen dienen.

John Tyndall, 1871[131]

4.5.2.2 Klimaänderung

Über die Wirkungskategorie Klimaänderung und deren Quantifizierung besteht weltweit eine weitgehende Übereinstimmung. Allerdings ändern sich die Charakterisierungsfaktoren im Laufe der Zeit geringfügig, wie ein Vergleich der vom IPCC (Intergovernmental Panel on Climate Change) herausgegebenen Berichte zeigt[132], vor allem wegen der mit dem jeweiligen Kenntnisstand schwankenden Einschätzung der indirekten Effekte. Das ist ein normaler wissenschaftlicher Prozess: wir lernen daraus, dass sich die Wissenschaft bestenfalls an die „Wahrheit" annähert, ohne sie jemals, ganz im Sinne Poppers[133], völlig zu erreichen.

Von der Kategorie Klimaänderung kann man für die Methodenentwicklung in der Ökobilanz- Wirkungsabschätzung folgendes lernen:

- Quantifizierung des gewählten Indikators in einer für die Ökobilanz geeigneten Form, hier als *Global Warming Potential* (GWP);
- Ableitung der wissenschaftlichen Beziehungen einschließlich der Äquivalenzfaktoren durch die zuständige Fachdisziplin;
- gründliche Begutachtung der Methoden durch internationalen Peer Review;
- Publikation der Ergebnisse unter der Schirmherrschaft der Vereinten Nationen (UNEP, WMO) durch ein angesehenes wissenschaftliches Gremium (IPCC), das nur der UNO verantwortlich ist.

Der erste Punkt ist ein Zufall bzw. Glücksfall, denn gewiss lag dem IPCC nichts ferner, als an die Brauchbarkeit des GWP für die Ökobilanz zu denken. Zum zweiten Punkt: Ökobilanzierer sind meistens Generalisten und sollten daher die Detailarbeit bei der Ausarbeitung der Indikatoren und der Quantifizierung den Spezialisten überlassen. Da diese aber meist nichts von Ökobilanzen verstehen, sind ihre Vorschläge oft unbrauchbar[134]. Der wichtigste Faktor ist wahrscheinlich der letzte: das große Prestige des IPCC, das im Auftrag der UNO arbeitet und 2007 mit dem Friedensnobelpreis ausgezeichnet wurde.

Der „Treibhauseffekt"

Unter „Treibhauseffekt" versteht man in der Klimadiskussion und in der Wirkungsabschätzung den **zusätzlichen, anthropogenen** Treibhauseffekt. Der

---

131) Tyndall 1871
132) IPCC 1990, 1992, 1995a, 2001, 2007
133) Popper 1934
134) Fava et al. 1993

natürliche Treibhauseffekt, der vor allem durch die Gase Kohlendioxid und Wasser(dampf) in ihren vorindustriellen Konzentrationen hervorgerufen wird, macht das höhere Leben auf der Erde erst möglich; ohne ihn würde die mittlere Temperatur an der Erdoberfläche ca. –18 °C betragen, anstelle der jetzigen mittleren Temperatur von +15 °C. Dieser natürliche Treibhauseffekt war schon im 19. Jahrhundert bekannt, wie das Zitat von John Tyndall (loc. cit.) zeigt: zumindest die Rolle des atmosphärischen Wasserdampfs als natürliches Treibhausgas war schon vor 1870 bekannt.

Der zusätzliche, anthropogene Treibhauseffekt, der in den letzten 100 Jahren bereits zu einem Temperaturanstieg von etwa 0,5–1 Grad Celsius führte, kommt durch den Anstieg der Konzentrationen einiger Spurengase in der Troposphäre zustande, die teilweise mit den „natürlichen" Treibhausgasen identisch sind[135], siehe auch Tabelle 4.10:

- Kohlendioxid (CO_2),
- Wasserdampf (H_2O),
- Methan (CH_4),
- Distickstoffoxid, Lachgas (N_2O),
- Ozon (O_3, troposphärisch),
- synthetische, persistente Chemikalien (vor allem hochhalogenierte, z. B. CF_4, SF_6).

Die relevanten gasförmigen Emissionen, die in der Sachbilanz als Masse pro funktionelle Einheit erfasst werden, stammen von einer Vielzahl menschlicher Aktivitäten, z. B.:

- Verbrennung fossiler Brennstoffe oder daraus hergestellter Materialien (CO_2),
- Kalzinierung von Mineralien (CO_2),
- Landwirtschaft (CH_4, N_2O),
- Verluste während Gewinnung und Transport fossiler Brennstoffe (CH_4),
- industrielle Prozesse (halogenierte Lösungsmittel, CF_4, SF_6, N_2O),
- privater Gebrauch (chlorierte Lösungsmittel, Frigen-Ersatzstoffe),
- Mülldeponierung (CH_4, CO_2).

Nicht erfasst werden in der Sachbilanz in der Regel diejenigen CO_2-Emissionen, die von der Verbrennung oder vom aeroben Metabolismus erneuerbarer Rohstoffe und Brennstoffe stammen, die erst vor relativ kurzer Zeit ($t < 100$ a) durch Assimilation von atmosphärischem CO_2 gebildet wurden. Das stimmt jedoch nicht für anaerob gebildetes CH_4, z. B. in Mülldeponien, auch wenn es aus nachwachsenden Quellen stammt: dieses Treibhausgas hat ein viel höheres GWP als Kohlendioxid, in welches sich das Methan letztendlich durch Verbrennung, aerobe biochemische Oxidation oder atmosphärischen Abbau durch OH-Radikale umwandelt (bereits in der Sachbilanz zu beachten!).

---

135) Brühl und Crutzen 1988; Deutscher Bundestag 1988, 1992; IPCC 1990, 1992, 1995a, 1995b, 1995c, 1996a, 1996b, 2001, 2007

Voraussetzung für einen Beitrag zum Treibhauseffekt ist Absorption im spektralen „Fenster" der Atmosphäre im infraroten Spektralbereich zwischen ca. 10 und 15 μm und eine möglichst lange troposphärische Lebensdauer, die eine gleichmäßige Verteilung in der Atmosphäre erlaubt (Stoffe mit geringer Lebensdauer bilden nur „Inseln" messbarer Konzentration in der Nähe der Quellgebiete). Die genannten Eigenschaften bewirken einen Beitrag zur Absorption der von der Erdoberfläche in Richtung Weltraum ausgesendeten Infrarotstrahlung, Tyndalls „Wärmewellen". Die Verbindungen wirken daher im Prinzip ähnlich wie die Glaswände eines Treibhauses, daher der Name des Effekts. Auch beim Treibhaus wird die Sonnenstrahlung (mit Ausnahme des UV) eingelassen, die infrarote Wärmestrahlung aus dem Inneren kann aber nur teilweise wieder hinaus.

Wirkungsindikator und Charakterisierungsfaktoren[136]

Als Wirkungsindikator für die Wirkungskategorie Klimaänderung dient die Verstärkung des Strahlungsantriebs durch die absorbierte Infrarotstrahlung (*enhanced radiative forcing*), gemessen bzw. berechnet als Strahlungsleistung pro Fläche [W/m^2]. Dies ist der gemeinsame und globale Primäreffekt, der mehrere Sekundär- und Tertiäreffekte bewirken kann. Der Effekt ist verbunden mit der „globalen Erwärmung", einer Erhöhung der mittleren Temperatur nahe an der Oberfläche der Erde (untere Troposphäre, Oberflächenwasser der Ozeane). Daher wurde diese Wirkungskategorie früher mit „Globale Erwärmung" bezeichnet, was aber weder den Primäreffekt, noch die Fülle der möglichen Folgeerscheinungen richtig bezeichnet. Daher sollte man den Strahlungsantrieb (*radiative forcing*) als Indikator für die nun umbenannte Kategorie Klimaänderung benutzen. Dieser Indikator ist ein typischer *Midpoint*-Indikator, der später, wenn die Berechnung der Folgewirkungen sicherer geworden ist, auch durch *Endpoint*-Indikatoren ergänzt werden kann. Solche wären z. B. die Erhöhung des Meeresspiegels und der katastrophalen Wetterereignisse (Hochwasser, Hurrikane etc.), Veränderungen in Ökosystemen und die Zunahme wärme-bedingter Krankheiten in heute noch gemäßigten Klimazonen. Das Abschmelzen der Gletscher und des arktischen Eises ist bereits in vollem Gange.

Für die Wirkungsabschätzung in der Ökobilanz braucht man ein Maß für die relative Abstufung der Wirksamkeit, damit z. B. Emissionen von Methan und Lachgas, Kohlendioxid und Frigenen gegeneinander abgewogen werden können bzw. gewichtet aufaddiert werden können. Genau das leisten die *Global Warming Potentials* (GWP): sie geben diejenige Masse CO$_2$ an, die denselben Effekt hat, den die Emission von 1 kg eines anderen Treibhausgases hat; z. B. entspricht 1 kg Methan einer Masse von 25 kg Kohlendioxid. Da aber die unterschiedlichen Treibhausgase eine unterschiedliche troposphärische Lebensdauer haben (Methan ist mit rund 10 Jahren relativ kurzlebig), muss den Modellrechnungen ein sog. **Zeithorizont** vorgegeben werden, für welchen Zeitraum die Rechnung gelten soll. Für Ökobilanzen wird meist ein Zeithorizont von 100 Jahren gewählt. Es ist jedoch denkbar, dass für manche Fragestellungen (Zieldefinition!) auch kürzere

---

136) Klöpffer und Meilinger 2001a

oder längere Zeithorizonte benutzt werden sollten. Die entsprechenden GWP-Werte sind in den Publikationen des IPCC (loc. cit.) aufgeführt. Dabei sollten jeweils die aktuellsten Werte verwendet werden.

Die Vorhersage der Temperaturzunahme hängt nicht nur von den naturwissenschaftlichen Gesetzmäßigkeiten ab, sondern auch davon, wie sich die Emission der Treibhausgase in Zukunft entwickeln wird, also ob und wann geeignete Maßnahmen zu deren Reduktion ergriffen werden und ob diese Maßnahmen nicht durch das ständige Wirtschaftswachstum zunichte gemacht werden. Diese Trends können nur mit Hilfe von Szenarien angenähert werden, wodurch – zusätzlich zur unterschiedlichen atmosphärischen Lebensdauer der Treibhausgase – noch eine weitere Zeitabhängigkeit eingeführt wird.

In Tabelle 4.10 sind die GWP_{100}-Werte für die wichtigsten Treibhausgase zusammengestellt[137]. Die GWP der FluorChlorKohlenwasserstoffe (FCKW, Frigene) und verwandter chlorierter Gase (z. B. HCFC-22, CCl_4) sind in Tabelle 4.10 nicht aufgeführt, weil sie neben einem meist sehr hohen direkten Erwärmungseffekt auch nicht genau berechenbare Kompensationseffekte aufweisen, die in Ausnahmefällen in der Summe sogar zu einem berechneten Abkühlungseffekt führen könnten. Wenn sich in einer speziellen Ökobilanz die Notwendigkeit zur Einbeziehung dieser Substanzen ergibt, so sind die Werte in der Literatur[138] leicht zu finden. In den zitierten Arbeiten finden sich auch GWP-Werte mit kürzerem oder längerem Zeithorizont (GWP_{20} und GWP_{500}). Neben den drei wichtigsten Treibhausgasen (CO_2, CH_4, N_2O) beanspruchen vor allem die hochpersistenten perfluorierten Gase und teilweise hydrierten Fluorverbindungen, die als Frigen-Ersatzstoffe verwendet werden, die größte Aufmerksamkeit. Sie gelangen zwar – verglichen mit CO_2 – nur in geringen Mengen in die Umwelt, ihr GWP liegt aber bis zu ca. 20.000-mal höher! Die Ursache dafür liegt in der starken IR-Absorption im atmosphärischen Fenster bei 10–15 µm und in der Langlebigkeit der Moleküle in der Atmosphäre. Da vor allem die perfluorierten Verbindungen zudem extrem hydrophob sind, werden sie auch nicht mit Niederschlägen ausgewaschen.

Der wichtigste Beitrag zum gesamten GWP ist in den meisten Ökobilanzen der des Kohlendioxids. Zur Berechnung des GWP aus der Sachbilanz wird nur das fossile (Verbrennung von Kohle, Erdöl usw.) und das mineralische CO_2 (Kalkbrennen, Zementherstellung) verwendet, das daher auch getrennt erfasst werden muss. Kohlendioxid aus biologischen Quellen geht nicht in die Rechnung ein, weil dieser Beitrag erst vor relativ kurzer Zeit aus der Atmosphäre entnommen wurde und bei der Verbrennung oder beim aeroben Abbau nach relativ kurzer Zeit wieder in diese zurückgegeben wird.

Als weniger bekannte Tatsache soll erwähnt sein, dass der Treibhauseffekt der Frigene FCKW11 und FCKW12, dessen Größe wegen der Nebeneffekte nicht genau angegeben werden kann, schon bald nach Entdeckung ihrer Ozon-zerstörenden Wirkung Mitte der 1970er Jahre von Ramanathan[139] erkannt wurde.

---

137) IPCC/TEAP 2007; Velders und Wood 2007; Klöpffer und Meilinger 2001a; IPCC 1996b, 2001; WMO 1999
138) IPCC/TEAP 2007; Tabelle 2.6 in Velders und Wood 2007
139) Ramanathan 1975

Tabelle 4.10 GWP_{100} einiger Treibhausgase (Zeithorizont: 100 Jahre).

Verbindung (chem. Bezeichnung)	Lebensdauer [Jahre]	GWP_{100} (kg CO_2-Äquivalente pro kg Treibhausgas)
Kohlendioxid (CO_2)	nach dem Bern C-Zyklus bestimmt[a]	1
Methan (CH_4)	12,0	
• fossil		25[b]
• regenerativ[d]		23
Lachgas, Distickstoffoxid (N_2O)	120	310
HFC-23[c] (CHF_3)	270	14.310
HFC-32 (CH_2F_2)	4,9	670
HCF-125 (C_2HF_5)	29	3.450
HFC-134a (CH_2FCF_3)	14	1.410
HFC-152a ($C_2H_4F_2$)	1,4	122
HCF-143a (CH_3CF_3)	52	4.400
HFC-227a (CF_3CHFCF_3)	34,2	3.140
HCF-236fa ($CF_3CH_2CF_3$)	240	9.500
HFC-245fa ($CHF_2CH_2CF_3$)	7,6	1.020
HFC-365mfc ($CH_3CF_2CH_2CF_3$)	8,6	782
HFC-43-10mce ($CF_3CHFCHFCF_2CF_3$)	15,9	1.610
Schwefelhexafluorid (SF_6)	3.200	22.450
Stickstofftrifluorid (NF_3)	740	10.970
PFC-14[c] (CF_4)	50.000	5.820
PFC-116 (C_2F_6)	10.000	12.010
PFC-218 (C_3F_8)	2.600	8.690
PFC-318 (cyclo-C_4F_8)	3.200	10.090
PFC-3-1-10 (C_4F_{10})	2.600	8.710
PFC-5-1-14 (C_6F_{14})	3.200	9.140
HFE-449sl[c] ($CH_3O(CF_2)_2CF_3$)	5	397
HFE-569sf2 ($CH_3CH_2O(CF_2)_3CF_3$)	0,77	56
HFE-347pcf2 ($CF_3CH_2OCF_2CHF_2$)	7,1	540

[a] Die mittlere troposphärische Aufenthaltsdauer des CO_2 hängt von so vielen Quellen und Senken ab, dass sie nicht durch einen Wert beschrieben werden kann.

[b] Dieser Wert (IPCC 2007) enthält indirekte Effekte durch erhöhte Bildung von Ozon und stratosphärischem Wasserdampf; durch die relativ kurze Lebensdauer des Methans hängt der GWP-Wert stark vom gewählten Zeithorizont ab: GWP_{20}: 63; GWP_{500}: 7.

[c] HFC: HydroFluoroCarbon; PFC: PerFluoroCarbon; HFE: HydroFluoroEther.

[d] bei der der anoxischen Bildung aus Materialien pflanzlichen Ursprungs (z. B. Papier in Deponie)

Charakterisierung

Das gesamte GWP pro funktionelle Einheit ergibt sich durch Summierung der CO_2-Äquivalente, die durch Multiplikation der Treibhausgasfrachten (m_i pro funktionelle Einheit) aus der Sachbilanz mit dem jeweiligen GWP_i berechnet werden (Gleichung 4.14):

$$GWP = \Sigma_i \, (m_i \times GWP_i) \tag{4.14}$$

mit m_i = Fracht der am Treibhauseffekt beteiligten Substanz i pro funktionelle Einheit

Als GWP wird bei den meisten Ökobilanzen das GWP_{100} gewählt (vgl. Tabelle 4.10). Falls in einer Wirkungsabschätzung mehrere Zeithorizonte verwendet werden, ist darauf zu achten, dass bei der Summierung nach Gleichung (4.14) nur GWPs desselben Zeithorizonts verwendet werden. Die GWPs unterschiedlicher Zeithorizonte der sehr langlebigen Treibhausgase unterscheiden sich nur geringfügig, es ist daher auch auf die in Tabelle 4.10 angegebene Lebensdauer zu achten.

Die GWP-Werte werden dem jeweils letzten IPCC- oder WMO-Bericht oder neuerer Sekundärliteratur entnommen.

4.5.2.3 Stratosphärischer Ozonabbau

Die zweite globale Wirkungskategorie behandelt den vom Menschen verursachten Abbau der stratosphärischen Ozonschicht, deren UV-Absorption den kurzwelligen Anteil der Sonnenstrahlung unter rund 290–300 nm von der Erdoberfläche fernhält[140]. Die in geringer Konzentration, aber großer durchstrahlter Schichtdicke (ca. 20 km) in der Stratosphäre vorkommenden Ozonmoleküle stehen in einem dynamischen Gleichgewicht von Bildung und Abbau (Chapman-Zyklus; Gleichungen 4.15 und 4.16). Für Bildung und Zersetzung von Ozon in diesem dynamischen Gleichgewicht der Ozonbildung und Ozonzersetzung in der Stratosphäre spielt die energiereiche („harte") UV-Strahlung eine wichtige Rolle:

Bildung des stratosphärischen Ozons:

$$
\begin{array}{lll}
O_2 + h\nu & \rightarrow \ 2\,O & (\lambda = c/\nu < 240 \ nm) \\
\underline{2\,O + 2\,O_2} & \underline{\rightarrow \ 2\,O_3} & \\
3\,O_2 & \rightarrow \ 2\,O_3 & \text{Summe}
\end{array}
\tag{4.15}
$$

Photolyse des Ozons:

$$
\begin{array}{lll}
O_3 + h\nu & \rightarrow \ O + O_2 & (\lambda = c/\nu < 320 \ nm) \\
\underline{O + O_3} & \underline{\rightarrow \ 2\,O_2} & \\
2\,O_3 & \rightarrow \ 3\,O_2 & \text{Summe}
\end{array}
\tag{4.16}
$$

---

140) WMO 1999; Klöpffer und Meilinger 2001b; Dameris et al. 2007

Neben diesen Reaktionen laufen zahlreiche Bildungs- und Abbaureaktionen mit Spurenbestandteilen der Stratosphäre, die zur HO_x- und NO_x-"Familie" zählen[141]. Bereits um 1970 waren im Zusammenhang mit der Entwicklung von Überschall-flugzeugen, die in der unteren Stratosphäre fliegen, Befürchtungen über einen erhöhten Ozonabbau durch die von den Flugzeugen emittierten Stickstoffoxide aufgetreten. Eine Ausdehnung dieser Arbeiten auf den damals neuen Chlorzy-klus durch Rowland und Molina führte 1974 und 1975 zu zwei folgenschweren Arbeiten[142], in denen ein möglicher Zusammenhang zwischen den Frigenen (FCKW) und einem zusätzlichen Ozonabbau in der Stratosphäre postuliert und mit plausiblen Daten und Annahmen gestützt wurde.

Chlorzyklus des katalytischen Ozonabbaus[143] (Gleichung 4.17):

$$Cl + O_3 \quad \rightarrow \quad ClO + O_2 \tag{4.17a}$$
$$\underline{ClO + O \quad \rightarrow \quad Cl + O_2} \tag{4.17b}$$
$$O + O_3 \quad \rightarrow \quad 2\,O_2$$

Das zur Initiierung des Zyklus nötige Chloratom in Gleichung (4.17a) stammt aus der Photolyse von langlebigen (persistenten) Chlorverbindungen anthropogener Herkunft, die wegen ihrer Persistenz, vor allem durch die äußerst langsam ablau-fende Reaktion mit OH-Radikalen[144], im Stande sind, unzersetzt in die Strato-sphäre einzudringen. Da dies ein sehr langsamer Prozess ist – wäre es anders, könnten auch leichter abbaubare Verbindungen in die Stratosphäre gelangen – tritt eine zeitliche Verzögerung von mehreren Jahren zwischen Emission und beginnender Wirksamkeit auf.

Die Reaktion auf die Arbeiten von Rowland und Molina kam unmittelbar und war enorm. Die wenigen Messdaten von Lovelock[145], auf die sich die Autoren abgestützt hatten, wurden bestätigt und immer wieder aktualisiert. Es zeigte sich ein steigender Trend der Frigene oder Fluorchlorkohlenwasserstoffe (FCKW), vor allem der wichtigsten[146]: Trichlorfluormethan (FCKW 11, kurz R11), Dichlordifluormethan (R12) und 1,1,2-Trichlor-1,2,2-trifluorethan (R113). Daneben wurden auch einige chlorierte Lösungsmittel, die nicht zu den Frigenen gerechnet werden, als potentiell Ozon-zerstörend erkannt und durch langjährige Messreihen analytisch verfolgt.

Verursachende Substanzen

Frigene wurden und werden noch teilweise (in der Medizin) für folgende Zwecke benutzt:

141) Finlayson-Pitts und Pitts 1986
142) Molina und Rowland 1974; Roland und Molina 1975
143) Deutscher Bundestag 1991
144) Klöpffer und Wagner 2007a
145) Lovelock et al. 1973; Lovelock 1975
146) Deutscher Bundestag 1991, 1992; Krol et al. 1998; Bousquet et al. 2005

- Treibmittel für Sprays,
- Treibmittel für Schaumstoffe (z. B. Polyurethane),
- Kältemittel für Kühlschränke und kleinere Klimaanlagen (bes. für Automobile),
- Reinigungsmittel (z. B. in der elektronischen Industrie),
- kleinere Anwendungen in der Medizin (Asthmasprays), Analytik und Spektroskopie (Extraktionsmittel, Lösungsmittel für die IR-Spektroskopie) usw.

Innerhalb weniger Jahre nach der Vorhersage des Effekts war in den USA die Anwendung von Frigenen für Sprays bereits verboten und mehrere Alternativen wurden rasch entwickelt. Dann kam der Rückschlag in den Modellrechnungen: Anfang der 1980er Jahre zeigten diese einen Trend zu geringeren Ozon-Abbauraten an, als in den ersten, gröberen Modellen vorausgesagt worden war, wodurch die Dringlichkeit von Maßnahmen nicht mehr im selben Maße gegeben schien.

Das „Ozonloch" und gesetzliche Maßnahmen

Nach der scheinbaren Entwarnung kam eine völlig unerwartete Entdeckung: das alljährlich im Frühling der Südhalbkugel auftretende antarktische „Ozonloch"[147]. Es beruht auf einem verwandten – aber mit dem von Rowland und Molina prognostizierten **nicht identischen** – Effekt der Chlorverbindungen[148]. Es stellte sich heraus, dass heterogen katalysierte Reaktionen an stark sauren Aerosolpartikeln bei den extrem niedrigen Temperaturen der Stratosphäre über der Antarktis für den Reaktionsmechanismus des katalytischen Ozonabbaus eine wesentliche Rolle spielen. Da sich die Stratosphäre über der Arktis nicht so tief abkühlt wie die über der Antarktis, ist der Effekt dort weniger stark ausgeprägt, wurde aber ebenfalls nachgewiesen: Im antarktischen und – weniger ausgeprägt – auch im arktischen Frühling sinkt die stratosphärische Ozonkonzentration über den Polarregionen sehr stark ab. Dieses Phänomen wird bildlich als „Ozonloch" bezeichnet. Zwar steigt im Laufe des Jahres die Ozonkonzentration wieder an, die jährlich gemessenen Minimum-Konzentrationen sinken allerdings. Messungen zeigen auch eine Abnahme der stratosphärischen Ozonkonzentration in nichtpolaren Regionen, die auf dem von Roland und Molina vorhergesagten Effekt der homogenen Katalyse beruhen[149].

Die Entdeckung des „Ozonlochs" beschleunigte zweifellos die internationale politische Einigung unter der Schirmherrschaft der UNO, speziell was die konkreten Maßnahmen betrifft (die Grundsatzerklärung in der „Wiener Konvention" war noch vor Entdeckung des Ozonlochs zustande gekommen):

- Wiener Übereinkommen zum Schutz der Ozonschicht vom 22. März 1985 („Wiener Konvention"; Entdeckung des Ozonlochs im Herbst 1985).
- Montrealer Protokoll vom 16. September 1987 über Stoffe, die zu einem Abbau der Ozonschicht führen[150].

---

147) Farman et al. 1985
148) McIntyre 1989
149) Dameris et al. 2007
150) Deutscher Bundestag 1988

Es wurden in erstaunlich kurzer Zeit konkrete Substanzlisten und Zeitpläne zum Auslaufen der Produktion der Stoffe erstellt. Gleichzeitig wurde die Entwicklung von chlorfreien Ersatzstoffen für die einzelnen Anwendungsgebiete der FCKW begonnen. Einzelne dieser Stoffe sind uns leider schon bei den Treibhausgasen begegnet[151] (Tabelle 4.10); in diesen Fällen hat man wohl den Teufel mit Beelzebub ausgetrieben.

Sowohl im Zwischenbericht der Enquetekommission wie auch von Rowland selbst[152] ist auf die Verblüffung hingewiesen worden, die auf das nicht vorhergesagte Auftauchen des Ozonlochs folgte. Es zeigte dramatisch, dass hochkomplexe Systeme wie die Stratosphäre weit davon entfernt sind, sich völlig berechnen zu lassen. Man muss immer mit Überraschungen rechnen und daher das Vorsorgeprinzip ernst nehmen, d. h. handeln noch bevor die letzten wissenschaftlichen Beweise für eine umweltschädigende Wirkung erbracht sind. Das Ozonloch wird immer noch im antarktischen Frühling gemessen und hat mit sinkender Minimum-Konzentration und steigender Größe eine Ausdehnung, die weit über den Kontinent hinausgeht[153]; dies obwohl die wichtigsten Verursachersubstanzen seit Jahren international gebannt sind und deren Konzentration in der Atmosphäre langsam zurückgeht. Man nimmt an, dass das Ozonloch in der Mitte dieses Jahrhunderts wieder verschwunden oder zumindest stark zurückgegangen sein wird.

Wirkungsindikator und Charakterisierungsfaktoren

Der Wirkungsindikator für die Kategorie „stratosphärischer Ozonabbau" ist die Bildung von Chlor-(und Brom-)Atomen durch Photolyse flüchtiger persistenter Substanzen, die Chlor bzw. Brom als Substituenten aufweisen, in der Stratosphäre. Diese Definition des Wirkungsindikators betrifft sowohl den in der homogenen Gasphase der Stratosphäre ablaufenden, von Rowland und Molina vorhergesagten Ozonabbau (der von der Öffentlichkeit wenig beachtet wird), wie auch den spektakulären, aber zeitlich und räumlich begrenzten Abbau, der sich im Ozonloch äußert.

Zur Quantifizierung der relativen Abstufung der ozonschädlichen Aktivität der Stoffe wurde der ODP-Wert eingeführt (*Ozone Depletion Potential*). Die Definition des ODP lautet im Wortlaut[154]:

> „*The ODP represents the amount of ozone destroyed by emission of a gas over the entire atmospheric lifetime (i. e. at steady state) relative to that due to emission of the same mass of CFC-11*".

Formal ist er analog zum GWP zu sehen und wird auch gleich gehandhabt. Die Zahlenwerte stammen aus relativ einfachen Modellrechnungen. Sie sind umso höher, je persistenter ein Stoff in der Troposphäre ist (d. h. je größer die Wahr-

---

151) IPCC 1995; Klöpffer und Meilinger 2001a; IPCC/TEAP 2007
152) Deutscher Bundestag 1988; Rowland 1994
153) Dameris et al. 2007
154) WMO 1999

scheinlichkeit des Übertritts in die Stratosphäre ist) und je mehr Chloratome pro Masseneinheit in die Stratosphäre eingetragen werden. Im Falle der bromhaltigen Halone geht auch noch die ca. 10-fache katalytische Aktivität der Bromatome, relativ zu Cl, ein. Bezugsgröße ist das ODP des FCKW 11 (CFC-11, R11), das willkürlich gleich eins gesetzt wird – in völliger Analogie zum GWP des Kohlendioxids.

Die ODP-Charakterisierungsfaktoren für einige wichtige Ozon-abbauende Stoffe sind in Tabelle 4.11 wiedergegeben.

Die höchsten Werte (ODP $\gg$ 1) sind für die bromhaltigen, als Feuerlöschmittel eingesetzten Halone zu verzeichnen. Die anderen perhalogenierten Kohlenstoff-Verbindungen (Moleküle, die nur Chlor und Fluor, aber kein H als Substituenten aufweisen) liegen zwischen ODP = 0,5 und 1,1 R11-Äquivalenten.

Lachgas ist ein bekanntes Ozon-abbauendes Gas, allerdings wirkt es nach einem etwas anderen Mechanismus: das persistente Gas dringt in die Stratosphäre ein und wird dort durch Reaktion mit Sauerstoffatomen in NO_x ($NO + NO_2$) umgewandelt. Allerdings ist diese Reaktion in komplizierter Weise vom Ort der Reaktion (besonders in der Nähe der Tropopause) abhängig[155]. Daher lässt sich kein einfacher „Umrechnungsfaktor" zu den ODP-Werten angeben, obwohl dieses Spurengas ebenfalls zu einem katalytischen Ozonabbau führt. Die Emission von N_2O in die Troposphäre erfolgt im Wesentlichen durch bakterielle Vorgänge im Boden. Sie wird verstärkt durch Ausbringung N-haltiger Dünger in der Landwirtschaft, wobei der Prozentsatz des in N_2O umgewandelten Stickstoffs möglicherweise unterschätzt wird[156]. Allerdings wurde dem Lachgas aus den genannten Gründen bisher **kein ODP-Wert** zugeordnet, sehr zum Leidwesen der Ökobilanzierer, die ihre für die Kategorie Klimaänderung ermittelten Lachgasfrachten gerne auch in Hinblick auf diese Kategorie quantifizieren möchten.

Die Zeitskala bei der Berechnung der ODP-Werte nach einem Fließgleichgewichtsmodell der World Meteorological Organization (WMO) ist im Unterschied zum GWP theoretisch unendlich[157]. Es gibt jedoch auch ODP-Werte, die für einen relativ kurzen Zeitraum berechnet wurden[158]. Die Frage der Zeitabhängigkeit wurde auch von der World Meteorological Organization diskutiert[159]. Danach sind die stationären ODP-Werte von relativ kurzlebigen Verbindungen (z. B. HCFCs) klein, weil sie in Relation zu CFC-11 berechnet werden, dessen Fließgleichgewicht erst nach Jahrhunderten erreicht wird (gleich bleibende Emissionen vorausgesetzt). Die kurzzeitige Wirkung relativ kurzlebiger Verbindungen wird daher unterschätzt. Wenn ODPs für einen kurzen Zeithorizont berechnet werden, können die Werte um eine Größenordnung höher liegen, allerdings – wegen der geringeren Persistenz – immer noch unter denen von CFC-11 und CFC-12. In Ökobilanzen, in deren Zieldefinition ausdrücklich der Vergleich von Frigenen und Sustitutionsprodukten vorgesehen ist, sollte die Zeitabhängigkeit explizit berücksichtigt werden (Berechnung loc. cit. WMO 1994). Für Ökobilanzen, die

---

155) Klöpffer und Meilinger 2001b
156) Crutzen et al. 2007
157) Udo de Haes 1996
158) Solomon und Albritton 1992
159) WMO 1994

nicht speziell mit diesen Problemen befasst sind, sollen die stationären ODP-Werte verwendet werden. In Tabelle 4.11 wird nur ein Auszug aus den insgesamt verfügbaren ODP-Werten wiedergegeben.

Tabelle 4.11 ODP (auf Massenbasis) einiger Ozon-abbauender Gase nach WMO 1999; Zeithorizont ∞ (stationäres Modell).

Verbindung	Residenz-zeit[a] τ_R [a]	Lebens-dauer[b] τ_{OH} [a]	ODP (kg CFC-11 Äquivalente pro kg)
CFC-11, Trichlorfluormethan (CCl$_3$F) Referenz	45	< 6400	1,0
CFC-12, Dichlordifluormethan (CCl$_2$F$_2$)	100	< 6400	0,82
CFC-113, Trichlortrifluorethan (CCl$_2$FCClF$_2$)	90		0,90
CFC-114 1,2-Dichlor-1,1,2,2-terafluorethan (CF$_2$ClCF$_2$Cl)			0,85
CFC-115 1-Chlor-1,1,2,2,2-pentafluorethan (CF$_2$ClCF$_3$)			0,40
Tetrachlormethane (CCl$_4$)	35	> 130	1,20
Methylchlorid (CH$_3$Cl)	ca. 1,3	1,3	0,02
HCFC-22, Chlordifluormethan (CHClF$_2$)	11,8	12,3	0,034
HCFC-123, 2,2-Dichlor-1,1,1-trifluorethan (CF$_3$CHCl$_2$)			0,012
HCFC-124, 2-Chlor-1,1,1,2-tetrafluorethan (CF$_3$CHClF)			0,026
HCFC-141b, 1,1,-Dichlor-1-fluorethane (CFCl$_2$CH$_3$)	9,2	10,4	0,086
HCFC-142b, 1-Chlor-1,1-difluorethan (CF$_2$ClCH$_3$)	18,5	19,5	0,043
1,1,1-Trichlorethan (CH$_3$CCl$_3$)	4,8	5,7	0,11
Halon 1301, Bromtrifluormethan (CBrF$_3$)	65		12
Halon 1211, Bromchlordifluormethan (CBrClF$_2$)	11		5,1
Halon 2402, 1,2-Dibrom-1,1,2,2-tetrafluorethan (CBrF$_2$CBrF$_2$)			6,0
Methylbromid (CH$_3$Br)	0,7	1,8	0,37 (0,2–0,5)

a) Mittlere troposphärische Aufenthaltszeit.[160]
b) Mittlere troposphärische Lebensdauer, berechnet aus der OH-Reaktionskonstante und der mittleren Konzentration der OH-Radikale in der Troposphäre.

---

160) Zahlenwerte nach WMO 1999; Zur Definition von Aufenthaltszeit (*residence time*) und Lebensdauer (*lifetime*) siehe Klöpffer und Wagner 2007.

Die Bilanzierung des Ozonabbaus in der Ökobilanz hat etwas an Bedeutung verloren, weil man davon ausgeht, dass das Protokoll von Montreal und seine ergänzenden Änderungsprotokolle auch eingehalten werden. Selbst wenn das der Fall ist, wird der Effekt noch einige Jahrzehnte eine wichtige Rolle spielen und Wachsamkeit ist daher geboten – auch in der Ökobilanz! Es soll daher bei der Erstellung der Sachbilanz sorgfältig ermittelt werden, wo der Prozess der Umstellung auf Substitutionsprodukte im Bezugszeitraum tatsächlich stand.

Charakterisierung
Die Quantifizierung (Charakterisierung) der Wirkungskategorie stratosphärischer Ozonabbau ergibt sich mit den ODP-Werten als Äquivalenzfaktoren völlig analog zum GWP (Gleichung 4.18):

$$ODP = \Sigma_i \, (m_i \times ODP_i) \tag{4.18}$$

Die Frachten der Ozon-abbauenden Gase pro funktionelle Einheit (m_i) sind der Sachbilanz zu entnehmen, die dazugehörigen ODP_i-Werte den jeweils aktuellen Tabellen der World Meteorological Organization.

4.5.2.4 Bildung von Photooxidantien (Sommersmog)
Der photochemische Smog (= Photosmog), auch Sommersmog oder „Los Angeles Smog" genannt, hat eine über 50-jährige Geschichte, die in ihrer frühen Phase eng mit der Luftsituation in Kalifornien und hier besonders im Großraum Los Angeles zusammenhängt[161]. Hohe Motorisierung nach de facto Beseitigung des Schienenverkehrs, hohe Intensität der Sonnenstrahlung und häufige austauscharme Wetterlagen bilden die ideale Grundlage für die Bildung von photochemischem Smog, der durch folgende Reaktionsfolge in Gang gesetzt wird[162] (Gleichung 4.19):

$$NO_2 + h\nu \;\rightarrow\; NO + O \quad (\lambda = c/\nu < 405 \text{ nm}) \tag{4.19a}$$

$$O + O_2 \;\rightarrow\; O_3 \tag{4.19b}$$

Solange allerdings noch unverbrauchtes NO vorliegt, wird Ozon wieder unter Bildung von Stickstoffdioxid verbraucht. Daher sind zur Photosmogbildung auch Nebenreaktionen mit reaktiven Kohlenwasserstoffen (besonders mit Alkenen) oder Kohlenmonoxid (CO) nötig, da diese bei der Oxidation durch Sauerstoffradikale NO binden und zu einem Überschuss von Ozon führen, das einen Teil der Human- und Phytotoxizität des Sommersmogs ausmacht. Dieser Reaktionszyklus ist in Gleichung (4.20) beispielhaft für CO als OOH-Bildner dargestellt:

---

161) McCabe 1952
162) Fabian 1992; Klöpffer et al. 2001b; Barnes et al. 2007

$$CO + OH + O_2 \ (+ M) \quad \rightarrow \quad CO_2 + HO_2 \ (+ M) \tag{4.20a}$$

$$NO + HO_2 \quad\quad\quad\quad \rightarrow \quad NO_2 + OH \tag{4.20b}$$

$$NO_2 + h\nu \quad\quad\quad\quad \rightarrow \quad NO + O \quad (\lambda = c/\nu < 405 \ \text{nm}) \tag{4.20c}$$

$$O + O_2 \ (+ M) \quad\quad \rightarrow \quad O_3 \ (+ M) \tag{4.20d}$$

$$\text{netto:} \ CO + 2O_2 + h\nu \ \rightarrow \ CO_2 + O_3$$

(M: inaktiver Stoßpartner)

Es liegt also die Situation vor, dass das in der Stratosphäre zur Absorption der kurzwelligen UV-Strahlung erwünschte Ozon (siehe Abschnitt 4.5.2.3), in Bodennähe gebildet, für die Umwelt und die menschliche Gesundheit gefährlich ist. Zusätzlich zum bekannt toxischen Ozon bilden sich im Sommersmog zahlreiche weitere human- und ökotoxische Verbindungen, die zusammen mit dem Ozon die Gruppe der sog. Photooxidantien bilden; daher der Name dieser Wirkungskategorie.

In groben Zügen ist der in den Gleichungen (4.19) und (4.20) wiedergegebene Mechanismus schon lange bekannt[163], allerdings nicht so lange wie der auf Rauchgase und Nebel zurückgehende „London Smog", der etwa seit der Einführung der Kohleheizung (Schwefelgehalt!) und in Verbindung mit den offenen Kaminen jener Zeit auftrat und für seine gesundheitlichen Gefahren gefürchtet war[164].

Die nötigen Ingredienzien für die Bildung von Sommersmog sind nach dem oben Gesagten:

1. intensive Sonnenstrahlung mit hohem UV-Anteil,
2. reaktive Stickstoffoxide NO_x (= $NO + NO_2$),
3. reaktive flüchtige Kohlenwasserstoffe (VOC, bes. Alkene) und/oder CO.

zu 1)
Über die nötige Intensität der Sonnenstrahlung hat man sich lange Zeit übertriebene Vorstellungen gemacht: auch die Strahlungsintensität und die spektrale Zusammensetzung (UV + kurzwellige sichtbare Strahlung) in Mitteleuropa reicht zur Bildung von Sommersmog aus, wie seit etwa 1970 bekannt ist[165]. Der Effekt wirkt nach und wird in voller Stärke erst nach vielen Kilometern im Abwind der primären Smogbildung wirksam. In Europa kommt der Großraum von Athen der meteorologischen Situation und dem Strahlungsklima von Los Angeles am nächsten.

---

163) Finlayson-Pitts und Pitts 1986; Fabian 1993, Kap. 4.1; Barnes et al. 2007
164) Das Wort „Smog" scheint ein Kunstwort aus smoke + fog zu sein. Die Definition des Oxford Dictionary (smog = fog intensified by smoke) trifft wohl nur auf die winterliche Variante zu, siehe auch Fabian 1993.
165) Becker et al. 1985; Fabian 1992

zu 2)

Die reaktiven Stickoxide NO_x werden vor allem vom Autoverkehr (auch bei Dieselantrieb, hoher Anteil durch LKW) emittiert. Das Stickstoffdioxid liefert durch Photolyse im kurzwelligen sichtbaren Spektralbereich (rotes Gas, Absorption im Blau) und im nahen UV die Sauerstoffatome, siehe Gleichung (4.19). In geringer, aber seit Jahren steigender, Konzentration kommt NO_x auch in sog. Reinluftgebieten vor.

zu 3)

Auch die ungesättigten Kohlenwasserstoffe stammen weitgehend von Kraftfahrzeugen, aber auch aus Industrieanlagen. Die Emission aus Kraftfahrzeugen wird durch den sog. Katalysator (in Kalifornien seit Mitte der 1970er Jahre) vermindert, aber nicht völlig verhindert. Auch viele Jahre nach Einführung des „Katalysators" kann man in Kalifornien wieder die roten Smogwolken beobachten. Es gibt auch reaktive natürliche Kohlenwasserstoffe (Terpene), die mit Spuren von NO_x in besonnten Wäldern Sommersmog mit partikulären Folgeprodukten (Aerosol, *blue haze*) bilden können. Das sprichwörtliche Ozon der würzigen Waldluft scheint also mehr als eine Metapher zu sein.

Für eine wirksame Bekämpfung des Sommersmogs ist die Reduktion der flüchtigen organischen Verbindungen, des Kohlenmonoxids **und** der NO_x-Emissionen unerlässlich[166].

Zur Quantifizierung des Sommersmogs im Rahmen der Wirkungsabschätzung einer Ökobilanz kann man nicht auf die sich ständig ändernden witterungsbedingten Rahmenbedingungen eingehen. Der bekanntlich geringe Orts- und Zeitbezug der Ökobilanz erweist sich hier als Problem und entsprechend geringer ist die Harmonie bei den Ökobilanz-Entwicklern: die Advokaten der Kausalketten sehen rot, wenn Emissionen von reaktiven organischen Verbindungen[167] in voller Höhe dem Sommersmog zugerechnet werden; die Befürworter des Vorsorgeprinzips werden diese Zurechnung als *Worst-case*-Betrachtung akzeptieren, zumal es sich ja nur um eine **relative** Einordnung der Emissionen unter dem Gesichtspunkt eines **möglichen** Beitrags zum Sommersmog handelt. Dass dieser nur periodisch unter ungünstigen Bedingungen auftritt, wird in dieser Betrachtungsweise nach dem Motto *less is better* als weniger bedeutsam eingestuft.

Eine Minimalforderung zur Quantifizierung ist also eine Skala der relativen Wirksamkeit (Reaktivität) der Kohlenwasserstoffe. Eine erste solche Reihe wurde schon 1976 erarbeitet[168]. Da ein wichtiger Schritt die Reaktion der flüchtigen Kohlenwasserstoffe und CO mit den OH-Radikalen ist, wurde die Reaktionskonstante 2. Ordnung von OH mit dem zu gewichtenden Stoff gewählt (siehe auch[169]):

$$k_{OH} = 10^{-10} \text{ bis } 10^{-11} \text{ cm}^3 \text{ Molekül}^{-1} \text{ s}^{-1} \text{ (sehr reaktionsfähig)}$$

---

166) Finlayson-Pitts und Pitts 1986
167) Diese weniger reaktiven Emissionen werden auch als Non Methane Volatile Organic Compounds (NMVOC) bezeichnet.
168) Darnall et al. 1976
169) Klöpffer und Wagner 2007

bedeutet sehr große Reaktionsfähigkeit (etwa Propen, Terpene). Die Reaktions-konstante lässt sich über viele Größenordnungen messen und dient am anderen Ende der Skala – bei den persistenten Verbindungen – zur Bestimmung der Übergangswahrscheinlichkeit in die Stratosphäre: ·

$$k_{OH} \leq 10^{-15} \text{ bis } 10^{-14} \text{ cm}^3 \text{ Molekül}^{-1} \text{ s}^{-1} \text{ (reaktionsträge)}$$

Die Bildung von bodennahem Ozon dient lediglich als **Leitparameter** für die Schädlichkeit des Photosmogs, denn O_3 ist keineswegs der einzige Schadstoff, der diesen „Cocktail" Sommersmog als unverträglich mit der menschlichen Gesundheit und der Umwelt kennzeichnet. Neben Ozon gibt es eine Reihe von weiteren Photooxidantien, die sowohl human- wie auch ökotoxisch wirken können, z. B. Peroxyacetylnitrat und Aldehyde wie das zu Tränen reizende Gas Acrolein. Weniger bekannt sind die Reaktionsprodukte von OH und NO_x mit organischen Verbindungen wie

- Trichloressigsäure (TCA, z. B. aus Tri- und Tetrachlorethen)[170];
- Nitrophenole (aus Benzol und Toluol, BTX-Kohlenwasserstoffe), besonders die extrem phytotoxischen Dinitrophenole; Dinitro-o-cresol (DNOC) ist ein altes, in Deutschland nicht mehr zugelassenes Breitbandherbizid, das gemeinsam mit anderen Nitrophenolen und -kresolen in der Atmosphäre gebildet wird[171].

Beide Schadstoffe führen durch ihre stark phytotoxischen Wirkungen in das Gebiet der sog. „neuartigen Waldschäden", die in der Regel der Wirkungskate-gorie Versauerung (siehe Abschnitt 4.5.2.5) zugeordnet werden. Versauerung allein kann jedoch nicht die Ursache dieser Schadbilder sein, weil sie auch auf kalkhältigen Böden auftreten.

Indikator und Charakterisierungsfaktoren

Der Wirkungsindikator der Kategorie ist die Photosmogbildung, meist ge-messen an der Bildung der Leitsubstanz Ozon[172]. Zur Quantifizierung dient eine Liste von Charakterisierungsfaktoren, die ähnlichen Überlegungen folgt, wie die ursprüngliche Liste von Darnall et al. (loc. cit), allerdings auf der Basis von Modellrechnungen. Als Referenz dient das Smogbildungspotenzial POCP (*Photochemical Ozone Creation Potential*) des Ethens, dem willkürlich der Wert eins zugeordnet wird.

Tabelle 4.12 zeigt eine Auswahl der POCP-Werte[173]. Die Berechnung der älteren Werte erfolgte mit drei Szenarien, die für europäische Verhältnisse Gültigkeit ha-ben, mit einem Zeithorizont von 9 Tagen[174]. Die Werte von Labouze et al. (Table 1 „POCP$_{mean}$") beziehen sich auf mittlere tägliche Ozon-Konzentrationen von 0 bis ca. 2,2 km Höhe ohne Berücksichtigung von Grenzwerten für Umwelt- und menschliche Gesundheit. Berechnungen unter Berücksichtigung solcher Grenz-

---

170) Renner et al. 1990
171) Rippen et al. 1987
172) Potting et al. 2002; Norris 2002; Klöpffer et al. 2001a, 2001b
173) Klöpffer et al. 2001b; Derwent et al. 1996, 1998; Wright et al. 1997; Labouze et al. 2004
174) UNO 1991

werte wurden ebenfalls durchgeführt, sind hier aber nicht aufgeführt. Die relative Reihung der organischen Schadstoffklassen ändert sich bei den verschiedenen Berechnungsarten nicht. Das POCP von NO_x (als NO_2) hängt nach Labouze et al. (loc. cit.) allerdings stark von der Berechnungsgrundlage ab (POCP: 0,27–0,95 Ethen-Äquivalente). Die zeitlich und räumlich gemittelten Werte werden von den genannten Autoren als komplementär zu den Werten von Derwent et al.[175] eingestuft, da sie unabhängig von den meteorologischen Bedingungen und von der Emissionssituation zu bestimmten Zeiten sind; sie gelten aber nur für europäische Verhältnisse. Sie sind in der Regel niedriger als die Werte von Derwent et al., weil sie für durchschnittliche atmosphärische Bedingungen abgeleitet wurden und nicht sosehr für die für die Smogbildung günstigen.

In Tabelle 4.12 fällt auf, dass Methan einen sehr kleinen Wert aufweist, was eine Folge der geringen Reaktionsfähigkeit mit OH-Radikalen ist. Da in Sachbilanzen oft nur Summenwerte ausgewiesen sind, kommen den Faktoren für „Summe Kohlenwasserstoffe", „flüchtige Kohlenwasserstoffe" (VOC) oder „Nicht-Methan-Kohlenwasserstoffe" in der Praxis besondere Bedeutung zu.

Die meisten reaktiven Substanzen liegen im Bereich von 0,1 bis 1 kg Ethen-Äquivalenten/kg. Das bedeutet, dass die genaue Zusammensetzung der Mischungen „VOC" nicht sehr relevant für das Ergebnis ist. Methan sollte jedoch wegen einer Reaktionsträgheit **nicht** in den VOC-Mix aufgenommen werden.

Eine Alternative zur Charakterisierung mit den POCP-Faktoren stellt das Konzept der *Maximum Incremental Reactivity* (MIR) dar[176], das in Kalifornien entwickelt wurde und die Ozon-Bildung unter „optimalen" Bedingungen zu quantifizieren versucht. Es ist nicht für eine Region spezifisch, sondern modelliert generell Smog-Situationen unter starker Sonneneinstrahlung und hoher Schadstoffbelastung. Die sog. *Incremental Reactivities* (IR) sind als Erhöhung der Ozonkonzentration pro C-Atom einer flüchtigen organischen Verbindung (VOC) definiert. Diese Werte hängen aber von den speziellen Gegebenheiten einer Smogepisode ab und können daher nicht direkt für ein Ranking benutzt werden. Daher wurde ein Spitzenwert definiert (MIR) [mg O_3 gebildet/mg VOC]. MIR-Werte können in relative Werte umgerechnet werden, indem – in völliger Analogie zu den POCP-Werten und anderen Charakterisierungsfaktoren – einer Substanz willkürlich der Wert eins zugeordnet wird[177].

Eine Reihe von MIR-Faktoren (absolut und relativ) sind in Tabelle 4.13 aufgelistet.

Die Daten von Derwent et al. (1998) enthalten auch Angaben für NO_2, wie von Finlayson-Pitts und Pitts (1986) gefordert. Überraschenderweise greift auch SO_2 in die Smogbildung ein. Wie man an den Daten erkennt, fallen die POCP-Werte, die nach verschiedenen Modellen berechnet wurden, nicht exakt zusammen. Der Gesamtbereich aller bekannten POCP-Werte übersteigt aber nicht den Rahmen von zwei bis drei Größenordnungen.

---

175) Derwent et al. 1998
176) Carter 1994, 2003; Klöpffer et al. 2001; Potting et al. 2002
177) Klöpffer et al. 2001

Tabelle 4.12 POCP [kg Ethen-Äquivalente pro kg] einiger Stoffe nach CML[178], Derwent et al.[179] und Labouze et al.[180].

Substanzklasse	Emission (Verbindung)	CML	Derwent et al.[a]	Labouze et al.
Alkane	Methan (CH_4)	0,007	0,034	
	Ethan (C_2H_6)	0,082	0,14	0,021
	Propan (C_3H_8)	0,42	0,41	
	n-Butan (C_4H_{10})	0,41	0,60	
	n-Pentan (C_5H_{12})	0,41	0,62	
	n-Hexan (C_6H_{14})	0,42	0,65	
	Cyclohexan (C_6H_{12})	–	0,60	
	n-Heptan (C_7H_{16})	0,53	0,77	
	Durchschnitt	0,40 ($n = 23$)	0,60 ($n = 25$)	0,1
Olefine (Alkene)	Ethen (C_2H_4)	1	1	1
	Propen (C_3H_6)	1,03	1,08	
	1-Buten (C_4H_8)	0,96	1,13	
	Isopren (C_5H_8)	–	1,18	0,23
	Styrol ($C_6H_5C_2H_3$)	–	0,077	
	Durchschnitt	0,91 ($n = 10$)	0,91 ($n = 12$)	0,67
Alkine	Acetylen (C_2H_2)	0,17	0,28	
Aromaten	Benzol (C_6H_6)	0,19	0,33	
	Toluol ($C_6H_5CH_3$)	0,56	0,77	
	o-Xylol ($C_6H_4(CH_3)_2$)	0,67	0,83	
	m-Xylol	1,0	1,09	
	p-Xylol	0,89	0,95	
	Ethylbenzol ($C_6H_5(C_2H_5)$)	0,60	0,81	
	Durchschnitt	0,76 ($n = 14$)	0,96 ($n = 16$)	0,44
Kohlenwasserstoffe	Durchschnitt	0,38		
Nicht-Methan-KW	Durchschnitt	0,42		

---

178) Udo de Haes et al. 1996; Fortschreibung: www.leidenuniv.nl/cml/ssp/databases/cmlia/index.html
179) Derwent et al. 1996, 1998; Wright 1997
180) Labouze et al. 2004

Tabelle 4.12 (Fortsetzung)

Substanzklasse	Emission (Verbindung)	CML	Derwent et al.[a]	Labouze et al.
Alkohole	Methanol (CH_3OH)	0,12	0,21	
	Ethanol (C_2H_5OH)	0,27	0,45	
	Isopropylalkohol (C_3H_7OH)	–	0,22	
	Ethylenglykol (CH_2OHCH_2OH)	–	0,2	
Alkohole	Durchschnitt	0,196	0,44 ($n = 9$)	
Aldehyde	Acetaldehyd (CH_3CHO)	0,53	0,65	
	Formaldehyd (HCHO)	0,42	0,55	0,41
	Durchschnitt	0,443	0,75 ($n = 6$)	0,063
Ketone	Aceton (CH_3COCH_3)	0,18	0,18	
	Durchschnitt	0,326	0,52 ($n = 4$)	0,067
Organische Säuren	Essigsäure (CH_3COOH)	–	0,16	
Halogenierte Kohlenwasserstoffe	Methylchlorid (CH_3Cl)	–	0,04	
	Methylenchlorid (CH_2Cl_2)	0,01	0,03	
	Vinylchlorid (C_2H_3Cl)	–	0,27	
	Trichlorethen/Tri (C_2HCl_3)	0,07	0,08	
	Tetrachlorethen/Per (C_2Cl_4)	0,005	0,04	
	1,1-Dichlorethen (VDC)	–	0,23	
	1,2-Dichlorethan (EDC)	–	0,04	
	Durchschnitt	0,021	0,11 ($n = 9$)	
Anorganische Oxide	Stickstoffdioxid NO_2	–	0,028	0,95
	Kohlenmonoxid CO	–	0,027	0,02
	Schwefeldioxid SO_2	–	0,048	

[a] Eine umfangreiche Liste von Werten nach Derwent 1998 findet sich in Guinée et al. 2002.

In Tabelle 4.13 fällt auf, dass die Absolutwerte des MIR in Ausnahmefällen auch negativ sein können, wenn nämlich ein spezieller VOC die Smogreaktion hemmt. Dies ist bei Benzaldehyd der Fall, dessen Moleküle mit NO_x ohne Radikalbildung reagieren und damit die zu Ozon und den anderen Photooxidantien führende Kettenreaktion unterbrechen.

Tabelle 4.13 MIR relativ und absolut einiger Stoffe.

Substanzklasse	Substanz (Formel)	MIR (relativ) [kg Ethen-Äquiv.]	MIR (absolut) [mg O_3/mg VOC]
Alkane	Methan (CH_4)	0,002	0,0148
	Ethan (C_2H_6)	0,034	0,25
	Propan (C_3H_8)	0,066	0,48
	n-Pentan (C_5H_{12})	0,14	1,02
Olefine (Alkene)	Ethen (C_2H_4)	1	7,29
	Propen (C_3H_6)	1,29	9,4
	1-Buten (C_4H_8)	1,22	8,91
	Iso-Buten (C_4H_8)	0,73	5,31
	Isopren (C_5H_8)	1,25	9,08
	α-Pinen (C_5H_8)	0,45	3,28
Alkine	Acetylen (C_2H_2)	0,069	0,50
Aromaten	Benzol (C_6H_6)	0,058	0,42
	Toluol ($C_6H_5CH_3$)	0,37	2,73
	m-Xylol	1,12	8,15
	1,3,5-Trimethylbenzol (C_9H_{12})	1,39	10,12
Alkohole	Methanol (CH_3OH)	0,077	0,56
	Ethanol (C_2H_5OH)	0,18	1,34
Aldehyde	Acetaldehyd (CH_3CHO)	0,76	5,52
	Formaldehyd (HCHO)	0,98	7,15
	Benzaldehyd (C_7H_6O)	0	−0,55
Ketone	Aceton (CH_3COCH_3)	0,077	0,56
Anorganische Oxide	Stickstoffdioxid NO_2	?	?
	Kohlenmonoxid CO	0,0074	0,054

Charakterisierung/Quantifizierung

Im Rahmen einer einheitlichen Wirkungskategorie zur Bildung von Photooxidantien wird die Quantifizierung des Wirkungsindikators mit Hilfe der POCP-Charakterisierungsfaktoren wie folgt durchgeführt:

$$POCP = \Sigma_i \, (m_i \times POCP_i) \, [\text{kg Ethen-Äquivalente}] \qquad (4.21)$$

mit m_i = Fracht der am Sommersmog beteiligten Substanz i pro funktionelle Einheit

Der sehr umfangreiche Datensatz (96 Substanzen) von Derwell et al. (loc. cit.) ist auszugsweise in Tabelle 4.12 wiedergegeben. Diese Charakterisierung erfasst die troposphärische Ozonbildung unter mittleren europäischen Klimaverhältnissen und kann auch zur Quantifizierung der regionalen Ozonbildung eingesetzt werden. Ein eigener Indikator für diese Wirkung (POCP = $POCP_{reg}$), wie von der SETAC Europe angeregt[181], wurde noch nicht realisiert.

Alternativ kann die Charakterisierung durch MIR-Faktoren durchgeführt werden (4.22):

$$PCOP_{loc} = \Sigma_i \, (m_i \times MIR_i) \, [\text{kg Ethen-Äquivalente}] \qquad (4.22)$$

Die Charakterisierung mit Hilfe der MIR-Faktoren (Tabelle 4.13) eignet sich zur Quantifizierung des Sommersmogs in Gebieten mit besonders hoher Sonnenstrahlung, ungünstigen Emissionsverhältnissen und austauscharmen Wetterlagen. Sie wurden bisher in der Praxis selten angewendet, wahrscheinlich wegen des insgesamt geringen Ortsbezugs der klassischen Ökobilanz.

Regionalisierung des Wirkungsindikators

Wie bereits diskutiert, hängt die Bildung des Sommersmogs von regionalen und meteorologischen Faktoren sowie von den „Hintergrundkonzentrationen" der relevanten Vorläufersubstanzen ab. Das RAINS-Modell, das unter der UNECE-Konvention zur weitreichenden und grenzüberschreitenden Luftverschmutzung entwickelt wurde, berechnet die Ozonbildung räumlich aufgelöst für ganz Europa und berücksichtigt die räumlich unterschiedliche Meteorologie und troposphärische Chemie. Außerdem werden die räumlich aufgelösten Ozonkonzentrationen in Bezug gesetzt zu kritischen Ozonwerten (für Menschen und die natürliche Umwelt). Dieses Modell wurde von Potting[182] benutzt, um zu einfachen Faktoren zu gelangen, welche die Emission einer Ozon-Vorläufersubstanz in einer bestimmten (Emissions-)Region zum Effekt in der gesamten Wirkungsregion (hier: Europa) in Beziehung setzen. Dadurch könnten prinzipiell mit Hilfe der POCP-Faktoren tatsächliche Auswirkungen auf Mensch und natürliche Umwelt berechnet werden. Voraussetzung ist natürlich, dass man den Ort der Emission kennt, was bei Produktionsstätten gegeben ist (Vordergrunddaten), nicht jedoch

---

181) Potting et al. 2002; Klöpffer et al. 2001
182) Potting et al. 1998; Hauschild und Potting 2001

bei Verwendung von generischen Daten, Emissionen in anderen Kontinenten etc. Die Ergebnisse bestätigen die große Rolle des NO_x und die Abhängigkeit der Effekte vom Emissionsort. Diese ist wesentlich größer als die relativ geringen Unterschiede in den POCP-Faktoren (s. o.).

Die räumliche Differenzierung wurde in die offizielle dänische Wirkungsabschätzung (EDIP2003) aufgenommen[183]. Hauschild et al.[184] weisen darauf hin, dass neben dem bodennahen Ozon (der Leitsubstanz im Photosmog) auch in der freien Troposphäre Ozon gebildet wird. Dafür werden neben den immer vorhandenen Spuren von NO_x vor allem CO und CH_4 benötigt. Dieses troposphärische Ozon ist von großer Bedeutung für die Atmosphärenchemie und Meteorologie, trägt zum Treibhauseffekt bei (siehe Abschnitt 4.5.2.2), aber wegen der geringeren Konzentrationen weniger zur Human- und Ökotoxizität. Die hauptsächliche Bedeutung der Wirkungskategorie wird daher auch in regionalisierter Betrachtung auf die Schädigung der Vegetation und der menschlichen Gesundheit bezogen. Dazu werden zwei Unterkategorien gebildet, um diese Wirkungen getrennt erfassen zu können. Die regionalisierten Charakterisierungsfaktoren werden mit dem RAINS-Modell[185] berechnet, das die Emission (NMVOC und NO_x) in einem europäischen Land mit den potentiellen Wirkungen in einem beliebigen Land verknüpft. Die gesamte Wirkung ergibt sich durch Aufsummierung aller relevanten Kombinationen zwischen den Modell-Zellen. Die Rezeptoren werden durch kartographierte Vegetation und die Bevölkerungsdichte in das Modell eingebracht. Ortsabhängige Charakterisierungsfaktoren wurden berechnet und tabellarisch dargestellt. Da auch in „europäischen" Ökobilanzen viele Emissionen in nicht-europäischen Ländern auftreten oder unbekannten Ursprungs sind, wurden für diese „Orts-generische" Charakterisierungsfaktoren[186] vorgeschlagen.

Voraussetzungen für die Anwendung dieser Methode sind:
- Die Emissionsorte (und die auf die Orte entfallenden Mengen pro funktionelle Einheit) für die meisten NMVOCs[187] und NO_x müssen bekannt sein, was bei komplexen Produktsystemen nur selten der Fall sein dürfte.
- Die Charakterisierungsfaktoren und das Modell müssen in die Software integriert werden.
- Es wird akzeptiert, dass zwei Unterkategorien (Vegetation und menschliche Gesundheit) gebildet werden.
- Die räumliche Auflösung muss durch „Ziel und Untersuchungsrahmen" gefordert sein.

Falls diese Auflösung nicht erforderlich ist, um das Ziel der Studie zu erreichen, lohnt sich der Aufwand derzeit noch nicht. Die Methode wird weiterhin als *Midpoint* eingestuft, allerdings mit einer gewissen Verschiebung in Richtung *Endpoint*.

---

183) Hauschild et al. 2006
184) Siehe auch Klöpffer et al. 2001b
185) Regional Air Pollution Information and Simulation; Amann et al. 1999
186) site-generic im Gegensatz zu site-dependent
187) CO ist nicht getrennt ausgewiesen.

4.5.2.5 Versauerung

Die Aufnahme der Wirkungskategorie „Versauerung" ist vor allem auf drei Umweltprobleme zurückzuführen:

- Versauerung ungepufferter Gewässer,
- neuartige Waldschäden („Waldsterben"),
- Versauerung von Böden.

Im ersten Fall, der besonders in den Kristallinregionen Südskandinaviens erstmals beobachtet wurde[188], kann von einer direkten Kausalkette zwischen Emission und Wirkung ausgegangen werden. Im Süden von Norwegen und Schweden wurden die auf Granituntergrund liegenden Süßwasserseen durch saure Niederschläge in verdünnte Säuren umgewandelt. Unter Einwirkung der Säuren lösen sich aus den Alumosilikaten für aquatische Organismen toxische Al^{3+}-Ionen heraus, die bei normalem pH-Wert (ca. 5,5–6, ungepuffert in Gleichgewicht mit dem CO_2 der Troposphäre) nicht auftreten. Die Aluminium-Ionen, die Säure selbst und ggf. weitere Lösungsprodukte töten die meisten Lebewesen in diesen in der Regel flachen Seen. Die chemische Analyse der Niederschläge zu verschiedenen Zeitpunkten zeigte in Skandinavien einen Zusammenhang zwischen Windrichtung und Säurebelastung, insofern als die höchsten Belastungen immer dann auftraten, wenn der Wind von Großbritannien und vom Kontinent her weht. Die Ursache für die Versauerung lag also vor allem in den europäischen Kraftwerken und in der verfehlten, nur auf Schadstoffverdünnung setzenden „Politik der hohen Schlote". Verbesserungen der Reinigungstechnik scheinen langsam zu greifen.

Die in Skandinavien besonders klar erkennbare Versauerung von Gewässern ist typisch für alle schwach oder kaum gepufferten Oberflächengewässer (teilweise und indirekt auch für das Grundwasser im Kristallingestein), die mit Luftmassen aus Industriegebieten in Berührung kommen. Ein Teil der Säure-bildenden Gase stammt auch aus der Landwirtschaft. Dazu gehört die Base Ammoniak, die durch Oxidation in der Troposphäre in NO_x umgewandelt wird, das mit Wasser in oxidierender Umgebung letztlich zu Salpetersäure reagiert. In Böden und Gewässer eingetragenes NH_3 bzw. NH_4^+ wird über die bakterielle Nitrifikation ebenfalls oxidiert und trägt zur Versauerung bei.

Der zweite Umweltbereich, der mit der Versauerung in Verbindung gebrachte wurde, sind die „neuartigen Waldschäden". Während direkte Vegetationsschäden durch saure Gase seit etwa 150 Jahren bekannt sind[189] – sozusagen akutphytotoxische Effekte durch hohe Konzentrationen der sauren Gase – sind die sog. neuartigen Waldschäden erst ab etwa 1970 studiert worden. Das allgemeine Politikum „Wäldersterben" wurde daraus in der BRD durch einen Artikel im Spiegel (1980); bereits drei Jahre später erschien ein Sondergutachten des Rates von Sachverständigen für Umweltfragen zum Thema Waldschäden und Luftverunreinigungen[190]. Die ursprüngliche Hypothese von Prof. Ulrich[191]

188) Fabian 1992, Kap. 4.2
189) Stoklasa 1923; Römpp 1993
190) RSU 1983
191) Ulrich 1984

lautete ähnlich wie bei der Versauerung der Seen: Freisetzung toxischer Ionen im Waldboden, daraus folgend eine Schädigung der Mykorrhiza (symbiotisches Pilzgeflecht um die feinen Wurzeln der Bäume), Stickstoffüberdüngung der nährstoffarmen Waldböden usw. Diese eher monokausale Deutung ließ sich nicht aufrechterhalten, als auch Waldschäden auf Kalkböden bekannt wurden. Die Zusammenfassung eines langjährigen Forschungsprojekts in den österreichischen Kalkalpen erschien 1998[192]. Auch aus diesem Werk lässt sich jedoch keine einfache Ursache-Wirkungsbeziehung ableiten. Bereits gegen Ende der 1980er Jahre setzte sich die Ansicht durch, dass es sich bei den neuartigen Waldschäden[193] um eine „multifaktorielle Erkrankung" durch verschiedene Stressfaktoren handelt, zu denen an wichtiger Stelle auch die Luftschadstoffe gehören[194]:

- Schwefeldioxid (SO_2) → Oxidation zu Schwefelsäure (H_2SO_4),
- Stickoxide (NO_x) → Oxidation zu Salpetersäure (HNO_3),
- Ammoniak (NH_3) → Oxidation zu NO_x und Salpetersäure,
- Fluorwasserstoff/Flusssäure (HF),
- Chlorwasserstoff/Salzsäure (HCl),
- Photooxidantien (Ozon, Peroxyacetylnitrat, ...) (siehe Abschnitt 4.5.2.4),
- Organische Verbindungen, die sich durch Reaktionen mit OH und NO_x erst in der Troposphäre bilden (siehe Abschnitt 4.5.2.4).

Diese Verbindungen gelangen auf drei Wegen auf bzw. in die Bäume:

- trockene Deposition,
- nasse Deposition (Ausregnen),
- Interzeption („Auskämmen" von Nebel und Wolken, gehört zu den okkulten Niederschlägen).

Die Wirkungen sind im Detail noch unbekannt. Ein einfacher Umrechnungsfaktor für die neuartigen Waldschäden ist wegen der Komplexität der Symptome und des geringen Kenntnisstandes in der Ursachen-Wirkungsbeziehung nicht möglich. Der durch die sauren Gase – einschließlich der Base Ammoniak – verursachte Beitrag zu den Waldschäden wird durch das Versauerungspotenzial (*Acidification Potential*, AP[195]) miterfasst. Andere Komponenten werden eher durch die Kategorie Photooxidantien (siehe Abschnitt 4.5.2.4) erfasst.

Von der Versauerung (diese Wirkungskategorie) muss die Überdüngung nährstoffarmer Böden (siehe Wirkungskategorie Eutrophierung, Abschnitt 4.5.2.6) unterschieden werden. Weitere durch Versauerung hervorgerufene Schadwirkungen sind die Auswaschung von Nährstoffen (z. B. K^+, Na^+, Mg^{2+}) und die Mobilisierung von Schwermetallen. Beide können zu Vegetationsschäden führen. Die ausgewaschenen Schwermetalle können zudem das Grundwasser belasten.

192) Sonderheft von Environmental Science and Pollution Research (ESPR), Bd. 5, Nr. 1 (1998) (ecomed, Landsberg am Lech).
193) Auch diese Bezeichnung (oder Sprachregelung?) kam in dieser Zeit auf.
194) Papke et al. 1987
195) Heijungs et al. 1992; Udo de Haes 1996; Udo de Haes et al. 1999a, 1999b, Norris 2001, 2002; Potting et al. 2002

Wie bereits in Abschnitt 4.5.2.4 diskutiert, treten bei regional wirkenden Schadstoffen – oder allgemein Stressoren – Probleme bei der Wahl des besten Wirkungsindikators auf. Daher soll hier zunächst die einfachste Charakterisierung über das Versauerungspotenzial (AP) besprochen werden.

Wirkungsindikator und Charakterisierungsfaktoren
Die Wirkungskategorie „Versauerung" wurde in ISO 14044 (loc. cit., Bild 3) als Beispiel zur Erläuterung des normgerechten Vorgehens gewählt:

- **Sachbilanzergebnisse**
  Beispiel: SO_2, HCl, HF usw. [kg/funktionelle Einheit].

- **Zuordnung der Sachbilanzergebnisse, zu den Wirkungskategorien (Klassifizierung)**
  Emissionen mit versauernder Wirkung, z. B. NO_x, SO_2, usw. werden der Wirkungskategorie Versauerung zugeordnet.

- **Wirkungsindikator, Charakterisierungsmodell**
  Freisetzung von Protonen (H_{aq}^+); Berechnung von Versauerungsäquivalenten (meist kg SO_2-Äquivalente).

- **Wirkungsendpunkte**
  Säure-bedingte Schadwirkungen auf aquatische Ökosysteme, Wald, Vegetation, Kunstwerke usw.

Die von Heijungs et al. 1992 (loc. cit.) vorgeschlagene Quantifizierung über das Versauerungspotenzial setzt ganz oben in der Stressor-Effekt Kette an und „zählt" die Protonen pro funktionelle Einheit in Form von SO_2-Äquivalenten, gelegentlich auch in Masse oder Mol Protonen. Der Wirkungsindikator ist in dieser einfachsten Methode die Säurebildung aus Vorläuferverbindungen und der Eintrag von Säuren über das Wasser, wobei eine vollständige Dissoziation der Säure in Protonen und das zugehörige Anion vorausgesetzt wird. Dies ist bei den starken Säuren eine sehr gute Näherung, aber auch schwächere Säuren können ein basisches Milieu (z. B. Meerwasser) in Richtung Neutralpunkt (pH 7) hin verschieben. Man spricht auch hier oft von „Versauerung", obwohl es sich nur um eine Verringerung der Alkalinität handelt.

Beim Versauerungspotenzial (*Acidification Potential*, AP) handelt es sich um einen typischen *Midpoint*-Indikator, der die Endpunkte, also die potentiellen Schadwirkungen, nicht explizit benennt oder modelliert; sie stehen aber in ihrer Gesamtheit hinter der Auswertung – wenn es sie nicht gäbe, wäre eine Wirkungskategorie Versauerung überflüssig.

Die Berechnung der Charakterisierungsfaktoren folgt der Stöchiometrie der Säurebildung aus den Vorläuferverbindungen. Schwefeldioxid wird dabei als Vorläufer der zweibasigen Säure H_2SO_3 (schweflige Säure) gerechnet, die sich beim Auflösen des Gases SO_2 in Wasser bildet. Ein Mol HNO_3 (gebildet durch Auflösung + Oxidation aus NO_x) entspricht demnach, da es nur ein Mol Protonen freisetzen kann, einem halben Mol Schwefeldioxid, das nach Auflösung in Wasser

2 Mol Protonen abgeben kann. Es spielt dabei keine Rolle, dass die schweflige Säure eine relativ schwache Säure ist, weil sie in der Umwelt leicht zur ebenfalls zweibasigen, sehr starken Schwefelsäure (H_2SO_4) oxidiert wird.

Berechnungsbeispiele

Umrechnung von 1 kg Salpetersäure in kg SO_2-Äquivalente:

Ausgehend vom Stoffmengenverhältnis von $n(HNO_3)/n(H_3O^+) = 1/1$, dem Stoffmengenverhältnis $n(H_2SO_3)/n(H_3O^+) = 1/2$ und dem Stoffmengenverhältnis von $n(H_2SO_3)/n(SO_2) = 1/1$ ergibt sich

$$m(SO_2) = \frac{m(HNO_3) \times M(SO_2)}{M(HNO_3) \times 2}$$

($M(HNO_3) = 63$ g/mol und $M(SO_2) = 64$ g/mol)

Für $m(HNO_3) = 1$ kg errechnen sich somit 0,51 kg SO_2-Äquivalente.

Analog erfolgt die Umrechnung für 1 kg Ammoniak, das über die Oxidation zu HNO_3 in der Atmosphäre oder über Nitrifikation Protonen freisetzt:

Ausgehend vom Stoffmengenverhältnis von $n(NH_3)/n(HNO_3) = 1/1$, dem Stoffmengenverhältnis von $n(HNO_3)/n(H_3O^+) = 1/1$, dem Stoffmengenverhältnis $n(H_2SO_3)/n(H_3O^+) = 1/2$ und dem Stoffmengenverhältnis von $n(H_2SO_3)/n(SO_2) = 1/1$ ergibt sich

$$m(SO_2) = \frac{m(NH_3) \times M(SO_2)}{M(NH_3) \times 2}$$

($M(NH_3) = 17$ g/mol und $M(SO_2) = 64$ g/mol)

Für $m(NH_3) = 1$ kg errechnen sich somit 1,88 kg SO_2-Äquivalente.

Alternativ zu den Massenäquivalenten wurden – chemisch sicher sinnvoller – auch Mol Protonen zur Charakterisierung vorgeschlagen. Um eine einheitliche Behandlung mit den anderen Wirkungskategorien sicherzustellen, schlagen wir als Indikator die Fähigkeit zur Abspaltung von Protonen und als Charakterisierungsfaktor kg SO_2-Äquivalente vor. Diese können nach den Regeln der chemischen Stöchiometrie leicht und vor allem eindeutig berechnet werden. Die wichtigsten Charakterisierungsfaktoren sind in Tabelle 4.14 zusammengestellt. Sehr schwache Säuren, wie z. B. Kohlensäure (H_2CO_3 bzw. ihr Anhydrid CO_2) werden nicht in die Berechnung des AP einbezogen, obwohl es zur sog. Versauerung der Meere (s. o.) beiträgt. In Anbetracht der sinkenden pH-Werte der Meere sollten auch für H_2CO_3 bzw. CO_2 Charakterisierungsfaktoren aufgenommen (aber ggf. getrennt erfasst) werden[196].

---

196) WBGU 2006

Tabelle 4.14 Versauerungspotenzial (AP) einiger gasförmiger Emissionen[197].

Emission (Verbindung)	Formel	AP [kg SO$_2$-Äquivalente]
Schwefeldioxid	SO$_2$	1
Schwefeltrioxid	SO$_3$	0,80
Stickstoffmonoxid	NO	1,07
Stickstoffdioxid	NO$_2$	0,70
Stickoxide (als NO$_2$ gerechnet)	NO$_x$	0,70
Salpetersäure	HNO$_3$	0,51
Ammoniak	NH$_3$	1,88
Phosphorsäure	H$_3$PO$_4$	0,98
Chlorwasserstoff (→ Salzsäure)	HCl	0,88
Fluorwasserstoff (→ Flusssäure)	HF	1,60
Schwefelwasserstoff	H$_2$S	1,88
TRS[a] als S		2,0
Schwefelsäure	H$_2$SO$_4$	0,65
Organische Säuren	R-COOH	derzeit keines[b]
Kohlendioxid	CO$_2$	derzeit keines[b]

[a] Total Reduced Sulphur
[b] Siehe Text

Auch die organischen Säuren, die in ihrer Mehrzahl zu den schwachen Säuren zu rechnen sind, werden derzeit noch nicht im AP erfasst. Starke organische Säuren, wie die bereits mehrfach erwähnte Trichloressigsäure, sollten zukünftig in die Berechnung des AP aufgenommen werden.

Charakterisierung/Quantifizierung:
Die Wirkungskategorie wird mit Hilfe der in Tabelle 4.14 aufgeführten oder für jede definierte (starke) Säure stöchiometrisch leicht zu berechnenden Äquivalenzfaktoren in Versauerungspotenziale (AP) umgerechnet und nach Gleichung (4.23) aggregiert:

$$AP = \Sigma_i \ (m_i \times AP_i) \ [\text{kg SO}_2\text{-Äquivalente}] \tag{4.23}$$

mit m_i = Fracht der an der Versauerung beteiligten Substanz i pro funktionelle Einheit

197) Heijungs et al. 1992; Klöpffer und Renner 1995; Hauschild und Wenzel 1998; Norris 2001

Das Versauerungspotenzial ist von der einfachen und eindeutigen Bestimmung her gesehen ideal für die Wirkungsabschätzung geeignet. Von der Effektseite her mag bezweifelt werden, ob z. B. auf Ozeanen emittierte saure Gase (SO_2 aus Schweröl bei Seeschiffen!) wegen der Pufferkapazität der schwach basischen Meere von Bedeutung sind. Wenn hier dennoch nicht empfohlen wird, das auf hoher See emittierte SO_2 anders zu bewerten, als über Land emittiertes, so liegt dies im Vorsorgeprinzip (hier: *less is better*) begründet: erstens wissen wir über die Wirkung von Schwefeldioxid auf die gestressten Meeresökosysteme nichts, zweitens kann das von den Schiffen emittierte Gas auch über weitere Strecken verdriftet werden (wichtige Routen gehen nahe an den Küsten entlang) und drittens sollte ein Anreiz geschaffen werden, dass auch auf den Meeren mit reinerem Öl gefahren wird[198]. Dadurch würde auch die hohe SO_2-Belastung der Hafenstädte verringert. Schließlich ist auch mit Sicherheit anzunehmen, dass bei der Verbrennung des minderwertigen Bunkeröls auch zahlreiche andere Schadstoffe gebildet werden!

Umweltpolitisch bleibt festzustellen, dass der (vermutete) Zusammenhang zwischen sauren Gasen und dem „Waldsterben" in den 80er Jahren erhebliche Anstrengungen bei der Rauchgasreinigung vor allem von Kraftwerken bewirkt hat, die zu einer deutlichen Reduktion der SO_2-Fracht geführt haben. NO_x ist schwieriger aus den Rauchgasen zu entfernen, weswegen die Bemühungen zur Reduktion dieses nicht nur Säure-bildenden, sondern auch toxischen, Smog-bildenden und eutrophierend wirkenden Schadgases insgesamt langsamer greifen. NO_x wird nicht nur von den hohen Schornsteinen der Kraftwerke emittiert, sondern hat auch starke, bodennahe Quellen (siehe Abschnitt 4.6.1.4).

Regionalisierung

Alle Versuche zu einer Regionalisierung der nicht-globalen Wirkungskategorien beruhen auf **komplexen Modellen,** die hier nicht im Detail besprochen werden können. Die folgenden Ausführungen sollen einen Überblick über den Stand der Entwicklung geben und zu vertiefender Lektüre der zitierten Originalliteratur anregen.

José Potting hat als erste darauf hingewiesen, dass die Vernachlässigung der räumlichen Dimension in der Wirkungsabschätzung zu falschen Ergebnissen bei den nicht-globalen Wirkungskategorien führen kann[199]. Die bereits angesprochenen Defizite des *Less-is-better*-Charakterisierungsmodells „Versauerungspotenzial" führten dazu, dass die Kategorie Versauerung zum wichtigsten Versuchsfeld für die Entwicklung eines räumlich realistischen Indikatormodells wurde, das auch noch Wirkungsschwellen oder kritische Belastungen mit berücksichtigen sollte[200]. Die neueren Entwicklungen zielen auf die Berechnung (europäischer) Länder-

---

198) Tagung: „Schiffsemissionen an der norddeutschen Küste", 12. Februar 2008, Hamburg; http://www.aknev.org
199) Potting und Blok 1994; Potting 2000
200) Potting und Hauschild 1997a, 1997b; Potting et al. 1998; Huijbregts et al. 2000a; Hauschild und Potting 2001; Krewitt et al. 2001; Potting et al. 2002; Hettelingh et al. 2005; Bellekom et al. 2006; Seppälä et al. 2006; Sedlbauer et al. 2007

abhängiger Charakterisierungsfaktoren für SO_2, NO_x und NH_3. Als Voraussetzung für die Anwendung dieser Faktoren muss in der Sachbilanz erhoben werden, in welchem europäischen Staat die relevanten Emissionen (pro funktionelle Einheit) erfolgen. Dies ist für stationäre Emittenten (z. B. Kraftwerke) zweifellos einfacher, als für Produktsysteme, was für alle nicht-globalen Wirkungskategorien gilt. Die Belastbarkeit der zu schützenden Ökosysteme etc., die im AP-Konzept völlig fehlt, wird mit Hilfe von sog. „kritischen Belastungen" (*critical load*)[201] in den verschiedenen Regionen eingeführt. Der atmosphärische Transport von den Emissionsländern zu den Wirkorten wird modellmäßig erfasst, wobei Modelle verschiedener Komplexität zum Einsatz gelangen. In einer kritischen Auswertung der verschiedenen Modellansätze[202] wurde ein exaktes, aber notwendigerweise sehr komplexes Modell[203] benutzt, um die Möglichkeit einfacherer, linearer Modelle zu testen. Die Vorteile der Benutzung einfacherer Modelle im Rahmen der Wirkungsabschätzung liegen auf der Hand. Die Frage nach dem am besten geeigneten Charakterisierungsfaktor ist noch nicht entschieden. Ein möglicherweise robuster (also von den verwendeten Modellen unabhängiger) Charakterisierungsfaktor ist die mittlere akkumulierte Überschreitung[204] der kritischen Belastung. Da aber das Konzept der kritischen Belastung **nicht** auf Dosis-Wirkungsbeziehungen beruht, ist nach Meinung der Autoren weitere Forschung nötig, ob man die kritischen Belastungen als Surrogat verwenden darf. Das dahinter liegende Problem ist natürlich, dass Grenzwerte in den seltensten Fällen aufgrund exakt wissenschaftlicher Analysen, sondern pragmatisch festgelegt werden.

Bellekom et al. (loc.cit.) untersuchten die Machbarkeit der Anwendung ortsabhängiger Wirkungsabschätzung für die Kategorie Versauerung anhand von drei existierenden Ökobilanzen (Linoleum[205], Steinwolle[206] und Wasserrohrsysteme[207]). Dazu mussten die Sachbilanzen, die ja in der Regel keine Angaben darüber enthalten, **wo** die Emissionen erfolgen, ergänzt werden. Dies soll nach Angabe der Autoren bei den drei Studien keine großen Schwierigkeiten bereitet haben. Die ortsabhängigen Charakterisierungsfaktoren sind die von EDIP2003[208]. Das gewählte Indikatormodell ist RAINS (IIASA, Laxenburg), die geographische Systemgrenze ist EU 15 + Norwegen + Schweiz. Für alle in den Sachbilanzen aufgeführten Emissionen, die außerhalb der geographischen Systemgrenze emittiert werden, oder die räumlich nicht zugeordnet werden können, wird ein „Orts-generischer" (durchschnittlicher) Charakterisierungsfaktor verwendet. Dies gilt auch für außer-europäische Emissionen. Den größten Zeitaufwand erforderte die Auftrennung der Sachbilanz und der darin enthaltenen generischen Daten.

201) Hettelingh et al. 2001
202) Hettelingh et al. 2005
203) Auch das von Potting benutzte RAINS-Modell (Amann et al. 1999) und das von Krewitt benutzte EcoSense-Modell werden von Hettelingh et al. 2005 zu den komplexen Modellen gezählt.
204) Average Accumulated Exceedance (Posch et al. 2001); Seppälä et al. 2006
205) Gorree et al. 2000
206) Schmidt et al. 2004
207) Boersma und Kramer 1999 (NL), zitiert in Bellekom et al. 2006
208) Hauschild und Potting 2005; EDIP2003, Guidelines from the Danish EPA, to be published

Die Analyse der Linoleum-Ökobilanz zeigte, dass sich durch die Einführung der Orts-abhängigen Charakterisierungsfaktoren an den Aussagen der ursprünglichen Studie nichts ändert.

In der Steinwolle-Ökobilanz, die wegen vertraulicher Daten nicht vollständig nachvollziehbar war, liegen insofern günstige Verhältnisse vor, als die betrachteten Emissionen (mit Ausnahme des NO_x) mehrheitlich von einem einzigen bekannten Produktionsort stammen. Die örtliche Zuordnung ist also weitgehend unproblematisch. Der Vergleich Orts-spezifisch (weitgehend DK) mit Orts-generisch ergibt etwa zweifach so hohe Werte für die Analyse mit Orts-spezifischer Charakterisierung. Da nur die Steinwolle-Ökobilanz, nicht jedoch die Vergleichsproduktsysteme analysiert wurden, kann nicht gesagt werden, ob sich Änderungen an den Schlussfolgerungen der Studie ergeben würden. Emissionsminderung an der Produktionsstätte scheint aber durch diese Analyse in den Vordergrund von möglichen Verbesserungen gerückt.

Unter den in der Wasserrohr-Ökobilanz studierten Systemen wurde nur das traditionelle Kupferrohrsystem im Detail betrachtet. Hier war der Unterschied zwischen Orts-spezifisch und Orts-generisch nicht höher als 10 %. Auch die Reihenfolge der untersuchten Systeme änderte sich nicht, wohl aber der relative Beitrag einzelner Prozessmodule zum Gesamtergebnis.

Seppälä et al. (loc. cit.) schlagen Länder-spezifische Charakterisierungsfaktoren auf der Basis der „akkumulierten Überschreitung" (*Accumulated Exceedance*, AE) von Grenzwerten vor[209]. Dieser Indikator stellt eine Alternative zur sog. „ungeschützten Ökosystemfläche" dar und wurde ursprünglich zur Berechnung der Abnahme der Belastung durch Versauerung und terrestrische Eutrophierung (nächster Abschnitt) in Europa aufgrund der Reduktion der wichtigsten Luftemissionen (SO_2, NO_x und NH_3) entwickelt. Die Frage dabei ist, wie viel trägt eine bestimmte Reduktion in einem Land (oder in mehreren Ländern) zur Erniedrigung der Gesamtbelastung in Europa bei, wobei nur die Überschreitungen kritischer regionaler Belastungen gezählt werden[210]. Die Berechnung der Charakterisierungsfaktoren wurde mit einem „exakten Modell" (s. o.)[211] durchgeführt. Die Faktoren für 35 europäische Länder und fünf Meeresgebiete, berechnet für das Jahr 2002 und geschätzt für 2010, stehen in Form einer Tabelle zur Verfügung. Ein Vergleich von Ergebnissen mit dem alternativen Modell auf der Basis des Indikators „ungeschützte Ökosystemfläche" und berechnet mit RAINS (s. o.) steht noch aus.

Eine Empfehlung für das eine oder andere Indikatormodell kann derzeit noch nicht gegeben werden.

---

209) Seppälä et al. 2006; siehe auch Hettelingh et al. 2005

210) Dieses Konzept impliziert, dass man noch weitgehend unberührte Gebiete – soweit es sie in Europa noch gibt – bis zum Grenzwert „auffüllen" darf, ohne dass sich das negativ in der Berechnung auswirkt. Im Ökobilanzjargon nennt man solche Indikatoren only above, siehe auch Hogan et al. 1996; Seppälä et al. 2006; Zur Nutzung von Grenzwerten in der Wirkungsabschätzung vgl. auch Abschnitt 4.5.3.2 und 4.5.3.3.

211) Das Modell basiert auf dem EMEP-Modell der United Nations Economic Commission for Europe.

4.5.2.6 Eutrophierung

Eutrophierung wird am besten mit Überdüngung oder Überangebot an Nähr-stoffen übersetzt. Die Wirkungskategorie Eutrophierung wird in fast jeder Ökobilanz erfasst, bietet aber bei genauerem Hinsehen spezifische Schwierig-keiten[212].

Die verursachenden Stoffe in dieser Wirkungskategorie sind nicht generell mit Schadstoffen im üblichen Sinn gleichzusetzen. Es handelt sich vielmehr auch um Nährstoffe, deren Überangebot zum vermehrten photosynthetischen Aufbau von Biomasse führt (Wachstum von Pflanzen, bes. Algen). Aufgrund einer Änderung des Nährstoffangebots kann sich in einem Ökosystem das Ar-tenspektrum ändern.

Eine wichtige Primärwirkung in Gewässern ist der Verbrauch von Sauerstoff im Zuge bakterieller Abbauprozesse abgestorbener Biomasse. Stark erhöhtes Algenwachstum führt zu mehr abgestorbener Biomasse am Grund eines Gewäs-sers und kann den Charakter z. B. eines Sees oder Ästuars völlig verändern: Ein vormals klarer See mit Trinkwasserqualität kann sich zu einem Gewässer mit einer anoxischen (sauerstofffreien) Tiefenschicht entwickeln. Durch den reduzierten Sauerstoffgehalt ändert sich das Artenspektrum in Gewässern. Im Extremfall entwickelt sich ein anaerobes Ökosystem, was meist unerwünscht ist.

In der Wirkungsabschätzung kann zwischen aquatischer Eutrophierung (Eutrophierung im ursprünglichen Sinn) und terrestrischer Eutrophierung oder Überdüngung[213] unterschieden werden. Berücksichtigt werden sowohl Gase wie NO_x und NH_3 (terrestrische Eutrophierung) als auch in Kläranlagen unvollstän-dig abgebaute bzw. entfernte Stoffe sowie ungeklärte Einträge in die Gewässer (aquatische Eutrophierung).

Aquatische Eutrophierung

Der Eintrag von Nährstoffen in Gewässer kann sowohl über den Wasserpfad wie auch über die Luft erfolgen.

Die wichtigsten Nährstoffe für Pflanzen sind die Elemente **Phosphor und Stickstoff** in einer resorbierbaren Form, am besten in Form von wasserlöslichen Salzen. Gasförmiger Stickstoff aus der Luft kann nur von wenigen „Spezialisten" unter den Pflanzen (z. B. Leguminosen in Symbiose mit Knöllchenbakterien) verwertet werden. In der Wirkungsabschätzung gewertet werden daher nur die zur Aufnahme generell geeigneten Verbindungen und nur diese müssen in die Sachbilanz aufgenommen werden. Andere für die Düngung wichtige Elemente wie Kalium, Kupfer (in hoher Konzentration jedoch toxisch!) und andere Spuren-elemente werden nicht in die Wirkungsabschätzung aufgenommen. Phosphor

---

212) Heijungs et al. 2003; Klöpffer und Renner 1995; Udo de Haes 1996; Udo de Haes et al. 1999a, 1999b, 2002; Finnveden und Potting 1999, 2001; Guinée et al. 2002; Potting et al. 2002; Norris 2002; Seppälä et al. 2006; Toffoletto et al. 2007

213) Wobei „Düngung" nicht im landwirtschaftlichen Sinn (beabsichtigt) verstanden werden darf, auch wenn landwirtschaftliche Abfälle, Abschwemmungen usw. zur Eutrophierung (unbeabsichtigt) beitragen können.

ist das limitierende Element[214] in den meisten Süßwasserkompartimenten (Oberflächengewässer wie Flüsse und Seen sowie Grundwasser), während im Meer generell Stickstoff das limitierende Element ist. Ästuare und Brackwasser können sowohl P- wie auch N-limitiert sein. Auch terrestrische Ökosysteme sind meist N-limitiert. Diese Unterschiede der Limitierung lassen sich nur bei räumlich stark differenzierter Datenlage aus der Sachbilanz in der Wirkungsabschätzung nutzen. Fraglos sind jedoch die beiden Elemente Phosphor und Stickstoff in der Wirkungskategorie Eutrophierung die wichtigsten.

Die alte Wirkungskategorie „COD" (siehe Abschnitt 4.4.2), also der chemische Sauerstoffbedarf (CSB), wurde als Indikator für Nährstoffe in die Wirkungskategorie „Eutrophierung" aufgenommen. Tatsächlich haben die biologisch abbaubaren organischen Verbindungen, die aber besser durch den **biochemischen** Sauerstoffbedarf (BSB, engl. BOD) charakterisiert werden, eine sauerstoffzehrende Wirkung. Die Auswirkung des vermehrten Eintrags dieser organischen Verbindungen in ein Gewässer ist daher einer Überdüngung durch Phosphat mit nachfolgendem vermehrtem Algenwachstum vergleichbar.

Qualitativ ähnlich kann die Abwärme, etwa von Kraftwerken, wirken: Bakterielle Abbauprozesse organischer Materie laufen schneller ab. Zudem werden andere Arten begünstigt als in kühleren Gewässern. SETAC Europe[215] (siehe Tabelle 4.2) hat die Stichworte *Eutrophication*, „BOD"[216] und *Heat* (Abwärme) in eine Wirkungskategorie zusammengefasst. Es kann versucht werden, die Eutrophierung und den BSB oder CSB in einem Indikator zusammenzufassen, nicht jedoch die Abwärme. Diese muss in solchen Studien, wo sie eine nennenswerte Rolle spielen kann (etwa bei thermischen Kraftwerken), getrennt erfasst und ausgewertet werden. Die Erfahrung zeigt, dass die Abwärme in der Ökobilanzpraxis so gut wie nie als Indikator in der Kategorie Eutrophierung und auch nicht als eigene Wirkungskategorie eingesetzt wird.

Bei der Berechnung des aquatischen Eutrophierungspotenzials (*Nutrification Potential* NP) geht man im Geiste des Vorsorgeprinzips davon aus, dass jede **ungewollte** Nährstoffzufuhr in die Umwelt (im Unterschied zur gezielten Düngung in der Technosphäre) zur Überdüngung führt bzw. führen kann. Die lokale Situation wird dabei ebenso wenig berücksichtigt wie die Vorbelastung durch Schadstoffe. Der Schutzgedanke dahinter ist, dass anthropogene Belastungen, gleich ob zuviel an Nährstoff oder Schadstoff, schädliche (oder zumindest unerwünschte) Auswirkungen auf die Umwelt haben **können**. Dies steht durchaus in Einklang mit der Erfahrung: eutrophierte Seen, Massenvermehrung von Algen in den Ästuaren, Überdüngung der Wälder im Fall der terrestrischen Eutrophierung (Waldböden sind in der Regel nährstoffarm). Äußerst nährstoffarm sind auch die Ozeane. Nur in den Auftriebsgebieten, wo nährstoffreiches Wasser aus der Tiefe zur Oberfläche strömt, wird unter natürlichen Umständen ausgehend von

---

214) Wenn zu wenig vom limitierenden Element vorhanden ist, kann auch ein Überschuss anderer zum Wachstum nötiger Stoffe keine Biomasse aufbauen. Ähnliches gilt für spezielle Aminosäuren in der Tierernährung.

215) Udo de Haes 1996

216) Biological Oxygen Demand (BOD = BSB)

verstärktem Algenwachstum (Primärproduktion) eine hohe Biomasse in allen Trophiestufen beobachtet.

Ein erhöhter Nährstoffeintrag kann auch in den Meeren zu unerwünschten und vor allem (im Unterschied zu vielen limnischen Ökosystemen) unkontrollierbaren Veränderungen führen. Viele durch anthropogene Einträge eutrophierte Seen konnten durch strikte Einleitungsverbote und den Bau von Kläranlagen saniert werden.

Indikator und Charakterisierungsfaktor

Der Wirkungsindikator der aquatischen Eutrophierung ist die unerwünschte Bildung von Biomasse in limnischen (Seen, Teiche) und marinen Ökosystemen (Ästuare, Wattgebiete, Brackwassermeere, Ozeane) durch düngend wirkende Einträge in die Umwelt.

Kernstück einer Äquivalenzbestimmung (Charakterisierungsmodell) ist die Festlegung der relativen Düngewirkung von P und N. In der Äquivalenzfaktoren-tabelle nach CML[217] (Tabelle 4.15) bestimmt man die Äquivalenzfaktoren nach einfachen stöchiometrischen Berechnungen (also im Prinzip ähnlich wie beim Versauerungspotenzial AP). Diese Ableitung geht von der mittleren Zusammensetzung der Algenbiomasse aus: das Verhältnis $C : N : P = 106 : 16 : 1$ wird nach dem Entdecker Alfred C. Redfield (1890–1983) „Redfield-Verhältnis" genannt[218] und ist vor allem in der Tiefsee erstaunlich konstant:

$$C_{106}H_{263}O_{110}N_{16}P$$

Man fragt nun, was trägt der Nährstoff (X) zur Bildung von Algenbiomasse durch Photosynthese bei, wenn er das begrenzende Element enthält und alle anderen Elemente in biologisch verfügbarer Form – so die Annahme – als Substrat reichlich vorhanden sind (Gleichung 4.24).

$$X + \text{Substrat, Spurenstoffe, h}\nu \rightarrow \quad (4.24)$$
$$\eta \ (\text{Algenbiomasse} = C_{106}H_{263}O_{110}N_{16}P)$$

Mit diesen Festlegungen kann man die EP-Werte aller P- und N-haltigen Verbindungen eindeutig stöchiometrisch berechnen. In dieser Eindeutigkeit liegt der Charme der Methode, die von allen lokalen Bedingungen absieht und – ähnlich wie beim Versauerungspotenzial – die potentielle Wirkung aus der chemischen Formel ableitet. Natürlich muss man bei der Klassifizierung mit chemischem Sachverstand abschätzen, ob die betrachtete Verbindung das Nährstoffelement tatsächlich abgeben kann, also bioverfügbar ist! Auf die lokale oder regionale Beschaffenheit der Gewässer wird sowenig Rücksicht genommen wie auf beobachtete Abweichungen der Elementarzusammensetzung vom Redfield-Verhältnis.

---

217) Heijungs et al. 1992; Klöpffer und Renner 1995; Hauschild und Wenzel 1998; Guinée et al. 2002

218) Redfield 1934; Redfield et al. 1993; Samuelsson 1993; http://de.wikipedia.org/wiki/Redfield-Verhältnis

Berechnungsbeispiel

Wenn $X = P$ (ein Molekül oder Ion mit einem bioverfügbaren P-Atom), ist $\eta = 1$, d. h. ein Mol P ($M = 31$ g/mol) bewirkt die Bildung von ein Mol Algenbiomasse der mittleren Zusammensetzung $C_{106}H_{263}O_{110}N_{16}P$ ($M = 3.550$ g/mol).

Ausgehend vom Stoffmengenverhältnis $n(P)/n(\text{Algenbiomasse}) = 1/1$ ergibt sich:

$$m(\text{Algenbiomasse}) = \frac{m(P) \times M(\text{Algenbiomasse})}{M(P)}$$

Für 1 kg P errechnen sich somit 114,5 kg Algenbiomasse.

Wenn $X = N$ (ein Molekül oder Ion mit einem bioverfügbaren N-Atom), ist $\eta = 1/16$, d. h. ein Mol N ($M = 14$ g/mol) ermöglicht die Bildung von 1/16 Mol Algenbiomasse der obigen Zusammensetzung.

Ausgehend vom Stoffmengenverhältnis $n(N)/n(\text{Algenbiomasse}) = 16/1$ ergibt sich:

$$m(\text{Algenbiomasse}) = \frac{m(N) \times M(\text{Algenbiomasse})}{M(N) \times 16}$$

Für 1 kg N errechnen sich somit 15,8 kg Algenbiomasse.

Der Anschaulichkeit halber wird das Eutrophierungspotenzial (EP) auf 1 kg PO_4^{3-} bezogen (Tabelle 4.15). Diese Festlegung auf Phosphatäquivalente ist willkürlich wie auch im Fall des Versauerungspotenzials die Wahl der Referenzsubstanz SO_2 oder beim Treibhauseffekt die Wahl von CO_2.

Tabelle 4.15 Eutrophierungspotenzial (EP) wichtiger Emissionen.[219]

Emission (Eintrittspfad)	Formel	Eutrophierungspotenzial (EP) [kg PO_4^{3-}-Äquivalente]
Stickstoffmonoxid (Luft)	NO	0,20
Stickstoffdioxid (Luft)	NO_2	0,13
Stickstoffoxide (Luft)	NO_x	0,13
Nitrat (Wasser)	NO_3^-	0,1
Ammonium (Wasser)	NH_4^+	0,33
Stickstoff	N	0,42
Phosphat	PO_4^{3-}	1
Phosphor (Wasser)	P	3,06
Chemischer Sauerstoffbedarf (CSB)	als O_2	0,022

219) Heijungs et al. 1992; Lindfors et al. 1994, 1995; Klöpffer und Renner 1995

Berechnungsbeispiel

Stickstoff und Phosphor werden über ihre Verbindungen in die Umwelt eingetragen. Dennoch gibt es aus der Sachbilanz Daten, in denen die Emissionen berechnet als N oder P angegeben sind (üblich z. B. in der Abwassertechnik).

1. Umrechnung der Angabe „1 kg P" in [kg Phosphatäquivalente]:

Ausgehend vom Stoffmengenverhältnis $n(P)/n(PO_4^{3-}) = 1/1$ ergibt sich

$$m(PO_4^{3-}) = \frac{m(P) \times M(PO_4^{3-})}{M(P)}$$

($M(P) = 31$ g/mol und $M(PO_4^{3-}) = 95$ g/mol)

Für 1 kg P errechnen sich somit 3,06 kg Phosphat.

2. Umrechnung der Angabe „1 kg N" in [kg Phosphatäquivalente]:

Ausgehend vom Stoffmengenverhältnis in der Algenbiomasse von $n(P)/n(N) = 1/16$ und dem Stoffmengenverhältnis von $n(P)/n(PO_4^{3-}) = 1/1$ ergibt sich

$$m(PO_4^{3-}) = \frac{m(N) \times M(PO_4^{3-})}{M(N) \times 16}$$

($M(N) = 14$ g/mol und $M(PO_4^{3-}) = 95$ g/mol)

Für 1 kg N errechnen sich somit 0,42 kg Phosphatäquivalente.

3. Umrechnung von 1 kg NO in [kg Phosphatäquivalente]:

Ausgehend vom Stoffmengenverhältnis in der Algenbiomasse von $n(P)/n(N) = 1/16$, dem Stoffmengenverhältnis $n(N)/n(NO) = 1/1$ und dem Stoffmengenverhältnis von $n(P)/n(PO_4^{3-}) = 1/1$ ergibt sich

$$m(PO_4^{3-}) = \frac{m(NO) \times M(PO_4^{3-})}{M(NO) \times 16}$$

($M(NO) = 30$ g/mol und $M(PO_4^{3-}) = 95$ g/mol)

Für 1 kg NO errechnen sich somit 0,2 kg Phosphatäquivalente.

Analog können die aquatischen EPs (als Phosphatäquivalente) beliebiger P- und N-haltiger Nährstoffe berechnet werden. Die Angabe des Eutrophierungspotenzials (EP) als Phosphatäquivalente haben für den Bereich Gewässer weitgehende Akzeptanz gefunden (für die Überdüngung von Böden s. u.). Für die wichtigsten Emissionen sind die EP-Werte Tabelle 4.15 zu entnehmen.

Außer P- und N-haltigen Verbindungen wird nur noch der überdüngende Effekt organischer Verbindungen mit Hilfe des chemischen Sauerstoffbedarfs CSB in die Charakterisierung aufgenommen. Der CSB ist ein konzentrationsbezogener Summenparameter, der in der Abwasseranalytik häufig erfasst wird und daher in Sachbilanzen oft zur Verfügung steht. Voraussetzung für die Nutzung dieser Daten in der Ökobilanz ist, dass die CSB-Frachten ermittelbar sind. Erfasst werden alle Wasserinhaltsstoffe, die mit Kaliumdichromat unter definierten Bedingungen oxidierbar sind. Angegeben wird die Masse an Sauerstoff in [mg/L], die zur Oxidation der Wasserinhaltsstoffe benötigt würde, wenn Sauerstoff das Oxidationsmittel wäre. Erfasst werden sowohl biologisch abbaubare als auch biologisch nicht abbaubare organische Stoffe sowie einige anorganische Stoffe. Aufgrund der bekannten Stöchiometrie der Oxidationsreaktion kann der CSB bei bekannter Formel des zu oxidierenden Stoffes berechnet werden. Da die beim CSB erfassten nicht biologisch abbaubaren organischen sowie die anorganischen Stoffe nicht zur Eutrophierung beitragen, wäre für diese Wirkungskategorie der biochemische Sauerstoffbedarf (BSB) geeigneter. Hier wird die Masse an Sauerstoff in [mg/L] angegeben, die von Bakterien im Zuge der Nutzung der organischen Inhaltsstoffe als Nahrung in einer definierten Zeit verbraucht wird. Der BSB ist daher ein Maß für die im Gewässer vorhandenen biologisch abbaubaren Stoffe und simuliert die Vorgänge, die in Gewässern zum Absinken der Sauerstoffkonzentration führen. Aus der Abwasseranalytik liegen allerdings sehr viel häufiger Daten für den CSB vor. Der BSB kann nur experimentell ermittelt werden. Sind in einem Gewässer ausschließlich aerob biologisch abbaubare organische Verbindungen enthalten, ist der CSB-Wert gleich groß wie der BSB-Wert, ansonsten ist der CSB-Wert immer größer. Somit liefert die Berücksichtigung des CSB in der Wirkungskategorie Eutrophierung unter Vorsorgegesichtspunkten immer den maximal möglichen Wert.

Die Verknüpfung des CSB mit dem Eutrophierungspotenzial (EP) kann durch folgende Überlegung hergestellt werden:

Da der schädliche Effekt der biologisch abbaubaren Kohlenstoffverbindungen in der sog. „Sauerstoffzehrung"[220] liegt, wird zur Definition des EP-Wertes in [kg Phosphatäquivalente] die Brücke über den Sauerstoffbedarf geschlagen. Zur vollständigen Oxidation eines Moleküls der Modellbiomasse wird angenommen, dass 138 Moleküle Sauerstoff zusätzlich zu denjenigen 110 Sauerstoffatomen benötigt werden, die im gedachten Molekül bereits vorhanden sind (Gleichung 4.25). Als Bindungsformen von N und P nach der Oxidation werden NO_3^- und HPO_4^{2-} zugrunde gelegt, als die in aeroben Gewässern mit üblichen pH-Werten vorliegenden Verbindungen:

$$C_{106}H_{263}O_{110}N_{16}P + 138\ O_2 \rightarrow$$
$$106\ CO_2 + 122\ H_2O + 16\ NO_3^- + 1\ HPO_4^{2-} + 18\ H^+ \text{ [221]} \tag{4.25}$$

---

220) Bei der klassischen Eutrophierung durch P und N ist die Sauerstoffzehrung eine häufige Sekundär-Wirkung.

221) Kummert und Stumm 1989

Berechnungsbeispiel

Ausgehend vom Stoffmengenverhältnis von $n(P)/n(O_2) = 1/138$ ergibt sich

$$m(PO_4^{3-}) = \frac{m(O_2) \times M(PO_4^{3-})}{M(O_2) \times 138}$$

$(M(O_2) = 32 \text{ g/mol und } M(PO_4^{3-}) = 95 \text{ g/mol})$

Für 1 kg CSB berechnet als O_2 errechnen sich somit 0,022 kg Phosphatäquivalente.

Damit ist (etwas gewaltsam, aber nicht unlogisch) die Verbindung der Effekte Eutrophierung durch oxidierbare organische Verbindungen und Sauerstoffzehrung quantitativ hergestellt. Der berechnete CSB von persistenten („refraktären") Verbindungen darf eigentlich nicht in die Rechnung eingehen, weil diese Stoffe nichts zum Sauerstoffverbrauch beitragen. Der CSB ist daher die *Worst-case*-Näherung zum BSB.

Zur Berechnung des EP (terrestrisch) werden vor allem die Emissionen in die Luft berücksichtigt, zur Berechnung des EP (aquatisch) die direkten und indirekten Einträge ins Wasser[222]. Ein Großteil der (kontinentalen) Luftemissionen gelangt durch trockene und nasse Deposition auf den Boden. Die Emissionen ins Wasser und auf den Boden treffen direkt auf Ökosysteme, die überdüngt werden können. Zwischen Boden und Wasser existieren auch Verbindungen: Abwaschen von überschüssigem Dünger auf landwirtschaftlichen Flächen, Eindringen ins Grundwasser (Nitratbelastung). Die Probleme, die bei der Überdüngung landwirtschaftlich genutzter Böden auftreten (Technosphäre, nicht Ökosphäre), sind nicht im hier betrachteten Eutrophierungsbegriff enthalten, der ganz der **ungewollten** Eutrophierung gilt, wohl aber die genannten, nicht kontrollierbaren Folgewirkungen.

Charakterisierung/Quantifizierung

In der einfachen Gleichsetzung des Eutrophierungspotenzials EP mit den Phosphatäquivalenten nach Tabelle 4.15 gilt die Beziehung:

$$EP = \Sigma_i \, (m_i \times EP_i) \, [\text{kg PO}_4^{3-}\text{-Äquivalente}] \tag{4.26}$$

mit m_i = Fracht der an der Eutrophierung beteiligten Substanz i pro funktionelle Einheit

Terrestrische Eutrophierung

Die Charakterisierung nach Gleichung (4.26) unterscheidet nicht zwischen aquatischer und terrestrischer Eutrophierung und stellt daher die einfachste Methode

---

222) Mauch und Schäfer 1996

dar. Der Vorteil der Eindeutigkeit dieser Berechnung ist mit starken Vereinfachungen von der Wirkungsseite her erkauft. Es hat daher nicht an Versuchen gefehlt, etwas von der Einfachheit zu opfern und dafür näher an die Realität zu kommen, z. B. in den „Nordic Guidelines"[223]. Am ehesten Aussicht auf Erfolg dürfte die Zweiteilung der Wirkungskategorie in aquatische und terrestrische Eutrophierung haben[224]. Da die meisten Emissionen in die Luft sich in Binnenländern auf dem Boden niederschlagen, sind die Emission N-haltiger Verbindungen in die Luft, vor allem in Form von NO_x und NH_3, der bedeutendste Input für den Boden und können demzufolge zur terrestrischen Eutrophierung gerechnet werden. Für das Kompartiment Wasser bietet sich daneben die Berücksichtigung der relevanten Emissionen ins Wasser an (Phosphat, Ammonium, CSB/BSB, ...).

Wenn diese Trennung durchgeführt wird, werden die Bodennährstoff-Potenziale oft als Nitratäquivalente ausgedrückt (EP Nitrat = 1). Diese formale Umrechnung dient lediglich der besseren Unterscheidbarkeit und weist auf die zentrale Rolle des Stickstoffs als häufigstes limitierendes Element im Boden hin. Es kann jedoch ebenso auf Phosphat bezogen werden.

In die Berechnung der terrestrischen Eutrophierung gehen nur die überdüngend wirkenden Luftemissionen ein. Bei getrennter Erfassung dieser Unterkategorie werden für die aquatische Eutrophierung nur die Emissionen ins Wasser einschließlich CSB eingesetzt. Dies ist bei der Klassifizierung zu beachten! Nach Tabelle 4.15 werden vor allem die Stickstoffoxide NO, NO_2 und deren Summe NO_x (als NO_2) zur Berechnung herangezogen. Ammoniak (NH_3) gehört zwar auch zu den terrestrisch eutrophierenden Luftemissionen, wird aber schnell in NO_x (Luft) bzw. in das Ammoniumion (NH_4^+) (Wasser) umgewandelt. Der über NH_3 in die bodennahe Luft gelangende Stickstoff sollte jedenfalls nicht vernachlässigt werden.

Die Charakterisierung der terrestrischen Eutrophierung erfolgt auch mit Gleichung (4.26), wird aber getrennt ausgewiesen.

Regionalisierung

Die Diskussion der Regionalisierung schließt sich eng an die Besprechung der Wirkungskategorien „Bildung von Photooxidantien (Sommersmog)" und „Versauerung" an. Die grundlegende Problematik muss daher hier nicht wiederholt werden. Der Transport über den Luftpfad kann prinzipiell mit denselben Modellen (RAINS, EMEP etc.) berechnet werden, der Wasserpfad folgt jedoch gänzlich anderen Gesetzen. Der wesentliche Eintrag von Düngemitteln in Oberflächengewässer über Abschwemmungen hängt entscheidend von lokalen Geländeformationen ab. Da diese Schwierigkeiten bei der terrestrischen Eutrophierung über den Luftpfad nicht auftreten, die außerdem teilweise von denselben Schadstoffen wie die Versauerung verursacht werden, wurden Länder-spezifische Charakterisierungsfaktoren zunächst nur für diese Unterkategorie abgeleitet[225].

223) Lindfors et al. 1994, 1995; Finnveden und Potting 2001; Guinée et al. 2002
224) Lindfors et al. 1994, 1995; Udo de Haes 1996
225) Huijbregts und Seppälä 2001; Seppälä et al. 2004, 2006

Das Modell ist dasselbe, das bereits in Abschnitt 4.5.2.5 vorgestellt wurde. Als Sachbilanzposten werden nur NO_x und NH_3 in Betracht gezogen, allerdings muss deren Emissionsort zumindest näherungsweise bekannt sein. Dies dürfte bei großen stationären Quellen leichter zu ermitteln sein als bei weitgestreuten Emissionen. Die Charakterisierungsfaktoren werden für 35 europäische Länder und fünf Meeresregionen für die Jahre 2002 (berechnet) und 2010 (geschätzt) in Form einer Tabelle angegeben. Sie beziehen sich auf den bereits mehrfach erwähnten Indikator „kumulierte Überschreitung" (von Grenzwerten).

4.5.3
Toxizitätsbezogene Wirkungskategorien

4.5.3.1 Einleitung
In diesem Abschnitt werden zwei Wirkungskategorien besprochen, bei welchen die Übereinstimmung in der Ökobilanzforschung und -praxis und den dahinter stehenden gesellschaftlichen Gruppen nicht sehr groß ist: **Humantoxizität** und **Ökotoxizität**[226]. Die Ursache für die geringe Harmonie liegt in dem hier besonders schwierigen Balanceakt zwischen Wissenschaftlichkeit und Machbarkeit bei geringer raum-zeitlicher Auflösung der Sachbilanzdaten. Dem radikalsten Vorschlag, das Problem durch Weglassung zu lösen, wird man sich nur in Ausnahmefällen anschließen können, denn

- Erstens sehen viele Menschen im Schutz der menschlichen Gesundheit einen wichtigen (in den USA: den wichtigsten)[227] Aspekt des Umweltschutzes und damit auch der Umwelt-Bewertungsinstrumente.
- Zweitens steht **Ökobilanz** (auch die internationale Bezeichnung LCA steht für *Environmental Life Cycle Assessment*)[228] für die **ökologische** Bewertung von Produktsystemen oder – allgemeiner – *human activities*[229], was in jeder Definition den Schutz der menschlichen Gesundheit und der Ökosysteme als der Grundlage der menschlichen Existenz einschließt. Ob daneben die Natur auch eigene Rechte hat, was eine Abkehr vom anthropozentrischen Standpunkt bedeuten würde, muss in diesem Kontext nicht diskutiert werden[230].

Daher können die Kategorien Humantoxizität und Ökotoxizität nicht generell übergangen werden, wenn auch in manchen Studien – abhängig von der Zieldefinition – die inhaltlich untereinander verknüpften Aspekte der Ressourcenschonung, der Energieeinsparung und der globalen Wirkungen (vor allem GWP) im Vordergrund stehen. Eine wissenschaftlich wirklich befriedigende Ausgestaltung der toxizitätsbezogenen Kategorien stellt allerdings höhere Anforderungen an die Sachbilanzen, als diese derzeit noch leisten können. Dies betrifft vor allem

---

226) Klöpffer 1996
227) Bare et al. 2002
228) Klöpffer 2008
229) SETAC 1993
230) Beltrani 1997 (vertritt einen gemäßigt anthropozentrischen Standpunkt: der Mensch möge im wohlverstandenen Interesse der eigenen Spezies seine Lebensgrundlagen nicht kaputt machen!)

die Anzahl der organischen Schadstoffe, die als Emissionen über den ganzen Lebensweg in Frage kommen.

Die beachtlichen Fortschritte, die auf diesem Gebiet vor allem im Rahmen des EU-Projekts OMNITOX[231] und der UNEP/SETAC Life Cycle Initiative[232] erzielt wurden, werden in den folgenden zwei Abschnitten 4.5.3.2 und 4.5.3.3 besprochen. Davor werden jedoch die „einfachen" auf der Basis des *Less-is-better*-Prinzips beruhenden Indikatoren besprochen, die auch mit nicht regional aufgelösten Sachbilanzdaten und ohne Kenntnis spezieller Wirkmechanismen benutzt werden können. Eine besondere Rolle für die Charakterisierung in den Wirkungskategorien Humantoxizität und Ökotoxizität spielt die Methode „IMPACT 2002+", die von einer schweizerischen Arbeitsgruppe unter der Leitung von Olivier Jolliet entwickelt wurde[233]. Sie verknüpft 14 *Midpoint*-Kategorien mit vier Schadenskategorien:

- menschliche Gesundheit,
- Qualität der Ökosysteme,
- Klimaänderung,
- Ressourcen.

Diese hier so genannten *Damage Categories* werden auch *Safeguard Subjects, Areas of Protection* und, höchst missverständlich, *Endpoints*[234] genannt. Die in IMPACT 2002+ als „Klimaänderung" bezeichnete Schadenskategorie darf nicht mit der gleichnamigen Wirkungskategorie verwechselt werden, auch wenn sie eng verbunden sind.

4.5.3.2 Humantoxizität

4.5.3.2.1 Problemstellung

Nach Tabelle 4.4 wurde diese Wirkungskategorie von DIN/NAGUS[235] als „toxische Gefährdung des Menschen", von SETAC Europe[236] als *human toxicological impacts* und so ähnlich auch von den Nordic Guidelines[237] bezeichnet. In der zweiten Arbeitsgruppe von SETAC Europe zur Wirkungsabschätzung in der Ökobilanz (WIA-2)[238] wird die Bezeichnung *human toxicity* verwendet.

Das Hauptproblem, das hier stärker als in den bisher besprochenen Kategorien auftritt, ist die Tatsache, dass es keinen streng wissenschaftlich ableitbaren Sam-

---

231) Operational Models aNd Information tools for Industrial applications of eco/TOXicological impact assessment (OMNITOX). Sonderheft Int. J. LCA Vol. 9, No. 5 (2004); Molander et al. 2004; Larsen et al. 2004

232) Jolliet et al. 2004; http://lcinitiative.unep.fr; http://www.uneptie.org/pc/sustain/lcinitiative/home/htm

233) Jolliet et al. 2003

234) Endpunkte (endpoints) werden in der (Öko-)Toxikologie eindeutig zuzuordnende Schadbilder genannt, auf die hin Testverfahren oder Untersuchungsmethoden konzipiert werden. Bekannte Endpunkte sind z. B. Mortalitäts-Wahrscheinlichkeiten wie LD_{50} oder LC_{50}.

235) DIN/NAGUS 1996

236) Udo de Haes 1996

237) Lindfors et al. 1994, 1995

238) Udo de Haes et al. 2002

melindikator „weit oben" in der Effekthierarchie bzw. nahe an den Emissionen (*midpoint*) gibt. Toxische Moleküle haben kein gemeinsames Merkmal, das der Säurefunktion beim Versauerungspotenzial (AP) oder dem P- oder N-Gehalt beim Eutrophierungspotenzial (EP) vergleichbar wäre. Auch messbare physikalisch-chemische Parameter aus denen sich wie beim GWP und ODP mit Hilfe theoretischer Modelle ein Wirkungspotenzial berechen lässt, sind nicht vorhanden. Zu unterschiedlich sind die verschiedenen Wirkungsmechanismen, die zu Krankheiten und Krankheitsgruppen führen und zu wenig bekannt ihr kausaler und quantitativer Zusammenhang mit chemischen und sonstigen Noxen, die aus der Sachbilanz zu entnehmen sind.

Diese Fülle von Wirkungsmechanismen, die sich zwar zu Gruppen ordnen lassen, weisen in Bezug auf die Expositions-Wirkungs-Beziehung große Unterschiede auf. Für viele Stoffe lassen sich toxikologische Wirkungsschwellen identifizieren, die als Grundlage eines abgeleiteten Grenz- oder Richtwertes herangezogen werden. Es können natürlich nur solche Wirkungsschwellen berücksichtigt werden, die in Experimenten auch geprüft und gemessen wurden. Der Stand der wissenschaftlichen Erkenntnis zu möglichen Wirkungen ist die Voraussetzung der experimentellen Prüfung. Weiterhin ist die messtechnische Quantifizierungsmöglichkeit eines definierten Effektes für die Festlegung von Wirkungsschwellen erforderlich. Die Basis der Grenz- bzw. Richtwertfestlegung ist idealerweise die höchste Dosis, bei der noch kein (schädlicher) Effekt beobachtet wurde (NO(A) EL[239]). Es ist allerdings möglich, dass es unterhalb dieser Dosis dennoch Effekte gibt, die allerdings entweder (noch) nicht Gegenstand eines Experiments waren oder messtechnisch nicht zu quantifizieren sind. Die regulatorische Toxikologie beschäftigt sich mit Möglichkeiten und Grenzen sichere Grenz- und Richtwerte abzuleiten[240]. Wichtige Diskussionspunkte sind z. B. Kombinationswirkungen, chronische Wirkungen im Niedrigdosisbereich, die Definition dessen, was als schädliche Wirkung angesehen wird, sowie der Umgang mit Sicherheitsfaktoren. Diese Diskussion, die auf die Risikoabschätzung und Risikobewertung unter definierten Expositionsbedingungen zielt, soll hier nicht aufgegriffen werden.

Wenn für krebserzeugende oder erbgutverändernde Stoffe ohne Wirkungsschwelle Richtwerte abgeleitet werden, kann diesen ein zumutbares zusätzliches lebenslanges Krebsrisiko zugrunde liegen (z. B. US EPA: Unit Risk Methode).

Viele Ansätze zur Behandlung der Wirkungskategorie Humantoxizität stützen sich auf Grenz- oder Richtwerte, die in unterschiedlichen Begründungszusammenhängen abgeleitet wurden.

4.5.3.2.2 Einfache Gewichtung durch Grenz- bzw. Richtwerte aus dem Arbeitsschutz

Zur Gewichtung der toxischen Emissionen in die Luft aus der Sachbilanz wäre eine möglichst umfangreiche Liste mit wissenschaftlich nach einer einheitlichen

---

239) NO(A)EL: no observed (adverse) effect level: Die höchste Dosis eines Stoffes bei der noch kein (schädlicher) Effekt festgestellt wurde.
240) Reichl und Schwenk 2004

Methodik abgeleiteten Grenz- bzw. Richtwerten nützlich. Die absolute Höhe dieser Werte ist für das relative Ordnungssystem in der Wirkungsabschätzung nicht entscheidend, da die Stoffe allein bezüglich ihres Risikopotenzials geordnet werden (vgl. Abschnitte 4.1 und 4.4.3.2).

In Deutschland werden für den Arbeitsschutz von der DFG-Senatskommission zur Prüfung gesundheitsschädlicher Arbeitsstoffe toxikologisch begründete Werte für maximale Arbeitsplatzkonzentrationen (MAK-Werte) abgeleitet[241]. Diese Werte, die dem Ausschuss für Gefahrstoffe (AGS) zur Übernahme in die Gefahrstoffverordnung (TRGS 900[242]) vorgeschlagen werden, wird jährlich aktualisiert. Die DFG-Liste ist recht umfangreich und enthält neben definierten organischen und anorganischen Verbindungen auch chemisch schlecht charakterisierte luftgetragene Stoffe, wie z. B. Stäube.

Als relatives Ordnungssystem von Stoffen bezüglich ihrer humantoxischen Wirkung sind MAK-Werte grundsätzlich als (*Midpoint*-)Charakterisierungsfaktoren geeignet, weil sie für viele Stoffe verfügbar sind, ohne eine Aufschlüsselung in einzelne Schadwirkungen (Krankheitsbilder, Endpunkte) zu erfordern, was zu mehreren Unterkategorien führen würde. Sie sind nach einer einheitlichen Methodik unter Sichtung der wissenschaftlichen Literatur abgeleitet.

Die Charakterisierung nach dieser Methode führt zu einem Humantoxizitätspotenzial (HTP)[243] nach Art eines „kritischen Volumens Humantoxizität" (Gleichung 4.27), das hier akzeptabel ist, weil allein das Umweltproblemfeld „Humantoxizität" behandelt wird. Die ökotoxikologischen Effekte und weitere Wirkungskategorien werden im Gegensatz zur gemeinsamen Veranlagung in der BUWAL-Methode[244] (vgl. auch Abschnitt 4.2) getrennt erfasst.

$$HTP = \Sigma_i \ (m_i / MAK_i) \ [m^3/fE] \qquad (4.27)$$

mit m_i = Masse des in die Luft emittierten Stoffes i, für den der Wert MAK_i abgeleitet wurde, pro funktionelle Einheit und HTP = humantoxikologisches Potenzial

Die Einheit $[m^3/fE]$ ergibt sich, wenn die Fracht in [mg pro funktionelle Einheit] angegeben ist und der MAK-Wert in $[mg/m^3]$. Das HTP kann prinzipiell auch auf eine Referenzsubstanz (z. B. 1,4-Dichlorbenzol)[245] normiert werden, der willkürlich der Wert HTP = 1 zugeordnet wird; dies könnte jedoch den Eindruck erwecken, dass es hier einen einheitlichen Wirkungsindikator gibt, was bei dieser Kategorie jedoch noch weniger angebracht wäre, als bei den bisher besprochenen.

Das in Gleichung (4.27) definierte HTP bildet, gewichtet nach der gewählten MAK-Werte-Liste, allein das Risikopotenzial derjenigen Emissionen in die Luft ab, die in der Sachbilanz ermittelt wurden. Die Quantifizierung nach Gleichung (4.27) gibt somit eine Aggregierung durch Gewichtung nach den MAK-Werten, die

241) DFG 2007
242) Technische Regeln für Gefahrstoffe 900: Arbeitsplatzgrenzwerte
243) Heijungs et al. 1992
244) BUWAL 1991
245) Guinée et al. 2002

nach einem einheitlichen Procedere von der MAK-Senatskommission der DFG abgeleitet wurden (Expertensystem). Diese Werte erfüllen hier ausschließlich den Zweck einer **relativen Toxizitätsskala** und sollen keineswegs eine aktuelle Gefährdung am Arbeitsplatz gewichten, zumal der Arbeitsplatz als Kernbereich der Technosphäre außerhalb des Aufgabenbereichs der Ökobilanz liegt[246].

Die MAK-Kommission der DFG schlägt auch die Einstufung der karzinogenen bzw. verdächtigen Chemikalien in Gruppen unterschiedlicher Aussagesicherheit in Hinblick auf die karzinogene Wirkung auf den Menschen vor, die für eine relative Gewichtung ggf. ebenfalls nutzbar sind.

Ein Einwand gegen die MAK-Werte als Grundlage der relativen Gewichtung liegt in der Tatsache, dass die Arbeitsplatzgrenz- und -richtwerte von Staat zu Staat in gewissen Grenzen schwanken. Darin zeigt sich der Ermessensspielraum, den die mit der Ableitung derartiger Werte befassten Gremien haben. Im Hinblick auf die geographische Systemgrenze könnten deutsche MAK-Werte für Studien in Deutschland verwendet werden. Wenn die EU Systemgrenze ist, könnten Mittelwerte aus den EU-Staaten verwendet werden, bei internationalen Studien ggf. Mittelwerte aus den OECD-Staaten (MAK-Werte der schwach industrialisierten Staaten dürften sich an die der Industriestaaten anlehnen). Die weltweite Arbeitsschutzorganisation (ILA) mit Sitz in Genf erfasst solche Werte aus aller Welt. Damit wäre die Datenbasis für die Erstellung einer internationalen Skala gegeben, die zumindest für Stoffe mit Wirkschwelle eine relative Gewichtung ermöglicht. Eine Zusammenstellung internationaler MAK-Werte (D, EU, USA, GUS) wurde von Sorbe publiziert[247]. In dieser Arbeit, die auch noch andere Toxizitätsgrenzwerte enthält, sind insgesamt 18.000 Stoffe aufgelistet.

Kritisch zu hinterfragen ist bei allen Listen, ob die Ableitung der Grenz- oder Richtwerte für die aufgeführten Stoffe nach einer einheitlichen Methodik (wissenschaftliche Datenbasis, berücksichtigte Wirkungen, Expositionsdauer, Zielgruppen, Sicherheitsfaktoren, als akzeptabel definiertes Risiko und sonstige Randbedingungen) abgeleitet wurden. Sind die Begründungszusammenhänge und Randbedingungen für die enthaltenen Stoffe sehr unterschiedlich, erfüllen diese Listen nicht die Anforderung der zuverlässigen Einstufung der Toxizität der Stoffe relativ zueinander. So lässt sich beispielsweise ein Grenzwert für Stoff A aus dem Begründungszusammenhang „Arbeitsschutz" (abgeleitet für die Exposition gesunder Arbeitnehmer/-innen an fünf Tagen pro Woche je 8 Stunden pro Tag) nicht ohne Weiteres gemeinsam mit einem Richtwert für Stoff B bezüglich der Innenraumluft in Wohnungen (abgeleitet für Dauerexposition auch für empfindliche Bevölkerungsgruppen) in einer einzigen Liste zur relativen Gewichtung der Toxizität von A und B nutzen. Die Zusammenführung mehrerer Listen zu einer einzigen Liste, ohne die Begründungszusammenhänge der Grenz- bzw. Richtwertableitung kritisch zu reflektieren, ist daher nicht zulässig.

246) Dieser Ansicht wird allerdings von Kollegen vor allem aus den skandinavischen Ländern heftig widersprochen (Poulsen et al. 2004); unserer Meinung nach gehört die Gefährdung am Arbeitsplatz in die „Produktbezogene Sozialbilanz (Societal LCA, slca)" als Teil der Nachhaltigkeitsbewertung von Produkten, siehe Klöpffer und Renner 2007; Klöpffer 2008 und Kapitel 6.3.3.
247) Sorbe 1998

Tabelle 4.16 zeigt an drei Stoffen, die in mehreren Listen vorkommen, die Problematik beim vermischen von Richtwerten aus unterschiedlichen Begründungszusammenhängen: Gegenübergestellt sind MAK-Werte und Richtwerte für Substanzen in der Innenraumluft. Dabei ist hier im Zusammenhang mit der Nutzung der Werte zur relativen Gewichtung in der Wirkungsabschätzung die absolute Höhe der Werte nicht Gegenstand der Diskussion. Deutlich wird, dass unterschiedliche Begründungszusammenhänge zu unterschiedlichen Werten führen können und sich bei der Vermischung von Listen diese relative Ordnung der Stoffe zueinander ändern kann.

Tabelle 4.16 Richt- und Grenzwerte aus unterschiedlichen Begründungszusammenhängen.

Stoff	Richtwerte für Innenraumluft[249]			MAK-Werte[250]
	BGA[a]	IRK/AOLG[b]		DFG 2007
	RW[c]	RW I[d]	RW II[e]	
Toluol		0,3 mg/m^3 (1996)	3 mg/m^3 (1996)	190 mg/m^3
Formaldehyd	125 µg/m^3 (1977)			0,37 mg/m^3 krebserzeugend Kategorie: 4[f]
Pentachlorphenol		0,1 µg/m^3 (1997)	1 µg/m^3 (1997)	kein Wert abgeleitet krebserzeugend Kategorie: 2[g]

[a] Bundesgesundheitsamt
[b] Innenraumlufthygiene-Kommission des Umweltbundesamtes und der Arbeitsgemeinschaft der Obersten Landesbehörden
[c] Richtwert
[d] Richtwert I: Konzentration eines Stoffes in der Innenraumluft, bei der im Rahmen einer Einzelstoffbetrachtung nach gegenwärtigem Kenntnisstand auch bei lebenslanger Exposition keine gesundheitlichen Beeinträchtigungen zu erwarten sind.
[e] Richtwert II: Konzentration eines Stoffes, bei deren Erreichen bzw. Überschreiten unverzüglicher Handlungsbedarf besteht, da diese geeignet ist, insbesondere für empfindliche Personen bei Daueraufenthalt in den Räumen eine gesundheitliche Gefährdung darzustellen.
[f] Krebserzeugend Kategorie 4: Stoffe mit krebserzeugender Wirkung, bei denen genotoxische Effekte keine oder nur eine untergeordnete Rolle spielen. Bei Einhaltung des MAK- und BAT-Wertes ist kein nennenswerter Beitrag zum Krebsrisiko für den Menschen zu erwarten.
[g] Krebserzeugend Kategorie 2: Stoffe, die als krebserzeugend für den Menschen anzusehen sind, weil durch hinreichende Ergebnisse aus Langzeit-Tierversuchen oder Hinweise aus Tierversuchen und epidemiologischen Untersuchungen davon auszugehen ist, dass sie einen nennenswerten Beitrag zum Krebsrisiko leisten.

248) Reichl und Schwenk 2004
249) DFG 2007

Ein in den USA durchgeführter Methodenvergleich[250] führt in der Gruppe „Toxizitätsvergleich" eine zur „MAK-Methode" formal gleiche Charakterisierung ein, schlägt aber den Gebrauch von ADI-Werten[251] zur Charakterisierung vor (Gleichung 4.28):

$$TBS = \Sigma_i \, (Q_i \, / Q_{ref}) \, m_i \qquad\qquad (4.28)$$

TBS   *Toxicity-based Scoring*
Q_i $1/ADI_i$ [kg d/mg] reziprokes ADI der Substanz i
Q_{ref} $1/ADI_{ref}$ [kg d/mg] reziprokes ADI der Referenzsubstanz
m_i emittierte Masse der Substanz i pro funktioneller Einheit

Die Referenzsubstanz kann willkürlich gewählt werden.

Wird in der Wirkungskategorie Humantoxizität die Gewichtung über ausgewählte Grenz- bzw. Richtwertlisten vorgenommen, müssen toxische Stoffe, die in keiner geeigneten Liste berücksichtigt sind, getrennt erfasst und ggf. verbal bewertet werden.

4.5.3.2.3 Charakterisierung mit zusätzlicher Expositionsabschätzung

Ein Schwachpunkt der einfachen Gewichtungsmethode nach Gleichung (4.27) ist die Abwesenheit jeglicher Expositions-Betrachtung. Dadurch werden akut hochtoxische Stoffe durch ihre sehr niedrigen MAK-Werte überbewertet, weil bei der Exposition über die Umweltmedien – im Gegensatz zum Arbeitsplatz – die akute Toxizität eine geringere Rolle spielt. Dafür sind vor allem zwei Gründe verantwortlich:

- Bei Exposition über die Umwelt tritt meist eine große Verdünnung ein, so dass die Wirkschwellen für akute Vergiftungen meist nicht erreicht werden.
- Akut toxische Stoffe sind oft (nicht immer, siehe PCDD/F) reaktionsfähig und daher tendenziell rascher abbaubar (biotischer und abiotischer Abbau[252]) als reaktionsträge (persistente) Stoffe; starke Gifte wie z. B. Phosphin (PH_3) spielen in der Umwelt aus dem genannten Grund keine Rolle, es sei denn in der Folge von Unfällen. Aber selbst in diesem Fall sind infolge von Verdünnung und Abbau langfristige Folgewirkungen eher selten. Kurzfristige, akute Wirkungen fallen unter die so gut wie nie benutzte Wirkungskategorie Unfallopfer (*casualities*).

Im Gegensatz zu den akut toxischen, oft kurzlebigen Giften (im engeren Sinn des Wortes) sind persistente Stoffe auch bei geringer Toxizität und bei geringer Konzentration als potentielle Umweltgifte einzustufen. Dies gilt besonders für die Ökotoxizität[253], bei Exposition über die Umweltmedien und die Nahrungskette aber auch für die Humantoxizität.

---

250) Hertwich et al. 1998
251) Acceptable Daily Intake (ADI)
252) Klöpffer 1996b; Klöpffer und Wagner 2007a, 2007b
253) Klöpffer 1989, 1994, 2001; Scheringer 1999

Alle Quantifizierungsverfahren, die über eine einfache Gewichtung oder Gruppenbildung hinausgehen, müssen die in der Toxikologie übliche Betrachtung der Aufnahmepfade und damit auch die in der Chemikalienbewertung geforderte Expositionsanalyse[254] einführen. Die prinzipielle Behandlung der Humantoxizität nach SETAC[255] ist **formal** ähnlich der für Ökotoxizität (siehe Abschnitt 4.5.3.3), völlig anders sind aber die **Schutzziele:**

- **Humantoxizität:** die persönliche Gesundheit jedes Menschen (auch des noch nicht geborenen).
- **Ökotoxizität:** die Funktionsfähigkeit der Systemgemeinschaften von Ökosystemen als Ganzes sowie die Vielfalt der Arten, nicht jedoch – mit wenigen Ausnahmen[256] – einzelne Individuen.

Im Vorgriff auf den Abschnitt Ökotoxizität und zur Abgrenzung zur menschlichen Gesundheit und ihrer Bedrohung (Humantoxizität) sei hier schon angemerkt, dass der häufig gebrauchte Ausdruck *ecosystem health* nicht unumstritten ist[257]. Da man für Ökosysteme (die keine Organismen sind, da sie sich z. B. nicht vermehren können und räumlich nicht eindeutig abgrenzbar sind) keine Krankheiten definieren kann, ist auch die Abwesenheit von Krankheiten – also die Gesundheit – praktisch nicht definierbar. Auch James Lovelocks schönes Bild der belebten Erde als eines Superorganismus (Gaia)[258] gehört in diesen Problemkreis. Eine anschauliche Definition der einzigartigen Merkmale von Organismen wurde von Jaques Monod gegeben[259].

Richtig ist bei der obigen Unterscheidung sicherlich, dass bei der Humantoxizität das Individuum, bei der Ökotoxizität die Ökosysteme die primären Schutzziele (*safeguard subjects*) sind. Die Art (bei Tieren und Pflanzen) nimmt eine Mittelstellung zwischen diesen beiden Extremen ein. Sie ist zwar im Artenschutz ein erklärtes Schutzziel, hat aber im Ökosystem keine absolute Bedeutung: eine andere Art kann (oft) dieselbe Funktion übernehmen (dieselbe Nische besetzen), ohne dass das Ökosystem kollabiert. Die Natur hat das Aussterben zahlloser Arten verkraftet, was allerdings kein Freibrief für die gegenwärtige Praxis der Ausrottung von Arten durch den Menschen sein kann, da die Zeitskalen völlig unterschiedliche sind! Kurzfristig ist der Artenschutz deshalb ein sehr wichtiges Ziel, langfristig sind jedoch die ökosystemaren Gesichtspunkte wichtiger. „Gaia muss lernfähig bleiben", könnte man mit Lovelock sagen, und neue Arten hervorbringen mit dem Ergebnis des langfristigen Erhalts der Biodiversität. Diese Problematik ist engstens mit den Zeitskalen verknüpft („Ökologie der Zeit")[260].

---

254) Mackay 1991; Trapp und Matthies 1996, 1998; TGD 1996, 2003
255) Udo de Haes 1996; Udo de Haes et al. 2001
256) Zu den Ausnahmen zählen vom Aussterben bedrohte Arten, von denen es nur mehr wenige Exemplare gibt und besonders schöne, alte Bäume etc. (sog. Naturdenkmäler).
257) Suter II 1993
258) Lovelock 1982, 1990
259) Monod 1970
260) Held und Geißler 1993, 1995; Held und Klöpffer 2000

Die Arbeitsgruppe „Impact Assessment of Human and Eco-toxicity in Life Cycle Assessment" der SETAC Europe[261] hat, ohne sich auf eine der in der Literatur vorgeschlagenen Methoden festzulegen, folgende allgemeine Formel zur Behandlung der Humantoxizität vorgeschlagen:

$$S_i^{nm} = E_i^m \, F_i^{nm} \, M_i^n \tag{4.29}$$

E Effektfaktor
F Fate[262] (Verteilung und Abbau)
M Masse (Fracht pro funktionelle Einheit)

Links in Gleichung (4.29) steht der Effekt (*score*) einer Substanz i für das Kompartiment m, wobei die ursprüngliche Emission in das Kompartiment n erfolgte ($n = m$ ist der Fall, der bei der einfachen Gewichtung ausschließlich betrachtet wird). Es wird versucht, Exposition und Wirkung in einer Gleichung zu vereinen, ein Grundprinzip der Risikobewertung von Chemikalien. Das erste Glied auf der rechten Seite ist der Effektfaktor, der die betrachtete Schadwirkung im Kompartiment m gewichtet. Dieser Faktor kann den üblichen Gewichtungsfaktoren sehr ähnlich sein, z. B.:

$$E_i^m = 1/\text{NEC}_i^m \tag{4.30}$$

NEC = *no effect concentration* oder NOEC = *no observed effect concentration* der Substanz i im Medium m (z. B. eine flüchtige Chemikalie im Medium Luft).

Gleichung (4.29) unterscheidet sich mit einem so definierten Gewichtungsfaktor für die Wirkung von Gleichung (4.27) – abgesehen von der anderen Notation – nur durch den Faktor F und die noch fehlende Summierung über alle toxischen Substanzen, die in der Sachbilanz quantifiziert wurden.

Das zweite Glied auf der rechten Seite von Gleichung (4.29) ist der Expositionsfaktor (*fate and exposure factor*[263]) der Substanz i, die in das Kompartiment n emittiert und ins Kompartiment m transferiert wurde (z. B. durch Verdampfung, Deposition etc.) unter Beachtung von Abbauprozessen und Akkumulation. Man sieht, dass dieser Faktor nur durch Modellrechnungen oder Abschätzungen bei Kenntnis der physikalisch-chemischen Eigenschaften des Moleküls möglich ist. Solche Rechnungen gehören zur Risiko-Abschätzung von Chemikalien, sind aber wegen der zahlreichen vereinfachenden Annahmen und der schlechten Qualität der Inputdaten äußerst unzuverlässig[264].

Das dritte Glied schließlich gibt den Eintrag in das Primärkompartiment n an (Luft, Wasser, Boden). Diese Angabe kann aus der Sachbilanz übernommen werden.

---

261) Jolliet, O. et al.: Impact Assessment of Human and Eco-toxicity in Life Cycle Assessment, in: Udo de Haes 1996, S. 49–61
262) Wörtlich: Schicksal; was geschieht mit den Molekülen der Substanz nach der Emission in die Umwelt.
263) Jolliet et al. 1996
264) Klöpffer 1996, 2002, 2004; Klöpffer und Schmidt 2003

Das Ergebnis der Charakterisierung ergibt sich aus der Summierung über alle Stoffe i und Kompartimente m und n:

$$S = \Sigma_i \ \Sigma_m \ \Sigma_n \ S_i^{nm} \tag{4.31}$$

Die einfache HTP- bzw. TBS-Gleichung (4.27 bzw. 4.28) mit der Gewichtung über die MAK- oder ADI-Werte ergibt sich als Grenzfall aus Gleichung (4.31) unter den Annahmen $n = m = $ Luft, $NEC_i^m = MAK_i$ oder ADI_i und unter Vernachlässigung des Fate-Faktors F, also des Abbaus und des Transfers zwischen den Medien.

Weitere Komplikationen ergeben sich, wenn man versucht, die verschiedenen Toxizitäten einzeln oder zumindest in Gruppen zu erfassen. Man gelangt dann von einer Kategorie Humantoxizität und einem Charakterisierungsmodell HTP oder S notwendigerweise zu einer Reihe von Unterkategorien und -indikatoren, die den gewählten Toxizitätsendpunkten entsprechen.

Versuche zur Ermittlung der Expositionsfaktoren

Die Probleme des Expositionsfaktors sind etwa dieselben wie bei der Wirkungskategorie Ökotoxizität (siehe Abschnitt 4.5.3.3). Ein erster Versuch zur Ableitung von Expositionsfaktoren wurde von Guinée und Heijungs[265] vorgestellt. Das HTP dieser Autoren berücksichtigt die Aufnahme von Schadstoffen durch die Luft (respiratorisch) und durch die Nahrung (oral), die dermale Aufnahme wurde zunächst offen gelassen. Die Exposition über die Umweltmedien wird durch ein Mackay-III-Modell beschrieben, das ein Fließgleichgewicht zwischen den Medien Luft, Wasser, Boden und Sediment in einem globalen *Unit-world*[266]-*Boxen-Modell* beschreibt. In diesem Modell sind die Abbauprozesse berücksichtigt, die allerdings nur für wenige Substanzen wirklich gut quantifiziert sind; das gilt besonders für den biologischen Abbau. Relativ gut quantifizierbar ist der abiotische Abbau in der Luft[267].

Bei der Benutzung des Mackay-Modells – ähnliches gilt auch für andere Verteilungsmodelle – tritt das sog. Fluss/Puls-Problem auf: der Masseninput wird bei diesen Modellen als kontinuierlicher Massenstrom oder Fluss angenommen, z. B. x kg/d in das Kompartiment Luft. Die Sachbilanz liefert jedoch eine Fracht pro funktionelle Einheit [kg/fE] mit ungewisser räumlicher und zeitlicher Verteilung. Diese Fracht kann als Puls (von allerdings ungewisser Form) angenähert werden, das Zielmedium ist von der Sachbilanz her bekannt. Zur Lösung bzw. Umgehung dieses Problems schlugen Guinée und Heijungs vor, Exposition und Wirkung auf eine willkürlich wählbare Referenzsubstanz zu beziehen, wodurch die nötigen Umrechnungen (Fracht/Fluss) herausfallen und ein dimensionsloses Toxizitätspotenzial HTP resultiert. Das HTP der Referenzsubstanz wird dabei

265) Guinée und Heijungs 1993; Guinée et al. 1996a
266) Mackay 1991; Klöpffer 1996. Als Boxen oder Kästchen werden die vier Medien oder Kompartimente (Luft, Wasser, Boden, Biota) bezeichnet, die in ausführlicheren Modellen noch Unterkompartimente enthalten können.
267) Klöpffer und Wagner 2007a

gleich eins gesetzt. Diese Problemlösung ist zwar logisch, überzeugt aber nicht so recht, vor allem wegen ihres hochgradig artifiziellen Charakters, der den vielen unterschiedlichen Wirkungen nicht Rechnung trägt. Daher soll auf die Einzelheiten der recht komplizierten Berechnungen hier nicht eingegangen werden. Heijungs und Kollegen konnten später mit einer mathematischen Analyse des Problems zeigen, dass sich Pulse in Mackay-artigen Modellen, u. a. im holländischen Modell USES, wie Flüsse behandeln lassen.[268] Dieses Modell war der Ausgangspunkt für eine Erweiterung zu einem europäischen Modell „EUSES" (European Union System for the Evaluation of Substances), das vom European Chemicals Bureau am Joint Research Centre, Ispra, zu beziehen ist. In Guinée et al. (1995b) werden 8 Lösungen des Fluss/Puls-Problems aufgezeigt, die zum selben Ergebnis führen. In derselben Arbeit werden bereits Äquivalenzfaktoren für die Humantoxizität für 94 Chemikalien aufgelistet und die Vorgehensweise für die Ableitung neuer, d. h. noch nicht berechneter, Stoffe wird angegeben. Die Äquivalenzfaktoren für das Humantoxizitätspotenzial HTP beziehen sich auf die Referenzsubstanz 1,4-Dichlorbenzol (pDCB) im Kompartiment Luft.

4.5.3.2.4 Vereinheitlichtes LCIA-Toxizitäts-Modell

Am Beginn der neueren Entwicklung der Toxizitätsbewertung in der Wirkungsabschätzung (LCIA) standen Analysen darüber, welche Detailtiefe in der Ökobilanz (im Gegensatz etwa zur Chemikalienbewertung) erreichbar sein sollte[269]. Dabei wurden von Hertwich et al. (1998) einfache Methoden (siehe Abschnitt 4.5.3.2.2) unter der Bezeichnung *Toxicity-based Scoring* (TBS) in die Analyse der Toxizitätspotenziale bzw. -äquivalente einbezogen. Für die Ökobilanz wird ein *Human Toxicity Potential* (HTP) nach dem Muster des GWP und ähnlicher LCIA-Charakterisierungsfaktoren empfohlen. Bei den Modellberechnungen wird allerdings darauf hingewiesen, dass für die physikalisch-chemischen Parameter, die prinzipiell mit größerer Genauigkeit als die Toxizitäten zu messen wären, unbegreiflicherweise keine Qualitätskriterien entwickelt wurden. Auch in Europa sind derartige Anforderungen an die Datenqualität nur für die „Neuen Stoffe"[270] gesetzlich verankert. Bei den Berechnungen können daher aufgrund fehlerhafter Substanz-Daten Irrtümer auftreten.

Die einfache Toxizitätsbewertung nach Abschnitt 4.5.3.2.2 wurde in der Folge nicht mehr weiterentwickelt, sondern die in Abschnitt 4.5.3.2.3 skizzierte Methodik verfolgt. Eine Lösungsmöglichkeit für das Problem mit den vielen Toxizitätsendpunkten wurde von Hofstetter[271] aufgezeigt: das bei der WHO erarbeitete

---

268) Heijungs 1995; Guinée et al. 1996a, 1996b; Wegener Sleeswijk und Heijungs 1996. Das Akronym „USES" steht für: Uniform System for the Evaluation of Substances.

269) Hertwich et al. 1998, 2001; Huijbregts et al. 2000b, 2005a; Guinée et al. 2002; Udo de Haes et al. 2002; Pant et al. 2004 und Molander et al. 2004 beide im OMNITOX Special Issue, Int. J. LCA Vol. 9, No 5; Jolliet et al. 2003, 2004

270) „Neue Stoffe" sind nach der EU-Chemikaliengesetzgebung solche, die nach Inkrafttreten (1981) des Chemikaliengesetzes in Verkehr gebracht wurden. Die übrigen rund 100.000 Stoffe werden „Altstoffe" genannt.

271) Hofstetter 1998; WHO 1996; Müller-Wenk 2002

Konzept der „Disability Adjusted lost Life Years (DALY)"[272]. Bei diesem Konzept werden unter der Annahme einer linearen und kumulativen Dosis-Wirkungsbeziehung alle Teileffekte näherungsweise in „verlorene Lebensjahre" umgerechnet. Dadurch ergibt sich aus den Sachbilanzdaten (emittierte Schadstoffe pro fE) durch Umrechnung mit Fate- und Effektfaktoren ein Ergebnis in [DALY/fE]. Die dazu nötigen Gleichungen entsprechen prinzipiell den Gleichungen (4.29) und (4.30). Wichtig für die Wirkungsabschätzung im Rahmen der Ökobilanz ist die quantitative und eindeutige Beziehung zur funktionellen Einheit. Das Konzept „DALY" hat sich jedoch nicht generell durchgesetzt.

Wenn nach dem Gesagten toxikologische (Effekt-)Daten für eine genügend große Anzahl von Substanzen vorhanden sind, kann ein HTP bzw. die Größe S (Gleichung 4.30) jederzeit berechnet werden, wenn die Fate-Faktoren für denselben Satz von Substanzen berechnet werden können. An dieser Stelle setzten jedoch im internationalen Methodenvergleich die größten Probleme ein, weil die für verschiedene Zwecke (vor allem für die Risikobewertung von Chemikalien) entwickelten Multimedia-Modelle stark abweichende Ergebnisse lieferten[273]. Dies kann sowohl an der Struktur der Modelle liegen wie auch an den Inputdaten und vereinfachenden Annahmen. Es ist das Verdienst der global agierenden „UNEP-SETAC Life Cycle Initiative"[274], dass die wichtigsten Modellentwickler und -benutzer durch Vereinfachungen an den Modellen, vergleichende Untersuchungen und Einbeziehung der toxikologischen Effektdaten zur Methodik „USEtox" gelangten[275]. Zum ersten Mal scheint es möglich zu sein, dass ein einheitlicher Satz von mehreren Tausend empfohlenen Charakterisierungsfaktoren speziell für LCIA zur Verfügung stehen wird. Bei der Entwicklung von USEtox wurde von folgenden sieben LCIA- und Multimedia-Modellen ausgegangen:

- CalTOX (USA)[276]
- IMPACT 2002 (Schweiz)[277]
- USES-LCA (Niederlande)[278]
- BETR (Kanada, USA)[279]
- EDIP (Dänemark)[280]

---

272) Die durch Krankheit pro Kopf der Bevölkerung „verlorenen Lebensjahre" durch vorzeitigen Tod lassen sich aus Statistiken berechen und für Beeinträchtigung (der Lebensqualität) durch die Krankheiten korrigieren. Dazu sind Gewichtungsfaktoren nötig, die durch ein internationales Panel ermittelt wurden. Ein Faktor knapp unter eins bedeutet geringfügige Beeinträchtigung, ein Faktor nahe an null sehr hohe.

273) http://se.setac.org/files/setac-eu-0248-2007.pdf
http://www.lcacenter.org/InLCA2007/presentations/97pdf

274) Speziell der „Task Force on Toxic Impacts", http://lcinitiative.unep.fr

275) USEtox steht für: The UNEP-SETAC toxicity model; Rosenbaum et al. 2008

276) McKone et al. 2001; Hertwich et al. 2001

277) Pennington et al. 2005

278) Huijbregts et al. 2005b

279) MacLeod et al. 2001

280) Hauschild und Wenzel 1998

- WATSON (Deutschland)[281]
- EcoSense (Deutschland)[282]

Unabhängig von der LCIA-Problematik waren in einer Expertengruppe der OECD neun Multimedia-Modelle auf ihre Eignung zur Berechnung von Persistenz und Ferntransport- Potenzial vergleichend untersucht worden[283]. Aufbauend auf diesen und im Rahmen von OMNITOX (loc. cit.) durchgeführten Modellvergleichen wurden die wichtigsten Modellsystemelemente identifiziert und aus diesen ein „abgespecktes" Konsensmodell erstellt[284]. Damit gelang es, diejenigen Elemente zu eliminieren, die zu den größten Abweichungen in den Indikatorergebnissen geführt hatten. Da Multimedia-Modelle besser im Zusammenhang mit der Öko-toxizität besprochen werden, sollen diese Aspekte in Abschnitt 4.5.3.3 besprochen werden. Typisch für die **Humantoxizität** ist die Berechnung der Human-Exposition mit Hilfe eines Fate-Faktors (gemeinsam mit der Öko-Toxizität) und des aufgenommenen Bruchteils (*intake fraction*), sowie des Human-Effekt-Faktors. Letztere werden unter der stark vereinfachenden (und streng genommen falschen)[285] Annahme einer linearen Dosis-Effekt-Beziehung für alle Arten von toxischen Wirkungen und für die wichtigsten Aufnahmepfade berechnet. Auf dieser Basis wird der Toxizitätsfaktor für jeden Krankheitssendpunkt und Aufnahmepfad näherungsweise als $0,5/ED_{50}$ berechnet, wobei ED_{50} diejenige tägliche Dosis bedeutet, die über die menschliche Lebenszeit eine 50%ige Wahrscheinlichkeit eines Effekts ergibt. Dabei werden bis zu vier Effektfaktoren berechnet:

- Krebs durch Einnahmeexposition,
- Nicht-Krebs durch Einnahmeexposition,
- Krebs durch Inhalations-Exposition,
- Nicht-Krebs durch Inhalations-Exposition.

Die Human-Toxizitätsfaktoren haben die Dimension [Krankheitsfälle/kg aufgenommene Substanz]. Dieser Massenbezug sichert die Verknüpfung mit den emittierten Mengen und der funktionellen Einheit. Da die Berechnungen mit Hilfe der Software und angeschlossener Datenbank automatisierbar sind, verschiebt sich das Problem auf die Sachbilanz, die nunmehr auch die Emissionen einer Vielzahl von organischen Verbindungen enthalten sollte. Außerdem wurden bereits **empfohlene** Charakterisierungsfaktoren für 991 Substanzen berechnet, sowie 260 **vorläufige** Faktoren. Für „Metalle" (meist in ionischer Form), dissoziierende organische Verbindungen und amphotere Verbindungen (z. B. Tenside) wurden nur vorläufige Charakterisierungsfaktoren ermittelt, weil die *Fate*-Faktoren dieser Stoffe durch die Multimedia-Modelle meist nur schwierig zu berechnen sind[286].

---

281) Bachmann 2006
282) EU 1999, 2005
283) Fenner et al. 2005
284) Rosenbaum et al. 2008
285) Jede realistischere Annahme würde die in der Ökobilanz nötige Beziehung auf die funktionelle Einheit unmöglich machen.
286) Die klassischen Multimedia-Modelle wurden für nicht-dissoziierende organische Moleküle ohne grenzflächenaktive Wirkung entwickelt, siehe Mackay 1991; Klöpffer 1996b.

Die zur Bestimmung der ED_{50}-Werte benötigten toxikologischen Informationen wurden den umfangreichen Datensammlungen, z. B. der US EPA, entnommen. Dasselbe gilt für die zur Berechnung nötigen physikalisch-chemischen Daten der Verbindungen.

Die zur praktischen **Anwendung** dieser Methodik nötigen Detailinformationen sind derzeit noch nicht publiziert, die Veröffentlichungen sind aber in Vorbereitung, siehe Ende von Abschnitt 4.5.3.3 (Ökotoxizität) und Rosenbaum et al. (loc. cit.).

4.5.3.3 Ökotoxizität

4.5.3.3.1 Schutzobjekte

Einige Probleme der Wirkungskategorie „Ökotoxizität" wurden bereits bei der Kategorie Humantoxizität erwähnt. Schutzobjekte in der Kategorie Ökotoxizität sind primär die Ökosysteme, von kleinräumigen Systemen bis hin zum Ökosystem Erde (Lovelocks „Gaia")[287]. Charakteristisch für Ökosysteme ist die Wechselwirkung zwischen biotischen und abiotischen Faktoren in einem Wirkungsgefüge. Die biotischen Faktoren sind Organismen der unterschiedlichen trophischen Ebenen. Dabei werden üblicherweise Primärproduzenten, Konsumenten und Destruenten unterschieden. Letztere setzen aus abgestorbener Biomasse wieder die Nährstoffe frei, die von den Produzenten benötigt werden. Zu den abiotischen Faktoren zählen Strahlung (Intensität und spektrale Zusammensetzung), Temperatur, pH-Wert, Strömung, chemische Zusammensetzung von Wasser, Boden und Luft und die Zyklen und Rhythmen dieser Faktoren. Ökosysteme sind offene Systeme, d. h. es existiert ein Energietransfer mit der Umgebung und sie stehen untereinander durch Stofftransporte über die Atmosphäre oder das Wasser sowie durch Austausch energiehaltiger organischer Substanz in Verbindung.

Die Ökotoxikologie untersucht schädliche Veränderungen der Strukturen und Funktionen von Ökosystemen, die durch anthropogen eingetragene Stoffe verursacht werden. Aufgrund der Komplexität der Wirkungsgefüge in Ökosystemen wird das untersuchte System in der Praxis der Ökotoxikologie meist sehr stark vereinfacht, indem ein Untersuchungsgegenstand unter definierten Randbedingungen herausgegliedert wird: Oft wird nur eine kleine Anzahl ausgewählter Testorganismen (Fische, Daphnien, Algen oder Regenwürmer usw.) unter definierten Laborbedingungen auf ausgewählte Wirkungen hin untersucht. Bei der untersuchten Wirkung handelt es sich im einfachsten Fall um die akute Toxizität eines Stoffes auf den Testorganismus, gemessen über die Konzentration des Stoffes im Wasser bei der 50 % der Testorganismen sterben (LC_{50}). Etwas aufwändiger sind Tests zur Ermittlung chronischer Toxizität, fortpflanzungsgefährdender oder krebserzeugender Wirkung. In manchen Fällen werden auch Modellökosysteme im Labor (sog. Mesokosmen) oder im Freiland (häufig kleine Teiche) untersucht. Aus diesen Ergebnissen ist es schwierig, wenn nicht unmöglich, auf die Schädigung der Wirkungsgefüge größerer Ökosysteme zu schließen[288].

---

287) Gaia war die alte (vor-olympische) Erdgöttin und Urmutter, die Erde selbst; Lovelock 1982, 1990
288) Klöpffer 1989, 1993, 1994c

4.5.3.3.2 Chemikalien und Umwelt

Die Handhabung von Chemikalien (Stoffe im Sinne des Chemikaliengesetzes) durch den Menschen erfordert Kenntnisse darüber, ob der betrachtete Stoff ein Gift ist, zunächst aus Gründen des Arbeitsschutzes und des Verbraucherschutzes (siehe Wirkungskategorie Humantoxizität). Ein häufig verwendetes Maß für die akute Toxizität eines Stoffes ist die an Versuchstieren bestimmte LD_{50}. Eine Ausdehnung dieses (engen) Giftbegriffs auf die Umwelt stellt die sog. Ökotoxikologie dar, wie sie von den Zulassungsbehörden verstanden wird: es werden meist die LC_{50}-Werte in Wasser erhoben, z. B. für den „Wasserfloh" (*daphnia magna*), ein kleiner Wasserkrebs, der als Testorganismus sehr gut geeignet ist. Von diesen Testergebnissen an einigen wenigen Arten (*single species tests*) auf die Ökotoxizität zu schließen – selbst mit sog. Sicherheitsfaktoren – ist aus folgenden Gründen vermessen:

1. **Ökosysteme können empfindlicher reagieren als Individuen einer Art**
   Die Chemikalien können in einer Art und Weise in die Funktion von Ökosystemen eingreifen, die überhaupt nichts mit der Schadwirkung auf Zellen zu tun hat, etwa durch Störung des chemischen Kommunikationssystems. Auch Effekte wie die in der Wirkungsabschätzung separat erfasste stratosphärische Ozonzerstörung gehören hierher. Durch welche Kombination von ökotoxikologischen Testsystemen hätte man diese Wirkung wohl entdecken können? Die Frigene sind praktisch nicht toxisch und daher auch nicht ökotoxisch im engen Sinn des Wortes. Ein im direkten Sinne des Wortes ökotoxischer Effekt wie die Schädigung des endokrinen Systems wildlebender Tiere durch sog. *endocrin disruptors* kann auch nicht durch LC_{50}-Werte erfasst werden, genauso wenig wie die potentiellen Schadwirkungen, die von gentechnisch veränderten Organismen (GVO) ausgehen[289].

2. **Ökosysteme können auch unempfindlicher reagieren als Individuen einer Art**
   Das Verschwinden einer einzigen Spezies in einem Ökosystem wird in der Regel das Wirkungsgefüge nicht nachhaltig zerstören: eine andere Art mit ähnlichen Umweltansprüchen kann die Funktion der verschwundenen Art übernehmen (Besetzen einer ökologischen Nische). Häufig können nur Spezialisten den Unterschied erkennen, wenn es sich nicht um eine besonders auffällige Art handelt.

Ökosysteme durchlaufen eine Entwicklung von einem Jugend- zu einem Reifestadium (Klimaxstadium). Hier hat sich eine dauerhafte Lebensgemeinschaft entwickelt, entsprechend des regionale Klimas sowie der lokalen Boden-, Wasser- und topographischen Verhältnisse. Klimaxökosysteme können daher sehr verschiedene Ausprägungen haben, z. B. tropischer Regenwald, Eichen-Buchen-Mischwald, See im Hochgebirge oder Savanne. Diese großräumigen Ökosysteme werden als Biome bezeichnet. Kennzeichen von Klimaxsystemen im Vergleich zum jeweiligen Jugend- und Wachstumsstadium sind z. B.:

---

289) Klöpffer et al. 1999; Klöpffer 1998, 2001

- hohe Vielfalt der räumlichen und funktionellen Strukturierung;
- Nahrungsketten sind vielfach vernetzt;
- die Nährstoffkreisläufe sind geschlossen;
- gute Stabilität gegen kleine Störungen und geringe Stabilität gegen große Störungen von außen;
- die Nettoprimärproduktion ist sehr gering (das bedeutet, es ist keine Biomasse zu entnehmen ohne das System empfindlich zu stören).

Die im Vergleich zum Jugendstadium bessere Stabilität gegenüber kleinen Störungen beruht auf der größeren Flexibilität des Wirkungsgefüges. Bei großen Störungen allerdings benötigt das System sehr lange, um sich wieder zu einem Klimax-Ökosystem zu entwickeln. Wird beispielsweise in einer Region, bei der sich tropischer Regenwals entwickelt hat, aufgrund von Kahlschlägen und heftigen Regenfällen die relativ dünne Humusschicht abgeschwemmt, wird sich aufgrund der nun veränderten lokalen Boden- und Wasserverhältnisse für einen sehr langen Zeitraum nicht wieder tropischer Regenwald entwickeln.

Resümee

Es ist zwar nicht möglich, von den *Single-species*-Tests auf Ökosysteme zu schließen, man tut es aber mit Hilfe von sog. „Sicherheitsfaktoren" dennoch. Das Resultat sind sog. *no effect concentrations* (NEC), *no observed effect concentrations* (NOEC) oder *predicted no effect concentrations* (PNEC). Letztere werden aus gemessenen Werten (die niedrigste gemessene Wirkkonzentration; meist LC_{50}, bestenfalls an mehreren Organismen und/oder über längere Zeiten, um auch chronische Effekte erfassen zu können) abgeleitet. Sie sind meist für Wasser als Testmilieu definiert. Für die Kompartimente Boden und Sediment gibt es viel weniger Werte; die Luft spielt in der Ökotoxizität nur als Aufnahme- und Transportmedium eine Rolle. Phytotoxische Effekte können direkt über die Luft vermittelt werden. Diese werden in der Ökobilanz aber über die Wirkungskategorie Versauerung und teilweise über die Kategorie Sommersmog erfasst. Auch die globalen atmosphärischen Wirkungen, die zur Ökotoxität im weiteren Sinne zu rechnen sind, werden in eigenen Wirkungskategorien erfasst. Die wissenschaftliche Ökotoxikologie bemüht sich, ähnlich wie die Toxikologie im Falle der Humantoxizität, Schadwirkungen durch verschiedene Schadstoffe an unterschiedlichen Spezies (Arten) genau zu studieren und Mechanismen aufzustellen. Eine Übertragung dieser Einzelbefunde auf alle Arten und vor allem auf die Ökosysteme (s. o.) ist zur Zeit nicht möglich und im Falle der Ökosysteme wahrscheinlich prinzipiell unmöglich.

Das eigentliche Schutzziel in der Wirkungskategorie Ökotoxizität kann durch das Gedeihen, die Qualität und Nachhaltigkeit der natürlichen Ökosysteme umschrieben, aber nicht wirklich befriedigend definiert werden. Es ist daher, vor allem in den USA, versucht worden die anschauliche Metapher *ecosystem health* für das eigentliche Schutzziel einzuführen. Dem ist jedoch von Suter[290] in einer eleganten Analyse des Begriffs und seiner Konsequenzen energisch widerspro-

---

290) Suter II 1993

chen worden (siehe Abschnitt 4.5.3.2.3). Der Ausdruck Gesundheit suggeriert, dass wir die Funktionsweise von Ökosystem verstehen, was nicht stimmt[291], und erkrankte Ökosysteme sozusagen heilen könnten. Als bessere Bezeichnungen für das übergeordnete Schutzziel für Ökosysteme schlägt Suter Qualität oder Nachhaltigkeit (*sustainability*) vor und gibt Beispiele für die nötigen Untersuchungen und Angaben zur Charakterisierung.

4.5.3.3.3 Einfache Quantifizierung der Ökotoxizität ohne Expositionsbezug

Ähnlich wie bei der Wirkungskategorie Humantoxizität gibt es auch bei der Ökotoxizität eine „nullte Näherung"[292], in der nur das primär belastete Kompartiment ($m = n$) in Gleichung (4.29) betrachtet wird und der Fate-Faktor nicht beachtet wird ($F = 1$). Dann kann eine möglichst große NEC-Liste, wie sie z. B. von der US EPA erstellt wurde[293], zur Gewichtung im betrachteten Kompartiment benutzt werden (Ökotoxizitäts-Potenzial ÖTP nach Gleichung (4.32)). Ebenso wie für die Nutzung der MAK- oder ADI-Werte für die Humantoxizität besprochen, werden die NEC-Werte ausschließlich für eine relative Gewichtung der in der Sachbilanz ermittelten Emissionen ins Wasser oder in den Boden genutzt. Eine Zweiteilung des Indikators in Wasser- und Bodenorganismen ist allerdings auch bei dieser einfachen Methode kaum zu vermeiden (es sei denn, die Ökotoxizität im Kompartiment Boden wird – z. B. mangels Daten – vernachlässigt).

$$\text{ÖTP*} = \Sigma_i \ (m_i \ / \ \text{NEC}_i) \ [\text{L Wasser oder kg Boden pro f E}] \qquad (4.32)$$

mit m_i = Masse des in Wasser bzw. Boden emittierten Stoffes i, für den die NEC_i dokumentiert wurde, pro funktionelle Einheit

*   Meist getrennt in ein aquatisches (**ÖTPA**) und ein terrestrisches Ökotoxizitäts-Potenzial (**ÖTPT**). Die Einheit des ÖTP [L Wasser; kg Boden] ergibt sich aus den Einheiten der NEC-Werte, die für Wasser meist in [mg/L], für Boden meist in [mg/kg Trockenmasse] („ppm") angegeben werden. Die Fracht pro funktionelle Einheit (aus der Sachbilanz) muss in dieser Konvention entsprechend in Milligramm eingesetzt werden.

Alternativ kann ÖTP bzw. ÖTPA oder ÖTPB in Gleichung (4.33) durch Quotientenbildung auf eine beliebige Referenzsubstanz (z. B. 1,4-Dichlorbenzol, DCB) bezogen werden, deren ÖTP willkürlich gleich eins gesetzt wird. Das Indikator-Resultat lautet dann „kg DCB-Äquivalente" pro funktionelle Einheit für die Ökotoxizität im Wasser oder im Boden. Das einzige Argument gegen eine solche Quotientenbildung ist das gleiche wie bei der Humantoxizität: es täuscht einen ähnlichen Mechanismus für alle aggregierten Emissionen vor, wo in Wirklichkeit völlig andere Wirkungszusammenhänge bestehen mögen.

---

291) Schmid und Schmid-Araya 2001
292) Der Ausdruck „nullte Näherung" stammt aus der Quantenphysik und bezeichnet eine theoretische Problemlösung, die Interaktionen zwischen Teilsystemen ausschließt.
293) Heijungs et al. 1992; Klöpffer und Renner 1995

Führt der Bezug auf MAK-Werte zu einer relativen Gewichtung des humantoxikologischen Potenzials von Stoffen, erhält man hier formal analog eine relative Gewichtung bezüglich der dokumentierten NEC. Der Unterschied liegt allerdings darin, dass für die Ableitung von Grenz- und Richtwerten zum Schutz der menschlichen Gesundheit in der Regel ein großer Datenhintergrund herangezogen wird, NEC- und NOEC-Werte dagegen meist keinen Bezug zum Wirkungsgefüge in Ökosystemen haben (s. o. Diskussion zum Schutzziel), sondern für Einzelorganismen bestimmt wurden. Dennoch ist dieser Ansatz ein erster Schritt zu einer relativen Gewichtung der Ökotoxizität. Ein weiterer Nachteil der einfachen Gewichtung ist die Vernachlässigung der Persistenz und Bioakkumulation von Verbindungen, die in einem Extrascore oder zumindest in einer aus der Sachbilanz übernommenen Liste erfasst werden müssten. Andernfalls würden die gefährlichsten (persistenten) Umweltchemikalien[294], die oft keine besonders hohe Akuttoxizität aufweisen, in der Aggregation nicht oder nicht genügend berücksichtigt. Substanzen mit sehr hoher akuter Ökotoxizität ($LC_{50} < 1$ µg/L) dominieren das Ergebnis. Im Gegensatz zur Humantoxizität, die sich nur auf den Menschen bezieht (also im biologischen Sinn nur auf eine Spezies), liegt bei der Ökotoxizität das in den Abschnitten 4.5.3.3.1 und 4.5.3.3.2 beschriebene Dilemma vor, worin genau das Schutzziel besteht und mit welchem Wirkungsindikator die Schadwirkungen zu beschreiben seien. Die einfache Charakterisierung nach Gleichung (4.32) wird daher nur für einfache Ökobilanzen zu empfehlen sein und muss in „Ziel und Festlegung des Untersuchungsrahmens" begründet werden.

4.5.3.3.4 Einbeziehung von Persistenz und Verteilung in die Quantifizierung

Die Einbeziehung von Substanzeigenschaften, die Transport, Verteilung und Abbau beschreiben, benötigt feinere Wirkungsindikatoren. Solche müssen den Fate-Faktor (*F*) nach der im Abschnitt Humantoxizität erläuterten Formel einbeziehen (Gleichung 4.33).

$$S_i^{nm} = E_i^m \ F_i^{nm} \ M_i^n \tag{4.33}$$

S_i^{nm} Effekt (*score*) einer Substanz *i* für das Kompartiment *m*, wobei die ursprüngliche Emission in das Kompartiment *n* erfolgte

. *E* Effektfaktor (für das (Ziel-)Kompartiment *m*)

F Fate (Verteilung vom Kompartiment *n* nach *m* und Abbau)

M Masse (Eintrag Substanz *i* in das Kompartiment *n* pro funktioneller Einheit)

Als Effektfaktor in Gleichung (4.33) können reziproke NOEC-Werte dienen, die für das betrachtete Kompartiment *m* (Wasser, Boden, Sediment) bekannt und möglichst evaluiert sein sollen. Werte, die für mehrere Spezies bestimmt und

---

294) Stephenson 1977; Frische et al. 1982; Klöpffer 1989, 1994, 2001; Müller-Herold 1996; Scheringer 1999; Klöpffer und Wagner 2007a, 2007b

gemittelt wurden, sind aussagekräftiger als solche, die nur für eine Art bestimmt wurden[295].

Die zur Berechnung der Fate-Faktoren (F) nötigen Modellierungen sind zwar Stand der Technik[296], das Problem sind die Rahmenbedingungen für die Größe der Kompartimente („gesamte Welt" oder spezifisch für eine Region) und die gewählten Transfer- und Abbaumodelle sowie die Zahlenwerte für Abbau- und Transferkonstanten[297]. Eine Liste der mindestens erforderlichen Daten für die Modellierung der Ökotoxizität findet sich in der OMNITOX-Methodenbeschreibung[298]:

- Dissoziationskonstanten (Säure/Base),
- Reaktionskonstante 2. Ordnung für die Reaktion mit OH in der Gasphase,
- Halbwertszeit der Hydrolyse in Wasser,
- Henry-Konstante bzw. Luft-Wasser-Verteilungs-Koeffizient,
- Schmelzpunkt,
- Molmasse,
- Octanol-Wasser-Verteilungs-Koeffizient,
- Partikel-Gas-Verteilungs-Koeffizient (z. B. nach Junge),
- Verteilungs-Koeffizient (Fließgleichgewicht) zwischen Wasser und Sediment,
- Verteilungs-Koeffizient (Fließgleichgewicht) zwischen Wasser und Boden,
- Dampfdruck,
- Wasserlöslichkeit,
- akute lethale Toxizität für Süßwasserfisch,
- akute Toxizität für Wirbellose,
- Algenwachstumshemmung (Erniedrigung der Wachstumsrate),
- Algenwachstumshemmung (Reduktion der Biomasse),
- *Ready biodegradability* (verschiedene Endpunkte), leichte biologische Abbaubarkeit,
- *Inherent biodegradability*, biologische Abbaubarkeit nach Adaptierung (der abbauenden Mikroorganismen bzw. deren Enzymsystem) an das Substrat.

Einige, aber nicht alle unter diesen Daten müssen für die Chemikalienbewertung vom Erzeuger gemeldet werden. Diese unbefriedigende Datenlage gilt sogar für das derzeit fortschrittlichste Chemikaliengesetz der Welt, REACH[299]. Als Ausweg werden sog. quantitative Struktur-Aktivitäts-Beziehungen benutzt, um mit einem Minimum an Information (oft nur die Strukturformel) zu Schätzungen der gewünschten Substanzeigenschaften zu gelangen. Dass auch gemessene physikalisch-chemische Daten in weiten Bereichen streuen können, wurde am Beispiel der bekannten Umweltchemikalie DDT und dessen Umwandlungspro-

---

295) Larsen und Hauschild 2007a, 2007b

296) Mackay 1991; Trapp und Matthies 1996, 1998; Fenner et al. 2005

297) Hertwich et al. 1998

298) Guinée et al. 2004; siehe auch Klöpffer 1996; Scharzenbach et al. 2002; Klöpffer und Wagner 2007a

299) EG 2006: Registration, Evaluation, Authorisation and Restriction of Chemicals (REACH); Scheringer und Hungerbühler 2008; siehe auch Klöpffer 1996c, 2002, 2004

dukt DDE gezeigt[300]. Der einzige gangbare Weg, der aus diesem Dilemma führen kann, ist die Evaluierung der bestehenden Daten und die normative Festlegung, welche Daten in den Expositionsrechnungen zu verwendenden sind. Ein richtiger Schritt in diese Richtung wurde für das Modell USEtox[301] beschritten, das bereits in Abschnitt 4.5.3.2.4 für den human-toxikologischen Indikator besprochen wurde. Als öko-toxikologischer Indikator im USEtox Modell wurde bisher nur die **aquatische Ökotoxizität** behandelt, vermutlich weil es für diesen Bereich die meisten Daten gibt (vor allem für Daphnie, Fisch und Alge). Die ausgewählten Substanzdaten werden in empfohlene und vorläufige unterteilt. Bisher wurden 1299 Substanzen mit Charakterisierungsfaktoren versehen, weitere 1247 mit vorläufigen Charakterisierungsfaktoren (Interims CF[302]). Die Faktoren erstrecken sich über insgesamt 10 Zehnerpotenzen (!), weshalb eine größenordnungsmäßige Einordnung der Einzelwerte für ausreichend erachtet wird und die Abweichungen der einzelnen Modelle voneinander (bis maximal drei Größenordnungen) für tolerierbar gelten.

Einschränkend wird von den Autoren (Rosenbaum et al. loc. cit.) festgestellt, dass die Ozeane in USEtox nur als Senke modelliert sind und die Ökotoxizität sich nur auf Süßwasser-Organismen bezieht. Außerdem gehen in die Erstellung der Effekt-Faktoren mittlere Empfindlichkeiten der getesteten Organismengruppen, nicht die der empfindlichsten Spezies ein. Begründet wird dieses Vorgehen damit, dass in der Ökobilanz im Gegensatz zur Chemikalienbewertung kein Risiko abgeschätzt wird, sondern vergleichende Aussagen getroffen werden sollen[303].

Von den bereits im Abschnitt 4.5.3.2.4 erwähnten fortführenden Publikationen zu USEtox ist bisher nur eine erschienen[304]; weitere sind in Arbeit.

4.5.3.4 Schlussbemerkung zu den Toxizitäts-Kategorien

Für die Toxizitäts-bezogenen Wirkungskategorien gilt wie für alle anderen auch, dass in der Zielsetzung der speziellen Ökobilanzstudie festgelegt werden muss, ob diese Kategorien in die Wirkungsabschätzung aufgenommen werden oder nicht; ferner, welche Methode verwendet werden soll. Gewiss werden Ökobilanzen, die sich mit Chemikalien (als solche oder als wesentlicher Teil von Produkten, z. B. Waschmitteln, Arzneimitteln, Lösungsmittel, Agrarchemikalien etc.) beschäftigen, diese beiden Wirkungskategorien behandeln (müssen), um glaubhaft zu sein. Daneben können für „Chemie-ferne" Produkte (d. h. wenn Chemikalien nur in geringen Mengen in die Umwelt emittiert werden) weiterhin einfachere Wirkungsindikatoren benutzt werden. Dies gilt nicht, wenn z. B. die Nutzungsphase mit Reinigung oder Wartung dominiert.

Bei den Verfahren mit Einbeziehung von Persistenz und Verteilung wurden große Fortschritte gemacht und weitere sind zu erwarten. Basis sind allerdings

---

300) Eganhouse und Pontolillo 2002
301) Rosenbaum et al. 2008
302) Rosenbaum et al. 2008
303) Larsen und Hauschild 2007a, 2007b
304) Hauschild et al. 2008

immer toxikologische Daten wie z. B. NOAEL- oder NOAEC-Werte und davon abgeleitete Werte, die zunächst eine relative Skala aufspannen.

Eine systematische Einbeziehung der Humantoxizität und der Ökotoxizität in die Wirkungsabschätzung stellt höhere Anforderungen an die Sachbilanz:

1. Die Emissionen sollen möglicht viele einzelne Chemikalien ausweisen.
2. Diese sollen nicht nur aus generischen Datensätzen zu Energie- und Transportprozessen stammen, sondern durch sorgfältige spezifische Prozessanalysen ermittelt werden.
3. Es müssen Datenasymmetrien verhindert werden, die bei der Toxizität besonders leicht auftreten.

Datenasymmetrien können in diesen Wirkungskategorien zu bedeutenden Fehleinschätzungen führen, weil die Human- und Ökotoxizität von Chemikalien einen Bereich von vielen Größenordnungen überstreicht. Dadurch kann eine besonders „giftige" Substanz auch bei kleiner emittierter Menge pro fE die Wirkungsabschätzung dominieren. Wenn beim Vergleichsprodukt weniger sorgfältig recherchiert wurde, kann das gut recherchierte Produktsystem einen Nachteil haben, d. h. der Faulpelz (wenn nicht gründlich recherchiert wird) oder Schwindler (wenn die Emissionen toxischer Substanzen bewusst unterdrückt wurden) wird dafür noch „belohnt". Daher wird man bei Verwendung der Toxizitäts-Indikatorresultate für vergleichende Aussagen besonders vorsichtig sein und die kritische Prüfung der Ergebnisse wird besonders kritisch sein müssen.

4.5.4
Belästigungen durch chemische und physikalische Emissionen

4.5.4.1 Einführung
Unter Belästigungen versteht man in der Wirkungsabschätzung diejenigen Kategorien, die nicht unmittelbar zu Krankheiten oder schweren Ökosystemschäden führen, sondern von den Menschen als störend, lästig und die Lebensqualität mindernd empfunden werden. Dazu gehören vor allem Geruch und Lärm. Letzterem wird von der Bevölkerung eine sehr hohe Stellung unter den Umweltproblemen eingeräumt und er kann bei dauernd hohem Pegel auch tatsächlich krank machen. Die traditionelle Bezeichnung „Belästigung" ist daher nur bei geringen Dosen berechtigt. Man kann den Lärm auch als physikalische Emission einordnen, die über den physiologisch-sensorischen Weg wahrgenommen wird. Damit stünde er mit der wohl bedenklichsten physikalischen Emission, der von harter Strahlung auf einer Stufe (siehe Abschnitt 4.5.5). Diese wird jedoch nicht direkt sensorisch wahrgenommen und kann auch in kleinen Dosen langfristig Schädigungen hervorrufen.

Vom Wirkungsradius her sind auch Lärm und Geruch dem lokalen Bereich zuzuordnen. Beide sind allerdings durch die Fülle der Quellen in den Industriestaaten doch allgegenwärtig.

4.5.4.2 Geruch

Geruchsbelästigungen gehen von vielen menschlichen Aktivitäten in Industrie, Gewerbe und in der Landwirtschaft aus. Eine naheliegende Differenzierung in Wohlgerüche und üble Gerüche ist praktisch kaum machbar, weil auch die Abluft einer Duftstofffabrik kaum weniger belästigend wirkt als ein mit Jauche (Gülle) gedüngtes Feld. Man kann also davon ausgehen, dass jeder ungewollte Geruch als Umweltimmission zu berücksichtigen ist. Als Gewichtungsfaktoren bieten sich die Geruchsschwellen (OTV = *Odour Threshold Values*) an[305], die zwar nur recht ungenau durch sog. „Riechpanels" ermittelt werden können, für die es aber brauchbare Listen gibt (z. B. Heijungs et al. 1992; Guinée et al. 2002, loc cit.); eine einzige, durch eine Expertengruppe sanktionierte Liste wäre besser. Mit Hilfe dieser Werte als Gewichtungshilfe erhält man eine Art von kritischem Luftvolumen, bezogen auf die Belästigung durch Gerüche:

$$\text{Geruchspotenzial} = \Sigma_i \, (m_i / OTV_i) \, [\text{m}^3 \text{ pro fE}] \tag{4.34}$$

mit m_i = Masse des in die Luft emittierten Stoffes i, für den der Geruchsschwellenwert OTV_i ermittelt wurde, pro funktionelle Einheit

Auch hier ließe sich durch Bezug auf eine Referenzsubstanz und Quotientenbildung leicht eine Umrechnung in [kg Äquivalente] erreichen, was in diesem Falle auch sinnvoll wäre (gleicher Mechanismus der Geruchswahrnehmung).

Gerüche sind äußerst spezifische Sinneswahrnehmungen, die auf geringste chemische Strukturunterschiede reagieren können. Es ist daher sehr problematisch, wenn als Sachbilanzpositionen Summenwerte auftreten. Was ist der Geruchsschwellenwert von „VOC" bzw. „HC" usw.? Dasselbe gilt übrigens auch für die Toxizitäten.

Der Geruch sollte nur bei solchen Produktsystemen quantifiziert werden, bei denen Geruchsbelästigungen vor allem bei Produktvergleichen tatsächlich eine Rolle spielen. Eine generelle Auflistung aller Gerüche über den Lebensweg ist nicht sehr aufschlussreich.

4.5.4.3 Lärm

Lärm gehört subjektiv zu den von der Mehrheit der Bevölkerung als sehr störend empfundenen Umweltfaktoren. Er ist größtenteils verkehrsbedingt, aber auch stationäre Anlagen und Dienstleistungsbetriebe können Lärmquellen sein.

Zum Unterschied von den meisten anderen – von der Emissionsseite her chemischen – Kategorien ist Lärm von der Emission her ein physikalischer und vom Empfänger her (wie alle Sinneseindrücke) ein physiologisch/psychologischer Effekt. Der Schalldruck wird in einer relativen (logarithmischen) Skala quantifiziert (Dezibel). Die Maßeinheit eignet sich leider nicht dazu, den Gesamtlärm additiv aus Teilbeträgen zu summieren. Im direkten Produktvergleich (z. B. Auto, Rasenmäher) kann man eine Standardentfernung festlegen, für die der Lärmpegel

---

305) Heijungs et al. 1992; Klöpffer und Renner 1995; Guinée et al. 2002

eines Gerätes gemessen oder berechnet werden soll. Schwieriger ist die Einbeziehung diffuser Geräusche aus vielen Quellen, wie beim typischen Verkehrslärm. Für den durch LKW-Transporte verursachten Lärm kann in grober Näherung die Fahrstrecke pro funktionelle Einheit als Ersatzgröße verwendet werden[306].

In einer Modellrechnung für die Autobahn Mailand-Bologna wurde ein Äquivalenzfaktor für PKW und LKW abgeleitet[307]. Dabei wird die „gestörte Zeit" der Anwohner rechnerisch erfasst und die Grenzen der Lärmbelastung, die als Störung gelten kann, gesetzlichen Regelungen entnommen. Transportleistungen werden in der Sachbilanz in Personenkilometern (PKW, Bahn, ...) und Tonnenkilometern (LKW, Bahn, Schiff, ...) erfasst (vgl. Abschnitt 3.2.5). Für den speziellen Fall wurden nun erstmals folgende Faktoren berechnet:

- Anzahl gestörte Menschenstunden/Personenkilometer (PKW) = 0,000688
- Anzahl gestörte Menschenstunden/Tonnenkilometer (LKW) = 0,000747

Vereinfacht kann die Anzahl gestörter Menschenstunden nach Gleichung 4.35 berechnet werden:

$$1 \text{ tkm} \approx 1 \text{ Pkm} \approx 7 \times 10^{-4} \text{ [gestörte Menschenstunden]} \qquad (4.35)$$

Damit diese Faktoren in Zukunft vielleicht verallgemeinerungsfähig sein könnten, müssten mittlere Anwohnerdichten ermittelt und in die Rechnung eingeführt werden. Weiterhin sollten Punktquellen und Bahntransporte mit einbezogen werden.

Während Lafleche und Sacchetto (loc. cit.) den Lärm nur als Störung auffassen, stellt Müller-Wenk[308] eine quantitative Beziehung zwischen Straßenlärm und Gesundheitsschäden auf, die vorwiegend Schlaf- und Kommunikationsstörungen umfassen. Die Berechnung bzw. Abschätzung erfolgte für 1000 zusätzliche Fahrzeugkilometer (PKW oder LKW) auf dem schweizerischen Straßennetz und umfasst daher sowohl den Überlandverkehr als auch den Verkehr innerhalb von Ortschaften. Als Bezugsjahr wurde 1995 gewählt. Die Auswertung erfolgte nach der DALY-Methode[309] und wird ergänzt durch Expertenbefragung. Die Ergebnisse für die Schadwirkungen „Kommunikationsstörung" (tagsüber) und „Schlafstörung" (nachts) sind in Tabelle 4.17 in DALY pro 1000 km angegeben. Zur Umrechnung auf die in der Ökobilanz üblichen Angaben Personenkilometer (PKW) und Tonnenkilometer (LKW) pro fE sind also weitere Annahmen erforderlich. Die Zahlen gelten für die Schweiz und können auch für andere Länder mit mittlerer Lärmbelastung verwendet werden. Die Autoren empfehlen die Werte für lärmarme Länder (in Europa z. B. Finnland, Dänemark und Schweden) durch zwei zu dividieren und für Länder mit hoher Lärmbelastung (in Europa z. B. Spanien und Slowakei) mit zwei zu multiplizieren.

---

306) Schmitz et al. 1995
307) Lafleche und Sacchetto 1997
308) Müller-Wenk 1999, 2002b, 2004
309) WHO 1996; Hofstetter 1998; Erklärung des Akronyms siehe Abschnitt 4.5.3.2.4

Tabelle 4.17 Gesundheitsschädigung in DALYs pro 1000 km.

	Fahrzeugtyp 1 (PKW u. ä.) DALY [a]	Fahrzeugtyp 2 (LKW u. ä.) DALY [a]
Kommunikationsstörung (tagsüber)	0,00013	0,0013
Schlafstörung (nachts)	0,0027	0,026

Bei dieser Auswertung müssen Annahmen getroffen werden, ob die Transporte tagsüber oder nachts stattfinden, sowie in welchen Ländern. Der Bahntransport ist in der Analyse noch nicht berücksichtigt, er betrifft aber wegen des wesentlich grobmaschigeren Netzes einen geringeren Bruchteil der Bevölkerung. In Müller-Wenk (2002, loc. cit.) wird skizziert, wie man den Bahnverkehr analog zum Straßenverkehr analysieren könnte. Da beim Flugverkehr nur bei den Start- und Landevorgängen Lärm anfällt, ist hier eine Anrechnung auf Flug-km problematisch. Diese Einschränkungen müssen besonders bei vergleichenden Ökobilanzen im Auge behalten werden, wenn sich die Transportsysteme qualitativ (z. B. LKW vs. Bahn) unterscheiden.

Auf einen völlig anderen Ansatz der Charakterisierung von Lärm mit Hilfe der *Fuzzy-sets*-Methode[310] sei hier nur hingewiesen, da nicht ganz klar ist, wie der gewählte Indikator auf die funktionelle Einheit bezogen werden kann.

4.5.5
Unfälle und Radioaktivität

4.5.5.1 Unfälle
Diese Wirkungskategorie (*casualties*) wurde von der ersten SETAC-Europe-Arbeitsgruppe zur Wirkungsabschätzung[311] in die Kategorienliste aufgenommen, es wurde jedoch keine Methode zur Charakterisierung (Quantifizierung) vorgeschlagen. Sie gehört zu den Kategorien, die beachtet werden sollten, wenn zwei Produktsysteme sich in diesem Punkt stark unterscheiden. Eine im Auftrag des UBA Berlin durchgeführte Vorstudie[312] klärte die Begrifflichkeiten und steckte den Rahmen für eine methodische Entwicklung ab. Es bleibt jedoch zu klären, ob nicht (ähnlich wie bei toxischen Schädigungen am Arbeitsplatz) die noch in Entwicklung begriffene „produktbezogene Sozialbilanz" im Rahmen einer Nachhaltigkeitsanalyse[313] (siehe Kapitel 6) der richtige Platz für die Wirkungskategorie Unfälle ist.

---

310) Benetto et al. 2006; zum Gebrauch von Fuzzy-sets (ein numerisches Expertensystem) in der Ökobilanz siehe auch Thiel et al. 1999; Weckenmann und Schwan 2001; Güereca et al. 2007
311) Udo de Haes 1996
312) Kurth et al. 2004
313) Klöpffer und Renner 2007

4.5.5.2 Radioaktivität

Ohne diese Wirkungskategorie und die Kategorie „Unfälle" würde die Kernenergie in der Wirkungsabschätzung recht gut abschneiden. Der Treibhauseffekt und die meisten chemischen Emissionen sind im Vergleich zur thermischen Stromgewinnung mit fossilen Energieträgern gering – bezogen auf die Energieeinheit. Es verbleibt das Risiko großer Unfälle (GAU), das nach der klassischen „Versicherungsformel"

$$\text{Risiko} = \text{Schadenshöhe} \times \text{Eintrittswahrscheinlichkeit}$$

kaum berechnet werden kann, weil

- die Schadenshöhe extrem groß, aber nicht zu beziffern ist;
- die Eintrittswahrscheinlichkeit zwar > 0, aber sehr klein und ebenfalls statistisch nicht zu belegen ist.

Es fehlt das statistische Material, das die Basis der Versicherungsrechnungen ist.

Ersatzweise versucht man, aus Analogieschlüssen und allgemeinen technischen Kenntnissen Risikorechnungen zu erstellen, die aber meist sehr kontrovers diskutiert werden. Weiterhin ist die Endlagerung der radioaktiven Abfälle nicht gelöst.

Es verbleiben für die Wirkungsabschätzung Störfälle und Leckagen an den Kernkraftwerken, Wiederaufbereitungsanlagen etc. Der erste Quantifizierungsversuch der Wirkungskategorie Radioaktivität beruht auf der Anzahl der radioaktiven Zerfälle pro Zeiteinheit, die von den Emissionen ausgehen[314]. Die SI-Einheit der Radioaktivität[315] ist das Becquerel, benannt nach dem Entdecker der Radioaktivität A. H. Becquerel (1852–1908). Sie bedeutet die Anzahl der radioaktiven Zerfälle pro Sekunde. Die Umrechnung in die ältere Einheit Curie erfolgt nach

$$1 \text{ Curie [Ci]} = 3{,}7 \cdot 10^{10} \text{ Becquerel [Bq]}$$

Die Einheit Becquerel hat den Nachteil, dass weitere für die Wirkung radioaktiver Strahlung wichtige Informationen wie die Art der Strahlung (α, β, γ)[316], die Energie pro Teilchen oder Quant und die Halbwertszeit der radioaktiven Atomkerne nicht berücksichtigt werden.

Als Aggregation bietet sich der ungewichtete Sachbilanzposten **Bq pro funktionelle Einheit** an.

---

314) Suter et al. 1995; Guinée et al. 2002
315) ISO 1981; DIN 1978a, 1978b
316) α-Strahlung besteht aus He^4-Kernen, β-Strahlen sind hochenergetische Elektronenstahlen, γ-Strahlung ist extrem kurzwellige elektromagnetische Strahlung; die drei Strahlenarten unterscheiden sich neben dem Energiegehalt vor allem in ihrer Fähigkeit, Materie zu durchdringen: diese steigt von α nach γ an.

Eine über diese ungewichtete Aggregation hinausgehende Charakterisierung wurde in der Literatur beschrieben[317]. Sie berücksichtigt, dass harte Strahlung nicht nur die menschliche Gesundheit, sondern auch die Umwelt schädigen kann und dass sich Radionuklide auch in den Umweltmedien anreichern können – mit der von den Chemikalien her bekannten Möglichkeit des Transfers auf den Menschen, etwa durch kontaminierte Lebensmittel.

Zur Ableitung eines Indikatormodells wird von einer Gleichung ausgegangen, die im wesentlichen Gleichung (4.33) entspricht, also Masse, Effekt und Fate verknüpft. Als Effektfaktoren für die Umweltbelastung durch Radionuklide werden sog. „*Environmental Increments* (EIs)"[318] vorgeschlagen. Solche Faktoren wurden für die wichtigsten im radioaktiven Müll vorkommenden Radionuklide abgeleitet. Dabei wird in Übereinstimmung mit der Erfahrung berücksichtigt, dass auch unter natürlichen Bedingungen für viele Nuklide eine geringe Exposition der Lebewesen vorliegt, mit der die Arten und Ökosysteme offenbar zurechtkommen[319]. Die EIs für die einzelnen Nuklide werden nicht ganz ohne Willkür aus der natürlichen Variabilität ihres Vorkommens in Ökosystemen (Mindestgröße 1 ha, kleinster Zeitraum 1 a) bestimmt und dienen als konservative Näherung (*proxy*) nach Art der „*No Effect Concentrations*" in der Öko-Toxikologie (Solberg-Johansen loc. cit.). Für die nicht natürlich vorkommenden Radionuklide wurden EI-Werte unter mehr oder weniger plausiblen Annahmen konstruiert.

Für die Anwendung in der Wirkungsabschätzung muss das Indikatormodell medienbezogen für terrestrische, luftbezogene und aquatische Exposition entwickelt werden (drei Effektfaktoren).

Die einfachste Anwendungsform der EI-Methode (Fate-Faktor = 1) ist formal dem „kritischen Volumen" (Abschnitt 4.2) ähnlich:

$$C_i = m_i \left(1/\mathrm{EI}_i\right) \tag{4.36}$$

mit

m_i Masse des emittierten Nuklids i (in das betrachtete Medium),
für den das EI_i ermittelt wurde, pro funktionelle Einheit
C_i möglicher Beitrag des Nuklids i
M_i Masse i pro fE
EI_i *Environmental Increment* von i ([Bq/kg Boden], [Bq/m^3 Wasser]
oder [Bq/m^3 Luft])

Diese Einzelbeiträge können, wie auch bei den Chemikalien, zu einem Gesamtpotenzial aufsummiert werden.

Um auch die Lebensdauer und Verteilung der Nuklide (Fate) einzubeziehen, können einfache Expositionsmodelle angewendet werden. Die Humantoxizität

---

317) Solberg-Johansen et al. 1997
318) Amiro 1993
319) Die Methode wurde für Emissionen aus Kernanlagen und nuklearem Müll entwickelt und steht daher dem Grenzwertdenken näher als dem „weniger ist besser" der klassischen Ökobilanz, Amiro und Zach 1993.

der radioaktiven Emissionen wird nach Solberg-Johansen (loc. cit.) durch ungewichtete [Bq] quantifiziert, aber nicht charakterisiert.

Ähnlich wie für andere selten angewendete Wirkungskategorien (siehe Abschnitt 6.3.1) gilt auch für die Radioaktivität, dass Weiterentwicklung der Methodik, Harmonisierung verschiedener Varianten und Erprobung in realen
Ökobilanzen eine hohe Priorität haben sollten.

4.6
Illustration der Komponente Wirkungsabschätzung am Praxisbeispiel

Die Anforderungen an die Wirkungsabschätzung sind gegliedert in die verbindlichen und die optionalen Elemente. Für die Ausgestaltung der optionalen
Elemente gibt es deutlich mehr Freiheitsgrade. Die nachfolgende Illustration
der Komponente Wirkungsabschätzung anhand des Fallbeispiels[320] folgt der
Gliederung in Abschnitt 4.3.

Verbindliche Bestandteile:

1. Auswahl von Wirkungskategorien, -indikatoren und Charakterisierungsfak-
toren (Abschnitt 4.6.1):
Diese Festlegungen sind nach ISO 14040/44 bereits in der ersten Kompo-
nente „Festlegung von Ziel und Untersuchungsrahmen" zu treffen, da die
Datenerhebung in der Sachbilanz sicherstellen muss, dass die erforderlichen
Daten für die ausgewählten Wirkungskategorien verfügbar sind (vgl. Kapitel 2). Die ausführliche Besprechung erfolgt an dieser Stelle, nachdem im
Abschnitt 4.5 die wissenschaftlichen Hintergründe der Berücksichtigung von
Wirkungskategorien besprochen wurden. Grundsätzlich ist in der Komponente
Wirkungsabschätzung zu überprüfen, ob tatsächlich alle Inputs und Outputs
quantitativ erhoben worden sind, um die ausgewählten Wirkungskategorien
abzubilden. Ist das nicht der Fall, gibt es zwei Möglichkeiten: Entweder muss
die Sachbilanz überarbeitet werden oder Wirkungskategorien, die nicht mit
Daten hinreichender Qualität hinterlegt werden können, müssen gestrichen
werden.
Da in ISO 14044 keine verbindliche Liste an Wirkungskategorien festgelegt
ist, die für alle Ökobilanzen Gültigkeit hätten (vgl. Abschnitt 4.3.2.1), muss
die Auswahl in jeder Studie nachvollziehbar und transparent dargestellt und
begründet werden.
Für viele Wirkungskategorien haben sich Indikatormodelle mit Wirkungsindikatoren etabliert, für einige wie z. B. „Human- oder Ökotoxizität" werden von
unterschiedlichen Arbeitsgruppen teils recht verschiedene Modelle verwendet
(vgl. Abschnitt 4.5.3). Auch hier gilt, dass alle in einer Studie verwendeten Indikatormodelle nachvollziehbar und transparent dargestellt werden müssen.

---

320) IFEU (2006)

2. Klassifizierung (Abschnitt 4.6.2):
   Die Klassifizierung wird in jeder Studie für die ausgewählten Wirkungskategorien durchgeführt.
   Die Sachbilanzdaten werden danach geordnet zu welcher der ausgewählten Wirkungskategorien sie nach jeweils aktuellem Stand der wissenschaftlichen Erkenntnis einen Beitrag liefern: sie werden in Klassen eingeteilt.

3. Charakterisierung (Abschnitt 4.6.3):
   Mittels der ausgewählten Indikatormodelle für die berücksichtigten Wirkungskategorien werden die durch Klassifizierung zugeordneten Sachbilanzdaten mittels Charakterisierungsfaktoren in Wirkungsindikatoren überführt.

Optionale Bestandteile:

4. Normierung (Abschnitt 4.6.4):
   Wird eine Normierung durchgeführt, müssen die Bezugsgrößen definiert werden.

5. Ordnung (Abschnitt 4.6.5):
   Werden die normierten Daten in einem weiteren Arbeitsschritt bezüglich ihrer Relevanz geordnet, müssen die Ordnungskriterien transparent dargestellt werden. Das ist insbesondere deshalb wichtig, da hier bereits wertende Elemente einfließen.

6. Gewichtung (Abschnitt 4.6.6):
   Da die Gewichtung wertende Elemente enthält, ist die genaue Beschreibung der Gewichtungsgrundlagen für die Glaubwürdigkeit einer Ökobilanz unverzichtbar.

7. Zusätzliche Analyse der Datenqualität:
   Die kritische Reflexion der Qualität der Datenbasis sollte arbeitsbegleitend in jedem Schritt der Wirkungsabschätzung erfolgen. Wie in Abschnitt 4.3.3.4 erläutert, ist die Analyse der Datenqualität explizit in der Auswertung gefordert und wird in Kapitel 5 besprochen.

4.6.1
Auswahl von Wirkungskategorien, -indikatoren und Charakterisierungsfaktoren

Unter „Festlegung des Ziels und des Untersuchungsrahmens" finden sich in der Beispielstudie die folgenden Begründungen für die ausgewählten Wirkungskategorien:

Die Wirkungsabschätzung in der vorliegenden Studie erfolgt anhand der nachfolgend aufgelisteten Wirkungskategorien[321]:

A) Ressourcenbezogene Kategorien:
  – Beanspruchung fossiler Ressourcen,
  – Naturraumbeanspruchung Forst.

B) Emissionsbezogene Kategorien:
  – Treibhauseffekt,
  – terrestrische Eutrophierung,
  – Versauerung,
  – Sommersmog,
  – aquatische Eutrophierung.

Mit der Aufspaltung der Wirkungskategorie Eutrophierung in eine getrennte Betrachtung der aquatischen und terrestrischen Eutrophierung wird den in beiden Bereichen unterschiedlichen Wirkungsmechanismen Rechnung getragen.

Die für die betrachteten Kategorien angewendeten Wirkungsmechanismen sind (mit Ausnahme der Naturraumbeanspruchung Forst) wissenschaftlich begründet und mit Bezug aus den Sachbilanzdaten üblicherweise auch gut umsetzbar. Dies bestätigt auch ihre weit verbreitete Verwendung in nationalen und internationalen Ökobilanzen. Es kann hier also durchaus von einer allgemeinen Akzeptanz dieser Wirkungskategorien gesprochen werden[322]. Sie können als in der ökobilanziellen Praxis standardmäßig verwendete Umweltwirkungskategorien betrachtet werden.

Hinsichtlich der Bewertung der Naturraumbeanspruchung findet man in der Ökobilanzpraxis unterschiedliche Ansätze und Vorgehensweisen. Die wissenschaftliche Diskussion bewegt sich unter anderem um die Frage, wie eine festgestellte Flächennutzung ökologisch zu bewerten ist.

Auch die Wirkungskategorien Human- und Ökotoxizität sind zu den „Standard-Kategorien" der Ökobilanzierung zu zählen. Auch hier gibt es eine Reihe von unterschiedlichen Ansätzen zu deren Berücksichtigung im Rahmen der Wirkungsabschätzung. Die Kritikpunkte an den verwendeten Modellen sind jedoch so weitgehend, dass eine Harmonisierung nicht unmittelbar zu erwarten ist. Zudem gibt es in diesem Bereich häufig auch schon auf der Sachbilanzebene Probleme wie z. B. unvollständige Inventardaten, die letztlich zu Fehlinterpretationen führen können.

Die Human- und Ökotoxizität wurden in dieser Studie im Rahmen der Wirkungsabschätzung aus den genannten Gründen nicht ausgewertet.

---

321) Da in den untersuchten Systemen Ozon zerstörende Substanzen nicht in relevanten Mengen freigesetzt werden, wurde hier aus Aufwandsgründen auf die Berücksichtigung dieser Wirkungskategorie verzichtet.

322) In der ökobilanziellen Praxis ist es kaum möglich, eine vollständige Einschätzung aller Umweltthemen vorzunehmen. In der vorliegenden Studie findet allein schon durch die Vorauswahl einzelner Umweltthemen eine diesbezügliche Einschränkung statt. Die wünschenswerte breite Betrachtung möglichst vieler Umweltthemen scheitert häufig an der unterschiedlichen Qualität der verfügbaren Sachbilanzdaten und der ebenso unterschiedlichen wissenschaftlichen Akzeptanz der einzelnen Wirkmodelle.

Die Zuordnung von Sachbilanzparametern zu den ausgewählten Wirkungskategorien und die jeweilige Einheit des Wirkungsindikators sind in der Beispielstudie bereits in der Komponente „Definition von Ziel und Untersuchungsrahmen" tabellarisch dargestellt (vgl. Tabelle 2.1).

Im Anhang der Beispielstudie werden die Begründungen für die Auswahl der Wirkungsindikatoren sowie der Indikatormodelle, die der Wirkungsabschätzung zugrunde liegen, ausführlicher beschrieben. Für jede der ausgewählten Wirkungskategorien werden für alle jeweils ausgewählten und zugeordneten Sachbilanzparameter tabellarisch die Äquivalenzfaktoren des ausgewählten Indikatormodells präsentiert. Es gibt Wirkungskategorien, wie z. B. „Treibhauseffekt", bei denen die ausführliche Vorstellung in jeder Ökobilanz fast übertrieben scheint, da sich ein breiter Konsens zum Indikatormodell herausgebildet hat. Andere Wirkungskategorien dagegen werden in der wissenschaftlichen Literatur kontrovers diskutiert (z. B. Photooxidantienbildung) und das für die spezielle Studie gewählte Indikatormodell muss transparent und nachvollziehbar beschrieben werden.

4.6.1.1 Treibhauspotenzial

Der Treibhauseffekt als Wirkungskategorie steht für die negative Umweltwirkung der anthropogen bedingten Erwärmung der Erdatmosphäre und ist in entsprechenden Referenzen bereits eingehend beschrieben worden[323]. Der bisher in Ökobilanzen meist angewandte Indikator ist das Strahlungspotential (radiative forcing)[324] und wird in CO_2-Äquivalenten angegeben. Die Charakterisierungsmethode gilt als allgemein anerkannt.

Nachfolgend werden die in den Berechnungen des Treibhauspotentials angetroffenen Substanzen mit ihren CO_2-Äquivalenzwerten – ausgedrückt als „Global Warming Potential (GWP)" – aufgelistet:

Tabelle 4.18 Treibhauspotential der im Rahmen dieses Projekts berücksichtigten Stoffe.

Treibhausgas	$(GWP_i)_{100}$ [CO_2-Äquivalente]
Kohlendioxid (CO_2)	1
Methan (CH_4)[1]	25,75
Methan (CH_4), regenerativ	23
Distickstoffmonoxid (N_2O)	296
Tetrachlormethan	1800
Tetrafluormethan	5.700
Hexafluorethan	11.900

Quelle: IPCC 2001
[1] In IPCC 2001 sind indirekte Effekte wie die Oxidation von CH_4 zu CO_2 in den GWP-Werten nicht enthalten. Für Methan aus fossilen Quellen erhöht sich bei Berücksichtung des gebildeten (fossilen) CO_2 der GWP-Wert.

323) IPCC 1995, 2001
324) CML 1992; Klöpffer 1995

Der Beitrag zum Treibhauseffekt wird durch Summenbildung aus dem Produkt der emittierten Mengen der einzelnen treibhausrelevanten Schadstoffe (m_i) und dem jeweiligen GWP (GWP_i) nach folgender Formel berechnet:

$$GWP = \Sigma_i \, (m_i \times GWP_i)$$

4.6.1.2 Photooxidantienbildung (Photosmog- oder Sommersmogpotenzial)

Nachfolgend sind die Gase mit ihren photochemischen Ozonbildungspotenzialen (POCP) aufgelistet, die im Rahmen dieser Ökobilanz erhoben werden konnten.

Tabelle 4.19 Ozonbildungspotenzial der im Rahmen dieses Projekts berücksichtigten Stoffe.

Schadgas	$POCP_i$ [Ethen-Äquivalente]
Ethen	1
Propen	1,123
Methan	0,006
Hexan	0,482
Formaldehyd	0,52
Ethanol	0,399
Aldehyde (Durchschnitt)	0,443
Benzol	0,22
Toluol	0,637
Xylol	1,1
Ethylbenzol	0,73
Kohlenwasserstoffe	
• NMVOC aus Dieselemissionen	0,7
• NMVOC (Durchschnitt)	0,416
• VOC (Durchschnitt)	0,377

Quellen: CML 1992; Guineé 2002; Klöpffer 1995; Jenkin und Hayman 1999

Dabei wurden nur Einzelsubstanzen mit einem definierten Äquivalenzwert zu Ethen berücksichtigt. Für die stofflich nicht präzise spezifizierten Kohlenwasserstoffe, die in Literaturdatensätzen häufig angegeben werden, wird ein aus CML (1992) entnommener mittlerer Äquivalenzwert verwendet.

Das POCP wurde nach folgender Formel ermittelt:

$$POCP = \Sigma_i \, (m_i \times POCP_i)$$

4.6.1.3 Eutrophierungspotenzial

Zur Berechnung der unerwünschten Nährstoffzufuhr wird der Indikator Eutrophierungspotenzial gewählt und dieser Indikator in der Maßeinheit Phosphatäquivalente[325] angegeben. Nachfolgend sind die im Rahmen dieses Projektes vorkommenden verschiedenen Schadstoffe bzw. Nährstoffe mit ihrem jeweiligen Charakterisierungsfaktor aufgeführt:

Tabelle 4.20 Eutrophierungspotenzial der im Rahmen dieses Projekts berücksichtigten Stoffe.

Schadstoff	PO_4^{3-}-Äquivalente (NP_i)
Eutrophierungspotenzial (Boden)	
Stickoxide (NO_x als NO_2)	0,13
Ammoniak (NH_3)	0,327
Eutrophierungspotenzial (Wasser)	
Phosphat	1
Phosphorverbindungen ber. als P	3,06
chemischer Sauerstoffbedarf (CSB)	0,022
Ammoniak/Ammonium	0,327
Nitrat (NO_3^-)/HNO_3	0,095

Quelle: Guineé 2002; Klöpffer 1995

Dabei wird vereinfachend davon ausgegangen, dass alle luftseitig emittierten Nährstoffe eine Überdüngung des Bodens darstellen und alle wasserseitig emittierten Nährstoffe zur Überdüngung der Gewässer beitragen. Da der Nährstoffeintrag in die Gewässer über Luftemissionen im Vergleich zum Nährstoffeintrag über Abwässer gering ist, stellt diese Annahme keinen nennenswerten Fehler dar.

Für die Nährstoffzufuhr in den Boden und in Gewässer getrennt wird der Beitrag zum Eutrophierungspotenzial durch Summenbildung aus dem Produkt der emittierten Menge der einzelnen Schadstoffe und dem jeweiligen NP berechnet.

Es gilt für die Eutrophierung des Bodens:

$$NP_B = \Sigma_i \, (m_i \times NP_i)$$

Es gilt für die Eutrophierung der Gewässer:

$$NP_W = \Sigma_i \, (m_i \times NP_i)$$

---

325) CML 1992; Klöpffer 1995

4.6.1.4 Versauerungspotenzial

Eine Versauerung kann sowohl bei terrestrischen als auch bei aquatischen Systemen eintreten. Verantwortlich sind die Emissionen Säure-bildender Substanzen.

Der in [CML 1992, Klöpffer 1995] beschriebene ausgewählte Wirkungsindikator Säurebildungspotenzial wird als adäquat dafür angesehen. Damit sind insbesondere keine spezifischen Eigenschaften der belasteten Land- und Gewässersysteme vonnöten. Die Abschätzung des Säurebildungspotenzials erfolgt üblicherweise in der Maßeinheit der SO_2-Äquivalente. Nachfolgend sind die in dieser Studie erfassten Schadstoffe mit ihren Versauerungspotenzialen, engl. Acidification Potential (AP), in Form von SO_2-Äquivalenten aufgelistet:

Tabelle 4.21 Versauerungspotenzial der im Rahmen dieses Projekts erhobenen Stoffe.

Schadstoff	SO_2-Äquivalente (AP_i)
Schwefeldioxid (SO_2)	1
Schwefelwasserstoff (H_2S)	1,88
Schwefelsäure	0,65
Chlorwasserstoff (HCl)	0,88
Fluorwasserstoff (HF)	1,6
Cyanwasserstoff	1,6[1]
Stickoxide (NO_x)	0,7
TRS (total reduced sulfur) ber. als S	2,0
Schwefelkohlenstoff	1,68
Ethanthiol	1,03
Mercaptane	0,84[2]
Ammoniak	1,88

Quelle: Guineé 2002; Klöpffer 1995
[1] Annahme Propanthiol
[2] Annahme wie HF

Der Beitrag zum Versauerungspotential wird durch Summenbildung aus dem Produkt der emittierten Menge der einzelnen Schadstoffe und dem jeweiligen AP nach folgender Formel berechnet:

$$AP = \Sigma_i \, (m_i \times AP_i)$$

4.6.1.5 Ressourcenbeanspruchung

Für eine Bewertung der Ressourcenbeanspruchung innerhalb der Wirkungs-abschätzung wird üblicherweise die „Knappheit" der Ressource als Kriterium herangezogen. ... Trotz einer vermeintlich guten methodischen Zugänglichkeit zu der Umweltbelastung „Ressourcenbeanspruchung" werden zukünftig noch einige grundsätzliche Aspekte zu klären sein. Dies betrifft insbesondere die sinnvolle Einteilung der Ressourcenarten und die Definition von Knappheit.

Aufgrund der in dieser Studie getroffenen Auswahl an vorrangig betrachteten Wirkungskategorien werden im Folgenden nur die beiden Ressourcenkategorien Energie und Flächennutzung/Naturraumbeanspruchung erläutert.

4.6.1.5.1 Energieressourcen

Die Aggregation der Ressource Energie erfolgt in dieser Studie auf zwei Arten: Zum einen wird das Konzept einer primärenergetischen Bewertung des Ener-gieaufwandes über den KEA umgesetzt, zum anderen die Endlichkeit fossiler Primärenergieträger berücksichtigt.

Kumulierter Energieaufwand

Der KEA ist kein Wirkungsparameter, wird allerdings in der Auswertung als Informationsgröße herangezogen und daher an dieser Stelle aufgeführt.

Als Kategoriebezeichnung für die primärenergetische Bewertung wird der Begriff des KEA (kumulierter Energieaufwand) verwendet.
Er ist eine Sachbilanzgröße und drückt die Summe der Energieinhalte aller bis an die Systemgrenzen zurückverfolgten Primärenergieträger aus. Unter der Bezeichnung „KEA fossil" werden nur die so bilanzierten fossilen Primärenergieträger aufsum-miert. Als „KEA nuklear" wird der Verbrauch an Uran bilanziert. Die Berechnung des „KEA nuklear" erfolgt aus Beaufschlagung des in den Untersuchungssystemen verbrauchten Atomstroms mit einem Wirkungsgrad von 33 %. Daneben wird auch der „KEA Wasserkraft", der „KEA regenerativ" und der „KEA sonstige" sowie der aus allen KEA-Werten gebildete KEA-Summenwert in den Sachbilanzergebnissen erfasst. Unter „KEA sonstige" wird der Energieaufwand saldiert, zu dem in den Datensätzen keine Angabe über die Art der Energieerzeugung angegeben ist. Der „KEA Wasserkraft" wird auf der Basis eines Wirkungsgrads von 85 % ermittelt.

Knappheit fossiler Brennstoffe

Nach der Methode des UBA dient die statische Reichweite der Energieträger als Indikator für die Knappheit fossiler Brennstoffe[326]. Die statische Reichweite wird dabei aus Daten zu den vorhandenen Weltreserven und des aktuellen Verbrauchs der jeweiligen Ressource abgeleitet. Die Knappheiten werden auf Rohöläquivalente (ROE) umgerechnet[327] (vgl. Tabelle 4.8 in Abschnitt 4.5.1.2).

---

326) Die Verlässlichkeit der statischen Reichweite als Knappheitsindikator wird durch die Unsicherheiten zum Stand der bekannten und wirtschaftlich erschließbaren Ressourcenvorräte beeinträchtigt.
327) UBA 1995

Abweichend von Tabelle 4.8 wird in der Beispielstudie für Erdgas ein Rohöläquivalenzfaktor von 0,6202 verwendet (vgl. Tabelle 4.22).

Es gilt für die Berechnung des Rohöläquivalenzfaktors:

$$ROE = \Sigma_i \, (m_i \times ROE_i)$$

4.6.1.5.2 Flächennutzung bzw. Naturraumbeanspruchung

Wird der ökologische Bestand einer Fläche berücksichtigt, so sind darunter alle flächenbezogenen Umweltbelastungen zu verstehen, wie z. B. die Verringerung der biologischen Diversität, Landerosion, Beeinträchtigung der Landschaft usw. Es erscheint angebracht, mit dem Begriff „Naturraum" alle darin enthaltenen natürlichen Zusammenhänge zu verstehen und zu beschreiben – im Gegensatz zum Begriff der Fläche.

Zu diesem Zweck wurde im Rahmen der UBA Ökobilanz für graphische Papiere [UBA 1998] eine Methode zur Wirkungsabschätzung weiterentwickelt, die auf der Beschreibung des „Natürlichkeitsgrades" (Hemerobiestufen) von Naturräumen [Klöpffer, Renner 1995] aufbaut. In der vorliegenden Studie werden die Hemerobiestufen II–VI berücksichtigt.

Ganz besonders wird in der Studie betont, dass es sich bei der Wirkungsabschätzung nicht um eine Risikoanalyse handelt (vgl. auch Abschnitt 4.4.3.2):

An dieser Stelle wird explizit darauf hingewiesen, dass die Wirkungsabschätzung ein Analyseinstrument im Rahmen der Ökobilanz darstellt. Die Ergebnisse basieren teilweise auf Modellannahmen und bisherigen Kenntnissen über bestimmte Wirkungszusammenhänge und sind im Gesamtzusammenhang zu betrachten. Es handelt sich keinesfalls um Voraussagen z. B. über konkrete Wirkungen, Schwellenwertüberschreitungen oder Gefahren, die durch die untersuchten Produktsysteme verursacht werden.

4.6.2
Klassifizierung

In Abschnitt 3.7 wurde beispielhaft die Sachbilanz des Verpackungssystems für Fruchtsäfte im „1-L-Getränkekarton mit Verschluss" dargestellt. Hier sind auch bereits diejenigen Daten gekennzeichnet, die in der Beispielstudie auf Basis der Festlegungen, die unter Abschnitt 4.6.1 vorgestellt wurden, in Wirkungskategorien überführt wurden. Das ist der Schritt der Klassifizierung.

4.6.3
Charakterisierung

Die klassifizierten Daten werden unter Verwendung der für die jeweilige Studie festgelegten Charakterisierungsfaktoren in Wirkungsindikatorwerte überführt.

Die Klassifizierung und Charakterisierung ist in die meisten einschlägigen Software-Tools integriert. Eine Plausibilitätskontrolle ist allerdings immer anzuraten, da Bezeichnungen ein und desselben Elementarflusses in unterschiedlichen importierten Datensätzen recht unterschiedlich sein können (vgl. Abschnitt 3.7.6). Es muss daher sicher gestellt sein, dass die Software alle in einer Studie vorkommenden Bezeichnungen der Inputs und Outputs korrekt zuordnen kann.

In den Tabellen 4.22 bis 4.28 sind die für die Wirkungskategorien ausgewählten Sachbilanzparameter gemäß Abschnitt 3.7 in der Spalte „Sachbilanzergebnis" zusammengestellt. Über die verwendeten Charakterisierungsfaktoren gemäß Abschnitt 4.6.1 lassen sich die Wirkungsindikatorwerte berechnen. Das Summenergebnis in jeder Wirkungskategorie bezieht sich auf die funktionelle Einheit des Verpackungssystems, hier: Bereitstellung von 1000 L Fruchtsaft/Fruchtnektar im 1-L-Getränkekarton mit Verschluss beim Handel.

Tabelle 4.22 Fossiler Ressourcenverbrauch (ROE): Rohöläquivalente/fE.

Fossile Ressourcen	Sachbilanz-ergebnis (vgl. Tab. 3.13)	Charakterisie-rungsfaktor in kg Rohöläquivalent/kg	Wirkungs-indikatorwert
Braunkohle	5,48 kg	0,0409	0,22 kg ROE
Erdgas	8,03 kg	0,6202	4,98 kg ROE
Erdöl	12,22 kg	1	12,22 kg ROE
Steinkohle	1,27 kg	0,1836	0,23 kg ROE
Summe: Rohöläquivalenzwert			**17,66 kg ROE**

Tabelle 4.23 Bilanzierungsgröße: KEA (kumulierter Energiebedarf)
(keine Charakterisierungsfaktoren)/fE.

Energie als KEA	Sachbilanzergebnis (vgl. Tab. 3.14)
KEA fossil	9,62E+05 kJ
KEA Kernkraft	3,17E+05 kJ
KEA sonstige	1,23E+03 kJ
KEA Wasserkraft	9,76E+04 kJ
KEA regenerativ	6,58E+05 kJ
Summe KEA	**2,04E+06 kJ**

Tabelle 4.24 Bilanzierungsgröße: Naturraumbedarf (keine Charakterisierungsfaktoren)/fE.

Naturraumbedarf	Sachbilanzergebnis (vgl. Tab. 3.17)	Addition Flächen gleicher Klassen (Klasse 2–6)	
Flächenbedarf Kl. 2	4,74E–01 m^2		
Flächenbedarf Kl. 2 (BRD)	3,15E–02 m^2		
Flächenbedarf Kl. 2 (Nord)	1,04E+00 m^2		
		Fläche 2	1,55E+00 m^2
Flächenbedarf Kl. 3	4,77E+00 m^2		
Flächenbedarf Kl. 3 (BRD)	2,83E–01 m^2		
Flächenbedarf Kl. 3 (Nord)	1,19E+01 m^2		
		Fläche 3	1,70E+01 m^2
Flächenbedarf Kl. 4	1,15E+01 m^2		
Flächenbedarf Kl. 4 (BRD)	1,36E–01 m^2		
Flächenbedarf Kl. 4 (Nord)	3,16E+01 m^2		
		Fläche 4	4,32E+01 m^2
Flächenbedarf Kl. 5	1,79E+00 m^2		
Flächenbedarf Kl. 5 (BRD)	2,22E–02 m^2		
Flächenbedarf Kl. 5 (Nord)	7,33E+00 m^2		
		Fläche 5	9,14E+00 m^2
Flächenbedarf (gesamt)			**7,09E+01 m^2**

Tabelle 4.25 Treibhauspotenzial $(GWP)_{100}$: CO_2-Äquivalente/fE.

Treibhauseffekt	Sachbilanzergebnis (vgl. Tab. 3.18)	Charakterisierungs-faktor in kg CO_2-Äquivalent/kg	Wirkungsindikatorwert GWP_{100}
C_2F_6	2,12E–05 kg	11900	2,52E–01 kg CO_2-Äq
CF_4	2,43E–04 kg	5700	1,39E+00 kg CO_2-Äq
CH_4	1,55E–01 kg	25,75	4,00E+00 kg CO_2-Äq
CH_4, regenerativ	6,90E–02 kg	23	1,59E+00 kg CO_2-Äq
CO_2, fossil	6,07E+01 kg	1	6,07E+01 kg CO_2-Äq
N_2O	1,13E–03 kg	296	3,34E–01 kg CO_2-Äq
Tetrachlor-kohlenstoff	1,36E–11 kg	1800	2,45E–08 kg CO_2-Äq
Treibhauspotenzial (gesamt)			**6,83E+01 kg CO_2-Äq**

Tabelle 4.26 Sommersmogpotenzial (POCP und NCPOCP); Ethen-Äquivalente/fE.

Sommersmog	Sachbilanzergebnis (vgl. Tab. 3.18)	Charakterisierungs- faktor in kg Ethen-Äq/kg	Wirkungsindikatorwert POCP
Aldehyde, unspez.	1,27E–07 kg	0,443	5,63E–08 kg Ethen-Äq
Benzol	7,53E–05 kg	0,22	1,66E–05 kg Ethen-Äq
Ethanol	2,55E–08 kg	0,399	1,02E–08 kg Ethen-Äq
Ethen	1,08E–05 kg	1	1,08E–05 kg Ethen-Äq
Ethylbenzol	7,21E–11 kg	0,73	5,26E–11 kg Ethen-Äq
Formaldehyd	3,76E–04 kg	0,52	1,96E–04 kg Ethen-Äq
Hexan	7,53E–06 kg	0,482	3,63E–06 kg Ethen-Äq
Methan	2,24E–01 kg	0,006	1,34E–03 kg Ethen-Äq
NMVOC aus Dieselemissionen	3,53E–03 kg	0,7	2,47E–03 kg Ethen-Äq
NMVOC, unspez. incl. TOC ber. als NMVOC[329]	1,39E–02 kg	0,416	5,78E–03 kg Ethen-Äq
NMVOC (Kohlenwasserstoffe)	1,22E–02 kg	0,416	5,08E–03 kg Ethen-Äq
Propen	8,02E–06 kg	1,123	9,01E–06 kg Ethen-Äq
Toluol	2,35E–07 kg	0,637	1,50E–07 kg Ethen-Äq
VOC, unspez.	5,49E–02 kg	0,377	2,07E–02 kg Ethen-Äq
VOC (Kohlenwasserstoffe)	3,35E–03 kg	0,377	1,26E–03 kg Ethen-Äq
Xylol	3,17E–07 kg	1,1	3,49E–07 kg Ethen-Äq
Sommersmogpotenzial (gesamt)			**3,69E–02 kg Ethen-Äq**

328) Unter der Annahme, dass im Mittel in NMVOC ein Stoffmengenverhältnis $n(H)/n(C)$ von 3/1 besteht, wird der TOC-Wert durch 0,8 geteilt und dann zu NMVOC unspezifisch addiert.

Tabelle 4.27 Versauerungspotenzial (AP): SO_2-Äquivalente/fE.

Versauerung	Sachbilanzergebnis (vgl. Tab. 3.18)	Charakterisierungs- faktor in kg SO_2-Äquivalent/kg	Wirkungsindikatorwert AP
Ammoniak	4,04E–03 kg	1,88	7,60E–03 kg SO_2-Äq
Carbon disulfide	6,15E–12 kg	1,68	1,03E–11 kg SO_2-Äq
Chlorwasserstoff	1,04E–03 kg	0,88	9,15E–04 kg SO_2-Äq
Cyanwasserstoff	2,41E–09 kg	1,6	3,86E–09 kg SO_2-Äq
Ethanthiol	1,35E–12 kg	1,03	1,39E–12 kg SO_2-Äq
Fluorwasserstoff	1,02E–03 kg	1,6	1,63E–03 kg SO_2-Äq
Mercaptane	5,77E–08 kg	0,84	4,85E–08 kg SO_2-Äq
Schwefeldioxid	1,53E–01 kg	1	1,53E–01 kg SO_2-Äq
Schwefelkohlenstoff	1,89E–10 kg	1,68	3,18E–10 kg SO_2-Äq
Schwefelsäure	1,04E–13 kg	0,65	6,76E–14 kg SO_2-Äq
Schwefelwasserstoff	2,11E–04 kg	1,88	3,97E–04 kg SO_2-Äq
Stickoxide (NO_x ber. als NO_2)	1,79E–01 kg	0,7	1,25E–01 kg SO_2-Äq
TRS (total reduced sulfur)	7,79E–04 kg	2	1,56E–03 kg SO_2-Äq
Versauerungspotenzial (gesamt)			**2,90E–01 kg SO_2-Äq**

Tabelle 4.28 Eutrophierungspotenzial (NP): PO_4^{3-}-Äquivalente/fE.

Eutrophierung	Sachbilanzergebnis (vgl. Tab. 3.18 und 3.19)	Charakterisierungs-faktor in kg PO_4^{3-}-Äq/kg	Wirkungsindikatorwert NP
Ammoniak (L)	4,04E–03 kg	0,347	1,40E–03 kg PO_4^{3-}-Äq
NO_x als NO_2 (L)	1,79E–01 kg	0,13	2,33E–02 kg PO_4^{3-}-Äq
Eutrophierungs-potenzial (terrestrisch)			2,47E–02 kg PO_4^{3-}-Äq
Ammoniak (W)	1,87E–05 kg	0,327	6,11E–06 kg PO_4^{3-}-Äq
Ammonium (W)	1,67E–04 kg	0,327	5,46E–05 kg PO_4^{3-}-Äq
Ammonium als N	6,73E–06 kg	0,42	2,83E–06 kg PO_4^{3-}-Äq
CSB (W)	3,31E–01 kg	0,022	7,28E–03 kg PO_4^{3-}-Äq
Nitrat	2,66E–02 kg	0,095	2,53E–03 kg PO_4^{3-}-Äq
Nitrat als N	1,25E–08 kg	0,42	5,25E–09 kg PO_4^{3-}-Äq
N-Verbindungen, unspez. (W)	1,22E–05 kg	0,42	5,12E–06 kg PO_4^{3-}-Äq
N-Verbindungen als N (W)	4,22E–03 kg	0,42	1,77E–03 kg PO_4^{3-}-Äq
Phosphat (W)	1,08E–07 kg	1	1,08E–07 kg PO_4^{3-}-Äq
P als P_2O_5 (W)	2,94E–08 kg	1,338	3,93E–08 kg PO_4^{3-}-Äq
Phosphor	8,50E–08 kg	3,06	2,60E–07 kg PO_4^{3-}-Äq
P-Verbindungen als P (W)	1,33E–03 kg	3,06	4,07E–03 kg PO_4^{3-}-Äq
Salpetersäure	8,75E–07 kg	0,128	1,12E–07 kg PO_4^{3-}-Äq
Eutrophierungs-potenzial (aquatisch)			1,57E–02 kg PO_4^{3-}-Äq
Eutrophierungs-potenzial (gesamt)			4,04E–02 kg PO_4^{3-}-Äq

Tabelle 4.29 Tabellarische Darstellung der Ergebnisse der Wirkungsabschätzung nach dem Arbeitsschritt Charakterisierung.

Indikator	Ergebnis	Einheit
Summe: Rohöläquivalenzwert	17,66	kg ROE
Summe KEA	2.04E+06	kJ
Flächenbedarf (gesamt)	7,09E+01	m^2
Treibhauspotenzial (GWP$_{100}$)	6,83E+01	kg CO$_2$-Äq
Sommersmogpotenzial (POCP)	3,69E–02	kg Ethen-Äq
Versauerungspotenzial (AP)	2,90E–01	kg SO$_2$-Äq
Eutrophierungspotenzial (NP aquatisch)	1,57E–02	kg PO$_{43}^-$-Äq
Eutrophierungspotenzial (NP terrestrisch)	2,47E–02	kg PO$_{43}^-$-Äq

Als Endergebnis der Klassifizierung sind die Sachbilanzdaten gebündelt und somit für die Auswertung aufbereitet: Viele Daten der Sachbilanz sind allerdings nicht in Wirkungsindikatoren überführt worden. Werden in einer Studie die Kategorien Human- und Ökotoxizität berücksichtigt, könnten hierfür weitere Daten der Sachbilanz herangezogen werden. Wie oben beschrieben wurde in der Beispielstudie aufgrund derzeit noch recht kontroverser Diskussionen in der Fachwelt davon abgesehen diese Wirkungskategorien einzubeziehen (vgl. auch Abschnitt 4.5). Tabelle 4.29 zeigt die Summenergebnisse der oben berücksichtigten Wirkungskategorien sowie der beiden Bilanzierungsgrößen.

In Abschnitt 2.3.1 wurden die in der Beispielstudie gesteckten Ziele skizziert. Um diese Ziele einlösen zu können, werden die Daten über die Normierung noch weiter für die Auswertung aufbereitet (siehe Abschnitt 4.6.4).

Zur Ableitung von Optimierungspotenzialen ist allerdings auch die Sektoralanalyse auf der Ebene der Wirkungsindikatoren nach der Charakterisierung sehr nützlich. Abbildung 4.4 zeigt am Beispiel der Wirkungskategorie „Treibhauseffekt" die Sektoralanalyse der Varianten 1-L-Kartonsystem und 1-L-PET-System bezogen auf die funktionelle Einheit. Die Voraussetzung einer Sektoralanalyse ist die Modellierung in der Sachbilanz in der Weise, dass die Umweltlasten einzelnen Lebensphasen zuzuordnen sind. Im Sinne einer Optimierungsanalyse in der Auswertung (vgl. Kapitel 5) sind solche Informationen sehr wertvoll.

Abbildung 4.4 dient ausschließlich der Veranschaulichung des Nutzens einer Sektoralanalyse auf der Ebene der Wirkungsindikatoren und wird bei der Besprechung der Komponente Auswertung wieder aufgegriffen.

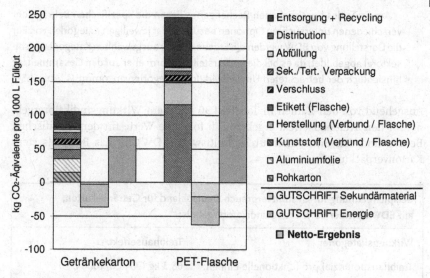

Abb. 4.4 Sektoralanalyse der Produktsystemvarianten bezüglich der
Wirkungskategorie Treibhauseffekt.

4.6.4
Normierung

In jeder Studie sind die gewählten Grundlagen der Normierung zu erläutern.
In der Beispielstudie (IFEU 2006) erfolgt die Normierung über den spezifischen
Beitrag und Einwohnerdurchschnittswerte (vgl. Abschnitt 4.3.3.1).

> Bei der hier durchgeführten Normierung werden die wirkungsbezogenen, aggre-
> gierten Umweltbelastungen über ihren „spezifischen Beitrag" in Form von so
> genannten Einwohnerdurchschnittswerten dargestellt. Diese geben an, welchen
> mittleren Beitrag ein Einwohner in einem gegebenen geographischen Bezugsraum
> pro Jahr an den jeweiligen Wirkungskategorien hat. Damit können Informationen
> zur Relevanz einzelner Kategorien gewonnen werden.
>
> In der hier anhand ausgewählter Beispiele durchgeführten Normierung wird die
> Umweltlast Deutschlands und Westeuropas als Referenzwert herangezogen.
>
> Die zur Normierung herangezogenen Daten sind Tabelle 4.30 zu entnehmen.
> Hier sind die als Bezug herangezogenen Gesamtbelastungswerte Deutschlands
> bzw. Westeuropas und die auf einen Einwohner skalierte Menge – entspricht einem
> EDW – aufgeführt.
>
> Die Ergebnisse der Klassifizierung, die sich zunächst auf die in der Zieldefini-
> tion gewählte funktionelle Einheit beziehen, werden auf den Gesamtverbrauch der
> betrachteten Getränke in Deutschland bzw. Westeuropa skaliert. Dabei wurde ein
> Verbrauch an Fruchtsäften und Fruchtnektaren von 4.555 Mio. L in Deutschland
> zugrunde gelegt. Als Quelle für die Herleitung dieser Zahlen diente [Tetra Pak
> 2005, 2006].

Am Ende des beschriebenen Rechengangs liegen die spezifischen Beiträge der verschiedenen untersuchten Optionen bezüglich der jeweiligen Kategorien vor. Für die Darstellung von EDW werden die Ergebnisse der ausgewählten Kategorien nicht-sektoral abgebildet, da es bei dieser Darstellungsform eher auf den Gesamtbeitrag hinsichtlich der betrachteten Umweltwirkungskategorien ankommt (s. Abb. 4.5).

Ausgehend von den Zahlen in Tabelle 4.30 und dem Wirkungsindikatorergebnis für den Treibhauseffekt ergeben sich folgende Werte für den spezifischen Beitrag und den Einwohnerdurchschnittswert (EDW) für das Beispielsystem Kartonverpackungen:

Beispielrechnung für Gesamtverbrauch Deutschland für Getränkekarton; auf EDW normiertes Wirkungsindikatorergebnis:	
Wirkungskategorie:	**Treibhauseffekt:**
Treibhauspotenzial pro funktionelle Einheit:	68,3 kg CO_2-Eq/1000 L (vgl. Tabelle 4.29)
Zugrunde gelegter Gesamtverbrauch in D:	4.555×10^6 L
Treibhauspotenzial gesamt:	$68,3 \times 4.555 \times 10^3$ kg CO_2-Eq $= 311 \times 10^6$ kg CO_2-Eq
Gesamttreibhauspotenzial in D:	$1.017.916.500 \times 10^3$ kg CO_2-Eq (vgl. Tabelle 4.30)
Einwohner in D:	82.532 000 (vgl. Tabelle 4.30)
EDW Treibhauspotenzial D:	12.334 kg CO_2-Eq/Einwohner (vgl. Tabelle 4-30)
Spezifischer Beitrag Produktsystem:	$3,06 \times 10^{-4}$
EDW Produktsystem:	25.223[a]
Spez. Beitrag Produktsystem =	$\dfrac{\text{Treibhauspotenzial gesamt des Produktsystems}}{\text{Gesamttreibhauspotenzial D}}$
EDW Produktsystem =	$\dfrac{\text{Treibhauspotenzial gesamt des Produktsystems}}{\text{EDW Treibhauspotenzial D}}$

[a] Alle in diesem Abschnitt aufgeführten Daten sind der Übersichtlichkeit halber gerundet. Die in der Studie berechneten 25.212 EDW (s. u.) ergeben sich, wenn alle Nachkommastellen berücksichtigt werden.

Für die Normierung des Wirkungsindikators Naturraumbeanspruchung wurden die jeweiligen Gesamtflächen Deutschlands bzw. Westeuropas herangezogen. Das entspricht dem Vorgehen bei den anderen Wirkungskategorien, wo auch jeweils die deutschen bzw. westeuropäischen Gesamtwerte die Referenz bilden.

Tabelle 4.30 Daten zur Ermittlung des spezifischen Beitrags (EDW) (aus IFEU 2006); EDW = Einwohnerdurchschnittswert.

	Fracht pro Jahr					EDW		
	Deutschland		Westeuropa			Deutschland	Westeuropa	
Einwohner								
Einwohner	82 532 000	a)	397 404 900	b)				
Ressourcen								
Braunkohle	1 547 000	c)	2 239 394	j)	TJ	18 744	5 635	MJ
Erdgas	3 025 000	c)	15 552 120	j)	TJ	36 652	39 134	MJ
Rohöl	5 478 000	c)	26 042 733	j)	TJ	66 374	65 532	MJ
Steinkohle	1 920 000	c)	6 823 563	j)	TJ	23 264	17 170	MJ
Fläche, gesamt	35 703 000	m)	400 000 000	n)	ha	4 326	10 065	m²
Emissionen (Luft)								
Ammoniak	601 000	i)	3 540 000	k)	t	7,28	8,91	kg
Arsen	33	d)	193	k)	t	0,0004	0,0005	kg
Benzol	42 900	f)	306 000	k)	t	0,52	0,77	kg
Benzo(a)pyren	13,76	e)	209	k)	t	0,0002	0,0005	kg
Cadmium	11	d)	133	k)	t	0,00013	0,00033	kg
Chlorwasserstoff			730 000	k)	t		1,84	kg
Chrom	115	d)	646	k)	t	0,0014	0,0032	kg
Dioxin (TCDD/F)	1,25	g)	3,55	l)	kg	15,15	8,93	µg
Stickstoffdioxid	205 000	i)	1 300 000	k)	t	2,48	3,27	kg
Fluorwasserstoff	124 000	h)			t	1,50		kg
Kohlendioxid, fossil	865 000 000	i)	3 390 000 000	k)	t	10 481	8 530	kg
Kohlenmonoxid	4 155 000	i)	42 800 000	k)	t	50,34	107,70	kg
Methan	3 582 000	i)	20 265 000	k)	t	43,40	50,99	kg
Nickel	159	d)	1580	k)	t	0,0019	0,0040	kg
NMVOC	1 460 000	i)			t	17,69		kg

Tabelle 4.30 (Fortsetzung)

	Fracht pro Jahr			EDW		
	Deutschland	Westeuropa		Deutschland	Westeuropa	
Stickoxid (als NO$_2$)	1 428 000 i)	14 000 000 k)	t	17,30	35,23	kg
PCB	43,6 g)	106 k)	t	0,00053	0,00027	kg
Schwefeldioxid	616 000 i)	12 220 000 k)	t	7,46	30,75	kg
Staub (PM10)	224 930 i)	1 350 000 k)	t	2,73	3,40	kg
Emissionen (Wasser)						
Phosphor	33 000 i)	224 000 k)	t	0,39984	0,56366	kg
Stickstoff	688 000 i)	1 370 000 k)	t	8,33616	3,44737	kg
Aggregierte Werte für die Wirkungsabschätzung						
Rohöläquivalente	189 702 096	878 621 435	t ROE-Eq	2 298,53	2 210,90	kg
Treibhauseffekt	1 017 916 500	4 296 623 750	t CO$_2$-Eq	12 334	10 812	kg
Versauerung	2 943 880	29 317 600	t SO$_2$-Eq	35,67	73,77	kg
Eutrophierung (terr.)	395 990	3 059 000	t PO$_4$-Eq	4,80	7,70	kg
Eutrophierung (aqu.)	389 940	1 260 840	t PO$_4$-Eq	4,72	3,17	kg
Eutrophierung (ges.)	785 930	4 319 840	t PO$_4$-Eq	9,52	10,87	kg
Sommersmog (POCP)	638 290	8 200 000	t Eth-Eq	7,73	20,63	kg
Fläche	357 033	4 000 000	km^2	0,43	1,01	ha

a) Stat. Bundesamt 2004 (31.12.2003)
b) Eurostat (1.1.2005)
c) Daten zur Umwelt 2005, Bezugsjahr 2000
d) Daten zur Umwelt 1996, Bezugsjahr 1995
e) IFEU-Studie „POP-Emissionen in Deutschland", Bezugsjahr 1994
f) Enquete Stoff und Materialströme 1993, S. 146
g) Mitteilung UBA

h) Daten zur Umwelt 92/92, Bezugsjahr 1991
i) Daten zur Umwelt 2005, Bezugsjahr 2003
j) Eurostat, aus „Energiebilanzen – Daten 2002–2003, detailed tables, 2005 Edition"
k) Reference Emissions Western Europe, 1995, Daten aus CML (April 2004)
l) European Dioxin Inventory – Stage II – Bezugsjahr 2000
m) Daten zur Umwelt 2005, bezogen auf 2001, Quelle: Stat. Bundesamt 2003
n) Internet Stand Juni 2004

Der geographische Bezug der Referenzwerte (z. B. für GWP Deutschland) und der verursachten Emissionen (GWP des Getränkekartonsystems) sind nicht zwangsläufig deckungsgleich, da etwa das Treibhauspotenzial in Verbindung mit der Rohkartonherstellung in den nordischen Ländern entsteht. Die Ergebnisse der Normierung werden von solchen Effekten in der Regel jedoch kaum beeinflusst.

Die normierten Indikatorergebnisse werden üblicherweise graphisch dargestellt. Die Abb. 4.5 zeigt als Beispiel den auf den Gesamtverbrauch in Deutschland normierten Vergleich der Verpackungssysteme „Getränkekarton mit Ausgusshilfe" und „PET-Flasche" für Fruchtsaft und Fruchtnektar.

Ergebnisse der Normierung

Die … graphische Darstellung der … über Einwohnerdurchschnittswerte normierten Indikatorergebnisse für die ausgewählten Szenarien … zeigen, welche Wirkungskategorien relative höhere bzw. niedrigere spezifische Beiträge zu den deutschen Gesamtwerten beitragen. Anders ausgedrückt: in den Wirkungskategorien, mit den höchsten spezifischen Beiträgen, könnte eine Reduktion der Umweltlasten der betrachteten Verpackungssysteme besonders wirkungsvoll zur Umweltverbesserung auf deutscher Ebene beitragen.

Wie die in EDW gemessenen Unterschiede zwischen den Szenarien zu lesen sind, soll am Beispiel Treibhauseffekt in … Abb. 4.5 … verdeutlicht werden.

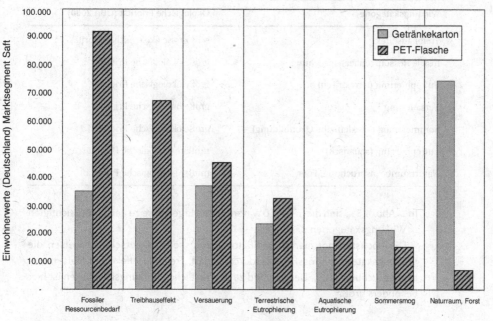

Abb. 4.5 Einwohnerwerte der graphisch dargestellten Wirkungsindikatoren für den Getränkekarton und die PET-EW-Flasche auf Basis des 1-L-Getränkekartons und der 1-L-PET-Flasche für Fruchtsäfte mit Bezug Deutschland.

Im Bezug auf Deutschland erreicht der Getränkekarton 25.212 EDW und das PET-EW-System 67.358 EDW. Geht man nun davon aus, dass die gesamte in Deutschland in einem Jahr konsumierte Menge an Fruchtsäften und Fruchtnektaren alternativ in 1000-mL-Getränkekartons oder 1000-mL-PET-Flaschen abgefüllt würde, so würden sich bei der Alternative Getränkekarton potenziell soviel Treibhausgase einsparen lassen, wie sie statistisch von 42.146 Einwohner jährlich verursacht werden.

4.6.5
Ordnung

In den Arbeitsschritt Ordnung fließen wertende Elemente ein (vgl. auch Abschnitt 4.3.3.2). In der Beispielstudie wird auf die vom Umweltbundesamt erarbeitete Einstufung von Umweltproblemfeldern bezüglich ihrer ökologischen Priorität zurückgegriffen.

Das Element „Ordnung" wird in dieser Studie nicht eigens umgesetzt. Alternativ wird auf die in den Getränkeökobilanzen des Umweltbundesamts erfolgte Einstufung der Wirkungskategorien Bezug genommen.

Tabelle 4.31 Einstufung der ökologischen Priorität in der Getränkeökobilanz des Umweltbundesamtes[329].

Wirkungskategorie	Ökologische Priorität (UBA 2000)
Treibhauseffekt	sehr große ökologische Priorität
fossile Ressourcenbeanspruchung	große ökologische Priorität
Eutrophierung (terrestrisch)	große ökologische Priorität
Versauerung	große ökologische Priorität
Sommersmog (~ bodennahe Ozonbildung)	große ökologische Priorität
Eutrophierung (aquatisch)	mittlere ökologische Priorität
Naturraumbeanspruchung, Forst	mittlere ökologische Priorität

In ... Abb. 4.5 ... sind die ... auf EDW normierten Ergebnisse zu den berücksichtigten ... Wirkungskategorien dargestellt.

Die höchsten normierten Indikatorergebnisse für Deutschland weisen die Wirkungskategorien fossiler Ressourcenbedarf, Treibhauseffekt und Naturraumbeanspruchung auf. ... Der Abstand zu den restlichen Wirkungskategorien ist hier besonders groß.

---

329) UBA 2000

Für sich allein genommen können die normierten Ergebnisse als ein Hinweis dafür gesehen werden, dass die Ergebnisausrichtung der Vergleichsszenarien bezüglich der Wirkungskategorien fossiler Ressourcenbedarf, Treibhauseffekt und Naturraumbeanspruchung in der Interpretation der Ergebnisse angemessen berücksichtigt werden sollte. Die besondere Relevanz dieser Kategorien ergibt sich auch durch die großen absoluten Unterschiede der EDWs im Szenarienvergleich.

4.6.6
Gewichtung

Eine „Gewichtung" ist für vergleichende, der Öffentlichkeit zugängliche Ökobilanzen gemäß ISO 14040/44 nicht zulässig und verbietet sich daher für die vorliegende Ökobilanz.

4.7
Literatur zu Kapitel 4

Amann et al. 1999:
Amann, M.; Bertok, I.; Cofala, J.; Gyrfas, F.; Heyes, C.; Klimont, Z.; Schöpp, W.: Integrated Assessment Modelling for the Protocol to Abate Acidification, Eutrophication and Ground-level Ozone in Europe. Pub. Ser. Air and Energy No. 132, Netherlands Ministry for Housing, Spatial Planning and the Environment, The Hague, Netherlands.

Amiro 1993:
Amiro, B. D.: Protection of the environment from nuclear fuel waste radionuclides: a framework using environmental increments. Sci. Total Environ. 128, 157–189.

Amiro und Zach 1993:
Amiro, B. D.; Zach, R.: A method to assess environmental acceptability of releases of radionuclides from nuclear facilities. Environment International 19, 341–358.

Bachmann 2006:
Bachmann, T. M.: Hazardous substances and human health: exposure, impact and external cost assessment at the European scale. In: Trace Metals and Other Contaminants in the Environment, 8. Elsevier, Amsterdam.

Bare et al. 1999:
Bare, J.; Pennington, D. W.; Udo de Haes, H. A.: Life cycle impact assessment sophistication. Int. J. LCA 4 (5), 299–306.

Bare et al. 2002:
Bare, J. C.; Norris, G. A.; Pennington, D. W.; McKone, D. W.: TRACI – the tool for the reduction and assessment of chemical and other environmental impacts. J. Indust. Ecology 6 (3/4), 49–78.

Barnes et al. 2007:
Barnes, I.; Becker, K.-H.; Wiesen, P.: Organische Verbindungen und der Photosmog. Chemie in unserer Zeit 41 (3), 200–210.

Barnthouse et al. 1998:
Barnthouse, L.; Fava, J.; Humphreys, K.; Hunt, R.; Laibson, L.; Noesen, S.; Norris, G.; Owens, J.; Todd, J.; Vigon, B.; Weitz, K.; Young, J. (eds.): Life-Cycle Impact Assessment: The State-of-the-Art. Report of the SETAC Life-Cycle Assessment (LCA) Impact Assessment Workgroup. 2nd edition. Society of Environmental Toxicology and Chemistry. Pensacola, Florida, 1998.

BDI 1999:
Bundesverband der Deutschen Industrie e. V. (BDI): Die Durchführung von Ökobilanzen zur Information von Öffentlichkeit und Politik. BDI-Drucksache Nr. 313. Verlag Industrie-Förderung, Köln, April 1999. ISSN 0407-8977.

Becker et al. 1985:
Becker, K. H.; Fricke, W.; Löbel, J.; Schurath, U.: Formation, transport and control of photochemical oxidants. In: Guderian, R. (Hrsg.): Air Pollution by Photochemical Oxidants. Springer Verlag, Berlin, S. 1–125.

Bellekom et al. 2006:
Bellekom, S.; Potting, J.; Benders, R.: Feasibility of applying site-dependent impact assessment of acidification in LCA. Int. J. LCA 11 (6), 417–424.

Beltrani 1997:
Beltrani, G.: Safeguard subjects. The conflict between operationalization and ethical justification. Int. J. LCA 2 (1), 45–51.

Benetto et al. 2006:
Benetto, E.; Dujet, C.; Rousseaux, P.: Fuzzy-sets approach to noise impact assessment. Int. J. LCA 11 (4), 222–228.

BIFA 2002:
Würdinger, E. et al.: Kunststoffe aus nach-wachsenden Rohstoffen: Vergleichende Ökobilanz für Loose-fill-Packmittel aus Stärke bzw. Polystyrol. Projektgemein-schaft BIfA/IFEU/Flo-Pack. Bayerisches Institut für Angewandte Umweltfor-schung und Technik GmbH, Augsburg.

Bösch et al. 2007:
Bösch, M. E.; Hellweg, S.; Huijbregts, M.; Frischknecht, R.: Applying cumulative exergy demand (CExD) indicators to the ecoinvent database. Int. J. LCA 12 (3), 181–190.

BP 2008:
BP Statistical Review of World Energy, London, June 2008.

Breedveld et al. 1999:
Breedveld, L.; Lafleur, M.; Blonk, H.: A framework for actualising normalisation data in LCA: experiences in the Nether-lands. Int. J. LCA 4 (4), 213–220.

Brentrup et al. 2002a:
Brentrup, F.; Küsters, J.; Lammel, J.; Kuhlmann, H.: Impact assessment of abiotic resource consumption: conceptual considerations. Int. J. LCA 7 (5), 301–307.

Brentrup et al. 2002b:
Brentrup, F.; Küsters, J.; Lammel, J.; Kuhlmann, H.: Life cycle impact assessment of land use based on the hemeroby concept. Int. J. LCA 7 (6), 339–348.

Brühl und Crutzen 1988:
Brühl, C.; Crutzen, P. J.: Scenarios of possible changes in atmospheric tem-peratures and ozone concentrations due to man's activities, estimated with a one-dimensional coupled photochemical climate model. Climate Dynamics 2, 173–203.

Brunner und Rechberger 2004:
Brunner, P. H.; Rechberger, H.: Practical Handbook of Material Flow Analysis. Lewis Publ. CRC Press; Boca Raton, Florida. ISBN 1566 706 041.

Bousquet et al. 2005:
Bousquet, P.; Hauglustaine, D. A.; Peylin, P.; Carouge, C.; Ciais, P.: Two decades of OH variability as inferred by an inversion of atmospheric transport and chemistry of methyl chloroform. Atmos. Chem. Phys. Discuss. 5, 1679–1731.

BUS 1984:
Bundesamt für Umweltschutz (BUS), Bern (Hrsg.): Oekobilanzen von Pack-stoffen. Schriftenreihe Umweltschutz, Nr. 24. Bern, April 1984.

BUWAL 1990:
Ahbe, S.; Braunschweig, A.; Müller-Wenk, R.: Methodik für Oeko-bilanzen auf der Basis ökologischer Optimierung. In: Bundesamt für Umwelt, Wald und Landschaft (BUWAL, Hrsg.): Schriftenreihe Umwelt Nr. 133, Bern.

BUWAL 1991:
Habersatter, K.; Widmer, F.: Oekobilanzen von Packstoffen. Stand 1990. In: Bundes-amt für Umwelt, Wald und Landschaft (BUWAL, Hrsg.): Schriftenreihe Umwelt Nr. 132. Bern.

BUWAL 1998:
Brand, G.; Scheidegger, A.; Schwank, O.; Braunschweig, A.: Bewertung in Öko-bilanzen mit der Methode der ökologi-schen Knappheit. Ökofaktoren 1997. Schriftenreihe Umwelt Nr. 297 Öko-bilanzen. Bundesamt für Umwelt, Wald und Landschaft (BUWAL), Bern.

Carson 1962:
Carson, R.: Silent Spring. Penguin Books, Harmondsworth, Middlesex, UK 1982; 1st edition by Houghton Mifflin, USA 1962.

Carter 1994:
Carter, W.: Development of ozone reacti-vity scales for volatile organic compounds.

J. Air Water Management Assessment 44, 881–889.

Carter 2003:
Carter, W. P.: Documentation of the SAPRC-99 Chemical Mechanism for VOC Reactivity Assessment. Final Report to California Air Resources Board, Contract No. 92-329 and 95-308.

Crowson 1992:
Crowson, P.: Minerals Handbook 1992–93. Stockton Press, New York 1992.

Crutzen et al. 2007:
Crutzen, P. J.; Mosier, A. R.; Smith, K. A.; Winiwarter, W.: N$_2$O release from agro-diesel production negates global warming reduction by replacing fossil fuels. Atmos. Chem. Phys. Discuss. 7, 11191–11205 (2007).

Dameris et al. 2007:
Dameris, M.; Peter, T.; Schmidt, U.; Zellner, R.: Das Ozonloch und seine Ursachen. Chemie in unserer Zeit 41 (3), 152–168.

Darnall et al. 1976:
Darnall, K. R.; Lloyd, A. C.; Winer, A. M.; Pitts, Jr., J. N.: Reactivity scale for atmospheric hydrocarbons based on reaction with hydroxyl radical. Environ. Sci. Technol. 10, 692–696.

De Meester et al. 2006:
De Meester, B.; Dewulf, J.; Janssens, A.; Van Langenhove, H.: An improved calculation of the exergy of natural resources for exergetic life cycle assessment (ELCA). Environ. Sci. Technol. 40, 6844–6851.

Derwent et al. 1996:
Derwent, R. G.; Jenkin, M. E.; Saunders, S. M.: Photochemical ozone creation potentials for a large number of reactive hydrocarbons under European conditions. Atmospheric Environment 30, 181–199.

Derwent et al. 1998:
Derwent, R. G., Jenkin, M. E., Saunders, S. M., Pilling, M. J.: Photochemical ozone creation potentials for organic compounds in northwest Europe calculated with a master chemical mechanism, Atmospheric Environment, 32, 2429–2441.

Deutscher Bundestag 1988:
Deutscher Bundestag, Referat Öffentlichkeitsarbeit (Hrsg.): Schutz der Erdatmosphäre: Eine internationale Herausforderung; Zwischenbericht der Enquete-Kommission des 11. Deutschen Bundestages „Vorsorge zum Schutz der Erdatmosphäre", Bonn. ISBN 3-924521-27-1.

Deutscher Bundestag 1991:
Enquête-Kommission „Schutz der Erdatmosphäre" des 12. Deutschen Bundestages: Schutz der Erde. Eine Bestandsaufnahme mit Vorschlägen zu einer neuen Energiepolitik. 3. Bericht, Teilband I. Economica Verlag, Bonn; Verlag C. F. Müller, Karlruhe.

Deutscher Bundestag 1992:
Enquête-Kommission „Schutz der Erdatmosphäre" des 12. Deutschen Bundestages: Klimaänderung gefährdet globale Entwicklung. Zukunft sichern – Jetzt handeln. Economica Verlag, Bonn; Verlag C. F. Müller, Karlruhe.

Dewulf und Van Langenhove 2002:
Dewulf, J.; Van Langenhove, H.: Assessment of the sustainability of technology by means of a thermodynamically based life cycle analysis. ESPR – Environ. Sci. Pollut. Res. 9 (4), 267–273.

DFG 2007:
Deutsche Forschungsgemeinschaft (Hrsg.): MAK- und BAT-Werte-Liste 2007. Maximale Arbeitsplatzkonzentrationen und biologische Arbeitsstofftoleranzwerte. Senatskommission zur Prüfung gesundheitsschädlicher Arbeitsstoffe, Vol. 43. CD-Rom. Wiley-VCH, Weinheim (jährlich aktualisiert).

DIN 1978a:
Deutsche Normen: Einheiten – Einheitennamen, Einheitenzeichen. DIN 1301 Teil 1.

DIN 1978b:
Deutsche Normen: Einheiten – allgemein angewendete Teile und Vielfache. DIN 1301 Teil 2.

DIN/NAGUS 1996:
DIN/NAGUS AA3/UA2: Nationales Papier zu DIN ISO 14042; Entwurf vom Februar 1996 (unveröffentlicht).

EEA 2001:
European Environment Agency: Late lessons from early warning: the precautionary principle 1896–2000. Environ. issue report No. 22, Copenhagen. ISBN 92-9167-323-4.

EG 2006:
REACH-Verordnung (EG/1907/2006), berichtigte Fassung (in Kraft seit

1.6.2007). Amtsblatt der Europäischen Union Nr. L 136/3 280 vom 29.5.2007: Verordnung (EG) Nr. 1907/2006 des Europäischen Parlaments und des Rates vom 18. Dezember 2006 zur Registrierung, Bewertung, Zulassung und Beschränkung chemischer Stoffe.

Eganhouse und Pontolillo 2002:
Eganhouse, R. P.; Pontolillo, J.: Assessing the reliability of physico-chemical property data (Kow, Sw) for hydrophobic organic compounds: DDT and DDE as a case study. SETAC Globe 3 (4), 34–35.

Erlandsson und Lindfors 2003:
Erlnadsson, M.; Lindfors, L.-G.: On the possibilities to apply the result from an LCA disclosed to public. Int. J. LCA 8 (2), 65–73.

EU 1999:
Externalities of Fuel Cycles – ExternE Project. Vol. 7 – Methodology (2nd Ed.). European Commission DGXII, Science, Research and Development, JOULE, Brussels–Luxembourg.

EU 2005:
ExternE – Externalities of Energy: Methodology 2005 Update. Office for Official Publication of the European Communities, Luxembourg.

Fabian 1992:
Fabian, P.: Atmosphäre und Umwelt. 4. Auflage. Springer Verlag, Berlin.

Farman et al. 1985:
Farman, J. C.; Gardiner, B. G.; Shanklin, J. D.: Large losses of total ozone in Antarctica reveal seasonal ClOx/NO$_x$ interaction. Nature 315 (1985), 207.

Faulstich und Greiff 2008:
Faulstich, M.; Greiff, K. B.: Klimaschutz durch Biomasse. Ergebnisse des SRU-Sondergutachtens 2007. Umweltwiss Schadst Forsch 20 (3), 171–179.

Fava et al. 1993:
Fava, J.; Consoli, F. J.; Denison, R.; Dickson, K.; Mohin, T.; Vigon, B. (Eds.): Conceptual Framework for Life-Cycle Impact Analysis. Workshop Report. SETAC and SETAC Foundation for Environ. Education. Sandestin, Florida, February 1–7, 1992. Published by SETAC March 1993.

Fenner et al. 2005:
Fenner, K.; Scheringer, M.; Stroebe, M.; Macleod, M.; McKone, T.; Matthies, M.; Klasmeier, J.; Beyer, A.; Bonnell, M.; Le Gall, A. C.; Mackay, D.; van de Meent, D.; Pennington, D.; Scharenberg, B.; Suzuki, N.; Wania, F.: Comparing estimates of persistence and long-range transport potential among multimedia models. Environ. Sci. & Technol. 39, pp. 1932.

Finlayson-Pitts und Pitts 1986:
Finlayson-Pitts, B. J.; Pitts, Jr., J. N.: Atmospheric Chemistry. Fundamentals and Experimental Techniques. John Wiley & Sons, New York. ISBN 0-471-88227-5.

Finnveden und Östlund 1997:
Finnveden, G.; Östlund, P.: Exergies of natural resources in life cycle assessment and other applications. Energy 22 (9), 923–931.

Finnveden und Lindfors 1998:
Finnveden, G.; Lindfors, L.-G.: Data quality of life cycle inventory data – rules of thumb. Int. J. LCA 3 (2), 65–66.

Finnveden und Potting 1999:
Finnveden, G.; Potting, J.: Eutrophication as an impact category. State of the art and research needs. Int. J. LCA 4 (6), 311–314.

Finnveden und Potting 2001:
Norris, G.: Eutrophication. Kapitel 5 in Klöpffer et al. 2001a, S. 57–64.

Frische et al. 1982:
Frische, R.; Klöpffer, W.; Esser, G.; Schönborn, W.: Criteria for assessing the environmental behavior of chemicals: selection and preliminary quantification. Ecotox. Environ. Safety 6, 283–293.

Gabathuler 1997:
Gabathuler, H.: The CML story. How environmental sciences entered the debate on LCA. Int. J. LCA 2 (4), 187–194.

Giegrich et al. 1995:
Giegrich, J.; Mampel, U.; Duscha, M.; Zazcyk, R.; Osorio-Peters, S.; Schmidt, T.: Bilanzbewertung in produktbezogenen Ökobilanzen. Evaluation von Bewertungsmethoden, Perspektiven. Endbericht des Instituts für Energie- und Umweltforschung Heidelberg GmbH (IFEU) an das Umweltbundesamt, Berlin. Heidelberg, März 1995. UBA Texte 23/95. Berlin. ISSN 0722-186X.

Giegrich und Sturm 2000:
Giegrich, J.; Sturm, K.: Naturraumbeanspruchung waldbaulicher Aktivitäten als Wirkungskategorie für Ökobilanzen,

Teilbericht. In: Tiedemann, A. (Hrsg.):
Ökobilanzen für graphische Papiere.
UBA Texte 22/2000.

Goedkoop 1995:
Goedkoop, M.: The Eco-Indicator 95.
Final Report (No. 9523) to National Reuse
of Waste Research Programme (NOH),
National Institute of Public Health and
Environment Protection (RIVM) and
Netherlands Agency for Energy and the
Environment (November), Amersfoort
1995.

Goedkoop et al. 1998:
Goedkoop, M.; Hofstetter, P.;
Müller-Wenk, R.; Spriemsma, R.:
The Eco-Indicator 98 explained. Int. J.
LCA 3 (6), 352–360.

Gorree et al. 2000:
Gorree, M.; Guinée, J.; Huppes, G.;
van Oers, L.: Environmental life cycle
assessment of linoleum. CML Report
151. Centre for Environmental Sciences,
Leiden, Niederlande, 56 Seiten.

Greim 1993:
Prof. H. Greim (Vorsitzender der
DFG-Senatskommission zur Prüfung
gesundheitsschädlicher Arbeitsstoffe),
persönliche Mitteilung.

Güereca et al. 2007:
Güereca, L. P.; Agell, N.; Gassó, S.;
Baldasano, J. M.: Fuzzy approach to life
cycle impact assessment. Int. J. LCA 12
(7), 488–496.

Guinée und Heijungs 1993:
Guinée, J.; Heijungs, R.: A proposal for
the classification of toxic substances within the framework of life cycle assessment
of products. Chemosphere 26, 1925–1944.

Guinée et al. 1996a:
Guinée, J.; Heijungs, R.; van Oers, L.;
Wegener Sleeswijk, A.; van de Meent, D.;
Vermeire, Th.; Rikken, M.: USES.
Uniform system for the evaluation of
substances. Inclusion of fate in LCA
characterisation of toxic releases applying
USES 1.0. Int. J. LCA 1 (3), 133–138.

Guinée et al. 1996b:
Guinée, J.; Heijungs, R.; van Oers, L.;
van de Meent, D.; Vermeire, Th.;
Rikken, M.: LCA impact assessment of
toxic releases. Generic modelling of fate,
exposure and effect for ecosystems and
human beings with data for about 100
chemicals. Report by CML (Leiden) and

RIVM (Bilthoven) to the Dutch Ministry of
Housing, Spatial Planning and Environment. May 1996.

Guinée et al. 2002:
Guinée, J. B. (final editor); Gorée, M.;
Heijungs, R.; Huppes, G.; Kleijn, R.;
Koning, A. de; Oers, L. van; Wegener
Sleeswijk, A.; Suh, S.; Udo de Haes, H. A.;
Bruijn, H. de; Duin, R. van;
Huijbregts, M. A. J.: Handbook on
Life Cycle Assessment – Operational
Guide to the ISO Standards. Kluwer
Academic Publishers, Dordrecht.
ISBN 1-4020-0228-9.

Guinée et al. 2004:
Guinée, J. B.; Koning, A. de;
Pennington, D. W.; Rosenbaum, R.;
Hauschild, M.; Olsen, S. I.; Molander, S.;
Bachmann, T. M.; Pant, R.: Bringing
science and pragmatism together. A tiered
approach for modelling toxicological
impacts in LCA. Int. J. LCA 9 (5), 320–326.

Guinée et al. 2006:
Guinée, J. B.; van Oers, L.; de Koning, A.;
Tamis, W.: Life Cycle Approaches for
Conservation Agriculture. CML Report
171, CML, Leiden.
Download: http://www.leidenuniv.nl/cml/
ssp/index.html.

Hauschild und Wenzel 1998:
Hauschild, M.; Wenzel, H.: Environ-
mental Assessment of Products Vol. 2:
Scientific Background. Chapman & Hall,
London. ISBN 0-412-80810-2.

Hauschild und Potting 2001:
Hauschild, M.; Potting, J.: Spatial diffe-
rentiation in life cycle impact assessment;
Guidance document. Copenhagen
(Denmark), Danish Environmental
Protection Agency.

Hauschild et al. 2006:
Hauschild, M. Z.; Potting, J.; Hertel, O.;
Schöpp, W.; Bastrup-Birk, A.: Spatial
differentiation in the characterisation of
photochemical ozone formation – the
EDIP2003 methodology. Int. J. LCA, 11,
Special Issue 1, 72–80.

Hauschild et al. 2008:
Hauschild, M. Z.; Huijbregts, M. A. J.;
Jolliet, O.; MacLeod, M.; Margni, M.;
van de Meent, D.; Rosenbaum, R. K.;
McKone, T. E.: Building a model based on
scientific consensus for life cycle impact
assessment of chemicals: the search for

harmony and parsimony. Environ. Sci. & Technol. Submitted April 2008.

Heijungs 1995:
Heijungs, R.: Harmonisation of methods for impact assessment. ESPR-Environm. Sci. Pollut. Res. 2 (4), 217–224.

Heijungs et al. 1992:
Heijungs, R.; Guinée, J. B.; Huppes, G.; Lamkreijer, R. M.; Udo de Haes, H. A.; Wegener Sleeswijk, A.; Ansems, A. M. M.; Eggels, P. G.; van Duin, R.; de Goede, H. P.: Environmental Life Cycle Assessment of Products. Guide (Part 1) and Backgrounds (Part 2) October 1992, prepared by CML, TNO and B&G, Leiden. English Version 1993.

Heijungs und Guinée 1993:
Heijungs, R.; Guinée, J.: CML on actual versus potential risks. LCA News – A SETAC- Europe Publication 3 (4), 4.

Heijungs et al. 2007:
Heijungs, R.; Guinée, J.; Kleijn, R.; Rovers, V.: Bias in normalization: causes, consequences, detection and remedies. Int. J. LCA 12 (4), 211–216.

Held und Geißler 1993:
Held, M.; Geißler, K. A. (Hrsg.): Ökologie der Zeit. Edition Universitas, S. Hirzel, Stuttgart. ISBN 3-8047-1264-9.

Held und Geißler 1995:
Held, M.; Geißler, K. A.: Von Rhythmen und Eigenzeiten. Perspektiven einer Ökologie der Zeit. Edition Universitas, S. Hirzel, Stuttgart. ISBN 3-8047-1414-5.

Held und Klöpffer 2000:
Held, M.; Klöpffer, W.: Life cycle assessment without time? Time matters in life cycle assessment. Gaia, 9, 101–108.

Henschler 1972:
Henschler, D. (Hrsg.): Gesundheits-schädliche Arbeitsstoffe – Toxikologisch-arbeitsmedizinische Begründungen von MAK-Werten. Loseblattwerk. VCH, Weinheim seit 1972 (1. Lieferung); Greim, H. (Hrsg.): Wiley-VCH, Weinheim 1998 (27. Lieferung). ISBN 3-527-27652-1.

Hertwich 1997:
Hertwich, E. G.: comment to Hogan, L. M.; Beal, R. T.; Hunt, R. G.: Threshold inventory interpretation methodology. A case study of three juice container system. Int. J. LCA 1 (3) (1996), 159–167 in Int. J. LCA 2 (2) (1997), 62; Erwiderung durch Hunt, R. G., S. 63.

Hertwich et al. 1998:
Hertwich, E. G.; Pease, W. S.; McKone, T. E.: Evaluating toxic impact assessment methods: what works best? Environ. Sci. & Technol. 32, 138A–145A.

Hertwich et al. 2001:
Hertwich, E.; Matales, S. F.; Pease, W. S.; McKones, T. E.: Human toxicity potentials for life-cycle assessment and toxic release inventory risk screening. Environ. Toxicol. Chem. 20, 928–939.

Hettelingh et al. 2001:
Hettelingh, J.-P.; Posch, M.; De Smet, P. A. M.: Multi-effect critical loads used in multi-pollutant reduction agreements in Europe. Water Air Soil Pollut. 130, 1133–1138.

Hettelingh et al. 2005:
Hettelingh, J.-P.; Posch, M.; Potting, J.: Country-dependent characterization factors for acidification in Europe – a critical evaluation. Int. J. LCA 10 (3), 177–183.

Hogan et al. 1996:
Hogan, L. M.; Beal, R. T.; Hunt, R. G.: Threshold inventory interpretation methodology. A case study of three juice container system. Int. J. LCA 1 (3), 159–167.

Hofstetter 1998:
Hofstetter, P.: Perspectives in Live Cycle Assessment. A Structured Approach to Combine Models of the Technosphere, Ecosphere and Valuesphere. Kluwer Academic Publishers, Boston. ISBN 0-7923-8377-X.

Huijbregts und Seppälä 2001:
Huijbregts, M. A. J.; Seppälä, J.: Life cycle impact assessment of pollutants causing aquatic eutrophication. Int. J. LCA 6 (6), 339–343.

Huijbregts et al. 2000a:
Huijbregts, M. A. J.; Schöpp, W.; Verkuilen, E.; Heijungs, R.; Reinders, L.: Spatially explicit characterisation of acidifying and eutrophying air pollution in life cycle assessment. J. Industrial Ecology 4 (3), 125–142.

Huijbregts et al. 2000b:
Huijbregts, M. A. J.; Thissen, U.; Guinée, J. B.; Jager, T.; van de Meent, D.; Ragas, A. M. J.; Wegener Sleeswijk, A.; Reijnders, L.: Priority assessment of toxic substances in life cycle assessment: calculation of toxicity potentials for 181 substances with the nested multi-media

fate, exposure and effects model USES-LCA. Chemosphere 41, 541–573.

Huijbregts et al. 2005a:
Huijbregts, M. A. J.; Rombouts, L. J. A.; Ragas, A. M. J.; van de Meent, D.: Human-toxicological effect and damage factors of carcinogenic and noncarcinogenic chemicals for life cycle impact assessment. Integrated Environ. Assess. Management 1 (3), 181–244.

Huijbregts et al. 2005b:
Huijbregts, M. A. J.; Struijs, J.; Goedkoop, M.; Heijungs, R.; Hendriks, A. J.; van de Meent, D.: Human population intake fractions and environmental fate factors of toxic pollutants in life cycle impact assessment. Chemosphere 61, 1495–1504.

IFEU 2006:
Detzel, A.; Böß, A.: Ökobilanzieller Vergleich von Getränkekartons und PET-Einwegflaschen. Endbericht, Institut für Energie und Umweltforschung (IFEU) Heidelberg an den Fachverband Karton-verpackungen (FKN) Wiesbaden, August 2006.

ISO 1981:
International Standard: SI units and recommendations for the use of their multiples and of certain other units (Unités SI et recommandations pour l'emploi de leurs multiples et de certaines autres unités) ISO 1000. Second Edition – 1981-02-15.

ISO 2000a:
International Standard (ISO); Norme Européenne (CEN): Environmental management – Life cycle assessment: Life cycle impact assessment (Wirkungs-abschätzung). International Standard ISO EN 14042.

ISO 2000b:
International Standard (ISO); Norme Européenne (CEN): Environmental management – Life cycle assessment: Interpretation (Auswertung). International Standard ISO EN 14043.

ISO 2002a:
ISO/TR 14047 Environmental manage-ment – Life cycle impact assessment – Examples of application of ISO 14042.

ISO 2006a:
ISO TC 207/SC 5: Environmental management – Life cycle assessment –

Principles and framework. ISO EN 14040 2006-10.

ISO 2006b:
ISO TC 207/SC 5: Environmental management – Life cycle assessment – Requirements and guidelines. ISO EN 14044 2006-10.

IPCC 1990:
Houghton, J. T.; Jenkins, G. J.; Ephraums, J. J. (Eds.): Climate Change. The IPCC Scientific Assessment. Cambridge University Press, Cambridge 1990 (reprinted 1991 and 1993). ISBN 0-521-40720-6 (paperback).

IPCC 1992:
Houghton, J. T.; Callander, B. A.; Varney, S. K. (Eds.): Climate Change. 1992. The Supplimentary Report to the IPCC Scientific Assessment. Cambridge University Press, Cambridge 1992 (reprinted 1992 and 1993).

IPCC 1995a:
Climate Change 1994; Radiative Forcing of Climate Change and an Evaluation of the IPCC IS92 Emission Scenarios. Cambridge University Press, Cambridge 1995.

IPCC 1995b:
Climate Change 1995; The IPCC Synthesis. Cambridge University Press, Cambridge 1995.

IPCC 1995c:
Climate Change 1995; Scientific-Technical Analyses of Impacts, Adaptations, and Mitigation of Climate Change. Cambridge University Press, Cambridge 1995.

IPCC 1996a:
Houghton, J. T.; Meira Filho, L. G.; Callander, B. A.; Harris, N.; Kattenberg, A.; Maskell, K. (Eds.): Climate Change 1995; The Science of Climate Change. Cambridge University Press, Cambridge 1996.

IPCC 1996b:
Bruce, J. P.; Lee, H.; Haites, E. F. (Eds.): Climate Change 1995; The Economic and Social Dimension of Climate Change. Cambridge University Press, Cambridge 1996.

IPCC 2001:
Houghton, J. T.; Ding, Y.; Griggs, D. J.; Noguer, M.; van der Linden, P. J.; Dai, X.; Maskell, K.; Johnson, C. A. (Eds.): Climate Change 2001: The Scientific

Basis. Published for IPCC, Cambridge University Press, Cambridge.

IPCC 2007:
Climate Change 2007: The Physical Science Basis. Contribution of Working Group 1 to the Fourth Assessment Report of the Intergovernmental Panel on Climate Change. Solomon, S.; Qin, D.; Manning, M.; Chen, Z.; Marquis, M.; Averyt, K. B.; Tignor, M.; Miller (eds.). Cambridge University Press, Cambridge UK and New York.

IPCC/TEAP 2007:
Jager, D. de; Manning, M.; Kuijpers, L. (coord. lead authors): Special Report. Safeguarding the Ozone Layer and the Global Climate System: Issues Related to Hydrofluorocarbons and Perfluorocarbons. Technical Summary.

Jolliet et al. 1996:
Jolliet, O. et al.: Impact assessment of human and eco-toxicity in life cycle assessment. In: Udo de Haes, H. A. (ed.): Towards a Methodology for Life Cycle Impact Assessment. SETAC-Europe, Brussels, S. 49–61.

Jolliet et al. 2003:
Jolliet, O.; Margni, M.; Humbert, C. R.; Payet, J.; Rebitzer, G.; Rosenbaum, R.: Impact 2002+: a new life cycle impact assessment methodology. Int. J. LCA 8 (6), 324–330.

Jolliet et al. 2004:
Jolliet, O.; Müller-Wenk, R.; Bare, J.; Brent, A.; Goedkoop, M.; Heijungs, R.; Itsubo, N.; Peña, C.; Pennington, D.; Potting, J.; Rebitzer, G.; Steward, M., Udo de Haes, H.; Weidema, B.: The LCA midpoint-damage framework of the UNEP/SETAC life cycle initiative. Int. J. LCA 9 (6), 394–404.

Klöpffer 1989:
Klöpffer, W.: Persistenz und Abbaubarkeit in der Beurteilung des Umweltverhaltens anthropogener Chemikalien. UWSF-Z. Umweltchem. Ökotox. 1(2), 43–51.

Klöpffer 1990:
Klöpffer, W.: Atmosphärisches Methan als Treibhausgas – Quellen, Senken und Konzentration in der Umwelt. UWSF-Z. Umweltchem. Ökotox. 2 (3), 163–169.

Klöpffer 1993:
Klöpffer, W.: Environmental hazard assessment of chemicals and products. Part I.

General assessment principles. ESPR-Environ. Sci. & Pollut. Res. 1 (1), 47–53.

Klöpffer 1994:
Klöpffer, W.: Environmental hazard assessment of chemicals and products. Part IV. Life cycle assessment. ESPR-Environ. Sci. & Pollut. Res. 1 (5), 272–279.

Klöpffer 1994b:
Klöpffer, W.: Review of life-cycle impact assessment. In: Udo de Haes, H. A.; Jensen, A. A.; Klöpffer, W.; Lindfors, L.-G. (Eds.): Integrating Impact Assessment into LCA. Proceeding of the LCA Symposium held at the Fourth SETAC-Europe Annual Meeting, 11–14 April 1994, Brussels. Published by Society of Environmental Toxicology and Chemistry – Europe. Brussels, S. 11–15.

Klöpffer 1994c:
Klöpffer, W.: Environmental hazard assessment of chemicals and products. Part II. Persistence and degradability. ESPR-Environ. Sci. & Pollut. Res. 1 (2), 108–116.

Klöpffer 1996:
Klöpffer, W.: Reductionism versus expansionism in LCA. Int. J. LCA 1 (2), 61.

Klöpffer 1996b:
Klöpffer, W.: Verhalten und Abbau von Umweltchemikalien. Physikalisch-chemische Grundlagen. Reihe Angewandter Umweltschutz. ecomed Verlag, Landsberg/Lech 1996. ISBN 3-609-73210-5.

Klöpffer 1996c:
Klöpffer, W.: Environmental hazard assessment of chemicals and products. Part VII. A critical survey of exposure data requirements and testing methods. Chemosphere 33, 1101–1117.

Klöpffer 1997:
Klöpffer, W.: Life cycle assessment – from the beginning to the current state. ESPR-Environ. Sci. & Pollut. Res. 4, 223–228.

Klöpffer 1997b:
Klöpffer, W.: In defense of the cumulative energy demand. Editorial. Int. J. LCA 2 (2), 61.

Klöpffer 1998:
Klöpffer, W.: Subjective is not arbitrary. Int. J. LCA 3 (2), 61.

Klöpffer 1998b:
Klöpffer, W.: Vorsorgeprinzip und Gentechnik. Umweltmed. Forsch. Prax. 3, 263–265.

Klöpffer 2001:
Klöpffer, W.: Kriterien für eine ökologisch nachhaltige Stoff- und Gentechnikpolitik. UWSF-Z. Umweltchem. Ökotox. 13 (3), 159–164.

Klöpffer 2002:
Klöpffer, W.: Bewertung von Literaturdaten. In: Fachgespräche über Persistenz und Ferntransport von POP-Stoffen. UBA-Texte 16/02, Berlin, S. 58–61. ISSN 0722-186X.

Klöpffer 2004:
Klöpffer, W.: Physikalisch-chemische Kenngrößen von Stoffen zur Bewertung ihres atmosphärisch-chemischen Verhaltens: Datenqualität und Datenverfügbarkeit. 10. BUA-Kolloquium: Stofftransport und Transformation in der Atmosphäre am 25. November 2003. GDCh Monographie Bd. 28, Frankfurt am Main, S. 133–136. ISBN 3-936028-22-2.

Klöpffer 2006:
Klöpffer, W.: The role of SETAC in the development of LCA. Int. J. LCA Special Issue 1, Vol. 11, 116–122.

Klöpffer 2006b:
Klöpffer, W.: The CML Method of Life Cycle Impact Assessment: Success and Limitations. In: Sporen van een Gedreven Pionier. Verhalen bij het afscheid van Helias Udo de Haes („Liber Amicorum"). CML, Universiteit Leiden, S. 143–147. ISBN: 90-5191-149-1.

Klöpffer 2008:
Klöpffer, W.: Life-cycle based sustainability assessment of products (with comments by H. A. Udo de Haes, p. 95). Int. J. Life Cycle Assess. 13 (2), 89–95.

Klöpffer und Renner 1995:
Klöpffer, W.; Renner, I.: Methodik der Wirkungsbilanz im Rahmen von Produkt-Ökobilanzen unter Berücksichtigung nicht oder nur schwer quantifizierbarer Umwelt-Kategorien. Bericht der C.A.U. GmbH, Dreieich, an das Umweltbundesamt (UBA), Berlin. UBA-Texte 23/95, Berlin. ISSN 0722-186X.

Klöpffer und Volkwein 1995:
Klöpffer, W.; Volkwein, S.: Bilanzbewertung im Rahmen der Ökobilanz. Kapitel 6.4 in Thomé-Kozmiensky, K. J. (Hrsg.): Enzyklopädie der Kreislaufwirtschaft, Management der Kreislauf-

wirtschaft. EF-Verlag für Energie- und Umwelttechnik, Berlin, S. 336–340.

Klöpffer et al. 1999:
Klöpffer, W.; Renner, I.; Tappeser, B.; Eckelkamp, C.; Dietrich, R.: Life Cycle Assessment gentechnisch veränderter Produkte als Basis für eine umfassende Beurteilung möglicher Umweltauswirkungen. Umweltbundesamt GmbH/Federal Environment Agency Ltd. Monographien, Bd. 111, Wien. ISBN 3-85457-475-4.

Klöpffer et al. 2001a:
Klöpffer, W.; Potting, J. (eds.); Seppälä, J.; Risbey, J.; Meilinger, S.; Norris, G.; Lindfors, L.-G.; Goedkoop, M.: Best available practice in life cycle assessment of climate change, stratospheric ozone depletion, photo-oxidant formation, acidification, and eutropiphication. Backgrounds on specific impact categories. RIVM report 550015003/2001 Bilthoven, NL. Download: http://www.rivm.nl/bibliotheek/rapporten/550015003.html.

Klöpffer et al. 2001b:
Klöpffer, W.; Potting, J.; Meilinger, S.: Photo-oxidant formation. Kapitel 3 in Klöpffer et al. 2001, S. 37–50.

Klöpffer und Meilinger 2001a:
Klöpffer, W.; Meilinger, S.: Climate change. Kapitel 1 in: Klöpffer et al. 2001, S. 13–24.

Klöpffer und Meilinger 2001b:
Klöpffer, W.; Meilinger, S.: Stratospheric ozone depletion. Kapitel 2 in: Klöpffer et al. 2001, S. 25–36.

Klöpffer und Renner 2003:
Klöpffer, W.; Renner, I.: Life Cycle Impact Categories – The Problem of New Categories & Biological Impacts – Part I: Systematic Approach. SETAC Europe, 13th Annual Meeting Hamburg, Germany.

Klöpffer und Schmidt 2003:
Klöpffer, W.; Schmidt, E.: Comparative determination of the persistence of semivolatile organic compounds (SOC) using SimpleBox 2.0 and Chemrange 1.0/2.1. Fresenius Environ. Bull. (FEB) 12 (6), 490–496.

Klöpffer und Renner 2007:
Klöpffer, W.; Renner, I.: Lebenszyklusbasierte Nachhaltigkeitsbewertung von Produkten. Technikfolgenabschätzung – Theorie und Praxis (TATuP) 16 (3), 32–38.

Klöpffer und Wagner 2007a:
Klöpffer, W.; Wagner, B. O.: Atmospheric Degradation of Organic Substances – Data for Persistence and Long-range Transport Potential. Wiley-VCH, Weinheim 2007.

Klöpffer und Wagner 2007b:
Klöpffer, W.; Wagner, B. O.: Persistence revisited. Editorial, ESPR – Environ. Sci. Pollut. Res. 14 (3), 141–142.

Koehler 2008:
Koehler, A.: Water use in LCA: managing the planet's freshwater resources. Int. J. LCA 13 (6), 451–455.

Koellner 2000:
Koellner, T.: Species-pool effect potentials (SPEP) as a yardstick to evaluate land-use impacts on biodiversity. J. Cleaner Production 8, 293–311.

Koellner und Scholz 2007a:
Koellner, T.; Scholz, R. W.: Assessment of land use impacts on the natural environment. Part 1. An analytical framework for pure land occupation and land use change. Int. J. LCA 12 (1), 16–23.

Koellner und Scholz 2007b:
Koellner, T.; Scholz, R. W.: Assessment of land use impacts on the natural environment. Part 2. Generic characterization factors for local species diversity in central Europe. Int. J. LCA (online first) DOI: http://dx.doi.org/10.1065/lca 2006.12.292.2.

Kowarik 1999:
Kowarik, I.: Natürlichkeit, Naturnähe und Hemerobie als Bewertungskategorien. In: Konold, W.; Böcker, R.; Hampicke, U.: Handbuch Naturschutz und Landschaftspflege. Ecomed, Landsberg.

Krewitt et al. 2001:
Krewitt, W.; Trukenmüller, A.; Bachmann, T. M.; Heck, T.: Country-specific damage factors for air pollutants: a step towards site dependent life cycle impact assessment. Int. J. LCA 6 (4), 199–210.

Krol et al. 1998:
Krol, M.; van Leeuwen, P. J.; Lelieveld, J.: Global OH trend inferred from methyl-chloroform measurements. J. Geophys. Res. 103 (D9), 10.697–10.711.

Kummert und Stumm 1989:
Kummert, R.; Stumm, W.: Gewässer als Ökosysteme. B. G. Teubner, Stuttgart.

Kurth et al. 2004:
Kurth, S.; Schüler, D.; Renner, I.; Klöpffer, W.: Entwicklung eines Modells zur Berücksichtigung der Risiken durch nicht bestimmungsgemäße Betriebszustände von Industrieanlagen im Rahmen von Ökobilanzen (Vorstudie). Forschungsbericht 201 48 309, UBA-FB 000632. UBA-Texte 34/04, Berlin.

Labouze et al. 2004:
Labouze, E.; Honoré, C.; Moulay, L.; Couffignal, B.; Beekmann, M.: Photochemical ozone creation potentials. A new set of characterization factors for different gas species on the scale of Western Europe. Int. J. LCA 9 (3), 187–195.

Lafleche und Sacchetto 1997:
Lafleche, V.; Sacchetto, F.: Noise assessment in LCA – a methodology attempt: a Case study with various means of transportation on a set trip. Int. J. LCA 2 (2), 111–115.

Landsiedel und Saling 2002:
Landsiedel, R.; Saling, P.: Assessment of toxicological risks for life cycle assessment and eco-efficiency analysis. Int. J. LCA 7 (5), 261–268.

Larsen et al. 2004:
Larsen, H. F.; Birkved, M.; Hauschild, M.; Pennington, D. W.; Guinée, J. B.: Evaluation of selection methods for toxicological impacts in LCA. Recommendations for OMNITOX. Int. J. LCA 9 (5), 307–319.

Larsen und Hauschild 2007a:
Larsen, H. F.; Hauschild, M.: Evaluation of ecotoxicity effect indicators for use in LCIA. Int. J. LCA 12 (1), 24–33.

Larsen und Hauschild 2007b:
Larsen, H. F.; Hauschild, M. Z.: GM-Troph. A low data demand ecotoxicity effect indicator for use in LCIA. Int. J. LCA 12 (2), 79–91.

Lindeijer 1998:
Lindeijer, E. W.: A framework for LCIA of effects of land use changes and occupation applied in cases. Paper presented and informal workshop at the 8th Annual Meeting of SETAC-Europe, 14–18 April 1998, Bordeaux.

Lindeijer et al. 2002:
Lindeijer, E.; Müller-Wenk, R.; Steen, B.: Impact assessment of resources and land

use. Chapter 2 in: Udo de Haes, H. A. et al. (eds.): Life-Cycle Impact Assessment: Striving Towards Best Practice. SETAC Press, Pensacola, pp. 11–64.

Lindfors et al. 1994:
Lindfors, L.-G.; Christiansen, K.; Hoffmann, L.; Virtanen, Y.; Juntilla, V.; Leskinen, A.; Hansen, O.-J.; Rønning, A.; Ekvall,T.; Finnveden, G.; Weidema, B. P.; Ersbøll, A. K.; Bomann, B.; Ek, M.: LCA-NORDIC Technical Reports No. 10 and Special Reports No. 1–2. Tema Nord 1995:503. Nordic Council of Ministers. Copenhagen 1994. ISBN 92-9120-609-1.

Lindfors et al. 1995:
Lindfors, L.-G.; Christiansen, K.; Hoffmann, L.; Virtanen, Y.; Juntilla, V.; Hanssen, O.-J.; Rønning, A.; Ekvall, T.; Finnveden, G.: Nordic Guidelines on Life-Cycle Assessment. Nordic Council of Ministers. Nord 1995:20. Copenhagen 1995.

Lovelock et al. 1973:
Lovelock, J. E.; Maggs, R. J.; Wade, R. J.: Halogenated hydrocarbons in and over the Atlantic. Nature 241, 194–196.

Lovelock 1975:
Lovelock, J. E.: Natural halocarbons in the air and in the sea. Nature 256, 193–194.

Lovelock 1982:
Lovelock, J.: Gaia: A New Look at Life on Earth. Oxford University Press, Oxford. Paperback edition.

Lovelock 1990:
Lovelock, J.: The Ages of Gaia. A Bio-graphy of Our Living Earth. Oxford University Press, Oxford. First published 1988. Paperback edition. ISBN 0-19-286090-9.

Mackay 1991:
Mackay, D.: Multimedia Environmental Models: The Fugacity Approach. Lewis Publ., Boca Raton, Florida 1991.

MacLeod et al. 2001:
MacLeod, M.; Woodfine, D. G.; Mackay, D.; McKone, T. E.; Bennet, D.; Maddalena, R.: BETR North America: a regionally segmented multimedia con-taminant fate model for North America. Environ. Sci. Pollut. Res. – ESPR 8 (3), 156–163.

Mauch und Schäfer 1996:
Mauch, W.; Schaefer, H.: Methodik zur Ermittlung des kumulierten Energieauf-

wands. In Eyrer, P. (Hrsg.): Ganzheitliche Bilanzierung. Werkzeug zum Planen und Wirtschaften in Kreisläufen. Springer, Berlin, S. 152–180. ISBN 3-540-59356-X.

McCabe 1952:
McCabe, L. C. (Chairman): Air Pollution. Proceedings of the United States Techni-cal Conference on Air Pollution. McGraw-Hill Book Comp., New York 1952.

McIntyre 1989:
McIntyre, M. E.: On the Antarctic ozone hole. J. Atmos. Terrest. Phys. 51, 29–43.

McKone et al. 2001:
McKone, T.; Bennett, D.; Maddalena, R.: CalTOX 4.0 Technical Support Document, Vol. 1 LBNL-47254, Lawrence Berkeley National Laboratory, Berkeley, CA.

Meadows et al. 1972:
Meadows, D. H.; Meadows, D. L.; Randers, J.; Behrens III, W. W.: The Limits to Growth. A Report for the Club of Rome's Project on the Predicament of Mankind. Universe Books, New York 1972. ISBN 0-87663-165-0.

Meyer 2004:
Meyer, F. M.: Availability of bauxite resources. Natural Resources Res. 13 (3), 161–172.

Michelsen 2007:
Michelsen, O.: Assessment of land use impact on biodiversity. Int. J. LCA (online first) DOI: http://dx.doi.org/10.1065/lca2007.04.316.

Milà i Canals et al. 2007a:
Milà i Canals, L.; Bauer, C.; Depestele, J.; Dubreuil, A.; Freiermuth Knuchel, R.; Gaillard, G.; Michelsen, O.; Müller-Wenk, R.; Rydgren, B.: Key elements in a framework for land use impact assessment within LCA. Int. J. LCA 12 (1), 5–15.

Milà i Canals et al. 2007b:
Milà i Canals, L.; Bauer, C.; Depestele, J.; Dubreuil, A.; Freiermuth Knuchel, R.; Gaillard, G.; Michelsen, O.; Müller-Wenk, R.; Rydgren, B.: Response to the comment by H. Udo de Haes. Int. J. LCA 12 (1), 2–4.

Milà i Canals et al. 2008:
Milà i Canals, L.; Chenoweth, J.; Chapagain, A.; Orr, S.; Antón, A.; Clift, R.: Assessing freshwater use impacts in LCA: Part 1 – inventory modelling and characterisation factors for the main

impact pathways. Int. J. LCA 13, DOI
10.1007/s11367-008-0030-z.

Molander et al. 2004:
Molander, S.; Lidholm, P.; Schowanek, D.;
Recasens, M.; Fullana I Palmer, P.;
Christensen, F. M.; Guinée, J. B.;
Hauschild, M.; Jolliet, O.; Carlson, R.;
Pennington, D. W.; Bachmann, T. M.:
OMNITOX – operational life-cycle impact
assessment models and information
tools for practitioners. Int. J. LCA 9 (5),
282–288.

Molina und Rowland 1974:
Molina, M. J.; Rowland, F. S.: Stratospheric sink for chlorofluoro-methanes:
chlorine atom catalyzed destruction of
ozone. Nature 249, 810–814.

Monod 1970:
Monod, J.: Le hazard et la nécessité. Essai
sur la philosophie naturelle de la biologie
moderne. Édition du Seuil, Paris.

Müller-Herold 1996:
Müller-Herold, U.: A simple general
limiting law for the overall decay of
organiç compounds with global pollution
potential. Environ. Sci. Technol. 30,
586–591.

Müller-Wenk 1998:
Müller-Wenk, R.: Land-use – The main
threat to species, how to include land use
in LCA. IÖW-Diskussionsbeitrag Nr. 64.
Institute for Economy and Ecology,
St. Gallen University.

Müller-Wenk 1999:
Müller-Wenk, R.: Life-Cycle Impact
Assessment of Road Transport Noise.
IWOE-Diskussionsbeitrag Nr. 77;
http://www.iwoe.unisg.ch.

Müller-Wenk 1999b:
Müller-Wenk, R.: Depletion of Abiotic
Resources Weighted on the Base of
„Virtual" Impacts of Lower Grade Deposits
Used in Future. IWOE Discussion Paper
No. 57, IWOE, St. Gallen.

Müller-Wenk 2002:
Müller-Wenk, R.: Impact assessment of
biotic resources. In: Chapter 2 Udo de
Haes, H. A. et al. (eds.): Life-Cycle Impact Assessment: Striving Towards Best
Practice. SETAC Press, Pensacola, Florida,
pp. 26–39. ISBN 1-880611-54-6.

Müller-Wenk 2002b:
Müller-Wenk, R.: Zurechnung von lärm-
bedingten Gesundheitsschäden auf den

Straßenverkehr. Schriftenreihe Umwelt
Nr. 339. Bundesamt für Umwelt, Wald
und Landschaft, Bern, 70 Seiten.

Müller-Wenk 2004:
Müller-Wenk, R.: A Method to include
in LCA road traffic noise and its health
effects. Int. J. LCA 9 (2), 76–85.

Norris 2001:
Norris, G.: Acidification. Kapitel 4 in
Klöpffer et al. 2001a, S. 51–64.

Norris 2002:
Norris, G. A.: Impact characterization in
the tool for the reduction and assessment
of chemical and other environmental
impacts. Methods for acidification,
eutrophication, and ozone formation.
J. Indust. Ecology 6 (3/4), 79–78.

Österreichisches Statistisches Zentralamt
1995:
Statistisches Jahrbuch für die Republik
Österreich. 46. Jhg., Neue Folge,
Österreichische Staatsdruckerei, Wien.
ISBN 3-901400-04-4.

Owens 1996:
Owens, J. W.: LCA impact assessment
categories – technical feasibility and
accuracy. Int. J. LCA 1 (3), 151–158.

Owens 1997:
Owens, J. W.: Life cycle assessment –
constraints from moving from inventory
to impact assessment. J. Industrial
Ecology 1 (1), 37–49.

Owens 1998:
Owens, J. W.: Life cycle impact assessment: the use of subjective judgements in
classification and characterization. Int. J.
LCA 3 (1), 43–46.

Pant et al. 2004:
Pant, R.; Christensen, F. M.; Pennington,
D. W.: Increasing the acceptance and
practicality of toxicological effects
assessment in LCA. A 5th European
Research Framework Programme Project.
OMNITOX Editorial. Int. J. LCA 9 (5), 281.

Papke et al. 1987:
Papke, H. E.; Krahl-Urban, B.; Peters, K.;
Chimansky, C.: Waldschäden. Ursachen-
forschung in der Bundesrepublik
Deutschland und in den Vereinigten
Staaten von Amerika. 2. Auflage. Projekt-
trägerschaft Biologie, Ökologie und
Energie der KFA Jülich.

Pennington et al. 2004:
Pennington, D. W.; Potting, J.;

Finnveden, G.; Lindeijer, E.; Jolliet, O.; Rydberg, T.; Rebitzer, G.: Life cycle assessment. Part 2: Current impact assessment practice. Environ. Int. 30 (5), 721–739.

Pennington et al. 2005:
Pennington, D. W.; Margni, M.; Amman, C.; Jolliet, O.; Multimedia fate and human intake modelling: Spatial versus nonspatial insights for chemical emissions in Western Europe. Environ. Sci. & Technol. 39, 1119.

Peper et al. 1985:
Peper, H.; Rohner, H.-S.; Winkelbrandt, A.: Grundlagen zur Beurteilung der Bedarfsplanung für Bundesfernstraßen aus der Sicht von Naturschutz und Landschaftspflege am Beispiel des Raumes Wörth-Pirmasens. Natur und Landschaft 60, 397–401.

Popper 1934:
Popper, K. R.: Logik der Forschung. J. Springer, Wien 1934. 7. Auflage: J. C. B. Mohr (Paul Siebeck), Tübingen 1982. 1st English edition: The Logic of Scientific Discovery. Hutchison, London 1959.

Posch et al. 2001:
Posch, M.; Hettelingh, J.-P.; de Smet, P. A. M.: Characterization of critical load exceedances in Europe. Water Air Soil Pollut. 130, 1139–1144.

Potting 2000:
Potting, J.: Spatial Differentiation in Life Cycle Impact Assessment. Proefschrift Universiteit Utrecht. Printed by Mostert & Van Onderen, Leiden 2000. ISBN 90-393-2326-7.

Potting und Blok 1994:
Potting, J.; Blok, K.: Spatial aspects of life-cycle impact assessment. In: Jensen, A. A.; Klöpffer, W.; Lindfors, L.-G. (Eds.): Integrating Impact Assessment into LCA. Proceeding of the LCA Symposium held at the Fourth SETAC-Europe Annual Meeting, 11–14 April 1994, Brussels. Published by Society of Environmental Toxicology and Chemistry – Europe. Brussels, October 1994, S. 11–15.

Potting und Hauschild 1997a:
Potting, J.; Hauschild, M.: Predicted environmental impact and expected occurrence of actual environmental impact. Part I: The linear nature of environmental impact from emissions

in life cycle assessment. Int. J. LCA 2 (3), 171–177.

Potting und Hauschild 1997b:
Potting, J.; Hauschild, M.: Predicted environmental impact and expected occurrence of actual environmental impact. Part II: Spatial differentiation in life cycle assessment via the site-dependent characterisation of environmental impact from emissions. Int. J. LCA 2 (4), 209–216.

Potting et al. 1998:
Potting, J.; Schoepp, W.; Blok, K.; Hauschild, M.: Site-dependent life-cycle assessment of acidification. J. Industrial Ecology 2, (2) 61–85.

Potting et al. 2001:
Potting, J.; Klöpffer, W. (eds.); Seppälä, J.; Risbey, J.; Meilinger, S.; Norris, G.; Lindfors, L.-G.; Goedkoop, M.: Best available practice in life cycle assessment of climate change, stratospheric ozone depletion, photo-oxidant formation, acidification, and eutropiphication. Backgrounds on general issues. RIVM report 550015002/2001 Bilthoven, NL. Download: http://www.rivm.nl/bibliotheek/rapporten/550015002.html.

Potting et al. 2002:
Potting, J.; Klöpffer, W.; Seppälä, J.; Norris, G.; Goedkoop, M.: Climate change, stratospheric ozone depletion, photo oxidant formation, acidification, and eutrophication. Chapter 3 in: Udo de Haes, H. A. et al. (eds.): Life-Cycle Impact Assessment: Striving Towards Best Practice. SETAC Press, Pensacola, Florida, pp. 65–100.

Poulsen et al. 2004:
Poulsen, P. B.; Jensen, A. A.; Antonsson, A.-B.; Bengtsson, G.; Karling, M.; Schmidt, A.; Brekke, O.; Becker, J.; Verschoor, A. H. (Eds.) (2004): The Working Environment in LCA. SETAC Press, Pensacola, Florida. ISBN 1-880611-68-6.

Ramanathan 1975:
Ramanathan, V.: Greenhouse effect due to chlorofluorocarbons: climatic implications. Science 190 (1975), 50–52.

Reichl und Schwenk 2004:
Reichl, F.-X.; Schwenk, M. (Hrsg.): Regulatorische Toxikologie. ISBN: 3-540-00985 Springer Verlag, Berlin.

Renner et al. 1990:
Renner, I.; Schleyer, R.; Mühlhausen, D.: Gefährdung der Grundwasserqualität durch anthropogene organische Luftverunreinigungen. VDI Bericht Nr. 837 (1990), 705–727.

Reap et al. 2008a:
Reap, J.; Roman, F.; Duncan, S.; Bras, B.: A survey of unresolved problems in life cycle assessment. Part 1: Goal & scope and inventory analysis. Int. J. LCA 13 (4), 290–300.

Reap et al. 2008b:
Reap, J.; Roman, F.; Duncan, S.; Bras, B.: A survey of unresolved problems in life cycle assessment. Part 2: Impact assessment and interpretation. Int. J. LCA 13 (5), 374–388.

Redfield 1934:
Redfield, A. C.: On the proportions of organic derivations in sea water and their relation to the composition of plankton. In: Daniel, R. J. (ed.): James Johnson Memorial Volume, University Press Liverpool, pp. 177–192.

Redfield et al. 1993:
Redfield, A. C.; Ketchum, B. H.; Richards, F. A.: The influence of organisms on the composition of sea water. Proceedings of the 2nd International Water Pollution Conference, Tokyo, Japan. Pergamon Press, pp. 215–143.

Renner und Klöpffer 2005:
Renner, I.; Klöpffer, W.: Untersuchung der Anpassung von Ökobilanzen an spezifische Erfordernisse biotechnischer Prozesse und Produkte. Forschungsbericht 201 66 306 UBA-FB 000713. UBA Texte 02/05 Berlin; herunterzuladen unter: http://www.umweltbundesamt.de.

Rippen et al. 1987:
Rippen, G.; Zietz, E.; Frank, R.; Knacker, T.; Klöpffer, W.: Do airborne nitrophenols contribute to forest decline? Environ. Technol. Letters 8, 475–482.

Römpp 1993:
Hulpke, H.; Koch, H. A.; Wagner, R. (Hrsg.): Römpp Lexikon Umwelt. Georg Thieme Verlag, Stuttgart 1993. ISBN 3-13-736501-5.

Römpp 1995:
Chemie Lexikon. Falbe, J.; Reglitz, M. (Hrsg.). 9. Auflage, Paperback-Ausg.,

Georg Thieme Verlag, Stuttgart 1995. ISBN 3-13-102759-2.

Rowland und Molina 1975:
Rowland, F. S.; Molina, M. J.: Chlorofluoromethanes in the environment. Rev. Geophys. Space Phys. 13, 1–35.

Rosenbaum et al. 2008:
Rosenbaum, R. K.; Bachmann, T. M.; Gold, L. S.; Huijbregts, M. A. J.; Jolliet, O.; Juraske, R.; Köhler, A.; Larsen, H. F.; MacLeod, M.; Margni, M.; McKone, T. E.; Payet, J.; Schuhmacher, M.; van de Ment, D.; Hauschild, M. Z.: USEtox – The UNEP-SETAC toxicity model: recommended characterisation factors for human toxicity and freshwater ecotoxicity in life cycle impact assessment. Int. J. Life Cycle Assess. 13 (7), 532–546; DOI 10.1007/s11367-008-0038-4 (enthält zusätzliches elektronisches Material).

Rowland 1994:
Rowland, F. S.: The Scientific Basis for Policy Decisions: A 20 Year Retrospective on the CFC-Stratospheric Ozone Problem. Preprint of Papers Presented at the 208th ACS National Meeting, Washington, DC, August 21–25, 1994, 34 (2), 731.

RSU 1983:
Der Rat von Sachverständigen für Umweltfragen: Waldschäden und Luftverunreinigungen. Sondergutachten. W. Kohlhammer, Stuttgart 1983.

Saling et al. 2002:
Saling, P.; Kicherer, A.; Dittrich-Krämer, B.; Wittlinger, R.; Zombik, W.; Schmidt, I.; Schrott, W.; Schmidt, S.: Eco-efficiency analysis by BASF: the Method. Int. J. LCA 7 (4), 203–218.

Samuelsson 1993:
Samuelsson, M.-O.: Life cycle assessment and eutrophication: a concept for calculation of the potential effects of nitrogen and phosphorous. Swedish Environmental Research Institute (IVL), IVL Report B1119, Stockholm.

Saur 1997:
Saur, K.: Life cycle interpretation – a brand new perspective? Int. J. LCA 2 (1), 8–10.

Schenk 2001:
Schenk, R.: Land use and biodiversity indicators for life cycle impact assessment. Int. J. LCA 6 (2), 114–117.

Scheringer 1999:
Scheringer, M.: Persistenz und Reichweite

von Umweltchemikalien. Wiley-VCH, Weinheim.

Scheringer und Hungerbühler 2008:
Scheringer, M.; Hungerbühler, K.: Datenprobleme und Datenbedarf in der Umweltrisikobewertung von Chemikalien. Mitt. Umweltchem. Ökotox. (GDCh) 14 (1), 3–10.

Schmid und Schmid-Araya 2001:
Schmid, P. E.; Schmid-Araya, J. M.: Eine kritische Betrachtung zum Stand der ökologischen Forschung. UWSF-Z. Umweltchem. Ökotox. 13 (5), 255–257.

Schmidt-Bleek 1993:
Schmidt-Bleek, F.: MIPS re-visited. Fresenius Envir. Bull. 2, 407–412.

Schmidt-Bleek 1994:
Schmidt-Bleek, F.: Wie viel Umwelt braucht der Mensch? MIPS – Das Maß für ökologisches Wirtschaften. Birkhäuser Verlag, Berlin 1994.

Schmitz et al. 1995:
Schmitz, S.; Oels, H.-J.; Tiedemann, A.: Ökobilanz für Getränkeverpackungen. Teil A: Methode zur Berechnung und Bewertung von Ökobilanzen für Verpackungen. Teil B: Vergleichende Untersuchung der durch Verpackungssysteme für Frischmilch und Bier hervorgerufenen Umweltbeeinflussungen. UBA Texte 52/95, Berlin.

Schmitz und Paulini 1999:
Schmitz, S.; Paulini, I.: Bewertung in Ökobilanzen. Methode des Umweltbundesamtes zur Normierung von Wirkungsindikatoren, Ordnung (Rangbildung) von Wirkungskategorien und zur Auswertung nach ISO 14042 und 14043. Version '99. UBA Texte 92/99, Berlin.

Schwarzenbach et al. 2002:
Schwarzenbach, R. P.; Gschwend, P. M.; Imboden, D. M.: Environmental Organic Chemistry, 2nd Edition. John Wiley & Sons, Hoboken, New Jersey.

Seppälä und Hämäläinen 2001:
Seppälä, J.; Hämäläinen, R. P.: On the meaning of the distance-to-target weighting method and normalisation in life cycle impact assessment. Int. J. LCA 6 (4), 211–218.

Seppälä et al. 2004:
Seppälä, J.; Knuutila, S.; Silvo, K.: Eutrophication of aquatic ecosystems. A new method for calculating the potential contribution of nitrogen and phosphorous. Int. J. LCA 9 (2), 90–100.

Seppälä et al. 2006:
Seppälä, J.; Posch, M.; Johansson, M.; Hettelingh, J.-P.: Country-dependent characterization factors for acidification and terrestrial eutrophication based on accumulated exceedance as an impact category indicator. Int. J. LCA 11 (6), 403–416.

Sedlbauer et al. 2007:
Sedlbauer, K.; Braune, A.; Humbert, S.; Margni, M.; Schuller, O.; Fischer, M.: Spatial differentialisation in LCA. Moving forward to more operational sustainability. Technikfolgenabschätzung – Theorie und Praxis 16 (3), 24–31.

SETAC Europe 1992a:
Society of Environmental Toxicology and Chemistry – Europe (Ed.): Life-Cycle Assessment. Workshop Report, 2–3 December 1991, Leiden. SETAC-Europe, Brussels.

SETAC-Europe 1992b:
SETAC-Europe (ed.): Leyden workshop progresses in life cycle assessment. LCA Newsletter 2 (1), 3–4.

SETAC 1993:
Society of Environmental Toxicology and Chemistry (SETAC): Guidelines for Life-Cycle Assessment: A „Code of Practice". From the SETAC Workshop held at Sesimbra, Portugal, 31 March – 3 April 1993. Edition 1, Brussels and Pensacola, Florida, August 1993.

Solberg-Johansen et al. 1997:
Solberg-Johansen, B.; Clift, R.; Jeapes, A.: Irradiating the environment. Radiological impacts in life cycle assessment. Int. J. LCA 2 (1), 16–19.

Solomon und Albritton 1992:
Solomon, S.; Albritton, D. L.: Time dependent ozone depletion potentials for short and long-term forecasts. Nature 357, 33–37.

Sorbe 1998:
Sorbe, G.: Internationale MAK-Werte. 4. Auflage. Ecomed, Landsberg/Lech.

Steen und Ryding 1992:
Steen, B.; Ryding, S.-O.: The EPS Enviro-Accounting Method. IVL Report, Göteborg 1992.

Stephenson 1977:
Stephenson, M. E.: An approach to the

identification of organic compounds hazardous to the environment and human health. Ecotox. Environ. Safety 1, 39–48.

Steward und Weidema 2004:
Steward, M.; Weidema, B.: A Consistent framework for assessing the impacts from resource use. A focus on resource functionality. Int. J. LCA 10 (4), 240–247.

Stoklasa 1923:
Stoklasa, J.: Die Beschädigung der Vegetation durch Rauchgase und Fabrik-exhalationen. Urban & Schwarzenberg, Berlin/Wien.

Suter II 1993:
Suter II, G. W.: A critique of ecosystem health concept and indexes. Environ. Toxicol. Chem. 12, 1533–1539.

Suter et al. 1995:
Suter, P.; Walder, E. (Projektleitung). Frischknecht, R.; Hofstetter, P.; Knoepfel, I.; Dones, R.; Zollinger, E. (Ausarbeitung). Attinger, N.; Baumann, Th.; Doka, G.; Dones, R.; Frischknecht, R.; Gränicher, H.-P.; Grasser, Ch.; Hofstetter, P.; Knoepfel, I.; Ménard, M.; Müller, H.; Vollmer, M.; Walder, E.; Zollinger, E. (AutorInnen): Ökoinventare für Energiesysteme. 2. Auflage. ETH Zürich und Paul Scherrer Institut, Villingen im Auftrag des Bundes-amtes für Energiewirtschaft (BEW) und des Nationalen Energie-Forschungs-Fonds NEFF.

Szargut 2005:
Szargut, J.: Exergy Method: Technical and Ecological Applications. WIT Press, Southampton.

Szargut et al. 1988:
Szargut, J.; Morris, D. R.; Steward, F. R.: Exergy Analysis of Thermal, Chemical, and Metallurgical Processes. Hemisphere Publ. Corp., New York 1988.

TGD 1996:
Technical Guidance Document (TGD), basierend auf den Richtlinien und Ver-ordnungen über neue Stoffe und Altstoffe 92/32/EEC, 93/67/EEC, 93/793/EEC und 94/1488/EEC. Brüssel 1996.

TGD 2003:
Technical Guidance Document (TGD) on Risk Assessment of Chemical Substances following European Regulations and Directives; 2nd edition. European

Chemicals Bureau (ECB) JRC-Ispra (VA), Italy. http://ecb.jrc.it/tgdoc.

Thiel et al. 1999:
Thiel, C.; Seppelt, R.; Müller-Pietralla, W.; Richter, O.: An integrated approach for environmental assessments. Linking and integrating LCI, environmental fate models and ecological impact assessment using fuzzy expert systems. Int. J. LCA 4 (3), 151–160.

Toffoletto et al. 2007:
Toffoletto, L.; Bulle, C.; Godin, J.; Reid, C.; Deschênes, L.: LUCAS – a new LCIA method used for a Canadian-specific context. Int. J. LCA 12 (2), 93–102.

Töpfer 2002:
Töpfer, K.: The launch of the UNEP-SETAC life cycle initiative (Prague, April 28 2002). Int. J. LCA 7 (4), 191.

Trapp und Matthies 1996:
Trapp, S.; Matthies, M.: Dynamik von Schadstoffen – Umweltmodellierung mit CemoS. Eine Einführung. Springer, Berlin.

Trapp und Matthies 1998:
Trapp, S., Matthies, M.: Chemodynamics and Environmental Modeling. An Intro-duction. Springer, Berlin.

Tyndall 1871:
Tyndall, J.: Die Wärme betrachtet als eine Art der Bewegung. Helmholtz, H.; Wiedemann, G. (Übers. u. Hrsg.) nach der 4. Auflage des Originals; 2. Auflage, Vieweg, Braunschweig, S. 628.

UBA 1979:
Umweltbundesamt Berlin (Hrsg.): Proceedings der 2. Internationalen Kon-ferenz über Fluorchlorkohlenwasserstoffe in München, 6.–8. Dezember 1978. Mercedes-Druck, Berlin 1979.

UBA 1995:
Umweltbundesamt (Hrsg.): Ökobilanzen für Getränkeverpackungen 1995. UBA Texte 52/95, Berlin.

UBA 1999:
Braunschweig, A.: Bewertung in Öko-bilanzen. Projektbericht und Projekt-dokumentation (auf Basis der Ergebnisse einer Projektgruppe im Auftrag des Umweltbundesamtes Berlin). UFO-Plan Nr. 101 02 165. Berlin.

UBA 2000:
Plinke, E.; Schonert, M.; Meckel, H.; Detzel, A.; Giegrich, J.; Fehrenbach, H.; Ostermayer, A.; Schorb, A.; Heinisch, J.;

Luxenhofer, K.; Schmitz, S.: Ökobilanz für Getränkeverpackungen II, Zwischenbericht (Phase 1) zum Forschungsvorhaben FKZ 296 92 504 des Umweltbundesamtes Berlin – Hauptteil: UBA Texte 37/00, Berlin, September 2000. ISSN 0722-186X.

Udo de Haes 1996:
Udo de Haes, H. A. (ed.): Towards a Methodology for Life Cycle Impact Assessment. SETAC-Europe, Brussels. ISBN 90-5607-005-3.

Udo de Haes 2006:
Udo de Haes, H. A.: How to approach land use in LCIA or, how to avoid the Cinderella effect? Comments on „Key Elements in a Framework for Land Use Impact Assessment Within LCA". Int. J. LCA 11 (4), 219–222.

Udo de Haes und Wrisberg 1997:
Udo de Haes, H. A.; Wrisberg, N. (Eds.): LCANET European Network for Strategic Life-Cycle Assessment Research and Development. Life Cycle Assessment: State-of-the Art and Research Priorities. Klöpffer, W.; Hutzinger, O. (Eds.): LCA Documents Vol. 1 (1997) Ecoinforma Press, Bayreuth 1997. ISBN 3-928379-53-4.

Udo de Haes et al. 1999a:
Udo de Haes, H. A.; Jolliet, O.; Finnveden, G.; Hauschild, M.; Krewitt, W.; Müller Wenk, R.: Best available practice regarding impact categories and category indicators in life cycle impact assessment. Part 1. Int. J. LCA 4 (2), 66–74.

Udo de Haes et al. 1999b:
Udo de Haes, H. A.; Jolliet, O.; Finnveden, G.; Hauschild, M.; Krewitt, W.; Müller-Wenk, R.: Best available practice regarding impact categories and category indicators in life cycle impact assessment. Part 2. Int. J. LCA 4 (3), 167–174.

Udo de Haes et al. 2002:
Udo de Haes, H. A.; Finnveden, G.; Goedkoop, M.; Hauschild, M.; Hertwich, E. G.; Hofstetter, P.; Jolliet, O.; Klöpffer, W.; Krewitt, W.; Lindeijer, E.; Müller-Wenk, R.; Olsen, S. I.; Pennington, D. W.; Potting, J.; Steen, B. (eds.): Life-Cycle Impact Assessment: Striving Towards Best Practice. SETAC Press, Pensacola, Florida. ISBN 1-880611-54-6.

Ulrich 1984:
Ulrich, B.: Deposition von Säuren und Schwermetallen aus Luftverunreinigungen und ihre Auswirkungen auf Waldökosysteme. In: Merian, E. (Hrsg.): Metalle in der Umwelt – Verteilung, Analytik und biologische Relevanz. Verlag Chemie, Weinheim, S. 163–170.

UNEP/SETAC 2008:
UNEP/SETAC Life Cycle Initiative: Assessment of Water Use. Project Meeting before the SETAC Europe Annual Meeting in Warsaw, 25 May 2008.

UNO 1991:
United Nations – Economic Commission for Europe: Protocol to the Convention on Long-Range Transboundary Air Pollution Concerning the Control of Emissions of Volatile Organic Compounds or their Transboundary Fluxes. Geneva.

VDI 1997:
VDI-Richtlinie VDI 4600: Kumulierter Energieaufwand (Cumulative Energy Demand). Begriffe, Definitionen, Berechnungsmethoden. Deutsch und Englisch. Verein Deutscher Ingenieure, VDI-Gesellschaft Energietechnik Richtlinienausschuss Kumulierter Energieaufwand, Düsseldorf.

Velders und Wood 2007:
Velders, G. J. M.; Madronich, S. (coord. lead authors): Chemical and Radiative Effects of Halocarbons and their Replacement Compounds. Chapter 2 in: IPCC/TEAP Special Report. Safeguarding the Ozone Layer and the Global Climate System: Issues Related to Hydrofluorcarbons and Perfluorocarbons. 133–181.

Volkwein und Klöpffer 1996:
Volkwein, S.; Klöpffer, W.: The Valuation step within LCA. Part I: General principles. Int. J. LCA 1 (1), 36–39.

Volkwein et al. 1996:
Volkwein, S.; Gihr, R.; Klöpffer, W.: The valuation step within LCA. Part II: A formalized method of prioritization by expert panels. Int. J. LCA 1 (4), 182–192.

WBGU 2006:
Wissenschaftlicher Beirat der Bundesregierung Globale Umweltveränderungen: Sondergutachten „Die Zukunft der Meere – zu warm, zu hoch, zu sauer". ISBN 3-936191-13-1.

Wegener Sleeswijk und Heijungs 1996:
Wegener Sleeswijk, A.; Heijungs, R.:
Modelling fate for LCA. Int. J. LCA 1 (4),
237–240.

Weckenmann und Schwan 2001:
Weckenmann, A.; Schwan, A.: Environmental life cycle assessment with support
of fuzzy sets. Int. J. LCA 6 (1), 13–18.

White et al. 1995:
White, P.; De Smet, B.;
Udo de Haes, H. A.; Heijungs, R.: LCA
back on track, but is it one track or two?
LCA News – A SETAC-Europe Publication
5 (3), 2–4.

WHO 1996:
Murray, C.: The Global Burden of Disease.
The World Health Organisation, Geneva.

WMO 1994:
World Meteorological Organization
(WMO)/United Nations Environment
Program (UNEP): Scientific Assessment
of Ozone Depletion: 1994. WMO Report
No. 37. ISBN 928071449X.

WMO 1999:
World Meteorological Organization:
Scientific Assessment of Ozone
Depletion: 1998. Global Ozone Research
and Monitoring Project – Report No. 44,
Geneva.

World Resources Institute 1992:
World Resources 1992–93. A report by The
World Resources Institute in collaboration
with The United Nations Environment
Program (UNEP) and the United Nations
Development Program. Oxford University
Press, Oxford 1992.

Wright et al. 1997:
Wright, M.; Allen, D.; Clift, R.; Sas, H.:
Measuring corporate environmental
performance. The ICI environmental
burden system. J. Indust. Ecology 1,
117–127.

5
Auswertung, Berichterstattung und kritische Prüfung

Die Auswertung ist die Komponente einer Ökobilanz, in der aus den Ergebnissen der Sachbilanz und der Wirkungsabschätzung Schlussfolgerungen gezogen und Empfehlungen entsprechend der Zielsetzung der Studie ausgesprochen werden. Hier wird also der Bogen geschlagen zu den Gründen aus denen die Ökobilanz durchgeführt wurde.

In der Auswertung sollte darauf geachtet werden, dass für die Studie inhaltlich wesentliche Punkte herausgearbeitet werden. Dabei sollten die Randbedingungen der Studie und die Nachvollziehbarkeit aller Schlussfolgerungen nochmals kritisch reflektiert werden. In Bezug auf Detailgenauigkeit und Lesbarkeit des Berichts müssen Kompromisse gefunden werden. Die rein formelle Abarbeitung der nach ISO 14044 geforderten Punkte kann dazu führen, dass schwer leserliche Dokumente produziert werden, die nicht den gewünschten Nutzen für die Leserschaft haben.

5.1
Entstehung und Stellenwert der Komponente Auswertung

Die frühen Ökobilanzen oder „proto-LCAs"[1] waren in den 20 Jahren vor Beginn der Harmonisierung im Rahmen der SETAC Sachbilanzen, die manchmal durch eine rudimentäre Wirkungsabschätzung ergänzt waren. Bereits der erste SETAC Workshop zum Thema LCA schlug eine obligatorische Wirkungsabschätzung vor und empfahl eine Analyse der Verbesserungsmöglichkeiten auf der Basis der nun LCA genannten produktbezogenen Umweltanalyse[2] (vgl. Abschnitt 1.2). Diese damals dritte Komponente wurde als großer Durchbruch betrachtet und auch noch in der Richtlinie („Code of Practice") von 1993 beibehalten[3]; sie wurde durch die Einführung einer ersten Phase (Zielsetzung und Festlegung des Untersuchungsrahmens) zur vierten Komponente. Die in den Jahren 1993–2000 erfolgte internationale Normung[4] übernahm von SETAC weitgehend die Struktur

---

1) Klöpffer 2006; Jensen und Postlethwaite 2008
2) SETAC 1991
3) SETAC 1993
4) Marsmann 1997, 2000; Klüppel 1997, 2002

Ökobilanz (LCA): Ein Leitfaden für Ausbildung und Beruf. Walter Klöpffer und Birgit Grahl
Copyright © 2009 WILEY-VCH Verlag GmbH & Co. KGaA, Weinheim
ISBN: 978-3-527-32043-1

der LCA, jedoch mit einer Ausnahme: die Phase Verbesserungsmöglichkeiten wurde gestrichen[5]. Als Ersatz wurde die neue Komponente „Auswertung" geschaffen und als internationale Norm ISO 14043 eingeführt[6]. Ursprünglich nur eine Notlösung für eine andernfalls arbeitslose ISO-Arbeitsgruppe hat sich die Auswertung aus mehreren Gründen als sehr sinnvolle und nützliche Komponente erwiesen:

- Die „Auswertung" ist das Pendant zur wissenschaftstheoretisch ebenfalls „weichen" Komponente „Zielsetzung und Festlegung des Untersuchungsrahmens". In ihr muss geprüft werden, ob die Ergebnisse mit der Zielsetzung konsistent sind.
- Es muss weiterhin geprüft und dokumentiert werden, ob die Qualität der Daten und Methoden ausreicht, um die Ergebnisse zu stützen.
- In der Auswertung sind besonders strenge Bedingungen für den Fall vorgesehen, dass die Ökobilanz für vergleichende Aussagen benutzt werden soll, die der Öffentlichkeit zugänglich gemacht werden sollen.

Berichterstattung und kritische Prüfung gehören streng genommen nicht zur Phase Auswertung, weil sie ja über alle vier Phasen berichten bzw. urteilen. Sie schließen aber unmittelbar an die Phase Auswertung an, so dass die gemeinsame Besprechung sinnvoll erscheint.

- Es werden Regeln zur kritischen Prüfung vorgeschrieben, die für vergleichende Aussagen in ihrer strengsten Form obligatorisch, ansonsten aber optional ist.
- Schließlich wird auch die Berichterstattung geregelt, die in Bezug auf vertrauliche Daten den Wünschen der Wirtschaft zwar nachkommt, zum Ausgleich aber das kritische Gutachten – wenn eines durchgeführt wird – zum festen Bestandteil des Berichts macht.

Im Folgenden sollen die oben genannten Punkte anhand der Normen ISO 14040 und 14044 (2006) und einiger wissenschaftlicher Arbeiten erläutert werden. Insgesamt hat die Komponente Auswertung aber die Phantasie der Wissenschaftler/-innen weniger angeregt als etwa die Wirkungsabschätzung. Dies mag auch damit zu tun haben, dass wesentliche Aspekte der Ergebnisgewichtung auf der Basis möglichst transparent definierter Werthaltungen in der Phase Wirkungsabschätzung verblieben sind, anstatt in die Auswertung einbezogen zu werden (vgl. Abschnitte 4.3.3.2 und 4.3.3.3). Da über die einbezogenen Werthaltungen implizit Bewertungen vorgenommen werden, die in die Zuständigkeit der Geistes- und Sozialwissenschaften fallen, wäre damit auch eine bessere Abgrenzung zu den naturwissenschaftlich-technischen Phasen Sachbilanz und Wirkungsabschätzung (dem „harten Kern" der Ökobilanz)[7] möglich gewesen. Diese Chance zu einer logischeren Gliederung wurde bereits bei Erstellung der älteren Norm ISO 14043

---

5) Dies ist insofern verständlich, als eine Ökobilanz neben der Produktoptimierung auch andere Anwendungen haben kann. Eine kleine Liste von Anwendungen außerhalb des Standards wurde in ISO 14040 (1997) aufgenommen.

6) Saur 1997; Lecouls 1999; ISO 2000; Marsmann 2000

7) Klöpffer 1998

vertan und auch bei der 2006 abgeschlossenen Revision der LCA-Normen nicht korrigiert[8].

5.2
Die Inhalte der Komponente Auswertung nach ISO

5.2.1
Auswertung in ISO 14040

In Abschnitt 5.5 der Rahmennorm ISO 14040[9] wird die Auswertung wie folgt beschrieben:

> *„Die Auswertung ist die Phase der Ökobilanz, bei der die Ergebnisse der Sachbilanz und der Wirkungsabschätzung gemeinsam betrachtet werden, oder, im Fall von Sachbilanz-Studien, nur die Ergebnisse der Sachbilanz herangezogen werden. Die Auswertungsphase sollte Ergebnisse liefern, die mit dem festgelegten Ziel und Untersuchungsrahmen übereinstimmen und die zur Ableitung von Schlussfolgerungen, Erläuterung von Einschränkungen und zum Aussprechen von Empfehlungen dienen."*

Es ist also anzumerken, dass auch Sachbilanz-Studien einer abschließenden Phase „Auswertung" bedürfen. Im zweiten Absatz von Abschnitt 5.5 wird nochmals in Erinnerung gerufen

> *„... dass die Ergebnisse der Wirkungsabschätzung auf einem relativen Ansatz beruhen, dass sie potentielle Umweltwirkungen anzeigen und keine tatsächlichen Wirkungen auf Wirkungsendpunkte, Grenzwertüberschreitungen von Schwellenwerten, Sicherheitsspannen oder Gefahren voraussagen."*

Darin ist eine Warnung vor Überinterpretation der Resultate der Wirkungsabschätzung enthalten. Dieser „erhobene Zeigefinger" zieht sich durch das gesamte 14040 ff. Normenwerk.

5.2.2
Auswertung in ISO 14044

Die Arbeitsschritte der Auswertung sind in ISO 14044[10] im Abschnitt 4.5 in folgende Unterpunkte gegliedert:

1. Identifizierung signifikanter Parameter,
2. Beurteilung,
3. Schlussfolgerungen, Einschränkungen und Empfehlungen.

---

8) ISO 2000, 2006a, 2006b; Finkbeiner et al. 2006
9) ISO 2006a
10) ISO 2006b

Die Beziehungen dieser Arbeitsschritte untereinander und zu den Ökobilanz-Komponenten 1 bis 3 (vgl. Kapitel 2 bis 4) sind in Abb. 5.1 schematisch dargestellt. Anwendungen liegen außerhalb des Rahmens einer Ökobilanz und sind hier nicht dargestellt (vgl. Abb. 1.4).

Nach Abb. 5.1 wird die Identifizierung der signifikanten Parameter direkt aus den Ergebnissen der drei vorangehenden Phasen der Ökobilanz gespeist und steht in Wechselwirkung mit der Beurteilung. In der Beurteilung werden außerdem die Informationen aus Komponente 1 zum Abgleich mit Ziel und Untersuchungsrahmen der Studie benötigt. Dahinter steckt die Erkenntnis, dass es keine zwei gleichen Ökobilanzen gibt: jede hängt von den in Komponente 1 gemachten Vorgaben ab. Die Beurteilung kann daher nur in dem dort gesteckten Rahmen erfolgen, der aber nach dem prinzipiell iterativen Charakter der Methode auch angepasst werden kann, wenn sich im Laufe der Studie herausstellt, dass die ursprünglichen Vorgaben nicht zum Ziel führen (z. B. wenn wichtige Daten nicht beschafft werden konnten).

Aufgrund des iterativen Charakters von Ökobilanzen erfordert die Auswertung einige Erfahrung. Dem trägt der informative Anhang B zu ISO 14044 „Beispiele für die Auswertung" Rechnung. Er soll Anwendern/-innen helfen zu verstehen, wie eine Auswertung durchgeführt werden kann.

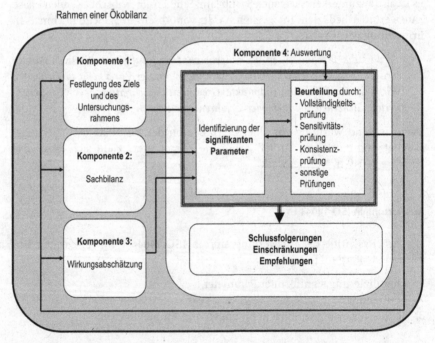

Abb. 5.1 Beziehung zwischen den Bestandteilen in der Komponente Auswertung und anderen Komponenten einer Ökobilanz (nach ISO 14044).

5.2.3
Identifizierung signifikanter Parameter

Für die Identifizierung signifikanter Parameter macht die Norm keine Vorgaben zu Signifikanzschwellen. Jede Studie muss sich daher entsprechend der Qualität der einbezogenen Daten dazu äußern welche Signifikanzkriterien gelten. Ziel der Identifizierung der signifikanten Parameter ist es diejenigen Ergebnisparameter zu identifizieren, für die ein quantitativer Unterschied unter Einbeziehung der Datenunsicherheiten tatsächlich besteht. Die sorgfältige Identifikation der signifikanten Parameter soll vor Über- und Fehlinterpretation schützen.

Signifikante Parameter können unterschiedlicher Datenherkunft sein. ISO 14044 gibt in Abschnitt 4.5.2.2 folgende Beispiele:

- Sachbilanzdaten,
- Wirkungskategorien,
- Beiträge von Lebenswegabschnitten, z. B. einzelnen Prozessmodulen oder Modulgruppen (z. B. Transporte oder Energieerzeugung).

Zur Ableitung der Signifikanz stehen nach derselben Norm (dort in Abschnitt 4.5.2.3) folgende vier Arten von Informationen zur Verfügung:

- die Ergebnisse der bereits abgeschlossenen Phasen Sachbilanz und Wirkungsabschätzung;
- Elemente der methodischen Vorgangsweise, z. B. Allokationsregeln und Systemgrenze in der Sachbilanz, Wirkungsindikatoren und Modelle (Charakterisierungsfaktoren) in der Wirkungsabschätzung;
- Werthaltungen, die in der Studie verwendet werden, aus der Zielsetzung sowie den Arbeitsschritten Ordnung und Normierung in der Wirkungsabschätzung;
- Rolle und Verantwortlichkeit der interessierten Kreise, Ergebnisse des kritischen Prüfungsverfahrens[11].

Es folgt nun die Bestimmung der Konsistenz der Ergebnisse, die in der Norm nicht explizit beschrieben wird, aber folgender Passus stellt fest:

> *„Falls befunden wurde, dass die Ergebnisse der bereits abgeschlossenen Phasen (Sachbilanz, Wirkungsabschätzung) den Anforderungen des Ziels und des Untersuchungsrahmens der Studie entsprechen, muss im Folgenden die Signifikanz dieser Ergebnisse bestimmt werden."*

---

11) Die kritische Prüfung bezieht allerdings die Phase Auswertung mit ein, es kann sich also höchstens um Zwischenergebnisse einer interaktiven Prüfung handeln.

5.2.4
Beurteilung

Als Zweck der Beurteilung[12] wird in der Norm die Stärkung des Vertrauens in die Zuverlässigkeit der Ergebnisse der Ökobilanz und in die signifikanten Parameter genannt. Die Beurteilung soll weiterhin einen *klaren und verständlichen Überblick über das Resultat der Studie* ermöglichen.

Zur Beurteilung werden drei Methoden genannt, deren Anwendung **erwogen werden muss**[13]. Diese etwas gewundene Formulierung bedeutet wohl, dass nicht alle drei Methoden angewendet werden müssen, aber eine quantitative Methode (siehe Abschnitt 5.3) eingesetzt werden muss. Die drei Methoden sind:

- Vollständigkeitsprüfung,
- Sensitivitätsprüfung,
- Konsistenzprüfung.

Die **Vollständigkeitsprüfung** bezieht sich auf alle relevanten Informationen, besonders auf solche, die für die Ermittlung der „signifikanten Parameter" (Abschnitt 5.2.3) zwingend erforderlich sind. Wenn hier Lücken bestehen, sollte im Sinne des iterativen Verfahrens die Sachbilanz und/oder die Wirkungsabschätzung mit verbesserten Fakten wiederholt werden. Alternativ dazu kann auch das Ziel und der Untersuchungsrahmen an die vorhandenen Informationen angepasst werden, d. h. in den meisten Fällen werden die Erwartungen heruntergesetzt werden müssen, um die Konsistenz zu erreichen.

Die **Sensitivitätsprüfung** oder -analyse ist wohl die am häufigsten angewandte quantitative Methode in der Beurteilung und ist z. B. nach ISO 14044 zwingend vorgeschrieben, wenn die Wahl mehrerer Allokationsmethoden möglich ist.

Ziel der Sensitivitätsprüfung ist die Einschätzung der Unsicherheit von Ergebnissen einer Ökobilanz, die sich z. B. aufgrund der Datenqualität, der Abschneidekriterien, der Wahl des Allokationsverfahrens oder der Auswahl der Wirkungskategorien ergeben. Meist werden Szenarien untersucht, die sich von der Modellierung des Produktsystems, dem Hauptszenario, in einem einzigen Punkt unterscheiden: So kann beispielsweise eine Allokationsregel geändert und geprüft werden, ob diese Änderung das Ergebnis auf den Kopf stellt.

Die Sensitivitätsprüfung erlaubt auf anschauliche Weise den Einfluss des geänderten Punktes auf die Endergebnisse festzustellen und zu dokumentieren. Mögliche Ergebnisse von Sensitivitätsanalysen sind:

- der geänderte Parameter ändert das Ergebnis nicht oder nur geringfügig;
- es sind weitere, detailliertere Sensitivitätsprüfungen erforderlich;
- die Ergebnisse sind nur innerhalb einer Schwankungsbreite gültig, was bei den Schlussfolgerungen berücksichtigt werden muss.

---

12) Die Beurteilung (*evaluation*) darf nicht mit Bewertung (*valuation*) verwechselt werden; das Wertesystem im Bereich der Beurteilung orientiert sich an kritisch-wissenschaftlichen Qualitätsmaßstäben.
13) In der englischen Version liest sich das wie folgt: *During the evaluation, the use of the following three techniques shall be considered.*

Die **Konsistenzprüfung** stellt die Verbindung zur ersten Phase der Ökobilanz her. ISO 14044 (dort Abschnitt 4.5.3.4) stellt dazu fest:

> *„Zweck der Konsistenzprüfung ist die Bestimmung, ob sich die Annahmen, Methoden und Daten in Übereinstimmung mit dem Ziel und dem Untersuchungsrahmen befinden."*

Neben der bereits mehrfach erwähnten Konsistenz innerhalb eines Produktsystems, ist auch – oder besonders – zu prüfen, ob bei vergleichenden Ökobilanzen für die verschiedenen Produktsysteme folgende Punkte gleich oder zumindest sehr ähnlich sind:

- Datenqualität,
- regionale und zeitbezogene Gültigkeit der Daten,
- Allokationsregeln und Systemgrenzen,
- Bestandteile der Wirkungsabschätzung.

Im folgenden Abschnitt sollen anhand der wissenschaftlichen Literatur die Methoden diskutiert werden, die man zur Beurteilung benötigt.

5.3
Methoden der Ergebnisanalyse

5.3.1
Wissenschaftlicher Hintergrund

Die Ökobilanz wird sehr oft als ein Entscheidungs-unterstützendes Element bei Produktvergleichen und -optimierungen gesehen[14] (natürlich nur für die „Umweltsäule" der Nachhaltigkeit, siehe Kapitel 6). In ISO 14040 werden folgende direkte Anwendungen der Ökobilanz genannt, die selbst jedoch außerhalb der Norm stehen:

- Entwicklung und Verbesserung von Produkten,
- strategische Planung,
- politische Entscheidungsprozesse,
- Marketing.

Alle diese Anwendungen können zu Entscheidungen führen, auch wenn diese nur in seltenen Fällen ausschließlich von den Ergebnissen einer Ökobilanz abhängen. Daher ist es vorteilhaft, die Zuverlässigkeit der Ergebnisse möglichst quantitativ zu erfassen, bzw. die Unsicherheit von Daten und Methoden aufzuzeigen. Dieses Problem wurde von der SETAC und einigen Autoren schon zu einer Zeit erkannt, als die Normung der Ökobilanz noch im Gange war[15].

---

14) Grahl und Schmincke 1997; Hofstetter 1998; Seppälä 1999; Tukker 2000; Heijungs 2001; Hertwich und Hammit 2001; Werner und Scholz 2002; Hertwich 2005; Heijungs et al. 2005

15) SETAC 1994; Chevalier und Le Téno 1996; Kennedy et al. 1996, 1997; Coulon et al. 1997; Le Téno 1999; Hildenbrand 1999

Nach Abschluss der ersten Normungsrunde (ISO 14040–43, 1997–2000) wurde die qualitätsorientierte Methodenentwicklung unter dem Schlagwort *Uncertainty* (Unsicherheit) ein etabliertes Arbeitsgebiet[16]. Es wurde erkannt, dass die Qualitätssicherung über das offen zu Tage liegende Problem der Datenqualität hinausgeht und auch methodische Fragen betrifft, wie etwa die Auswahl der Systemgrenzen, Allokationsverfahren, Wirkungskategorien und -indikatoren und, soweit verwendet, der Gewichtungsfaktoren und der hinter diesen stehenden Wertesysteme. Zur mathematischen Behandlung eignen sich naturgemäß die Daten am besten, während der Einfluss von Annahmen am besten durch alternative Szenarien in Form von Sensitivitätsanalysen geprüft wird.

5.3.2
Mathematische Methoden

In Anbetracht der speziellen Schwierigkeiten, wirklich gute Sachbilanzdaten zu erheben bzw. an den Einzelfall anzupassen, trifft man die klassische Fehlerrechnung nach Gauß (± Standardabweichung) nur selten an.

Heijungs und Kollegen[17] unterscheiden fünf numerische Analysenarten, die sich zur Datenanalyse in der Komponente Auswertung (teilweise auch schon in der Sachbilanz!) eignen:

- *contribution analysis* (Beitragsanalyse[18]),
- *perturbation analysis* (Perturbationsanalyse),
- *uncertainty analysis* (Unsicherheitsanalyse),
- *comparative analysis* (vergleichende Analyse),
- *discernibility analysis* (Unterscheidbarkeitsanalyse).

Die **Beitragsanalyse** dient ganz allgemein zur Ermittlung der quantitativen Beiträge einzelner Elemente zu einem Gesamtergebnis. In der Ökobilanz kann dies bedeuten, dass der Anteil eines oder mehrerer Lebenswegabschnitte zu einer Wirkungskategorie (Indikatorergebnis) ermittelt wird. Dieses Verfahren ist in der sog. „Sektoralanalyse" Standard und lässt sich auch graphisch in Säulendiagrammen gut darstellen, besonders in Farbe (vgl. Abb. 4.4 in Abschnitt 4.6.3). Die Dominanzanalyse kann als spezielle Art der Beitragsanalyse angesehen werden, indem sie, wie der Name sagt, die dominanten (beherrschenden) Beiträge zum Ergebnis ermittelt und damit für die Identifizierung der signifikanten Parameter geeignet ist[19]. Bei der Sektoralanalyse muss allerdings berücksichtigt werden, dass zu den gewählten Sektoren meist auch die Vorketten (Teilsachbilanzen ab

---

16) Braam et al. 2001; Huijbregts et al. 2001, 2003, 2004; Heijungs und Kleijn 2001; Ross et al. 2002; Ciroth 2001, 2004, 2006; Ciroth et al. 2004; Heijungs et al. 2005; Heijungs und Frischknecht 2005; Lloyd und Ries 2007

17) Heijungs und Kleijn 2001; Heijungs et al. 2005

18) Eine Eindeutschung des Begriffs *contribution analysis* scheint sich noch nicht allgemein durchgesetzt zu haben (Privatmitteilung von A. Ciroth).

19) Für Heijungs und Kleijn (2001) ist die *dominance analysis* oder *analysis of key issues* mit der *contribution analysis* synonym.

Rohstoffgewinnung) mit erfasst werden. Eine Dominanz des Sektors „Produktion"
muss daher keineswegs bedeuten, dass die wichtigsten Emissionen am Standort
einer einzigen Fabrik anfallen!

Heijungs und Kleijn (loc. cit.) weisen darauf hin, dass die Beitragsanalyse für
eine Vielzahl von Fragestellungen nützlich ist, sowohl auf der Sachbilanzebene
wie auch in der Wirkungsabschätzung (mit und ohne Normierung, ggf. auch nach
Gewichtung). Man kann sowohl den Einfluss von einzelnen Prozessmodulen wie
den von Emissionen etc. auf die Zwischen- oder Endresultate ermitteln. Damit
können Fragen von größter Wichtigkeit geklärt werden, z. B. wo Verbesserungen
am Produktsystem am effektivsten durchgeführt werden können. Solche Fragestellungen sind auch (oder besonders) für nicht-vergleichende Ökobilanzen
interessant, die ja meist einer Optimierungsanalyse dienen. Bei der graphischen
Darstellung ist zu beachten, dass bei manchen Darstellungsformen (bes. bei der
„Tortendarstellung") negative Beiträge, die sich durch Gutschriften ergeben,
nicht dargestellt werden können. Bei Balkendiagrammen kann dies durch eine
Null-Linie als Basis erreicht werden.

Die **Perturbationsanalyse** ist mit der Sensitivitätsanalyse verwandt, aber
mathematisch exakter definiert. Es wird die Auswirkung marginaler (also
sehr kleiner) Änderungen in den Inputparametern der Ökobilanz quantitativ
verfolgt (*marginal analysis*)[20]. Auf diese Weise kann festgestellt werden, wie
sensibel die Berechnungsergebnisse auf eine Unsicherheit der Inputparameter
reagieren. Daraus lässt sich ableiten, bei welchen Inputdaten große Genauigkeit erforderlich ist und bei welchen auch Schätzwerte ausreichen, weil ihr Einfluss auf das Endresultat gering ist. Vorteile der Perturbationsanalyse sind, dass
die tatsächliche Unsicherheit in den Daten nicht bekannt sein muss und dass
keine weiteren Daten benötigt werden; sie kann mit jeder Ökobilanz durchgeführt werden. Als nachteilig kann sich der Zeitaufwand erweisen, besonders
bei komplexen Systemen und entsprechend langer Rechenzeit (Heijungs und
Kleijn, loc. cit.).

Sehr wertvoll sind die Ergebnisse der Perturbationsanalyse auch für System-
verbesserungen: Es können diejenigen Inputs in ein Produktsystem identifiziert
werden, deren Reduktion große Beiträge zur Umweltentlastung leisten.

Die **Unsicherheitsanalyse** ist die systematische Analyse der Fortpflanzung von
Input-Unsicherheiten in Output-Unsicherheiten, wobei vorzugsweise Monte-
Carlo-Simulationen eingesetzt werden[21]. Wenn die Werte der Inputparameter
einer gewissen Wahrscheinlichkeitsverteilung (z. B. Gauß) unterliegen, kann mit
einer großen Anzahl von zufällig gewählten (daher der Name) Simulationen eine
ebenso große Zahl von Ergebnissen eines gewählten Outputs (meist aggregiert zu
einem Wirkungsindikatorergebnis) erzielt werden. Wenn die Anzahl der Simulationen genügend groß ist (z. B. 1000), lässt sich das Ergebnis als Wahrscheinlichkeitsverteilung darstellen, die wiederum in einfachen Fällen durch Mittelwert

---

20) Heijungs 1994
21) Heijungs und Kleijn 2001; Morgan und Henrion 1990; Huijbregts 1998; McCheese und La Puma
2002

und Standardabweichung charakterisiert werden kann. Ein numerisches Ergebnis wie „120 kg CO_2-Äquivalente" kann dann z. B. als „120 ± 10 kg CO_2-Äquivalente" angegeben werden.

In der Praxis reduzieren sich die Möglichkeiten der Eingabe auf die Normalverteilung (Gauß) mit Mittelwert und Standardabweichung sowie gleichmäßige Verteilung mit niedrigstem und höchstem Wert; Dreiecksverteilung und Log-Normalverteilung für einzelne Parameter wurden vorgeschlagen (Huijbregts 1998, loc cit.). Manchmal werden auch einige diskrete Einzelwerte mit definierten Wahrscheinlichkeiten zur Eingabe benutzt. Unter den verschiedenen Ausgabemöglichkeiten ist die graphische am besten geeignet, um die Verteilung und deren Form unmittelbar zu erkennen. Tabellarische Ausgaben aller Mittelwerte und Abweichungen etc. tendieren zur Unübersichtlichkeit. Die Grenzen der Methodik liegen in der Verfügbarkeit bzw. Nichtverfügbarkeit der statistischen Angaben für die Eingabedaten (die auch oft nur Schätzungen sind) und in der Rechenzeit bei bis zu 10.000 Läufen.

Die **vergleichende Analyse** beinhaltet die systematische, gleichzeitige Auflistung von Produktsystemalternativen. Da die häufigste Anwendung der Ökobilanz im Produktsystemvergleich liegt, ist diese Methode besonders wichtig. Sachbilanz- und Indikatorergebnisse liegen für die verglichenen Systeme nur zu oft eng benachbart und man muss der Versuchung widerstehen, kleine Vorteile eines Systems hervorzukehren. Dies führt zur Überinterpretation der Ergebnisse. Die vergleichende Analyse kann auf allen Ergebnisebenen erfolgen: Sachbilanz, Charakterisierung (Indikatorergebnis), Normierung und ggf. Gewichtung. Dazu können die absoluten Werte verwendet werden, oder eine prozentuale Darstellung gewählt werden, bei der der jeweils höchste Wert auf 100 % gesetzt wird. Beide Verfahren werden bereits in der Darstellung von Wirkungsabschätzungsergebnissen routinemäßig benutzt (vgl. Abb. 4.5 in Abschnitt 4.6.4). In der Auswertung sollte kritisch hinterfragt werden, ob der erste – oft optische – Eindruck einer Datenanalyse standhält.

Ebenfalls von spezieller Bedeutung für die vergleichenden Ökobilanzen ist die **Unterscheidbarkeitsanalyse.** Besonders bei mehreren verglichenen Produktsystemen möchte man zu einem Ranking gelangen. Leider sprechen die Ergebnisse selten so eindeutig für eines der analysierten Systeme, wie es den Anhängern diverser Einpunkt-Verfahren (Aggregation aller Ergebnisse in eine einzige Zahl) lieb wäre. Eine qualitative Aussage „Produkt A ist in Bezug auf den Verbrauch fossiler Ressourcen signifikant besser als Produkt B" müsste (mit der häufig benutzten Signifikanzschwelle von 0,05) statistisch abgesichert lauten: „Es besteht eine 95%-Wahrscheinlichkeit, dass Produkt A diesbezüglich besser ist als Produkt B" (Heijungs und Kleijn, loc. cit.). Die Unterscheidbarkeitsanalyse versucht die vergleichende Analyse mit der Unsicherheitsanalyse zu kombinieren. Das wichtigste Werkzeug ist daher die Monte-Carlo-Simulation für möglichst viele Resultate der verglichenen Ökobilanzen. Als (ökologisch) „besser" kann beim Vergleich nur das Produktsystem genannt werden, das bei mehreren Parametern über (bzw. unter, da die Indikatorergebnisse potentielle Schadwirkungen angeben) der Signifikanzschwelle liegt. Eine quantitative Methode dazu wurde von

Huigbregts[22] angegeben. In realen Ökobilanzen wird die Methode, die auch den Abstand zwischen den Zahlenwerten nicht beachtet – es gibt nur „größer oder kleiner", selten angewendet.

Die hier beschriebenen Methoden wurden um zwei weitere (*key issue analysis* und *structural analysis*) ergänzt und mit dem Datensatz ecoinvent '96 getestet[23]. Sie sind auch in der Lehr-Software „CMLCA" implementiert[24].

Die Frage des Datenformats gehört eigentlich in die Sachbilanz (Abschnitt 3.4), muss aber in der Auswertung beachtet werden. Datenformate werden oft über die Datenbanken und Software vorgegeben und beinhalten in ihren neueren Ausführungsformen Angaben zur statistischen Verteilung der Werte der Inputdaten[25]. Die Qualität der statistischen Angaben muss allerdings immer kritisch reflektiert werden; so können Standardabweichungen beispielsweise über halbquantitative Verfahren abgeschätzt sein.

5.3.3
Nicht-numerische Verfahren

Keine mathematische Methode kann die Probleme lösen, die durch unterschiedliche Werthaltungen auftreten: Ob dem Treibhauseffekt oder der Naturraumbeanspruchung eine größere ökologische Bedeutung beigemessen wird, kann allerdings für die Schlussfolgerungen und Empfehlungen eine größere Bedeutung haben als die Erhöhung der Signifikanzschwelle von 0,05 auf 0,2. Daher haben nicht-numerische Verfahren in der Auswertung einen festen Platz.

Zu den nicht-numerischen Verfahren gehört in erster Linie die verbal-argumentative Auswertung der quantitativen und semiquantitativen Ergebnisse. So ist es trotz der oben besprochenen numerischen Hilfsmittel oft sehr schwierig zahlenmäßige Limits anzugeben, bei deren Überschreitung zwei Ergebnisse als gesichert unterschiedlich angesehen werden können (wichtig für „A ist besser als oder gleich gut wie B"). Hier können verbal Zusammenhänge mit früheren Erfahrungen oder Verweise auf Sachverhalte in derselben Studie gegeben werden. Es ist Aufgabe der kritischen Prüfung, solche Aussagen zu hinterfragen, die sich natürlich besonders zum „Schönreden" von Ergebnissen eignen. Andererseits soll man nicht vergessen, dass auch mit den scheinbar objektiven Zahlen geschwindelt werden kann, was in einer auf Zahlen versessenen Zeit nur weniger auffällt.

22) Huijbregts 1998; Heijungs und Kleijn 2001
23) Heijungs und Suh 2002; Heijungs et al. 2005
24) Chain Management by Life Cycle Assessment (CMLCA):
    http://www.leidenuniv.nl/cml/ssp/software/cmlca
25) Heijungs und Frischknecht 2005

5.4
Berichterstattung

In der Ökobilanz-Rahmennorm ISO 14040[26] heißt es in Kapitel 6:

> *„Die Berichtsplanung ist ein integraler Bestandteil einer Ökobilanz. Ein aussage-*
> *kräftiger Bericht sollte die verschiedenen Phasen der Studie behandeln".*

Und weiter:

> *„Die Ergebnisse und Schlussfolgerungen der Ökobilanz sind der angesprochenen*
> *Zielgruppe in geeigneter Form mitzuteilen; die in der Studie benutzten Daten,*
> *Verfahren und Annahmen und die Einschränkungen dazu sind im Bericht an-*
> *zugeben."*

Die Norm ISO 14044[27] mit den Ausführungsbestimmungen geht in Kapitel 5 ins Detail, wobei besonders die dortigen Abschnitte 5.2 (Zusätzliche Anforderungen an und Anleitung für Berichte an Dritte) und 5.3 (Weitere Anforderungen an die Berichterstattung bei für die Veröffentlichung vorgesehenen vergleichenden Aussagen) zu beachten sind. Ein „Dritter" ist ein *„interessierter Kreis neben Auftraggeber oder Ersteller der Studie"*[28]. Der Bericht an Dritte kann auf einer Dokumentation der Studie beruhen, die vertrauliche Daten enthält und die wegen ihrer Vertraulichkeit den Dritten nicht zur Verfügung gestellt werden (können). Hier liegt eine wichtige Aufgabe der kritischen Prüfung (siehe Abschnitt 5.5), die bestätigen muss, dass die nicht veröffentlichten, den Prüfern/-innen aber zugänglichen, Daten der Studie angemessen sind.

Die Anforderungen an Berichte nach den oben genannten Abschnitten 5.2. und 5.3 in ISO 14044 sind sehr detailliert (viereinhalb Seiten in der zweisprachigen Ausgabe von ISO 14044) und würden bei wörtlicher Befolgung selbst kleinere Ökobilanzstudien auf mehrere Hundert Seiten aufblähen. Es liegt hier also ein Zielkonflikt zwischen dem lobenswerten Ziel der Vermeidung von Schwindel durch schlampige Ökobilanzen und der Lesbarkeit vor. Wir empfehlen den Erstellern und Prüfer/-innen eines Berichts für Dritte (Abschnitt 5.2), besonders wenn er vergleichende Aussagen enthält (Abschnitt 5.3), die entsprechenden Abschnitte der Norm sorgfältig zu lesen und sie im Rahmen der jeweiligen Studie nach bestem Wissen und Gewissen umzusetzen. Der Bericht muss aber für die Zielgruppe(n) lesbar und anregend – vielleicht sogar etwas „spannend" sein. Denn bei jeder vergleichenden Ökobilanz schwingt etwas von der Frage „wer gewinnt?" mit. Dass dabei auf die Einschränkungen hingewiesen werden muss, versteht sich von selbst. Bei zu groben Vereinfachungen steht mit der Norm ein Mittel zur Verfügung, mit dem zunächst die Gutachter/-innen, später auch die betroffenen Kreise mehr Transparenz einfordern können.

---

26) ISO 2006a
27) ISO 2006b
28) Der Ersteller, der Auftraggeber und der Dritte sind in den Normen ausschließlich in der männlichen Form definierte Begriffe. Ersteller, Auftraggeber und Dritte sind in der Regel keine Einzelpersonen, sondern Unternehmen, Verbände, gesellschaftliche Gruppen etc.

Wenn der Bericht nicht als Dokument[29], sondern (besser) als wissenschaftlich-technische Publikation betrachtet wird, gelten zusätzlich zu den in der Norm festgelegten Regeln die allgemeinen Prinzipien der wissenschaftlichen Erkenntnisfindung und Veröffentlichungspraxis[30]. Die wichtigste, von Karl Popper[31] aufgestellte Regel besagt, dass Hypothesen und Theorien so formuliert sein müssen, dass sie prinzipiell falsifiziert (also widerlegt) werden können. Erst durch viele vergebliche Falsifizierungsversuche kann aus einer Hypothese eine Theorie und ein Naturgesetz werden – solange bis ein umfassenderes an seine Stelle tritt[32]. Auch wenn die in den Naturwissenschaften geltenden Anforderungen in Ökobilanzen nicht gänzlich erreichbar sind, so sollten wir uns immer um möglichste Annäherung an das Ideal bemühen (Klöpffer 2007, loc. cit.).

Zur Ausgestaltung der Berichte kann gesagt werden, dass eine ansprechende graphische Gestaltung (z. B. farbige Säulendiagramme für die Sektoralanalyse) angestrebt, eine zu aufdringliche, am Marketing orientierte Darstellung aber vermieden werden sollte. Um eine Studie weiteren, interessierten Kreisen zur Verfügung zu stellen, ist eine Publikation auf der Webseite des Auftraggebers oder des Erstellers eine gute Lösung. Eine gut leserliche, aber nicht zu grob vereinfachende Kurzfassung sollte unbedingt mit den kritischen Prüfern/-innen abgestimmt werden. Im Graubereich zum Marketing ist die Versuchung einer beschönigenden Darstellung besonders groß!

Die Publikation einer Kurzfassung des Berichts in einer wissenschaftlichen Zeitschrift empfiehlt sich immer dann, wenn neue Erkenntnisse zur Methodik oder zur Anwendbarkeit der Ökobilanz auf bisher weniger erforschte Produktsysteme erzielt wurden. Auch neue Sachbilanzdaten sind von großem Interesse, werden aus Gründen der Vertraulichkeit aber oft nicht kommuniziert[33].

5.5
Kritische Prüfung

Eine kritische Prüfung wurde bereits vor der Normung durch ISO von SETAC im „Code of Practice" vorgeschlagen (damals noch „Peer-Review" genannt)[34]. Darin sollten durch eine „interaktive" (begleitende) Prüfung zwei Ziele erreicht werden:

- Verbesserung der wissenschaftlichen und technischen Qualität,
- die Erhöhung der Glaubwürdigkeit.

---

29) Negativbeispiele in Bezug auf Lesbarkeit sind infolge ihres Dokumentencharakters die Berichte über Versuche mit guter Laborpraxis (GLP).
30) Klöpffer 2007
31) Popper 1934
32) Die Poppersche Theorie wurde stark durch die „Falsifizierung" der als unumstößlich geltenden Newtonschen Theorie durch Einstein geprägt.
33) Frischknecht 2004
34) SETAC 1993

Diese Forderung wurde von ISO aufgegriffen, präzisiert und in einem Punkt entschärft: die Prüfung kann nun sowohl interaktiv wie auch „a posteriori" durchgeführt werden[35]. Diese Änderung trägt der Möglichkeit Rechnung, dass eine Ökobilanz zunächst für interne Zwecke gedacht war – wobei die Prüfung optional ist, dann aber ggf. nach einer Überarbeitung doch der Öffentlichkeit zugänglich gemacht werden soll. In diesem Fall kann die Überarbeitung, wenn eine solche stattfindet, interaktiv durchgeführt werden, für die ursprüngliche Studie ist sie aber a posteriori.

In der nun gültigen Version der ISO-Normen[36] sind zwei Arten von kritischer Prüfung vorgesehen:

1. kritische Prüfung durch interne oder externe Sachverständige
   (ISO 14044 6.2 und ISO 14040 7.3.2),
2. kritische Prüfung durch einen Ausschuss interessierter Kreise
   (ISO 14044 6.3 und ISO 14040 7.3.3).

Variante 1 ist für interne Studien geeignet, allerdings nach Norm nicht zugelassen für Studien die vergleichende Aussagen enthalten, die zur Veröffentlichung vorgesehen sind. In diesem Fall muss die kritische Prüfung nach Variante 2 durchgeführt werden.

In beiden Fällen ist unabdingbar, dass die Gutachter/-innen **unabhängig** sind, was bei internen Sachverständigen nicht selbstverständlich ist. In diesem Fall können z. B. sachkundige Mitarbeiter/-innen aus der Qualitätsprüfung, aus der Sicherheits- und Umweltabteilung oder anderen Unternehmensbereichen, die nicht in die Erstellung der Ökobilanz involviert waren, herangezogen werden.

Die Aufgaben der Prüfer/-innen sind nach ISO 14044 (6.1) eindeutig beschrieben. Das kritische Prüfungsverfahren muss demnach sicherstellen, dass:

- *die bei der Durchführung der Ökobilanz angewendeten Methoden mit dieser internationalen Norm übereinstimmen;*
- *die bei der Durchführung der Ökobilanz angewendeten Methoden wissenschaftlich begründet und technisch gültig sind;*
- *die verwendeten Daten in Bezug auf das Ziel der Studie hinreichend und zweckmäßig sind;*
- *die Auswertungen die erkannten Einschränkungen und das Ziel der Ökobilanz berücksichtigen;*
- *der Bericht transparent und in sich stimmig ist.*

Diese Prüfkriterien gelten sowohl für eine kritische Prüfung durch interne oder externe Sachverständige als auch durch einen Ausschuss interessierter Kreise. Dazu müssen die Prüfer/-innen die Ökobilanzstudie genauestens studieren, mit dem Ersteller für Rückfragen Kontakt aufnehmen (zumindest eine gemeinsame

---

35) Klöpffer 1997, 2000, 2005

36) ISO 2006a, 2006b. In ISO 14040 (1997) waren drei Arten kritischer Prüfung vorgesehen: durch einen internen Experten, einen externen Experten und durch „interessierte Kreise" (Panelmethode mit mindestens zwei Gutachtern).

Sitzung sollte durchgeführt werden, zusätzlich sind auch Telefonkonferenzen empfehlenswert) und auch mit dem Auftraggeber Kontakt halten. Das „Dreieck" Beauftragte/r des Auftraggebers, Ersteller der Studie (Projektleiter/in) und Sachverständige/r (im Fall eines Gutachterkreises: Vorsitzende/r) sollte gut funktionieren[37].

Wird eine kritische Prüfung durch einen Ausschuss interessierter Kreise (Variante 2) durchgeführt, sind weitere Querverbindungen zwischen einzelnen Mitgliedern des Gutachterkreises und den Bearbeiter/-innen der Studie nicht nur nicht ausgeschlossen, sondern erwünscht. So können z. B. Experten/-innen für eine im Mittelpunkt der Studie stehende Technologie, die nicht unbedingt auch Ökobilanzexperten/-innen sein müssen, Mitglied des Gutachterkreises sein und spezifische Fragen an die Ersteller der Studie haben. Gegenseitige lückenlose Verständigung unter den Mitgliedern des Gutachterkreises ist selbstverständlich Vorraussetzung.

Die kritische Prüfung durch einen Ausschuss interessierter Kreise ist dann zwingend, wenn vergleichende Aussagen (vor allem über am Markt konkurrierende Produktsysteme) gemacht werden (ISO 14044, 4.2.3.7):

> „Wenn die Studie für die Verwendung in zur Veröffentlichung vorgesehenen vergleichenden Aussagen bestimmt ist, muss diese Beurteilung von interessierten Kreisen als kritische Prüfung durchgeführt werden."

Dieser Passus könnte den Eindruck erwecken, dass jede kritische Prüfung nach ISO 14044, 6.3 bzw. 14040, 7.3.3 interessierte Kreise (über die Wissenschaftler/ -innen und Sachverständigen hinaus) enthalten müsse. Nach dem Text von 14040, 7.3.3 sind diese Kreise jedoch optional, wahrscheinlich aus Kostengründen, und aus der Einsicht heraus, dass vor betroffenen Mitbewerbern im Panel wohl kaum vertrauliche Daten zugänglich gemacht würden. Hier können sachkundige Vertreter/-innen der zuständigen Fachverbände einspringen und tun dies häufig mit großem Geschick. Abschnitt 7.3.3 lautet im Wortlaut:

> „Vom Auftraggeber einer Studie muss ein externer, unabhängiger Sachverständiger ausgewählt werden, der als Vorsitzender eines Prüfungsausschusses mit mindestens drei Mitgliedern tätig ist. Auf der Grundlage des Ziels, des Untersuchungsrahmens und des für die kritische Prüfung zur Verfügung stehenden Budgets muss der Vorsitzende weitere unabhängige, qualifizierte Sachverständige auswählen.
> Dieser Ausschuss kann weitere interessierte Kreise einbeziehen, die von den aus der Ökobilanz abgeleiteten Schlussfolgerungen betroffen sind, wie Regierungsbehörden, Nichtregierungsorganisationen, Wettbewerber und betroffene Industriezweige."

Die im Titel von Abschnitt 7.3.3 in ISO 14040 („Kritische Prüfung durch einen Ausschuss der interessierten Kreise") genannten interessierten Kreise werden also nur optional eingeladen, ein Widerspruch, der aus der „alten" Norm 14040 (1997) übernommen wurde. Umso größer ist die Verantwortung der unabhängigen kritischen Prüfer/-innen, die in Abwesenheit von Vertreter/-innen der

---

37) Klöpffer 2005

Wettbewerber im Gutachterkreis, deren Interessen nach einer fairen Durchführung und Interpretation der Ökobilanz mitvertreten müssen. Sie agieren damit auch im Sinne des Erstellers der Studie, der ja häufig auch „für die Konkurrenz" arbeitet. Für alle Beteiligten an diesem Prozess ist Glaubwürdigkeit ein hohes Gut, mit dem sorgfältig umgegangen werden muss. Bei größeren Projekten, die sich über mehrere Jahre hinziehen können, ist die Einrichtung eines Projektbeirates empfehlenswert, in dem die „interessierten Kreise" vertreten sind und an der Ausgestaltung der Ökobilanz mitwirken können. Dadurch kann sich das Gutachterteam auf die fachlichen Aspekte konzentrieren.

Über die Definition der „vergleichenden Aussage" (*comparative assertion*) herrscht gelegentlich eine gewisse Unsicherheit. In der wissenschaftlichen Literatur werden gelegentlich vergleichende Ökobilanzen publiziert, die nicht nach ISO 14040/44 durch eine kritische Prüfung begutachtet wurden. Dies wird in der Praxis geduldet, wenn die Vergleiche nur zur Erprobung einer Methodik oder aus ähnlichen Gründen ohne kommerziellen Hintergrund durchgeführt wurden. Die zur Publikation eingereichte Studie wird dann dem normalen Gutachter-Verfahren der Zeitschrift unterworfen (Klöpffer 2007, loc. cit.), das ehrenamtlich von Fachkollegen (den „Peers" im Peer-Review) durchgeführt wird. Die wissenschaftliche Literatur zur kritischen Prüfung von Ökobilanzen ist bedauerlicherweise nicht sehr umfangreich[38].

Abschließend sei darauf hingewiesen, dass der Bericht zur kritischen Prüfung Teil des Schlussberichts der Ökobilanzstudie ist (entweder als Anhang oder als eigenes Kapitel). Er sollte auch in Kurzfassungen (*executive summary*) zitiert werden. Sowohl der Ersteller der Studie wie auch der Auftraggeber haben das Recht, die kritische Prüfung schriftlich zu kommentieren, wobei diese Kommentare ebenfalls in den Schlussbericht integriert werden.

5.6
Illustration der Komponente Auswertung am Praxisbeispiel

Wie in den Abschnitten 5.2 und 5.3 erläutert, werden Daten aus der Sachbilanz und der Wirkungsabschätzung nach definierten Regeln analysiert, Einschränkungen genau beschrieben, Schlussfolgerungen gezogen und Empfehlungen ausgesprochen. Ebenso wie die Praxisstudie[39] in den vorigen Kapiteln allein beispielhaft zur Illustration verwendet wurde, wird auch in diesem Kapitel nicht die gesamte Auswertung wiedergegeben. Vielmehr sollen die Textbeispiele verdeutlichen, wie die in den Abschnitten 5.2 bis 5.5 beschriebenen Elemente der Auswertung in einer Praxisstudie umgesetzt werden können. Die Kapitelangaben im zitierten Text beziehen sich auf die Originalstudie.

---

38) Klöpffer et al. 1995, 1996; Fava und Pomper 1997; Klöpffer 1997, 2000, 2005, 2007
39) IFEU 2006

Vergleich auf Basis der Wirkungsindikatorergebnisse

Die Ergebnisse der verbindlichen Bestandteile der Wirkungsabschätzung liefern die Datenbasis für diesen Vergleich. Diese Daten sind also weder normiert noch gewichtet.

Vergleich Getränkekarton und PET-Flasche (Saft, Vorratshaltung)

Der Systemvergleich von Getränkekarton und PET-Flasche ist in Tabelle 5.1 enthalten, bezogen auf die Nettoergebnisse. Aus den Abbildungen und der Tabelle geht hervor, dass der Getränkekarton mit Ausgusshilfe in sechs der betrachteten 8 Kategorien deutlich geringere Indikatorwerte aufweist als die PET-Flasche.

Tabelle 5.1 Vergleich Getränkekarton (mit Verschluss) und PET-Einweg im Marktsegment Saft/Nektar – Vorratshaltung (1000 mL Füllvolumen).

Indikator	Karton (1 L) versus PET (1 L)
Treibhauseffekt	−167 %
Fossiler Ressourcenverbrauch	−164 %
Sommersmog (POCP)	42 %
Versauerung	−23 %
Terrestrische Eutrophierung	−37 %
Aquatische Eutrophierung	−26 %
Naturraumbeanspruchung – Fläche Forst	999 %
Kumulierter Energieaufwand (KEA) gesamt	−48 %

Relative Systemunterschiede, bezogen auf das jeweils kleinere Ergebnis (rechnerische Unterschiede ohne Festlegung einer Signifikanzschwelle).
Negative Werte: Indikatorwert des Getränkekartons ist kleiner als derjenige der PET-Flasche.
Positive Werte: Indikatorwert des Getränkekartons ist größer als derjenige der PET-Flasche.

Vergleich auf Basis der Normierungsergebnisse

Die Normierungsergebnisse für die Produktsysteme 1-L-Getränkekarton (mit Verschluss) und 1-L-PET-Einweg im Marktsegment Saft/Nektar wurden in Abschnitt 4.6.4 bereits als Illustration der Nützlichkeit von Normierung dargestellt (vgl. Abb. 4.5). In der Beispielstudie wird in der Auswertung auch dieser Vergleich diskutiert.

Sektoralanalyse

Die Sektoralanalyse auf der Ebene der Wirkungsindikatoren wurde in Abschnitt 4.6.3 für das Beispiel „Treibhauseffekt" zur Illustration der Nützlichkeit der Wirkungsabschätzung bereits dargestellt (vgl. Abb. 4.4). Formal handelt es sich dabei um ein Element der Auswertung. In der Beispielstudie wurden zu allen berücksichtigten Wirkungskategorien Sektoralanalysen durchgeführt und ausführlich diskutiert. Aus dem folgenden Beispieltext wird deutlich, dass es darauf ankommt, schlüssige Erklärungen für die Umweltlasten in den einzelnen Sektoren zu finden:

Das Kartonsystem (1 L mit Ausgusshilfe im Marktsegment Fruchtsaft/Nektar) wird in allen Indikatoren von der Herstellung der Packstoffe Aluminiumfolie, Polyethylen und Getränkerohkarton geprägt. In Summe tragen diese Sektoren ca. 50–70 % zum Systemaufwand bei. Besonders hohe Einzelbeiträge bestehen für die Kunststoffherstellung bei Sommersmog und fossilen Ressourcenverbrauch (> 30 %) sowie für Aluminiumfolie bei Versauerung (30 %) und Sommersmog (34 %). Die große Relevanz des Aluminiumsektors ist umso bemerkenswerter, da der Massenanteil dieses Materials an der Primärverpackung nur knapp 5 % beträgt.

Erwartungsgemäß werden die Kategorien mittlerer Priorität (aquatische Eutrophierung und Naturraumbeanspruchung Forst) von der Rohkartonherstellung dominiert (~ 80 %). Größere Bedeutung hat dieser Sektor aber auch für Versauerung und terrestrische Eutrophierung (> 20 %). Dies ist vor allem auf die Erzeugung der benötigten Prozessenergie zurückzuführen. Während der Rohkartonanteil am fossilen Ressourcenverbrauch bei nur 12 % liegt, trägt der Sektor zu 41 % zum KEA gesamt bei. Ein solcher Bedeutungsunterschied in diesen beiden Kategorien ist bei den anderen Sektoren nicht zu finden. Er geht darauf zurück, dass der Energiegehalt des verwendeten Holzes zur Rohkartonproduktion beim KEA angerechnet wird.

Mit 4–7 % Beitrag in den prioritären Kategorien ist die eigentliche Verbundherstellung von eher untergeordneter Bedeutung. Mit maximal 5 % Beitrag ist die Relevanz des Sektors Abfüllung noch geringer.

Die Herstellung der Ausgusshilfen hat 17 % Anteil am fossilen Ressourcenverbrauch, in den anderen Kategorien liegen die Beiträge bei 7–8 %. Die Bereitstellung der Sekundär- und Tertiärverpackung zeigt Beiträge um 10 %, die vor allem auf die Wellkartonherstellung zurückgehen. Bei aquatischer Eutrophierung und Naturraumbeanspruchung Forst liegen die Anteile des Sektors bei knapp 20 %. Die Distribution ist nur für die Umweltkategorie terrestrische Eutrophierung von Bedeutung (8 %).

Die Beiträge des Sektors Entsorgung und Recycling sind sehr unterschiedlich, Bedeutung hat er vor allem bei terrestrischer Eutrophierung (14 %) und Treibhauseffekt (23 %), da dem Sektor die Emissionen aus der Verbrennung der Verpackungskomponenten angerechnet werden.

Die relative Bedeutung der Gutschriften (Sekundärmaterial und Energie) liegt zwischen 8 % (Sommersmog) und 35 % (Treibhauseffekt). Dabei überwiegt der Anteil der Gutschriften für substituierte Energie.

Für das PET-Flaschensystem (1 L im Marktsegment Fruchtsaft/Nektar) wird die Sektoralanalyse ebenfalls ausführlich ausgewertet:

Die Ergebnisse der hier betrachteten PET-Multilayerflasche werden in allen Kategorien deutlich von der Herstellung des Flaschenmaterials dominiert (Flasche besteht aus 95 % PET, 5 % PA). Die Beiträge des entsprechenden Sektors liegen für die prioritären Indikatoren zwischen 47 % (Treibhauseffekt) und 79 % (fossiler Ressourcenverbrauch). Bemerkenswert ist der hohe Beitrag des Sektors bei aquatischer Eutrophierung (90 %). In einer Detailanalyse wurde ermittelt, dass – trotz des geringen Massenanteils – mehr als die Hälfte dieser Umweltwirkung durch die Herstellung des PA-Granulats verursacht wird.

Die energieintensive Herstellung von Preforms und PET-Flaschen hat einen deutlichen Anteil an den Gesamtumweltwirkungen (3–14 % in den prioritären Kategorien).

Wie beim Getränkekarton sind die Sektoren Abfüllung und Distribution von untergeordneter Bedeutung (jeweils < 5 %). Die Verschlussherstellung hat nur in der Kategorie Sommersmog einen größeren Anteil (18 %). Gleiches gilt für die Herstellung der Sekundär- und Tertiärverpackung (14 % bei Sommersmog). Die Beitrage für die Herstellung der Papieretiketten sind sehr gering (~ 2 %).

Die Relevanz von „Entsorgung und Recycling" ist in den einzelnen Kategorien sehr unterschiedlich. Beim fossilen Ressourcenverbrauch liegt der Anteil bei 2 %, beim Treibhauseffekt ist er mir 29 % am größten.

Die Bedeutung der Gutschriften ist relativ groß. In den prioritären Kategorien entspricht die Höhe der Gutschrift 19–26 % des Systemaufwands. Sekundärmaterialien und substituierte Energie tragen in etwa gleichem Maße zur Gutschrift bei.

Vollständigkeit, Konsistenz und Datenqualität

In der Sachbilanz werden die Datenbasis und die Datenqualität für jeden Datensatz ausführlich beschrieben. In der Auswertung werden alle einbezogenen Sachbilanzdaten, die Berechnungen in der Wirkungsabschätzung sowie methodische Aspekte nochmals kritisch analysiert und kommentiert.

Die für die Auswertung der in dieser Studie untersuchten Verpackungssysteme relevanten Informationen und Daten lagen vor. Ergebnisrelevante Fehlstellen sind nach Einschätzung der Auftragnehmer nicht zu verzeichnen.

Eine gewisse Einschränkung der Datenrepräsentativität besteht hinsichtlich der Verpackungsspezifikationen der untersuchten PET-Flaschen. Da für diesen Bereich keine Daten für den Gesamtmarkt verfügbar sind, wurde hier auf Marktmuster zurückgegriffen. Um die Belastbarkeit der Ergebnisse im Systemvergleich mit Getränkekartons zu erhöhen, wurden eher leichte PET-Flaschen herangezogen bzw. Gewichts-optimierte Varianten in Sensitivitätsanalysen untersucht.

Insgesamt können die *Datenqualität* und die *Datensymmetrie* dieser Ökobilanz als gut bis sehr gut eingestuft werden.

Allokationsregeln, Systemgrenzen und die Berechnungen zur Wirkungsabschätzung wurden einheitlich bei allen untersuchten Verpackungssystemen und den darauf beruhenden Szenarien in gleicher Weise angewendet.

Signifikanz der Unterschiede

Da die Überinterpretation von Unterschieden verglichener Produktsysteme vermieden werden muss, ist die Prüfung von deren Signifikanz zentral für die Glaubwürdigkeit einer Ökobilanzstudie.

Nach ISO 14042 (neu 14044) können in Abhängigkeit von der Zieldefinition und dem Untersuchungsrahmen Informationen und Verfahren notwendig werden, die eine Ableitung von signifikanten Ergebnissen zulassen. Dies trifft zu, wenn, wie im vorliegenden Fall, ökobilanzielle Ergebnisse möglicherweise in marktstrategische oder politische Entscheidungen einfließen.

Da jedoch eine Signifikanzprüfung anhand einer Fehlerrechnung mit Fehlerfortpflanzung im streng mathematischen Sinne aufgrund der Datenstruktur in Ökobilanzen kritisch gesehen wird, sollen nachfolgende Hinweise eine Orientierung darüber geben, wann Unterschiede zwischen den Systemen als relevant anzusehen sind.

Als eine wichtige Hilfestellung kann dabei die in Abschnitt 4.1 dargestellte Dominanzanalyse (Sektoralanalyse) angesehen werden. Dort wurde festgestellt, dass für die PET-Einwegflasche die wesentlichen Wirkungsbeiträge vor allem auf die Bereitstellung des Flaschenmaterials verursacht werden. Bei den Getränkekarton-Systemen sind die Indikatorergebnisse durch mehrere Sektoren beeinflusst. Besonders relevant ist die Herstellung der einzelnen Verbundmaterialien, d. h. Aluminium, Polyethylen und Rohkarton sowie die Herstellung der Ausgusshilfen.

Auf die Qualität der in diesen Datenbereichen verwendeten Daten und Annahmen wurde während der Projektbearbeitung besonderes Gewicht gelegt (siehe dazu auch Kapitel 2 und 3). Verbleibende Unsicherheiten im Hinblick auf PET-Flaschengewichte wurden mit Hilfe von Sensitivitätsanalysen untersucht.

Die Auftragnehmer vertreten die Auffassung, dass die verwendeten Daten und Annahmen in den ergebnisrelevanten Bereichen für die betrachteten Verpackungssysteme zutreffend und in ihrem Grad an Aktualität über die Verpackungssysteme hinweg weitgehend symmetrisch sind. Die darauf beruhenden Ergebnisse können daher als belastbar angesehen werden. Unsicherheiten bezüglich der Genauigkeit und Repräsentativität der Daten sind, wie vorher ausgeführt, dennoch in einem gewissen Maße unvermeidlich. Infolgedessen sind geringe Unterschiede der Indikatorwerte im Vergleich der Verpackungssystemen weniger signifikant als große Unterschiede.

Auch wenn diskrete Angaben für Signifikanzschwellen in Ökobilanzuntersuchungen wegen grundsätzlicher Bedenken nicht belastbar hergeleitet werden können, wurde, um eine Überinterpretation kleiner Unterschiede zu vermeiden, der Systemvergleich von Getränkekartons und PET-EW-Verpackungen behelfsweise unter Anwendung einer Signifikanzschwelle geprüft.

Das IFEU verwendet bei der Analyse von Verpackungssystemen in der Regel einen Schwellenwert von 10 %. Es handelt sich dabei um einen pragmatischen und in der ökobilanziellen Praxis durchaus gängigen Ansatz, den die Autoren der Studie für ökobilanzielle Vergleiche von solchen Szenarien als zulässig erachten, deren Systemgrenze jeweils nur ein einzelnes und vergleichsweise wenig komplexes Produktsystem umfasst.

Im Fall der vorliegenden Studie wurden Entwicklungen bei den PET-Systemen, die für den Zeitraum 2006–2010 möglich sind, einbezogen. Um dem prospektiven Charakter dieser Einschätzungen Genüge zu tun, wurde der Schwellenwert zur Prüfung der Vergleichsergebnisse für alle Szenarienvergleiche auf 20 % angehoben.

Dieses Vorgehen ist keinesfalls standardmäßig auf alle Ökobilanzen übertragbar. Es ist auch darauf hinzuweisen, dass in den Getränkeökobilanzen des Umweltbundesamts ganz auf die Anwendung diskreter Signifikanzschwellen verzichtet wurde.

Zur kritischen Analyse des Vergleichs auf der Ebene Wirkungskategorien werden die Ergebnisse aus Tabelle 5.1 vor dem Hintergrund der festgelegten Signifikanzschwelle diskutiert:

Vergleicht man hier nun die rechnerischen relativen Unterschiede ... in Tabelle 5.1 ... unter Einbeziehung einer Signifikanzschwelle von 20 %, so lassen sich Vorteile des Getränkekartons in den Kategorien fossiler Ressourcenbedarf, Treibhauseffekt, Versauerung, terrestrische Eutrophierung und aquatische Eutrophierung sowie Nachteile beim Sommersmog und der Naturraumbeanspruchung Forst konstatieren. Die Unterschiede beim fossilen Ressourcenbedarf, Treibhauseffekt und der Naturraumbeanspruchung Forst sind besonders groß.

Dieser Sachverhalt stellt sich auch unter Berücksichtigung der durchgeführten Sensitivitätsanalysen zur Steigerung der Sortiertiefe gebrauchter PET-EW-Flaschen sowie zum Einsatz von PET-Rezyklat (mit einem Anteil von 25 % in der Flaschenherstellung) weitgehend unverändert dar.

Sensitivitätsanalysen

In der Beispielstudie werden zu mehreren Fragestellungen Schlüsselparameter der Bilanzierung variiert, um deren Ergebnisrelevanz zu untersuchen. Beispielhaft werden nachfolgend zwei Typen der durchgeführten Sensitivitätsanalysen vorgestellt:

- Ergebnisrelevanz technischer Verbesserungen bei PET-Flaschen,
- Ergebnisrelevanz der Systemallokation.

In Tabelle 5.2 sind die Ergebnisse zweier Sensitivitätsszenarien dargestellt, in denen **technische Verbesserungen bei der PET-Flasche** angenommen und in der Systemmodellierung berücksichtigt wurden: In einem Szenario wurde bei einer Systemmodellierung angenommen, dass 25 % PET-Recyclat (open-loop Material) eingesetzt wird, bei einem anderen, dass die Sortierung aus dem gesammelten Leichtverpackungsstrom optimiert ist.

Im Vergleich zu Tabelle 5.1, dem Ergebnis mit der Berechnung des PET-Flaschen-Basisszenarios, wird in der Studie festgestellt:

Sowohl der Einsatz von 25 % R-PET bei der Flaschenherstellung als auch eine verbesserte PET-Sortierung haben keinen großen Einfluss auf den Vergleich der Verpackungssysteme. Die spezifischen Unterschiede zwischen Karton und PET bleiben erhalten, auch der relative Abstand der Systeme ändert sich nur begrenztem Umfang.

Tabelle 5.2 Vergleich des 1-L-Getränkekartons (Bezug 2005, mit Ausgusshilfe) und PET-Einwegsystemen unter Annahme bestimmter technischer Optimierungen. Füllgut Saft/Nektar; Marktsegment Vorratshaltung.

Indikator	Karton 2005 (Basisszenario 1 L) versus:	
	25 % R-PET- Anteil	bessere Sortierung
Treibhauseffekt	−160 %	−165 %
Fossiler Ressourcenverbrauch	−131 %	−154 %
Sommersmog (POCP)	+53 %	+47 %
Versauerung	−16 %	−20 %
Terrestrische Eutrophierung	−31 %	−35 %
Aquatische Eutrophierung	−42 %	−24 %
Naturraumbeanspruchung – Fläche Forst	+997 %	+1000 %
Kumulierter Energieaufwand (KEA) gesamt	−34 %	−43 %

Relative Systemunterschiede, bezogen auf das jeweils kleinere Ergebnis (rechnerische Unterschiede ohne Festlegung einer Signifikanzschwelle). **Negative Werte:** Indikatorwert des Getränkekartons ist kleiner als derjenige der PET-Flasche. **Positive Werte:** Indikatorwert des Getränkekartons ist größer als derjenige der PET-Flasche.

In einem weiteren Szenario wurde in der Systemmodellierung nicht die 50 : 50-Allokation wie im Basisszenario verwendet, sondern die 100 : 0-Allokation[40]. Dabei werden Gutschriften für Sekundärmaterialien vollständig dem abgebenden System zugeordnet (vgl. Abschnitt 3.3.4.2). Damit wird die Relevanz der Festlegung zur Systemallokation überprüft. Tabelle 5.3 zeigt die Ergebnisse. Dabei ist Spalte 1 identisch mit Tabelle 5.1, des einfachen Vergleichs im Basisszenario, in dem die Systemmodellierung unter Verwendung der 50 : 50-Allokation durchgeführt wurde.

Zum Einfluss der Systemallokationsmethode auf das Ergebnis stellt die Studie fest:

Tabelle 5.3 dokumentiert die relativen Systemunterschiede von PET und Karton in Abhängigkeit von der Allokationsmethode. Daraus geht hervor, dass die abgeleiteten Erkenntnisse unabhängig von den Festlegungen zur Systemallokation Bestand haben.

In einzelnen Kategorien werden die relativen Unterschiede bei Anwendung der 100 : 0-Allokation kleiner, in anderen größer. In keinem Fall ändert sich jedoch die Richtung oder Signifikanz der Ergebnisse.

---

40) Diese Allokationsregel entlastet das Sekundärmaterial-abgebende (meist mit „A" bezeichnete) System und wirkt daher anders herum als die *cut-off rule*, die die Rohstoffgewinnung A anlastet und nur die vermiedene Abfallbeseitigung entlastend für A wirkt.

Tabelle 5.3 Vergleich Getränkekarton (mit Verschluss) und PET-Einweg im Marktsegment Saft/Nektar – Vorratshaltung (1 L Füllvolumen) unter Anwendung unterschiedlicher Allokationsverfahren.

Indikator	50 : 50-Allokation	100 : 0-Allokation
	Kartonsystem (1 L) versus PET-System (1 L) entspricht Tabelle 5.1	Kartonsystem (1 L) versus PET-system (1 L)
Treibhauseffekt	−167 %	−204 %
Fossiler Ressourcenverbrauch	−164 %	−123 %
Sommersmog (POCP)	+42 %	+81 %
Versauerung	−23 %	−16 %
Terrestrische Eutrophierung	−37 %	−38 %
Aquatische Eutrophierung	−26 %	−51 %
Naturraumbeanspruchung – Fläche Forst	+999 %	+622 %
Kumulierter Energieaufwand (KEA) gesamt	−48 %	−40 %

Relative Systemunterschiede, bezogen auf das jeweils kleinere Ergebnis (rechnerische Unterschiede ohne Festlegung einer Signifikanzschwelle).
Negative Werte: Indikatorwert des Getränkekartons ist kleiner als derjenige der PET-Flasche.
Positive Werte: Indikatorwert des Getränkekartons ist größer als derjenige der PET-Flasche.

Einschränkungen

Grundsätzlich wird in der Studie davon ausgegangen, dass die Ergebnisse belastbar sind:

> Die Ergebnisse der Basisszenarien der untersuchten Verpackungssysteme und der darauf basierenden Systemvergleiche sind, wie bereits begründet, nach Auffassung der Auftragnehmer innerhalb der definierten Randbedingungen belastbar. Bei Abweichung von diesen Randbedingungen sollten bei der Anwendung der Ergebnisse der vorliegenden Studie die nachfolgend erläuterten Einschränkungen berücksichtigt werden.

In der Studie werden eine Reihe von Einschränkungen angesprochen, von denen nachfolgend allerdings nur einige beispielhaft zur Illustration genannt sind. In der Studie werden die Einschränkungen noch detaillierter erläutert. Sinn der nachfolgenden Aufstellung ist allein, ein Spektrum möglicher Einschränkungen zu zeigen:

- Einschränkungen durch die Auswahl der Marktsegmente:
  ... Die Ergebnisse dieser Studie zum Vergleich von Getränkekartons und PET-Flaschen gelten nur für die untersuchten Marktsegmente. Eine Übertragung

von Ergebnisse auf andere Füllgüter oder Verpackungsgrößen ist aufgrund der komplexen Zusammenhänge nicht ohne weiteres möglich.

- Die in der vorliegenden Studie angewandte Bewertungsmethode (Gewichtung in der Komponente Wirkungsabschätzung) berücksichtigt vor allem den Ansatz des Umweltbundesamts[41] so wie er in der Getränkeökobilanz-II des Umweltbundesamts Anwendung fand.
- Die vorgestellten Ergebnisse gelten unter Verwendung der in Kapitel 3 beschriebenen Datensätze. Sofern für einzelne Prozesse andere Datengrundlagen herangezogen werden, könnte dies Einfluss auf die Vergleichsergebnisse der untersuchten Verpackungssysteme haben.
- Die Gestaltung von Verpackungen befindet sich in einem ständigen Entwicklungsprozess. Die in dieser Studie verwendeten Verpackungsspezifikationen gelten für die durchschnittlichen Getränkekartons im Jahr 2005 sowie typische PET-Flaschen in diesem Jahr.
- Einschränkungen bezüglich zukünftiger Entwicklungen: Die Aussagen der vorliegenden Ökobilanz gelten nur für den betrachteten Bezugszeitraum. Fragen zum zukünftigen ökobilanziellen Abschneiden der untersuchten Verpackungen waren nicht Gegenstand der Studie.
- Einschränkungen: Verpackungsspezifikationen PET-Flaschen: Die Gewichte der in dieser Studie untersuchten PET-Flaschen orientieren sich an Marktmustern, die als repräsentativ (im Sinne des Median) angesehen werden können. Zudem wird das ökologische Profil leichter Flaschentypen in Sensitivitätsszenarien bestimmt. Überdurchschnittlich schwere Flaschen werden hingegen nicht betrachtet.

Schlussfolgerungen und Handlungsempfehlungen

In Abschnitt 2.3 wurde die Zieldefinition der Studie zusammengefasst. Die Ergebnisse nach der Auswertung müssen nun erlauben diese Ziele einzulösen. Zu allen aufgeführten Punkten werden Ausführungen gemacht und eine Reihe von Optimierungsvorschlägen aus den Ergebnissen abgeleitet. Diese werden hier jedoch nicht diskutiert, weil sie die rein didaktischen Zwecke des Praxisbeispiels überschreiten.

Kritische Prüfung

Da in der Beispielstudie vergleichende Aussagen getroffen werden, die der Öffentlichkeit zugänglich gemacht werden sollen, war eine kritische Prüfung durch einen Gutachterkreis erforderlich. Zum Zeitpunkt der Studienerstellung galt noch ISO 14040 (1997). Danach betrug die Mindestgröße für einen Gutachterkreis zwei Experten/-innen. Weitere „interessierte Kreise" wurden nicht aufgenommen, wohl aber existierte daneben ein unabhängiger Beraterkreis, der zusätzliche Standpunkte in die Studie einbringen konnte.

Die Gutachter werden namentlich benannt und stehen damit persönlich für die Qualität der Studie ein.

---

41) UBA 1999

Die Studie wird einem Critical Review nach ISO 14040 (1997), § 7.3.3. unterzogen. Die Gutachter sind:
- Dipl. Univ.-Chemiker (M.Sc.) Paul W. Gilgen (Vorsitzender), Abteilungsleiter; c/o EMPA, Überlandstrasse 129, 8600 Dübendorf, Schweiz
- Hans-Jürgen Garvens (Mitarbeiter des Umweltbundesamtes) Wolfgang-Heinz-Straße 54, 13125 Berlin, BRD.

Es handelte sich um eine begleitende kritische Prüfung, in der die Gutacher sowohl mit dem Ersteller der Studie und mit dem Beraterkreis kommunizierten als auch untereinander in mehreren Arbeitstreffen ihre Ergebnisse im Hinblick auf den Schlussbericht der Kritischen Prüfung diskutierten.

Der Schlussbericht, in dem die Gutachter der Studie eine vorzügliche Qualität bescheinigen, ist Bestandteil des Endberichtes. Da die Gutachter selbst Ökobilanzexperten sind, werden ergänzend zu den nach ISO 14044 geforderten Prüfkriterien auch vertiefte methodische Fragen behandelt und als Empfehlungen für Folgestudien formuliert.

5.7
Literatur zu Kapitel 5

Braam et al. 2001:
Braam, J.; Tanner, T. M.; Askham, C.; Hendriks, N.; Maurice, B.; Mälkki, H.; Vold, M.; Wessman, H.; de Beaufort, A. S. H.: Energy, transport and waste models. Availability and quality of energy, transport and waste models and data. Int. J. LCA 6 (3), 135–139.

Chevalier und Le Téno 1996:
Chevalier, J.-L.; Le Téno, J.-F.: Life cycle analysis with ill-defined data and its application to building products. Int. J. LCA 1 (2), 90–96.

Ciroth 2001:
Ciroth, A.: Fehlerrechnung in Ökobilanzen. Dissertation. TU Berlin, Fakultät III – Prozesswissenschaften; Buchpublikation im Dr. Müller Verlag, 2008.

Ciroth 2004:
Ciroth, A.: Uncertainty in life cycle assessments. Editorial in Int. J. LCA 9 (3), 141–142.

Ciroth 2006:
Ciroth, A.: Arbeitspaket Fehlerrechnung, Datenqualität, Unsicherheit. Netzwerk Lebenszyklusdaten, Arbeitskreis Methodik. Karlsruhe, Mai 2006.

Ciroth et al. 2004:
Ciroth, A.; Fleischer, G.; Steinbach, J.: Uncertainty calculation in life cycle assessments. A combined model of simulation and approximation. Int. J. LCA 9 (4), 216–226.

Coulon et al. 1997:
Coulon, R.; Camobreco, V.; Teulon, H.; Besnainou, J.: Data quality and uncertainty in LCI. Int. J. LCA 2 (3), 178–182.

Fava und Pomper 1997:
Fava, J.; Pomper, S.: Life-cycle critical review! Does it work? Implementing a critical review process as a key element of the aluminium beverage container LCA. Int. J. LCA 2 (3), 144–153.

Finkbeiner et al. 2006:
Finkbeiner, M.; Inaba, A.; Tan, R. B. H.; Christiansen, K.; Klüppel, H.-J.: The new international standards for life cycle assessment: ISO 14040 and ISO 14044. Int. J. LCA 11 (2), 80–85.

Frischknecht 2004:
Frischknecht, R.: Transparency in LCA – a heretical request? Int. J. LCA 9 (3), 211–213.

Grahl und Schmincke 1996:
Grahl, B.; Schmincke, E.: Evaluation and decision-making processes in life cycle assessment. Int. J. LCA 1 (1), 32–35.

Heijungs 1994:
Heijungs, R.: A generic method for the identification of options for cleaner products. Ecological Economics 10 (1), 69–81.

Heijungs 2001:
Heijungs, R.: A Theory of the Environmental and Economic Systems – a Unified Framework for Ecological Economic Analysis and Decision Support. Edward Elgar, Cheltenham, GB. ISBN 1-84064-643-8.

Heijungs und Kleijn 2001:
Heijungs, R.; Kleijn, R.: Numerical approaches towards life cycle interpretation. Five examples. Int. J. LCA 6 (3), 141–148.

Heijungs und Suh 2002:
Heijungs, R.; Suh, S.: The Computational Structure of Life Cycle Assessment. Kluwer Academic Publishers, Dordrecht. ISBN 1-4020-0672-1.

Heijungs et al. 2005:
Heijungs, R.; Suh, S.; Kleijn, R.: Numerical approaches to life cycle interpretation. The case of the ecoinvent '96 database. Int. J. LCA 10 (2), 103–112.

Heijungs und Frischknecht 2005:
Heijungs, R.; Frischknecht, R.: Representing statistical distributions for uncertain parameters in LCA. Relationships between mathematical forms, their representation in EcoSpold, and their representation in CMLCA. Int. J. LCA 10 (4), 248–254.

Hertwich 2005:
Hertwich, G.: Life cycle approaches to sustainable consumption. A critical review. Environ. Sci. Technol. 39 (13), 4673–4684.

Hertwich und Hammit 2001:
Hertwich, G. H.; Hammit, J.: A decision-analytic framework for impact assessment, Part 1. Int. J. LCA 6 (1), 5–12.

Hildenbrand 1999:
Hildenbrand, J.: Vergleichende Darstellung von Auswertungsverfahren in Öko-bilanzen. Diplomarbeit TU-Berlin, FB 6, Technischer Umweltschutz.

Hofstetter 1998:
Hofstetter, P.: Perspectives in Live Cycle Assessment. A Structured Approach to Combine Models of the Technosphere, Ecosphere and Valuesphere. Kluwer Academic Publishers, Boston. ISBN 0-7923-8377-X.

Huijbregts 1998:
Huijbregts, M. A. J.: Application of uncertainty and variability in LCA. Part II. Dealing with parameter uncertainty due to choices in life cycle assessment. Int. J. LCA 3 (6), 343–351.

Huijbregts et al. 2001:
Huijbregts, M. A. J.; Norris, G.; Bretz, R.; Ciroth, A.; Maurice, B.; von Bahr, B.; Weidema, B.; de Beaufort, A. S. H.: Framework for modelling data uncertainty in life cycle inventories. Int. J. LCA 6 (3), 127–132.

Huijbregts et al. 2003:
Huijbregts, M. A. J.; Gilijamse, W.; Ragas, A. M. J.; Reijnders, L.: Evaluating uncertainty in environmental life-cycle assessment. A case study comparing two insulation options for a Dutch one-family dwelling. Environ. Sci. Technol. 37 (11), 2600–2608.

Huijbregts et al. 2004:
Huijbregts, M. A. J.; Heijungs, R.; Hellweg, S.: Complexity and integrated resource management: uncertainty in LCA. Int. J. LCA 9 (5), 341-342.

IFEU 2006:
Detzel, A.; Böß, A.: Ökobilanzieller Vergleich von Getränkekartons und PET-Einwegflaschen. Endbericht, Institut für Energie und Umweltforschung (IFEU) Heidelberg an den Fachverband Karton-verpackungen (FKN) Wiesbaden, August 2006.

ISO 2000:
International Standard (ISO); Norme Européenne (CEN): Environmental management – Life cycle assessment: Interpretation (Auswertung). International Standard ISO EN 14043.

ISO 2006a:
ISO TC 207/SC 5: Environmental management – Life cycle assessment – Principles and framework. ISO EN 14040 2006-10.

ISO 2006b:
ISO TC 207/SC 5: Environmental management – Life cycle assessment – requirements and guidelines. ISO EN 14044 2006-10.

Jensen und Postlethwaite 2008:
Jensen, A. A.; Postlethwaite, D.: SETAC Europe LCA Steering Committee – the early years. Int. J. Life Cycle Assess. 13 (1), 1–6.

Kennedy et al. 1996:
Kennedy, D. J.; Montgomery, D. C.; Quay, B. H.: Data quality. Stochastic environmental life cycle assessment modeling – a probabilistic approach to incorporating variable input data quality. Int. J. LCA 1 (4), 199–207.

Kennedy et al. 1997:
Kennedy, D. J.; Montgomery, D. C.; Rollier, D. A.; Keats, J. B.: Data quality. Assessing input data uncertainty in life cycle assessment inventory models. Int. J. LCA 2 (4), 229–239.

Klöpffer 1997:
Klöpffer, W.: Peer (expert) review according to SETAC and ISO 14040. Theory and practice. Int. J. LCA 2 (4), 183–184.

Klöpffer 1998:
Klöpffer, W.: Subjective is not arbitrary. Editorial, Int. J. LCA 3 (2), 61.

Klöpffer 2000:
Klöpffer, W.: Praktische Erfahrungen mit Critical-Review-Prozessen. In: Stiftung Arbeit und Umwelt (Hrsg.): Ökobilanzen & Produktverantwortung. Dokumentation. Buchwerkstätten Hannover GmbH, März 2000, S. 37–42. ISBN 3-89384-041-9.

Klöpffer 2005:
Klöpffer, W.: The critical review process according to ISO 14040-43. An analysis of the standards and experiences gained in their application. Int. J. LCA 10 (2), 98–102.

Klöpffer 2006:
Klöpffer, W.: The role of SETAC in the development of LCA. Int. J. LCA Special Issue 1, Vol. 11, 116–122.

Klöpffer 2007:
Klöpffer, W.: Publishing scientific articles with special reference to LCA and related topics. Int. J. LCA 12 (2), 71–76.

Klöpffer et al. 1995:
Klöpffer, W.; Grießhammer, R.; Sundström, G.: Overview of the scientific peer review of the European life cycle inventory for surfactant production. Tenside Surfactants Detergents 32, pp. 378–383.

Klöpffer et al. 1996:
Klöpffer, W.; Sundström, G.; Grießhammer, R.: The peer reviewing process – a case study: European life cycle inventory for surfactant production. Int. J. LCA 1 (2), 113–115.

Klüppel 1997:
Klüppel, H.-J.: Goal and scope definition and life cycle inventory analysis. Int. J. LCA 2 (1), 5–8.

Klüppel 2002:
Klüppel, H.-J.: The ISO standardization process: quo vadis? Editorial, Int. J. LCA 7 (1), 1.

Lecouls 1999:
Lecouls, H.: ISO 14043: environmental management – life cycle assessment – life cycle interpretation. Editorial, Int. J. LCA 4 (5), 245.

Le Téno 1999:
Le Téno, J. F.: Visual data analysis and decision support methods for non-deterministic LCA. Int. J. LCA 4 (1), 41–47.

Lloyd und Ries 2007:
Lloyd, S. M.; Ries, R.: Characterizing, propagating, and analyzing uncertainty in life cycle assessment. A survey of quantitative approaches. J. Industrial Ecology 11 (1), 161–179.

Marsmann 1997:
Marsmann, M.: ISO 14040 – the first project. Editorial, Int. J. LCA 2 (3), 122–123.

Marsmann 2000:
Marsmann, M.: The ISO 14040 family. Int. J. LCA 5 (6), 317–318.

Morgan und Henrion 1990:
Morgan, M. G.; Henrion, M.: A Guide to Dealing with Uncertainty in Quantitative Risk and Policy Analysis. Cambridge University Press, New York.

Popper 1934:
Popper, K. R.: Logik der Forschung. J. Springer, Wien 1934. 7. Auflage: J. C. B. Mohr (Paul Siebeck), Tübingen 1982.

Ross et al. 2002:
Ross, S.; Evans, D.; Webber, M.: How LCA studies deal with uncertainty. Int. J. LCA 7 (1), 47–52.

Saur 1997:
Saur, K.: Life cycle interpretation – a brand new perspective? Int. J. LCA 2 (1), 8–10.

Seppälä 1999:
Seppälä, J.: Decision analysis as a tool for live cycle impact assessment. In: Klöpffer, W.; Hutzinger, O. (Eds.): LCA Documents Vol 4. Ecoinforma Press, Bayreuth. ISBN 3-928379-56-9.

SETAC 1991:
Fava, J. A.; Denison, R.; Jones, B.;

Curran, M. A.; Vigon, B.; Selke, S.; Barnum, J. (Eds.): SETAC Workshop Report: A Technical Framework for Life Cycle Assessments. August 18–23 1990, Smugglers Notch, Vermont, USA. SETAC, Washington, DC, January 1991.

SETAC 1993:
Society of Environmental Toxicology and Chemistry (SETAC): Guidelines for Life-Cycle Assessment: A „Code of Practice". From the SETAC Workshop held at Sesimbra, Portugal, 31 March – 3 April 1993. Edition 1. Brussels and Pensacola, Florida, August 1993.

SETAC 1994:
Fava, J.; Jensen, A. A.; Lindfors, L.; Pomper, S.; De Smet, B.; Warren, J.; Vigon, B. (Eds.): Conceptual Framework for Life-Cycle Data Quality. Workshop Report. SETAC and SETAC Foundation for Environmental Education.

Wintergreen, Virginia, October 1992. Published by SETAC, June 1994.

Tukker 2000:
Tukker, A.: Philosophy of science, policy sciences and the basis of decision support with LCA based on the toxicity controversy in Sweden and the Netherlands. Int. J. LCA 5 (3), 177–186.

UBA 1999:
Schmitz, S.; Paulini, I.: Bewertung in Ökobilanzen. Methode des Umweltbundesamtes zur Normierung von Wirkungsindikatoren, Ordnung (Rangbildung) von Wirkungskategorien und zur Auswertung nach ISO 14042 und 14043. Version '99. UBA Texte 92/99, Berlin.

Werner und Scholz:
Werner, F.; Scholz, R. W.: Ambiguities in decision-oriented life cycle inventories. The role of mental models. Int. J. LCA 7 (6), 330–338.

6
Von der Ökobilanz zur Nachhaltigkeitsanalyse

6.1
Nachhaltigkeit

Die Beschränkung der Ökobilanz auf die Umweltauswirkungen von Produkten resultierte – zumindest in Europa – aus der Diskussion anlässlich des ersten SETAC Europe-LCA-Symposiums 1991 im niederländischen Leiden[1]. Es war von Anfang an klar, dass eine vollständige Nachhaltigkeitsanalyse die sozioökonomische Dimension integrieren muss. Rund zehn Jahre später rückten diese erweiterten Anforderungen an die produktbezogene Ökobilanz wieder in den Vordergrund und machen eine Erweiterung der Ökobilanz zum Gegenstand der Forschung, Erprobung und Normung.

Was bedeutet der oft sehr unscharf gebrauchte Begriff Nachhaltigkeit? Er wurde im Deutschen zuerst in der Forstwirtschaft verwendet. Ein Pionier auf diesem Gebiet war Hans-Carl von Carlowitz mit seinem Buch „Sylvicultura Oeconomica", das 1713 in Leipzig veröffentlicht wurde[2]. Carlowitz war zwar kein Forstwirt, aber in seiner Eigenschaft als Superintendent der sächsischen Silberminen benötigte er große Mengen Holz und stellte fest, dass sich die deutschen Wälder in einem sehr schlechten Zustand befanden. Die Forstwirtschaft war zeitlebens sein Hobby und von ihm stammt der Grundsatz der Forstwirtschaft, dass man auf lange Sicht nur soviel Holz einschlagen darf wie nachwächst. Er erkannte auch schon den Zusammenhang zwischen Umweltfaktoren und ökonomischen und sozialen Belangen (wie wir es heute ausdrücken würden). Auch wenn das Buch wegen der barocken Sprache und der Druckweise in Fraktur nicht gerade leichte Lektüre darstellt, so ist doch diese Botschaft klar und durchaus relevant für die heutige Nachhaltigkeitsdiskussion.

Heute kennen wir den Begriff Nachhaltigkeit oder englisch *sustainability* im Kontext globaler Entwicklungspolitik, wie er in der oft zitierten Definition des Brundlandt-Berichtes[3] erscheint:

---

1) SETAC-Europe 1992
2) Carlowitz 1713
3) WCDE 1987; Hauff 1987

Ökobilanz (LCA): Ein Leitfaden für Ausbildung und Beruf. Walter Klöpffer und Birgit Grahl
Copyright © 2009 WILEY-VCH Verlag GmbH & Co. KGaA, Weinheim
ISBN: 978-3-527-32043-1

> *„Sustainable development is development that meets the needs of present without compromising the ability of future generations to meet their own needs."*

Hierin wird also die weltweite Verantwortung der heute lebenden Menschen für künftige Generationen betont. Dieses hochgesteckte Ziel wurde in der politischen Diskussion rasch aufgegriffen: 1992 erklärten die Vereinten Nationen in Rio de Janeiro die Nachhaltigkeit zum Leitgedanken für das 21. Jahrhundert, was zehn Jahre später bei der Nachfolgekonferenz in Johannesburg bestätigt wurde. Dort wurde auch bereits der Bezug zum gesamten Lebenszyklus von Produkten, also das *life cycle thinking*, als wichtiger Grundsatz erkannt. Jenseits aller politischen Absichtserklärungen bleibt jedoch die Notwendigkeit einer Quantifizierung und Operationalisierung von Nachhaltigkeit, wenn ein Missbrauch beispielsweise bei Produktvergleichen vermieden werden soll. Diesem Gedanken trägt auch die Stellungnahme des Rates für Nachhaltige Entwicklung zu den Indikatoren der nationalen Nachhaltigkeitsstrategie Rechnung[4]: Dort wird betont, dass „Nachhaltigkeit" ohne quantifizierte Ziele und Indikatoren droht eine leere Floskel zu werden. Die Definition von Nachhaltigkeit des Rates streicht zudem den globalen Anspruch heraus:

> *„Nachhaltige Entwicklung bedeutet, die wirtschaftliche und gesellschaftliche Entwicklung so zu gestalten, dass die natürlichen Lebensgrundlagen erhalten bleiben und dass wirtschaftliches und soziales Wohlergehen für gegenwärtige und künftige Generationen erreicht werden kann – bei uns und weltweit."*

6.2
Die drei Dimensionen der Nachhaltigkeit

Das auch von Seiten der Industrie gut angenommene Standardmodell ist die Drei-Säulen-Interpretation von Nachhaltigkeit, englisch auch *triple bottom line*[5] genannt. Sie sagt im Wesentlichen aus, dass zum Erreichen und natürlich auch zur Analyse der Nachhaltigkeit anthopogener Aktivitäten sowohl ökologische, ökonomische als auch soziale Aspekte berücksichtigt werden müssen.

Das Bild der „3 Säulen" ist allerdings nicht unproblematisch, da der Eindruck entstehen könnte, dass alle Säulen bei der Gestaltung von Nachhaltigkeit gleichgewichtig sind und jede „Säule" unabhängig von allen anderen entwickelt werden kann. Zudem ist unklar, worauf diese Säulen eigentlich ruhen. Abbildung 6.1 ordnet daher die einzel- und gesamtwirtschaftliche Perspektive sowie den Anspruch von interkultureller Partizipation und Gerechtigkeit beim schonenden Umgang mit den natürlichen Lebensgrundlagen der Technosphäre zu, die in die Ökosphäre eingebettet ist.

Es fehlt nicht an Bemühungen, die Rolle der Umwelt (oder Ökosphäre, Natur) stärker hervorzuheben, da sie die Grundlage für die weitere Existenz der Mensch-

---

4) Rat für Nachhaltige Entwicklung 2008.
5) Eine ähnliche populäre Formulierung ist 3P oder PPP (*Planet, Profit, People*).

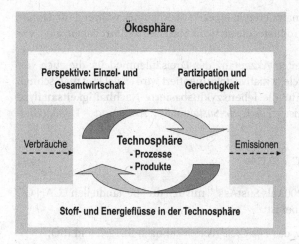

Abb. 6.1 Die natürlichen Lebensgrundlagen sind die Basis für nachhaltige Entwicklung.

heit bildet. Das Österreichische Lebensministerium[6] bewertet die nationale Nachhaltigkeit mit Hilfe eines 2-Sphärenmodells, das vom Prinzip her eine gewisse Ähnlichkeit mit dem funktionalen Umweltmodell[7] (Technosphäre + Umwelt) hat. Die beiden Sphären werden als Mensch/Gesellschaft und Umwelt definiert. Natürlich gehört in einem solchen dualistischen Modell die Ökonomie zur Gesellschaft (oder Technosphäre) und betont somit die integrierende Sicht der Zusammenhänge zwischen ökonomischen und sozialen Phänomenen. Das österreichische Modell ist auch mit dem Nachhaltigkeitsmodell verwandt, das vom IFEU im Auftrag des UBA[8] entwickelt wurde.

Da die derzeitige Entwicklung in der Ökobilanz allerdings von den drei Dimensionen geprägt ist, wird nachfolgend diese Gliederung zur Besprechung gewählt. Durch Kombination der zwei Dimensionen (Soziales + Ökonomie) steht der Überführung in ein duales Schema grundsätzlich nichts im Wege.

Die drei Dimensionen der Nachhaltigkeit wurden, wie bereits erwähnt, beim ersten SETAC Europe LCA-Symposiums 1991 in Leiden diskutiert, waren aber schon früher die Grundidee der Produktlinienanalyse, die vom Öko-Institut 1987 vorgestellt wurde[9]. Diese Methode, deren Nachfolger kürzlich mit PROSA – *Product Sustainability Assessment* oder Produkt-Nachhaltigkeitsanalyse[10] – vorgestellt wurde, war damals einer der Vorläufer der Ökobilanz, eine „proto-LCA"[11], bestehend aus einer Sachbilanz und einer Wirkungsabschätzung mit drei Dimensionen. Weiterhin sah die Produktlinienanalyse eine Bedarfsanalyse

---

6) Lebensministerium 2006
7) Frische et al. 1982; Klöpffer 2001. Dieses Modell stellt eine Definition der Umwelt ex contrario dar: die Technosphäre ist definiert als alles, was vom Menschen kontrolliert ist, und die Umwelt als alles, was nicht Technosphäre ist.
8) Giegrich et al. 2003
9) Projektgruppe Ökologische Wirtschaft 1987
10) Grießhammer et al. 2007
11) Klöpffer 2006

vor (braucht man das zu analysierende Produkt überhaupt?), während man heute davon ausgeht, dass für Produkte, die sich am Markt eingeführt haben, auch ein Bedarf besteht[12].

Ausgehend von der breiten Akzeptanz des Dreisäulenmodells, die auch von der SETAC/UNEP Life Cycle Initiative dokumentiert wird[13], gelangt man schnell zu folgendem Entwurf für die **lebenszyklusbasierte Nachhaltigkeitsanalyse** von Produkten oder englisch *Life Cycle Sustainability Assessment* – LCSA (Gleichung 6.1):

$$LCSA = LCA + LCC + SLCA \qquad (6.1)$$

Dieses Schema wurde 2003 als SustAss[14] mit den drei Bestandteilen LCA, LCC und SLCA vorgestellt. Dabei ist

- LCA die **Ökobilanz** bzw. das *Life Cycle Assessment* nach SETAC und ISO;
- LCC das LCA-analoge *Life Cycle Costing* (**Lebenszykluskostenrechnung**);
- SLCA bedeutet *social* (oder *societal*) LCA, die **produktbezogene Sozialbilanz**[15].

Natürlich müssen bei der Anwendung von Formel (6.1) gewisse Voraussetzungen erfüllt sein[16]. Als erste und wichtigste ist hier die Verwendung konsistenter, im Idealfall identischer Systemgrenzen für alle drei Bilanzen zu nennen. Aufgrund unterschiedlicher Terminologie in verschiedenen Fachdisziplinen müssen Begriffe konsensfähig definiert werden. Ein Beispiel: Der hier betrachtete und relevante Begriff des physikalischen Lebenszyklus eines Produktes (*from cradle to grave*) unterscheidet sich grundlegend von dem im Marketing üblichen Begriff „Produktlebenszyklus". Dieser meint den Zeitraum von der Produktentwicklung bis zur Produktvermarktung. Er endet damit, dass das Produkt vom Markt genommen wird.

Im Idealfall ergäbe sich **eine** Sachbilanz als Grundlage für alle **drei** Dimensionen. Allerdings muss man davon ausgehen, dass das Inventar der Sozialbilanz eine stärkere regionale Auflösung erfordert, als dies bei LCA und LCC allgemein nötig und üblich ist. In Kapitel 4 wurde mehrfach von Bemühungen berichtet, auch die (ökologische) Wirkungsabschätzung regional besser aufzulösen[17].

Der Grund, warum die produktbezogene Nachhaltigkeitsanalyse lebenszyklusbasiert sein muss, liegt auf der Hand und ist derselbe wie schon bei der Entwicklung der Ökobilanz (LCA): Nur bei Betrachtung des gesamten Lebensweges können Problemverlagerungen und scheinbare Kompensationen (sog. *trade-offs*)

---

12) Es gibt tatsächlich Produkte, die keinen erkennbaren Nutzen haben (oder sogar schädlich sind) und den Konsumenten durch Marketingkampagnen aufgedrängt werden („Konsumterror").

13) Remmen et al. 2007

14) Klöpffer 2003

15) „Lebenszyklusbasierte Nachhaltigkeitsbewertung (hier: –analyse) von Produkten" (LCSA), „Lebenszykluskostenrechnung" (LCC) und „produktbezogene Sozialbilanz" (SLCA) sind unseres Wissens erstmalige Eindeutschungen, siehe Klöpffer und Renner 2007; SLCA wurde gleichzeitig von Prof. Finkbeiner, Berlin, vorgeschlagen.

16) Klöpffer 2003, 2008; Klöpffer und Renner 2007, 2008

17) Als Pionierin sei hier José Potting genannt, Potting 2000.

erkannt und vermieden werden. Vor dem Hintergrund der Forderungen des Brundtland-Berichtes (WCED, loc. cit.) nach weltweiter generationenübergreifender Fairness ist besonders das Vermeiden von Problemverlagerungen in die Zukunft und in andere Regionen der Welt eine wesentliche Voraussetzung für Nachhaltigkeit.

6.3
Entwicklungsstand der Methoden

6.3.1
Ökobilanz – LCA

„Current practices in ecological risk assessment generally do a poor job of considering biological and physical factors as most focus entirely or nearly so on chemical effects.“[18]

Die Ökobilanz ist die einzige international genormte Methode zur umweltorientierten Analyse von Produktsystemen. Zwei Merkmale prägen den Charakter der Ökobilanz: die analytische Betrachtung des gesamten Lebensweges „von der Wiege bis zur Bahre" und der Bezug zu einer funktionellen Einheit, die den Nutzen des Produktes oder der Dienstleistung quantitativ abzubilden erlaubt („Referenzfluss"). Die ursprüngliche Serie der internationalen Normen ISO EN 14040 bis 14043 (1997–2000) wurde von den neuen leicht veränderten Normen ISO EN 14040 und 14044 (2006) abgelöst. Die bekannte Struktur mit Festlegung des Ziels und Untersuchungsrahmens, Sachbilanz, Wirkungsabschätzung und Auswertung (vgl. Kapitel 1) wurde von der SETAC gemeinsam mit ISO im Zuge der Harmonisierung und Normung entwickelt. Um dem Missbrauch von Ökobilanzergebnissen vorzubeugen, werden in den Normen vor allem für vergleichende Aussagen, die veröffentlicht werden sollen, strenge Anforderungen erhoben (vgl. Kapitel 5). So hat die Ökobilanz einen hohen Entwicklungsstand erreicht und weitere Fortschritte werden sich langsamer einstellen als in der Vergangenheit. Andererseits bestehen noch zahlreiche Schwachpunkte und dazu korrespondierende Verbesserungsmöglichkeiten[19], viele davon wurden in den vorigen Kapiteln diskutiert.

Manche der Schwächen, die der Ökobilanz angekreidet werden, könnten allerdings nur unter Verlust der relativen Einfachheit und Robustheit der Methode beseitigt werden. Dazu gehören vor allem der schwach ausgeprägte Orts- und Zeitbezug der Methode. Der Weg aus der Welt der Schadwirkungspotentiale (*hazards, potential impacts*), in der die klassische Ökobilanz angesiedelt ist, in die Welt der quantitativen Risikoanalyse ist teuer und mit neuen Unsicherheiten gepflastert. Andere Problemfelder wie z. B. die Wahl der Allokatiosregeln oder die

---

18) Anonymous, In: SETAC Globe, Vol. 3 (4), p. 59 (Ecological Risk Assessment Section)
19) Reap et al. 2008a, 2008b

Systemerweiterungen könnten prinzipiell durch **Konventionen** gelöst werden[20]. Es wird vielfach übersehen, dass auch die streng wissenschaftlich erscheinende Meterkonvention und ihr moderner Nachkomme, das „Système International des Mesures et Quantités" (SI)[21], dem obsoleten System der US-Einheiten keineswegs wissenschaftlich überlegen ist, sondern „nur" konsistenter und praktischer ist. Da es immer noch keine internationale LCA Society gibt[22], wäre die SETAC das geeignetste Forum, um zu solchen Konventionen zu gelangen oder sie zumindest vorzubereiten.

Eine vor allem in Hinblick auf die Nachhaltigkeitsanalyse verbesserungswürdige Komponente der Ökobilanz ist die Wirkungsabschätzung, deren inhaltliche Ausgestaltung von ISO bewusst offen gelassen wurde. In Kapitel 4 wurden zahlreiche neuere Entwicklungen besprochen, die sich noch im Erprobungsstadium befinden. An dieser Stelle soll noch auf ein Ungleichgewicht hingewiesen werden, das zwischen den Wirkungen von chemischen und sonstigen Emissionen bzw. Stressoren herrscht[23]. Zur Illustration dieses Sachverhalts sind im Folgenden die Wirkungskategorien anders als gewohnt (Abschnitt 4.5) angeordnet und zwei wurden hinzugefügt[24]:

A: Ressourcenverbrauch;
B: Wirkungen durch chemische Emissionen;
C: Wirkungen durch physikalische Emissionen;
D: Wirkungen durch biologische Emissionen;
E: weitere Kategorien.

A: Ressourcenverbrauch
A1: Verbrauch abiotischer Ressourcen (inklusive Wasser);
A2: Verbrauch biotischer Ressourcen;
A3: Naturraumbeanspruchung (*land use*).

Diese Kategorien entsprechen völlig den „Input-bezogenen" Wirkungskategorien der CML-Methode[25].

B: Wirkungen durch chemische Emissionen
B1: Klimaänderung;
B2: stratosphärischer Ozonabbau;
B3: Bildung von Photooxidantien;
B4: Versauerung;
B5: Eutrophierung;
B6: Humantoxizität;

---

20) Klöpffer 1998
21) ISO 1981
22) Klöpffer 1997
23) Dadurch entsteht der falsche Eindruck, dass die Chemie die Wurzel aller Übel ist, vgl. Klöpffer 2003b.
24) Klöpffer und Renner 2003; Renner und Klöpffer 2005; Klöpffer 2006
25) Heijungs et al. 1992; Guinée et al. 2002

B7: Ökotoxizität;
B8: Geruch.

Diese Gruppe bildet mit acht Wirkungskategorien die stärkste und dominiert schon durch die Anzahl der Kategorien (dazu kommen dann oft noch Unterkategorien[26]) praktisch jede Wirkungsabschätzung. Diese „Chemielastigkeit" der Wirkungsabschätzung ist zweifellos eine unbeabsichtigte Nebenwirkung des Triumphs der CML-Methode[27].

C: Wirkungen durch physikalische Emissionen
C1: Lärm;
C2: ionisierende Strahlung (Radioaktivität);
C3: Abwärme.

Diese in der Praxis wenig beachtete Gruppe fasst die physikalischen Emissionen zusammen, deren Sekundärwirkungen physiologischer und psychologischer Natur sein können.

D: Wirkungen durch biologische Emissionen
D1: Effekte auf Ökosysteme, Änderung des Artenspektrums und der Artenvielfalt;
D2: Effekte auf Menschen (z. B. durch pathogene Organismen).

Diese „neuen" Wirkungskategorien, für die es noch keine Indikatormodelle gibt, wurden zunächst eingeführt, um auf das Problem ihres Fehlens hizuweisen (Renner und Klöpffer, loc. cit.). Es ist kaum zu bestreiten, dass die Ökosysteme weltweit durch invasive Arten (meist Neozoen und Neophyten, prinzipiell können aber auch einheimische Arten invasiv werden[28]) mindestens ebenso gefährdet sind wie durch die Zerstörung der Habitate und chemische und physikalische Einwirkungen[29]. Auch die potentiellen ökologischen Auswirkungen von gentechnisch modifizierten Organismen (GMO) gehören in diese Gruppe[30]. Regionen, die im Laufe der Erdgeschichte sehr lange vom Rest der Welt getrennt waren (z. B. Australien und Neuseeland) sind von diesen „Stressoren" am stärksten bedroht. Interessanterweise werden Neophyten und Neozoen vorwiegend über die Technosphäre verbreitet (z. B. durch das Ballastwasser von Tankern, Bewuchs von Schiffsrümpfen, „blinde Passagiere" bei Nahrungsmitteltransporten, Touristen usw.). Die Ausbreitung von pathogenen Keimen kann auch über Wildtiere, z. B. Zugvögel, also über die Ökosphäre erfolgen. Eine Beachtung all dieser Schadwirkungen würde den weltweiten Handel ohne die geringste Beachtung der Umwelt in einem wesentlich ungünstigeren Licht erscheinen lassen, als er sich schon jetzt vielfach aus sozialen Gründen darstellt.

---

26) Guinée et al. 2002
27) Klöpffer 2006b
28) wenn z. B. ein Prädator ausgerottet wurde oder Jagdbeschränkungen erlassen werden, der Klimawandel eine Art begünstigt etc.
29) *„Around the world, invasive species are the second-ranking cause of extinction of native species, after the destruction of habitats by human activity."*; Wilson 2006
30) Klöpffer et al. 1999, 2001

E: Weitere Kategorien

E1: Unfälle;

E2: Gesundheitseffekte am Arbeitsplatz (Technosphäre; Exposition über die Umwelt siehe B6);

E3: Austrocknung, Erosion und Versalzung von Böden (siehe auch A3);

E4: Zerstörung von Landschaften (siehe auch A3);

E5: Störung von Ökosystemen und Artenvielfalt (Biodiversität) (siehe auch A3, B7 und D1);

E6: (fester) Abfall.

Aus Gründen der Vollständigkeit sind in Gruppe E weitere in der Literatur vorgeschlagene Wirkungskategorien zusammengefasst[31]. Einige sind mehr für die Länder des Südens wichtig (E3) und daher besonders für die UNEP/SETAC Life Cycle Initiative von Bedeutung. Andere stellen ernsthafte Probleme für die Systemgrenzen dar: sollen etwa Teile der Technosphäre (E1, E2, E6) aufgenommen werden? E5 ist zwar von zentraler Bedeutung, überlappt aber mit einigen anderen Kategorien und ist sehr schwierig zu quantifizieren. E6 ist ein Relikt aus der Zeit der proto-LCAs und sicherlich keine Wirkungskategorie.

Die Einbeziehung der „Unfälle" (*casualties*) in die Wirkungsabschätzung stellt sich als zwar schwierig, aber nicht unmöglich heraus[32]. Eine routinemäßige Einbeziehung dieser Kategorie in die Wirkungsabschätzung scheint aber nicht angebracht zu sein.

Die „Gesundheitseffekte am Arbeitsplatz" (E2) scheinen in der SLCA besser aufgehoben zu sein, weil in diesem Teil der LCSA (siehe Abschnitt 6.3.3) der Arbeitsplatz und seine Auswirkungen auf die dort Beschäftigten im Zentrum stehen. Es hat aber (vor allem in Skandinavien) nicht an Bemühungen gefehlt, den Arbeitsplatz in die Wirkungsabschätzung der Ökobilanz hineinzuzwängen[33].

Die Ökobilanz ist weiterhin ein aktives Forschungsgebiet, das auch in Zukunft methodische Weiterentwicklungen erwarten lässt. Hierzu gehören beispielsweise die Definition schwieriger Wirkungskategorien, die Input/Output- und Hybrid-Analyse[34], die *consequential* LCA[35] und die korrekte Anwendungen der LCA und ähnlicher Analysenwerkzeuge (*tools*) im Life Cycle Management[36].

6.3.2
Lebenszykluskostenrechnung – LCC

Die nach dem Muster der Ökobilanz modellierte Lebenszykluskostenrechnung (LCC) summiert alle Kosten, die mit dem Lebenszyklus eines Produkts verbunden sind und direkt von einem der Akteure (z. B. Zulieferer, Produzent, Benutzer/

---

31) Renner und Klöpffer 2005

32) Kurth et al. 2004

33) Poulsen et al. 2004

34) Suh 2003

35) Weidema 2001; Steward und Weidema 2004

36) Wrisberg et al. 2002; Rebitzer 2005; Remmen et al. 2007

Konsument, Recycler/Entsorger) getragen werden; diese Kosten müssen **reale Geldflüsse** sein, damit Überlappungen zwischen LCC und LCA vermieden werden[37].

Die Lebenszykluskostenrechnung wird auf der Basis der analogen Ökobilanz durchgeführt, beide ihrer Natur nach Fließgleichgewichtsmodelle. Darin enthalten sind auch die Definition einer funktionellen Einheit und ähnliche Systemgrenzen in LCA und LCC. Idealerweise sollte eine Sachbilanz bereits vorliegen, eine LCC kann aber auch als allein stehende Analyse durchgeführt werden.

Obwohl die Lebenszykluskostenrechnung eigentlich älteren Ursprungs ist als die Ökobilanz, wurde sie bisher außer für einige Spezialfälle nicht genormt. Ökobilanzierer/-innen wurden bereits in den Jahren, als die Ökobilanz genormt wurde, auf die Methodik in Hinblick auf eine mögliche Ergänzung zur LCA aufmerksam[38]. Forscher/-innen und Praktiker/-innen aus der Industrie, unterstützt durch Wissenschaftler/-innen aus Hochschulen, schlugen eine Kombination aus Ökobilanz und Lebenszykluskostenrechnung (oft approximiert durch den Preis eines Produkts) unter der Bezeichnung „Ökoeffizienzanalyse" zur (relativ) raschen und einfachen Produktbewertung unter Verwendung wertender Elemente vor[39]. Wie in Abschnitt 4.3.3 ausgeführt ist die diesbezügliche Transparenz entscheidend, um die Ergebnisse einordnen zu können.

Das Thema wurde von SETAC aufgegriffen und in einer Arbeitsgruppe in mehrjähriger Bearbeitungszeit zur Publikationsreife gebracht[40]. Als Kurzfassung daraus, etwa im Umfang des LCA „Code of Practice"[41], der 1993 Ergebnis des SETAC-Workshops in Sesimbra war, und mit einigen zusätzlichen Elementen ist dieser Vorschlag zur Publikation eingereicht[42]. Die vorgeschlagene LCC-Methode lehnt sich an die LCA gemäß ISO 14040 an und umfasst den gesamten Lebenszyklus eines Produktes einschließlich Gebrauchs- und Nachnutzungsphasen. Eine Monetarisierung möglicher externer Kosten durch Umweltschäden, die in der Zukunft entstehen könnten, findet nicht statt. So sollen Doppelzählungen vermieden werden, da den Umweltschäden in der Wirkungsabschätzung der LCA Rechnung getragen wird.

In der Lebenszykluskostenrechnung gibt es keine eigenständige Wirkungsabschätzung. Das aggregierte Ergebnis sind im Idealfall die berechneten realen Kosten bezogen auf die gewählte funktionelle Einheit in einer bestimmten geläufigen Währung.

Wie auch in der Ökobilanz, sollen durch die Aggregation keine Informationen verloren gehen und die genauen Analysen der Lebenszyklusphasen dokumentiert werden. Die Ökobilanz-analoge Lebenszykluskostenrechnung unterscheidet sich von der üblichen ökonomischen Kostenrechnung auch dadurch, dass alle

---

37) Eine solche Überlappung würde eintreten, wenn Umweltschäden in der Lebenszykluskostenrechung monetarisiert würden.
38) White et al. 1996; Norris 2001; Shapiro 2001; Rebitzer 2002
39) Saling et al. 2002; Landsiedel und Saling 2002; Kicherer et al. 2007; Huppes 2007
40) Hunkeler et al. 2008
41) SETAC 1993
42) SETAC 2008

enthaltenen Kosten dem untersuchten Produktsystem zugeordnet werden und es keinen so genannten Overhead gibt. Sie ist ebenfalls von der Umweltkostenrechnung zu unterscheiden[43].

Die Lebenszykluskostenrechnung stellt eine sinnvolle Ergänzung zur Ökobilanz (und zur produktbezogenen Sozialbilanz) dar, denn nachhaltige Produkte sollen auch profitabel und erschwinglich sein, wenn sie auf dem Markt Akzeptanz finden sollen. Die detaillierte Sachbilanz zeigt den für das Produktsystem Verantwortlichen entlang der Wertschöpfungskette, wo sich kostengünstigere Lösungen anbieten.

Ein wichtiges Glied im Lebenszyklus sind die Konsument/-innen, die nicht nur über die Anschaffung eines Produkts, sondern auch über dessen Gebrauch und Entsorgung entscheiden können. In vielen Fällen ist die kostengünstigste auch die umweltverträglichste Lösung (besonders bei Energie-intensiven Produkten). Leider basieren die Konsumentenentscheidungen oftmals ausschließlich auf dem Anschaffungspreis eines Produktes. Daher können Informationen, wie sie die Lebenszykluskostenrechnung liefert, zu fundierteren Kaufentscheidungen führen, weil sie z. B. auch die Nutzungsphase einschließt. Daher ist auch der Preis eines Produkts, der häufig als „nullte Näherung" für die Lebenszykluskosten eingesetzt wird, kein geeignetes Mittel. Er enthält natürlich die Kosten, die „weiter oben" im Produktbaum anfallen (einschließlich Energie- und Rohstoffkosten) in hoch aggregierter Form, nicht jedoch die Gebrauchsphase und nur in seltenen Ausnahmefällen (z. B. beim „grünen Punkt" für Verpackungen) die Entsorgungskosten. Außerdem gibt er keinerlei Hinweise darauf, wie sich die Kosten zusammensetzen und wie hoch die Handelsspannen sind.

Die Lebenszykluskostenrechnung ist auch für sich alleine genommen eine sinnvolle Analysenmethode eines Produktes, die später mit einer Ökobilanz oder produktbezogenen Sozialbilanz ergänzt und so zur vollständigen Nachhaltigkeitsanalyse ausgebaut werden kann. In der Regel wird man aber davon ausgehen, dass zunächst eine Ökobilanz oder zumindest die Sachbilanz einer solchen vorliegt, die dann entsprechend erweitert wird.

6.3.3
Produktbezogene Sozialbilanz – SLCA

Die dritte Dimension der Nachhaltigkeit bietet besondere Schwierigkeiten bei der Operationalisierung, denn sie handelt vom Menschen. Während der Mensch in der Ökobilanz aus ethischen Gründen prinzipiell nicht bilanziert wird (es sei denn als Zielobjekt (*target*) in der Wirkungskategorie Humantoxizität), ist er in der LCC als Kostenfaktor und Konsument bereits deutlich präsent und in der SLCA schließlich ist sein Wohlbefinden der hauptsächliche Inhalt der Analyse. Dadurch wirkt die SLCA als Korrektiv zu den beiden vorigen „Dimensionen": ein Produkt mag umweltverträglich sein, kostengünstig herstellbar und dennoch nicht nachhaltig sein: dann nämlich, wenn z. B. die günstigen Lebenszykluskosten

---

43) Rikhardsson et al. 2005; Schaltegger 2007

durch unmenschliche Arbeitsbedingungen in fernen (oder gar nicht so fernen) Ländern erkauft werden.

Auch wenn die Idee nicht neu ist[44], steht die produktbezogene Sozialbilanz doch noch am Anfang ihrer Entwicklung. Die Thematik präsentiert sich momentan als sehr lebendiges Forschungsgebiet, was sich in zahlreichen Veröffentlichungen manifestiert, von denen die aktuellsten hier kurz skizziert werden sollen. Eine auch nur in Ansätzen einheitliche Methodik lässt sich noch nicht ableiten.

Dreyer und Co-Autoren[45] zielen auf die Verantwortlichkeit der involvierten Firmen ab, auch wenn die Produkte der Bezugspunkt sind. Dadurch liegt der Schwerpunkt zwangsläufig auf den Prozessen im Vordergrund und den daran beteiligten Personen. Die Verantwortung einer Firmenleitung für die sozialen Bedingungen in einem Betrieb steht außer Frage und dies kann wichtiger sein als die eingesetzten Prozesse. Andererseits gilt diese Verantwortlichkeit auch für den verwendeten Maschinenpark und die verwendete (oder auch nicht verwendete) Umweltschutztechnologie.

Weidema[46] schließt Elemente der Kosten-Nutzen-Analyse (*Cost Benefit Analysis* – CBA) mit ein und schlägt *Quality Adjusted Life Years* (QALY) als gemeinames Maß für menschliche Gesundheit **und** menschliches Wohlbefinden vor.

Auch Norris[47] beschäftigt sich mit sozialen und sozio-ökonomischen Wirkungen, die zu gesundheitlichen Beeinträchtigungen führen. Norris ist skeptisch in Bezug auf die Möglichkeit, SLCA nach dem Muster von LCA und LCC zu konzipieren. Er schlägt ein Internet-basiertes Instrument (*Life Cycle Attribute Assessment*, LCAA) als Ergänzung zu den klassischen lebenszyklusbasierten Analysenmethoden vor.

Labuschagne und Brent[48] streben die Vollständigkeit des Indikatorensatzes an. Ihre Methode scheint jedoch nicht in erster Linie auf die Produktbewertung abzuzielen.

Hunkeler[49] löst das Problem des Bezuges der sozialen Wirkungen auf die funktionelle Einheit, indem er die anteilige **Arbeitszeit** zur Produktion des Zielproduktes zur Quantifizierung benutzt. Die Arbeitszeit kann Bestandteil der **Sachbilanz** sein, wobei aber eine regionale Differenzierung erfolgen muss. Diese Regionalisierung ist hier von größerer Bedeutung als in der Ökobilanz üblich. Die Arbeitszeit ist der relevante Sachbilanzparameter in der SLCA. Wenn Vordergrunddaten fehlen, kann durch staatliche oder überstaatliche Statistiken ermittelt werden, wie der Studenlohn in Beziehung zu den lebensnotwendigen Gütern und Dienstleistungen steht (z. B. Lebensmittel, ärztliche Versorgung, Schule etc.)[50], was in Kombination mit der anteiligen Arbeitszeit pro funktioneller

---

44) Projektgruppe Ökologische Wirtschaft 1987; O'Brian et al. 1996
45) Dreyer et al. 2006
46) Weidema 2006
47) Norris 2006
48) Labuschagne und Brent 2006
49) Hunkeler 2006
50) Eine anschauliche, triviale Version dieser Methode ist der sog. „Big-Mac"-Index: wie lange muss ein Arbeiter in verschiedenen Ländern schuften, um sich einen „Hamburger" leisten zu können?

Einheit zu einer Quantifizierung der sozialen Komponente führen kann. Je nach Bezug (Nahrung etc. s. o.) ergibt sich eine Art von sozialer Wirkungsabschätzung. Bei vergleichenden Sozialbilanzen kann festgestellt werden, in welchem Produkt mehr Niedrigstlohn steckt, also welche der Varianten nur durch Ausbeutung menschlicher Arbeitskraft finanziell günstig hergestellt wird[51]. Außerdem muss hervorgehoben werden, dass der Arbeitsplatz der natürliche Knotenpunkt für den Produktlebensweg mit der sozialen Dimension ist. Damit können zwar nicht alle, aber einige Menschrechtsverletzungen z. B. in Billigstlohnländern in die Analyse einbezogen werden.

Verschiedene andere in jüngster Zeit entwickelte SLCA-Methoden gründen in der Ökoeffizienzanalyse, einer Kombination von vereinfachten Ökobilanzen und Lebenszykluskostenrechnungen (siehe Abschnitt 6.3.2). Saling und Co-Autoren[52] fügten eine soziale Komponente zur Ökoeffizienzanalyse der BASF, was zur SEEbalance® führt. Dadurch wird aus den zweidimensionalen Ökoeffizienz-diagrammen ein Kubus, der die Position des Produktes in Bezug auf alle drei Dimensionen der Nachhaltigkeit anzeigt. Da die Methode von wertebezogenen Gewichtungsfaktoren abhängt und sich aufgrund vielfältiger Normierungsschritte kaum transparent darstellen lässt, sollte sie nach ISO 14044 nur für interne Zwecke verwendet werden.

Life Cycle Working Time (LCWT) steht für die Einbeziehung arbeitsplatzbezogener sozio-ökonomischer Aspekte in die LCA-Software GaBi, die damit neben LCA und LCC auch die dritte Dimnsion der Nachhaltigkeit lebenszyklusbezogen berücksichtigt. Von Grießhammer und Co-Autoren stammt eine Machbarkeits-studie[53] für die SETAC/UNEP-Initiative zur Integration sozialer Aspekte in die Ökobilanz. Weil sich viele soziale Indikatoren nicht quantifizieren lassen, benutzt man ein qualitatives Bewertungsschema in Ergänzung zu quantitativen Ergebnissen. Pesonen[54] stellte kürzlich *Sustainability* SWOTs[55] als vereinfachte Form der SLCA vor. Schließlich gibt es von Jørgensen und Co-Autoren[56] eine Übersicht über Veröffentlichungen und ebenso graue Literatur zur SLCA.

Es ist sicherlich zu früh für eine Standardisierung der produktbezogenen Sozialbilanz, jedoch könnte ein gewisses Maß an Harmonisierung erreicht werden, wenn die verschiedenen Ansätze in Fallstudien verglichen würden. Wie auch im Finanzwesen könnte es sich als nützlich erweisen, unterschiedliche Indikatoren zur Beurteilung der verschiedenen Aspekte der SLCA zu haben. So könnten Erfahrungen gesammelt werden und die passendste(n) Mehode(n) würden sich abzeichnen. Bezüglich der Wirkungen und ihrer Indikatoren sollte man nicht

---

51) Es ist eingewendet worden, dass, ähnlich wie in Europa und in den USA, auf eine Periode der Ausbeutung eine Periode relativen Wohlstands für alle folgen kann. Darauf kann geantwortet werden, dass wir die Zukunft nicht kennen und der zukünftige Wohlstand für alle in manchen Ländern Wunschdenken bzw. Propaganda ist.

52) Saling et al. 2007

53) Grießhammer et al. 2006

54) Pesonen 2007

55) SWOT steht für *Strengths, Weaknesses, Opportunities and Threats* (Wikipedia)

56) Jørgensen et al. 2008

vergessen, dass es aus gutem Grund auch in der Wirkungsabschätzung der Ökobilanz keine absolut gültige Liste gibt.

Die Hauptschwierigkeiten in der produktbezogenen Sozialbilanz stellen sich
wie folgt dar:

- Wie lassen sich bestehende Indikatoren mit der funktionellen Einheit des
  untersuchten Systems verknüpfen?
- Wie erhält man die spezifischen Daten zur (notwendigen) regionalen Auflösung
  der SLCA?
- Wie entscheidet man zwischen vielen qualitativen Indikatoren und einigen
  wenigen quantifizierbaren, z. B. über die Inventarisierung von Arbeitszeit pro
  funktionelle Einheit?
- Wie quantifiziert man die Wirkungen korrekt?

Der letzte Punkt ist wohl der schwierigste, und in der Tat ist auch in der Ökobilanz
die Quantifizierung aller Wirkungen nicht möglich. So sei beispielsweise daran
erinnert, dass es für die wichtige Wirkungskatgorie Biodiversität auch noch keinen
passenden allgemein akzeptierten Indikator gibt.

6.4
Ein Life Cycle Assessment oder drei?

Es gibt mindestens zwei Optionen (Gleichungen 6.1 und 6.2), wie sich die Lebenszykluskostenrechnung und die produktbezogene Sozialbilanz in die Nachhaltigkeitsanalyse von Produkten integrieren lassen.

Option 1

$$LCSA = LCA + LCC + SLCA$$

Diese Option basiert auf drei getrennten lebenszyklusbasierten Analysen mit
konsistenten, idealerweise identischen Systemgrenzen wie bereits in der Einleitung vorgeschlagen (Gleichung 6.1). Die beiden noch nicht genormten Methoden
sollten zukünftig standardisiert oder zumindest harmonisiert und an die
Ökobilanz (LCA) angepasst sein.

Eine Gewichtung zwischen den drei Dimensionen sollte nicht stattfinden. So
bleibt Transparenz gewahrt, was sicher als großer Vorteil dieser Option anzusehen ist. Die Zuordnung von Vor- und Nachteilen in vergleichenden Analysen
ist klar; es gibt – und sollte es auch nicht – keinen Ausgleich zwischen den drei
Dimensionen Ökologie, Ökonomie und Soziales.

Option 2

$$LCSA = \text{"LCAneu"} \tag{6.2}$$
(einschließlich LCC und SLCA als zusätzliche Wirkungskategorien in der Wirkungsabschätzung der Ökobilanz)

Diese Option bedeutet, dass ausgehend von einer Sachbilanz bis zu drei (LCC hat keine formale Wirkungsabschätzung) Wirkungsabschätzungen erstellt werden, die sich z. B. auf einen gemeinsamen Satz von Schutzgütern beziehen können. Der Vorteil ist hier, dass nur ein Sachbilanzmodell in der Festlegung des Ziels und Untersuchungsrahmens definiert werden muss. Auch die Ergebnisse der Sachbilanz einer Ökobilanz können für die produktbezogene Sozialbilanz verwendet werden, wie in der Methode von Hunkeler[57] vorgestellt.

Für beide Optionen gibt es Fürsprecher, wobei die mögliche künftige Erweiterung der ISO 14040er Serie die Diskussion entscheidend mitbestimmt. Daher stellt sich folgende wichtige Frage: Ist Option 2 kompatibel zu ISO 14040? Dieser Standard sagt in Abschnitt 4.1.3 hierzu:

> *„Eine Ökobilanz bezieht sich auf die Umweltaspekte und -wirkungen eines Produktsystems. Üblicherweise liegen ökonomische und soziale Aspekte und Wirkungen außerhalb des Untersuchungsrahmens der Ökobilanz."*

Bereits in der Einleitung heißt es wörtlich:

> *„Üblicherweise werden ökonomische oder soziale Aspekte eines Produktes bei Ökobilanzen nicht berücksichtigt, der Ökobilanz-Ansatz und die in dieser internationalen Norm beschriebene Methodik können jedoch auch auf diese anderen Aspekte angewendet werden."*

Diese Zitate aus ISO 14040 sprechen eindeutig für Option 1 und eine separate Standardisierung der LCA-analogen LCC und SLCA wäre die logische Konsequenz. Andererseits könnten die Standards ISO 14040 und 14044 in Zukunft wieder geändert werden, um Option 2 ISO-konform zu ermöglichen. Dies würde allerdings auch zur Folge haben, dass der ohnehin schon umfangreiche Standard ISO 14044 noch um die detaillierten Ausführungsbestimmungen für LCC und SLCA erweitert werden müsste.

6.5
Schlussfolgerungen

Es wird oft gesagt, dass schon das Denken in Lebenszyklen ausreicht, um der Umsetzung des Leitbilds Nachhaltige Entwicklung näher zu kommen und richtungssichere Entscheidungen nicht immer quantifizierte Informationen erfordern. Dies mag beim Aufzeigen von Brennpunkten stimmen, aber sicher nicht bei der fundierten Entscheidungsfindung weiterhelfen: Wenn verschiedene Lösungsvorschläge gemacht werden, braucht man quantitative Methoden. Es ist die Stärke der Ökobilanz (LCA), dass Quantifizierung möglich ist und dieser Vorteil sollte auch bei der Ergänzung ökonomischer (LCC) und sozialer Aspekte (SLCA) erhalten bleiben. Bei der Lebenszykluskostenrechnung wird dies relativ einfach sein, aber schwierig für die produktbezogene Sozialbilanz. Im Hinblick

---

57) Hunkeler 2006

auf die große Bedeutung des Zieles, sollten gleich große Anstrengungen unternommen werden, um die nötigen Werkzeuge zur Verfügung zu stellen und kontinuierlich zu verbessern.

Auch die Ökobilanz selbst ist noch verbesserungsbedürftig und sicherlich verbesserungsfähig (siehe Abschnitt 6.3.1). Dabei sollte, wie in der bisherigen Entwicklung, ein Mittelweg zwischen wissenschaftlich wünschenswerter Genauigkeit und praktischer Machbarkeit eingehalten werden.

6.6
Literatur zu Kapitel 6

Carlowitz 1713:
Carlowitz, D.-C.: Sylvicultura Oeconomica – Naturmäßige Anweisung zur Wilden Baum-Zucht. Leipzig (Reprint): TU, Bergakademie Freiberg, Akademische Buchhandlung, Freiberg 2000. ISBN 3-86012-115-4.

Frische et al. 1982:
Frische, R.; Klöpffer, W.; Esser, G.; Schönborn, W.: Criteria for assessing the énvironmental behavior of chemicals: selection and preliminary quantification. Ecotox. Environ. Safety 6, 283–293.

Giegrich et al. 2003:
Giegrich, J.; Möhler, S.; Borken, J.: Entwicklung von Schlüsselindikatoren für eine nachhaltige Entwicklung. IFEU im Auftrag des UBA Dessau, FZK 200 12 119, Heidelberg.

Grießhammer et al. 2006:
Grießhammer R.; Benoît, C.; Dreyer, L. C.; Flysjö, A.; Manhart, A.; Mazijn, B.; Méthot, A.; Weidema, B. P.: Feasibility Study 2006: Integration of Social Aspects into LCA. Discussion paper from UNEP-SETAC Task Force Integration of Social Aspects in LCA, Freiburg.

Grießhammer et al. 2007:
Grießhammer, R; Buchert, M; Gensch, C.-O.; Hochfeld, C.; Manhart, A.; Reisch, L.; Rüdenauer, I.: PROSA – Product Sustainability Assessment. Öko-Institut e. V., Freiburg.

Guinée et al. 2002:
Guinée, J. B. (final editor); Gorée, M.; Heijungs, R.; Huppes, G.; Kleijn, R.; Koning, A. de; Oers, L. van; Wegener Sleeswijk, A.; Suh, S.; Udo de Haes, H. A.; Bruijn, H. de;

Duin, R. van; Huijbregts, M. A. J.: Handbook on Life Cycle Assessment – Operational Guide to the ISO Standards. Kluwer Academic Publishers, Dordrecht. ISBN 1-4020-0228-9.

Hauff 1987:
Hauff, V. (Hrsg.): Unsere gemeinsame Zukunft. Der Brundtland-Bericht der Weltkommission für Umwelt und Entwicklung. Eggenkamp Verlag, Greven.

Heijungs et al. 1992:
Heijungs, R.; Guinée, J. B.; Huppes, G.; Lamkreijer, R. M.; Udo de Haes, H. A.; Wegener Sleeswijk, A.; Ansems, A. M. M.; Eggels, P. G.; van Duin, R.; de Goede, H. P.: Environmental Life Cycle Assessment of Products. Guide (Part 1) and Backgrounds (Part 2) October 1992, prepared by CML, TNO and B&G. Leiden 1992. English Version 1993.

Hunkeler 2006:
Hunkeler, D.: Societal LCA methodology and case study. Int. J. LCA 11 (7), 371–382.

Hunkeler et al. 2008:
Hunkeler, D.; Lichtenvort, K.; Rebitzer, G. (Eds): Environmental Life Cycle Costing. SETAC, CRC Press, Boca Raton, Florida.

Huppes 2007:
Huppes, G.: Why we need better eco-efficiency analysis. From technological optimism to realism. Technikfolgenabschätzung – Theorie und Praxis (TATuP) 16, 38–45.

ISO 1981:
International Standard: SI units and recommendations for the use of their multiples and of certain other units (Unités SI et recommandations pour l'emploi de leurs multiples et de certaines

autres unités) ISO 1000. Second edition, Februar 1981.

Jørgensen et al. 2008:
Jørgensen, A.; Le Bocq, A.; Nazarkina, L.; Hauschild, M.: Methodologies for social life cycle assessment – a review. Int. J. LCA 13 (2), 96–103.

Kicherer et al. 2007:
Kicherer, A.; Schaltegger, S.; Tschochohei, H.; Ferreira Pozo, B.: Eco-efficiency. combining life cycle assessment and life cycle costs via normalization. Int. J. LCA 12 (7), 537–543.

Klöpffer 1997:
Klöpffer, W.: Do we truly require an international society for LCA practitioners? Editorial, Int. J. LCA 2 (1), 1.

Klöpffer 1998: .
Klöpffer, W.: Subjective is not arbitrary. Editorial, Int. J. LCA 3 (2), 61.

Klöpffer 2001:
Klöpffer, W.: Kriterien für eine ökologisch nachhaltige Stoff- und Gentechnikpolitik. UWSF- Z. Umweltchem. Ökotox. 13, 159–164.

Klöpffer 2003:
Klöpffer, W.: Life-cycle based methods for sustainable product development. Editorial for the LCM section in Int. J. LCA 8 (3), 157–159.

Klöpffer 2003b:
Klöpffer, W.: Gedanken zum Jahr der Chemie. Editorial. UWSF-Z. Umweltchem. Ökotox. 15 (4), 214.

Klöpffer 2006:
Klöpffer, W.: The role of SETAC in the development of LCA. Int. J. LCA Special Issue 1, Vol. 11, 116–122.

Klöpffer 2006b:
Klöpffer, W.: The CML method of life cycle impact assessment: success and limitations. In: Sporen van een Gedreven Pionier. Verhalen bij het afscheid van Helias Udo de Haes („Liber Amicorum"). CML, Universiteit Leiden, pp. 143–147. ISBN: 90-5191-149-1.

Klöpffer 2008:
Klöpffer, W.: Life cycle sustainability assessment of products. Int. J. LCA 13 (2), 89–94.

Klöpffer und Renner 2003:
Klöpffer, W.; Renner, I.: Life Cycle Impact Categories – The Problem of New Categories & Biological Impacts

– Part I: Systematic Approach. SETAC Europe, 13th Annual Meeting Hamburg, Germany, 27. April – 1. Mai 2003.

Klöpffer und Renner 2007:
Klöpffer, W.; Renner, I.: Lebenszyklusbasierte Nachhaltigkeitsbewertung von Produkten. Technikfolgenabschätzung – Theorie und Praxis 16 (3), 32–38.

Klöpffer und Renner 2008:
Klöpffer, W.; Renner, I.: Life-cycle based sustainability assessment of products. In: Schaltegger, S.; Bennett, M.; Burritt, R.; Jasch, D. (eds.): Environmental Management Accounting for Cleaner Production. Springer, Dordrecht.

Klöpffer et al. 1999:
Klöpffer, W.; Renner, I.; Tappeser, B.; Eckelkamp, C.; Dietrich, R.: Life Cycle Assessment gentechnisch veränderter Produkte als Basis für eine umfassende Beurteilung möglicher Umweltauswirkungen. Federal Environment Agency Ltd. Monographien, Bd. 111. Wien. ISBN 3-85457-475-4.

Klöpffer et al. 2001:
Klöpffer, W.; Renner, I.; Schmidt, E.; Tappeser, B.; Gensch, C.-O.; Gaugitsch, H.: Methodische Weiterentwicklung der Wirkungsabschätzung in Ökobilanzen (LCA) gentechnisch veränderter Pflanzen. Federal Environment Agency Ltd. Monographien, Bd. 143. Wien. ISBN 3-85457-597-1.

Kurth et al. 2004:
Kurth, S.; Schüler, D.; Renner, I.; Klöpffer, W. (2004): Entwicklung eines Modells zur Berücksichtigung der Risiken durch nicht bestimmungsgemäße Betriebszustände von Industrieanlagen im Rahmen von Ökobilanzen (Vorstudie). Forschungsbericht 201 48 309, UBA-FB 000632. UBA Texte 34/04, Berlin.

Labuschagne und Brent 2006:
Labuschagne, C.; Brent, A. C.: Social indicators for sustainable project and technology life cycle management in the process industry. Int. J. LCA 11 (1), 3–15.

Landsiedel und Saling 2002:
Landsiedel, R.; Saling, P.: Assessment of toxicological risks for life cycle assessment and eco-efficiency analysis. Int. J. LCA, 7 (5), 261–268.

Lebensministerium 2006:
Bundesministerium für Land- und Forst-

wirtschaft, Umwelt und Wasserwirtschaft (Hrsg.): Monitoring nachhaltiger Entwicklung in Österreich. Indikatoren für nachhaltige Entwicklung. Wien, 07.07.06.

Norris 2001:
Norris, G. A.: Integrating life cycle cost analysis and LCA. Int. J. LCA 6 (2), 118–120.

Norris 2006:
Norris, G. A.: Social impacts in product life cycles. Towards life cycle attribute assessment. Int. J. LCA 11, Special issue 1, 97–104.

O'Brian et al. 1996:
O'Brian, M.; Doig, A.; Clift, R. (1996): Social and environmental life cycle assessment (SELCA). Int. J. LCA 1 (4), 231–237.

Pesonen 2007:
Pesonen, H.-L.: Sustainability SWOTs – New Method for Summarizing Product Sustainability Information for Business Decision Making. Platform presentation at the 3rd International Conference on Life Cycle Management Zürich, 27–29 August 2007.

Potting 2000:
Potting, J.: Spatial Differentiation in Life Cycle Impact Assessment. Proefschrift Universiteit Utrecht. Mostert & Van Onderen, Leiden. ISBN 90-393-2326-7.

Poulsen et al. 2004:
Poulsen, P. B.; Jensen, A. A.; Antonsson, A.-B.; Bengtsson, G.; Karling, M.; Schmidt, A.; Brekke, O.; Becker, J.; Verschoor, A. H. (Eds.) (2004): The Working Environment in LCA. SETAC Press, Pensacola, Florida. ISBN 1-880611-68-6.

Projektgruppe Ökologische Wirtschaft 1987:
Produktlinienanalyse: Bedürfnisse, Produkte und ihre Folgen. Kölner Volksblattverlag, Köln.

Rat für Nachhaltige Entwicklung 2008:
Welche Ampel steht auf Rot? Stand der 21 Indikatoren der nationalen Nachhaltigkeitsstrategie – auf der Grundlage des Indikatorenberichts 2006 des Statistischen Bundesamtes. Stellungnahme des Rates für Nachhaltige Entwicklung. Texte Nr. 22, April 2008. www.nachhaltigkeitsrat.de.

Reap et al. 2008a:
Reap, J.; Roman, F.; Duncan, S.; Bras, B.: A survey of unresolved problems in life cycle assessment. Part 1: Goal & scope and inventory analysis. Int. J. LCA 13 (4), 290–300.

Reap et al. 2008b:
Reap, J.; Roman, F.; Duncan, S.; Bras, B.: A survey of unresolved problems in life cycle assessment. Part 2: Impact assessment and interpretation. Int. J. LCA 13 (5), 374–388.

Rebitzer 2002:
Rebitzer, G.: Integrating life cycle costing and life cycle assessment for managing costs and environmental impacts in supply chains. In: Seuring, S.; Goldbach, M. (eds.): Cost Management in Supply Chains. Physica-Verlag, Heidelberg, S. 128–146.

Rebitzer 2005:
Rebitzer, G.: Enhancing the Application Efficiency of Life Cycle Assessment for Industrial Uses. Thèse No. 3307, École Polytechnique Féderale de Lausanne (EPFL).

Remmen et al. 2007:
Remmen, A.; Jensen, A. A.; Frydendal, J.: The triple bottom line – the business case of sustainability. In: Life Cycle Management. A Business Guide to Sustainability. UNEP/SETAC Life Cycle Initiative, 10–11. ISBN 978-92-807-2772-2.

Renner und Klöpffer 2005:
Renner, I.; Klöpffer, W.: Untersuchung der Anpassung von Ökobilanzen an spezifische Erfordernisse biotechnischer Prozesse und Produkte. Forschungsbericht 201 66 306 UBA-FB 000713. UBA Texte 02/05 Berlin; herunterladen unter: http://www.umweltbundesamt.de.

Rikhardson et al. 2005:
Rikhardsson, P.; Bennett, M.; Bouma, J.; Schaltegger, S. (eds): Implementing Environmental Management Accounting: Status and Challenges, Springer, Dordrecht.

Saling et al. 2002:
Saling, P.; Kicherer, A.; Dittrich-Krämer, B.; Wittlinger, R.; Zombik, W.; Schmidt, I.; Schrott, W.; Schmidt, S.: Eco-efficiency analysis by BASF: the method. Int. J. LCA 7 (4), 203–218.

Saling et al. 2007:
Saling, P.; Gensch, C.-O.; Kreisel, G.; Kralisch, D.; Diehlmann, A.; Preuße, D.; Meurer, M.; Kölsch, D.; Schmidt, I.: Entwicklung der Nachhaltigkeitsbewertung SEEbalance® – im BMBF-Projekt „Nach-

haltige Aromatenchemie". Karlsruher Schriften zur Geographie und Geoökologie, Karlsruhe 2007.

Schaltegger et al. 2008:
Schaltegger, S.; Bennett, M.; Burritt, R.; Jasch, D. (eds.): Environmental Management Accounting for Cleaner Production. Springer, Dordrecht 2008.

SETAC Europe 1992:
Society of Environmental Toxicology and Chemistry – Europe (Ed.): Life-Cycle Assessment. Workshop Report, 2–3 December 1991, Leiden. SETAC Europe, Brussels

SETAC 1993:
Society of Environmental Toxicology and Chemistry (SETAC): Guidelines for Life-Cycle Assessment: A „Code of Practice". From the SETAC Workshop held at Sesimbra, Portugal, 31 March – 3 April 1993. Edition 1, Brussels and Pensacola, Florida, August 1993.

SETAC 2009:
Environmental Life-Cycle Costing: A SETAC Guideline. Springer, Heidelberg (in Vorbereitung).

Shapiro 2001:
Shapiro, K. G.: Incorporating costs in LCA. Int. J. LCA 6 (2), 121–123.

Steward und Weidema 2004:
Steward, M.; Weidema, B.: A consistent framework for assessing the impacts from resource use. A focus on resource functionality. Int. J. LCA 10 (4), 240–247.

Suh 2003:
Suh, S.: Input-output and hybrid life cycle assessment. Int. J. LCA 8 (5), 257.

WCDE 1987:
World Commission on Environment and Development (WCDE): Our Common Future. Oxford University Press, Oxford.

Weidema 2001:
Weidema, B.: Avoiding co-product allocation in life-cycle assessment. J. Indust. Ecology 4 (3), 11–33.

Weidema 2006:
Weidema, B. P.: The integration of economic and social aspects in life cycle impact assessment. Int. J. LCA 11, Special issue 1, 89–96.

White et al. 1996:
White, A. L.; Savage, D.; Shapiro, K.: Life-cycle costing: concepts and application. Chapter 7 in: Curran, M. A. (ed.): Environmental Life-Cycle Assessment. McGraw-Hill, New York, pp. 7.1–7.19. ISBN 0-07-015063-X.

Wilson 2006:
Wilson, E. O.: The Creation. An Appeal to Save Life on Earth. W. W. Norton, New York.

Wrisberg et al. 2002:
Wrisberg, N.; Udo de Haes, H. A.; Triebswetter, U.; Eder, P.; Clift, R. (eds.): Analytical Tools for Environmental Design and Management in a Systems Perspective – The Combined Use of Analytical Tools. Kluwer Academic Publishers, Dordrecht.

Anhang 1
Lösungen zu den Übungen

▶ zur Übung „Herstellung der Nutzengleichheit von Systemvarianten"
(Abschnitt 2.2.5.3)

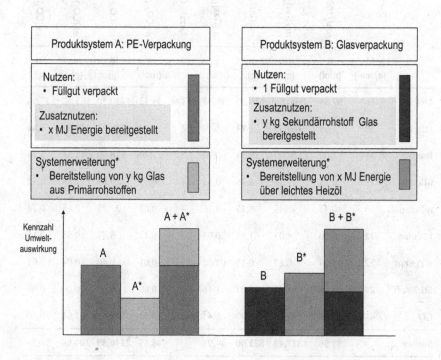

Ökobilanz (LCA): Ein Leitfaden für Ausbildung und Beruf. Walter Klöpffer und Birgit Grahl
Copyright © 2009 WILEY-VCH Verlag GmbH & Co. KGaA, Weinheim
ISBN: 978-3-527-32043-1

▶ **zur Übung „Fallbeispiel Berechnung von CO_2-Emissionen" (Abschnitt 3.1.3.2)**

Berechnung CO_2-Emissionen/m^3 Erdgas

Dichte:	821 g/m^3
M (CO_2):	44 g/mol
H_u:	10,457 kWh/m^3
1 kWh:	3,6 MJ

Zusammensetzung

Gas	M (g/mol)	n (mol)	A$^{b)}$ m (Gas)/100 mol m (g)	B$^{b)}$ m (Gas)/m^3 m (g)	n (Gas)/m^3 n (mol)	Anzahl C	n (CO_2)/m^3 n (mol)	m (CO_2)/m^3 m (g)	m (CO_2)/kWh m (g)	m (CO_2)/MJ m (g)
Methan	16	87,54	1400,56	629,20	39,33	1	39,33	1730,30	165,47	45,96
Ethan	30	5,55	166,35	74,73	2,49	2	4,98	219,22	20,96	5,82
Propan	44	2,00	88,00	39,53	0,90	3	2,70	118,60	11,34	3,15
i-Butan	58	0,25	14,38	6,46	0,11	4	0,45	19,61	1,88	0,52
n-Butan	58	0,35	20,36	9,15	0,16	4	0,63	27,75	2,65	0,74
i-Pentan	72	0,06	4,03	1,81	0,03	5	0,13	5,53	0,53	0,15
n-Pentan	72	0,004	0,29	0,13	0,002	5	0,01	0,40	0,04	0,01
Stickstoff$^{a)}$	28	3,26	91,28	41,01	1,46	0	0,00	0,00	0,00	0,00
CO_2	44	0,96	42,24	18,98	0,43	1	0,43	18,98	1,81	0,50
Summe		99,96	1827,49	821,00	44,91		48,65	2140,39	204,68	56,86

a) Nicht relevant zur CO_2-Berechnung.
b) In Spalte A ergibt sich auf der Basis der Angabe Mol% zunächst das Massenverhältnis der Gase zueinander (hier berechnet mit gerundeten Molmassen):
   100 mol Erdgas wiegen 1827,5 g. Da der Heizwert in kWh/m^3 gegeben ist, muss
   eine Umrechnung der errechneten Massen pro 100 mol (Spalte A) in Massen
   pro 1 m^3 (Spalte B) erfolgen. Hier wird vereinfachend die Annahme gemacht,
   dass alle Gase dieselbe Dichte von 821 g/m^3 haben. In diesem Fall ist das
   Massenverhältnis der Gase pro 100 mol und pro 1 m^3 gleich.

▶ **zur Übung „Emissionsberechnung auf Basis Endenergie" (Abschnitt 3.2.3.2)**

H_u (Erdgas)   = 46,1 MJ/kg
H_u (Steinkohle) = 29,65 MJ/kg

Bei einem Nutzungsgrad von 35 % werden zur Erzeugung von 100 MJ Endenergie 285,7 MJ Primärenergie benötigt.

Energieträger	m (Energieträger)	m (C)	m (CO_2)
Erdgas	6,20 kg	4,65 kg	17,04 kg
Steinkohle	9,64 kg	7,71 kg	28,26 kg

▶ **zur Übung „Berechnung von Umweltlasten durch Transport"**
(ohne Vorkette des Treibstoffs) (Abschnitt 3.2.5)

1. Berechnen Sie den Auslastungsgrad des LKW.

• Berechnung der transportierten Stückzahl:
  24 Palettenstellplätze sind ausgenutzt. Da pro Palette 720 Kartons gepackt werden ergibt sich eine Gesamtstückzahl von 17.280 Stück.

• Berechnung des Gewichtes der Ladung, wenn 24 Paletten voll beladen sind:

Packmittel (für 1-L-Getränkekartons)	Gewicht		Berechnung	Ladungsgewicht	
Gewicht Primärverpackung (Karton)	31,5	g	31,5 g × 17.280	544	kg
Umverpackung Wellpappe-Trays	128	g	128 g × (12 × 5 × 24)	184	kg
Transportverpackung Euro-Palette (Holz)	24.000	g	24 kg × 24	576	kg
Palettenfolie	280	g	280 g × 24	7	kg
Palettenschema					
Kartons pro Tray	12	Stück			
Trays pro Lage	12	Stück			
Lagen pro Palette	5	Stück			
Kartons pro Palette	720	Stück			
Summe Packmittel				1.311	kg
Füllgut				17.280	kg
SUMME				18.591	kg

• Auslastungsgrad = $\dfrac{\text{tatsächliche Zuladung}}{\text{maximale Nutzlast}}$ hier $\dfrac{18,6 \text{ t}}{25 \text{ t}} = 0,744$

2. Berechnen Sie den Treibstoffverbrauch (in L Diesel) für eine Fahrstrecke von 100 km für einen mit 24 Paletten beladenen LKW. Gehen Sie dabei von einer linearen Abhängigkeit des Treibstoffverbrauchs vom Auslastungsgrad aus. Berechnen Sie anschließend aus dem Treibstoffverbrauch den spezifischen Energieverbrauch.

Auslastungsgrad	Zuladung	Energieverbrauch	Treibstoffverbrauch
0 (leer) %	0 t	9,29 MJ/km	26 L/100 km
100 %	25 t	0,50 MJ/t km	35 L/100 km

Treibstoffverbrauch nach Abbildung in der Übung:
$y = 9 \times$ Auslastungsgrad + 26

74,4 %	18,6 t	0,63 MJ/t km	32,7 L/100 km

Im Gegensatz zum Treibstoffverbrauch (vgl. Abbildung in der Übung) hängt der spezifische Energieverbrauch nicht linear vom Auslastungsgrad ab!

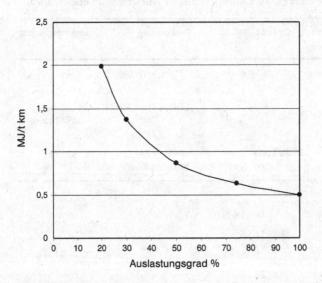

Spezifischer Energieverbrauch [MJ/t km] in Abhängigkeit vom Auslastungsgrad.

3. Berechnen Sie den Treibstoffverbrauch (in L Diesel) für eine Fahrstrecke von 100 km für einen mit 24 Paletten beladenen LKW bezogen auf die funktionelle Einheit.

Dieselverbrauch$_{100 \text{ km}}$ = 1,9 L/fE

▶ **zur Übung „Allokation nach Masse über eine Prozesskette"**
(anonymisiertes Fallbeispiel) (Abschnitt 3.3.2.2)

Ausgangspunkt der Allokationsüberlegungen sind 33 t Endprodukt.

- Produktion Endprodukt: keine Allokation; d. h. 154 GJ werden den 33 t Endprodukt voll zugerechnet.
- Produktion Zwischenprodukt: einfache Allokation nach Masse:
  3106 GJ werden den 247 t Koppelprodukt (88,2 %) zugerechnet und 415 GJ den 33 t Zwischenprodukt (11,8 %).
  Würden dem Koppelprodukt keine Lasten zugerechnet, würde es lastenfrei aus dem Prozess hervorgehen.
- Steamcracker: Aus dem Steamcracker kommen 280 t Ethen (37,2 % der Produkte) heraus, die in der Anlage „Produktion Zwischenprodukt" weiterverarbeitet werden. Von den Lasten, die in der Massenallokation des Steamcrackers den 280 t Ethen zugeschlagen werden (2590 GJ), dürfen allerdings nur 11,8 % (306 GJ) dem Zwischenprodukt zugeschlagen werden, mit dem der Rest (88,2 %) muss das Koppelprodukt belastet werden, da dieses sonst keinerlei Lasten der Vorproduktion zu tragen hätte.
- Atmosphärische Destillation: Aus der atmosphärischen Destillation kommen 935 t Naphtha heraus (14,7 %), die im Steamcracker weiterverarbeitet werden. Von den Lasten, die in der Massenallokation der atmosphärischen Destillation dem Naphtha zugeschlagen werden, (484 GJ) dürfen nur 37,2 % (180 GJ) dem Ethen zugeschlagen werden, da sonst die anderen Produkte aus dem Steamcracker bezüglich der atmosphärischen Destillation lastenfrei wären. Von diesen 180 GJ dürfen allerdings nur 11,8 % (21 GJ) dem Zwischenprodukt zugeschlagen werden, der Rest (159 GJ) ist den Lasten des Koppelprodukts zuzurechnen.
- Zu addieren sind als Lasten von 33 t Endprodukt demzufolge:

Prozess	
Produktion Endprodukt	154 GJ
Produktion Zwischenprodukt	415 GJ
Steamcracker	306 GJ
atmosphärische Destillation	21 GJ
Summe	**896 GJ**

Das entspricht 27 MJ/kg Endprodukt.

▶ **zur Übung „*Closed-loop*-Recycling von Produktionsabfällen" (Abschnitt 3.3.3)**

1. Berechnung des Rohstoff- und Energieverbrauchs ohne Recycling

Dabei wird der Verschnitt als Abfall behandelt, dem keine Lasten zugerechnet werden.

Prozess	MJ Energie/ 80 kg Produkt	MJ/ kg Produkt	kg Rohstoff/ kg Produkt
Stanzen und Formen	200	2,5	
Walzen	300	3,75	
Eisenherstellung	1000	12,5	5
Summe		**18,75**	**5**

2. Berechnung des Rohstoff- und Energieverbrauchs mit Recycling

Stanzen und Formen: Der Verschnitt ist in diesem Fall kein Abfall, sondern Koppelprodukt. Die Allokation des Energieverbrauchs nach Masse (Produkt: 160 MJ, Verschnitt 40 MJ) muss allerdings nicht durchgeführt werden, da im Fall des *Closed-loop*-Recycling der Verschnitt im System verbleibt und somit auch die Lasten der Prozesse, die dieser Verschnitt durchlaufen hat.

Walzen: Hier gibt es ebenfalls keine Veränderung.

Eisenherstellung: Da 20 kg Roheisen durch 20 kg Verschnitt substituiert werden, braucht nur 80 kg Roheisen aus 320 kg Eisenerz hergestellt werden. Dazu sind 800 MJ erforderlich, die den 80 kg Produkt zuzurechnen sind. Es entstehen 240 kg Schlacke.

Prozess	MJ Energie/ 80 kg Produkt	MJ/ kg Produkt	kg Rohstoff/ kg Produkt
Stanzen und Formen	200	2,5	
Walzen	300	3,75	
Eisenherstellung	800	10,0	4
Summe		**16,25**	**4**

3. Einsparung

Einsparung Energie: 2,5 MJ/kg Produkt (13 %) und
Einsparung Eisenerz: 1 kg/kg Produkt (20 %).

Anhang 2
Beispiel: Standardberichtsbogen zum Strommix Deutschland aus UBA 2000, Materialsammlung S. 179 ff.

6   Energiebereitstellung

6.1   Stromnetze

6.1.1   Stromnetz Deutschland

Nr.	Angaben	Erläuterung
A	**Allgemein**	
A1	Modulbezeichnung	Strom Deutschland
A2	Bearbeiter	Achim Schorb IFEU-Institut Wilckensstr. 3 69120 Heidelberg
A3	Datum	12.11.1998
B	**Prozessspezifikation**	
B1	Funktionale Einheit	1 kJ Energie, elektrisch
B2	Synonyme	
B3	Technische Beschreibung	Bereitstellung von elektrischer Energie aus dem öffentlichen Stromnetz Deutschlands. Der Kraftwerkssplit für das Jahr 1996 wurde vereinfacht nach der Bruttostromerzeugung des Jahres 1996 nach [1] wie folgt modelliert: • Kernkraft 30,0 % • Braunkohle 26,0 % • Steinkohle 28,0 % • Wasserkraft 4,5 % • Erdgas 9,5 % • Erdöl 2,0 %

Nr.	Angaben	Erläuterung
		Die in der Statistik unter der Rubrik sonstige geführten Erzeugungsanteile wurden anteilig auf Wasserkraft (für anteilige Windkraft) und Erdöl (für anteiligen Strom aus MVA) aufgeteilt. Die jeweiligen Kraftwerkstypen wurden nach [2] bilanziert, jedoch nicht nach dem dort angegebenen Energiemix. Da [2] keine Angaben zu den kanzerogenen Schadstoffen enthält, wurde die Bilanz trotz unsymmetrischer Datengrundlage in einem ersten Ansatz z. B. um die kanzerogenen Schwermetalle aus [3] ergänzt.
B4	Bezugsjahr	1996
B5	Bezugsort	Kraftwerkstechnologie: Deutschland/(Schweiz) Strommix: Deutschland
B6	Bilanzrahmen (bei Systemen)	Bereitstellung elektrischer Energie aus deutschen Kraftwerken einschließlich der vorgeschalteten Prozesse zur Bereitstellung der Energieträger
B6a	Vorprozesse	Förderung der Energieträger
B6b	Energie	Kraftwerke
B6c	Transporte	Energieträger ab Lagerstätte
B7	Allokation	keine
B8	Vertraulichkeit	öffentliche Daten
B9	Datenlücken	• Bei GEMIS keine Angaben zu den kanzerogenen Schadstoffen • Datenbasis für kanzerogene Schadstoffe bei ETH nur beschränkt belastbar

B10	Datenqualität (für Prozesse)	Herkunft	Entstehung	Typ
		❏ Betrieb	❏ gemessen	❏ Einzelwert
		☒ Literatur	❏ geschätzt	❏ Mittelwert
		❏ Andere	☒ berechnet	☒ Andere

Nr.	Angaben	Erläuterung
B10a	Repräsentativität	durchschnittliche Angaben für Anlagen im Bereich der Bundesrepublik Deutschland
B10b	Mittelwertbildung	nach prozentualen Anteilen der Energieträger (s. o.) gewichtete Mittelwerte
B11	Datenquellen	[1] AGE (Arbeitsgemeinschaft Energiebilanzen): Energiebilanz 1996, VDEW, Frankfurt 1997 [2] GEMIS: GEMIS 3.0, Wiesbaden 1997 [3] ETH: Ökoinventar für Energiesysteme 1994

Datensatz: Strommnetz Deutschland (23.06.99, 11:30:00)

Input

Material	Menge	Einheit
Kumulierter Energieaufwand (KEA)		
KEA (Kernenergie)	1,08E+00	kJ
KEA (Wasserkraft)	6,07E-02	kJ
KEA, fossil gesamt	2,28E+00	kJ
KEA, unspezifiziert	6,48E-07	kJ
Rohstoffe in Lagerstätten (RiL)		
Energieträger (RiL)		
• Erdgas	5,57E-06	kg
• Erdöl	1,45E-06	kg
• Kohlen (RiL)		
– Braunkohle	1,08E-04	kg
– Steinkohle	3,70E-05	kg
Nichtenergieträger (RiL)		
• Mineralien (RiL)		
– Kalkstein	1,46E-06	kg
Wasser		
Kühlwasser	6,93E-03	kg
Wasser (Prozess)	1,49E-05	kg

Output

Material	Menge	Einheit
Abfälle		
Abfälle zur Beseitigung (AzB)		
• Abfälle, sonstige		
– Aschen u. Schlacken	7,24E-06	kg
– Klärschlamm	1,10E-09	kg
– Sondermüll	9,40E-09	kg
Abfälle zur Verwertung (AzV)		
• Abfälle, sonstige (AzV)		
– Aschen u. Schlacken	4,12E-06	kg
Abfälle, unspezifiziert	1,87E-08	kg
Emissionen (Luft)		
Staub	1,25E-07	kg
Verbindungen, anorg. (L)		
• Ammoniak	1,14E-09	kg
• Chlorwasserstoff	3,37E-08	kg
• Distickstoffmonoxid	1,34E-09	kg
• Fluorwasserstoff	4,65E-09	kg
• Kohlendioxid (L)		
– Kohlendioxid, fossil	2,11E-04	kg

Datensatz: Stromnetz Deutschland (23.06.99, 11:30:00)

Input			Output		
Material	Menge	Einheit	Material	Menge	Einheit
			• Kohlenmonoxid	2,48E-08	kg
			• Metalle (L)		
			– Arsen	9,52E-13	kg
			– Cadmium	2,76E-13	kg
			– Chrom	1,67E-12	kg
			– Nickel	1,63E-11	kg
			• NO_x	2,52E-07	kg
			• Schwefeldioxid	8,98E-07	kg
			VOC (L)		
			• Methan, fossil	5,61E-07	kg
			• NMVOC (L)		
			– Benzol	6,33E-11	kg
			– NMVOC, halog. (L)		
			· NMVOC, chlor. (L)		
			- NMVOC, chlor, aromat. (L)		
			· PCDD, PCDF	8,90E-18	kg
			– NMVOC, unspez.	6,40E-09	kg
			– PAK (L)		
			· Benzo(a)pyren	3,56E-16	kg
			· PAK ohne B(a)P	1,78E-12	kg

Datensatz: Stromnetz Deutschland (23.06.99, 11:30:00)

Input			Output		
Material	**Menge**	**Einheit**	**Material**	**Menge**	**Einheit**
			· PAK, unspez.	9,72E-14	kg
			● VOC, unspez.	3,18E-13	kg
			Emissionen (Wasser)		
			Emissionen (W)		
			● Salze, anorg.	1,37E-14	kg
			● Stickstoffverbindungen (W)		
			– Stickstoffverbind. als N	2,47E-15	kg
			Indikatorparameter		
			● AOX	2,75E-18	kg
			● BSB-5	5,49E-17	kg
			● CSB	1,81E-15	kg
			Energieträger, sekundär		
			Energie, elektrisch	1,00E+00	kJ
			Mineralien		
			Gips (REA)	2,64E-06	kg
			Wasser		
			Abwasser (Kühlwasser)	6,63E-03	kg
			Abwasser (Prozess)	3,34E-06	kg
Summe					
kJ	3,42E+00	kJ	kJ	1,00E+00	kJ
kg	7,10E-03	kg	kg	6,86E-03	kg

Liste der Akronyme

ADI	Acceptable Daily Intake
AFNOR	Association Française de Normalisation
AP	Acidification Potential
APME	Association of Plastics Manufacturers in Europe (später Plastics Europe)
BAFU	Bundesamt für Umwelt (Bern)
BCF	Bioconcentration Factor
BDI	Bundesverband der Deutschen Industrie e. V.
BEW	Bundesamt für Energiewirtschaft (Schweiz)
BOD	Biological Oxygen Demand (BSB)
BSB	Biologischer Sauerstoff-Bedarf
BTU	British Thermal Units (obsolete Energieeinheit, in USA noch gebraucht)
BUS	Bundesamt für Umweltschutz, Bern (später BUWAL, dzt. BAFU)
BUWAL	Bundesamt für Umwelt, Wald und Landschaft (Bern)
CBA	Cost Benefit Analysis
CED	Cumulative Energy Demand (KEA)
CEFIC	Conseil Européen de l'Industrie Chimique
CEN	Comité Européen de Normalisation
CLR	Closed-Loop Recycling
CML	Institute of Environmental Sciences, Universität Leiden
COD	Chemical Oxygen Demand (CSB)

Ökobilanz (LCA): Ein Leitfaden für Ausbildung und Beruf. Walter Klöpffer und Birgit Grahl
Copyright © 2009 WILEY-VCH Verlag GmbH & Co. KGaA, Weinheim
ISBN: 978-3-527-32043-1

CPM	Center for Environmental Assessment of Product and Material Systems (Schweden)
CSB	Chemischer Sauerstoff-Bedarf
CSA	Canadian Standards Association
DALY	Disability-Adjusted lost Life Years
DIN	Deutsches Institut für Normung
DKR	Deutsche Gesellschaft für Kunststoff-Recycling mbH
DSD	Duales System Deutschland („grüner Punkt")
ECOSOL	European Centre of Studies on LAB/LAS (a sector group of CEFIC)
EDIP	Environmental Design of Industrial Products (Dänemark)
EDW	Einwohnerdurchschnittswert (Normierung)
EEA	European Environment Agency (Kopenhagen)
EEV	Endenergieverbrauch
EI	Environmental Increment
EINECS	European Inventory of Existing Commercial Chemical Substances
ELCD	European Union's European References Life Cycle Data System
EMPA	Eidgenössische Materialprüfungs- und Versuchsanstalt
EN	Europäische Norm – Norme Européenne
EOL	End of Life (Abfallmanagement und Recycling)
EP	Eutrophierungs-Potenzial
EPA	Environmental Protection Agency
EPS	Enviro-accounting (Schweden)
EUSES	European Union System for the Evaluation of Substances
EVOH	Ethyl-Vinyl-Alkohol
EW	Einweg (-behälter, -flasche)
FAL	Franklin Ass. Ltd. (Kansas)
FCKW	Fluor-Chlor-KohlenWasserstoffe
fE	funktionelle Einheit
FEFCO	Fédération Européenne des Fabricants de Carton Ondulé
FKN	Fachverband Getränkekarton (Wiesbaden)

GEMIS	Gesamt-Emissions-Modell integrierter Systeme (Öko-Institut)
GMO	Gentechnisch modifizierter Organismus
GWP	Global Warming Potential
HC	HydroCarbon
HDPE	High Density Polyethylene
HHV	High Heat Value (Brennwert, H_o)
HTP	Human-toxikologisches Potenzial, Human Toxicity Potential
IEAM	Integrated Environmental Assessment and Management (SETAC)
IFEU	Institut für Energie- und Umweltforschung Heidelberg
IIASA	International Institute for Applied Systems Analysis
Int. J. LCA	International Journal of Life Cycle Assessment (ecomed) (Springer: Int. J. Life Cycle Assess)
IPCC	Intergovernmental Panel on Climate Change
ISO	International Standard Organization
ISO/TS	ISO/Technical Specification
IVV	Ingenieurgesellschaft für Verkehrsplanung und Verkehrssicherung
KEA	Kumulierter Energieaufwand
KExA	Kumulierter Exergieaufwand
KNA	Kumulierter nichtenergetischer Aufwand
KPA	Kumulierter Prozessenergie-Aufwand
LAB	Lineares Alkylbenzol (Mischung, vorwiegend n-Dodecylbenzol)
LAS	Linear Alkyl Benzene Sulphonate (lineares Alkylbenzolsulphonat), Natriumsalz
LCA	Life Cycle Assessment (früher: Life Cycle Analysis), Ökobilanz
LCAA	Life Cycle Attribute Assessment
LCC	Life Cycle Costing (Lebenszyklus-Kostenrechnung)
LCI	Life Cycle Inventory (Sachbilanz)
LCIA	Life Cycle Impact Assessment (Wirkungsabschätzung)
LCSA	Life Cycle Sustainability Assessment (lebenszyklusbasierte Nachhaltigkeitsanalyse)
LCWT	Life Cycle Working Time

LD	Lethale Dosis
LDPE	Low Density Polyethylene
LHV	Low Heat Value (Heizwert, H_u)
LOEL	Lowest Observed Effect Level
LPB	Liquid Packaging Board
MAK	Maximal (zulässige) Arbeitsplatz- Konzentration
MFA	Material-Fluss-Analyse
MIK	Maximal (zulässige) Immissions-Konzentration
MIPS	Mass Intensity per Service Unit (= fE)
MIR	Maximum Incremental Reactivity
MVA	Müll-Verbrennungs-Anlage
NAGUS	Normenausschuss Grundlagen des Umweltschutzes (im DIN)
NCPOCP	Nitrogen Corrected Photochemical Ozone Creation Potential
NDI	Natürlichkeits-Degradations-Indikatorwert
NDP	Natürlichkeits-Degradations-Potenzial
NEC	No Effect Concentration
NEV	Nichtenergetischer Verbrauch
NMVOC	Non Methan Volatile Organic Substances
NOEC	No Observed Effect Concentration
NOEL	No Observed Effect Level
NP	Nutrification Potential
ODP	Ozone Depletion Potential
OECD	Organisation for Economic Co-operation and Development
OLR	Open-Loop Recycling
ÖTP	Ökotoxizitäts-Potenzial
ÖTPA	Ökotoxizitäts-Potenzial aquatisch
ÖTPT	Ökotoxizitäts-Potential terrestrisch
OTV	Odour Threshold Value
PA	Polyamide
PE	Polyethylen

PEC	Predicted Environmental Concentration
PET	Polyethylen Terephthalat
PLA	Produktlinienanalyse
PNEC	Predicted No Effect Concentration
POCP	Photo Oxidant Creation Potential
ProBas	Prozessorientierte Basisdaten für Umweltmanagement-Instrumente (UBA/D)
PROSA	Product Sustainability Assessment (Produkt-Nachhaltigkeitsanalyse)
PS	Polystyrene
PU	Polyurethane
PVC	Polyvinylchlorid
PWMI	The European Centre for Plastics in the Environment (später APME, dzt. Plastics Europe)
QALY	Quality Adjusted Life Years
R11	Refrigerant 11 (FCKW 11, Trichlorofluoromethan)
REACH	Registration, Evaluation, Authorisation and Restriction of Chemicals (EU)
REPA	Resource and Environmental Profile Analysis (Franklin Ass.)
ROE	Rohöläquivalente
SBM	Streckblasverfahren
SEI	Stoffgebundener Energieinhalt
SETAC	Society of Environmental Toxicology and Chemistry
SKE	Stein-Kohle-Einheit
SLCA	Social (oder Societal) Life Cycle Assessment (produktbezogene Sozialbilanz)
SPINE	Sustainable Product Information Network for the Environment (Schweden); Data format for LCI data banks (CPM)
SPOLD	Society for the Promotion of LCA Development; Data format for LCI data transfer developed by SPOLD
TASi	Technische Anleitung Siedlungsabfall
TBS	Toxicity-Based Scoring

TR	Technical Report (ISO)
TREMOD	Transport Emission Model (IFEU)
TRK	Technische Richt-Konzentration
TRS	Total Reduced Sulfur
UBA	Umweltbundesamt (Dessau, früher Berlin; UBA Wien)
UCPTE	Union pour la Coordination de la Production et du Transport de l'Électricité (bis 1998)
UCTE	Union for the Co-ordination of Transmission of Electricity (ab 1999)
UNEP	United Nations Environmental Programme
U.S. EPA	United States Environmental Protection Agency
USEtox	UNEP-SETAC toxicity model (LCIA)
VDEW	Verband der Elektrizitätswirtschaft
VDI	Verein Deutscher Ingenieure
VOC	Volatile Organic Compounds
WCED	World Commission on Environment and Development
WHO	World Health Organization
WMO	World Meteorological Organization

Stichwortverzeichnis

Ökobilanz (LCA): Ein Leitfaden für Ausbildung und Beruf. Walter Klöpffer und Birgit Grahl
Copyright © 2009 WILEY-VCH Verlag GmbH & Co. KGaA, Weinheim
ISBN: 978-3-527-32043-1